Umweltrecht

Winfried Kluth • Ulrich Smeddinck (Hrsg.)

Umweltrecht

Ein Lehrbuch

Herausgeber
Prof. Dr. Winfried Kluth
Halle, Deutschland

PD Dr. Ulrich Smeddinck
Hamburg, Deutschland

ISBN 978-3-8348-1610-8
ISBN 978-3-8348-8644-6 (eBook)
DOI 10.1007/978-3-8348-8644-6

Die Deutsche Nationalbibliothek verzeichnet diese Publikation in der Deutschen Nationalbibliografie; detaillierte bibliografische Daten sind im Internet über http://dnb.d-nb.de abrufbar.

Springer Spektrum

Gedruckt auf säurefreiem und chlorfrei gebleichtem Papier

Springer Spektrum ist eine Marke von Springer DE. Springer DE ist Teil der Fachverlagsgruppe Springer Science+Business Media.
www.springer-spektrum.de

Vorwort

Das Umweltrecht gehört seit vielen Jahren zu den etablierten Fächern des Besonderen Verwaltungsrechts und bildet in der rechtswissenschaftlichen Ausbildung an den meisten Juristischen Fakultäten einen Kernbereich der einschlägigen Wahlfachgruppe. In noch größerem Umfang wird das Umweltrecht aber inzwischen auch in Studiengängen vermittelt, die im Kern nicht juristisch ausgerichtet sind, sondern anderen Fachwissenschaften zugehören, die sich mit der Umwelt und dem Umweltschutz beschäftigen. Das Spektrum reicht von Agrarwissenschaft über Geographie, Geologie und Landschaftsplanung bis zu den verschiedenen Ingenieurwissenschaften. Die Lehrveranstaltungen für diese Zielgruppen verlangen neben der Vermittlung des Umweltrechts auch eine Vermittlung der Grundzüge des verfassungs- und verwaltungsrechtlichen Umfeldes sowie der Fragen von Rechtsschutz und Sanktionen, die in rechtswissenschaftlichen Studiengängen Gegenstand eigener Lehrveranstaltungen sind. Das spezifische Angebot dieses Lehrbuchs wird diesen Besonderheiten gerecht, indem es neben dem Kernbereich des Umweltrechts auch allgemeine verfassungs- und verwaltungsrechtliche Fragen sowie den Rechtsschutz im Umweltrecht und das Umweltstrafrecht abdeckt. Damit wird in der Kategorie der Lehr- und Lernbücher eine bislang bestehende Lücke geschlossen.

Es freut die Herausgeber, dass für das Projekt ein fachkundiges Team von Autoren aus Wissenschaft und Praxis gewonnen werden konnte, bei dem jeder in besonderer Weise über lange Jahre mit dem Gegenstand der eigenen Darstellung befasst ist.

Herausgeber und Autoren würden sich nicht nur über eine freundliche Aufnahme, sondern auch über Hinweise und Kritik freuen, die zur Beseitigung von Fehlern und zur Verbesserung der Darstellung beitragen können. Diese können an folgende Adresse übersandt werden: winfried.kluth@jura.uni-halle.de

Buchprojekte sind nie alleine das Werk der Autoren, sondern auf eine umfassende logistische Unterstützung angewiesen. Diese Aufgabe hat die wissenschaftliche Mitarbeiterin Melanie Goldammer, LL.M. (Wellington, Neuseeland) mit Kompetenz und Geduld wahrgenommen. Zudem hat sie an der Bearbeitung des § 1 zum Allgemeinen Umweltrecht mitgewirkt. Dafür danken wir auch an dieser Stelle sehr herzlich.

Halle/Dessau im Januar 2013

Winfried Kluth
Ulrich Smeddinck

Inhaltsverzeichnis

Autoren

Prof. Dr. Winfried Kluth, Lehrstuhl für Öffentliches Recht an der Martin-Luther-Universität Halle-Wittenberg, Richter des Landesverfassungsgerichts Sachsen-Anhalt — § 1 Allgemeines Umweltrecht

PD Dr. Ulrich Smeddinck, Umweltbundesamt, Dessau — § 3 Kreislaufwirtschaftsrecht

Prof. Dr. Guy Beaucamp, Hochschule für angewandte Wissenschaften, Fakultät Wirtschaft und Soziales, Hamburg — § 2 Immissionsschutzrecht

Dr. Susanna Much, Bundesministerium für Umwelt, Naturschutz und Reaktorsicherheit, Berlin — § 6 Klimaschutzrecht

Dr. Rüdiger Nolte, Vorsitzender Richter am Bundesverwaltungsgericht, Leipzig — § 7 Rechtsschutz

Prof. Dr. Hans-Jürgen Sack, Leitender Oberstaatsanwalt i. R., Halle — § 8 Umweltstrafrecht

Anne-Barbara Walter, Umweltbundesamt, Dessau — § 4 Wasserrecht

Prof. Dr. Rainer Wolf, Technische Universität Bergakademie Freiberg, Freiberg — § 5 Natur- und Artenschutzrecht

§ 1 Allgemeines Umweltrecht*

Winfried Kluth

1 Grundlagen

1.1 Definitionen

1.1.1 Umwelt

Der Begriff Umwelt bezeichnet in seiner **allgemeinen sprachlichen Bedeutung** die umgebende Welt vor allem des Menschen, aber auch anderer Lebewesen. In seiner durch die ökologische Diskussion entwickelten spezifischen Bedeutung versteht man darunter heute die Gesamtheit der äußeren Lebensbedingungen, die auf eine bestimmte Lebenseinheit (Mensch, Tier, Pflanze) einwirken bzw. in einer Wechselwirkung untereinander stehen. In diesem weit verstandenen Sinne gehören zur Umwelt die gesamte belebte und unbelebte Umgebung einschließlich der sozialen Umwelt (auch als Mit-Welt bezeichnet) und ihrer Institutionen. 1

Für die **Zwecke des Umweltschutzes und des Umweltrechts** wird ein engeres Verständnis von Umwelt verwendet, das unter anderem die sozialen und kulturellen Kontexte menschlicher Existenz ausklammert und sich auf die natürliche Lebensumwelt beschränkt. Dieses engere Begriffsverständnis konzentriert sich vor allem auf die sogenannten Umweltmedien Boden, Wasser, Luft sowie die dort anzutreffenden Pflanzen, 2

* Unter Mitarbeit von *Melanie Goldammer*, LL.M. (Wellington, Neuseeland).

W. Kluth ✉
Universität Halle-Wittenberg, Juristische und Wirtschaftswissenschaftliche Fakultät,
Universitätsplatz 10a, 06099 Halle, Deutschland
E-Mail: winfried.kluth@jura.uni-halle.de

W. Kluth, U. Smeddinck (Hrsg.), *Umweltrecht*,
DOI 10.1007/978-3-8348-8644-6_1, © Springer Fachmedien Wiesbaden 2013

Tiere und Mikroorganismen. In neuerer Zeit werden auch die klimatischen Bedingungen, wie die Ozonschicht, in den Umweltbegriff einbezogen. Insgesamt ist der Begriff nicht abgeschlossen, sondern entwicklungsoffen zu verstehen.[1] Für die Rechtsanwendung ist auf den jeweiligen Anwendungsbereich der einzelnen Gesetze zu achten.

3 Im (nicht umgesetzten)[2] Referentenentwurf für ein **Umweltgesetzbuch**[3] findet sich der Vorschlag einer **Legaldefinition**, der das mehrheitliche Verständnis widerspiegelt und durchaus praxistauglich ist. Danach umfasst Umwelt: „Tiere, Pflanzen, die biologische Vielfalt, den Boden, das Wasser, die Luft, das Klima und die Landschaft sowie Kultur- und sonstige Sachgüter (Umweltgüter) einschließlich der Wechselwirkung zwischen diesen Umweltgütern."

1.1.2 Umweltschutz

4 Umweltschutz bezeichnet als **Tätigkeit** von Staat und Privaten (einschließlich der Unternehmen) die Gesamtheit aller Maßnahmen zum Schutze der Umwelt mit dem **Ziel** der langfristigen Erhaltung der **natürlichen Lebensgrundlage aller Lebewesen** mit einem **funktionierenden Naturhaushalt**. Gegebenenfalls sollen durch den Menschen verursachte Beeinträchtigungen oder Schäden behoben werden. Das besondere Augenmerk des Umweltschutzes liegt dabei sowohl auf dem Schutz der einzelnen Umweltmedien (Boden, Wasser, Luft, teilweise auch das „Klima" – **medialer Umweltschutz**), als auch auf den Wechselwirkungen zwischen ihnen (**integrierter Umweltschutz**). Mit der Erkenntnis, dass wirksamer Umweltschutz nur auf der Grundlage umfassender Verhaltensänderungen in Wirtschaft, Gesellschaft und Staat erreicht werden kann, wird heute auch von einem **strategischen Umweltschutz** gesprochen, der diesen Zusammenhang berücksichtigt.

5 Im Hinblick auf die Zielsetzungen und Vorgehensweisen können folgende **Erscheinungsformen** des Umweltschutzes unterschieden werden:

- Beseitigung von bereits eingetretenen Umweltschäden – **schadensbeseitigender** oder nachsorgender Umweltschutz;
- Begrenzung und Verminderung aktueller Umweltbelastungen – **gefahrenabwehrender** Umweltschutz;
- zukünftige Belastungen vermeidender und Ressourcen schonende Maßnahmen – **vorsorgender** und **strategischer** Umweltschutz.

6 Angesichts der Vielgestaltigkeit sowohl der Schutzgüter als auch der Instrumente und Maßnahmen wird der Umweltschutz als eine **Querschnittsaufgabe** bezeichnet, die sich auf zahlreiche Lebensbereiche und Politikfelder erstreckt.

---

[1] Dazu http://wirtschaftslexikon.gabler.de/Archiv/54835/umweltmedien-v4.html (Stand: 19.03.2012).

[2] Dazu *Weber/Riedel*, NVwZ 2009, 998 ff.

[3] Abrufbar unter: http://www.umweltbundesamt.de/umweltrecht/umweltgesetzbuch.htm (Stand: 19.03.2012).

1.1.3 Umweltrecht

7 Als Umweltrecht kann die Gesamtheit der Normen bezeichnet werden, die dem Umweltschutz dienen, unabhängig davon, welcher Rechtsquelle sie entstammen. Erfasst werden somit das Umweltvölkerrecht, das Umwelteuroparecht, das deutsche Umweltrecht des Bundes, der Länder und der Kommunen (Landkreise, Städte und Gemeinden). Das Umweltrecht ist in erster Linie **öffentliches Recht** (einschließlich des Umweltstrafrechts), umfasst aber auch das **Umweltprivatrecht**, das vor allem Haftungsfragen regelt.

8 Innerhalb des Umweltrechts kann zwischen Gesetzen unterschieden werden, die spezifisch auf den Schutz einzelner **Umweltmedien** ausgerichtet sind (Gewässerschutzrecht, Bodenschutzrecht, Immissionsschutzrecht, Klimaschutzrecht) und Gesetzen, die **medienübergreifend** dem Umweltschutz dienen, wie etwa das Kreislaufwirtschaftsgesetz (KrWG)[4], das Gesetz über die Umweltverträglichkeit (UVPG)[5], das Umweltinformationsgesetz (UIG)[6] und das Umweltrechtsbehelfsgesetz (UmwRG)[7]. Zusammen bilden sie das **Umweltrecht im engeren Sinne**.

9 Dem Umweltschutz dienende Regelungen sind vielfach auch in Gesetze integriert, die vorrangig anderen Zielen dienen, etwa im Raumordnungs- und (Fach-)Planungsrecht. Dort wird z. B. die Berücksichtigung von Umweltbelangen oder die Beteiligung von Umweltschutzbehörden an den Entscheidungsverfahren vorgeschrieben. Exemplarisch kann insoweit auf die Regelungen in §§ 1 Abs. 5, 1a, 2a Baugesetzbuch (BauGB)[8] verwiesen werden. Diese Normenkomplexe können dem **Umweltrecht im weiteren Sinne** zugerechnet werden. Mit der Erweiterung des strategischen Ansatzes des Umweltschutzes wird dieser Normenbestand ständig erweitert, da immer neue Lebensbereiche in die Umweltpolitik einbezogen werden (siehe Abb. 1.1).

1.1.4 Nachhaltigkeitsgrundsatz (Sustainability)

10 Das im 18. Jahrhundert für den Bereich der Forstwirtschaft entwickelte Konzept der Nachhaltigkeit, das Rodung und Aufwuchs in der Balance halten sollte[9], wurde im Abschluss an die **UN-Umweltkonferenz 1992 in Rio**[10] zu einem Leitbegriff der Umweltpolitik. Inzwischen kann der Nachhaltigkeitsgrundsatz als **überwölbendes Leitprinzip des Umweltrechts** angesehen werden. Dabei gehört es zu seiner Eigenart als Prinzip, dass er auf eine bereichsbezogene Konkretisierung angewiesen ist.

---

[4] Vom 24. Februar 2012, BGBl. I S. 212.

[5] Vom 24. Februar 2010, BGBl. I S. 94, zuletzt geändert durch Artikel 5 Absatz 15 des Gesetzes vom 24. Februar 2012, BGBl. I S. 212.

[6] Vom 22. Dezember 2004, BGBl. I S. 3704.

[7] Vom 7. Dezember 2006, BGBl. I S. 2816, zuletzt geändert durch Artikel 5 Absatz 32 des Gesetzes vom 24. Februar 2012, BGBl. I S. 212.

[8] Vom 23. September 2004, BGBl. I S. 2414, zuletzt geändert durch Artikel 1 des Gesetzes vom 22. Juli 2011, BGBl. I S. 1509.

[9] Zu Einzelheiten *Klippel/Otto*, in: Kahl (Hrsg.), Nachhaltigkeit als Verbundbegriff, 2008, S. 39 ff.

[10] Dazu http://www.nachhaltigkeit.info/artikel/weltgipfel_rio_de_janeiro_1992_539.htm (Stand: 10.04.2012).

11

Umweltrecht im engeren Sinne

- Immissionsschutzrecht
- Kreislaufwirtschaftsrecht
- UVP-Gesetz
- Umweltinformationsgesetz
- Naturschutzrecht
- Wasserschutzrecht
- Bodenschutzrecht

Umweltrecht im weiteren Sinne

- Raumordnungsrecht
- Bauplanungsrecht
- Fachplanungsrecht

Abb. 1.1 Umweltrecht im engeren und im weiteren Sinne

12 Nachhaltigkeit wird als **nachhaltige Entwicklung** und damit dynamisch verstanden. Der Nachhaltigkeitsgrundsatz bindet damit den Zeit- und Veränderungshorizont in die konzeptionellen Überlegungen ein. Zudem beruht er auf der Überzeugung bzw. Einsicht, dass die ökonomische, soziale und ökologische Entwicklung gemeinsam betrachtet und weiterentwickelt werden müssen (sogenanntes **Drei-Säulen-Konzept**).[11] Dabei stehen die drei Bereiche grundsätzlich gleichrangig nebeneinander und bilden ein „magisches Dreieck".[12] Damit wird auch der zu Beginn der ökologischen Bewegung bestehende Gegensatz zwischen Umweltschutz, Wachstum und Wohlstand aufgelöst und die im Bericht des Club of Rome zu den Grenzen des Wachstums[13] aus dem Jahr 1972 geforderte Abkehr von der ökonomischen Wachstumstheorie teilweise revidiert.

13 Aus dem Nachhaltigkeitsgrundsatz folgt eine Absage an einen absoluten Vorrang des Umweltschutzes und die Forderung der Verfolgung seiner Ziele in enger Wechselwirkung mit anderen Politikfeldern, insbesondere der Wirtschaftspolitik. Dies wird besonders deutlich bei den gesetzlichen Regelungen zur Kreislaufwirtschaft, die mit ihren

---

[11] *Kahl*, in: (Fn. 4), S. 9.

[12] Dazu *Beaucamp*, Das Konzept der zukunftsfähigen Entwicklung im Recht, 2002, S. 20. Die Formulierung lehnt sich an das „magische Viereck" der Wirtschaftspolitik an, auf das auch Art. 109 Abs. 2 GG mit dem Begriff des gesamtwirtschaftlichen Gleichgewichts Bezug nimmt.

[13] *Meadows/Meadows/Zahn/Milling*, Die Grenzen des Wachstums. Bericht des Club of Rome zur Lage der Menschheit, 1972. Der Bericht wurde von den Vereinten Nationen 1987 im Bericht „Unsere gemeinsame Zukunft" der UN-Kommission für Umwelt und Entwicklung" (sogenannter Brundtland-Report) aufgegriffen. Im deutschsprachigen Raum ist als Schrift von ähnlicher Relevanz *Gruhl*, Ein Planet wird geplündert, 1975 zu erwähnen. Zur Organisation siehe <www.clubofrome.de> (Stand: 10.04.2012). Siehe auch *Meadows/Randers*, Grenzen des Wachstums – das 30-Jahre-Update, 3. Aufl. 2009.

Vorgaben zur Produktverantwortung die Erzeuger von Produkten anspricht und eine Verantwortung für den gesamten Produktlebenszeitraum begründet (entsprechend dem Cradle-to-grave-Prinzip, unten Rn. 125).

14

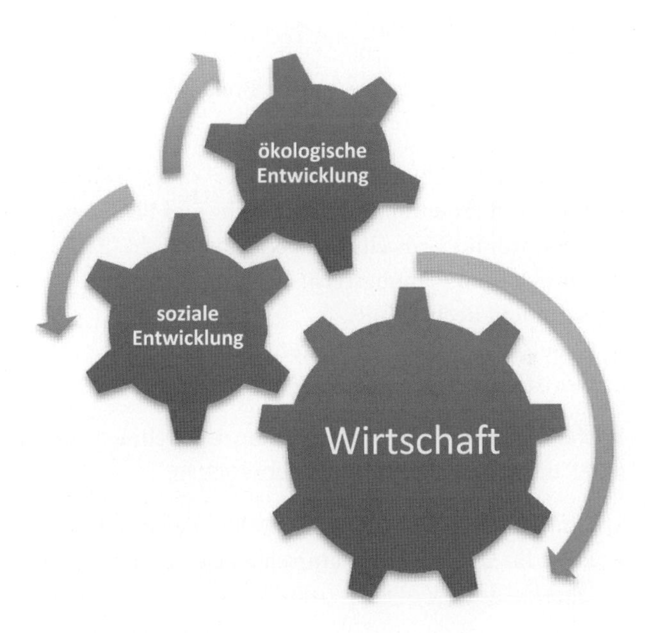

Abb. 1.2 Das Drei-Säulen-Konzept der Nachhaltigkeit

1.1.5 Informationsquellen und Arbeitsmittel

15 Für die Beschäftigung mit dem Umweltrecht stehen dem Interessierten zahlreiche wissenschaftliche Veröffentlichungen und Informationsquellen im Internet zur Verfügung, über die an dieser Stelle nur ein knapper Überblick gegeben werden kann.

16 Den Zugang zu den **Rechtstexten** eröffnen im Internet:

- für die Bundesgesetzgebung: http://www.gesetze-im-internet.de,
- für das Unionsrecht: http://europa.eu/documentation/legislation/index_de.htm,
- für die Ländergesetzgebung zum Umweltrecht ist auf die Internetseiten der für das Umweltrecht zuständigen Landesumweltministerien zu verweisen.

17 Hinzu kommen die gedruckten Textsammlungen:

- Kloepfer, Umweltrecht, Loseblattsammlung, 2 Bände, Verlag C.H. Beck
- Beck-Texte im dtv, Umweltrecht.

18 Aus dem umfangreichen Angebot an themenübergreifenden[14] **Hand- und Jahrbüchern** sind hervorzuheben:

- Rengeling (Hrsg.), Handbuch zum europäischen und deutschen Umweltrecht, 2 Bde., 2. Auflage 2003,
- Jahrbuch des Umwelt- und Technikrechts (JbUTR).

19 Das Umweltrecht in seiner ganzen Breite wird in folgenden **juristischen Fachzeitschriften** behandelt:

- Zeitschrift für Umweltrecht (ZUR),
- Zeitschrift für europäisches Umwelt- und Planungsrecht (EurUP),
- Zeitschrift für Umweltpolitik & Umweltrecht (ZfU),
- Umwelt- und Planungsrecht (UPR),
- Natur und Recht (NuR),
- Neue Zeitschrift für Verwaltungsrecht (NVwZ),
- Deutsches Verwaltungsblatt (DVBl.).

20 Weitere aktuelle Informationen zum Umweltrecht und zur Umweltpolitik finden sich unter anderem auf folgenden Internetseiten:

- Umweltbundesamt – www.umweltbundesamt.de,
- Bund für Umwelt und Naturschutz Deutschland – www.bund.net,
- Öko-Institut e.V. – www.oeko.de.

1.2 Die Entwicklung der Umweltpolitik und des Umweltrechts

21 Grundidee des Umweltschutzes ist die Erhaltung des Lebensumfeldes der Menschen und ihrer Gesundheit. Dabei wird für das Lebensumfeld die Bezeichnung Umwelt verwendet. Hierzu zählt die gesamte räumliche Umgebung, in der Menschen, Tiere und Pflanzen leben und die Grundlagen, die sie zum Leben brauchen – also Wasser, Boden und Luft. Die Inanspruchnahme der Umweltgüter durch den Menschen ist lebens- und kulturnotwendig. Zweifelsohne führt deren Gebrauch und Verbrauch aber auch zu deren Minderung bzw. zu Veränderungen im Ökohaushalt.

22 Diese Erkenntnis hatten die Menschen bereits im Altertum, als mit der Bildung von zusammenhängenden Siedlungen Probleme mit Abfällen und Abwässern entstanden, die man mit (nachweisbaren) Entwässerungskanälen oder auch offenen Gerinnen zu lösen versuchte.

23 In einigen Ländern entwickelte sich eine eigenständige Umweltpolitik bereits Anfang der 1960er Jahre. Pioniere des Umweltrechts waren die Länder, in denen auch die Um-

[14] Auf die Literatur zu den einzelnen Teilgebieten des Umweltrechts wird in den jeweiligen Abschnitten dieses Lehrbuchs hingewiesen.

weltbelastungen am größten waren: die **USA** und **Japan**. In beiden Ländern machten Gesetze zur Luftreinhaltung den Anfang, da die enorme Motorisierung und Industrialisierung in den Ballungsgebieten zu Smog und vielfältigen Erkrankungen führten, die dringend Schutzmaßnahmen verlangten. Zu nennen ist insbesondere der Clean Air Act der USA von 1963 und das besonders für die Bundesrepublik wegweisende Umweltschutzprogramm des amerikanischen Präsidenten von 1971, das auf vielen Gebieten zu neuen Umweltgesetzen und Maßnahmen führte. In Japan ist das Grundgesetz über die Kontrolle der Umweltverschmutzung von 1967 zu erwähnen, das 1970 aufgrund mehrerer spektakulärer Umweltskandale novelliert wurde und eine Phase sehr effektiver Luftreinhaltepolitik auslöste, die oft als Vorbild für wirksamen Umweltschutz präsentiert wird. Es folgten Maßnahmen zum Schutz der Gewässer, die durch die verbreitete Verwendung von Pflanzenschutzmitteln und Düngemitteln vergiftet worden waren. Heute steht vor allem die Abfallvermeidung und -beseitigung im Brennpunkt des öffentlichen Interesses.

24 In **Deutschland**[15] wurde die Umweltbewegung vor allem durch die Auseinandersetzung um Kernkraft geprägt. Von Bürgerinitiativen durchgeführte Großdemonstrationen gegen die Atomkraftwerke sowie andere umweltbeeinträchtigende Maßnahmen weckten auch das Umweltbewusstsein in der breiten Bevölkerung. Dieser Gedanke des Umweltschutzes wurde ab den 1980er Jahren weiter verstärkt durch Missstände wie das Fischsterben am Rhein, die Versauerung der Meere, das zu dieser Zeit thematisierte Waldsterben, spektakuläre Chemiekatastrophen[16] und dem schweren Atomunfall in Tschernobyl.

25 Mit der Herausbildung des ökologischen Problembewusstseins entwickelte sich das Umweltrecht als eigenständiges Rechtsgebiet. 1969 wurde sodann eine Umweltabteilung im Bundesministerium des Inneren gegründet und in diesem Zusammenhang der Begriff „Umwelt“ in die Rechtssprache aufgenommen.

Nach der **Tschernobyl-Katastrophe** im Jahr 1986 wurde diese Abteilung zum heutigen *Bundesministerium für Umwelt, Naturschutz und Reaktorsicherheit* (BMU) verselbstständigt.

26 Initiiert durch die Umweltprogramme der Bundesregierung wurden Umweltschutz und Umweltschutzgesetzgebung ab den 1970er Jahren programmatisch verfolgt. Mit dem 1971 von der Bundesregierung verabschiedeten **Umweltprogramm** wurde die Umweltpolitik definiert als „die Gesamtheit der Maßnahmen, die notwendig sind,

- um dem Menschen eine Umwelt zu sichern, wie er sie für seine Gesundheit und ein menschenwürdiges Dasein braucht,
- um Boden, Luft und Wasser, Pflanzen- und Tierwelt vor nachteiligen Wirkungen menschlicher Eingriffe zu schützen und
- um Schäden oder Nachteile aus menschlichen Eingriffen zu beseitigen.“

---

[15] Zu Einzelheiten *Jänicke/Kunig/Stitzel*, Umweltpolitik, 2000, S. 30 ff.

[16] Wie etwa die Chemieunfälle in Seveso (1976), Bhopal (1984) oder Sandoz (1986). Zu letzterem *Durner*, UTR 93 (2007), 7 ff.

27 Dadurch wurde ein **selbstständiges Politikfeld** ins Leben gerufen, das hinsichtlich seiner Systematik und Konsequenz bis heute als vorbildlich gilt. Neben der Umgestaltung klassischer Gesetze wurden im Zeitraum von 1970 bis 1976 das Fluglärmgesetz (FluLärmG)[17], das Benzinbleigesetz (BzBlG)[18], das Abfallbeseitigungsgesetz (AbfG)[19], das DDT-Gesetz[20], das Bundesimmissionsschutzgesetz (BImSchG)[21], das Bundeswaldgesetz (BWaldG)[22], das Gesetz über die Beförderung gefährlicher Güter (GGBefG)[23], das Waschmittelgesetz[24], das Wasserhaushaltsgesetz (WHG)[25], das Abwasserabgabengesetz (AbwAG)[26] und das Bundesnaturschutzgesetz (BNatSchG)[27] erlassen. Ausgehend von diesen, in der Zwischenzeit durch zahlreiche Novellen mit z. T. wesentlichen Konzeptionsänderungen fortentwickelten Gesetzen, ging das Umweltrecht als eigenes, wenn auch noch nicht homogenes Rechtsgebiet hervor. Zu den in neuerer Zeit erlassenen Gesetzen gehören das Gentechnikgesetz (GenTG)[28], das UVPG, das UIG, das KrWG, das Treibhausgas- und Emissionshandelsgesetz (TEHG)[29] sowie das ebenfalls dem Klimaschutz dienende Erneuerbare-Energiengesetz (EEG)[30]. Die in diesen Bereichen praktizierte Umweltgesetzgebung ist rechtswissenschaftlich durch ein hohes Innovationspotenzial hinsichtlich der verwendeten Instrumente, der Steuerungsansätze und Gesetzgebungstechnik charakterisiert, sodass ihr eine Leitbildfunktion auch für andere Bereiche sowie

---

[17] Neugefasst durch Bekanntmachung vom 31. Oktober 2007, BGBl. I S. 2550.

[18] Vom 5. August 1971, BGBl. I S. 1234, zuletzt geändert durch Artikel 58 der Verordnung vom 31. Oktober 2006, BGBl. I S. 2407.

[19] Vom 07. Juni 1972, BGBl. I S. 873; galt bis zum in Kraft treten des Kreislaufwirtschafts- und Abfallgesetz (KrlW-/AbfG) im Jahr 1996.

[20] Vom 7. August 1972, BGBl. I S. 1385; aufgehoben im Jahr 1994.

[21] Vom 26. September 2002, BGBl. I S. 3830, zuletzt geändert durch Artikel 2 des Gesetzes vom 24. Februar 2012, BGBl. I S. 212.

[22] Vom 2. Mai 1975, BGBl. I S. 1037, zuletzt geändert durch Artikel 1 des Gesetzes vom 31. Juli 2010, BGBl. I S. 1050.

[23] Vom 06.08.1975; neugefasst durch Bekanntmachung vom 7. Juli 2009, BGBl. I S. 1774, 3975.

[24] Aus dem Jahr 1975; es wurde 1987 geändert zum Wasch- und Reinigungsmittelgesetz (WRMG); die heutige Fassung datiert vom 29. April 2007, BGBl. I S. 600, zuletzt geändert durch Artikel 2 des Gesetzes vom 2. November 2011, BGBl. I S. 2162.

[25] Vom 31. Juli 2009, BGBl. I S. 2585, zuletzt geändert durch Artikel 5 Absatz 9 des Gesetzes vom 24. Februar 2012, BGBl. I S. 212.

[26] Vom 13.09.1976; heutige Fassung datiert vom 18. Januar 2005, BGBl. I S. 114, zuletzt geändert durch Artikel 1 des Gesetzes vom 11. August 2010, BGBl. I S. 1163.

[27] Vom 29. Juli 2009 BGBl. I S. 2542, zuletzt geändert durch Artikel 5 des Gesetzes vom 6. Februar 2012, BGBl. I S. 148.

[28] Vom 16. Dezember 1993, BGBl. I S. 2066, zuletzt geändert durch Artikel 1 des Gesetzes vom 9. Dezember 2010, BGBl. I S. 1934.

[29] Vom 21. Juli 2011, BGBl. I S. 1475, zuletzt geändert durch Artikel 2 Absatz 24 des Gesetzes vom 22. Dezember 2011, BGBl. I S. 3044.

[30] Vom 25. Oktober 2008, BGBl. I S. 2074, zuletzt geändert durch Artikel 2 Absatz 69 des Gesetzes vom 22. Dezember 2011, BGBl. I S. 3044.

eine besondere Aufmerksamkeit der rechtswissenschaftlichen Grundlagenforschung zukommt.[31]

28 Der Umweltschutz hat in den letzten 40 Jahren[32] die **Werthierarchie** in der westlichen Welt[33] unwiderruflich verändert. Den Auslöser bildeten die vielerorts unübersehbaren schädlichen Folgen einer unkontrollierten Industrialisierung und Urbanisierung sowie die damit verbundenen Belastungen und Zerstörungen von Biosphäre, Landschaft und Natur sowie nicht zuletzt die Gefährdung der Gesundheit von Menschen.[34] Die von allen Seiten grundsätzlich befürwortete Ergänzung des Grundgesetzes um das **Staatsziel Umweltschutz** durch die Verfassungsreform des Jahres 1994[35] ist der augenfällige Beleg dafür, dass der Umweltschutz eine hochrangige Staatsaufgabe darstellt. Im politischen System (Stichwort: ökologische Bewegungen und Parteien), in Planung, Produktgestaltung und Marketing der Wirtschaftsunternehmen sowie im Alltag der Bürger hat der Umweltschutz eine Vielzahl von Verhaltensänderungen bewirkt. Dass zugleich von einer Schicksalsfrage für die Menschheit gesprochen wird[36] macht deutlich, dass es sich nicht um einen Wandel an der Peripherie, sondern im Zentrum der Zivilisation handelt. Mit den Schlagworten „anthropozentrischer" oder „biozentrischer" Umweltschutz (siehe dazu unten Rn. 59) wurde auch die Stellung des Menschen in der Schöpfungsordnung zum Orientierungspunkt von Reformüberlegungen gemacht.

29 Das Recht als zentrales Element der **Steuerung gesellschaftlicher Prozesse**[37] kann und will sich diesem Wandel nicht verschließen. Im Gegenteil: eine nachhaltige Bewältigung der im Kern globalen Umweltprobleme ist – bei aller Bedeutung moralischer Appelle und einer Umweltethik[38] – nur auf der Grundlage verbindlicher rechtlicher Maßstäbe denkbar, geht es doch um nicht weniger als die Eindämmung und Neuorientierung der Kräfte wirtschaftlicher und zivilisatorischer Expansion, die weltweit Träger gesellschaftlichen Wandels und Fortschritts waren und sind. Es ist heute unbestreitbar, dass der Umweltschutz eine soziale Friedensordnung und eine gesunde Wirtschaftsordnung

---

[31] Zum verwaltungsrechtlichen Innovationspotenzial des Umweltrechts *Schmidt-Aßmann*, Das Allgemeine Verwaltungsrecht als Ordnungsidee, 2. Aufl. 2004, S. 112 ff.

[32] Vergessen wird dabei oft, dass die Anfänge der ökologischen Bewegung und des Umweltrechts sich in den USA befinden und unter anderem durch den Roman von *Rachel Carson*, Der stumme Frühling, aus dem Jahr 1962 beflügelt wurden.

[33] In den sozialistischen politischen Systemen wurde dem Umweltschutz keine Beachtung geschenkt. Dies hat neben anderen Faktoren zum Niedergang dieser Systeme geführt.

[34] Die entsprechenden „Fakten" spiegeln sich in den Umweltberichten der Bundesregierung wider, die alle vier Jahre veröffentlicht werden.

[35] Zu Einzelheiten unten Rn. 57 ff.

[36] Siehe etwa die Argumentation von *Gruhl* (Fn. 8).

[37] Zur gesellschaftlichen Steuerungsfunktion des Rechts *Luhmann*, Das Recht der Gesellschaft, 1993. Zum steuerungstheoretischen Ansatz der sogenannten Neuen Verwaltungsrechtswissenschaft *Voßkuhle*, in: Hoffmann-Riem/Schmidt-Aßmann/Voßkuhle (Hrsg.), Grundlagen des Verwaltungsrechts, Band I, 2006, § 1, Rn. 16 ff.

[38] Dafür grundlegend *Hans Jonas*, Das Prinzip Verantwortung, 1979. Instruktiv zur Einarbeitung ist auch der Sammelband Birnbacher (Hrsg.), Ökologie und Ethik, 2001.

voraussetzt. Die ökologischen Funktionsdefizite der Planwirtschaft in Osteuropa und die sozialen, politischen und wirtschaftlichen Missstände in weiten Teilen der Dritten Welt werden auch als bedeutsame Ursachen ökologischer Katastrophen eingestuft. Dabei sind sie mit den ökologischen Folgen mancher risikoträchtiger Hochtechnologien und der Industrieproduktion insgesamt durchaus vergleichbar.

30 Die Anforderungen des Umweltschutzes haben auch in der Bundesrepublik Deutschland, neben der Entwicklung einer Umweltökonomie[39] und einer Umweltethik[40], zur Herausbildung eines **selbstständigen Rechtsgebiets Umweltrecht** und zur Einrichtung eigener Umweltministerien und Fachbehörden[41] sowie zahlreichen spezialisierten Forschungseinrichtungen geführt. Zu den etablierten Themenfeldern der Umweltpolitik und Umweltgesetzgebung gehören inzwischen folgende Kerngebiete:

- Natur- und Landschaftsschutz,
- Luftreinhaltung und Lärmschutz,
- Klimaschutz,
- Gewässerschutz,
- Bodenschutz,
- Abfallentsorgung und Kreislaufwirtschaft,
- Strahlenschutz,
- Schutz vor Chemikalien und anderen Gefahrstoffen.

31 Das deutsche Umweltrecht besteht nach wie vor aus einer Vielzahl von Gesetzen, die nicht immer hinreichend sachlich und verfahrensrechtlich aufeinander abgestimmt sind. Zur Harmonisierung des Umweltrechts versuchte man, seit Anfang der 1990er Jahre ein **Umweltgesetzbuch** zu schaffen, das in einem Allgemeinen Teil das Verfahrensrecht und die Instrumente vereinheitlichen und in den übrigen Teilen die einzelnen Fachgesetze aufnehmen sollte.[42] Dieser Versuch scheiterte jedoch zuletzt im Jahr 2009, sodass das Umweltrecht weiterhin auf eine Vielzahl von Einzelgesetzen mit zum Teil abweichendem Verfahrensrecht verteilt ist.

32 Die Existenz zahlreicher Lehr- und Handbücher sowie Fachzeitschriften ist auch ein Indiz dafür, dass die Entwicklung eine gewisse Reife erreicht hat. Damit gehört das Umweltrecht zum Kanon des besonderen Verwaltungsrechts, dessen Kenntnis im Rahmen der juristischen Wahlfachausbildung zu vermitteln ist. Hinzu kommt die steigende Bedeutung des Umweltrechts für den Berufsalltag in vielen juristischen, vor allem aber auch nichtjuristischen Berufen wie Landschaftsplanern und Ingenieuren.

---

[39] Zu ihr im Überblick *Wicke*, Umweltökonomie, 4. Aufl. 1993.

[40] Siehe die Nachweise in Fn. 18. Zu weiteren Wissenschaftsbereichen, die sich dem Umweltschutz widmen *Aden*, Umweltpolitik, 2012, S. 17 ff. Dort werden unter anderem Soziologie, Politikwissenschaft, Geowissenschaft und Ingenieurwissenschaft angeführt.

[41] Vor allem ist das in Dessau-Roßlau ansässige Umweltbundesamt als wissenschaftlich arbeitende Fachbehörde zu erwähnen.

[42] Zum Umweltgesetzbuch-Projekt siehe näher *Storm*, NVwZ 1999, 35 ff.; *Struß*, ZUR 2008, 332 ff.

1.3 Aufbau und Systematik des deutschen Umweltrechts

33 Dass das Umweltrecht ein Querschnittsrechtsgebiet ist, zeigt sich nicht nur darin, dass die Normen in unterschiedlichen Rechtsgebieten, sondern auch auf verschiedenen Ebenen der Normenhierarchie zu finden sind. So gibt es beispielsweise umweltrechtliche Gesetze, Rechtsverordnungen oder auch Verwaltungsvorschriften. Dabei dürfen die sich auf der unteren Ebene befindlichen bindenden (rechtlichen) Vorgaben nicht denen auf einer höheren Ebene widersprechen.

1.3.1 Die umweltrechtliche Normenhierarchie im Überblick

1.3.1.1 Umweltvölkerrecht[43]

34 **Fall 1.1**

Die Chemiefirma S betreibt in Land A an einem grenznahen Standort eine Produktionsanlage. Sie leitet giftige Produktionsabfälle mit staatlicher Genehmigung in den naheliegenden Fluss, der wenige Kilometer später die Grenze zu Land B erreicht. Dort wird in Folge der Kontaminierung die Gewinnung von Trinkwasser aus dem Uferfiltrat des Flusses unmöglich. Kann Staat B von Staat A verlangen, dass der Firma S die Genehmigung für die Einleitung der Giftstoffe in den Fluss versagt wird?

35 Umweltverschmutzung macht nicht an Staatsgrenzen halt, wie das Beispiel in Fall 1.1 zeigt. Vor allem im Zusammenhang mit Atomunfällen (Beispiel Tschernobyl) und dem Klimawandel ist die Unverzichtbarkeit der Etablierung weltweit gültiger Umweltschutzmaßnahmen in das Bewusstsein getreten. Deshalb wurden in den letzten Jahrzehnten mit steigender Intensität auch völkerrechtliche Verträge und vergleichbare Vereinbarungen zwischen den Staaten getroffen und Resolutionen der Vereinten Nationen erlassen. Zugleich wurde aber auch deutlich, dass die Industrienationen den Entwicklungs- und Schwellenländern nicht Beschränkungen auferlegen können, die sie selbst jahrzehntelang nicht beachtet haben und die die wirtschaftliche und soziale Entwicklung in diesen Ländern hindern. Neben den Umweltschutzzielen müssen deshalb auch das Recht auf Entwicklung und das Verursacherprinzip bei der Verteilung der Lasten von globalen Umweltschutzmaßnahmen berücksichtigt werden, wie es das Drei-Säulen-Konzept des Nachhaltigkeitsgrundsatzes verlangt.

36 Unter **Völkerrecht** oder internationalem Recht wird das Recht verstanden, das die Beziehung zwischen den Staaten sowie den Internationalen Organisationen regelt. In

[43] Gesamtdarstellung bei *Beyerlin/Marauhn*, International environmental law, 2011; zur Einführung: *Epiney*, JuS 2003, 1066 ff.; *Scheidler*, Jura 2004, 9 ff.; *Koch/Mielke*, ZUR 2009, 403 ff.

jüngerer Zeit werden auch Einzelpersonen[44], Nichtregierungsorganisationen[45] sowie international tätige Unternehmen (State-Contracts[46]) punktuell in den Bereich völkerrechtlicher Regelungen einbezogen.

37 **Völkerrechtliche Verträge** und **Beschlüsse von internationalen Organisationen** sind grundsätzlich nur für die Vertrags- bzw. Mitgliedstaaten verbindlich. Um eine innerstaatliche Wirkung zu begründen, müssen sie transformiert bzw. umgesetzt werden. Dies erfolgt nach dem Grundgesetz in der Regel durch ein Zustimmungsgesetz des Deutschen Bundestages nach Art. 59 Abs. 2 GG. Diejenigen Bestandteile der völkerrechtlichen Verträge, die auf die Begründung von Rechten oder Pflichten des Einzelnen abzielen, gelten dann wie ein Bundesgesetz. Soweit die Regelung zugleich einen sogenannten **allgemeinen Grundsatz des Völkerrechts** (= **Völkergewohnheitsrecht**) darstellt, folgt die Rechtsbindung ausnahmsweise direkt aus Art. 25 GG und geht dem Bundesrecht vor. Zu diesen gehören z. B. das **Verbot erheblicher grenzüberschreitender Umweltbelastungen**[47] sowie das **Gebot der fairen und gerechten Aufteilung gemeinsamer natürlicher Ressourcen**[48] (z. B. bei Binnengrenzgewässern). Ergänzt werden diese materiellrechtlichen Pflichten durch **verfahrensrechtliche Gebote**, insbesondere die Pflicht zu Information und Konsultation in Notfällen sowie bei großen umweltbelastenden Vorhaben.[49]

38 Im Einzelnen kann zwischen folgenden **Rechtsquellen des Umweltvölkerrechts** unterschieden werden:[50]

- **Bilaterale** und **multilaterale** völkerrechtliche Verträge,
- von den Kulturvölkern anerkannte **allgemeine Rechtsgrundsätze**,
- Beschlüsse **internationaler Organisationen**,
- Beschlüsse **internationaler Konferenzen**.

39 Neben den explizit dem Umweltschutz gewidmeten völkerrechtlichen Rechtsakten sind auch die zunehmend bedeutsamen Verbindungen zum **Internationalen Wirtschaftsrecht** zu berücksichtigen, die auf die engen Wechselwirkungen zwischen beiden Politikfeldern reagieren.[51] Besonders zu erwähnen ist in diesem Zusammenhang das Allgemeine Zoll- und Handelsabkommen (GATT) als ein Handlungsbereich der Welthandels-

---

[44] Vor allem bei Menschenrechtspakten, siehe näher *Hailbronner/Kau*, in: Vitzthum (Hrsg.), Völkerrecht, 5. Aufl. 2010, S. 225 ff.

[45] Zu Einzelheiten *Riedlinger*, Die Rolle nichtstaatlicher Organisationen bei der Entwicklung und Durchsetzung internationalen Umweltrechts, 2001.

[46] Dazu *Schwartmann*, Private im Wirtschaftsvölkerrecht, 2005; *Nowrot*, Normative Ordnungsstruktur und private Wirkungsmacht, 2006.

[47] *Gründling*, UPR 1985, 403 ff.

[48] *Epiney*, JuS 2003, 1066 (1069 f.).

[49] *Epiney*, JuS 2003, 1066 (1070).

[50] Die einzelnen Rechtsquellen werden in den Abschnitten zu den Einzelbereichen des Umweltrechts aufgeführt.

[51] Exemplarisch *Gehring*, Nachhaltigkeit durch Verfahren im Welthandelsrecht, 2007.

organisation (WTO). Gemäß Art. XX GATT 1994 können Belange des Umweltschutzes zur Rechtfertigung von Einfuhrbeschränkungen herangezogen werden.

40 Obwohl es inzwischen zahlreiche völkerrechtliche Verträge zum Umweltschutz gibt, werden die praktischen Auswirkungen kritisch und skeptisch beurteilt, da politische und wirtschaftliche Motive die Beachtung durch die einzelnen Staaten immer wieder behindern. Es fehlt insoweit nach wie vor an wirksamen Sanktionsmechanismen.

41 ▶ **Lösungshinweise zu Fall 1.1** Staat B kann sich in diesem Fall auf das Verbot erheblicher grenzüberschreitender Umweltbelastungen als anerkanntem Rechtssatz des Völkergewohnheitsrechts berufen und von Staat A eine Aufhebung oder zumindest Modifizierung der dem Unternehmen S erteilten Genehmigung verlangen.

1.3.1.2 Umweltrecht der Europäischen Union

42 Die Entwicklung von der Europäischen Wirtschaftsgemeinschaft zur Europäischen Union (EU) hat Ende der 1980er Jahre, beginnend mit der Einheitlichen Europäischen Akte des Jahres 1986, zur Begründung und zum anschließenden Ausbau umweltrechtlicher Kompetenzen der EU und zur Etablierung eines eigenen europäischen Umweltrechts geführt.[52] Inzwischen hat die EU ein **prinzipiengeleitetes dichtes Netz von Umwelt-Richtlinien** erlassen, die weite Teile auch des deutschen Umweltrechts determinieren und auch konzeptionell prägen.[53] Zudem tritt die EU als umweltpolitischer Akteur neben und für die Mitgliedstaaten auf internationaler Ebene auf. Das hat zur Folge, dass viele internationalrechtliche Abkommen über den Umweg von EU-Richtlinien Eingang in das deutsche Recht finden. Dies gilt beispielhaft für die Aarhus-Konvention und das Kyoto-Protokoll.[54] Auf die Einzelheiten des Umweltrechts der EU wird unter Gliederungspunkt 3 (Rn. 98 ff.) ausführlich eingegangen.

1.3.1.3 Verfassungsrecht

43 Oberste Rechtsquelle des innerstaatlichen Rechts ist das deutsche Verfassungsrecht, also das Grundgesetz und die Landesverfassungen.[55] Art. 20 Abs. 3 GG regelt, dass die Verwaltung, welche in der Praxis hauptsächlich für die Anwendung und Umsetzung der Umweltrechtsnormen verantwortlich ist, an „Gesetz und Recht" gebunden ist. Dieser Grundsatz wird auch *Vorrang des Gesetzes* genannt und beinhaltet, dass ein Verwaltungshandeln rechtswidrig ist, wenn es gegen höherrangiges Recht verstößt. Das bedeu-

---

52 Systematisch behandelt bei *Meßerschmidt*, Europäisches Umweltrecht, 2011.

53 Dazu vertiefend *Calliess*, Rechtsstaat und Umweltstaat, 2001.

54 Die Aarhus-Konvention beeinflusste das Umweltrechtsbehelfsgesetz und das Kyoto-Protokoll, das Treibhausgasemissionshandelsgesetz, die beide auf der Umsetzung entsprechender EU-Richtlinien beruhen. Dazu exemplarisch Durner/Walter (Hrsg.), Rechtspolitische Spielräume bei der Umsetzung der Aarhus-Konvention, 2005.

55 Die weitere Darstellung orientiert sich im Folgenden nur am Grundgesetz, da die Vorgaben der Landesverfassungen damit im Wesentlichen übereinstimmen.

tet, vereinfacht ausgedrückt, dass z. B. eine Maßnahme einer Umweltbehörde unrechtmäßig ist, wenn der Betroffene hierdurch in seinen Grundrechten verletzt ist. Zusammen mit dem Prinzip vom Vorrang des Gesetzes ist der *Vorbehalt des Gesetzes* zu erwähnen. Danach müssen Eingriffe in Freiheit und Eigentum zum Schutz gegen staatliche Willkür aufgrund eines Gesetzes oder einer gesetzlichen Ermächtigung erfolgen. Dadurch wird den Maßnahmen zugleich die notwendige demokratische Legitimation vermittelt.

1.3.1.4 Gesetze

44 Ein Gesetz ist eine Sammlung von allgemein verbindlichen Rechtsnormen, welches in einem förmlichen Verfahren von dem dazu ermächtigten staatlichen Organ – dem Gesetzgeber – erlassen worden ist.[56] Hierzu zählen im Umweltrecht beispielsweise das BNatSchG, das WHG, das BImSchG oder auch das KrWG.

1.3.1.5 Rechtsverordnungen

45 Rechtsverordnungen (RVO) befinden sich auf der Hierarchieebene unterhalb der Gesetze. Sie werden von den (dazu) gesetzlich ermächtigten Exekutivorganen (siehe Art. 80 GG) erlassen, also einer Regierungs- oder Verwaltungsbehörde. Dabei gilt es zwingend das Zitiergebot zu beachten, die entsprechende Rechtsgrundlage – durch die die Behörde zum Erlass der Verordnung ermächtigt wurde – ist also in der RVO anzugeben. Zu nennen sind hier exemplarisch die Verordnung über Betriebsbeauftragte für Abfall (AbfBeauftrV)[57], die Chemikalienverbotsverordnung (ChemVerbotsV)[58], die Abwasserverordnung (AbwV)[59] oder die zahlreichen Rechtsverordnungen zum BImSchG.

1.3.1.6 Satzungen

46 Unterhalb der RVO finden sich die Satzungen. Diese werden von juristischen Personen des öffentlichen Rechts zur Regelung eigener Angelegenheiten erlassen. Die hierfür erforderliche Satzungsautonomie wird ihnen vom Staat verliehen. So machen z. B. Gemeinden von ihrer Satzungsautonomie Gebrauch, indem sie Bebauungspläne sowie Satzungen für die Abwasserbeseitigung, die Straßenreinigung, den Baumschutz oder für die Abfallwirtschaft erlassen.

1.3.1.7 Verwaltungsvorschriften

47 Das letzte Glied in der Normenhierarchiekette bilden die dem Innenrecht zugeordneten Verwaltungsvorschriften. Diese können in Form von Erlassen, Richtlinien, Durchfüh-

[56] *Kloepfer*, Verfassungsrecht Bd. I, 2011, § 21 Rn. 24 ff.
[57] Vom 26. Oktober 1977, BGBl. I S. 1913.
[58] In der Fassung der Bekanntmachung vom 13. Juni 2003, BGBl. I S. 867, zuletzt geändert durch Artikel 5 Absatz 40 des Gesetzes vom 24. Februar 2012, BGBl. I S. 212.
[59] In der Fassung der Bekanntmachung vom 17. Juni 2004, BGBl. I S. 1108, 2625, zuletzt geändert durch Artikel 5 Absatz 8 des Gesetzes vom 24. Februar 2012, BGBl. I S. 212.

rungsvorschriften, Vollzugsbestimmungen oder auch Dienstanweisungen ergehen. Sie werden von einer übergeordneten Behörde gegenüber einer nachgeordneten Behörde erlassen und dienen nur der internen Steuerung der Verwaltung.[60] Eine Ausnahme hiervon ist für die sogenannten normkonkretisierenden Verwaltungsvorschriften zu machen. Diese erfahren auch im gerichtlichen Bereich Beachtung, da der Gesetzgeber die Normkonkretisierung dem untergesetzlichen Vorschriftengeber übertragen hat.[61] Hierzu gehören z. B. die Technische Anleitung (TA) Luft und die TA Lärm.

1.3.1.8 Konkretisierung unbestimmter Rechtsbegriffe durch Technik- und Umweltstandards

48 Die Normen im Bereich des Umweltrechts enthalten eine Vielzahl unbestimmter Rechtsbegriffe, wie etwa *„schädliche Umwelteinwirkungen"*, *„Stand der Technik"*, *„Stand von Wissenschaft und Technik"*, *„Gefahren"*, *„Nachteile"* oder *„Belästigungen"*. Diese werden durch sogenannte Umweltstandards konkretisiert.

49 Soweit die Umweltstandards nicht durch das Gesetz selber oder durch eine Rechtsverordnung konkretisiert werden, besteht auch die Möglichkeit, dies durch die Verweisung auf Normenwerke privater Fachgesellschaften zu tun. Das Deutsche Institut für Normung (DIN), der Verband deutscher Ingenieure (VDI), der Technische Überwachungsverein (TÜV – regional gegliedert organisiert) sowie entsprechende auf europäischer Ebene organisierte Fachverbände[62] entwickeln für die verschiedensten Bereiche Standards, die den jeweiligen Stand der wissenschaftlichen Erkenntnis und praktischen Erfahrung widerspiegeln. Da der parlamentarische Gesetzgeber und die Ministerien in vielen Fällen nicht über einen ausreichenden eigenen Sachverstand verfügen, nutzen sie den externen Sachverstand dieser Organisationen, um die eigenen Normierungen zu präzisieren und an den aktuellen Wissens- und Erfahrungsstand anzuknüpfen. Man kann insoweit von kooperativer Normierung sprechen.

50 Voraussetzung für diese spezielle gesetzgebungstechnische Form der Verweisung ist unter anderem, dass sich der Gesetzgeber über die Transparenz und Qualität der privaten Normsetzungsverfahren vergewissert. Zudem sind **dynamische Verweisungen**[63] auf die jeweils geltende Fassung der Normen nur sehr beschränkt zulässig.[64] In Gerichtsverfahren werden die in Bezug genommenen privaten Normenwerke als antizipierte (vorweggenommene) Sachverständigengutachten behandelt.

---

[60] BVerfG NVwZ 1999, 977; *Hill*, NJW 1989, 401; *Sauer*, DÖV 2005, 587.

[61] Dies hat das BVerwG erstmals entschieden im sogenannten „Whyl-Urteil" v. 19.12.1985, Az. 7 C 65/82; BVerwGE 107, 338 (341); *Aschke,* in Beck'scher Online Kommentar VwVfG, Stand 01.01.2012, § 40 Rn. 135; *Hill*, NJW 1989, 401.

[62] Überblick und Einzelheiten dazu bei *Hoppe/Beckmann/Kauch*, Umweltrecht, § 5.

[63] Darunter versteht man eine Bezugnahme auf die aktuelle Fassung des jeweiligen Standards, dessen Inhalt der verweisende Gesetzgeber noch nicht kennen konnte, sodass er auch keine „Verantwortung" für den Inhalt dieser Regelungen übernehmen kann, wie dies bei statischen Verweisungen auf die zum Zeitpunkt der Gesetzgebung bestehende Fassung eines Standards der Fall ist.

[64] Zum Meinungsstand *Schulze-Fielitz,* in: Schulte/Schröder (Hrsg.), Handbuch des Technikrechts, 2. Aufl. 2011, S. 489 f.

51 Die Verwendung von Verwaltungsvorschriften ist nach der Rechtsprechung des EuGH nicht geeignet, um EU-Richtlinien in deutsches Recht umzusetzen.[65] Es fehle an der nötigen Rechtsklarheit der Umsetzung von Unionsrecht, da Verwaltungsvorschriften verminderten Publizitätserfordernissen unterliegen und keine unmittelbare Außenwirkung in Gestalt von Rechten und Pflichten für den Bürger entfalte. Deshalb musste der deutsche Gesetzgeber in vielen Bereichen Verwaltungsvorschriften durch Rechtsverordnungen ersetzen.

1.3.2 Strukturierung des Umweltrechts

52 Trotz der Zersplitterung der umweltrechtlichen Normen ist eine Strukturierung dahingehend möglich, dass man die bestehenden Normen in einen Allgemeinen und in einen Besonderen Teil gliedern kann. Dem Allgemeinen Teil könnten die Themenfelder zugeordnet werden, die für alle Bereiche des Umweltrechtes gleichermaßen gelten. Hierzu gehören:

- Grundsätze und Grundpflichten des Umweltrechts,
- Instrumente des Umweltrechts,
- Organisation und Zuständigkeiten,
- umweltbezogenes Verfahrensrecht,
- umweltrechtsbezogener Rechtsschutz[66] sowie die
- parlamentarische und exekutive Rechtsetzung (durch Gesetze, Rechtsverordnungen, Satzungen und öffentlich-rechtliche Verträge).

53 Dem Besonderen Teil könnten sodann sämtliche, das Umweltrecht beinhaltende Gesetze zugeordnet werden. Dazu gehören (auf Bundesebene) folgende Hauptgesetze:

- Atomgesetz[67],
- Bundesimmissionsschutzgesetz,
- Bundesnaturschutzgesetz,
- Erneuerbare Energien Gesetz,
- Kreislaufwirtschaftsgesetz,
- Wasserhaushaltsgesetz.

54 Eine den heutigen praktischen Anforderungen und Ergebnissen wissenschaftlicher Systematisierung genügende Gliederung findet sich in dem zwischen den Ressorts abgestimmten Referentenentwurf für ein Umweltgesetzbuch vom 25.11.2008:[68]

---

[65] EuGH, NVwZ 1991, 868.

[66] Dazu *Nolte*, § 7 in diesem Buch.

[67] Das Atomrecht stellt einen Sonderfall dar, weil es die Umweltgefährdung einerseits ermöglicht und andererseits bekämpft. Auch nach dem Atomausstieg bleibt das Gesetz im Kontext der Zwischen- und Endlagerung relevant.

[68] Abrufbar unter <http://www.umweltbundesamt.de/umweltrecht/umweltgesetzbuch.htm> (Stand: 10.04.2012).

- Erstes Buch – Allgemeine Vorschriften und vorhabenbezogenes Umweltrecht,
- Zweites Buch – Wasserwirtschaft,
- Drittes Buch – Naturschutz und Landschaftspflege,
- Viertes Buch – Nichtionisierende Strahlung,
- Fünftes Buch – Emissionshandel.

2 Verfassungsrechtliche Vorgaben

Fall 1.2

55

Im Umweltdezernat der Stadt M ist man sich nicht darüber im Klaren, welche Bedeutung die Einführung von Art. 20a GG (Staatsziel Umweltschutz) für die Anwendung der vor Inkrafttreten dieser Norm verabschiedeten Vorschriften des Umweltrechts hat. Amtsleiter A ist der Ansicht, es müsse nun in allen Fällen zusätzlich geprüft werden, inwieweit Interessen zukünftiger Generationen betroffen sind und eine von der bisherigen Praxis abweichende Entscheidungspraxis verlangen. Ist diese Ansicht zutreffend?

2.1 Verfassungsaufgabe Umweltschutz – Art. 20a GG

2.1.1 Die Rechtslage vor 1994

56

Wie der Überblick zur Entwicklung des deutschen Umweltrechts gezeigt hat, wurde dieses Rechtsgebiet nach 1969 schrittweise entwickelt und auf unterschiedliche Gesetzgebungszuständigkeiten gestützt, die nur zum Teil einen ausdrücklichen thematischen Bezug zum Umweltschutz aufwiesen. Nach und nach wurden jedoch in das Grundgesetz **einzelne Gesetzgebungskompetenzen** mit spezifisch umweltrechtlichem Bezug eingefügt, so etwa 1972 in Art. 74 Nr. 24 GG a.F. zur Luftreinhaltung und Lärmbekämpfung oder in Art. 75 Nr. 3 GG a.F.[69] zum Zwecke des Naturschutzes. Eine explizite Erwähnung und Absicherung der Staatsaufgabe Umweltschutz existierte bis zur **Einführung** des neuen Art. 20a GG im Jahr **1994** nicht. Es handelte sich vielmehr um eine jener Staatsaufgaben, die der Bundesgesetzgeber im Rahmen seiner allgemeinen Aufgabe zur Gemeinwohlkonkretisierung wahrzunehmen hatte. Er konnte demnach im Rahmen seiner Gesetzgebungskompetenz umweltrechtliche Zielsetzungen verfolgen, soweit die übrigen europa- und verfassungsrechtlichen Kautelen (Vereinbarkeit mit Unionsrecht, föderale Ordnung, Grundrechte, Übermaßverbot) beachtet wurden.

[69] Die in Art. 75 GG a.F. geregelte Rahmengesetzgebungskompetenz wurde im Rahmen der Föderalismusreform 2006 aufgehoben und die Kompetenztitel in die ausschließliche und konkurrierende Gesetzgebung nach Art. 73, 74 GG überführt.

2.1.2 Entstehungsgeschichte des Art. 20a GG

57 Bereits seit den 1970er Jahren wurde die Forderung erhoben, den Umweltschutz im Grundgesetz zu verankern. So forderte z. B. eine von der Bundesregierung eingesetzte Sachverständigenkommission im Jahr 1983 das Staatsziel Umweltschutz in Art. 20 Abs. 1 GG neben den anderen Verfassungsprinzipien und Staatszielbestimmungen einzubauen.[70] In der Staatsrechtslehre wurde demgegenüber nicht nur die weitergreifende Schaffung eines Umweltgrundrechts abgelehnt; auch die Stellungnahmen zu einem Staatsziel Umweltschutz fielen weitgehend skeptisch und warnend aus.[71]

58 Der Meinungswandel im politischen Bereich wurde erstmals 1987 erreicht, als die Einführung eines Staatszieles Umweltschutz in die Koalitionsvereinbarungen zwischen CDU/CSU und FDP aufgenommen wurde. Die angestrebte Verfassungsänderung scheiterte aber daran, dass man sich nicht mit der SPD über den Inhalt der Bestimmung einigen konnte, sodass die für eine Verfassungsänderung erforderliche 2/3 Mehrheit im Bundestag nicht zustande kam.

59 Den entscheidenden Durchbruch brachte die Gemeinsame Verfassungskommission von Bundestag und Bundesrat, die nach der Vollendung der Deutschen Einheit eingesetzt wurde. Die Kommission hielt parteienübergreifend die verfassungsrechtliche Verankerung eines **Staatszieles Umweltschutz** für erwünscht, „weil es sich beim Umweltschutz um ein existenzielles, langfristiges Interesse des Menschen handele, das verfassungsrechtlich noch nicht hinreichend geschützt sei, und es um eine hochrangige, grundlegende Aufgabe gehe, die den in Art. 20 Abs. 1 GG genannten Staatszielen und Strukturprinzipien in Rang und Gewicht gleichkomme".[72] Aber auch wenn sich die Beteiligten über die allgemeine Einführung eines Staatszieles einig waren, so war unter ihnen dennoch heftig umstritten, ob der Gesetzestext anthropozentrisch oder biozentrisch formuliert werden sollte. Auch fehlte ein Konsens hinsichtlich der Fragen, ob eine Vorrangklausel eingeführt werden sollte, sowie der Formulierung eines Gesetzesvorbehalts.[73] Die Abgeordneten von CDU/CSU forderten eine anthropozentrische Formulierung des Staatsziels. Der Umweltschutz sollte sich somit auf die natürlichen Lebensgrundlagen des Menschen beziehen. Die SPD wiederum wollte keine Einschränkung des Umweltschutzes durch die Bezugnahme auf den Menschen (bio-/ökozentrischer Ansatz). Vielmehr plädierten sie dafür, die natürlichen Lebensgrundlagen unter den besonderen Schutz (**Vorrangklausel**) der Verfassung zu stellen. Dies lehnte die CDU/CSU mit dem Argument ab, dass sämtliche Staatsziele von gleicher Bedeutung sein müssten. Um hier jedoch ein Scheitern der Verhandlungen zu vermeiden, einigte man sich, beide Anliegen nicht in den Text mit aufzunehmen. Bezüglich der dritten Frage setzte sich die CDU/CSU durch und man einigte sich auf eine wie in Art. 20 Abs. 3 GG bereits vorhan-

---

[70] Bericht der Sachverständigenkommission (1983), Staatszielbestimmungen, Gesetzgebungsaufträge, Rn. 130.

[71] *Benda*, UPR 1982, 241 (244); *Depenheuer*, DVBl. 1987, 809 (813).

[72] BT-Drs. 12/6000, Bericht der gemeinsamen Verfassungskommission vom 05.11.1993.

[73] *Murswiek*, in: Sachs (Hrsg.), Grundgesetz-Kommentar, 6. Aufl. 2011, Art. 20a Rn. 5.

dene Formulierung des Gesetzesvorbehalts. Durch eine weitere Verfassungsänderung wurde 2002[74] Art. 20a GG um den Tierschutz ergänzt.[75]

2.1.3 Regelungsgehalt und Anwendungsfälle

2.1.3.1 Allgemeine rechtsdogmatische Einordnung

60 Der mit Art. 20a GG geregelte Umweltschutz ist ein objektiv wirkendes **Staatsziel** und nicht lediglich ein unverbindlicher **Programmsatz**. Staatszielbestimmungen sind Verfassungsnormen mit rechtlich bindender Wirkung, die der Staatstätigkeit die fortdauernde Beachtung oder Erfüllung bestimmter Aufgaben vorschreiben.[76] Sie umreißen ein bestimmtes Programm der Staatstätigkeit und dadurch eine Richtlinie oder Direktive für das staatliche Handeln sowie für die Auslegung von Gesetzen und sonstigen Rechtsvorschriften.[77] Neben diesen positiven Rechtsfolgen kommt Art. 20a GG auch die Funktion zu, **Staatstätigkeit** und **allgemeine Bewusstseinsbildung** auf die Erhaltung der natürlichen Lebensgrundlagen programmatisch auszurichten und den Staatsorganen bei allen ihren Entscheidungen die fundamentale Bedeutung vor Augen zu führen.

2.1.3.2 Rechtscharakter im Einzelnen

61 Der Umweltschutz unterscheidet sich strukturell von den bislang anerkannten Staatszielen.[78] Bei letzteren geht es um die Verwirklichung eines bisher noch nicht erreichten Zustandes. Mit dem Ziel Umweltschutz wird hingegen die Wahrung der Integrität der Lebensgrundlagen, also die Vermeidung ihrer Beeinträchtigung und Zerstörung, gefordert. Art. 20a GG beschreibt damit eher eine Aufgabe für künftiges Tätigwerden als ein Ziel. Aber die geforderte Handlung lässt sich nur im Hinblick auf das Ziel verstehen. Die Wahl der Mittel zur Zielverwirklichung verbleibt jedoch im Ermessen des Gesetzgebers, was diesem einen weiten Gestaltungsspielraum einräumt.

2.1.3.3 Die einzelnen Tatbestandsmerkmale

62 **Begriff der natürlichen Lebensgrundlagen:** Ziel des in Art. 20a GG normierten Umweltschutzes ist es, die natürlichen Lebensgrundlagen schlechthin zu schützen. Im Mittelpunkt steht dabei der Schutz der Lebensgrundlage des Menschen, wenngleich die Grundlagen tierischen und pflanzlichen Lebens ebenso als schützenswert anzusehen

---

[74] G. v. 27.07.2002, BGBl. I S. 2862.

[75] Dazu näher *Caspar/Geissen*, NVwZ 2002, 913 ff.; rechtsvergleichend *Richter*, ZaöRV 2007, 319 ff. Zu einem Anwendungsfall BVerfG ZUR 2011, 203.

[76] Bericht der Sachverständigenkommission, Rn. 7.

[77] Bericht der Sachverständigenkommission, Rn. 7.

[78] Hierzu gehören das Prinzip der Gleichberechtigung von Mann und Frau, Art. 3 Abs. 2 GG, das Sozialstaatsprinzip, Art. 20 Abs. 1 GG, das Rechtsstaatsprinzip, Art. 20 Abs. 3 GG sowie das Prinzip der europäischen Integration, Art. 23 Abs. 1 Satz 1 GG.

sind. Das gilt schon deshalb, weil es immer auch der Mensch ist, der die Interessen der anderen Lebensformen bestimmt und bewertet. Es dürfte nicht zutreffend sein, Art. 20a GG rein **anthropozentrisch** zu deuten. Tatbestandlich erfasst der Begriff alle Umweltgüter, die Grundlage menschlichen, tierischen und pflanzlichen Lebens sind. Es soll jedoch eine Abgrenzung von den sozialen, ökonomischen, kulturellen und technischen Lebensgrundlagen getroffen werden. Zu den natürlichen Lebensgrundlagen zählen somit die Umweltmedien Luft, Wasser und Boden, außerdem Pflanzen, Tiere und Mikroorganismen in ihren Lebensräumen, auch Bodenschätze, klimatische Bedingungen und die Ozonschicht. Zum Schutz der natürlichen Lebensgrundlagen gehört **nicht** der Tierschutz in Gestalt des Schutzes individueller Tiere vor nicht artgemäßer Haltung und vermeidbaren Leidens. Diesen Bereich deckt der Tierschutz durch das Tierschutzgesetz ab.

63 **Verantwortung für die zukünftigen Generationen:** Mit der Zukunftsverantwortung hat der Gesetzgeber ausdrücklich normiert, dass der Umweltschutz nachhaltig zu erfolgen hat. Dies bedeutet, dass mit den natürlichen Lebensgrundlagen so zu verfahren ist, dass sie auch für künftige Generationen erhalten bleiben.[79] Hieraus ergeben sich drei rechtlich relevante Konsequenzen:

- bei der rechtlichen Bewertung von Umweltbelastungen darf nicht nur auf die aktuellen und kurzfristigen Auswirkungen abgestellt werden,
- bei nicht erneuerbaren Ressourcen ist das Prinzip der Nachhaltigkeit zu beachten und
- bei der Bewertung von Risiken sind Langzeitwirkungen zu beachten.

64 **Umfang des Schutzauftrages, insb. Schutzniveau:** Art. 20a GG verpflichtet den Staat, die natürlichen Lebensgrundlagen zu schützen. Dazu gehören:

- **Abwehr** der Schädigung durch (private) **Dritte**,
- **Unterlassen** der Schädigung durch **staatliches Handeln**,
- **Positives Handeln** zur Beseitigung bereits eingetretener Schäden sowie Pflege von belasteten und gefährdeten Umweltgütern.

Diesem **Schutzauftrag** ist aufgrund der Unmöglichkeit der praktischen Umsetzung keine Pflicht zur Vermeidung jeglicher Umweltbelastungen und Umweltbeeinträchtigungen zu entnehmen. Art. 20a GG verbietet es dem Staat jedoch, Umweltbeeinträchtigungen zu fördern. So obliegt es dem Staat, den Verursacher auch für kontrolliert zugelassene Umweltverschmutzungen zur Verantwortung zu ziehen.[80] Hieraus kann die konsequente Verwirklichung des **Verursacherprinzips** als Kostenzurechnungsprinzip abgeleitet werden. Im Bereich der **Ressourcenschonung und -bewirtschaftung** fördert Art. 20a GG die Orientierung am **Nachhaltigkeitsprinzip** (siehe dazu oben Rn. 63). Dieses Prinzip besagt unter anderem, dass natürliche Ressourcen nur in dem Umfang in Anspruch genommen werden dürfen und nur so zu bewirtschaften sind, dass ihre lang-

---

[79] Dazu vertiefend *Ekardt*, Das Prinzip Nachhaltigkeit: Generationengerechtigkeit und globale Gerechtigkeit, 2005.

[80] *Murswiek*, in: Sachs (Hrsg.), Grundgesetz-Kommentar, 6. Aufl. 2011, Art. 20a Rn. 34.

fristige Erhaltung und Nutzbarkeit auch durch zukünftige Generationen gewährleistet ist. Dem trägt die Entwicklung im Bereich des Kreislaufwirtschaftsrechts Rechnung.[81]

65 Hinsichtlich des **Schutzniveaus** sind dem Wortlaut des Art. 20a GG kaum konkrete Maßgaben zu entnehmen. Er besagt nur, dass die natürlichen Lebensgrundlagen zu schützen sind, gibt das Ziel und damit das gebotene Niveau des Schutzes aber nicht genauer an. Damit bleibt die für den umweltpolitischen Alltag wichtigste Frage offen. Die Kritik daran muss aber die Frage beantworten, wie ein bestimmtes Schutzniveau festgelegt und konkretisiert werden kann. Als Orientierungsgröße wird auf den sogenannten **Integritätsmaßstab** verwiesen. Er bedeutet, dass die Umweltgüter in ihrem grundsätzlichen Bestand zu erhalten sind, dass aber kein maximaler Umweltschutz gefordert ist – ein Restrisiko ist weiter hinzunehmen.[82] Um dennoch eine Verbesserung der Umweltsituation zu erreichen, wird teilweise ein **Verschlechterungsverbot**[83] aus Art. 20a GG abgeleitet.[84] Dagegen wird aber eingewandt, dass „die Umwelt" kein statisches Gebilde ist und es deshalb nicht darum gehen kann, einen bestimmten Status quo um jeden Preis zu bewahren.[85] Schließlich sind nach Art. 20a GG Eingriffe in die Integrität der Schutzgüter rechtfertigungsbedürftig, sodass die Norm ein **verfassungsrechtliches Schutzgut** konstituiert. In diesem Sinne hat das Bundesverfassungsgericht in seiner (methodisch problematischen[86]) Entscheidung zur Grünen Gentechnik dem Gesetzgeber einen weiten Gestaltungsspielraum eingeräumt und die Annahme eines Basisrisikos gebilligt.[87]

66 **Zielkonflikte innerhalb der Staatsziele** können entstehen, wenn das Erreichen des einen Ziels zur Beeinträchtigung eines anderen Ziels führt.[88] Ein solcher Konflikt besteht vor allem zwischen der Ökologie und der (grundrechtlich geschützten) Ökonomie. Dies ist dem Umstand geschuldet, dass umweltrelevantes Verhalten in nahezu jedem Wirtschaftszweig zu finden ist. So wird beispielsweise bei Produktionsabläufen Wasser und Energie benötigt oder es werden Emissionen an die Luft abgegeben. Auch kommt es zur Herstellung von Produkten, die möglicherweise negative Auswirkungen auf die Umwelt haben. Weil dies jedoch einen Widerspruch zum Umweltschutzgedanken darstellt, muss in diesem Zusammenhang ein Ausgleich hergestellt werden. Aufgrund der unbestimmten Formulierung des Art. 20a GG genießt der Umweltschutz aber keinen absoluten Vorrang gegenüber anderen Zielen und Aufgaben des Staates.[89] Vielmehr ist Art. 20a

---

[81] Dazu *Smeddinck*, § 3 in diesem Buch.

[82] *Murswiek*, in: Sachs (Hrsg.), Grundgesetz-Kommentar, 6. Aufl. 2011, Art. 20a Rn. 41 f.

[83] Etwa in dem Sinne, dass einmal statuierte Grenzwerte nie mehr abgesenkt werden dürfen, jedenfalls nicht ohne bedeutsame neue Erkenntnisse über die Gefährdungslage. Damit wird der im Demokratieprinzip verankerte Grundsatz, dass es keine Selbstbindung des Gesetzgebers gibt und eine „neue" Regierung auch neue inhaltliche Schwerpunkte setzen kann, durchbrochen.

[84] So etwa *Murswiek*, in: Sachs (Hrsg.), Grundgesetz-Kommentar, 6. Aufl. 2011, Art. 20a Rn. 31a.

[85] *Huster/Rux*, in: Epping/Hillgruber (Hrsg.), BeckOK GG, Art. 20a Rn. 22.

[86] Zu Einzelheiten *Kluth*, Das Gentechnik-Urteil, 2012; *Bickenbach*, ZJS 2011, 1 ff.

[87] BVerfG NVwZ 2011, 94 (98, Rn. 132 ff.).

[88] *Huster/Rux*, (Fn. 85), Art. 20a Rn. 39 ff.

[89] *Scholz*, in: Maunz/Dürig, Komm.z.GG., 63. EGL 2011, Art. 20a Rn. 41 ff.

GG als Optimierungsgebot zu verstehen, d. h. die natürlichen Lebensgrundlagen sind so gut zu schützen, wie es rechtlich und faktisch möglich ist, ohne dabei aber die Verwirklichung anderer öffentlicher Aufgaben unmöglich zu machen.[90] Die Norm selbst enthält **kein Entscheidungskriterium für Zielkonflikte**.

67 Alle Staatsorgane sind Adressaten im Rahmen ihrer jeweiligen Kompetenzen. Bund, Länder und Gemeinden müssen somit gemeinsam das Staatsziel Umweltschutz durchsetzen. Soweit Umweltschutz mit Eingriffen verbunden ist, ist die Verwaltung auf ausreichend bestimmte Befugnisnormen angewiesen, die auch das Übermaßverbot beachten müssen. Art. 20a GG geht von einer **Konkretisierungsprärogative** des Gesetzgebers aus. Es sind aber auch Eigeninitiativen der Verwaltung denkbar.

2.1.3.4 Auswirkungen auf die Gesetzesauslegung und -anwendung

68 Aus Art. 20a GG können sich ausnahmsweise objektive **Gesetzgebungspflichten** ergeben, soweit der Schutz der natürlichen Lebensgrundlagen staatliches Handeln zwingend erfordert. Soweit man der Ansicht folgt, dass Art. 20a GG eine gesetzliche Umsetzung des **Verursacherprinzips** verlangt,[91] kann sich auch insoweit eine Pflicht zur Gesetzgebung ergeben. So wird z. B. diskutiert, inwieweit im Bereich der Waldschäden ein Entschädigungsfonds eingerichtet werden muss, um die Schäden, die bei Waldbesitzern auftreten, zu kompensieren.[92]

69 Die Vielfalt des Lebens und die sich ständig wandelnden Verhältnisse machen es unmöglich, jedwede Situation rechtlich zu regeln. Aus diesem Grund sind die Normen abstrakt-generell formuliert und enthalten unbestimmte Rechtsbegriffe oder Generalklauseln, um möglichst viele Einzelfälle erfassen zu können. Diese unbestimmten Rechtsbegriffe bedürfen der Konkretisierung durch die Verwaltung, um sie sodann auf den jeweiligen Einzelfall anzuwenden. Hierbei ist der Auftrag des Art. 20a GG zu beachten, auch wenn die anzuwendende Norm keinem Umwelt- oder Tierschutzgesetz zu entnehmen ist. So ist beispielsweise bei den Gemeinwohlklauseln, die im Tatbestand auf das **öffentliche Interesse** oder **öffentliche Belange** abstellen, der Umweltschutz als Abwägungskriterium in die Auslegung einzubeziehen. Sind unbestimmte Rechtsbegriffe des Umweltrechts für eine zukunftsbezogene Vorsorge offen, ist bei ihrer Auslegung und Anwendung insbesondere die Verantwortung für die zukünftigen Generationen zu berücksichtigen.[93] Beispiele hierfür sind insbesondere der atomrechtliche Sicherheitsstandard nach § 7 Abs. 2 Nr. 3 Atomgesetz (AtG)[94] oder das emissionsrechtliche Vorsorgegebot des § 5 Abs. 1 Nr. 2 BImSchG.

---

[90] *Murswiek*, (Fn. 84), Art. 20a Rn. 53.
[91] *Murswiek*, (Fn. 84), Art. 20a Rn. 64.
[92] *Murswiek*, (Fn. 84), Art. 20a Rn. 65.
[93] *Murswiek*, (Fn. 84), Art. 20a Rn. 66.
[94] In der Fassung der Bekanntmachung vom 15. Juli 1985, BGBl. I S. 1565, zuletzt geändert durch Artikel 5 Absatz 6 des Gesetzes vom 24. Februar 2012, BGBl. I S. 212.

70 Im deutschen Recht wird zwischen **gebundenen und Ermessenentscheidungen** unterschieden. Bei einer gebundenen Entscheidung muss die Behörde, im Falle des Vorliegens der tatbestandlichen Voraussetzungen, die dort angeordnete Rechtsfolge zwingend treffen. Wird der Behörde demgegenüber ein Ermessen eingeräumt, so steht ihr ein gewisser Entscheidungsspielraum zu. Ob eine gebundene oder eine Ermessensentscheidung vorliegt, ist dem Gesetzeswortlaut zu entnehmen. Formulierungen wie „muss" deuten auf eine gebundene Entscheidung, während die Wendungen (Begriffe) „kann", „darf" oder „soll" auf eine Ermessenentscheidung hinweisen. Steht der Behörde ein Entscheidungsspielraum zu, so muss sie das Ermessen pflichtgemäß ausüben und hat sich am Zweck des angewandten Gesetzes zu orientieren. Erfolgt die Ermessenausübung innerhalb eines Gesetzes, welches den Umweltschutz zum Zweck hat, bringt Art. 20a GG hier kaum Neuerungen. Bei sonstigen Normen sind die Direktiven des Art. 20a GG nur zu berücksichtigen, wenn der Umweltschutz zu den beachtlichen Ermessenserwägungen zu zählen ist, die die Verwaltung nach dem Willen des Gesetzgebers bei der Anwendung der betreffenden Norm zu berücksichtigen hat.

71 Versteht man Art. 20a GG als **Optimierungsgebot**, so muss er sich auch auf die planerische Abwägung auswirken. Ob durch Art. 20a GG die Bedeutung des Umweltschutzes in der planerischen Abwägung vergrößert wurde, erscheint fraglich. Die Norm ist insoweit zu unbestimmt und es bedarf der Konkretisierung durch den Gesetzgeber.

72 Art. 20a GG kann Eingriffe in Grundrechte ohne Gesetzesvorbehalt als verfassungsimmanente Schranke rechtfertigen.[95] Diesem Aspekt kommt z. B. bei der Ressourcenbewirtschaftung Bedeutung zu.

73 Art. 20a GG gewährt selbst **kein subjektives Recht**.[96] Er erweitert deshalb auch nicht den Bereich drittschützender Normen. Bestehende Klagebefugnisse können jedoch ggf. in ihrer Reichweite ausgedehnt werden. Auch im verwaltungsgerichtlichen Verfahren gibt Art. 20a GG dem einzelnen Bürger keine Klagebefugnis. Durch Art. 20a GG ist die Verwaltung vor allem bei der Wahl zwischen Gestaltungsalternativen im Rahmen von Planungs-, Abwägungs- und Ermessenentscheidungen gehalten, Eingriffe in Umweltgüter zu begründen und die Angemessenheit von Schutzmaßnahmen zu rechtfertigen. Hieraus ergibt sich für den Einzelnen die Möglichkeit, im Einwendungsverfahren die Verletzung von Art. 20a GG zu rügen.

74 ▶ **Lösung Fall 1.2** Bei der Anwendung von umweltrechtlichen Normen, die bereits vor Inkrafttreten des Art. 20a GG erlassen wurden, hat eine Prüfung zu erfolgen, inwieweit die Interessen zukünftiger Generationen betroffen sind. Vor allem bei der Anwendung von Normen, die im Tatbestand die unbestimmten Rechtsbegriffe wie „öffentliches Interesse" oder „öffentliche Belange" enthalten, ist der Schutzauftrag des Art. 20a GG zu berücksichtigen. Dennoch dürfte es entgegen der Ansicht des Amts-

---

[95] Kritisch dazu jedoch *Scholz*, (Fn. 89), Art. 20a Rn. 42 unter Bezugnahme auf BVerwG, NJW 1995, 2648 (2649).

[96] *Scholz*, (Fn. 89), Art. 20a Rn. 33 – allgemeine Ansicht.

leiters A nicht zu von der bisherigen Praxis abweichenden Entscheidungen kommen. Das Umweltrecht basiert unter anderem auf dem Nachhaltigkeitsprinzip, welches auch vor Inkrafttreten von Art. 20a GG bei umweltrechtlichen Entscheidungen zu beachten war.

2.1.4 Art. 20a GG und die Konzeption des Umweltstaates

75 Die Einführung von Art. 20a GG wird analog zum Sozialstaat auch mit einer Konzeption des Umweltstaates in Verbindung gebracht.[97] Unter dem Begriff *Umweltstaat* lassen sich sehr unterschiedliche Fragenkomplexe sammeln:

- inwieweit der Umweltschutz im Staat und seiner Verfassung verankert ist oder sein soll,
- wie staatlicher Umweltschutz wirksamer gestaltet werden kann,
- welche Gefahren für die individuelle Freiheit des Einzelnen dadurch entstehen, dass der Staat neue Kompetenzen an sich zieht und wie einer solchen Kompetenzausweitung begegnet werden kann und
- welche Instrumente der Staat zum effektiven Umweltschutz benötigt und ob sogenannte neue Mittel effektiver, effizienter oder freiheitsschonender sind (etwa ökonomisch wirkende Instrumente).

Die Zusammenfassung dieser Aspekte unter dem **Topos Umweltstaat** erscheint deshalb sinnvoll, um einen Gesamteindruck zu gewinnen und den Zusammenhang zwischen den verschiedenen Dimensionen des Umweltschutzes erfassen zu können. Vor allem gilt es, Wechselwirkungen zwischen Umweltschutz und Freiheitsgarantie nicht aus den Augen zu verlieren. Da Staatsziele final orientiert sind, während das Grundgesetz überwiegend instrumental ausgerichtet ist, kann es hier leicht zu Fehlentwicklungen und Spannungen kommen.[98] Die Verfassungsrechtsdogmatik muss entsprechend weiterentwickelt werden.

2.2 Grundrechtliche Gewährleistung des Umweltschutzes

76 Ein spezielles Grundrecht auf Umweltschutz bzw. Erhaltung der natürlichen Lebensgrundlagen gibt es in Deutschland nicht. Nichtsdestotrotz können einzelne Grundrechte zur Abwehr von Umweltbeeinträchtigungen herangezogen werden.

Diese grundrechtliche Schutzpflicht hat folgende Struktur:

- Ergänzung bei der Abwehr von staatlichen Eingriffen,
- Abwehr privater Übergriffe,
- Maßstab ist das jeweilige Grundrecht i. V. m. mit dem Untermaßverbot.

---

[97] Dazu näher *Kloepfer*, Umweltstaat als Zukunft, 1994. Siehe auch die kritische Studie von *Steinberg*, Der ökologische Verfassungsstaat, 1998.

[98] Exemplarisch zu einer solchen Problematik *Kluth*, (Fn. 86), passim.

In Betracht kommen dabei vor allem Art. 2 Abs. 2 GG – das Recht auf Leben und körperliche Unversehrtheit – sowie Art. 14 GG – der Eigentumsschutz. Dennoch kann hierdurch nur sehr punktuell und für einen Minimalbereich Umweltschutz verfassungsrechtlich verankert werden.

2.3 Grundrechte als Schranken der Umweltschutzgesetzgebung

77 Art. 20a GG stellt den Umweltschutz nicht von den üblichen verfassungs- und rechtsstaatlichen Bindungen frei, sondern betont sie vielmehr. So wird ausdrücklich an die Bindung an die verfassungsrechtliche Ordnung angeknüpft, obwohl dies eigentlich nicht nötig gewesen wäre, da sie sich aus Art. 20 Abs. 3 GG von selbst ergibt. So dürfen umweltschützende Maßnahmen nur in dem Maß durchgeführt werden, wie sie nicht zu einer Grundrechtsverletzung führen. Es ergeben sich insbesondere aus dem **Gleichheitsgrundsatz** (Art. 3 Abs. 1 GG), dem **Grundrecht auf Eigentum** (Art. 14 GG) sowie aus dem **Grundrecht auf Berufs-, Unternehmens- und Erwerbsfreiheit** (Art. 12 GG) Schranken für den Umweltschutz. Der Gleichheitsgrundsatz beispielsweise gebietet, dass Regelungen, die zu einer Ungleichbehandlung führen, einer ausreichenden sachlichen Rechtfertigung bedürfen.

2.3.1 Vorbehalt des Gesetzes und Grundsatz der Verhältnismäßigkeit

78 Der Gesetzgeber hat bei Erlass umweltschützender Maßnahmen den Gesetzes- und den Parlamentsvorbehalt sowie den Grundsatz der Verhältnismäßigkeit (auch Übermaßverbot genannt) zu beachten.[99]

79 Nach dem **Grundsatz des Gesetzesvorbehalts** ist es grundsätzlich möglich, Grundrechte einzuschränken, sofern die einschränkende Regelung einem förmlichen Gesetz entnommen werden kann. In diesem Zusammenhang ist auch der **Parlamentsvorbehalt** zu erwähnen, wonach das Parlament in bestimmten Bereichen gehindert ist, seine Befugnisse zu delegieren und daher in diesen Bereichen selbst die erforderliche Regelung treffen muss.

80 Der **Verhältnismäßigkeitsgrundsatz** besagt, dass jedes freiheitsbeschränkende staatliche Handeln geeignet, erforderlich und angemessen im Hinblick auf das verfolgte Ziel und die bei den Adressaten eintretenden Freiheitsbeeinträchtigungen sein muss.[100] Umweltrechtliche Maßnahmen sind als **geeignet** anzusehen, wenn durch diese Maßnahme der gewünschte Erfolg auch tatsächlich erreicht wird, wobei eine Annäherung an das Ziel ausreicht („Ein Schritt in die richtige Richtung") und keine vollständige Zielverwirklichung nachgewiesen werden muss. Die **Erforderlichkeit** der Maßnahmen ergibt sich daraus, dass kein milderes Mittel den gleichen Erfolg herbeiführen kann. Die **Angemes-**

[99] Dazu näher *Kluth*, Grundrechte, 2. Aufl. 2012, S. 114 ff.; *ders.*, JA 1999, 606 ff.
[100] *Kloepfer*, Verfassungsrecht Bd. I, 2011, § 10 Rn. 192 ff.

senheit ist anzunehmen, wenn die durchzuführende Abwägung ergibt, dass Freiheitsbeschränkung und erstrebter Erfolg der Umweltschutzmaßnahme in einem vernünftigen Verhältnis zueinander stehen. Der Verhältnismäßigkeitskontrolle kommt eine ganz erhebliche praktische Bedeutung zu, und sie bildet den Schwerpunkt der gerichtlichen Kontrolle behördlicher Entscheidungen.

2.3.2 Verfassungsrechtlicher Vertrauens- und Bestandsschutz

81 Das Umweltrecht ist nicht zuletzt wegen des Einflusses von Art. 20a GG dynamisch ausgerichtet und führt deshalb immer wieder zu einer Erhöhung der Anforderungen an die Betreiber von Anlagen. Verfassungsrechtlich stellt sich damit die Frage, ob und inwieweit die Betreiber von bereits genehmigten Anlagen auf den unveränderten Fortbestand dieser Genehmigungen vertrauen dürfen. Der damit angesprochene Bestandsschutz findet seine Verankerung im **rechtsstaatlichen Grundsatz des Vertrauensschutzes**[101] oder in dem sachlich tangierten Grundrecht, häufig dem Eigentumsgrundrecht.[102] Man unterscheidet **aktiven und passiven Bestandsschutz**. Passiver Bestandsschutz richtet sich gegen spätere Rechtsänderungen.[103] Aktiver sichert die künftige Nutzung genehmigter Anlagen bei inzwischen eingetretenen Änderungen der Rechtslage.[104] Im Umweltrecht genießt der Bestandsschutz besondere Aufmerksamkeit, da umweltrechtliche Anforderungen z. B. an Anlagen stets weiter entwickelt und neu definiert werden, sodass zunächst zulässige Anlagen diesen Anforderungen im Laufe der Zeit nicht mehr standhalten. Dies führt jedoch nicht zwingend dazu, dass die Anlage nicht mehr betrieben werden kann. Vielmehr bewirkt die erteilte immissionsschutzrechtliche Genehmigung, dass der Betrieb einer Anlage trotz nachträglicher Änderung der Sach- und Rechtslage zunächst nicht rechtswidrig wird. Dennoch wird im Immissionsschutzrecht kein Bestandsschutz gewährt, da es hier keinen Grundsatz gibt, der Rechtspositionen des Anlagenbetreibers unangetastet lässt.[105] Ein aktiver Bestandsschutz würde dazu führen, dass Anlagen- und Nutzungsänderungen, welche zur Erhaltung der Funktion der Anlage dienen, trotz entgegenstehender Rechtslage genehmigt werden müssten. Dem steht jedoch § 16 BImSchG entgegen, wonach wesentliche Änderungen einer Genehmigung bedürfen. Dem passiven Bestandsschutz steht § 17 BImSchG entgegen, wonach nachträgliche Anordnungen wie die Betriebsuntersagungsverfügung nach § 20 BImSchG oder sogar der Genehmigungswiderruf nach § 21 BImSchG erteilt werden können.

---

[101] *Maurer*, in: Isensee/Kirchhof (Hrsg.), HdbStR, Bd. IV, 3. Aufl. 2006, § 79 Rn. 68 f.; BVerfG NVwZ 2010, 771 (774).

[102] *Papier*, in: Maunz/Dürig, Komm.z.GG., 63. EGL 2011, Art. 14 Rn. 84 ff.

[103] Siehe dazu exemplarisch § 17 BImSchG und dazu *Jarass*, BImSchG, 9. Aufl. 2012, § 6 Rn. 50 ff.

[104] *Jarass*, (Fn. 80), § 16 Rn. 39. Zum Verhältnis von Verfassungs- und Gesetzesrecht in diesem Zusammenhang BVerwGE 106, 228 (235).

[105] BVerwGE 65, 313 (317).

2.3.3 Grundrecht auf Umweltverschmutzung?

82 Es erscheint widersprüchlich, im Rahmen der vielgeführten Diskussionen hinsichtlich des Umweltschutzes zu behaupten, dass sich aus dem Grundgesetz tatsächlich ein *Grundrecht auf Umweltverschmutzung* ableiten lässt.[106] Dennoch ist diese unglücklich formulierte These nicht ganz unbegründet. So umfasst die durch das Grundgesetz garantierte Freiheitssphäre auch das Recht, die natürlichen Ressourcen zu nutzen. Durch Art. 2 Abs. 1 GG wird die allgemeine Handlungsfreiheit geschützt, die auch das Recht auf Umweltnutzung und Umweltverschmutzung umfasst. Im wirtschaftlichen Bereich wird durch Art. 12 Abs. 1 GG – die Berufsfreiheit – die Inanspruchnahme der natürlichen Ressourcen geschützt. Angesichts der Tatsache, dass jede Inanspruchnahme knapper Ressourcen eine Umweltverschmutzung darstellt, gewährleisten diese Freiheitsrechte somit auch ein *Recht auf Umweltverschmutzung.* Um jedoch eine uferlose Umweltverschmutzung zu verhindern, werden diese Grundrechte dahingehend eingeschränkt, als eine Inanspruchnahme der Umweltgüter nur insoweit als rechtmäßig angesehen wird, wie sie tatsächlich notwendig ist.[107]

2.3.4 Grundrechtliche Aspekte der Ressourcenbewirtschaftung

83 Im Fall der Ressourcenbewirtschaftung kommen verschiedene Formen der grundrechtlichen Gewährleistung zum Zuge. Bei Vorliegen einer Zulassungs- oder Zuteilungsregelung ist deren Einführung am abwehrrechtlichen Gehalt zu messen. Die Bewirtschaftung selbst unterliegt eventuell einem Leistungsrecht sowie dem Gleichheitsgrundsatz. In beiden Fällen ist der Gesetzesvorbehalt zu beachten. So hat das BVerfG in dem sogenannten „**Wasserpfennigbeschluss**"[108] entschieden, dass Wasser einer öffentlich-rechtlichen Benutzungsordnung untersteht und nicht für alle frei zugänglich ist.[109] Dies sei aufgrund der vielfältigen und teilweise miteinander konkurrierenden Nutzungsinteressen und der Begrenztheit der Wasserressourcen erforderlich und stelle eine haushälterische – und somit auch nachhaltige – Bewirtschaftung sicher. Die erhobene Wasserentnahmeabgabe sieht das BVerfG dadurch gerechtfertigt, dass unter den Bedingungen der Knappheit und Nutzungskonkurrenz, Einzelnen die Nutzung der Ressource in einem größerem Umfang zugestanden wird als Anderen; Ihnen wird somit ein Sondervorteil gegenüber all denen, die das betreffende Gut nicht oder nicht in gleichem Umfang nutzen, eingeräumt.[110] Den Wert dieses Vorteils, soweit er durch die tatsächliche Wasser-

---

106 *Sendler*, UPR 1983, 41.

107 Es ist umstritten, inwieweit die Freiheitsgrundrechte ein Recht auf Inanspruchnahme von Umweltgütern und damit – polemisch formuliert – auf Umweltverschmutzung gewährleisten. Grundrechtsdogmatisch ist zu unterscheiden, ob eine Lösung auf der Tatbestandsebene oder der Schrankenebene zu suchen ist. Mit der weiten Tatbestandslehre ist eine Lösung auf der Schrankenebene vorzuziehen.

108 BVerfGE 93, 319. Dazu *Kluth*, NuR 1997, 105 ff.

109 BVerfGE 93, 319 (345).

110 BVerfGE 93, 319 (345).

entnahme in Anspruch genommen worden ist, darf nach Ansicht des BVerfG der bewirtschaftende Staat abschöpfen.[111]

2.4 Umweltschutznormen in den Landesverfassungen

84 Dass die Umwelt ein Gut von höchstem Wert ist, haben die Länder vergleichsweise zeitig erkannt. Die heute in den Landesverfassungen enthaltenen Umweltschutzbestimmungen stammen bereits aus den 1970er und 1980er Jahren. Die neuen Bundesländer haben die Staatszielbestimmungen mit ihrer Gründung in ihre Landesverfassungen aufgenommen.[112] Die inhaltliche Ausgestaltung des Umweltschutzes als Staatszielbestimmung ist dabei sehr unterschiedlich, was auch mit Blick auf die Vorgaben des Art. 20a GG gilt. In einigen Landesverfassungen wird bereits in der Präambel Bezug auf den Umweltschutz genommen. In der Präambel der Verfassung des Landes Sachsen-Anhalt heißt es z. B.: „[...] mit dem Willen [...] die natürlichen Lebensgrundlagen zu erhalten [...]". Auch die Präambeln der Verfassungen der Länder Mecklenburg-Vorpommern, Thüringen, Brandenburg sowie die Präambel der Hamburger Verfassung verweisen hier bereits auf die Staatszielbestimmung des Umweltschutzes. Unterschiede in der Ausgestaltung der landesverfassungsrechtlichen Normen werden bereits auf den ersten Blick deutlich. Manche Landesverfassungen, wie z. B. Berlin oder auch Hessen, handeln den Umweltschutz in einem kurzen prägnanten Satz ab. So heißt es in Art. 31 Abs. 1 der Berliner Verfassung: „Die Umwelt und die natürlichen Lebensgrundlagen stehen unter dem besonderen Schutz des Landes." In Hessen heißt es ähnlich in Art. 26a: „Die natürlichen Lebensgrundlagen des Menschen stehen unter dem Schutz des Staates und der Gemeinden." In anderen Landesverfassungen wurde der Gesetzgeber etwas konkreter und hat den Umweltschutz sprachlich weiter ausgestaltet. So weisen manche Umweltschutznormen auch auf den sparsamen Umgang von Rohstoffen hin. Darin kommt die Einsicht zum Ausdruck, dass ein effektiver Umweltschutz nur betrieben werden kann, wenn die zu ergreifenden Maßnahmen auch mit Blick auf die kommenden Generationen erfolgen und zu einem sparsamen Umgang mit den vorhandenen Ressourcen ermahnt wird. Auch erfolgte eine Verankerung des Kooperationsprinzips, indem man den Umweltschutz als Aufgabe von Bürger und Staat betrachtet.

2.5 Verteilung der Gesetzgebungskompetenzen

85 Nach dem Grundgesetz stehen die Gesetzgebungskompetenzen teilweise dem Bund und teilweise den Ländern zu. Hierbei gilt der Grundsatz des Art. 70 Abs. 1 GG, wonach den Ländern die Gesetzgebungskompetenz zusteht, soweit das Grundgesetz dem Bund keine

---

[111] BVerfGE 93, 319 (346).

[112] Vgl. *Erbguth/Wiegand*, DVBl. 1994, 1325 ff.

Gesetzgebungsbefugnisse einräumt. Für den Bereich des Umweltschutzes enthält das Grundgesetz zahlreiche Zuweisungen, wobei das Schwergewicht der Gesetzgebung beim Bund liegt.

2.5.1 Gesetzgebungszuständigkeiten des Bundes

86 Zu unterscheiden ist zunächst die ausschließliche und konkurrierende Gesetzgebungskompetenz des Bundes. Wird dem Bund die ausschließliche Gesetzgebungskompetenz für eine Materie zugewiesen, steht den Ländern gemäß Art. 71 GG nur eine Gesetzgebungsbefugnis zu, wenn und soweit sie hierzu in einem Bundesgesetz ermächtigt werden. Im Bereich der konkurrierenden Gesetzgebung sind die Länder gemäß Art. 72 Abs. 1 GG zur Gesetzgebung befugt, solange und soweit der Bund nicht von seiner Kompetenz Gebrauch macht. Der Umweltschutz gehört nicht zum Katalog der ausschließlichen Gesetzgebungskompetenz des Bundes nach Art. 73 GG. Jedoch ergeben sich für den Bund aus dem **Katalog der konkurrierenden Gesetzgebung nach Art. 74 Abs. 1 GG** zahlreiche umweltrechtliche Materien:

- Nr. 1 zivilrechtliches Nachbarrecht, Umweltstrafrecht,
- Nr. 11 Energiewirtschaft, Stoffrecht,
- Nr. 12 Arbeitsschutz,
- Nr. 17 Ernährungssicherheit, Hochseefischerei, Küstenschutz,
- Nr. 18 Bodenrecht,
- Nr. 19 Gesundheitsrecht, Verkehr mit besonders gefährlichen Stoffen,
- Nr. 20 Lebens- und Futtermittelrecht, Tierschutz,
- Nrn. 21 bis 23 Schiffs-, Straßen- und Schienenverkehr,
- Nr. 24 Abfallbeseitigung, Luftreinhaltung, Lärmbekämpfung,
- Nr. 26 Gentechnik,
- Nr. 28 Jagdrecht,
- Nr. 29 Naturschutz und Landschaftspflege,
- Nr. 30 Bodenverteilung,
- Nr. 31 Raumordnung,
- Nr. 32 Wasserhaushalt.

87 Diese konkurrierende Gesetzgebungsbefugnis des Bundes wird durch die **Erforderlichkeitsklausel** des Art. 72 Abs. 2 GG für einige Teilbereiche konditioniert. Bundeseinheitliche Regelungen in den Bereichen der Energiewirtschaft, Stoffrecht, des Lebensmittel- und Futterrechts/Tierschutz sowie der Gentechnik dürfen nur dann getroffen werden, wenn die Herstellung gleichwertiger Lebensverhältnisse im Bundesgebiet oder die Wahrung der Rechts- und Wirtschaftseinheit im gesamtstaatlichen Interesse eine solche Regelung erforderlich machen.[113] Die Herstellung gleichwertiger Lebensverhältnisse bedeu-

113 *Uhle,* in: Kluth (Hrsg.), Föderalismusreformgesetz – Einführung und Kommentierung, 2007, Art. 72 Rn. 31 GG.

tet hierbei nicht, dass diese notwendigerweise einheitlich sein müssen.[114] Vielmehr hat der Bundesgesetzgeber nach der Rechtsprechung des BVerfG[115] dann eine bundeseinheitliche Regelung zu treffen, „wenn sich die Lebensverhältnisse in den Ländern der Bundesrepublik in erheblicher, das bundesstaatliche Sozialgefüge beeinträchtigender Weise auseinander entwickelt haben oder sich eine derartige Entwicklung konkret abzeichnet."[116] Trotz der genannten Einschränkungen liegt der Schwerpunkt der Gesetzgebungskompetenz im Bereich des Umweltrechts beim Bund. Dies ist auch wichtig. Im stark europäisierten Umweltrecht sollte die Umsetzung europäischer Richtlinien möglichst einheitlich und zügig vorangehen und nicht aufgrund verschiedener Gesetzgebungskompetenzen von Bund und Ländern schwer- und konfliktanfällig sein.[117]

2.5.2 Die Abweichungsgesetzgebung

88 Trotz der grundsätzlichen Befürwortung einer Bundeskompetenz wurde den Ländern mit Art. 72 Abs. 3 GG in den dort genannten Rechtsmaterien eine Abweichungsbefugnis eingeräumt. Diese Abweichungsbefugnis betrifft nur den enumerativ aufgezählten Anwendungsbereich und hat abschließenden Charakter.[118] Nach Art. 72 Abs. 3 Nr. 1–6 GG haben die Länder die Möglichkeit, in den dort genannten Bereichen durch ein „eigenes" Gesetz vom Bundesrecht abzuweichen.[119] Ein Abweichungsrecht in den umweltrelevanten Bereichen steht den Ländern im Jagdrecht, dem Recht des Naturschutzes und der Landschaftspflege, der Raumordnung sowie dem Wasserrecht zu.[120] Um hier jedoch zu verhindern, dass die Länder völlig zum Bundesgesetz gegensätzliche Regelungen erlassen, ist das Abweichungsrecht begrenzt. So haben die Länder insbesondere vor dem Hintergrund des Grundsatzes der Bundestreue, der auch eine europarechtliche Dimension hat, „alles zu unterlassen, was die Bundespflicht zur Umsetzung europäischen Gemeinschaftsrechts erschwert oder unmöglich macht. Eine Ausübung der Abweichungsgesetzgebung i. S. v. Art. 72 Abs. 3 GG, die gegen europäisches Gemeinschaftsrecht verstößt, verstieße auch gegen den ungeschriebenen bundesverfassungsrechtlichen Grundsatz der Bundestreue; insoweit hat die bundesgesetzliche Regelung stets Vorrang".[121] Weitere Grenzen ergeben sich aus dem Wortlaut der Norm selbst. Hier hat der Gesetzgeber durch Ausgrenzung einzelner Kernbereiche für das Jagdwesen, den Naturschutz und den Wasserhaushalt die Abweichungsbefugnis begrenzt. Diese sogenannten **Kernbereiche** sind abweichungsfest, d. h. von diesen Regelungen darf der Landesgesetzgeber

---

114 *Frenz*, NVwZ 2006, 742 (743).
115 BVerfGE 106, 62 (144).
116 BVerfGE 106, 62 (144), *Uhle*, (Fn. 113), Art. 72 Rn. 33.
117 *Schulze-Fielitz*, NVwZ 2007, 249 (250).
118 *Uhle*, (Fn. 113), Art. 72 Rn. 48.
119 *Uhle*, (Fn. 113), Art. 72 Rn. 49.
120 Art. 72 Abs. 3 Nr. 1, 2, 4, 5 GG.
121 *Köck/Wolf*, NVwZ 2008, 353 (356).

nicht abweichen. So behält sich der Bundesgesetzgeber für die Materie des Jagdwesens vor, das Recht der Jagdscheine abweichungsfest zu regeln.

89 Der **Kernbereich des Naturschutzes** umfasst die „allgemeinen Grundsätze des Naturschutzes, das Recht des Artenschutzes und des Meeresnaturschutzes" (Art. 72 Abs. 3 Nr. 2 GG). Diese, der Gesetzgebung des Bundes unterliegende Materie, soll dem Bund die Möglichkeit geben, in allgemeiner Form bundesweit verbindliche abweichungsfeste Grundsätze für den Schutz der Natur, insbesondere für die Erhaltung der biologischen Vielfalt und zur Sicherung der Funktionsfähigkeit des Naturhaushalts festzulegen sowie im Bereich des Meeresnaturschutzes abweichungsfeste Regelungen zum maritimen Biodiversitätsschutz zu erlassen.[122]

90 Im Bereich des **Wasserhaushalts** sind die stoff- und anlagenbezogenen Regelungen abweichungsfest. Grund für diese Beschränkung ist, dass der verfassungsändernde Gesetzgeber davon ausging, dass stoffliche Belastungen oder von Anlagen ausgehende Gefährdungen der Gewässer zum „Kernbereich des Gewässerschutzes" zählen und zwingend durch bundeseinheitliche rechtliche Instrumentarien zu regeln sind.[123]

91 Bundesgesetze, die eine Abweichungsmöglichkeit zulassen, treten im Regelfall sechs Monate nach ihrer Verkündung in Kraft (Art. 72 Abs. 3 Satz 2 GG). Diese **sechsmonatige Karenzzeit** verlangsamt auf der einen Seite den Gesetzgebungsprozess, auf der anderen Seite soll hierdurch den Ländern die Möglichkeit gegeben werden, noch vor Inkrafttreten des Bundesgesetzes über ein mögliches abweichendes Landesgesetz zu entscheiden.[124] Des Weiteren soll durch diese sechs Monate ein häufiger Wechsel der Rechtslage für die Gesetzesadressaten vermieden werden.[125] Macht ein Land von der ihm von Art. 72 Abs. 3 Satz 1 GG eröffneten Möglichkeit zum Erlass einer abweichenden Regelung Gebrauch, so gilt gemäß Art. 72 Abs. 3 Satz 3 GG im Verhältnis von Bundes- und Landesrecht das jeweils spätere Gesetz.[126] Würde nun der Bundesgesetzgeber wiederum die Landesgesetze korrigieren, so haben wieder die Bundesgesetze Geltung vor den Landesgesetzen.[127] Dies kann zu einer sogenannten „Ping-Pong"-Gesetzgebung führen. Ein weiterer Nachteil dieser Abweichungsgesetzgebung besteht darin, dass die 16 Bundesländer bei ihrer Abweichung weder einheitlich noch koordiniert vorgehen müssen.[128] So kann es passieren, dass in drei Bundesländern von der Abweichungskompetenz Gebrauch gemacht wird und in den anderen Bundesländern das Bundesrecht zur Anwendung kommt.

92 Eine **typische Konstellation** ist folgende: Die Länder gehen mit den Vorgaben eines entsprechenden Bundesgesetzes nicht konform und streben die Einführung weitergehende Regelungen an. Dazu bedienen sie sich allerdings anderer, stärker verhaltens-

[122] *Uhle*, (Fn. 113), Art. 72 Rn. 49.
[123] *Uhle*, (Fn. 113), Art. 72 Rn. 49.
[124] *Uhle*, (Fn. 113), Art. 72 Rn. 52.
[125] *Schulze-Fielitz*, NVwZ 2007, 249 (255).
[126] Es gilt der lex posterior-Grundsatz; *Uhle*, (Fn. 113), Art. 72 Rn. 53.
[127] *Schulze-Fielitz*, NVwZ 2007, 249 (255); *Uhle*, (Fn. 113), Art. 72 Rn. 53.
[128] *Uhle*, (Fn. 113), Art. 72 Rn. 54.

beschränkender Steuerungsinstrumente. Deshalb gilt es zu klären, inwieweit (vorrangige) Regelungen des Bundes solche Verschärfungen zulassen können und in welchem Verhältnis zueinander imperative Regelungen und Instrumente indirekter Verhaltenslenkung stehen.

93 Aus der Praxis sind hier insbesondere die kommunale Verpackungssteuer, der Wasserpfennig und die Sonderabfallabgabe zu erwähnen. Entscheidet sich ein Land oder eine Kommune, eine weitergehende Regelung als die des Bundes zu treffen, hat das BVerfG mit dem Grundsatzurteil zur kommunalen Verpackungssteuer[129] entschieden, dass hierbei mehrere Grundsätze zu beachten sind, damit diese Regelung auch tatsächlich Bestand haben kann. Dem Urteil des BVerfG ging die Einführung kommunaler **Verpackungssteuern** in mehreren Städten voraus. Die Verpackungssteuer war an den Verkauf von Speisen und Getränken in Einwegverpackungen bzw. Einweggeschirr zum Verzehr an Ort und Stelle geknüpft. Der Lenkungszweck dieser Steuer lag in der Vermeidung und Reduzierung von nicht wiederverwendbarem Verpackungsmaterial. Das BVerfG hat hierzu entschieden, dass die kommunale Verpackungssteuer dem Abfallrecht des Bundes widerspreche und deshalb verfassungswidrig sei; zur Begründung knüpft es hierbei an den verfassungsrechtlichen Grundsatz der wechselseitigen Rücksichtnahme zwischen Bund und Ländern an.[130] Danach sind alle rechtssetzenden Organe des Bundes und der Länder verpflichtet, ihre Regelungen jeweils so aufeinander abzustimmen, dass keine widersprüchlichen Normbefehle entstehen. Für die kommunale Verpackungssteuer bedeutet dies, dass sie in ihren Auswirkungen nicht der bundesgesetzlichen Entscheidung für die Verwirklichung des Kooperationsprinzips im Bereich der Vermeidung und Entsorgung von Verpackungsmüll zuwiderlaufen darf.

2.6 Verteilung der Verwaltungskompetenzen

94 Der Vollzug der Umweltgesetze erfolgt in der Regel durch die Länder. Diese führen somit neben den Landesumweltgesetzen (Art. 30 GG) auch die Bundesumweltgesetze als eigene Angelegenheit aus (Art. 83 GG). Ausnahmen hierzu lassen sich den Art. 84 ff. GG entnehmen. Führen die Länder die Bundesgesetze als eigene Angelegenheiten aus, so haben sie die Einrichtung der Behörden sowie das Verwaltungsverfahren zu regeln (Art. 84 Abs. 1 Satz 1 GG). Sollte das Bundesgesetz hierzu eine andere Regelung enthalten, so steht den Ländern nach Art. 84 Abs. 1 Satz 2 GG ein Abweichungsrecht zu. Der Bundesgesetzgeber hat jedoch die Möglichkeit dieses Abweichungsrecht einzuschränken, indem er das Bedürfnis einer bundeseinheitlichen Regelung geltend macht und der Bundesrat diesem zustimmt (Art. 84 Abs. 1 Satz 5 GG). Gemäß Art. 84 Abs. 3 GG werden die Länder hinsichtlich eines rechtmäßigen Vollzugs der Bundesumweltgesetze durch den Bund überwacht (Rechtsaufsicht).

---

[129] BVerfGE 98, 106 ff. Dazu *Kluth*, DVBl. 1992, 1261 ff.

[130] BVerfGE 98, 106 (118 f.).

95 In bestimmten Fällen führen die Länder die Bundesumweltgesetze im Rahmen der Bundesauftragsverwaltung aus (Art. 85 GG).[131] Hierbei obliegt dem Bund nicht nur die Überprüfung der Rechtmäßigkeit, sondern auch der Zweckmäßigkeit der Gesetzesausführung. Auch unterliegen die Länder hier den Weisungen der zuständigen Bundesministerien. Als Bundesauftragsverwaltung werden beispielsweise Teile des Atomrechts (Art. 87c GG i. V. m. Art. 24 AtG) oder auch bestimmte Aufgaben der Luftverkehrsverwaltung (Art. 87d Abs. 2 GG i. V. m. § 31 Abs. 2 Luftverkehrsgesetz (LuftVG)[132]) ausgeführt.[133]

96 Welche Gesetze der Bund in **bundeseigener Verwaltung** ausführen kann, ist in den Art. 86 ff. GG geregelt. Hinsichtlich des Umweltrechtes ist hier lediglich die Verwaltung von Bundeswasserstrassen (Art. 87 Abs. 1 Satz 1 i. V. m. Art. 89 Abs. 2 GG) von Bedeutung. Im Weiteren obliegt dem Bund jedoch nach Art. 87 Abs. 3 GG die Kompetenz Bundesoberbehörden für den Bereich seiner Gesetzgebungszuständigkeiten zu schaffen. Für den Bereich des Umweltschutzes hat er hiervon durch die Schaffung folgender Behörden Gebrauch gemacht:

- Bundesamt für Strahlenschutz,
- Umweltbundesamt,
- Bundesamt für Naturschutz,
- Rat der Sachverständigen für Umweltfragen,
- Bundesamt für Verbraucherschutz und Lebensmittelsicherheit,
- Bundesinstitut für Infektionskrankheiten und nicht übertragbare Krankheiten („Robert-Koch-Institut").

Zu den Aufgaben dieser Behörden gehört vor allem eine intensive und über viele Medien betriebene Öffentlichkeitsarbeit. Weiter obliegt ihnen die wissenschaftliche Beratung von Ministerien sowie die Durchführung von Forschungsvorhaben (sogenannten Ressortforschung) und fachlichen Prüfungen.

97 Das **Vollzugsdefizit** im Umweltrecht ist zu einem geflügelten Wort avanciert, wird inzwischen jedoch differenzierter betrachtet und bewertet. Die Vorstellung eines lückenlosen Vollzuges wird inzwischen als wirklichkeitsfremd angesehen, zumal sich im Umweltrecht die gesetzlichen Regelungen schneller ändern als in anderen Bereichen. Die Überregelung ist auch Ausdruck des dynamischen Charakters des Rechtsgebietes.

---

[131] Zu Einzelheiten *Kluth*, in: Bonner Kommentar zum Grundgesetz, Art. 85 (Zweitbearbeitung 2011) Rn. 38 ff.

[132] In der Fassung der Bekanntmachung vom 10. Mai 2007, BGBl. I S. 698, zuletzt geändert durch Artikel 3 des Gesetzes vom 20. April 2012, BGBl. I S. 606.

[133] *Kluth*, (Fn. 131), Art. 85 Rn. 33 ff.

3 Unionsumweltrecht

98 **Fall 1.3**

Die EG-Richtlinie über den freien Zugang zu Umweltinformationen sieht einen voraussetzungslosen Informationsanspruch der Bürger vor. Die Bundesregierung ist der Ansicht, dies widerspreche der langen Tradition des deutschen Verwaltungsrechts, das immer nur Informations- und Auskunftsansprüche der an einem Verwaltungsverfahren Beteiligten anerkannt habe. Es seien auch Grundrechte von Privatpersonen und Unternehmen betroffen. Deshalb wolle man die Richtlinie nur mit Einschränkungen umsetzen. Der Auskunftsanspruch soll vom Nachweis eines qualifizierten Interesses abhängig gemacht werden.

3.1 Regelungen des AEUV – Art. 191 ff.

3.1.1 Bedeutung des Umweltschutzes für die Europäische Union

99 Auch in der europäischen Entwicklungsgeschichte hat man erkannt, dass es für einen effektiven und nachhaltigen Umweltschutz unabdingbar ist, dass dieser grenzüberschreitende Dimensionen annimmt.[134] Denn weder Meere, Flussläufe, Wälder oder die Luft enden an Ländergrenzen, sodass Verschmutzungen dieser Umweltmedien immer auch angrenzende Länder betreffen. Bereits aus diesem Grund ist es wichtig, einheitliche Regelungen für die Mitgliedstaaten zu schaffen. Weiterhin können nationale Umweltschutzregelungen wettbewerbsverzerrende Auswirkungen wie beispielsweise Standortnachteile mit sich bringen. Dies wiederum könnte zu einem Verstoß gegen die Grundfreiheiten oder zu Inländerdiskriminierungen führen, weil die Staatsangehörigen eines Mitgliedstaates strengere nationale Vorgaben für ihre Tätigkeit beachten müssen als in anderen Staaten. Dies kann insbesondere bei der Herstellung bestimmter Produkte der Fall sein, wenn in einigen Staaten bestimmte Inhaltsstoffe aufgrund ihrer schädlichen Umweltauswirkungen nicht erlaubt sind, in anderen Staaten jedoch verwendet werden dürfen. Deshalb ist eine Harmonisierung der umweltrechtlichen Regelungen der einzelnen Mitgliedstaaten auf hohem Niveau notwendig.[135]

3.1.2 Rechtslage bis 1986

100 Bis zur Reform des Vertrages über die Europäische Wirtschaftsgemeinschaft (EWGV) von 1958 durch die Einheitliche Europäische Akte (EEA) im Jahr 1986 enthielt das Primärrecht keine ausdrücklich dem Umweltschutz gewidmeten Vorschriften.[136] Aber

---

[134] *Calliess*, in: Calliess/Ruffert, EUV/AEUV, 4. Aufl. 2011, Art. 191 Rn. 2.
[135] *Calliess*, (Fn. 134), Art. 191 Rn. 2.
[136] *Calliess*, (Fn. 134), Art. 191 Rn. 4.

bereits im Jahr 1973 verabschiedete die EG das erste **EG-Umweltaktionsprogramm** (weitere datieren aus den Jahren 1977, 1983, 1987, 1992 und 2002[137]). Als Rechtsgrundlage für Umweltschutzregelungen wählte man in dieser Zeit die Vorschrift über die Rechtsangleichung, Art. 100 EWGV sowie Art. 235 EWGV. In dieser Zeit ergingen mehr als 200 Rechtsakte auf dem Gebiet des Umweltschutzes.

Wichtige Richtlinien aus dieser Zeit sind:

- 1970 Richtlinie über die Verunreinigung der Luft durch Kfz,
- 1975 Trinkwasserrichtlinie,
- 1975 Richtlinie über die Beseitigung von Altöl,
- 1979 Richtlinie über die Erhaltung wildlebender Vögel,
- 1980 Richtlinie über Grenzwerte für Schwefeldioxid und Schwefelstaub,
- 1984 Rahmenrichtlinie über die Bekämpfung der Luftverunreinigung durch Industrieanlagen,
- 1985 Kraftstoff-Richtlinie über den Blei- und Benzolgehalt sowie
- 1987 Asbest-Richtlinie.

3.1.3 Änderungen durch die EEA und den Maastrichter Unionsvertrag

101 Durch die EEA wurden in den EWGV mit den Art. 130r bis 130t neue Vorschriften eingeführt, durch die eine ausdrückliche Kompetenz im Bereich des Umweltschutzes begründet wurde.[138] Heute sind diese Regelungen in den Art. 191 ff. des Vertrages über die Arbeitsweise der Europäischen Union (AEUV) zu finden. Diese Regelungen wurden durch den Maastrichter Vertrag aus dem Jahr 1992 in einigen Punkten modifiziert.[139] Dabei wurde einerseits stärker auf das Subsidiaritätsprinzip[140] Rücksicht genommen, andererseits der Regelungsbereich insgesamt erweitert. Die folgende Darstellung orientiert sich ausschließlich an den aktuellen Regelungen.

3.1.4 Die Regelungen in Art. 191 ff. AEUV

3.1.4.1 Überblick über die Vorschriften

102 **Art. 191 AEUV** regelt die Ziele der Gemeinschaft im Bereich der Umweltpolitik und begründet deren Prinzipien. Insoweit kann er mit Art. 20a GG verglichen werden. Er regelt zudem die Zusammenarbeit mit Drittländern sowie internationalen Organisationen.

---

137 Die Laufzeit der Umweltaktionsprogramme wurde kontinuierlich erweitert, zuletzt auf 10 Jahre. Zum aktuellen sechsten Umweltaktionsprogramm *Langerfeldt*, NuR 2003, 339 ff.

138 *Calliess*, (Fn. 134), Art. 191 Rn. 4; *Schröder*, in: Rengeling (Hrsg.), Handbuch zum europäischen und deutschen Umweltrecht, Band I, 2. Aufl. 2002, § 9 Rn. 8.

139 *Schröder*, (Fn. 138), § 9 Rn. 11 ff.

140 Dieses in Art. 5 Abs. 3 EUV verankerte Prinzip verlangt, dass die Europäische Union nur solche Rechtsakte erlässt, die durch die Mitgliedstaaten nicht mit ausreichender Wirksamkeit erlassen werden können.

103 In **Art. 192 Abs. 1 AEUV** ist das Beschlussverfahren geregelt. Dabei wird auf das in Art. 114 AEUV niedergelegte Verfahren der Zusammenarbeit verwiesen, bei dem die Entscheidung mittels qualifizierter Mehrheit und durch Beteiligung des Europäischen Parlaments ermittelt wird. In Absatz 2 wird für bestimmte Bereiche ein einstimmiges Verfahren vorgeschrieben. Absatz 4 stellt schließlich klar, dass die Finanzierung der Maßnahmen Aufgabe der Mitgliedstaaten ist, obschon davon bei besonders kostenintensiven Maßnahmen eine Ausnahme gemacht werden kann, vgl. Art. 192 Abs. 5 AEUV.

104 **Art. 193 AEUV** bezieht sich auf nationale Alleingänge, durch die ein stärkerer Umweltschutz in einzelnen Mitgliedstaaten bewirkt wird. Die Vorschrift stellt klar, dass solche Alleingänge nur zulässig sind, wenn die übrigen Vertragsvorschriften, insbesondere die Grundfreiheiten, beachtet werden (vgl. oben Rn. 97).

3.1.4.2 Die Ziele der EU-Umweltpolitik

105 Art. 191 Abs. 1 AEUV enthält vier Zielbestimmungen für die EU-Umweltpolitik. Diese Ziele stellen inhaltliche Vorgaben für die Aufgabenerfüllung der Gemeinschaftsorgane dar. Sie sind rechtsverbindlich und werden im Konfliktfall mit anderen Vertragszielen nicht verdrängt, sondern sind mit diesen in einen angemessenen Ausgleich zu bringen. Eine nähere Ausgestaltung dieser Ziele kann durch Aktionsprogramme erfolgen.

106 Die einzelnen Ziele sind:

- Erhaltung und Schutz der Umwelt sowie Verbesserung ihrer Qualität,[141]
- Schutz der menschlichen Gesundheit,[142]
- umsichtige und rationelle Verwendung der natürlichen Ressourcen[143] sowie
- die Förderung von Maßnahmen auf internationaler Ebene zur Bewältigung regionaler und globaler Umweltprobleme.[144]

3.1.4.3 Handlungsgrundsätze oder Prinzipien des EU-Umweltrechts

107 Art. 191 Abs. 2 AEUV formuliert einzelne Handlungsgrundsätze oder Prinzipien des EU-Umweltrechts. Sie sind zwar rechtlich verbindlich, aufgrund ihrer teilweise hohen Unbestimmtheit hat das in der Praxis allerdings keine greifbaren Folgen. Zwischen den einzelnen Prinzipien gibt es keine feste Rangfolge. Im Einzelnen werden folgende Prinzipien normiert:

108 Die Verpflichtung auf ein **hohes Schutzniveau** (Art. 191 Abs. 2 Satz 1 AEUV): Hiermit wird zum Ausdruck gebracht, dass Umweltschutzmaßnahmen der Union alle verfügbaren wissenschaftlichen und technischen Daten berücksichtigen müssen, wobei das höchstmögliche Schutzniveau nicht gefordert ist.[145] Die Tatsache, dass nicht alle Mit-

---

[141] *Calliess,* (Fn. 134), Art. 191 Rn. 10.
[142] *Calliess,* (Fn. 134), Art. 191 Rn. 11.
[143] *Calliess,* (Fn. 134), Art. 191 Rn. 12.
[144] *Calliess,* (Fn. 134), Art. 191 Rn. 13.
[145] *Nettesheim,* in: Grabitz/Hilf/Nettesheim (Hrsg.), Das Recht der EU, § 191 Rn. 132.

gliedstaaten Maßnahmen eines solch hohen Niveaus umsetzen können, wurde durch Einfügen von Art. 191 Abs. 2 UAbs. 1 Satz 1 AEUV berücksichtigt.[146]

109 Das **Vorbeuge- und Vorsorgeprinzip** (Art. 191 Abs. 2 Satz 2 Alt. 1 und 2 AEUV): Danach sollen Umweltbeeinträchtigungen nicht abgewartet, sondern präventiv vermieden werden.[147] Diesem Ziel kommt vor allem im Bereich von Planungsverfahren Bedeutung zu.

110 Das **Ursprungsprinzip** (Art. 191 Abs. 2 Satz 2 Alt. 3 AEU): Dieses Prinzip besagt, dass Umweltbeeinträchtigungen an der Stelle zu bekämpfen sind, an der sie auch auftreten.[148] Dies hat vor allem im Bereich der Abfallpolitik große Bedeutung, wo es durch die Grundsätze der Entsorgungsautarkie und Entsorgungsnähe konkretisiert sein soll (Art. 192 AEUV).[149]

111 Das **Verursacherprinzip** (Art. 191 Abs. 2 Satz 2 Alt. 4 AEUV): Dieses Prinzip wird als Kostenzurechnungsprinzip verstanden und stellt das Gegenprinzip zum Gemeinlastprinzip dar.[150] Hiernach sollen umweltpolitische Maßnahmen prinzipiell so gestaltet werden, dass derjenige, der für die Umweltbeeinträchtigung verantwortlich ist, auch die Kosten der Vermeidung und Beseitigung zu tragen hat.[151]

112 Die **Querschnittsklausel** (Art. 11 AEUV): Hiernach müssen die Erfordernisse des Umweltschutzes bei der Festlegung und Durchführung der Unionspolitiken und -maßnahmen mit einbezogen werden.[152] Wie die einzelnen Umweltbelange konkret in den Entscheidungen Niederschlag zu finden haben, wird vom Gesetzgeber nicht vorgegeben. Jedoch wird durch den Wortlaut der Norm deutlich, dass bei sämtlichen Entscheidungen das Prinzip der Nachhaltigkeit berücksichtigt werden muss.[153]

3.1.4.4 Alleingänge nach Art. 191 Abs. 2 UAbs. 2 AEUV

113 Diese Schutzklausel dient der Abwendung oder Behebung umweltpolitischer Ausnahmesituationen, die lediglich einen Mitgliedstaat betreffen und somit keine Maßnahme für sämtliche Mitgliedstaaten erfordern.[154] Wird eine Maßnahme auf diese Norm gestützt, so muss es sich hierbei um eine umweltpolitisch motivierte Maßnahme handeln, um regionale Umweltprobleme zu lösen.[155]

---

[146] „Die Umweltpolitik der Union ... unter Berücksichtigung der unterschiedlichen Gegebenheiten der einzelnen Regionen der Union ..."

[147] *Schröder,* (Fn. 138), § 9 Rn. 36, *Nettesheim,* (Fn. 145), Art. 191 Rn. 87.

[148] *Schröder,* (Fn. 138), § 9 Rn. 39, *Nettesheim,* (Fn. 145), Art. 191 Rn. 105.

[149] *Nettesheim,* (Fn. 145), Art. 191 Rn. 105.

[150] *Schröder,* (Fn. 138), § 9 Rn. 42.

[151] *Schröder,* (Fn. 138), § 9 Rn. 43.

[152] *Nettesheim,* (Fn. 145), Art. 11 Rn. 15.

[153] *Nettesheim,* (Fn. 145), Art. 11 Rn. 20.

[154] *Nettesheim,* (Fn. 145), Art. 191 Rn. 134.

[155] *Nettesheim,* (Fn. 145), Art. 191 Rn. 134.

3.2 Innerstaatliche Wirkungen des Unionsrechts

114 Aufgrund der Erkenntnis, dass ein effektiver Umweltschutz nur dann möglich ist, wenn die Umweltschutzmaßnahmen durch alle Mitgliedstaaten auf möglichst gleichem Niveau durchgeführt werden, basieren heute fast alle umweltschutzrechtlichen Normen auf europarechtlichen Vorgaben. Die Rechtsetzungskompetenz hierzu ist in Art. 192 AEUV geregelt. Zur Wahrnehmung dieser Kompetenzen stehen der Gemeinschaft die in Art. 288 AEUV geregelten Handlungsmöglichkeiten der:

- Verordnungen,
- Richtlinien,
- Entscheidungen,
- Empfehlungen und Stellungnahmen

zur Verfügung.

115 Nach Art. 288 Satz 2 AEUV haben **Verordnungen** allgemeine Geltung und sind in allen ihren Teilen verbindlich. Auch gelten sie unmittelbar in jedem Mitgliedstaat, d. h. sie müssen nicht in nationales Recht umgesetzt werden.[156] Sie verpflichten bzw. berechtigen somit auch unmittelbar die Bürger der Mitgliedstaaten. Im Bereich des Umweltrechtes ergehen Verordnungen regelmäßig dann, wenn es um Maßnahmen geht, die einheitliche Vorschriften beinhalten.[157]

116 Zu den Umweltschutzverordnungen der Union gehören z. B.:

- Verordnung (EG) Nr. 2037/2000 vom 29.09.2000 über Stoffe, die zu einem Abbau der Ozonschicht führen,[158]
- Verordnung (EG) Nr. 761/2001 vom 19.03.2001 über die freiwillige Beteiligung von Organisationen an einem Gemeinschaftssystem für das Umweltmanagement und die Umweltbetriebsprüfung (sogenannte EG-Umweltauditverordnung, „EMAS II"),[159]
- Verordnung (EG) Nr. 1013/2006 über die Verbringung von Abfällen,[160]
- Verordnung (EG) Nr. 1221/2009 „EMAS III",[161]
- Verordnung (EG) Nr. 66/2010 des Europäischen Parlaments und des Rates vom 25.11.2009 über das EU-Umweltzeichen.[162]

---

[156] *Ruffert*, in: Calliess/Ruffert (Hrsg.), EUV/AEUV, 4. Aufl. 2011, Art. 288 Rn. 20.
[157] *Krämer*, in: Rengeling (Hrsg.), Handbuch zum europäischen und deutschen Umweltrecht, Band I, 2. Aufl. 2002, § 16 Rn. 48.
[158] ABlEG L 244/1.
[159] ABlEG L 114/1.
[160] ABlEG L 190/1.
[161] ABlEU L 342/1.
[162] ABlEG L 27/1.

117 **Richtlinien:** Richtlinien sind im Umweltbereich der Unionspolitik die regelmäßige Handlungsform.[163] Europäische Richtlinien gelten nur unmittelbar gegenüber dem Mitgliedstaat, nicht jedoch gegenüber dem Bürger.[164] Sie müssen durch den Mitgliedstaat erst in nationales Recht umgesetzt werden, um auch gegenüber dem Bürger unmittelbare Wirkung zu erlangen. I. d. R. enthalten die Richtlinien eine Umsetzungsfrist. Nach Art. 288 Satz 3 AEUV sind Richtlinien jedoch nur hinsichtlich ihres Zieles verbindlich. In welcher Form und mit welchem Mittel die Mitgliedstaaten dieses Ziel erreichen, bleibt ihnen hingegen überlassen. Erfolgt die Umsetzung der Richtlinie jedoch nicht innerhalb der genannten Frist, wirkt diese unmittelbar und ist von den Behörden/Gerichten zu beachten, um somit das in der Richtlinie festgelegte Ziel zu erreichen.[165] Zusätzliche Voraussetzung hierfür ist allerdings, dass die Richtlinie inhaltlich unbedingt und hinreichend konkret gefasst ist. Auch kann bei nicht fristgerechter oder unzureichender Richtlinienumsetzung unter Vorliegen bestimmter weiterer Voraussetzungen ein Staatshaftungsanspruch geltend gemacht werden.

118 Bedeutsame Richtlinien aus dem Bereich des Umweltrechtes:

- Richtlinie 85/337/EWG des Rates vom 27.06.1985 über die Umweltverträglichkeitsprüfung bei bestimmten öffentlichen und privaten Projekten (UVP-Richtlinie),[166]
- Richtlinie 98/83/EG vom 03.11.1998 über die Qualität von Wasser für den menschlichen Gebrauch,[167]
- Richtlinie 2003/4/EG vom 28.01.2003 über den Zugang der Öffentlichkeit zu Umweltinformationen,[168]
- Richtlinie 2003/35/EG vom 26.05.2003 über die Öffentlichkeitsbeteiligung bei der Ausarbeitung bestimmter umweltbezogener Pläne und Programme des Europäischen Parlaments und des Rates,[169]
- Richtlinie 2004/35/EG vom 21.04.2004 über die Umwelthaftung zur Vermeidung und Sanierung von Umweltschäden (Umwelthaftungsrichtlinie).[170]

119 **Beschlüsse:** Der Beschluss dient der Regelung konkreter Sachverhalte gegenüber bestimmten Adressaten und ist auch nur gegenüber diesem verbindlich.[171] Entscheidungen können sich an die Mitgliedstaaten oder an natürliche oder juristische Personen wenden.[172]

---

[163] *Krämer,* (Fn. 157), § 16 Rn. 59.
[164] *Ruffert,* (Fn. 156), Art. 288 Rn. 23.
[165] *Ruffert,* (Fn. 156), Art. 288 Rn. 69.
[166] ABlEG L175/40.
[167] ABlEG L 330/32.
[168] ABlEU L 41/26.
[169] ABlEG L 156/17.
[170] ABlEU L 143/56.
[171] *Ruffert,* (Fn. 156), Art. 288 Rn. 86.
[172] *Ruffert,* (Fn. 156), Art. 288 Rn. 90.

120 **Empfehlungen und Stellungnahmen** sind nicht verbindlich und begründen daher für den Adressaten weder Rechte noch Pflichten.[173]

121 ▶ **Lösungshinweise zu Fall 1.3** Aufgrund der nur mittelbaren Wirkung europäischer Richtlinien sind diese von den Mitgliedstaaten zur Erlangung unmittelbarer Geltung zunächst innerhalb einer bestimmten Frist umzusetzen. Bei dieser Umsetzung sind die Mitgliedstaaten grundsätzlich bei der Wahl des Mittels und der Form frei. Jedoch ist die Vorgabe des in der Richtlinie enthaltenen Ziels verbindlich. Ziel der Umweltinformationsrichtlinie ist es, freien Zugang zu Umweltinformationen zu gewährleisten und jede Beschränkung dieses freien Zugangs zu verhindern. Den Auskunftsanspruch vom Nachweis eines qualifizierten Interesses abhängig zu machen, widerspricht jedoch dem von der EU vorgegebenen Ziel und führt zu einer Vertragsverletzung.

4. Prinzipien und Instrumente des Umweltrechts

4.1 Prinzipien des Umweltrechts

122 **Fall 1.4**

Zur Umsetzung des umweltrechtlichen Kooperationsprinzips sollen nach dem Willen der Bundesregierung in Zukunft die betroffenen Kreise an der Ausarbeitung von Rechtsverordnungen im Bereich des Umweltrechts beteiligt werden. Dazu soll ein besonderes Beratungsgremium geschaffen werden, das die Rechtsverordnungen entwirft. Der Justizminister hat verfassungsrechtliche Bedenken. Er sieht in der Beteiligung der betroffenen Kreise einen Verstoß gegen das Demokratieprinzip. Der Entwurf und Erlass von Rechtsverordnungen müsse eine rein staatliche Aufgabe bleiben. Wie ist die Rechtslage?

4.1.1 Entstehung und dogmatische Einordnung der Prinzipien

123 Das Umweltprogramm der Bundesregierung von 1971 und der Umweltbericht aus dem Jahr 1976 haben das deutsche Umweltrecht auf einer **umweltrechtlichen Prinzipientrias** aufgebaut, die im Laufe der Zeit eine rechtliche Verdichtung erfahren hat und zum Strukturelement des gesamten Umweltrechts geworden ist. Gemeint sind das **Vorsorgeprinzip**, das **Verursacherprinzip** und das **Kooperationsprinzip**.

124 Rechtliche Verbindlichkeit geht von den Prinzipien nur insoweit aus, als sie in gesetzlichen Regelungen Niederschlag gefunden haben. So kann eine partielle verfassungsrecht-

[173] *Ruffert,* (Fn. 156), Art. 288 Rn. 95.

liche Absicherung des Verursacher- und des Vorsorgeprinzips aus Art. 20a GG abgeleitet werden. Gemeinschaftsrechtlich sind diese Prinzipien in Art. 191 AEUV verankert.

125 Neben diesen tragenden Prinzipien haben sich **weitere umweltpolitische Prinzipien** wie

- das Gemeinlastprinzip,
- das Bestandsschutzprinzip,
- das Schutzprinzip,
- der Grundsatz der Nachhaltigkeit,
- das Prinzip der Eigenverantwortlichkeit,
- das Prinzip des grenzüberschreitenden Umweltschutzes sowie
- das „Cradle-to-grave-Prinzip", welches beinhaltet, dass umweltgefährdende- oder schädigende Stoffe grundsätzlich während ihres gesamten Produktions-, Verwendungs- und Beseitigungsprozesses kontrolliert werden müssen,

entwickelt. Diese Prinzipien stellen entweder eine Konkretisierung oder eine Ausnahme (so z. B. das Gemeinlastprinzip im Verhältnis zum Verursacherprinzip) zu der umweltrechtlichen Prinzipientrias dar.

126

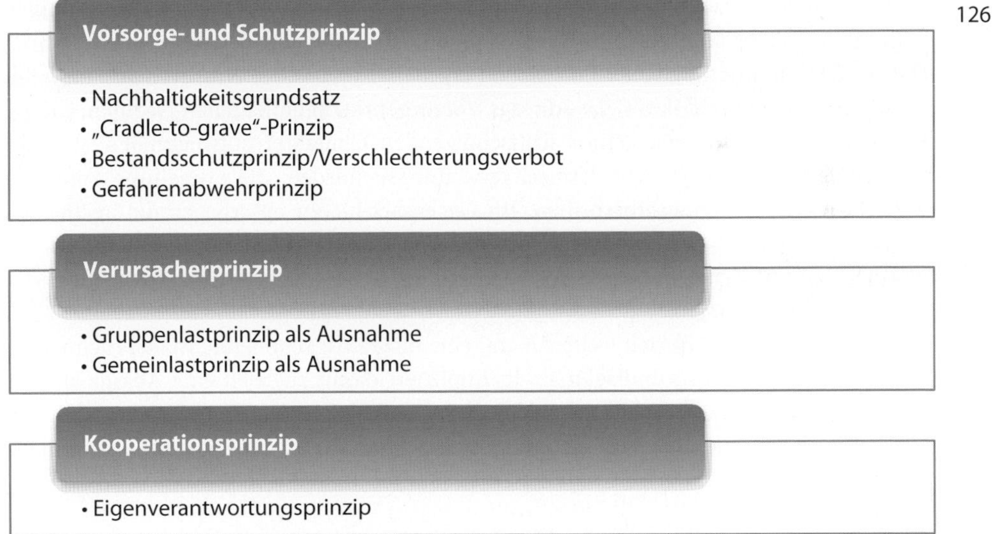

Abb. 1.3 Die umweltrechtlichen Prinzipien

4.1.2 Vorsorge- und Schutzprinzip

127 Das Vorsorgeprinzip ist im Bereich des Umweltrechtes sowie des Umweltschutzes eines der wichtigsten Prinzipien und kann daher auch als **Leitbild eines modernen Umweltrechts** bezeichnet werden. Zentraler Gedanke des Vorsorgeprinzips ist es nicht, lediglich

eingetretene Umweltschäden zu beseitigen, sondern einen präventiven und planenden Umweltschutz zu betreiben, um somit das Eintreten von Umweltschäden zu vermeiden.

128 Grundsätzlich reicht es im Bereich des Umweltschutzes nicht aus, wie im klassischen Gefahrenabwehrrecht[174], erst dann tätig zu werden, wenn bereits umweltschädliche Wirkungen offensichtlich werden. Viele Umweltschäden sind irreversibel oder können beispielsweise bei der Verschmutzung des Trinkwassers zu erheblichen Gefahren für die menschliche Gesundheit führen. Das macht also ein präventives Tätigwerden des Staates in diesen Bereichen notwendig. Dieser Schutzauftrag ist bereits in Art. 2 Abs. 2 GG verankert, wo es heißt, dass jeder Mensch ein Recht auf körperliche Unversehrtheit hat. Um diesen Schutz zu gewährleisten, muss es dem Staat möglich sein, vorbeugende Maßnahmen zu treffen, um schädliche Umwelteinwirkungen zu verhindern bzw. zu minimieren.

129 Dies erfolgt in der Regel durch **Genehmigungs- oder Planfeststellungsverfahren**, in denen das geplante Vorhaben auf seine Umweltverträglichkeit (z. B. UVPG) hin überprüft wird und seine möglichen Umwelteinwirkungen auf ein minimales, zulässiges Maß beschränkt werden. Vom Gesetzgeber verankert ist dies beispielsweise in §§ 13 ff. und §§ 22 ff. BNatSchG, § 2 Abs. 2 Nr. 6 Raumordnungsgesetz (ROG)[175], § 1 Abs. 5 und § 1a BauGB oder auch § 50 BImSchG.

130 Der **Unterschied** zwischen **Gefahrenabwehr und Gefahrenvorsorge**, wie er z. B. in § 1 und § 5 Abs. 1 BImSchG zum Ausdruck kommt, besteht darin, dass Maßnahmen bereits ab einer sehr geringen Gefahrenschwelle getroffen sowie zeitlich und räumlich entfernte Gefahren einbezogen werden können. Insbesondere dann, wenn sich Gefahren erst aus der Summierung vieler Emissionen ergeben, ist Vorsorge erforderlich. Ein weiterer Unterschied besteht darin, dass die das Vorsorgeprinzip enthaltenen Normen, wie § 1 BImSchG oder § 6 WHG, keinen drittschützenden Charakter aufweisen. Es ist somit vornehmlich die Aufgabe von Umweltverwaltungsbehörden, die Einhaltung von Umweltschutzvorschriften zu überprüfen. Im Gegensatz hierzu unterliegen die im Bereich der Gefahrenabwehr bestehenden Normen dem sogenannten Schutzprinzip. Diesen Normen kommt drittschützende Wirkung zu, da das Schutzgebot ein Instrument der Gefahrenabwehr darstellt.

131 Das **Vorsorgeprinzip** zielt weiterhin auf eine möglichst schonende Inanspruchnahme der natürlichen Lebensgrundlagen ab. Es impliziert damit zugleich eine Absage an eine unbeschränkte Herrschaft des Menschen über die Natur sowie die Tatsache, dass sich Umweltschutz nicht auf die Beseitigung von Schäden oder eine gefahrenpolizeiliche Tätigkeit beschränken darf. Daraus lassen sich unter anderem folgende Grundsätze ableiten:

- Vorrang der Emissionsvermeidung vor der Emissionsverringerung,
- Ausbau einer Risiko- und Gefahrenvorsorge,
- Einführung einer Ressourcenvorsorge bzw. Bewirtschaftung knapper Umweltgüter.

---

[174] Dazu *Kluth*, Das Recht der öffentlichen Sicherheit (Polizeirecht), in: ders. (Hrsg.), Landesrecht Sachsen-Anhalt, 2. Aufl. 2010, § 3 Rn. 16 ff.

[175] Vom 22. Dezember 2008, BGBl. I S. 2986, zuletzt geändert durch Artikel 9 des Gesetzes vom 31. Juli 2009, BGBl. I S. 2585.

Dem Vorsorgeprinzip wird zum Teil auch das **Bestandsschutzprinzip** zugeordnet, das nichts mit dem eigentumsrechtlichen Bestandsschutz zu tun hat. Es wird aus Art. 20a GG abgeleitet und hat das Verbot einer wesentlichen Verschlechterung von Umweltbelangen zum Inhalt.[176]

4.1.3 Verursacher- und Gemeinlastprinzip

132 Während das Vorsorgeprinzip durch präventive Maßnahmen Umweltschäden zu verhindern bzw. zu minimieren versucht, wird mit dem **Verursacherprinzip** derjenige zur Verantwortung gezogen, der die Umweltbeeinträchtigung verursacht hat. Hierbei geht es nicht lediglich um die Kostenübernahme für die Beseitigung und Vermeidung von Umweltbelastungen. Vielmehr soll er auch Adressat für die unmittelbare Inanspruchnahme von Verboten, Geboten oder Auflagen seitens des Gesetzgebers und der Verantwortliche gegenüber der Gesellschaft sein.

133 Doch den tatsächlichen Verursacher für bestimmte Umweltschäden zu finden, stellt sich nicht immer als einfach heraus, da, wie bereits die Debatte um das Waldsterben gezeigt hat, Ursachen und Zusammenhänge trotz intensiver Forschung nicht immer eindeutig geklärt werden können. So stellt sich bereits bei konsumbezogenen Umweltbelastungen zu Recht die Frage, ob nur der Produzent bzw. nur der Verbraucher oder aber beide als Verursacher zur Verantwortung gezogen werden sollen. In den meisten Fällen stellen Umweltschäden eine Folge unterschiedlichster Umweltverschmutzungen dar, die zum einen auf umweltbeeinträchtigendes Verhalten von Mensch und Industrie aus der Vergangenheit sowie auf eine Vielzahl von einzelnen (erlaubten) minimalen Umweltverstößen der Gegenwart zurückzuführen sind.

134 Dies führt dazu, dass das Verursacherprinzip eher selten zur Anwendung kommt bzw. einem Verursacher nur das zugerechnet wird, was die staatliche Umweltpolitik für erforderlich hält. Dem (Mit-)Verursacher werden Auflagen erteilt, wonach er sein umweltschädliches Verhalten auf das rechtlich zugelassene Ausmaß zu begrenzen sowie die Kosten finanziell auszugleichen hat, die dadurch entstehen, dass eine gewisse Umweltverschmutzung erlaubt bleibt.

135 Das Gegenstück zum Verursacherprinzip bildet das **Gemeinlastprinzip**. Es greift einmal dann, wenn der Verursacher nicht zu ermitteln **oder** nicht zum Tragen der Kosten in der Lage ist. Zum anderen kann es unter bestimmten Voraussetzungen zum Zwecke der Umverteilung von Umweltlasten herangezogen werden. Beide Prinzipien stehen jedoch in einem Regel-Ausnahme-Verhältnis.[177]

136 Zwischen diesen Prinzipien steht das **kollektive Verursacherprinzip**, das auch als **Gruppenlastprinzip** bezeichnet werden kann. Hier wird eine nach feststehenden Kriterien bestimmbare Gruppe zur Finanzierung von Umweltlasten herangezogen. Zur Verwirklichung einer solchen Finanzierung wird auf das Instrument der Sonderabgabe zu-

---

[176] Siehe dazu oben Rn. 65.

[177] *Kloepfer*, Umweltschutzrecht, § 3 Rn. 19 f.

rückgegriffen.[178] Umweltrechtliche Normen, in denen das Verursacherprinzip zum Ausdruck kommt, sind unter anderem § 15 BNatSchG, § 13 Abs. 2 Nr. 4 WHG, § 7 KrWG sowie §§ 4 bis 7 Verpackungsverordnung (VerpackV)[179].

4.1.4 Kooperationsprinzip

137 Unter den drei Grundprinzipien des Umweltrechts ist das Kooperationsprinzip dasjenige, welches die **geringste rechtliche Aussagekraft** hat. Im gleichen Atemzug besitzt es dennoch den größten umweltpolitischen Reiz, weil es Partnerschaft und somit eine ausgewogene Zusammenarbeit suggeriert. Ihm inhäriert weder eine Rechtsforderung zur Kooperation, noch enthält es konkrete Maßgaben, die für eine solche zu gelten haben. Durch das Kooperationsprinzip wird vielmehr nur zum Ausdruck gebracht, dass effektiver Umweltschutz auch in Zusammenarbeit von Staat und Gesellschaft bzw. Wirtschaft zu erfolgen hat und nicht allein mit ordnungsrechtlichen Mitteln durchgesetzt werden soll. Ausdruck einer solchen Kooperation sind etwa die verschiedenen Umweltschutzbeauftragten in den Betrieben (Gewässerschutz, Immissionsschutz, Abfall, Strahlenschutz), die vielfältigen Beteiligungsvorschriften, die Einrichtungen zur kooperativen Normsetzung (Beratungsgremien wie z. B. nach § 24 Gewerbeordnung (GewO)[180], Anhörung der beteiligten Kreise nach §§ 7, 48, 51 BImSchG), die freiwillige Teilnahme von Unternehmen an Umwelt-Audit-Verfahren und die Verfahrensweise bei sogenannten Umweltabsprachen. Neu ist auch, dass bei umweltbezogenen Konflikten ein externer Vermittler eingeschaltet wird (Mediationsverfahren), welcher dann unter Wahrung des größtmöglichen Umweltschutzes zwischen den Parteien vermittelt und im Erfolgsfall eine adäquate Lösung findet.

138 ▶ **Lösungshinweise zu Fall 1.4** Hintergrund der von der Bundesregierung bezweckten Beteiligung ist zum einen die Nutzung des Sachverstandes der betroffenen Kreise und zum anderen auch die mit der Beteiligung einhergehende (erhoffte) Akzeptanz der so erlassenen Rechtsverordnungen. So ist bereits in § 62 Abs. 2 i. V. m. § 47 der Gemeinsamen Geschäftsordnung der Bundesministerien (GGO) eine Beteiligung der Fachkreise vorgesehen. Auch spezialgesetzlich ist die Beteiligung bei der Vorbereitung von Rechtsverordnungen geregelt, so etwa in § 63 BNatSchG oder § 51 BImSchG. Um hierbei jedoch einen Verstoß gegen das Demokratieprinzip zu vermeiden, muss die Beteiligung auf die Vorbereitung der Rechtsverordnungen beschränkt bleiben.

---

178 *Kluth*, JA 1996, 260 ff.

179 Vom 21. August 1998, BGBl. I S. 2379, zuletzt geändert durch Artikel 5 Absatz 19 des Gesetzes vom 24. Februar 2012, BGBl. I S. 212.

180 In der Fassung der Bekanntmachung vom 22. Februar 1999, BGBl. I S. 202, zuletzt geändert durch Artikel 3 des Gesetzes vom 15. Dezember 2011, BGBl. I S. 2714.

4.2 Instrumente des Umweltrechts

Fall 1.5 139

Die Stadt K hält die Maßnahmen des Bundes sowie des Landes L im Bereich der Abfallvermeidung für unzureichend. Deshalb wird eine Satzung verabschiedet, durch die eine kommunale Verpackungssteuer eingeführt wird, die auf alle Einweg-Verpackungen erhoben wird, in denen Speisen zum Verzehr an Ort und Stelle verkauft werden.

Fall 1.6 140

Die Stadt K will außerdem in einer Plakataktion für die Verwendung von Mehrwegbehältern und -produkten werben. Es sollen auf einigen Plakaten Joghurtbecher aus Plastik und Glas gegenübergestellt werden und zur Nutzung der glasverpackten Produkte aufgefordert werden. Auf anderen Plakaten soll dies für Flaschen wiederholt werden. Unternehmer U, der Verpackungen aus Plastik herstellt, fragt, ob dies rechtens ist.

141 Als Teil des besonderen Verwaltungsrechts fügt sich das Umweltrecht in die dogmatischen und gesetzlichen Vorgaben ein, die das allgemeine Verwaltungsrecht, aber auch das Verfassungsrecht, für das Verwaltungshandeln aufstellen. Auszugehen ist vom **Grundsatz der freien Wahl der Handlungsform** innerhalb der verfassungsrechtlich oder gesetzlich vorgegebenen Grenzen.[181] Zu diesen Grenzen gehören insbesondere der Parlaments- und Gesetzesvorbehalt, die Sperrwirkung höherrangiger gesetzlicher Regelungen sowie die gesetzliche Ausgestaltung und Rechtsbindungen einzelner Handlungsformen, vor allem von Verwaltungsakt und Vertrag und allgemeine rechtsstaatliche Grundsätze wie Übermaßverbot oder Anhörungspflicht.

142 Im Bereich des Umweltrechts hat sich zur Umsetzung der genannten Ziele und Prinzipien ein **Mix verschiedener Instrumente**, die unter anderem auf Ordnungsrecht, Ökonomie oder auch Freiwilligkeit basieren, entwickelt. Hierzu gehören die Planungsinstrumente, die Umweltverträglichkeitsprüfung sowie die strategische Umweltprüfung, die Instrumente der direkten und indirekten Verhaltenssteuerung, Instrumente der umweltbezogenen Betriebsorganisation, privatrechtliche Instrumente, das Umweltschadensgesetz sowie straf- und ordnungswidrigkeitenrechtliche Sanktionen.

---

181 *Stober*, in: Wolff/Bachof/Stober/Kluth, Verwaltungsrecht I, 12. Aufl. 2007, § 23 Rn. 6 ff.

4.2.1 Planungsinstrumente

143 Als Mittel der vorsorgenden Umweltpolitik wird die **Umweltplanung** vor allem dem modernen Umweltschutz gerecht. Aufgabe der Umweltplanung ist es, durch den Ausgleich widerstreitender Interessen und einer vorausschauenden und progressiven Umweltgestaltung die Nutzung der Umwelt so zu koordinieren, dass diese effektiv genutzt und nicht überlastet wird. Für eine ausreichende Berücksichtigung aller Umweltbelange müssen den planenden Behörden Umweltinformationen in ausreichendem Maß zur Verfügung gestellt werden. Dies wird durch das **Gesetz über Umweltstatistiken** (UStatG)[182] realisiert, wonach systematisch umweltrelevante Daten gesammelt und ausgewertet werden. Die Planungsinstrumente selbst kann man unterteilen in Fachplanungen und raumbezogene Planungen.

4.2.1.1 Fachplanungen

144 Zu den Fachplanungen mit umweltspezifischer Zielsetzung gehören solche Planungen, die **ausschließlich zu Umweltschutzzwecken** aufgestellt werden. Beispiele hierfür sind die Landschaftsplanung nach §§ 9 ff. BNatSchG, Ausweisung von **Natur- und Landschaftsschutzgebieten** nach §§ 22 ff. BNatSchG, **Pläne zur Luftreinhaltung** sowie **Lärmminderungspläne** nach §§ 47 ff. BImSchG, die **Abfallwirtschaftsplanung** nach § 30 KrWG sowie die **Festsetzung von Wasserschutzgebieten** nach § 51 WHG.[183] Hiervon zu unterscheiden sind die Fachplanungen ohne primär umweltspezifische Zielsetzungen. Diese Planungen werden nicht in erster Linie zum Schutz der Umwelt gefertigt, jedoch müssen auch hier die sie tangierenden Umweltbelange bei der Umsetzung beachtet werden. Hierzu gehören z. B. die Planfeststellung für Fernstraßen, Eisenbahnstraßen oder auch Flughäfen.[184]

4.2.1.2 Raumbezogene Planungen

145 Von großer Relevanz ist der Umweltschutz auch in den sogenannten raumbezogenen Planungen. Hierzu gehören Raumordnung und Bauleitplanung. Das **ROG** enthält Aufgaben und Leitvorstellungen für die Ordnung des Gesamtraumes der Bundesrepublik Deutschland und seiner Teilräume sowie Grundsätze der Raumordnung. Es dient dazu, eine **ausgewogene Siedlungs- und Freiraumstruktur** zu entwickeln[185] und in diesem Zusammenhang die Belange der Umwelt zu berücksichtigen. Die Grundsätze der Raumordnung ergeben sich aus den §§ 2 Abs. 2 Nr. 1 bis § 8 ROG und sind im Sinne einer

---

[182] Vom 16. August 2005, BGBl. I S. 2446, zuletzt geändert durch Artikel 5 Absatz 1 des Gesetzes vom 24. Februar 2012, BGBl. I S. 212.

[183] Auf die einzelnen Planungen wird in den entsprechenden Abschnitten dieses Lehrbuchs näher eingegangen.

[184] Zu Einzelheiten *Stüer*, Handbuch des Bau- und Fachplanungsrechts, 4. Aufl. 2009.

[185] Dazu auch *Franz*, Freiraumschutz und Innenentwicklung, 2000.

nachhaltigen Raumentwicklung, welche die sozialen und wirtschaftlichen Ansprüche an den Raum mit seinen ökologischen Funktionen in Einklang bringt (§ 1 Abs. 2 ROG), zu berücksichtigen.

146 Die **Bauleitplanung** soll laut BauGB gewährleisten, dass eine nachhaltige städtebauliche Entwicklung soziale, wirtschaftliche und umweltschützende Anforderungen miteinander in Einklang bringt (§ 1 Abs. 5 HSatz 1 BauGB).[186] Auch soll sie dazu beitragen, eine menschenwürdige Umgebung zu sichern und die natürlichen Lebensgrundlagen zu schützen und zu entwickeln (§ 1 Abs. 5 HSatz 2 BauGB). Zu den in **§ 1 Abs. 6 BauGB konkretisierten Umweltanforderungen** an die Bauleitplanung gehören gesunde Wohn- und Arbeitsverhältnisse, die Belange des Umweltschutzes einschließlich des Naturschutzes und der Umweltpflege. Eine weitere wichtige Regelung ist in § 1a BauGB enthalten, wonach ein sparsamer Umgang mit Grund und Boden und dabei eine Begrenzung der Bodenversiegelungen auf das notwendige Maß verlangt wird.[187] Weiter sollen die Vermeidung und der Ausgleich voraussichtlich erheblicher Beeinträchtigungen des Landschaftsbildes in der Abwägung nach § 1 Abs. 7 BauGB berücksichtigt werden.

4.2.1.3 Planfeststellungsverfahren

147 Zu den Planungsinstrumenten gehört auch das Planfeststellungsverfahren.[188] Während dieses förmlichen Verfahrens wird unter anderem geprüft, ob von dem Vorhaben nachteilige Auswirkungen auf die Schutzgüter der Umwelt ausgehen. Ist dies nicht der Fall, so werden die Umweltschutzbelange als Bedingungen oder Auflagen in den Planfeststellungsbeschluss eingearbeitet. Die **verfahrensrechtlichen Grundzüge** sind den §§ 72 ff. Verwaltungsverfahrensgesetz (VwVfG)[189] zu entnehmen, soweit die Fachplanungsgesetze nichts Abweichendes bestimmen. Nicht jedes Vorhaben benötigt jedoch die Durchführung eines Planfeststellungsverfahrens. Die planfeststellungspflichtigen Vorhaben sind vielmehr gesetzlich festgelegt (**Planfeststellungsvorbehalt**).[190] Dazu zählen unter anderem Deponien nach dem KrWG, Bundesstraßen oder Bundesautobahnen nach dem Bundesfernstraßengesetz (FStrG)[191], Gewässerausbau und Deichbau nach dem WHG oder auch Endlagerstätten für radioaktive Abfälle nach dem AtG.

148 **Eingeleitet** wird das Planfeststellungsverfahren mit der Einreichung eines Plans durch den **Vorhabenträger** bei der **Anhörungsbehörde**, § 73 Abs. 1 VwVfG.[192] In einem

---

[186] Zur Vertiefung *Schrödter*, LKV 2008, 109 ff.

[187] *Faßbender*, ZUR 2010, 81 ff.

[188] Dazu eingehend *Kluth*, in: Wolff/Bachof/Stober/Kluth, Verwaltungsrecht I, 12. Aufl. 2007, § 62.

[189] In der Fassung der Bekanntmachung vom 23. Januar 2003, BGBl. I S. 102, zuletzt geändert durch Artikel 2 Absatz 1 des Gesetzes vom 14. August 2009, BGBl. I S. 2827.

[190] *Kluth*, (Fn. 188), § 62 Rn. 28.

[191] In der Fassung der Bekanntmachung vom 28. Juni 2007, BGBl. I S. 1206, zuletzt geändert durch Artikel 6 des Gesetzes vom 31. Juli 2009, BGBl. I S. 2585.

[192] *Kluth*, (Fn. 188), § 62 Rn. 58 ff.

weiteren Schritt fordert diese **innerhalb eines Monats** die durch das Vorhaben berührten **Behörden** zur **Stellungnahme** auf, § 73 Abs. 2 VwVfG (sogenannte **Behördenbeteiligung**).[193] Gleichzeitig wird der Plan von der Anhörungsbehörde öffentlich für einen Monat ausgelegt, § 73 Abs. 3 VwVfG. Diejenigen **natürlichen oder juristischen Personen**, die durch das Vorhaben in ihren Rechten beeinträchtigt sind, können sodann bis zwei Wochen nach Ablauf der Auslegungsfrist **Einwendungen** erheben.[194] Es folgt ein **Erörterungstermin** (§ 73 Abs. 6 VwVfG), in welchem mit der Anhörungsbehörde die Stellungnahmen der Behörden sowie die Einwendungen besprochen werden.[195] Hieran schließt sich das **Beschlussverfahren** an, welches regelmäßig mit einem **Planfeststellungsbeschluss** endet.[196]

149 Vorteil dieses Verfahrens ist, dass der Planfeststellungsbeschluss eine **Konzentrationswirkung** hat, d. h., dass er alle eventuell in langen Verfahren erforderlichen Einzelgenehmigungen, Zustimmungen, Erlaubnisse usw. für das festgestellte Verfahren umfasst bzw. auch ersetzt.[197] Der Planfeststellungsbeschluss ist als **Verwaltungsakt** ausgestaltet.[198] Der Verwaltungsakt ist in § 35 VwVfG geregelt und stellt das zentrale Handlungsmittel der Verwaltung dar. In der Praxis werden, vor allem im Umweltverwaltungsrecht, erteilte Zulassungen oder Genehmigungen mit sogenannten Nebenbestimmungen versehen. Die Nebenbestimmungen sind in § 36 VwVfG geregelt und können Befristungen, Bedingungen, Widerrufsvorbehalte oder sonstige Auflagen enthalten, die die Zulassung oder Genehmigung modifizieren und von deren Vorliegen sie abhängig gemacht werden können. Die Nebenbestimmungen unterliegen ebenso wie der Planfeststellungsbeschluss einer **verwaltungsgerichtlichen Kontrolle**.

150 Eine verfahrensrechtliche Besonderheit des Planfeststellungsrechts stellt die sogenannte **Präklusionswirkung** dar. Diese besagt – vereinfacht ausgedrückt – dass nur derjenige verwaltungsgerichtlichen Rechtsschutz gegenüber dem Planfeststellungsbeschluss verlangen kann, der sich bereits im Verwaltungsverfahren mit seinen Einwendungen gegen das Vorhaben zur Wehr gesetzt hat.[199] Dadurch wird eine Pflicht zur frühzeitigen Mitwirkung begründet, die sachlich dadurch gerechtfertigt[200] ist, dass es sich um sehr teure und aufwändige Verfahren handelt, bei denen dem Vorhabenträger und der Behörde möglichst frühzeitig die Möglichkeit eröffnet werden soll, auf mögliche Kritik und Einwendungen zu reagieren.

---

[193] *Kluth*, (Fn. 188), § 62 Rn. 63 ff.
[194] *Kluth*, (Fn. 188), § 62 Rn. 66 ff.
[195] *Kluth*, (Fn. 188), § 62 Rn. 101 ff.
[196] *Kluth*, (Fn. 188), § 62 Rn. 116 ff.
[197] *Kluth*, (Fn. 188), § 62 Rn. 46 ff. mit Erläuterungen zur Unterscheidung zwischen materieller und verfahrensrechtlicher Konzentrationswirkung.
[198] *Kluth*, (Fn. 188), § 62 Rn. 120 ff.
[199] Vertiefend *Kluth*, (Fn. 188), § 62 Rn. 83 ff.
[200] Zur Vereinbarkeit mit Unions- und Verfassungsrecht *Kluth*, (Fn. 188), § 62 Rn. 95 ff.

151

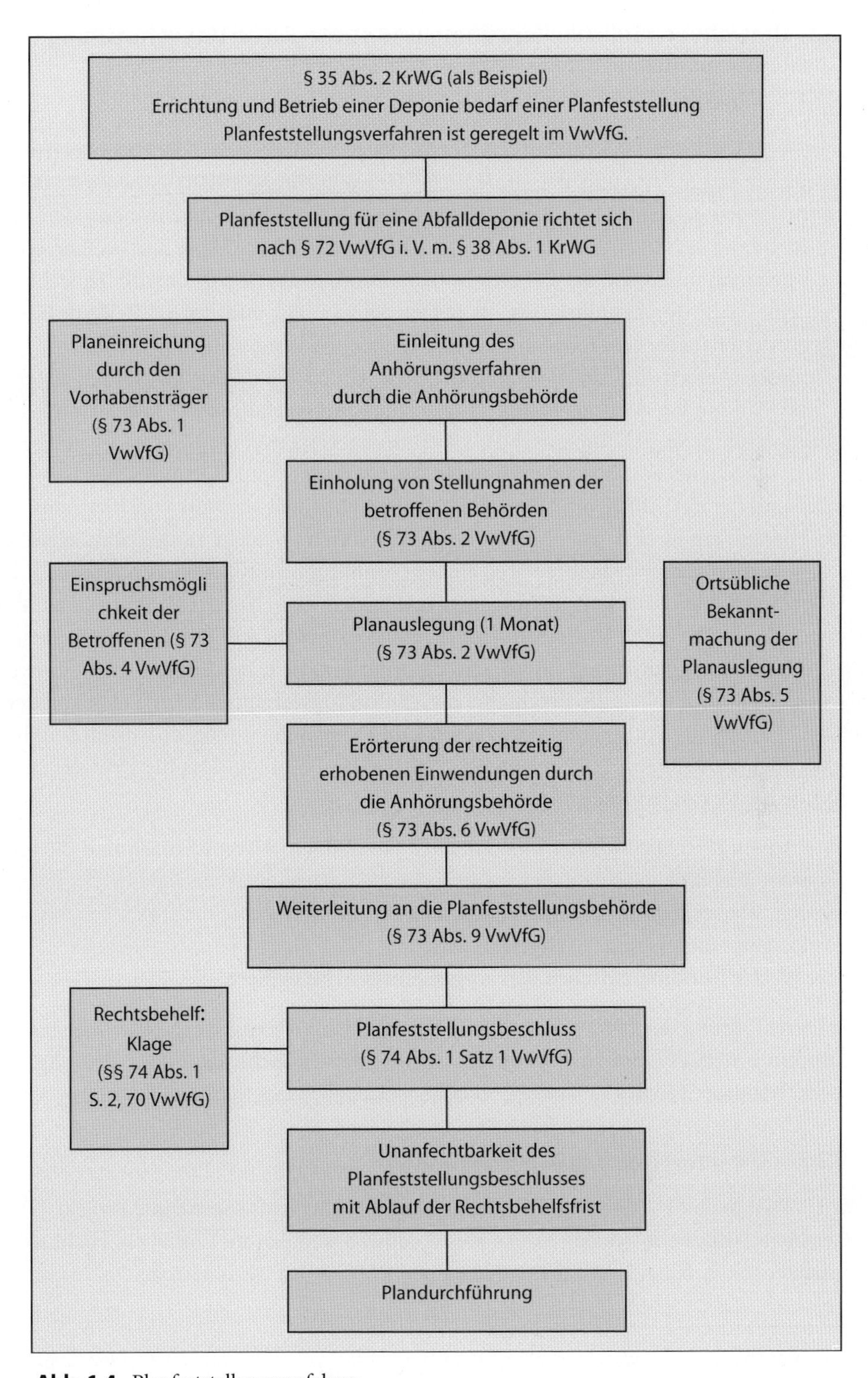

Abb. 1.4 Planfeststellungsverfahren

4.2.2 Umweltverträglichkeitsprüfung und strategische Umweltprüfung

4.2.2.1 Allgemeines

152 Als weiteres wirksames Instrument des Vorsorgeprinzips haben sich die Umweltverträglichkeitsprüfung (UVP) und die strategische Umweltprüfung (SUP) entwickelt. Beide sind im UVPG geregelt. Grundlage der deutschen Vorschriften sind insbesondere die UVP-Richtlinie 337/85/EWG und die SUP-Richtlinie 42/2001/EG aber auch völkerrechtliche Übereinkommen wie die ESPOO-Konvention und das SEA-Protokoll. In welchen Fällen eine UVP durchzuführen ist, ist neben dem UVPG und der UVP-Verordnung Bergbau, dem BauGB, dem ROG sowie den Gesetzen der Länder zu entnehmen.

153 Zu unterscheiden sind die UVP und die SUP dahingehend, dass es sich bei ersterer um eine Prüfung handelt, die bereits in das **Zulassungsverfahren** für Industrieanlagen und Infrastrukturprojekte integriert ist. Das Prüfungsverfahren der SUP findet hingegen bei der Aufstellung bestimmter **Planungen**, wie z. B. der Bauleitplanung, bei Energiekonzepten oder der Abfallwirtschaftsplanung sowie bei dem Entwurf von Programmen statt. Hieraus ergibt sich weiter, dass beide Prüfverfahren nicht isoliert durchgeführt werden, sondern unselbstständiger Teil eines verwaltungsbehördlichen Verfahrens sind.

154 Der **Zweck dieser Umweltprüfungen** ist nach § 1 UVPG, dass Auswirkungen auf die Umwelt von bestimmten Vorhaben, Plänen und Programmen durch die verschiedenen Prüfverfahren möglichst frühzeitig und umfassend ermittelt, beschrieben und bewertet werden. Weiterhin sollen die Ergebnisse dieser Prüfungsverfahren beim Zulassungsverfahren bzw. bei der Aufstellung von Plänen und Programmen möglichst frühzeitig berücksichtigt werden. Aus § 2 Abs. 1 Satz 2, Abs. 4 UVPG folgt, dass die Prüfverfahren folgende Medien zu berücksichtigen haben:

- Menschen, einschließlich der menschlichen Gesundheit, Tiere, Pflanzen und die biologische Vielfalt,
- Boden, Wasser, Luft, Klima und Landschaft,
- Kulturgüter und sonstige Sachgüter sowie
- die Wechselwirkung zwischen den vorgenannten Schutzgütern.

Die Durchführung der UVP obliegt zum einen aufgrund fehlender spezieller Zuständigkeitsnorm im UVPG und zum anderen aufgrund der Tatsache, dass diese Prüfung ein unselbstständiger Teil des Zulassungsverfahrens ist, der Zulassungsbehörde.

4.2.2.2 Die Umweltverträglichkeitsprüfung[201]

155 Die UVP ist in den §§ 3a–14 UVPG geregelt und wird auch als sogenannte Projekt-UVP bezeichnet. Sie bezieht sich auf bestimmte öffentliche und private Vorhaben. Nicht jedes Vorhaben i. S. d. § 2 Abs. 2 UVPG bedarf der UVP. So ist zu unterscheiden zwischen

---

[201] Zu Einzelheiten: *Kloepfer*, Umweltrecht, § 5 Rn. 84 ff.; *Sparwasser/Engel/Voßkuhle*, Umweltrecht, 5. Aufl. 2003, § 4 Rn. 10 ff.

Vorhaben, die ohne Vorprüfung einer UVP unterliegen (**unbedingte UVP-Pflicht**), und denjenigen, bei denen eine Vorprüfung darüber entscheidet, ob eine UVP erforderlich ist (**bedingte UVP-Pflicht**). Welche Vorhaben einer unbedingten UVP unterliegen, ergibt sich aus § 3b UVPG i. V. m. der Anlage 1 zum Gesetz. Hierzu gehören beispielsweise Kraftwerke, Heizkraftwerke, Abfalldeponien, Verkehrsvorhaben, Leitungsanlagen usw. Als Merkmal für die UVP-Pflichtigkeit werden hier die Art, die Größe und die Leistungsfähigkeit des Vorhabens herangezogen. In der Anlage 1 sind diese Vorhaben mit einem „**X**" gekennzeichnet.

156 Hiervon zu unterscheiden sind die Vorhaben, bei denen erst im Rahmen einer **Vorprüfung** durch die Behörde überprüft wird, ob eine UVP-Pflicht besteht oder nicht. Hierbei handelt es sich um eine sogenannte summarische Prüfung, die Behörde überprüft also im Wege einer Abschätzung die voraussichtlichen Umweltauswirkungen des Vorhabens. Ob eine allgemeine oder eine standortbezogene Vorprüfung zu erfolgen hat, ist § 3c UVPG i. V. m. Anlage 1 zu entnehmen, in welcher die Vorhaben mit einem „**A**" oder einem „**S**" gekennzeichnet sind. Eine weitere UVP-Pflicht kann sich schließlich aus den jeweiligen UVP-Gesetzen der Länder ergeben.

4.2.2.3 Die strategische Umweltprüfung[202]

157 Die SUP, geregelt in den §§ 14a–14n UVPG, setzt bei bestimmten Vorhaben bereits in der Planungsphase ein. Damit müssen bereits Pläne oder Programme für spätere Vorhaben auf ihre Umweltverträglichkeit hin überprüft werden.

158 Welche Pläne und Programme einer SUP zu unterziehen sind, ergibt sich aus Anlage 3 zum UVPG. Nach Nr. 1 ist eine obligatorische SUP z. B. bei der Verkehrsplanung des Bundes, bei der Aufstellung von Bedarfsplänen, bei Bauleitplänen oder auch Raumordnungsplänen durchzuführen. Nach Anlage 3 Nr. 2 sind auch Rahmensetzungen für Lärmaktions- und Luftreinhaltepläne sowie Abfallwirtschaftskonzepte und -pläne einer SUP zu unterziehen. Für sämtliche nicht in dieser Anlage aufgeführten Pläne und Programme, die einen Rahmen für UVP-Pflichtige Vorhaben setzen, ist eine SUP im Einzelfall durchzuführen, wenn eine überschlägige Überprüfung erhebliche Umweltauswirkungen vermuten lässt.

159 Nachdem eine Behörde festgestellt hat, dass ein bestimmter Plan oder ein bestimmtes Programm einer SUP-Pflicht unterliegt, legt sie den Untersuchungsrahmen fest. Im Anschluss wird ein Umweltbericht erstellt, welcher dem Mindestinhalt des § 14g Abs. 2 Nr. 1–9 UVPG entsprechen sowie eine Alternativprüfung enthalten muss. Weiterhin bedarf es der Beteiligung der betroffenen Behörden und der Öffentlichkeit durch Übersendung bzw. durch öffentliche Auslegung. Nach einer sich daran anschließenden materiellen Bewertung und Berücksichtigung des Umweltberichtes sowie der durch die Stellungnahmen von anderen Behörden bzw. Betroffenen erlangten Daten erfolgt die Be-

[202] Zu Einzelheiten: Institut für Umwelt- und Technikrecht (Hrsg.), Die strategische Umweltprüfung (sogenannte Plan-UVP) als neues Instrument des Umweltrechts, 2004.

kanntgabe der Entscheidung über die Annahme des Planes bzw. des Programms. Eine Ablehnung wird in der Regel nicht öffentlich bekannt gegeben. Im Falle einer positiven Bescheidung schließt sich daran noch die Überwachung der Durchführung des Planes, das sogenannte **Monitoring**, an.

4.2.3 Instrumente der direkten Verhaltenssteuerung – Regulierung

160 Mit der direkten Verhaltenssteuerung bedient sich der Staat klassischer ordnungsrechtlicher Instrumente. Hierzu gehören zahlreiche **umweltrechtliche Ge- und Verbote**, die den Betroffenen zu einem bestimmten Tun, Dulden oder Unterlassen verpflichten. Die tatsächliche Einhaltung dieser umweltrechtlichen Ge- und Verbote wird durch das im Umweltschutzrecht bestehende administrative Kontrollsystem überwacht.

4.2.3.1 Anzeige- und Anmeldepflichten

161 Als **mildestes Instrument der direkten Verhaltenssteuerung** gilt die Anzeige- bzw. Anmeldepflicht. Der Vorhabenträger hat hierbei den Umweltbehörden potenziell umwelt- oder gesundheitsgefährdende Tatsachen mitzuteilen. Die **Anzeigepflicht** dient dabei lediglich der Information, ohne dass daran eine unmittelbare Rechtsfolge geknüpft ist. Demgegenüber hat die **Anmeldepflicht** in umweltrechtlichen Gesetzen eine erlaubnisersetzende Funktion. Weiterhin können sich für Anlagenbetreiber auch Auskunftspflichten ergeben, deren rechtliche Grundlage das UStatG bildet. Diese Informationen sollen der Behörde als Grundlage dazu dienen, eventuell notwendige Gefahrenabwehrmaßnahmen zu prüfen sowie umweltrelevantes Verhalten zu überwachen.

4.2.3.2 Erlaubnisse und Befreiungen

162 Zur Gestaltung eines möglichst effektiven Umweltschutzes kann der Gesetzgeber entweder Handlungen mit hohem Schadenspotenzial für die Umwelt verbieten oder die Zulassung von Handlungen von bestimmten Voraussetzungen abhängig machen.

163 Bei dem letztgenannten Instrument handelt es sich um sogenannte **präventive Verbote mit Erlaubnisvorbehalt**. Zu finden sind diese beispielsweise in §§ 4, 6 BImSchG (Zulassung von Industrieanlagen), § 8 GenTG (Zulassung gentechnischer Anlagen), § 35 Abs. 1 KrWG i. V. m. §§ 4, 6 BImSchG (Zulassung von Müllverbrennungs- und Wertstoffsortieranlagen). Präventive Verbote mit Erlaubnisvorbehalt sind so ausgestaltet, dass grundsätzlich erlaubte aber möglicherweise umweltschädliche Tätigkeiten einer Erlaubnis bedürfen, welche nur bei Vorliegen bestimmter, in den einzelnen Tatbeständen aufgezählter, Voraussetzungen erteilt wird.[203] Liegen die Voraussetzungen vor, besteht in der Regel auch ein Anspruch auf Erteilung der Genehmigung.

164 Zu unterscheiden hiervon sind die sogenannten **repressiven Verbote mit Befreiungsvorbehalt**. In diesen Fällen hat der Gesetzgeber ein bestimmtes umweltschädliches

---

[203] *Kloepfer*, Umweltrecht, § 4 Rn. 43.

Verhalten gesetzlich verboten und eine Abweichung, durch Erteilung einer Befreiung, nur in bestimmten Einzelfällen zugelassen.[204] Ob eine solche Befreiung auf Antrag erteilt wird, liegt im Ermessen der Behörde, sodass diesen Normen kein Rechtsanspruch zu entnehmen ist. Enthalten sind diese Verbote beispielsweise in §§ 8, 10 WHG, § 31 BauGB, § 9 BWaldG oder auch in § 62 BNatSchG.

4.2.3.3 Verwaltungsrechtliche Verfügungen

165 Auch nach den Eröffnungskontrollen mittels präventiven oder repressiven Verboten stehen den Umweltbehörden weitere Handlungsmöglichkeiten zur Seite, um nach Genehmigungserteilung auftretende mögliche Umweltgefährdungen zu regeln. So können z. B. erteilte Genehmigungen **zurückgenommen** oder **widerrufen** werden (vgl. §§ 48, 49 VwVfG, § 21 BImSchG), Anlagen stillgelegt oder deren Beseitigung gefordert werden (vgl. § 20 Abs. 2 BImSchG). Mildere Maßnahmen sind insbesondere die Erteilung nachträglicher Anordnungen (vgl. § 5 i. V. m. § 17 BImSchG) oder die Untersagung der umweltrelevanten Tätigkeit (vgl. § 20 Abs. 1 BImSchG).

4.2.4 Instrumente der indirekten Verhaltenssteuerung

166 Soweit Umweltschutz im Vorsorgebereich realisiert wird, sind der Durchsetzung von Verboten verfassungsrechtlich sowie wirtschaftlich und politisch Grenzen gesetzt. Infolgedessen arbeitet der Gesetzgeber in diesem Bereich vorrangig mit weichen Regelungsinstrumenten, bei denen eine indirekte Verhaltenssteuerung vor allem durch ökonomische Anreize erreicht werden soll. Zu den Mitteln der indirekten Verhaltenssteuerung gehören:

- Abgabenrechtliche Instrumente (Umweltabgaben/Umweltsubventionen),
- Staatliche Umweltinformation,
- Informelles Staatshandeln.

Allerdings ist auch die Wirkung dieser Handlungsinstrumente begrenzt. Mit den oben aufgezählten Mitteln versucht der Staat das Verhalten dahingehend zu beeinflussen, dass eine bestimmte umweltschonende Handlung vorgenommen bzw. eine umweltbelastende Maßnahme unterlassen wird. Es handelt sich hierbei jedoch um freiwillige Verhaltensweisen und es obliegt letztendlich dem Bürger selbst zu entscheiden, wie er sich verhält.

4.2.4.1 Abgabenrechtliche Instrumente

167 Tagtäglich nimmt jeder Mensch umweltschädigende Handlungen vor, beispielsweise durch das Aufdrehen des Wasserhahns oder die Benutzung des eigenen Kraftfahrzeugs. Bereits diese „einfachen“ und für uns normalen Verhaltensweisen führen jedoch aufgrund ihrer Häufigkeit zu einer enormen Umweltbelastung. Diese soll, wie von vielen

---

[204] *Detterbeck*, Allgemeines Verwaltungsrecht mit Verwaltungsprozessrecht, Rn. 504.

Bürgern vehement gefordert, von der Bundesregierung durch geeignete Maßnahmen verhindert bzw. verringert werden. Umweltschutzmaßnahmen sind jedoch in der Regel mit hohen Kosten verbunden. Deshalb versucht die Regierung hier einzugreifen, indem sie umweltbelastende Handlungen mit hohen Abgaben belegt, umweltschonendes bzw. umweltfreundliches Verhalten hingegen durch Subventionen fördert.

168 Mit den **Umweltabgaben** versucht der Staat, den wirtschaftlichen Entscheidungsspielraum von Produzenten und auch Konsumenten einzuschränken, um somit seine umweltpolitischen Ziele durchzusetzen. Vorteil von Umweltabgaben ist es, dass sie dem Verursacherprinzip entsprechen, d. h. sie werden demjenigen auferlegt, der die Umweltbelastung verursacht. Seine Abgabenpflicht kann der Betroffene vermindern oder vermeiden, indem er die Umweltbelastung verringert bzw. unterlässt. Umweltabgaben können in Form von Steuern, Gebühren, Beiträgen oder Sonderabgaben erhoben werden.

169 Je nach dem den Abgaben verliehenen **Zweck** lassen sich

- Umweltlenkungsabgaben,
- Umweltfinanzierungsabgaben,
- Umweltnutzungsabgaben und
- Umweltausgleichsabgaben

unterscheiden. Umweltlenkungsabgaben sind solche Abgaben, die durch ihren finanziellen Anreiz auf die Verminderung von Umweltbelastungen und Entwicklung umweltverträglicher Verhaltensweisen hinwirken. Umweltfinanzierungsabgaben werden zur Finanzierung von Umweltmaßnahmen erhoben. Umweltnutzungsabgaben sind Abgaben, die ein Entgelt für die Inanspruchnahme von Umweltgütern und Umweltmedien darstellen. Als letztes sind noch die sogenannten Umweltausgleichsabgaben zu nennen, also Abgaben, die Umweltbeeinträchtigungen dort kompensieren, wo Umweltschutzmaßnahmen nicht ergriffen werden. Zu den Umweltabgaben gehören z. B. die Abwasserabgabe nach dem AbwAG, die ökologischen Steuern sowie die Steuern nach dem Energiesteuergesetz (EnergieStG)[205], die Naturschutzausgleichsabgaben nach § 15 Abs. 6 BNatSchG, die Walderhaltungsabgabe (beispielsweise geregelt in § 8 Abs. 4 WaldG BW oder auch der sogenannte Wasserpfennig, der in den meisten Bundesländern erhoben wird.

170 Weiterhin versucht der Staat auch durch positive Anreize, wie der Förderung von Maßnahmen durch **Subventionen**, seine umweltpolitischen Ziele durchzusetzen. Hierbei kann man zwischen den direkten Subventionen, also unmittelbaren finanziellen Zuwendungen des Staates an Private, und den indirekten Subventionen, Forderungserlassen in Form von Steuersenkungen, unterscheiden. Der Vorteil von Subventionen ist darin zu sehen, dass diese in jeglichen Formen eine breite Akzeptanz genießen. Als Nachteil ist jedoch anzusehen, dass die hierfür aufgebrachten öffentlichen Gelder oft zweckwidrig verwendet werden und es an einer ordnungsgemäßen Überwachung fehlt. Auch können

[205] Vom 15. Juli 2006, BGBl. I S. 1534; 2008 I S. 660; 1007, zuletzt geändert durch Artikel 1 des Gesetzes vom 1. März 2011, BGBl. I S. 282.

Subventionen wettbewerbsverzerrend wirken, sodass hier auch immer Art. 107 AEUV zu beachten ist.

4.2.4.2 Staatliche Umweltinformationen

171 Um die **Bürger** zu umweltfreundlichen Verhalten zu veranlassen, müssen diese zunächst darüber informiert werden, welche Auswirkungen bestimmte Verhaltensweisen auf die Umwelt haben können. Zu den **Informationstätigkeiten des Staates** gehören z. B. die Berichterstattung, Öffentlichkeitsarbeit, allgemeine Aufklärungen sowie auch Warnungen vor allgemeinen Gefahren. Hinzu kommen einzelfallbezogene Beratungspflichten, wie sie z. B. in § 45 KrWG geregelt sind.

4.2.4.3 Umweltinformationsansprüche

172 Zugang zu diesen Informationen erlangt der einzelne Bürger klassischerweise als Verfahrensbeteiligter oder Drittbetroffener aufgrund von Spezialgesetzen, wie beispielsweise § 72 Abs. 1 HSatz. 2 VwVfG, § 88 WHG, § 6 Abs. 4 Atomrechtliche Verfahrensverordnung (AtVfV)[206], §§ 9, 14i UVPG sowie aufgrund der allgemeinen Regelung zur Akteneinsicht in § 29 VwVfG.[207] Nach diesen Normen beschränkt sich das Auskunftsrecht nur auf die Dauer des laufenden Verwaltungsverfahrens. Ist dies abgeschlossen, bestehen nach diesen Vorschriften keine Auskunftsansprüche mehr.

173 Um den Bürgern unabhängig von laufenden Verfahren Umweltinformationen zugänglich zu machen und damit ihr Engagement für den Umweltschutz und die Durchsetzung des Umweltrechts zu verbessern,[208] wurde in Umsetzung der Richtlinie 90/313/EWG 1994 das UIG beschlossen. Mit der erweiterten Umweltinformationsrichtlinie 2003/4/EG trat ein novelliertes, für noch mehr Transparenz sorgendes UIG am 14.02.2005 in Kraft.[209]

174 Der Begriff Umweltinformationen ist in § 2 Abs. 3 UIG legal definiert. Hierzu gehören, unabhängig von der Art ihrer Speicherung, Daten über den Zustand von Umweltbestandteilen wie Luft und Atmosphäre, Wasser, Boden, Landschaft und natürliche Lebensräume sowie die Wechselwirkungen der einzelnen Umweltmedien untereinander. Weiterhin gehören hierzu auch Daten über Faktoren wie Stoffe, Energie, Lärm und Strahlung, Abfälle aller Art sowie Emissionen, die sich auf die Umweltbestandteile auswirken oder wahrscheinlich auswirken. Auch Daten über den Zustand der menschlichen Gesundheit und Sicherheit sind vom Begriff der Umweltinformationen erfasst.

---

[206] In der Fassung der Bekanntmachung vom 3. Februar 1995, BGBl. I S. 180, zuletzt geändert durch Artikel 4 des Gesetzes vom 9. Dezember 2006, BGBl. I S. 2819.

[207] Dazu *Kluth*, (Fn. 188), § 60 Rn. 92 ff.

[208] Zur dahinter stehenden allgemeinen Politikkonzeption der Europäischen Union siehe *Masing*, Die Mobilisierung des Bürgers für die Durchsetzung des Rechts, 1997.

[209] Einzelheiten zum UIG: *Schomerus*, Umweltinformationsgesetz, 2. Aufl. 2002; zur Erweiterung durch die Aarhus-Konvention: *Schlacke/Schrader/Bunge*, Informationsrechte, Öffentlichkeitsbeteiligung und Rechtsschutz im Umweltrecht, Aarhus-Handbuch, 2010.

175 Der Anspruch auf Zugang zu Umweltinformationen wird gemäß § 9 UIG dort beschränkt, wo es sich um grundrechtlich durch Art. 2 Abs. 1 i. V. m. Art. 1 Abs. 1 GG geschützte **personenbezogene Daten** oder um ebenfalls grundrechtlich durch Art. 12, 14 GG geschützte **Geschäfts- und Betriebsgeheimnisse** handelt.[210] Ist umstritten, ob ein Auskunftsanspruch zu Recht unter Berufung auf solche gegenläufigen Rechte verweigert oder beschränkt wird, so kann eine gerichtliche Klärung durch ein In-camera-Verfahren nach § 99 Verwaltungsgerichtsordnung (VwGO)[211] erfolgen. Das gleiche gilt, wenn der Auskunftsanspruch nach § 8 UIG unter Hinweis auf schutzwürdige **öffentliche Belange** abgelehnt wird.

176 Zweck des Gesetzes ist es gemäß § 1 UIG, nicht nur einen freien Zugang zu den Umweltinformationen zu schaffen, sondern auch die Verbreitung von Umweltinformationen durch die Behörden. So wird in § 10 UIG gefordert, dass die Behörden die Öffentlichkeit auch aktiv, ohne spezielle Aufforderung, über bestimmte, umweltrelevante Themen zu unterrichten hat. Zu beachten ist hier, dass Informationen nach dem UIG nur von informationspflichtigen Stellen des Bundes und der bundesunmittelbaren juristischen Personen des öffentlichen Rechts herausgegeben werden. Eine Informationspflicht für die Stellen der öffentlichen Verwaltung in den Ländern ist den einzelnen Landesumweltinformationsgesetzen zu entnehmen.[212]

177 Zu erwähnen ist in diesem Zusammenhang das allgemeiner gefasste Informationsfreiheitsgesetz (IFG)[213], das im Bereich von Umweltinformationen durch das UIG verdrängt wird (vgl. § 1 Abs. 3 IFG).

4.2.4.4 Informelles Staatshandeln im Bereich des Umweltschutzes

178 In der Praxis kommt es häufig vor, dass der Staat mittels informellen Handelns, als Ausprägung des Kooperationsprinzips, tätig wird. Hierunter fallen sämtliche Absprachen, Vorabstimmungen, Empfehlungen, Warnungen oder auch Beratungen zwischen Staat und Bürger, für die es keinerlei rechtliche Grundlage gibt. Positiver Aspekt dieses informellen Handels ist, dass es einen höheren Grad an Flexibilität aufweist als gesetzliche Regelungen. Es führt zu einer Kosten- und Zeitersparnis und in der Regel können hierdurch auch Rechtsstreitigkeiten vermieden werden. Zu finden sind solche **Absprachen** zum einen im Bereich der Normsetzung. Hier sind vor allem im Chemikalien- und Entsorgungsbereich Absprachen üblich geworden, in welchen sich die Wirtschaft verpflichtet, bestimmte Produkte nicht herzustellen. Im Gegenzug dazu wird von Staatsseite zugesichert, zunächst keine rechtliche Regelung diesbezüglich zu erlassen. Von diesen Zusagen können sich beide Seiten jederzeit lösen. Zum anderen finden die meisten Abspra-

---

[210] BVerwG NVwZ 2009, 1113.

[211] In der Fassung der Bekanntmachung vom 19. März 1991, BGBl. I S. 686, zuletzt geändert durch Artikel 5 Absatz 2 des Gesetzes vom 24. Februar 2012, BGBl. I S. 212.

[212] Zu diesen näher *Schomerus/Tolkmitt*, NVwZ 2007, 1119 ff.

[213] Vom 5. September 2005, BGBl. I S. 2722.

chen im Bereich des Normenvollzugs statt. Hier sollen durch Selbstbeschränkungen und Selbstverpflichtungen die strengeren Normen umgangen werden.

179 Beispielhaft zu nennen für informelles Staatshandeln ist die Erklärung der deutschen Wirtschaft, ihre spezifischen CO_2-Emissionen bis 2005 um bis zu 20 % gegenüber 1987 zu verringern oder die Zusage der Automobilindustrie, den Treibstoffverbrauch neu zugelassener PKW bis 2005 um 25 % gegenüber 1990 zu vermindern sowie auch Rekultivierungsabsprachen bei Wasserschutzgebietsfestsetzungen, Absprachen zwischen Behörde und Anlagenbetreiber zur Vermeidung nachträglicher Anordnungen, Vereinbarung von Werbebeschränkungen zwischen Bundesgesundheitsminister und Zigarettenindustrie und der Einsatz von Konfliktmittlern bei der Auswahl von Standorten für industrielle oder kommunalen Großanlagen (z. B. zur Müllverbrennung).

180 **Nachteile** solcher Absprachen bestehen jedoch darin, dass sie unverbindlich und deshalb auch keiner gerichtlichen Kontrolle zugänglich sind. Weiterhin mangelt es solchen Absprachen meist an Transparenz sowie ausreichender Berücksichtigung von Drittinteressen. Solche Vorgehensweisen sind nur dann zulässig, soweit durch sie nicht zwingende gesetzliche Vorgaben umgangen werden. So muss beispielsweise die Kompetenzordnung gewahrt, der Gleichheitssatz oder auch das Verbot drittbelastender Vereinbarungen beachtet werden. In neueren Umweltgesetzen wird oft ein thematisch und verfahrensrechtlich umrissener Rahmen für die Zulässigkeit informalen Verwaltungshandelns geschaffen, vgl. § 5 UVPG, § 2 Abs. 2 der 9. BImSchV.

4.2.5 Umweltbezogene Betriebsorganisation

181 Damit der Umweltschutz nicht nur ein Hindernis, sondern ein Ziel unternehmerischen Handelns wird, wurden betriebsorganisatorische Instrumente des Umweltschutzes entwickelt.[214] Hierzu gehören vor allem das **Umwelt-Audit** und die **Betriebsbeauftragten** für Umweltschutz. Weiterhin zu erwähnen in diesem Zusammenhang sind die Offenlegungspflichten betrieblicher Organisation und betrieblicher Umweltinformationen für Betriebe mit mehreren außenvertretungsberechtigten Personen gegenüber der zuständigen Behörde. Aufgrund des Bedeutungsgehaltes wird im Weiteren nur auf die beiden erstgenannten Instrumente näher eingegangen.

4.2.5.1 Umwelt-Audit[215]

182 Das europäische Umwelt-Audit-System **EMAS** (Eco **M**anagement und **A**udit **S**cheme) ist ein freiwilliges und öffentlich kontrolliertes System der betrieblichen Selbstkontrolle eines Unternehmens bzw. einer Organisation zur Optimierung des betrieblichen Umweltschutzes. Die rechtliche Grundlage dieses Systems ist die Umweltauditierungsverordnung (EMAS I) aus dem Jahr 1993. Seitdem wurde sie noch zweimal novelliert. Zu-

---

214 Aus der Anfangszeit: Pieroth/Wicke (Hrsg.), Chancen der Betriebe durch Umweltschutz, 1988.

215 Zu Einzelheiten *Förtsch/Meinholz*, Handbuch betriebliches Umweltmanagement, 2011. Überblick bei *Langerfeldt*, NVwZ 2002, 1156 ff.; *Förster*, ZUR 2004, 25 ff.

nächst durch die EMAS-II Verordnung aus dem Jahr 2001 und zuletzt im Jahr 2010 durch die EMAS-III Verordnung.[216]

Die Anforderungen dieser Verordnungen werden in Deutschland durch das Umweltauditgesetz (UAG)[217] konkretisiert. Dieses wiederum wird ergänzt durch folgende Verordnungen:

- UAG – Zulassungsverordnung (UAGZVV)[218],
- UAG – Beleihungsverordnung (UAGBV)[219],
- UAG – Gebührenverordnung (UAGGebV)[220],
- UAG – Erweiterungsverordnung (UAG-ErwV)[221].

183 Mit der Teilnahme an diesem System werden Organisationen dazu angehalten, ein Umweltmanagement- und Umweltbetriebsprüfungssystem einzurichten. Als Organisationen sind hierbei Gesellschaften, Körperschaften, Betriebe, Unternehmen oder Einrichtungen bzw. Teile oder Kombinationen hiervon, innerhalb oder außerhalb der EU, mit oder ohne Rechtspersönlichkeit, öffentlich oder privat, mit eigener Funktion und eigener Verwaltung gemeint (Art. 2 Nr. 12 EMAS III-VO).

184 Für die **Durchführung** gibt das System Rahmenbedingungen vor, deren Umsetzung jedoch individuell erfolgen kann bzw. soll, damit die spezifischen Umweltleistungen zur Geltung kommen. Gemäß Art. 4 EMAS III VO ist das Verfahren in folgenden Schritten durchzuführen:

- Zunächst hat eine erste **Umweltprüfung der Organisation** zu erfolgen, um den Ist-Zustand dieser festzustellen. Hierbei werden alle Bereiche der Organisation unter ökologischen Gesichtspunkten betrachtet, um eine Analyse der Stärken und Schwächen vorzunehmen. Hierauf aufbauend werden in Umweltprogrammen Ziele und Maßnahmen festgelegt, mit denen Schwachstellen behoben, Einsparungen erzielt und Verbesserungspotenziale genutzt werden sollen. Kurz gesagt, es wird ein Umweltmanagementsystem geschaffen.
- Zur langfristigen Integration und zur Sicherstellung einer tatsächlichen Erfolgserzielung ist es erforderlich, dass das Umweltmanagementsystem die Organisationsstruktur, Planungstätigkeiten, Verantwortlichkeiten, Verhaltensweisen, Vorgehensweisen, Verfahren und Mittel für die Festlegung, Durchführung und Verwirklichung, Über-

---

[216] Dazu *Märtterer*, Die Revision der EG-Öko-Audit-Verordnung (EMAS III) und die Einführung verbindlicher Umweltleistungskennzahlen (KPI), 2011.

[217] Vom 4. September 2002, BGBl. I S. 3490, zuletzt geändert durch Artikel 1 des Gesetzes vom 6. Dezember 2011, BGBl. I S. 2509.

[218] Vom 12. September 2002, BGBl. I S. 3654, zuletzt geändert durch Artikel 1 der Verordnung vom 13. Dezember 2011, BGBl. I S. 2725.

[219] Vom 18. Dezember 1995 BGBl. I S. 2013, zuletzt geändert durch Artikel 1 der Verordnung vom 13. Dezember 2011, BGBl. I S. 2727.

[220] Vom 4. September 2002 BGBl. I S. 3503, zuletzt geändert durch Artikel 2 der Verordnung vom 13. Dezember 2011, BGBl. I S. 2727.

[221] Vom 2. März 1998, BGBl. I S. 338.

prüfung und Fortführung der Umweltpolitik und das Management der Umweltaspekte umfasst (Art. 2 Nr. 13 EMAS III-VO). Das Umweltmanagementsystem muss also in sämtlichen Bereichen der Organisation eingeführt, durchgeführt und überwacht werden.

- Sodann hat eine **interne Umweltprüfung** stattzufinden. Die einzelnen Anforderungen an diese lassen sich Anhang II Nr. 5.5. sowie Anhang III der EMAS III-VO entnehmen. Dieses interne Umwelt-Audit ist in regelmäßigen Abständen durch einen (internen oder externen) Betriebsprüfer vorzunehmen. Hierbei hat dieser die Umweltleistungen zu prüfen und zu dokumentieren sowie objektiv zu bewerten.
- In einem nächsten Schritt ist eine **Umwelterklärung** gemäß Anhang III der EMAS III-VO zu erstellen. Diese Umwelterklärung dient der Information der Öffentlichkeit sowie anderer interessierter Kreise. Nach Art. 2 Nr. 18 EMAS III-VO beinhaltet sie die Struktur und Tätigkeiten der Organisation, deren Umweltpolitik und Umweltmanagementsystem, Umweltaspekt- und Auswirkungen, das Umweltprogramm, Umweltzielsetzungen sowie ökologische Einzelziele, Umweltleistungen und schließlich die Einhaltung der geltenden umweltrechtlichen Verpflichtungen gemäß Anhang IV der VO.
- In einem letzten Schritt erfolgt eine **Überprüfung** des Managementsystems, der Rechtskonformität sowie der **Umwelterklärung** durch einen externen hierfür zugelassenen Umweltgutachter. Erfolgt durch diesen die Validierung, so kann die Organisation bei der zuständigen Stelle[222] eine Eintragung in das **EMAS-Register** beantragen.

185 Diese **Registrierung** hat eine Geltungsdauer von **drei Jahren**. In der Zwischenzeit hat eine jährliche Aktualisierung der Umwelterklärung zu erfolgen, um somit die Umweltleistungen auch tatsächlich kontinuierlich zu verbessern. Für kleinere und mittlere Unternehmen besteht nunmehr die Möglichkeit, diese zeitlichen Intervalle auf Antrag auf vier bzw. zwei Jahre zu verlängern.

186 Ziel des Umwelt-Audit-Systems ist folglich nicht, lediglich die Umweltleistungen von Organisationen *einmal* zu verbessern und hierüber die Öffentlichkeit zu informieren ohne jedoch danach die Umweltleistungen der Organisation wieder zu begutachten. Vielmehr zielt das System darauf ab, dass die **Organisationen kontinuierlich ihre Umweltleistungen verbessern** und dem Stand von Wissenschaft und Technik anpassen, sodass die Belange des Umweltschutzes nicht stagnieren, sondern wie z. B. die Personalpolitik wesentlicher Teil des gesamten Managementsystems sind.

187 **Anreize für die Teilnahme** an EMAS bieten verschiedene Möglichkeiten der Erleichterung des Vollzuges des Umweltrechtes für EMAS-Organisationen. Grundlage hierfür ist die EMAS-Privilegierungs-Verordnung (EMASPrivilegV)[223], welche beispielsweise

[222] Zuständige Industrie- und Handelskammer bzw. Handwerkskammer.

[223] Vom 24. Juni 2002, BGBl. I S. 2247, die zuletzt durch Artikel 5 Absatz 24 des Gesetzes vom 24. Februar 2012, BGBl. I S. 212.

immissionsschutz- und kreislaufwirtschaftsrechtliche Überwachungserleichterungen vorsieht. Auch die einzelnen Bundesländer bieten Privilegierungen sowie Gebührenermäßigungen für EMAS validierte Unternehmen.

4.2.5.2 Der Betriebsbeauftragte für Umweltschutz

188 Neben dieser freiwilligen umweltbezogenen Betriebsorganisation trifft einige Unternehmen, von denen eine Umweltbelastung von hohem Gewicht ausgeht, die **Pflicht**, einen Betriebsbeauftragten für Umweltschutz einzusetzen. Eine solche Verpflichtung kann sich aus verschiedenen Fachgesetzen und Verordnungen oder aus einer behördlichen Anordnung ergeben. Zu den gesetzlich vorgeschriebenen Betriebsbeauftragten für Umweltschutz gehören z. B.:

- der Immissionsschutzbeauftragte, §§ 53 – 58 BImSchG,
- der Störfallbeauftragte, §§ 58a – 58d BImSchG,
- der Gewässerschutzbeauftragte, §§ 21a – 21g WHG,
- der Abfallbeauftragte, §§ 59, 60 KrWG,
- der Strahlenschutzbeauftragte, §§ 30, 31 Strahlenschutzverordnung (StrlSchV)[224],
- der Gefahrgutbeauftragte, §§ 1 ff. Gefahrgutbeauftragtenverordnung (GbV)[225].

189 Dem Betriebsbeauftragten für Umweltschutz obliegt die **Aufgabe**, den betrieblichen Umweltschutz mit der Qualitätssicherung, der Arbeitssicherheit und dem Gesundheitsschutz zu verknüpfen. Hierzu muss er zunächst darauf achten, dass die umweltschutzrechtlichen Regelungen sowie auch interne Richtlinien des Umweltschutzes eingehalten werden. Er muss die Betriebsangehörigen über die vom Betrieb ausgehenden schädlichen Umweltauswirkungen unterrichten. Weiterhin hat er auf die Entwicklung umweltfreundlicher Produkte und Verfahrensabläufe bzw. auf deren Einführung hinzuwirken. Er muss bestehende Mängel der Geschäftsleitung mitteilen sowie jährlich einen Bericht über die getroffenen und geplanten Maßnahmen erstellen. Er hat somit den gesamten innerbetrieblichen Umweltschutz zu organisieren und diesen im Sinne der gesetzlichen Vorgaben auch auszuführen.

4.2.6 Umweltallianzen

190 Zur Förderung des Umweltschutzes kommt es auf Landesebene zwischen den einzelnen Landesregierungen und den in dem jeweiligen Bundesland ansässigen Wirtschaftsverbänden und Unternehmen zu Absprachen. Diese Vereinbarungen bestehen teilweise seit 1995 und werden je nach Bundesland als **Umweltallianz, Umweltpartnerschaft, Umweltpakt oder Umweltdialog** bezeichnet.

---

[224] Vom 20. Juli 2001, BGBl. I S. 1714; 2002 I S. 1459, zuletzt geändert durch Artikel 5 Absatz 7 des Gesetzes vom 24. Februar 2012, BGBl. I S. 212.
[225] Vom 25. Februar 2011, BGBl. I S. 341.

Diese Zusammenschlüsse sind **freiwillige Vereinbarungen** zwischen einer Landesregierung und der Wirtschaft zur Verbesserung der Rahmenbedingungen für eine umweltverträgliche bzw. nachhaltige Wirtschaftsentwicklung. Die Unternehmen verpflichten sich mit ihrem Beitritt dazu, Umweltschutzleistungen über die gesetzlichen Bestimmungen hinaus zu erbringen. Dies wird dadurch erreicht, dass bereits der Beitritt zu einer solchen Vereinbarung vom Vorliegen eines Umweltmanagementsystems nach EMAS oder der Norm DIN EN ISO 14001 abhängig gemacht wird. Anreize zu einem Beitritt werden dadurch geschaffen, dass für Mitglieder von staatlicher Seite bürokratische Regularien vereinfacht werden. So werden beispielsweise Vollzugserleichterungen eingeräumt, die Regelungsdichte reduziert, Förderprogramme aufgelegt, auf Überwachungsgebühren verzichtet oder Genehmigungsgebühren rabattiert sowie Entlastungen bei Betriebs- und Dokumentationspflichten gewährt. Ist das Vorliegen eines Umweltmanagementsystem keine Beitrittsvoraussetzung zur Allianz, so werden in diesen Ländern nur denjenigen Teilnehmern der Umweltvereinbarung Verwaltungserleichterungen zugestanden, die EMAS-Teilnehmer oder eines vergleichbaren Umweltmanagementsystems sind. Inzwischen sind in zahlreichen Bundesländern entsprechende Aktivitäten zu verzeichnen. 191

Ziel dieser freiwilligen Vereinbarungen ist es, die Umwelt und die natürlichen Ressourcen für eine nachhaltige Entwicklung zu schützen, die Eigenverantwortung der Wirtschaft zu stärken sowie eine umweltgerechte Wirtschaftsentwicklung voranzutreiben. 192

▶ **Lösungshinweise zu Fall 1.5** Das BVerfG hat mit seinem Urteil vom 07.05.1998 die kommunale Verpackungssteuer für verfassungswidrig erklärt, weil sich die Kommune damit in Widerspruch zur gesetzlichen Konzeption des Bundesgesetzgebers gesetzt hat, der sich für einen Vorrang der freiwilligen Verwirklichung der vereinbarten Ziele entschieden hatte.[226] (Siehe auch Rn. 93) 193

▶ **Lösungshinweise zu Fall 1.6** Die Plakataktion der Stadt K stellt einen Eingriff in die durch Art. 12 Abs. 1 GG geschützte Berufsausübungsfreiheit dar. Aufgrund einer hierfür fehlenden Rechtsgrundlage ist diese Aktion nicht rechtens. Mit der Plakataktion weist die Stadt zunächst informativ und sachlich darauf hin, Mehrwegverpackungen zu verwenden. Hierdurch greift sie mittelbar in die Rechte des U ein, da sich durch diese Aktion die Verbraucher veranlasst sehen könnten, nunmehr auf Einwegverpackungen zu verzichten. Dies wiederum würde zu einem Imageschaden des U sowie auch zu einem Umsatzrückgang führen, der wiederum den Bestand des Gewerbebetriebes schadet. Aufgrund seiner Mittelbarkeit wird dieser Eingriff als weniger intensiv als ein unmittelbarer Eingriff in die Berufsausübung angesehen. Dies ist jedoch dann unerheblich, wenn, wie vorliegend, die Beeinträchtigung bewusst und zielgerichtet erfolgt. Die Stadt K möchte mit ihrer Aktion erreichen, dass die Bürger auf 194

---

[226] BVerfGE 98, 106 ff.

Einwegverpackungen verzichten. Damit nimmt sie in Kauf, dass es hierdurch zu Umsatzrückgängen in den Unternehmen kommt, die Einwegverpackungen herstellen.

Des Weiteren könnte man mit dieser Aktion auch eine Umgehung der fehlenden Rechtsetzungsbefugnis in diesem Bereich annehmen. Mit dieser Aktion führt die Stadt auf dem Umweg der indirekten Verhaltenssteuerung das durch, was per herkömmlichen Verbots mangels gesetzlicher Grundlage jedenfalls nicht zulässig wäre.[227]

Dieser Eingriff ist auch nicht gerechtfertigt, da es hierfür an einer einfachgesetzlichen Ermächtigungsgrundlage fehlt. Der Bundesgesetzgeber hat das Problem, welches durch Einwegverpackungen entsteht, bereits erkannt und es gesetzgeberisch im Kreislaufwirtschaftsgesetz geregelt. Eingriffsermächtigungen, mit der die Stadt K den Eingriff rechtfertigen könnte, bestehen jedoch nicht.

5 Umweltprivatrecht

195 Das Umweltprivatrecht ist nicht als strukturiertes Rechtsgebiet zu verstehen. Vielmehr umfasst es all diejenigen Normen, die bei Streitigkeiten mit umweltrechtlichen Belangen zwischen Bürgern zur Anwendung kommen. Die wichtigsten Regelungen hierzu sind im Bürgerlichen Gesetzbuch zu finden. Des Weiteren kommen hier das Umwelthaftungsgesetz sowie die Nachbarrechtsgesetze der Länder zur Anwendung. Das Umweltprivatrecht regelt im Einzelnen Beseitigungs- und Unterlassungsansprüche, Ausgleichs- und Schadensersatzansprüche sowie Auskunftsansprüche.

5.1 Umweltnachbarrecht

196 § 903 Satz 1 Bürgerliches Gesetzbuch (BGB)[228] gibt grundsätzlich jedem Eigentümer einer Sache das Recht, mit dieser nach Belieben zu verfahren und andere von der Einwirkung auszuschließen. Das nachbarbezogene Sachenrecht statuiert zu diesem Zweck in §§ 1004, 906 BGB einen Beseitigungs- und Unterlassungsanspruch gegen Einwirkungen Dritter. Damit dieser Anspruch jedoch nicht dazu führt, dass sämtliche Einwirkungen auf das eigene Grundstück ausgeschlossen werden und andere hierdurch möglicherweise in der Nutzung ihres Grundstücks eingeschränkt werden, setzt § 906 BGB äußere Grenzen. Nach § 906 Abs. 1 Satz 1 BGB hat der Eigentümer die dort genannten Immissionen zu dulden, sofern diese die Benutzung des Grundstücks nicht oder nur unwesentlich

---

[227] VGH München NVwZ 1992, 1004 ff. Mit dieser Entscheidung hat der VGH München, später bestätigt durch das BVerwG, Beschluss vom 07.09.1992 – 7 NB 2/92 (München), entschieden, dass ein Verbot von Einwegverpackungen durch Kommunalsatzungen aufgrund fehlender Rechtssetzungsbefugnis unzulässig ist.

[228] In der Fassung der Bekanntmachung vom 2. Januar 2002, BGBl. I S. 42, 2909; 2003 I S. 738, zuletzt geändert durch Artikel 2 des Gesetzes vom 15. März 2012, BGBl. 2012 II S. 178.

beeinträchtigen.[229] Ob eine **Beeinträchtigung wesentlich** ist, wird mit Hilfe **objektiver Messverfahren** bestimmt. Grenz- bzw. Richtwerte hierzu ergeben sich aus Gesetzen, Verordnungen oder allgemeinen Verwaltungsvorschriften, die aufgrund von § 48 BImSchG festgelegt sind. Bei Unterschreitung dieser Grenzwerte wird in der Regel von einer unwesentlichen Beeinträchtigung ausgegangen, die dann zu dulden ist.

197 Bei der **Bewertung der Wesentlichkeit** spielt grundsätzlich das subjektive Empfinden des von der Immission unmittelbar betroffenen Nachbarn kaum eine Rolle. Ergeben sich jedoch im Einzelfall, ggf. durch Sachverständigengutachten nachgewiesene, nachteilige Auswirkungen, obwohl die Grenzwerte nicht überschritten sind, so ist in diesem Fall eine wesentliche Beeinträchtigung anzunehmen. Neben dem objektiven Messverfahren ist ferner das mutmaßliche Empfinden eines Durchschnittsbewohners des von der Immission betroffenen Gebietes bei der Festlegung des Ausmaßes der Beeinträchtigung zu berücksichtigen.[230] Wird die Beeinträchtigung als wesentlich festgestellt und muss der Nachbar diese jedoch aufgrund der Ortsüblichkeit und wirtschaftlichen Unzumutbarkeit der Abwehr dulden, so steht ihm nach § 906 Abs. 2 BGB ein Ausgleichsanspruch zur Verfügung.

5.2 Umwelthaftungsrecht

198 Das Umwelthaftungsrecht ist ein Teil des Umweltprivatrechts und umfasst diejenigen Rechtsnormen, die den **haftungsrechtlichen Ausgleich für solche Schäden regeln, die durch Umweltbeeinträchtigungen verursacht** wurden. Kennzeichnend für das Umwelthaftungsrecht ist die Verursachung eines Schadens über den Umweltpfad, d. h. eine Schadensverursachung unter Vermittlung der Umweltmedien Boden, Luft und Wasser.[231] Der Umweltbegriff im Umwelthaftungsrecht beschränkt sich somit auf die natürliche Umgebung des Menschen.

199 Das Umwelthaftungsrecht dient dem **Ausgleich zwischen den einzelnen Privatinteressen** und entfaltet damit eine mittelbar umweltschützende Wirkung. Das bedeutet, dass die Androhung des Ausgleichanspruchs zumindest zu einer Verminderung schädlicher Umwelteinwirkungen führt.

5.2.1 Anspruch gemäß § 823 Abs. 1 BGB

200 Ein Haftungsanspruch nach § 823 Abs. 1 BGB wird begründet, wenn durch die Beeinträchtigung der Umweltmedien eines der in dieser Norm genannten Rechtsgüter verletzt

[229] § 906 Abs. 1 Satz 1 BGB „Der Eigentümer eines Grundstücks kann die Zuführung von Gasen, Dämpfen, Gerüchen, Rauch, Ruß, Wärme, Geräusch, Erschütterungen und ähnliche von einem anderen Grundstück ausgehende Einwirkungen insoweit nicht verbieten, als die Einwirkung die Benutzung seines Grundstücks nicht oder nur unwesentlich beeinträchtigt."

[230] Münchener Kommentar BGB, *Säcker*, § 906 Rn. 34.

[231] Münchener Kommentar BGB, *Wagner*, § 823 Rn. 677.

wird. Zu den geschützten Rechtsgütern gehören das Leben, die Gesundheit, die Freiheit i. S. d. körperlichen Bewegungsfreiheit sowie das Eigentum. Einer Verletzung dieser Rechtsgüter kann, neben dem Schadensersatzanspruch, auch einen Schmerzensgeldanspruch nach § 253 Abs. 2 BGB zur Folge haben. Problematisch beim Durchsetzen eines Anspruchs nach dieser Norm ist, das Verschulden sowie das rechtswidrige Verhalten des „Umweltsünders" nachzuweisen. Gerade in der Praxis kann hieran die Durchsetzung des Anspruchs scheitern.

5.2.2 Anspruch gemäß § 823 Abs. 2 BGB

201 Ein weiterer Haftungsanspruch kann sich aus § 823 Abs. 2 BGB ergeben, wenn durch die Umweltbeeinträchtigung ein Schutzgesetz i. S. dieser Norm verletzt wurde. Ein haftungserhebliches Schutzgesetz liegt vor, wenn die als Schutzgesetz in Betracht gezogene Norm auch das private Interesse des verletzten Anspruchstellers schützen soll und der durch die Norm zu vermittelnde Schutz über die Vermeidung des Verletzungserfolges hinaus auch die Konsequenz umfasst, dass der Geschädigte Schadensersatz verlangen kann.[232] Erschwernis bei Geltendmachung dieses Anspruchs ist, dass der Geschädigte dem Anspruchsgegner ein Verschulden nachweisen muss.

202 Schutzgesetze im Sinne von § 823 Abs. 2 BGB sind grundsätzlich sämtliche formellen und materiellen sowie europarechtlichen Rechtsnormen, Rechtsverordnungen, Satzungen und schließlich Gewohnheitsrecht, sofern jeweils ein klares Ge- oder Verbot enthalten ist. Als Schutzgesetze kommen beispielsweise § 3 Abs. 1 BImSchG, § 5 Abs. 1 Nr. 1 BImSchG, § 3 Abs. 3 StörfallVO (12. BImSchV)[233], § 14 Abs. 3 WHG, §§ 51, 60 WHG, § 4 Bundesbodenschutzgesetz (BBodSchG)[234] oder auch § 7 Abs. 2 Nr. 3 AtG in Betracht. Mangels eines verpflichtenden Charakters ist beispielsweise die UmweltauditVO kein Schutzgesetz in diesem Sinne. Auch Verwaltungs- sowie Unfallverhütungsvorschriften zählen nicht zum Kanon der Schutzgesetze, da sie sich lediglich an die öffentliche Verwaltung richten. Liegt z. B. wie bei der TA Lärm und TA Luft die Anerkennung einer Drittschutzrichtung vor, so ist nicht die Verwaltungsvorschrift, sondern die Gesetzesbestimmung als Schutznorm zu qualifizieren.[235] Aus dem Immissionsschutzrecht zu nennende Regelungen sind hier § 5 Abs. 1 Nr. 1 oder § 22 Abs. 1 Nr. 1 BImSchG, die durch die TA Lärm und TA Luft konkretisiert werden.[236] Hingegen können privat entwickelte Standards, wie z. B. DIN-Standards oder VDI und VDE Richtlinien mangels gesetzlicher Autorisierung nicht als Schutzgesetze gelten.[237]

---

[232] Münchener Kommentar BGB, *Wagner*, § 823 Rn. 346.

[233] In der Fassung der Bekanntmachung vom 8. Juni 2005, BGBl. I S. 1598, zuletzt geändert durch Artikel 5 Absatz 4 der Verordnung vom 26. November 2010, BGBl. I S. 1643.

[234] Vom 17. März 1998, BGBl. I S. 502, zuletzt geändert durch Artikel 5 Absatz 30 des Gesetzes vom 24. Februar 2012, BGBl. I S. 212.

[235] Münchener Kommentar BGB, *Wagner*, § 823 Rn. 335.

[236] Münchener Kommentar BGB, *Wagner*, § 823 Rn. 335.

[237] Münchener Kommentar BGB, *Wagner*, § 823 Rn. 335.

5.2.3 Umwelthaftungsgesetz

203 Das Umwelthaftungsgesetz (UmweltHG)[238] trat am 01. Januar 1991 in Kraft. Mit diesem Gesetz sollten Haftungslücken geschlossen und die Durchsetzung umweltrechtlicher Haftungsansprüche erleichtert werden. Das Gesetz ist als Gefährdungshaftung konzipiert, sodass, im Gegensatz zu § 823 BGB, Verschulden und rechtswidriges Verhalten vom Anspruchsteller nicht nachgewiesen werden müssen.

204 Nach § 1 UmweltHG besteht eine Schadensersatzpflicht für den Inhaber einer Anlage[239] dann, wenn durch eine, von einer im Anhang 1 genannten Anlage eine Umweltwirkung ausgeht, durch welche jemand getötet, sein Körper oder seine Gesundheit verletzt oder eine Sache beschädigt wird. Nachteil dieser Regelung ist, dass die Gefährdungshaftung nur für bestimmte Anlagen eintritt und der im UmweltHG abschließend geregelte Anlagenbegriff nicht mit dem Anlagenbegriff des BImSchG übereinstimmt. Beweiserleichterungen für den Geschädigten ergeben sich aus der in § 6 Abs. 1 UmweltHG enthaltene Kausalitätsvermutung (Vermutung der Ursächlichkeit) sowie durch die ihm gegen den Anlagenbetreiber zustehenden Auskunftsansprüchen (§§ 8 ff. UmweltHG). Die Kausalitätsvermutung kann jedoch durch den Anlagenbetreiber durch einen Nachweis des bestimmungsgemäßen Gebrauchs entkräftet werden.

6 Umweltschadensgesetz

205 Zur Umsetzung der EU-Richtlinie 2004/35/EG über die **Umwelthaftung und über die Vermeidung und Sanierung von Umweltschäden (USchadG)**[240] trat im November 2007 das **Umweltschadensgesetz** in Kraft. Dieses Gesetz enthält Regelungen zur Vermeidung und Sanierung von Umweltschäden, wobei es nur zur Anwendung kommt, soweit dieser Rechtsbereich nicht durch andere Regelungen bereits abgedeckt ist. Gemäß § 13 USchadG findet eine Haftung nur für Umweltschäden oder diese verursachende Tätigkeiten, die nach dem 30. April 2007 eingetreten sind, statt, sodass Altlasten nicht erfasst sind.

206 Gemäß § 2 Nr. 2 USchadG ist ein **Schaden** oder Schädigung eine direkt oder indirekt eintretende feststellbare nachteilige Veränderung einer natürlichen Ressource (Arten und natürliche Lebensräume, Gewässer und Boden) oder eine Beeinträchtigung der Funktion einer natürlichen Ressource. Wird ein solcher Umweltschaden verursacht, so

[238] Vom 10. Dezember 1990, BGBl. I S. 2634, zuletzt geändert durch Artikel 9 Absatz 5 des Gesetzes vom 23. November 2007, BGBl. I S. 2631.

[239] Der Inhaber ist derjenige, der die Gefahrenquelle dauernd für eigene Zwecke benutzt, d. h. auf eigene Rechnung betreibt und die Kosten für ihre Unterhaltung aufbringt und ihren Einsatz tatsächlich beherrscht (BGH, NJW 1981, 1516).

[240] Vom 10. Mai 2007, BGBl. I S. 666, zuletzt geändert durch Artikel 5 Absatz 33 des Gesetzes vom 24. Februar 2012, BGBl. I S. 212.

muss dieser unverzüglich der zuständigen Behörde mitgeteilt (§ 4 USchadG), Gefahrenabwehrmaßnahmen ergriffen (§ 5 USchadG) sowie Schadensbegrenzungs- bzw. Schadenssanierungsmaßnahmen eingeleitet werden (§ 6 USchadG).

207 Das USchadG gehört nicht zum Umweltprivatrecht, da es keinen Umwelthaftungsanspruch zugunsten Privater begründet. Es beinhaltet vielmehr lediglich Informations-, Gefahrenabwehr- und Sanierungspflichten gegenüber Behörden. So können nach § 10 USchadG Betroffene und anerkannte Umweltverbände bei der zuständigen Behörde die Durchsetzung der Sanierungspflichten beantragen, sofern sie die zur Begründung des Antrags vorgebrachten Tatsachen, den Eintritt eines Umweltschadens, glaubhaft erscheinen lassen.

7 Wiederholungsfragen

1. Wann wurde der Umweltschutz als Staatsziel in die Verfassung aufgenommen? (Rn. 28, 56)
2. Was unterscheidet den Umweltschutz als Staatsziel von den anderen Staatszielen? (Rn. 61)
3. Wie wird das Schutzniveau des Umweltschutzes bestimmt? (Rn. 65)
4. Welche Zielkonflikte können mit dem Umweltschutz entstehen? (Rn. 66)
5. Gibt es ein Grundrecht auf Umweltschutz bzw. auf Umweltverschmutzung? (Rn. 82)
6. Wie ist die Gesetzgebungskompetenz im Bereich des Umweltschutzes zwischen Ländern und Bund aufgeteilt? (Rn. 85 ff.)
7. Wieso ist es so wichtig, dass europarechtliche Regelungen zum Umweltschutz erlassen werden und nicht lediglich jeder einzelne Mitgliedstaat seine eigenen Regelungen erlässt? (Rn. 99)
8. Welches sind die wichtigsten Vorschriften der Europäischen Umweltpolitik? (Rn. 102 ff.)
9. Welche Ziele verfolgt die Europäische Umweltpolitik? (Rn. 105 f.)
10. Nennen Sie die Handlungsgrundsätze der Europäischen Umweltpolitik. Was beinhalten diese? (Rn. 107 ff.)
11. Welche Handlungsmöglichkeiten stehen der Europäischen Gemeinschaft zu, um Regelungen für die Mitgliedstaaten zu treffen? (Rn. 114)
12. Welchen Geltungsanspruch haben diese einzelnen Instrumente in den Mitgliedstaaten? (Rn. 115 ff.)
13. Welche wichtigen europarechtlichen Regelungen im Bereich des Umweltschutzes gibt es? (Rn. 116 ff.)
14. Was beinhaltet die umweltrechtliche Prinzipientrias und was besagen diese einzelnen Prinzipien? (Rn. 123 ff.)
15. Zwischen welchen Planungsinstrumenten kann man unterscheiden? (Rn. 143 ff.)

16. Was beinhaltet die UVP, was die SUP? (Rn. 152 ff.)
17. Welche Instrumente der direkten Verhaltenssteuerung gibt es und was soll hierdurch geregelt werden? (Rn. 160 ff.)
18. Welche Instrumente der indirekten Verhaltenssteuerung gibt es und wie soll durch diese der Umweltschutz begünstigt bzw. positiv beeinflusst werden? (Rn. 166 ff.)
19. Welche Maßnahmen sind von den Betrieben zu treffen, um den Umweltschutz in den Betriebsablauf zu integrieren? (Rn. 181 ff.)
20. Welche Anstrengungen unternehmen die Länder im Verhältnis zur Wirtschaft, damit diese ihre Betriebsabläufe umweltgerecht gestalten? (Rn. 190 ff.)
21. Was regelt das Umweltprivatrecht? (Rn. 195)
22. Welche Ansprüche können aus dem Umweltnachbarrecht hergeleitet werden? (Rn. 196)
23. Welche Normen begründen beim Vorliegen welcher Voraussetzungen Ansprüche aus dem Umwelthaftungsrecht? (Rn. 200 ff.)
24. Welchen Vorteil bringt das Umwelthaftungsgesetz gegenüber dem zivilrechtlichen Ansprüchen? (Rn. 203)
25. Was beinhaltet das Umweltschadensgesetz? (Rn. 205 ff.)

§ 2 Immissionsschutzrecht

Guy Beaucamp

1 Problemaufriss

Seit Jahrzehnten geht die Luftverschmutzung in Deutschland zurück. Dies lässt sich z. B. daran erkennen, dass der letzte Smogalarm in den alten Bundesländern im Winter 1986/87 ausgelöst wurde, in den neuen Bundesländern war es zuletzt im Winter 1993/94. Die nach § 49 Abs. 2 BImSchG bzw. der Vorgängernorm erlassenen Smog-Verordnungen der Länder sind mangels Anwendungsfällen mittlerweile alle wieder aufgehoben worden.[1] Aber auch in absoluten Zahlen sind die Emissionen vieler Luftschadstoffe in Deutschland seit 1990 stark gesunken: So halbierten sich die Methanemissionen von 4657 Kilotonnen (1990) auf 2026 Kilotonnen (2007), die Schwefeldioxidemissionen gingen sogar von 5311 Kilotonnen (1990) auf 494 Kilotonnen (2007) zurück, was vor allem durch die Erneuerung von Kraftwerken und Heizungsanlagen in den neuen Bundesländern erreicht werden konnte. Schwefelgeruch in winterlichen Städten in Ostdeutschland gehört deshalb der Vergangenheit an. Die Stickstoffoxide wurden von 2863 Kilotonnen (1990) auf 1294 Kilotonnen (2007) zurückgeführt.[2] Der in den 1970er Jahren

1

[1] *Jarass*, BImSchG, § 49, Rn. 25.

[2] Alle Daten aus einer Luftschadstofftabelle des Umweltbundesamtes: <http://www.umweltbundesamt-umwelt-deutschland.de/umweltdaten/public/document/downloadImage.do?ident=17835> (Stand: 05.04.2012); weitere Einzelheiten zur Luftverschmutzung in Deutschland auch bei SRU, Umweltgutachten 2008, S. 165 ff.

G. Beaucamp ✉
Hochschule für Angewandte Wissenschaften Hamburg (HAW)
Fakultät Wirtschaft und Soziales, Berliner Tor 5, 20099 Hamburg, Deutschland

W. Kluth, U. Smeddinck (Hrsg.), *Umweltrecht*,
DOI 10.1007/978-3-8348-8644-6_2,

von *Willy Brandt* versprochene blaue Himmel über dem Ruhrgebiet ist zu einem guten Teil Realität geworden.

2 Probleme bereiten weiterhin das durch weiträumige Luftverunreinigungen mit verursachte Waldsterben und die Luftschadstoffe, die vom Straßenverkehr ausgehen[3], genannt seien Benzol, Feinstaubemissionen wie etwa Dieselrußpartikel oder Reifenabrieb und das in heißen Sommern relevante bodennahe Ozon. Zwar gibt es bei der Emissionsreduktion am einzelnen Fahrzeug durchaus Verbesserungen, doch drohen diese dadurch aufgezehrt zu werden, dass es immer mehr Fahrzeuge gibt und jedes Fahrzeug pro Jahr mehr Kilometer fährt. Als weltweit wenig erfolgreich wird ferner das – in einem der folgenden Kapitel genauer dargestellte – Bemühen um die Verminderung von Treibhausgasen eingeschätzt.[4]

3 Ebenfalls nicht sonderlich erfolgreich waren die Lärmschutzbemühungen. Eine repräsentative Umfrage des Umweltbundesamtes unter 2000 Bundesbürgern im Jahr 2008 ergab, dass sich fast 60 Prozent der Befragten von Straßenverkehrslärm gestört fühlen, 12 Prozent gaben starke Belästigungen durch Kraftfahrzeuglärm an.[5]

2 Die Rechtsmaterie

2.1 Der Einfluss des Europarechts und des Völkerrechts

4 *„Nicht nur die großen Linien, sondern auch zahlreiche Details des Umweltrechts sind europarechtlich bestimmt."*[6] Diese Aussage gilt für das Immissionsschutzrecht ebenfalls. Auf der Basis der heutigen Art. 191, 192 AEUV hat die Europäische Union zahlreiche Richtlinien und einige Verordnungen erlassen, die das deutsche Immissionsschutzrecht maßgeblich prägen. In einer – nicht abschließenden – Aufzählung nennt der Kommentar von *Jarass* 29 solcher Rechtsakte.[7] Diese befassen sich mit vielen Einzelfragen der Luftreinhaltung und des Lärmschutzes. So basiert z. B. das deutsche Kfz-Abgas- und Kfz-Lärmrecht komplett auf europarechtlichen Vorgaben. Folgende inhaltliche Besonderheiten zeichnen dabei die neueren unionsrechtlichen Richtlinien und Verordnungen aus:

- mengenmäßig bestimmte Luftqualitätsziele, die in bestimmter Zeit einzuhalten sind;
- Planungsverpflichtungen mit einem verschiedene Emissionsquellen übergreifenden Ansatz[8];

[3] *UBA*, Daten zur Umwelt 2009 (Zusammenfassende Broschüre), S. 37 f.
[4] *Koch*, Immissionsschutzrecht, in: ders., Umweltrecht, 3. Aufl. 2010, § 4, Rn. 18.
[5] *UBA*, Daten zur Umwelt 2009 (Zusammenfassende Broschüre), S. 35.
[6] *Meßerschmidt*, Europäisches Umweltrecht, 2011, S. 2 f.
[7] *Jarass*, BImSchG, Einl., Rn. 30–38.
[8] Einzelheiten zu diesen beiden Aspekten finden Sie unter 5.4 (Rn. 110 ff.).

- das Bemühen, die Verschiebung von Umweltbelastungen in ein anderes Umweltmedium oder den Abfallbereich zu verhindern (integrierte Vermeidung und Verminderung schädlicher Umwelteinwirkungen, § 1 Abs. 2 BImSchG);
- die intensivere Einbeziehung der Öffentlichkeit[9], auch durch die Einführung der Verbandsklage.

Die meisten immissionsschutzrechtlichen Bestimmungen des Europarechts beruhen auf Richtlinien, die nicht direkt wirken, sondern gemäß Art. 288 Abs. 3 AEUV von den einzelnen Mitgliedstaaten in bestimmter Frist in nationales Recht umzusetzen sind. Aus diesem Grund werden die immissionsschutzbezogenen Regeln des Europarechts in aller Regel in Gestalt nationaler Normen angewandt. Dass Einfallstore für Unionsrecht bereitgehalten werden, zeigen die §§ 37, 39 und 48a BImSchG. 5

Beispielhaft sei der Umsetzungsprozess an der aktuellen **Richtlinie 2010/75/EU über Industrieemissionen** (Industrial Emissions Directive – IED) erklärt: Diese Richtlinie ist europarechtlich am 06.01.2011 in Kraft getreten, räumt den Mitgliedstaaten indes eine zweijährige Umsetzungsfrist ein. Der deutsche Gesetzgeber hat also bis zum 07.01.2013 Zeit, die nationalen Vorschriften an die Richtlinie anzupassen. Diese Frist wird auch benötigt, weil nicht nur manche Vorschriften des BImSchG zu ändern sind, sondern auch Regeln in der 4., 9., 13. und 17. BImSchV überarbeitet werden müssen.[10] 6

Beschränkt auf **grenzüberschreitende Luftverunreinigungen** gibt es ferner eine Reihe von völkerrechtlichen Verträgen, die Deutschland zur Emissionsminderung verpflichten. Beispielhaft seien das Genfer Übereinkommen über weiträumige grenzüberschreitende Luftverunreinigungen von 1979 und das Wiener Übereinkommen zum Schutz der Ozonschicht von 1985 benannt. Beide Abkommen werden durch spätere Protokolle konkretisiert, die Grenzwerte für bestimmte Schadstoffe festlegen.[11] Wie die Richtlinien der Europäischen Union bedürfen Abkommen und Protokolle einer Umsetzung in nationales Recht im Gesetzes- oder Verordnungswege. Die internationalen Klimaschutzvereinbarungen werden an anderer Stelle des Buches erläutert.[12] 7

2.2 Rechtssetzungskompetenzen in Deutschland

Im deutschen Recht hat der Bund, gestützt auf Gesetzgebungsbefugnisse aus Art. 73 Abs. 1 Nr. 6 (Luftverkehr), Art. 74 Abs. 1 Nr. 11 (Recht der Wirtschaft) sowie Art. 74 Abs. 1 Nr. 21–24 GG (Schiffsverkehr, Straßenverkehr, Schienenverkehr, Luftreinhaltung und 8

---

[9] Siehe zur Öffentlichkeitsbeteiligungs-Richtlinie vertiefend: *Meßerschmidt*, Fn. 6, S. 567 ff.

[10] Einzelheiten zur neuen Richtlinie und der geplanten Umsetzung bei *Braunewell*, UPR 2011, 250 (251 ff.); *Peine*, UPR 2012, 8, 9 ff.; *Schlink*, DVBl. 2012, 197 (202 ff.); *Röckinghausen*, UPR 2012, 161 ff.

[11] Einzelheiten und weitere Nachweise insoweit bei *Koch*, Immissionsschutzrecht, in: ders., Umweltrecht, 3. Aufl. 2010, § 4, Rn. 15 f.

[12] Siehe hierzu *Much*, Klimaschutzrecht § 6 in diesem Buch.

Lärmbekämpfung) den Löwenanteil der immissionsschutzrechtlichen Regelungen erlassen. Über das zentrale Gesetzeswerk, das BImSchG, hinaus, welches im Folgenden detailliert dargestellt wird,[13] sind noch weitere Gesetze zu erwähnen, die allerdings nicht im Einzelnen dargestellt werden können:

- das Gesetz zum Schutz gegen Fluglärm,
- das Benzin-Blei-Gesetz,
- das Treibhausgas-Emissionshandelsgesetz nebst Zuteilungsgesetz 2012.[14]

9 Hinzu kommen zahlreiche **Verordnungen**. Allein zum BImSchG wurden im Laufe seiner Geschichte 39 Verordnungen erlassen, von denen allerdings nicht alle heute noch in Kraft sind. Schließlich ist auf zwei praktisch sehr bedeutsame **Verwaltungsvorschriften** hinzuweisen, zu deren Erlass § 48 BImSchG die Bundesregierung ermächtigt. Es handelt sich um die Technische Anleitung zur Reinhaltung der Luft (TA Luft 2002) und die Technische Anleitung zum Schutz gegen Lärm (TA Lärm 1998), die zusammen über 200 Taschenbuchseiten füllen. Diese Verwaltungsvorschriften enthalten wichtige Hinweise für die Verwaltungspraxis, etwa in Bezug auf Messwerte, Messverfahren oder Emissions- oder Immissionsrichtwerte.

10 TA Luft und TA Lärm weisen auch eine rechtliche Besonderheit auf. Grundsätzlich wirken Verwaltungsvorschriften nämlich nur verwaltungsintern, haben also weder für den Bürger, noch für die Gerichte Bindungswirkung.[15] Von diesem Grundsatz macht die Rechtsprechung für die TA Luft und die TA Lärm indes eine Ausnahme. Sie werden als sogenannte normkonkretisierende Verwaltungsvorschriften mit rechtlicher Bindungswirkung ausgestattet.[16] Die Gerichte interpretieren § 48 BImSchG als ausdrückliche Ermächtigung zum Erlass von Verwaltungsvorschriften, die eine gesetzliche Regelung erst anwendbar machen, dahingehend, dass das Gesetz der Verwaltung einen **Beurteilungsspielraum** einräume. Die gerichtliche Kontrolle dieses Beurteilungsspielraums beschränkt sich dann darauf, ob die der Verwaltungsvorschrift zugrunde liegenden Fakten noch nicht überholt sind oder ob ein atypischer Einzelfall vorliegt, der nicht nach den Regeln der Verwaltungsvorschrift gelöst werden kann.[17] Die Vorgaben der TA Luft und der TA Lärm binden folglich die Gerichte im Normalfall.[18] Drittbetroffene Bürgerinnen und Bürger können ebenfalls die Nichteinhaltung dieser Verwaltungsvorschriften rügen.[19]

---

[13] Siehe unten in diesem Kapitel Punkte 3 bis 5.

[14] Siehe hierzu *Much*, Klimaschutzrecht § 6 in diesem Buch.

[15] BVerfGE 78, 214, 229; BVerwGE 116, 332, 333.

[16] BVerwGE 72, 300 (320 f.); 107, 338 (341); 114, 342 (344); 129, 209 (211); *Windmann*, UPR 2011, 14 (17 f.); weitere Einzelheiten und Nachweise bei *Jarass*, BImSchG, § 48, Rn. 42 ff.; kritisch *Koch/Braun*, NVwZ 2010, 1271 (1276).

[17] BVerwGE 107, 338 (341).

[18] BVerwGE 72, 300 (320 f.); 129, 209 (211).

[19] BVerwG, NuR 1996, 522 (523).

Angesichts der geschilderten Fülle bundesrechtlicher Regeln bleiben für Normsetzungsaktivitäten der **Bundesländer** nur Randmaterien aus dem Immissionsschutzrecht übrig. Hierzu zählt – wie sich aus Art. 74 Abs. 1 Nr. 24 GG ergibt – z. B. der Schutz vor verhaltensbezogenem Lärm. Im Gegensatz zu Lärm, der von (technischen) Anlagen (§ 3 Abs. 5 BImSchG) ausgeht[20], werden zu dieser Lärmkategorie Tiergeräusche – etwa Hundegebell – oder nicht elektrisch betriebene Musikinstrumente (Kontrabass, Schlagzeug, Tuba) und Werkzeuge (Beile, Hämmer) sowie Partylärm gerechnet.[21] Dennoch haben eine Reihe von Bundesländern, etwa Bayern, Berlin, Brandenburg, Bremen, Nordrhein-Westfalen und Rheinland-Pfalz eigene Landes-Immissionsschutzgesetze erlassen.[22] Ferner ermächtigt das Bundes-Immissionsgesetz selbst die Länder an einzelnen Stellen zum Erlass von weitergehenden Regelungen (§ 22 Abs. 2 BImSchG)[23] oder Rechtsverordnungen (z. B. §§ 23 Abs. 2, 47 Abs. 7, 49 Abs. 1 und 2 BImSchG). 11

Vereinzelt können auch **Städte und Gemeinden** immissionsschutzrechtlich tätig werden. Zu nennen sind hier z. B. Regelungen in Bebauungsplänen (§ 9 Abs. 1 Nr. 24 BauGB) oder § 49 Abs. 3 BImSchG, der vorsieht, dass die Länder den Kommunen die Normierung immissionsschutzrechtlicher Fragen übertragen dürfen. Für alle landesrechtlichen und kommunalrechtlichen Vorschriften gilt allerdings, dass sie sich wegen Art. 73 ff. und 31 GG nicht in Widerspruch zum höherrangigen Bundesrecht setzen dürfen. 12

Die Normpyramide des deutschen Immissionsschutzrechts hat folglich folgende Struktur: 13

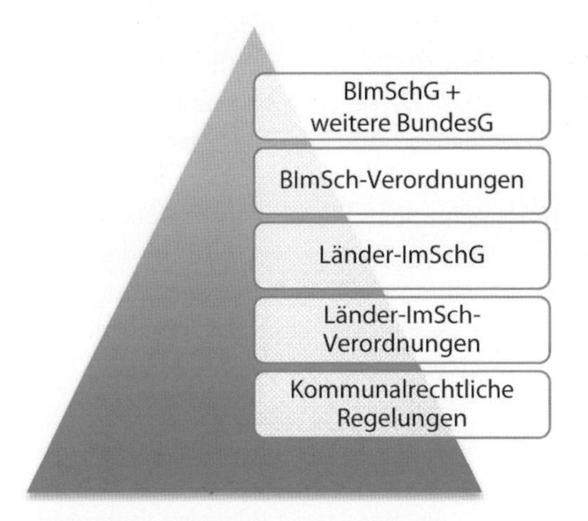

Abb.2.1 Normpyramide des deutschen Immissionsschutzrechts

---

[20] Siehe unter 4. zur Definition der Anlage im Einzelnen.

[21] *Jarass*, BImSchG, § 22, Rn. 6 b; A.A. *Huber/Wollenschläger*, NVwZ 2009, 1513 (1518), die Art. 74 Abs. 1 Nr. 24 GG dahingehend interpretieren, dass auch verhaltensbezogener Lärm erfasst werde, der von Anlagen ausgeht.

[22] Nachweis im Einzelnen bei *Jarass*, BImSchG, Einleitung, Rn. 25.

[23] *Huber/Wollenschläger*, NVwZ 2009, 1513 (1515) m. w. N.

3 Ziele, Aufbau und Anwendungsbereich des Bundes-Immissionsschutzgesetzes

14 Das Immissionsschutzrecht des Bundes beschäftigt sich in erster Linie mit der **Abwehr und Kontrolle von Luftverschmutzung und Lärm**. Zwar erfasst der Begriff der schädlichen Umwelteinwirkung aus § 1 Abs. 1 BImSchG ebenfalls Erschütterungen, Licht, Wärme und Strahlung (siehe § 3 Abs. 1 und Abs. 2 BImSchG), doch haben diese Einwirkungen praktisch nur eine geringe Bedeutung. § 1 Abs. 1 BImSchG zählt die Schutzgegenstände des Gesetzes auf. Dabei steht die Gesundheit der Menschen an erster Stelle. Ferner werden Tiere, Pflanzen, die Umweltmedien Wasser, Boden und Luft sowie Kultur- und Sachgüter benannt. Über die Abwehr von Schäden hinaus soll das Gesetz auch schädlichen Umwelteinwirkungen vorbeugen. Hiermit wird das Vorsorgeprinzip in § 1 Abs. 1 BImSchG verankert. Wie § 1 Abs. 2 BImSchG deutlich macht, greift das Gesetz hinsichtlich bestimmter Anlagen noch weiter aus und will insoweit ein hohes Umweltschutzniveau erreichen und weiterhin vor Störfällen, Brandgefahren, Explosionen u. Ä. schützen und diesen Ereignissen vorbeugen.

15 Rechte für Einzelne ergeben sich aus § 1 BImSchG nicht; immerhin ist die Bestimmung bei Auslegungszweifeln heranzuziehen und bei Ermessensentscheidungen zu beachten.[24]

16 Zur Verwirklichung seiner Ziele setzt das Gesetz in der Regel bei den **Verursachern** an, d. h. bei den – hauptsächlich industriellen, aber auch landwirtschaftlichen – Betrieben, die in der Sprache des Immissionsschutzrechts zu den Anlagen zählen (§§ 4–33 BImSchG), bei den Produkten (§§ 34–37f BImSchG) und dem Verkehr auf Straße und Schiene (§§ 38–43 BImSchG). Diese vier Anwendungsbereiche sind in § 2 Abs. 1 BImSchG zusammenfassend aufgezählt. Darüber hinaus hat der gebietsbezogene Immissionsschutz in den letzten Jahren an Bedeutung gewonnen (§§ 44–47f BImSchG).

17 An der Zahl der für den einzelnen Sektor eingesetzten Paragraphen lässt sich bereits erkennen, dass die Zulassung von Anlagen im Zentrum des Bundes-Immissionsschutzgesetzes steht. Es wird deshalb auch als **Industriezulassungsrecht** bezeichnet.[25] Dieser Schwerpunkt hängt mit der Geschichte dieses Rechtsgebietes zusammen, welches vor dem Erlass des Bundes-Immissionsschutzgesetzes 1974 in der Gewerbeordnung geregelt war.

18 In § 2 Abs. 2 BImSchG sind die Bereiche benannt, für die das Gesetz nicht gilt, weil speziellere Normen existieren. Es handelt sich um das Atom- und Strahlenschutzrecht, das Wasserrecht sowie das Düngemittel- und Pflanzenschutzrecht. Flugplätze können in die Lärmminderungsplanung der §§ 47a ff. BImSchG (Sechster Teil des Gesetzes) einbezogen werden, ansonsten fallen sie ebenfalls aus dem Anwendungsbereich des Gesetzes heraus, weil für sie das Gesetz zum Schutz gegen Fluglärm[26] gilt.

---

[24] *Jarass*, BImSchG, § 1, Rn. 1.

[25] *Jarass*, JuS 2009, 608 (611).

[26] Gesetz vom 31.10.2007, BGBl. I, S. 2550.

19 In persönlicher Hinsicht gilt das Gesetz für Deutsche und Ausländer, Private und Gewerbetreibende sowie für Hoheitsträger,[27] wobei § 60 BImSchG Ausnahmen für Anlagen der Landesverteidigung vorsieht. In räumlicher Hinsicht beschränkt sich der Anwendungsbereich des Gesetzes auf das deutsche Hoheitsgebiet.

20

§§ 1, 2	• Zweck- und Geltungsbereich
§ 3	• Zentrale Begriffe
§§ 4–33	• Anlagen
§§ 34–37 f.	• Stoffe und Produkte
§§ 38–43	• Verkehr
§§ 44–47 f.	• Gebietsschutz
§§ 48–65	• Gemeinsame Vorschriften

Abb. 2.2 Der Aufbau des Gesetzes im Überblick

4 Grundbegriffe

21 Als modernes Gesetz enthält das Bundes-Immissionsschutzgesetz in § 3 zahlreiche **Legaldefinitionen**, die dazu dienen die wesentlichen Begriffe handhabbarer zu machen und ihre Verwendung zu vereinheitlichen. So taucht z. B. der Begriff der Anlage, der in § 3 Abs. 5 BImSchG genauer beschrieben wird, später in vielen weiteren Vorschriften des Gesetzes wieder auf (z. B. §§ 4, 5, 16, 20, 22 BImSchG).

22 Am Anfang des Kataloges steht die Definition der **schädlichen Umwelteinwirkung**. Darunter versteht der Gesetzgeber alle Immissionen, die nach Art, Ausmaß und Dauer geeignet sind, Gefahren, erhebliche Nachteile oder erhebliche Belästigungen für die Allgemeinheit oder die Nachbarschaft herbeizuführen. Liegt keine schädliche Umwelteinwirkung vor, gibt es für Eingriffe nach dem Immissionsschutzrecht keine Rechtfertigung. Beim ersten Lesen wirft die Definition des § 3 Abs. 1 BImSchG allerdings viele Fragen auf:

- Was ist eine Immission?
- Wann liegt eine Gefahr vor?

[27] Einzelheiten bei *Jarass*, BImSchG, § 2, Rn. 14 f.

- Worin unterscheiden sich Nachteile von Belästigungen?
- Wann sind diese erheblich?
- Wo hört die Nachbarschaft auf?

23 Diese Fragen sollen in der obigen Reihenfolge beantwortet werden. § 3 Abs. 2 BImSchG definiert den Ausdruck, der dem Gesetz seinen Namen gab, als Luftverunreinigung, Geräusch, Erschütterung, Licht, Wärme, Strahlung und ähnliche Umwelteinwirkung, die auf Menschen, Tiere und die sonstigen Schutzgüter des Gesetzes einwirken. Die Verschattungswirkung, die Dampfschwaden eines Kühlturms verursachten, wurde ebenfalls als Immission bewertet.[28]

24 Während es beim **Immissionsbegriff** um Folgen und Wirkungen geht, nimmt der **Emissionsbegriff** des § 3 Abs. 3 BImSchG die Quelle und die Verursacher der schädlichen Umwelteinwirkung in den Blick. Diese Perspektive hat den Vorteil, dass Abwehrmaßnahmen direkt an der Emissionsquelle ansetzen können, während bei der Immissionsmessung immer noch die Frage der Verbreitungswege, der Verursachungsanteile und der erforderlichen Maßnahmen zu beantworten bleibt.

25 § 3 Abs. 4 BImSchG beschäftigt sich dann mit der **Luftverunreinigung**, die als Veränderung der natürlichen Zusammensetzung der Luft beschrieben wird.

26 Für den **Gefahrenbegriff** kann man auf das allgemeine Sicherheits- und Ordnungsrecht zurückgreifen. Als Gefahr gilt dort jede Situation und jedes Verhalten, welches bei ungebremster Weiterentwicklung mit hinreichender Wahrscheinlichkeit und in absehbarer Zeit zu einem Schaden an einem Schutzgut[29] führen wird. Die Brisanz einer Gefahr wird ermittelt, indem man den Grad der Eintrittswahrscheinlichkeit und die Größe des potenziellen Schadens miteinander in Beziehung setzt. Das Tatbestandsmerkmal Gefahr liegt also sowohl bei geringer Eintrittswahrscheinlichkeit, aber hohem zu erwartenden Schaden, als auch bei hoher Eintrittswahrscheinlichkeit und eher geringem potenziellen Schaden vor.[30]

27 Sowohl Nachteile als auch Belästigungen liegen unterhalb der Gefahrenschwelle. Ein **Nachteil** ist z. B. gegeben, wenn eine Immission Vermögensinteressen beeinträchtigt, also etwa höheren Aufwand für den Erhalt von Sachgütern, Tieren oder Pflanzen notwendig macht; auch die Wertminderung eines Grundstücks, neben dem ein großer Industriekomplex errichtet wird, oder die Störung eines Ökosystems können Nachteile i. S. d. § 3 Abs. 1 BImSchG darstellen.[31]

28 Unter einer **Belästigung** versteht man eine Beeinträchtigung des körperlichen oder seelischen Wohlbefindens, die aber nicht die menschliche Gesundheit betrifft.[32] Insoweit

---

[28] OVG Münster, Urt. v. 09.12.2009, 8 D 6/08, Rn. 337 ff.

[29] Vgl. die Legaldefinitionen in § 2 Nr. 3 a) BremPolG; § 3 Abs. 3 Nr. 1 SOG MV; § 2 Nr. 1 a) NdsSOG; § 3 Nr. 3 a) SOG LSA; § 54 Nr. 3 a) ThürOBG; siehe auch BVerwGE 45, 51, 57; OVG Bautzen, SächsVBl. 2000, 170, 171; OVG Bautzen, SächsVBl. 2008, 89 (90).

[30] BVerwGE 47, 31 (40); OVG Bautzen, SächsVBl. 2000, 170 (171).

[31] *Jarass*, BImSchG, § 3 Rn. 28.

[32] *Jarass*, BImSchG, § 3 Rn. 27.

kommt z. B. Lärm unterhalb der einschlägigen gesundheitsschützenden Grenzwerte in Frage.

29 Als schädliche Umwelteinwirkungen lassen sich Nachteile und Belästigungen allerdings nur dann einordnen, wenn sie **erheblich** sind. Hierin liegt ein wichtiger Unterschied zu den Gefahren. Maßstab für die Erheblichkeit sind in erster Linie vorhandene Grenzwerte, etwa für Lärm oder Luftverunreinigungen. Sind diese dauerhaft überschritten ist der Nachteil bzw. die Belästigung erheblich. Liegen die Beeinträchtigungen unterhalb der Grenzwerte oder fehlen solche Werte, ist zu fragen, ob die Beeinträchtigung nach Art, Ausmaß und Dauer einem Durchschnittsmenschen in vergleichbarer Lage noch zugemutet werden könnte.[33] Hierbei ist nicht nur die einzelne Immission, sondern die Gesamtbelastung zu berücksichtigen.[34] So würde man Krach und Rauchschwaden eines einmaligen Geburtstagsfeuerwerks, welches 15 Minuten dauert, wohl als den Nachbarn zumutbar einordnen. Gleiches gilt für die Anfahrt von Baufahrzeugen zu einer benachbarten Baustelle. Seit einer Novelle aus dem Jahr 2011 ist Lärm von einem Kinderspielplatz oder einer Kindertageseinrichtung gemäß § 22 Abs. 1a BImSchG in der Regel ebenfalls nicht mehr als schädliche Umwelteinwirkung zu bewerten, sondern als sozial üblich hinzunehmen.[35]

30 Der immissionsschutzrechtliche **Nachbarbegriff**, der etwa in § 17 Abs. 1 und 20 Abs. 2 BImSchG wieder aufgegriffen wird, erfasst den Einwirkungsbereich rund um die als Störung empfundene Anlage und endet dort, wo die Emission nicht mehr sicher zugerechnet werden kann.[36] Sowohl Eigentümer als auch Mieter und Pächter von Grundstücken sind gemeint, sogar dauerhaft in der Nähe Beschäftigte, nicht aber Besucher oder Spaziergänger.[37] Im Gegensatz zur Allgemeinheit steht dem individuell betroffenen Nachbarn die Klagebefugnis i. S. d. § 42 Abs. 2 VwGO zu, d. h. er kann Widerspruch oder Klage gegen die ihn störende Anlage erheben.[38]

31 Die letzte zentrale Definition, die hier vorgestellt werden soll, ist die der **Anlage** in § 3 Abs. 5 BImSchG. Diese ist sehr weit gefasst. Unter die Betriebsstätten und die sonstigen ortfesten Einrichtungen der Nr. 1 fallen z. B. Fabriken, Werkstätten, Handelsunternehmen, Tiermastställe, Tankstellen, Diskotheken, Feueralarmsirenen und Sportplätze.[39] Einen umfangreichen Katalog der genehmigungspflichtigen Anlagen finden Sie im Anhang zur 4. BImSchV.

32 Ortsveränderliche technische Einrichtungen im Sinne des § 3 Abs. 5 Nr. 2 BImSchG sind z. B. Baukräne und -maschinen, Kompressoren, Rasenmäher oder Laubpuster.[40] Um als Anlage zu gelten muss ein Gerät technisch betrieben werden können, sodass

---

[33] BVerwGE 90, 53, 56; *Jarass*, BImSchG, § 3 Rn. 47.

[34] *Jarass*, BImSchG, § 3 Rn. 49.

[35] Einzelheiten insoweit bei *Jarass*, BImSchG, § 22 Rn. 34a f.

[36] *Jarass*, BImSchG, § 3 Rn. 33.

[37] BVerwG 101, 157 (165); 121, 57 (59); *Jarass*, BImSchG, § 3 Rn. 34.

[38] Einzelheiten siehe unten in § 7 dieses Buches *Nolte*, Verwaltungsrechtsschutz im Umweltrecht.

[39] Weitere Einzelheiten bei *Jarass*, BImSchG, § 3 Rn. 69.

[40] *Jarass*, BImSchG, § 22 Rn. 10.

nicht elektrisch verstärkte Musikinstrumente, einfache Werkzeuge (wie Hämmer) oder Bälle ausscheiden.[41]

33 Als Grundstücke i. S. d. § 3 Abs. 5 Nr. 3 BImSchG kommen Baustellen, Abraumhalden, Mülldeponien, öffentliche Grillplätze oder auch Misthaufen in Frage. Die entsprechenden Grundstücke müssen zweckorientiert und dauerhaft genutzt werden.[42] Diese Bedingung ist z. B. nicht erfüllt, wenn im Nachbargarten bisweilen gegrillt wird.

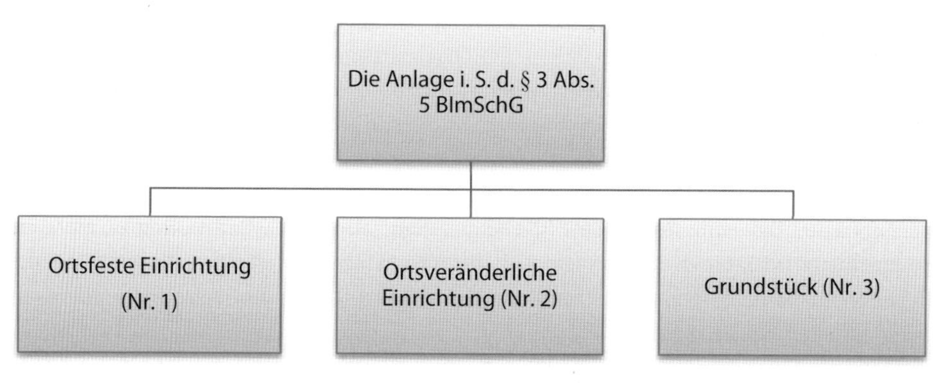

Abb. 2.3 Der Begriff der Anlage

5 Die Instrumente des Bundesimmissionsschutzgesetzes

34 Wie bereits erwähnt, setzt das Gesetz mit den §§ 4–25 BImSchG einen Schwerpunkt auf die Anlagen. Den diesbezüglichen Handlungsmöglichkeiten der Verwaltung ist der erste Abschnitt gewidmet (1.). Anschließend werden die Instrumente des verkehrs- und produktbezogenen sowie des in den letzten Jahren verstärkten gebietsbezogenen Immissionsschutzes vorgestellt (2.–4.). Am Ende des Abschnitts steht ein Blick auf das Überwachungs- und Kontrollinstrumentarium (5.).

5.1 Der anlagenbezogene Immissionsschutz

5.1.1 Einleitung

35 Bei den Anlagen unterscheidet das Bundes-Immissionsschutzgesetz zwischen dem genehmigungsbedürftigen (§§ 4–21) und dem nicht genehmigungsbedürftigen Typ (§§ 22–25). Diese Unterscheidung ist zum Verständnis des Immissionsschutzrechts

[41] *Jarass*, BImSchG, § 3 Rn. 72.
[42] *Jarass*, BImSchG, § 3 Rn. 74 ff.

wichtig, denn sie wird an vielen Stellen des Gesetzes wieder aufgegriffen (z. B. §§ 26–29a, 52a, 53, 58a BImSchG).

36 Wie § 4 Abs. 1 S. 1 BImSchG deutlich macht, werden die genehmigungspflichtigen Anlagen für so umweltgefährdend gehalten, dass eine **Vorabkontrolle** notwendig wird. § 4 Abs. 1 S. 3 BImSchG ermächtigt die Bundesregierung zum Erlass einer Verordnung, die alle genehmigungsbedürftigen Anlagen benennt. Es handelt sich hierbei um die 4. BImSchV, die in einem 25-seitigen Anhang Anlagen aus verschiedenen Industriebranchen (Energieversorgung, Metallverarbeitung, Chemie, Holz, Nahrungsmittel, Abfallbeseitigung, Lagerung von gefährlichen Stoffen) und der Landwirtschaft als genehmigungsbedürftig festlegt. So sind z. B. Mastbetriebe ab 15.000 Truthühnermastplätzen oder ab 1.500 Schweinemastplätzen genehmigungspflichtig (Anhang 7.1 d) bzw. g) zur 4. BImSchV).

37 Fehlt einem genehmigungspflichtigen Betrieb die Erlaubnis, so ist die Behörde in der Regel verpflichtet, ihn stillzulegen (§ 20 Abs. 2 BImSchG). Ist ein Vorhaben nicht im Anhang zur 4. BImSchV aufgelistet oder liegt es – von seinem Umfang gesehen – unter den dort genannten Schwellenwerten für die Genehmigungspflicht, gehört es zur Kategorie der nicht genehmigungsbedürftigen Anlagen (§§ 22–25 BImSchG).[43]

38 Von der Genehmigungspflicht ausgenommen sind Kataloganlagen, die nicht länger als ein Jahr an einem Ort laufen sollen, einzeln bestimmte Anlagen, die nicht gewerblichen Zwecken dienen sowie solche, die nur Forschungs- und Entwicklungszwecke verfolgen (§ 1 Abs. 1, Abs. 6 der 4. BImSchV).

39 Üben Sie die Unterscheidung von genehmigungspflichtigen und genehmigungsfreien Anlagen an den folgenden fünf Beispielsfällen! Ziehen Sie dabei die 4. BImSchV heran.

- Neubau eines Fußballstadions für 30.000 Zuschauer,
- Errichtung eines Heizkraftwerks mit einer Leistung von 75 Megawatt,
- Neubau einer Fischräucherei, die 10 Tonnen Fisch pro Woche verarbeitet,
- Erweiterung eines Kompostwerkes von 2000 Tonnen Durchsatzleistung pro Jahr auf 4000 Tonnen Durchsatzleistung pro Jahr
- Neubau eines Schnellrestaurants im Stadtzentrum für 2000 Gäste pro Tag.

Die Lösungen finden Sie am Ende des Kapitels bei den Wiederholungsfragen (Rn. 133).

40 Um mögliche immissionsschutzrechtliche Konflikte zu verhindern, kommt es nicht selten zu Verhandlungen im Vorfeld. So z. B. in Berlin-Kreuzberg, wo rund um einen bekannten Konzertveranstaltungsort, den C-Club, Wohnhäuser errichtet wurden.[44] Die Betreiber des Clubs und die Eigentümer der neuen Wohnungen einigten sich in 15 Sitzungen mit dem zuständigen Bezirksamt auf ein Lärmschutzkonzept. Der Club verpflichtete sich, eine neue schallmindernde Lüftungsanlage und eine Ladehalle für die an- und abfahrenden LKW zu errichten. Im Gegenzug werden die Neueigentümer unter

[43] Siehe hierzu unten 5.1.7.

[44] Einzelheiten auf <http://www.tagesspiegel.de/berlin/bloss-kein-krach-mit-den-nachbarn/6056894.html> (Stand: 05.04.2012).

anderem eine 10 Meter hohe Lärmschutzwand errichten. Beide Seiten sind optimistisch, dass so die friedliche Koexistenz von Musikkultur und Wohnen gelingen kann.

5.1.2 Genehmigungsvoraussetzungen

41 **Fall 2.1**

Landwirt L möchte drei Windenergieanlagen auf einem seiner Felder errichten. Die vorgesehenen Windkraftanlagen eines bekannten deutschen Herstellers sind 100 Meter hoch und haben einen Rotordurchmesser von 65 Meter. Weil in der Nähe ein Flugplatz liegt, müssten die Anlagen mit roten Lampen versehen werden, die nachts leuchten, um Flugzeuge vor eventuellen Kollisionen zu warnen. Das nächste – landwirtschaftlich geprägte – Dorf liegt in 600 Meter Entfernung von den geplanten Windenergieanlagen. Aus Sachverständigengutachten des Herstellers ist bekannt, dass die drei Anlagen in dieser Entfernung noch mit gut 40 dB (A) zu hören sein werden. Die Dorfbewohner sind von der „Verspargelung" der Landschaft nicht begeistert. Sie befürchten eine optisch bedrängende Wirkung der Anlagen und fragen Sie, ob das Vorhaben des L genehmigt werden wird.

42 **Fall 2.2**

Eierproduzent E hat eine Hühnerfarm mit 10.000 freilaufenden Hühnern. Er plant eine Erweiterung mit einer Verdoppelung des Bestandes. Sein nächster Nachbar N wohnt in 300 Meter Entfernung von den vorhandenen bzw. geplanten Ställen und Auslaufflächen. Er ist Asthmatiker und befürchtet eine Verschlimmerung seiner Krankheit, durch Staub und Bioaerosole – das sind partikelförmige, mit Mikroorganismen besetzte Stoffgemische –, die von der Legehennenanlage ausgehen. Die Auskünfte und Messungen eines Sachverständigen ergeben, dass der Stallneubau zu einer Erhöhung der Staubpartikelemissionen auf dem Grundstück des N um 5 Mikrogramm/Kubikmeter führen würden. Die aktuelle Außenluftbelastung mit Schwebstaub beträgt 20 Mikrogramm/Kubikmeter als Jahresmittelwert. Beurteilen Sie den Plan des E aus Sicht des Immissionsschutzrechts!

43 Die folgende Übersicht zeigt die Bedingungen des § 6 BImSchG, die eine genehmigungspflichtige Anlage erfüllen muss. Liegen alle dort genannten Voraussetzungen vor, besteht ein **Anspruch auf Erteilung der Genehmigung**. Dies folgt aus der Eingangsformulierung des § 6 Abs. 1 BImSchG: „*Die Genehmigung ist zu erteilen, …*".

44 Liegen einzelne Voraussetzungen des § 6 Abs. 1 BImSchG nicht oder noch nicht vor, hat die Behörde zu prüfen, ob sie nach § 12 BImSchG die Genehmigung mit einer Nebenbestimmung erteilen kann, bevor sie eine ablehnende Entscheidung trifft. Denn für den Anlagenbetreiber ist die bedingte oder mit einer Auflage versehene Genehmigung immer noch besser als die Ablehnung.

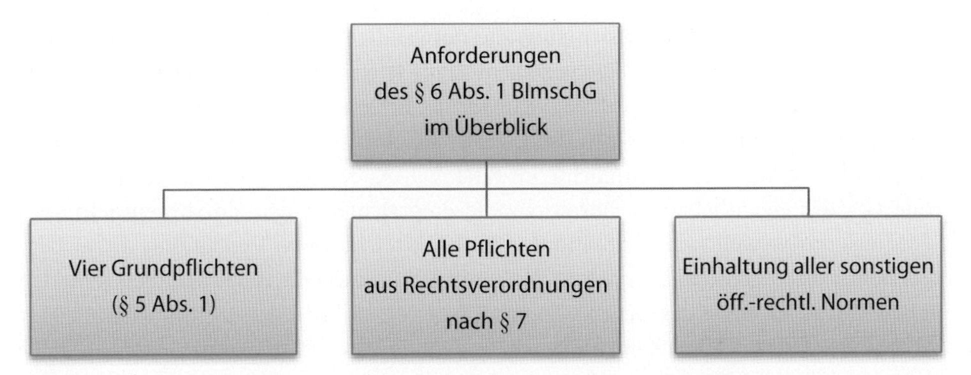

Abb. 2.4 Anforderungen an eine immissionsschutzrechtliche Genehmigung

5.1.2.1 Die Grundpflichten

45 Die Grundpflichten des § 5 Abs. 1 BImSchG lassen sich verkürzt bezeichnen als Schutzgrundsatz (Nr. 1), Vorsorgegrundsatz (Nr. 2), die Abfallbehandlungspflicht (Nr. 3) und die Pflicht zur sparsamen und effizienten Energienutzung (Nr. 4). Ihnen allen ist gemeinsam, dass sie nicht nur zum Zeitpunkt der Genehmigung der Anlage eingehalten werden müssen, sondern auch während der gesamten Laufzeit. Diese sogenannte **Dynamisierung der Betreiberpflichten**[45] ergibt sich aus der Eingangsformulierung des § 5 Abs. 1 BImSchG.

46 Verursacht eine Anlage höchstwahrscheinlich die oben bereits angesprochenen[46] schädlichen Umwelteinwirkungen oder sonstige Gefahren, das sind Brand- oder Explosionsgefahren,[47] oder erhebliche Nachteile bzw. Belästigungen, ist ihr wegen § 5 Abs. 1 Nr. 1 BImSchG die Genehmigung zu versagen. Wie die einzelnen anlagebedingten Immissionen, etwa Geräusche, Gerüche oder Luftverunreinigungen, zu bewerten sind, kann der Sachbearbeiter der Genehmigungsbehörde allerdings nicht dem Gesetz entnehmen. Insoweit ist er auf die Verordnungen und die Technischen Anlagen Luft bzw. Lärm angewiesen. Hier werden **Grenzwerte** für neue und alte Anlagen, Messmethoden, Abstandsregeln u. Ä. im Einzelnen festgelegt. Zulässige Grenzwerte für die wichtigsten Luftschadstoffe wie Schwefeldioxid, Stickstoffdioxid, Schwebstaub, Blei, Ozon u. a. enthält z. B. die 39. BImSchV aus dem Jahr 2010. Die 17. BImSchV normiert in § 5 Emissionsgrenzwerte für die Abgase von Müllverbrennungsanlagen. Die TA Luft regelt beispielsweise in 5.2.8. den Umgang mit geruchsintensiven Stoffen, die TA Lärm unter 6. die Immissionsrichtwerte für Lärm, die nach Gebietsart gestaffelt sind. Diese speziellen Normen machen den Schutzgrundsatz erst praktikabel.

---

[45] *Jarass*, JuS 2009, 608 (611).

[46] Siehe oben 4.

[47] *Jarass*, BImSchG, § 5 Rn. 25.

47 Zum Schutzgrundsatz lässt sich auch die notwendige Einhaltung der Störfallverordnung (12. BImSchV) rechnen, die vor allem für Betriebe gilt, die mit gefährlichen Stoffen – legal definiert in § 2 Nr. 1 der 12. BImSchV – arbeiten.

48 Die Vorsorgepflicht des § 5 Abs. 1 Nr. 2 BImSchG setzt bereits im Vorfeld der Gefahren an, die § 5 Abs. 1 Nr. 1 BImSchG im Blick hat. Anders formuliert wird eine Pufferzone vor der eigentlichen Gefahrenschwelle eingerichtet.[48] Die **Vorsorgepflicht** geht allerdings nur so weit, wie der **Stand der Technik** reicht. Beim Verständnis dieses Begriffs helfen die Legaldefinition in § 3 Abs. 6 BImSchG sowie die präzisierenden Kriterien in der Anlage am Ende des Gesetzes. Grundsätzlich kann man den Begriff als Einfallstor für den technischen Fortschritt verstehen. Sobald eine neue Emissionsminderungsmaßnahme in Versuchs- oder Pilotanlagen praktisch erfolgreich war und ihre Umsetzung in großtechnischen Verfahren realistisch erscheint, gehört sie zum Stand der Technik. Sie muss sich also nicht im Betriebsalltag bewährt haben.[49] Andere Betriebe müssen den neuen Entwicklungsschritt dann nachvollziehen. Es lässt sich allerdings einwenden, dass es für die zuständigen Behörden nicht einfach sein dürfte, den jeweiligen Stand der Technik bei den verschiedensten Anlagetypen zu ermitteln, zumal die Betriebe selbst wenig Grund haben, die neuesten und häufig teuren Emissionsminderungsmaßnahmen bekannt zu machen.

49

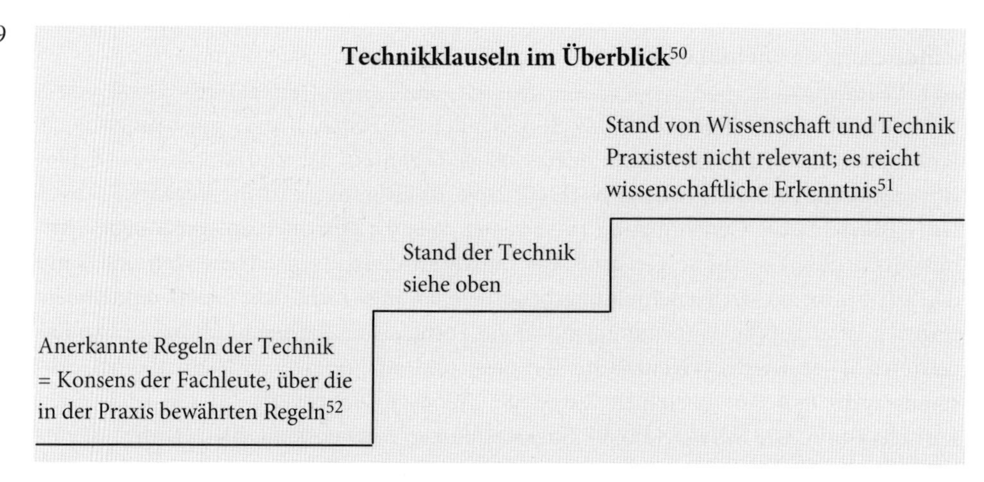

50 Im Vergleich zu anderen Technikklauseln nimmt die Formel vom Stand der Technik, die nicht nur in § 5 Abs. 1 Nr. 2 BImSchG, sondern auch in §§ 14 S. 2, 22 Abs. 1 Nr. 1, 41 Abs. 1 und 48 Abs. 1 Nr. 2 BImSchG sowie in § 3 Abs. 28 KrWG und §§ 3 Nr. 11, 57

---

[48] BVerwGE 65, 313, 320; *Jarass*, BImSchG, § 5 Rn. 47.
[49] *Windmann*, UPR 2011, 14 (15).
[50] Umfassend hierzu *Windmann*, UPR 2011, 14 ff.
[51] BVerfGE 49, 89 (136); *Jarass*, BImSchG, § 3 Rn. 95; *Windmann*, UPR 2011, 14 (16).
[52] *Windmann*, UPR 2011, 14 (15).

Abs. 1 WHG eingesetzt wird, eine Mittelposition ein. Sie verlangt von den Betreibern mehr als die anerkannten Regeln der Technik (§§ 60 Abs. 1 S. 2, 62 Abs. 2 WHG) jedoch weniger als die im Atom- und Gentechnikrecht übliche Formulierung, der Stand von Wissenschaft und Technik sei zu wahren (§ 7 Abs. 2 Nr. 3 AtG; § 6 Abs. 2 GenTG).

51 Aus der Anlage zu § 3 Abs. 6 BImSchG wird deutlich, dass die Bestimmung des Standes der Technik, die wiederum über die erforderlichen Vorsorgemaßnahmen entscheidet, unter Berücksichtigung der Verhältnismäßigkeit erfolgen muss. Die Behörde darf also nicht verlangen, dass hoher finanzieller Aufwand für eine Maßnahme betrieben wird, die nur zu einer minimalen Verbesserung der Umweltsituation führt. Weil der Stand der Technik generell bestimmt wird, kann sich ein einzelner Betreiber jedoch nicht darauf berufen, eine in seiner Branche neu eingeführte Emissionsminderungsmöglichkeit sei für seinen Betrieb nicht zumutbar, weil er in wirtschaftlichen Schwierigkeiten stecke.[53]

52 Eine spezielle Vorsorgestrategie für Treibhausgase verfolgt das Treibhausgas-Emissionshandelsgesetz (TEHG), welches im Klimaschutzteil dieses Buches genauer dargestellt wird.[54] In Bezug auf diese Emissionen dürfen deshalb keine Vorsorgeanforderungen nach § 5 Abs. 1 Nr. 2 BImSchG aufgestellt werden (vgl. § 5 Abs. 1 S. 2 und 3 BImSchG).

Vorsorge ist schließlich nur in Hinsicht auf zumindest erkennbare Gefahren und Risiken notwendig. Extrem unwahrscheinliche **Restrisiken** sind hinzunehmen.[55]

53 Die Abfallbehandlungspflichten des § 5 Abs. 1 Nr. 3 BImSchG entsprechen der Hierarchie aus Vermeiden-Verwerten-umweltverträglich Beseitigen, die das Leitgesetz in diesem Sektor, das Kreislaufwirtschaftsgesetz, aufstellt. Wegen der Einzelheiten – auch hinsichtlich der Frage, wann überhaupt von Abfall gesprochen werden kann – wird deshalb auf die diesbezüglichen Ausführungen verwiesen.[56]

54 Die letzte, in § 5 Abs. 1 Nr. 4 BImSchG niedergelegte, Grundpflicht zielt auf eine sparsame und effiziente **Energieverwendung**. Sparsamkeit meint den Verbrauch von weniger Energie, etwa durch Wärmedämmung oder durch Abschalten der Anlage zu bestimmten Tages- oder Wochenzeiten. Effizienz bedeutet, die Energie möglichst wirksam einzusetzen, etwa durch die Nutzung von Abwärme zu Heizzwecken, wie dies in § 8 der 17. BImSchV für Müllverbrennungsanlagen festgeschrieben ist. Erneut wirkt das bereits erwähnte TEHG begrenzend auf die Energiesparanforderungen nach § 5 Abs. 1 Nr. 4 BImSchG (vgl. § 5 Abs. 1 S. 4 BImSchG).

---

[53] *Windmann*, UPR 2011, 14, 15 f.; *Jarass*, BImSchG, § 3 Rn. 108.

[54] Siehe hierzu *Much*, Klimaschutzrecht § 6 in diesem Buch.

[55] BVerfGE 49, 89 (142 f.); *Jarass*, BImSchG, § 5 Rn. 61a.

[56] Siehe unten *Smeddinck*, Abfallrecht, § 3 in diesem Buch.

5.1.2.2 Die Pflichten aus Rechtsverordnungen nach § 7 BImSchG

55 Wie in Abschnitt 5.1.2.1 bereits angesprochen, dienen zahlreiche Verordnungen zur Präzisierung der Betreiberpflichten des § 5 Abs. 1 BImSchG. Erinnert sei z. B. an die Störfallverordnung (12. BImSchV), die Verordnung über Großfeuerungs- und Gasturbinenanlagen (13. BImSchV), die Verordnung zu den Müllverbrennungsanlagen (17. BImSchV) oder die Verordnung über biologische Abfallbehandlungsanlagen (30. BImSchV). Die Genehmigung für Betriebe, die in den Anwendungsbereich der genannten und weiterer Verordnungen fallen, wird nur erteilt, wenn die jeweiligen Verordnungsvoraussetzungen eingehalten sind.

5.1.2.3 Die Einhaltung sonstiger öffentlich-rechtlicher Vorschriften

56 Weil die immissionsschutzrechtliche Genehmigung nach § 13 BImSchG viele andere Erlaubnisse mit umfasst, man spricht insoweit von der **Konzentrationswirkung** der Genehmigung, muss die Immissionsschutzbehörde dafür sorgen, dass die Voraussetzungen dieser anderen Vorschriften gewahrt bleiben. § 6 Abs. 1 Nr. 2 BImSchG meint im Einzelnen Regeln des Baurechts, des Bodenschutzrechts, des Naturschutzrechts, des Kreislaufwirtschaftsrechts, des Straßen- und Wegerechts und des Gewerberechts. Auch die Einhaltung der Arbeitsschutznormen, etwa aus der Arbeitsstätten-Verordnung oder dem Sprengstoffgesetz, muss die Immissionsschutzbehörde überwachen. Sie holt deshalb Stellungnahmen der anderen Behörden ein, die sich mit den jeweils relevanten Spezialfragen befassen (§ 10 Abs. 5 BImSchG).

57 ▶ **Lösungsvorschlag zu Fall 2.1**[57] Windkraftanlagen sind grundsätzlich nach §§ 4 ff. BImSchG i. V. m. § 1 Abs. 1 4. BImSchV und Anhang 1.6 genehmigungspflichtig, wenn sie eine Gesamthöhe von 50 m überschreiten. Die von L geplanten Anlagen sind deutlich über 50 m hoch. L muss folglich alle Bedingungen des § 6 Abs. 1 BImSchG einhalten, wenn er eine Genehmigung bekommen will. Unter anderem trifft L nach § 5 Abs. 1 Nr. 1 BImSchG die Pflicht, schädliche Umwelteinwirkungen für die Nachbarschaft zu vermeiden. Die Dorfbewohner zählen zur Nachbarschaft, weil sie sich im Einwirkungsbereich der Anlage befinden. Die Geräusche der Windkraftanlagen und das Licht der Warnlampen sind Immissionen i. S. d. § 3 Abs. 2 BImSchG. Zu untersuchen bleibt, ob sie auch als schädliche Umwelteinwirkungen d. h. als Gefahren, erhebliche Belästigungen oder erhebliche Nachteile einzuordnen sind (§ 3 Abs. 1 BImSchG). Gefahren verursachen die Emissionen der Windkraftanlagen nicht, da sie nicht zu Personen- oder Sachschäden führen. Ob der von den Anlagen ausgehende Lärm eine erhebliche Belästigung darstellt, kann anhand der Richtwerte der TA Lärm beurteilt werden.[58] Diese sind gebietsabhängig gestaffelt und betragen für das hier

---

[57] Vgl. z. B. OVG Lüneburg, NVwZ-RR 2007, 517 f.; OVG Lüneburg, NVwZ 2007, 356 f.; BVerwG, NVwZ 2007, 336 f.

[58] *Jarass*, BImSchG, § 48, Rn. 25.

vorliegende Dorfgebiet tagsüber 60 dB (A) und nachts 45 dB (A) (TA Lärm 6.1). Bei einem Wert von 40 dB (A), den die Anlagen verursachen, sind die Richtwerte der TA Lärm gewahrt. Somit ist hierin keine erhebliche Belästigung zu sehen und eine zu vermeidende schädliche Umwelteinwirkung ist nicht gegeben. Ebenfalls in die Kategorie der Belästigung gehören die Lichtstrahlen der roten Warnlampen. Sie sind nur nachts zu sehen und werden primär nach oben und nicht Richtung Dorf gerichtet sein. Sollten sich die Dorfbewohner dennoch durch den Lichtschein gestört fühlen, können sie Rollläden herunterlassen oder Vorhänge zuziehen. Im Ergebnis ist auch diese Immission zumutbar und damit nicht erheblich. Eine schädliche Umwelteinwirkung liegt insoweit ebenfalls nicht vor. Schließlich geht die Rechtsprechung grundsätzlich davon aus, dass eine baurechtlich erdrückende Wirkung von Windkraftanlagen dann nicht vorliegt, wenn der Mindestabstand zur nächsten Bebauung das Dreifache der Gesamthöhe der Windkraftanlage beträgt.[59] Die Gesamthöhe der Anlage liegt bei 165 m (Nabenhöhe + Rotorblatt). Verdreifacht ergibt sich ein Abstandswert von 495 m. Weil die dörfliche Bebauung erst in 600 m Entfernung beginnt, ist ein akzeptabler Abstand gewahrt. Der Falltext nennt keine weiteren schädlichen Umwelteinwirkungen, die von den geplanten Windenenergieanlagen ausgehen könnten. Somit wird L eine immissionsschutzrechtliche Genehmigung für sein Vorhaben erhalten.

58

▶ **Lösungsvorschlag zu Fall 2.2**[60] Die alte Hühnerfarm des E war mit 10.000 Tieren nicht genehmigungspflichtig. Die Genehmigungspflicht nach §§ 4 ff. BImSchG, § 1 Abs. 1 4. BImSchV, Anhang 7.1 a) Spalte 2 setzt erst bei 15.000 Hennenplätzen ein. Die Erweiterung um 10.000 Tiere führt jedoch zu einem Gesamtbestand von 20.000 Hennenplätzen. Weil Anlagen, die in einem betrieblichen Zusammenhang stehen, zusammengerechnet werden (§ 1 Abs. 3 4. BImSchV), braucht E für die Erweiterung seines Betriebes eine immissionsschutzrechtliche Genehmigung. E muss folglich schädliche Umwelteinwirkungen für Nachbar N vermeiden. Aerosole und Staub sind nach § 3 Abs. 4 BImSchG Luftverunreinigungen und damit Immissionen i. S. d. § 3 Abs. 2 BImSchG. Ob sie als schädliche Umwelteinwirkungen zu bewerten sind, ergibt sich weder direkt aus dem Bundes-Immissionsschutzgesetz noch aus einer Verordnung. Wichtige Hinweise enthält jedoch die TA Luft. In Tabelle 1 zu 4.2.1 ist dort eine Gesundheitsgefahr ausgeschlossen, wenn der Jahresdurchschnittswert von Schwebstaub 40 Mikrogramm/Kubikmeter unterschreitet. Den Neubau des E eingerechnet, muss N jedoch nur 25 Mikrogramm/Kubikmeter Schwebstaub hinnehmen. Ferner legt die TA Luft in 5.4.7.1 für Nutztieranlagen Mindestabstände fest, um Geruchs- und Lärmbelästigungen zumutbar zu gestalten. Rechnet man 20.000 Hühner in 68 Großvieheinheiten nach der Tabelle 10 zu 5.4.7.1 um, ergibt sich ein erforderlicher

---

[59] BVerwG, NVwZ 2007, 336 (337).

[60] Vereinfacht nach OVG Lüneburg, NVwZ-RR 2011, 397 ff.

Mindestabstand von ca. 250 m. Auch dieser ist eingehalten, da N in 300 m Entfernung zur Hühnerfarm wohnt. Folglich gehen von der geplanten Anlage des E keine unzumutbaren schädlichen Umwelteinwirkungen aus. Darauf, dass N als Asthmatiker besonders empfindlich ist, kommt es für die Ermittlung der Schädlichkeit der Umwelteinwirkung nicht an. Insoweit entscheidet vielmehr der Maßstab des Durchschnittsmenschen.[61]

5.1.3 Genehmigungsverfahren

59 Die einzelnen Verfahrensschritte auf dem Weg zu einer Genehmigung ergeben sich aus §§ 10, 19 BImSchG sowie der Verordnung über das Genehmigungsverfahren (9. BImSchV). Ohne hier auf jede Einzelheit eingehen zu können,[62] seien doch einige zentrale Elemente dieses Verfahrens herausgestellt. Die Öffentlichkeit wird über die Antragstellung informiert (§ 10 Abs. 3 S. 1 BImSchG) und danach werden alle eingereichten Unterlagen – abgesehen von Betriebs- oder Geschäftsgeheimnissen – einen Monat lang zur Einsicht ausgelegt (§ 10 Abs. 3 S. 2 BImSchG). Parallel dazu sorgt die Genehmigungsbehörde dafür, dass alle anderen Behörden, deren Aufgaben durch das neue Vorhaben berührt sind, Gelegenheit bekommen, Stellung zu nehmen (§ 10 Abs. 5 BImSchG). Gehen viele Einwendungen aus der Bevölkerung ein, die bis zu zwei Wochen nach Ende der Auslegungsfrist erhoben werden dürfen (§ 10 Abs. 3 S. 4 BImSchG), kann die Genehmigungsbehörde diese in einem Termin mit dem Antragsteller und den Einwendern erörtern (§ 10 Abs. 6 BImSchG).

60 Für Gegner des Vorhabens, die sich gar nicht oder erst nach Ablauf der Einwendungsfrist melden, hält § 10 Abs. 3 S. 5 BImSchG eine unangenehme Konsequenz bereit: Ihre Einwendungen sind ausgeschlossen. Der Fachausdruck für diesen Einwendungsausschluss heißt **Präklusion**. Diese bewirkt, dass die verspäteten Einwendungen in eventuellen Widerspruchs- oder Klageverfahren nicht mehr berücksichtigt werden dürfen.

61 Je nach Gewicht der zu erwartenden schädlichen Umwelteinwirkungen sind alle genehmigungspflichtigen Anlagen noch einmal in zwei Kategorien unterteilt. Spalte 1 des Anhangs zur 4. BImSchV benennt alle Anlagen, die nach § 10 BImSchG zu genehmigen sind, Spalte 2 der Anlage diejenigen, für die das vereinfachte Verfahren nach § 19 BImSchG gilt. Im vereinfachten Verfahren entfällt etwa die Öffentlichkeitsbeteiligung sowie die Präklusion und ein Erörterungstermin kann nicht stattfinden.

62 **Beachte:** Ist ein genehmigungspflichtiges Vorhaben nach Anlage 1 zum UVPG UVP-pflichtig, ergeben sich einige Besonderheiten hinsichtlich der Antragsunterlagen und eventuell eine grenzüberschreitender Behörden- und Öffentlichkeitsbeteiligung (siehe §§ 2a, 4e, 11a, 20 der 9. BImSchV).

---

[61] OVG Lüneburg, NVwZ-RR 2011, 397 (400); siehe auch *Jarass*, BImSchG, § 3 Rn. 53 f.

[62] Vertiefend aktuell *Frenz*, UPR 2012, 22 ff.

63

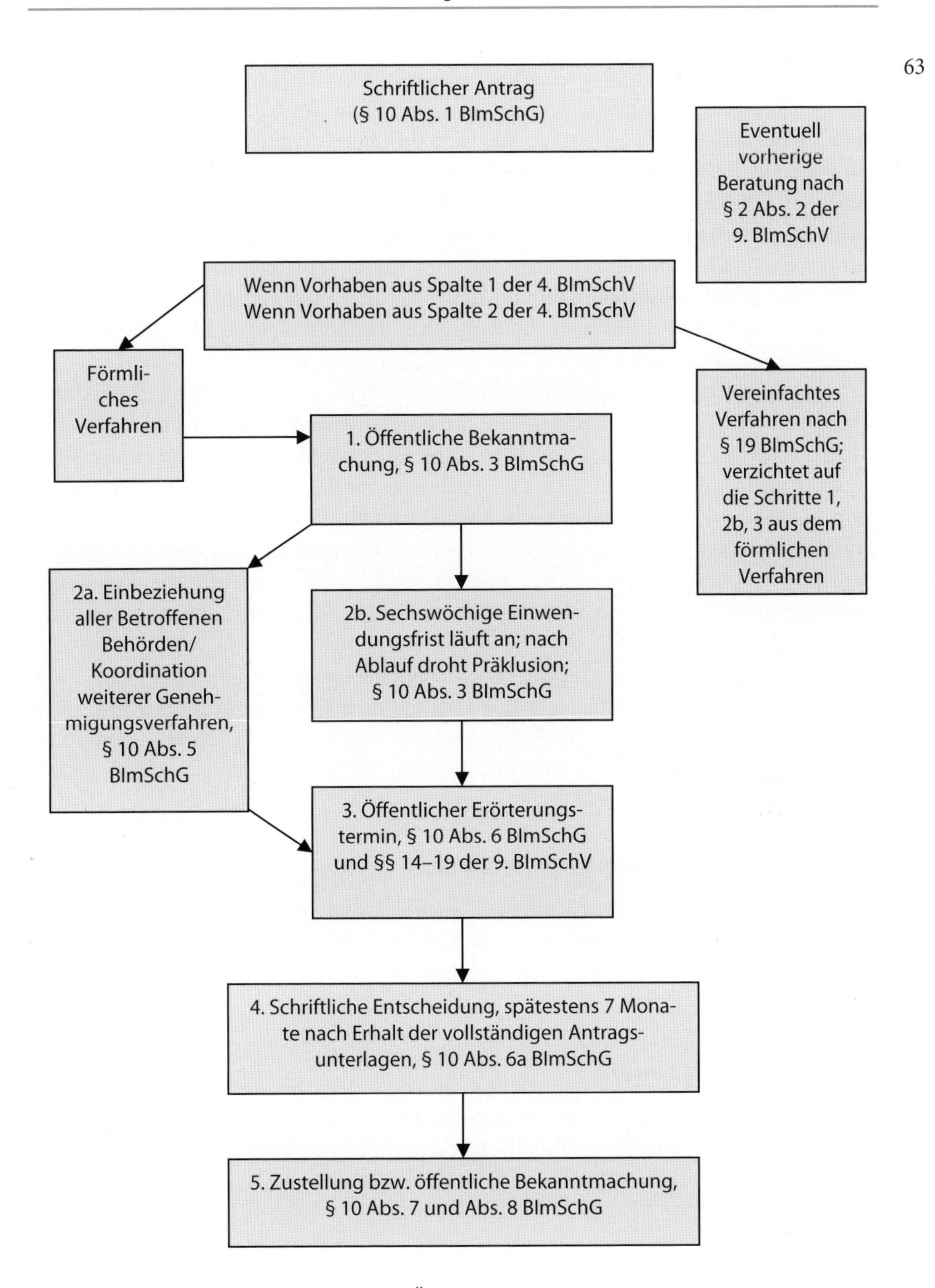

Abb. 2.5 Das Genehmigungsverfahren im Überblick

5.1.4 Wirkungen der Genehmigung

64 Die Genehmigung stellt einen Verwaltungsakt im Sinne des § 35 VwVfG dar, der sich auf eine bestimmte Anlage bezieht. Als sachbezogener Verwaltungsakt gilt sie weiter, auch wenn der ursprüngliche Antragsteller die Anlage oder sein gesamtes Unternehmen veräußert. Die bereits erwähnte[63] **Konzentrationswirkung** der immissionsschutzrechtlichen Genehmigung (§ 13 BImSchG) hat zur Folge, dass keine gesonderten Genehmigungen etwa nach dem Baurecht, dem Naturschutzrecht oder dem Denkmalschutzrecht einzuholen sind.[64] Ausgenommen von dieser zusammenfassenden Wirkung des § 13 BImSchG sind jedoch die Gebiete des Bergrechts, des Atomrechts und wasserrechtliche Erlaubnisse nach § 8 WHG.

65 Sobald eine Genehmigung unanfechtbar geworden ist, also in der Regel einen Monat nach ihrer Erteilung, tritt zudem die **privatrechtsgestaltende Wirkung** des § 14 BImSchG ein. Sie bewirkt, dass Nachbarn aufgrund des Zivilrechts den Betrieb der Anlage nicht mehr untersagen können, es sei denn, sie haben einen speziellen Vertrag mit dem Anlagenbetreiber geschlossen oder sie verfügen über Eigentumsrechte am Betriebsgrundstück. Liegen die letztgenannten seltenen Ausnahmesituationen nicht vor, müssen die Nachbarn die genehmigte Anlage dulden und können lediglich Schutzvorkehrungen verlangen, bzw. wenn diese technisch nicht realisierbar oder wirtschaftlich unzumutbar sind, Schadensersatz fordern.

66 Die Wirkungen der Genehmigung enden, wenn bei befristeten Genehmigungen nicht innerhalb der von der Behörde gesetzten Frist mit dem Vorhaben begonnen wird (§ 18 Abs. 1 Nr. 1 BImSchG), wenn die Anlage mehr als drei Jahre nicht betrieben wird (§ 18 Abs. 1 Nr. 2 BImSchG) oder wenn der Betreiber auf die Genehmigung ausdrücklich verzichtet.[65]

5.1.5 Sonderformen der Genehmigung[66]

67 Der Weg vom Antrag bis zur Genehmigung einer Anlage dauert lange und ist mit dem Risiko des Scheiterns behaftet.[67] Die Sonderformen in §§ 8, 8a und 9 BImSchG erlauben vermittelnde Lösungen zwischen den Extremen der Ablehnung und der (Voll-)Genehmigung.

5.1.5.1 Der Vorbescheid

68 Der aus dem Baurecht stammende Vorbescheid beantwortet eine **Teilfrage** des geplanten Projekts, etwa die nach der Tauglichkeit eines Standorts oder der Zulässigkeit eines

---

[63] Siehe oben 5.1.4.

[64] Weitere Einzelheiten insoweit bei *Jarass*, BImSchG, § 13 Rn. 3 ff.

[65] BVerwG, NVwZ 1990, 464.

[66] Vertiefend und m. w. N. zu diesem Abschnitt, *Beaucamp*, in: Umwelt- und Planungsrecht im Wandel, Beiheft 11 zu Die Verwaltung, 2010, S. 55 ff.

[67] *Manten*, DVBl. 2009, 213 (214).

geplanten Anlagekonzepts, abschließend und verbindlich.[68] Ein Vorbescheid nach § 9 BImSchG stellt die zur Überprüfung gestellte Genehmigungsvoraussetzung positiv fest oder verneint sie, gestattet dem Antragsteller jedoch nicht, mit seinem Vorhaben zu beginnen.[69] Man kann ihn als einen Ausschnitt[70] oder als ein Puzzlestück der späteren Genehmigung charakterisieren. Auf den positiven Vorbescheid kann sich der Antragsteller zwei Jahre lang berufen (§ 9 Abs. 2 BImSchG). Dies gilt selbst dann, wenn sich die Rechtslage innerhalb dieses Zeitraums ändern sollte.[71] Eine Verlängerung der Bindungswirkung um weitere zwei Jahre ist auf Antrag möglich. Zu den Wirkungen des Vorbescheids zählt schließlich, dass er nach Eintreten der Bestandskraft diejenigen Einwendungen ausschließt, die im Verfahren zu seiner Erteilung bereits vorgebracht wurden oder nach den ausgelegten Unterlagen hätten vorgebracht werden können (§ 11 BImSchG, sogenannte Präklusion).

69 Ein Vorbescheid setzt voraus, dass der Antragsteller ein berechtigtes Interesse an seinem Erlass darlegt und dem Gesamtvorhaben keine unüberwindlichen anderweitigen Hindernisse entgegenstehen (vorläufiges positives Gesamturteil).[72]

5.1.5.2 Die Teilgenehmigung

70 Die Teilgenehmigung nach § 8 BImSchG und der Vorbescheid haben gemeinsam, dass beide Ermessensentscheidungen sind, die nur auf Antrag ergehen. Ebenso wie beim Vorbescheid muss für die Teilgenehmigung ein berechtigtes Interesse dargelegt werden, der beantragte Teil muss genehmigungsfähig sein und die vorläufige Beurteilung des Gesamtvorhabens muss positiv ausgehen.[73] Die letztgenannte Voraussetzung bzw. ihre Bindungswirkung war[74] und ist[75] Gegenstand intensiver juristischer Auseinandersetzungen – sowohl bei der Teilgenehmigung als auch beim Vorbescheid. Die Teilgenehmigung löst die gleiche Präklusionswirkung aus wie der Vorbescheid (§ 11 BImSchG).

71 Anders als der Vorbescheid klärt die Teilgenehmigung nicht eine einzelne Genehmigungsvoraussetzung, sondern erlaubt entweder die Errichtung eines vom Gesamtvorhaben abtrennbares Teilprojekts, etwa eines Kühlturms, oder die Errichtung und den Betrieb eines Teilprojekts oder sogar die Errichtung der Gesamtanlage. Da der Antragsteller den genehmigten **Teilabschnitt** bereits errichten darf, spart er Zeit im Vergleich zu der Situation, dass er zunächst auf die Genehmigung für das Gesamtvorhaben wartet. Andererseits geht er im Vergleich zum Vorbescheid ein gewisses Risiko ein. Die Bin-

---

68 BVerwG, DÖV 1991, 841 (843); *Jarass*, BImSchG, § 9, Rn. 2 f.
69 BVerwG, NVwZ 2003, 750 (751); *Jarass*, BImSchG, § 9, Rn. 1.
70 BVerwGE 48, 242 (245); BVerwG, NJW 1984, 1473.
71 BVerwGE 70, 365 (374); BVerwG, NJW 1984, 1473.
72 *Jarass*, BImSchG, § 9, Rn. 8.
73 *Jarass*, BImSchG, § 8, Rn. 5 ff.
74 Siehe z. B. BVerwG, DÖV 1991, 841 (842); BVerwGE 72, 300 (306 ff.).
75 *Jarass*, BImSchG, § 8, Rn. 8 ff.

dungswirkung der Teilgenehmigung steht nämlich unter einem doppelten Vorbehalt[76]: zum einen darf sich weder die Sach- noch die Rechtslage ändern, zum anderen darf die weitere Prüfung bei späteren Teilgenehmigungen nicht zu einer Änderung der vorläufigen Gesamtbeurteilung führen.

5.1.5.3 Die Zulassung des vorzeitigen Beginns

72 § 8a BImSchG regelt die letzte Sonderform der Genehmigung. Das Wasserrecht und das Kreislaufwirtschaftsrecht haben in § 17 WHG, § 37 KrWG ähnliche Vorschriften. Der vorzeitige Beginn wird nur auf Antrag erlaubt und steht im Ermessen der Behörde. Wie bei der Teilgenehmigung geht es hier primär um Zeitgewinn.[77] Es liegt ein Antrag auf Genehmigung eines Projekts vor, mit dessen Ausführung, etwa den Bauarbeiten, oder sogar dem Betrieb der Antragsteller schon beginnen will, obwohl die Genehmigungsentscheidung noch nicht gefällt ist. § 8a BImSchG erlaubt dies unter den Voraussetzungen, dass die Endentscheidung voraussichtlich zugunsten des Antragstellers ausgeht, ein öffentliches oder ein berechtigtes privates Interesse des Antragstellers an der Beschleunigung vorliegt und der Antragsteller sich verpflichtet – ohne Rücksicht auf die Verschuldensfrage – eventuelle, durch die vorzeitige Zulassung entstandene Schäden zu ersetzen sowie bei negativem Ausgang der Endentscheidung, den früheren Zustand wiederherzustellen.[78] Um die letztgenannte Risikoübernahme vor allem im Insolvenzfall zu garantieren, darf die zuständige Behörde die Leistung einer Sicherheit verlangen, etwa in Gestalt einer Bankbürgschaft oder einer Haftpflichtversicherung (§ 8a Abs. 2 S. 3 BImSchG).

73 Der wesentliche Unterschied zu den unter 5.1.5.1 und 5.1.5.2 geschilderten Sonderformen der Genehmigung liegt darin, dass die Zulassung des vorzeitigen Beginns gemäß § 8a Abs. 2 BImSchG jederzeit widerrufen werden kann. Sie entfaltet folglich **keine Bindungswirkung** für die später zu treffende Genehmigungsentscheidung.[79] Vertrauen in ihren Bestand kann nicht entstehen und das Risiko der Abänderung liegt allein beim Unternehmer.[80]

5.1.6 Eingriffsbefugnisse nach Erteilung der Genehmigung

74 **Fall 2.3**

Nachdem die Windkraftanlagen des L aus Fall 1 errichtet und einige Zeit betrieben wurden, stellt sich heraus, dass in der Nähe der Anlagen eine größere Kolonie Fledermäuse der Art Großer Abendsegler angesiedelt ist, was die Genehmigungsbehörde

[76] *Jarass*, BImSchG, § 8 Rn. 28.
[77] BVerwG, DÖV 1991, 841 (842); OVG Greifswald, NVwZ 2002, 1258 (1259).
[78] Umfangreiche Analyse der Tatbestandsvoraussetzungen bei *Jarass*, BImSchG, § 8a Rn. 8 ff.
[79] BVerwG, DÖV 1991, 841 (842 f.); OVG Greifswald, NVwZ 2002, 1258 (1260); *Jarass*, BImSchG, § 8a Rn. 19.
[80] *Jarass*, BImSchG, § 8a Rn. 9.

vorher nicht wusste. Tierschützer weisen die Behörde darauf hin, dass der Große Abendsegler als vom Aussterben bedrohte Art streng geschützt sei. Man habe beobachtet, dass häufig tote Fledermäuse neben den Anlagen zu finden seien. Das Bundes-Naturschutzgesetz verbiete jedoch in § 44 Abs. 1 Nr. 1 das Töten geschützter Tiere. Was kann die Behörde auf der Basis des Immissionsschutzrechts unternehmen?

75 Ist eine immissionsschutzrechtliche Genehmigung erteilt, heißt dies nicht, dass sie für immer unverändert fortbesteht. Zum einen kann es für den Betreiber der Anlage notwendig sein, diese zu erweitern oder zu verändern. Zum anderen kann sich im Nachhinein herausstellen, dass die Anlage andere oder schädlichere Emissionen ausstößt als ursprünglich angenommen. Zum dritten kann sich der Stand der Technik weiterentwickeln oder sich die Rechtslage ändern, indem etwa neue Grenzwerte für Luftschadstoffe erlassen werden. Viertens können sich die tatsächlichen Verhältnisse in der Umgebung der Anlage ändern. Schließlich ist es fünftens denkbar, dass der Betreiber die Bedingungen, unter denen die Genehmigung erteilt wurde, nicht einhält oder sich als persönlich unzuverlässig für die Führung eines emittierenden Betriebes erweist. Mit diesen und ähnlichen Situationen befassen sich die §§ 15–21 BImSchG.

76

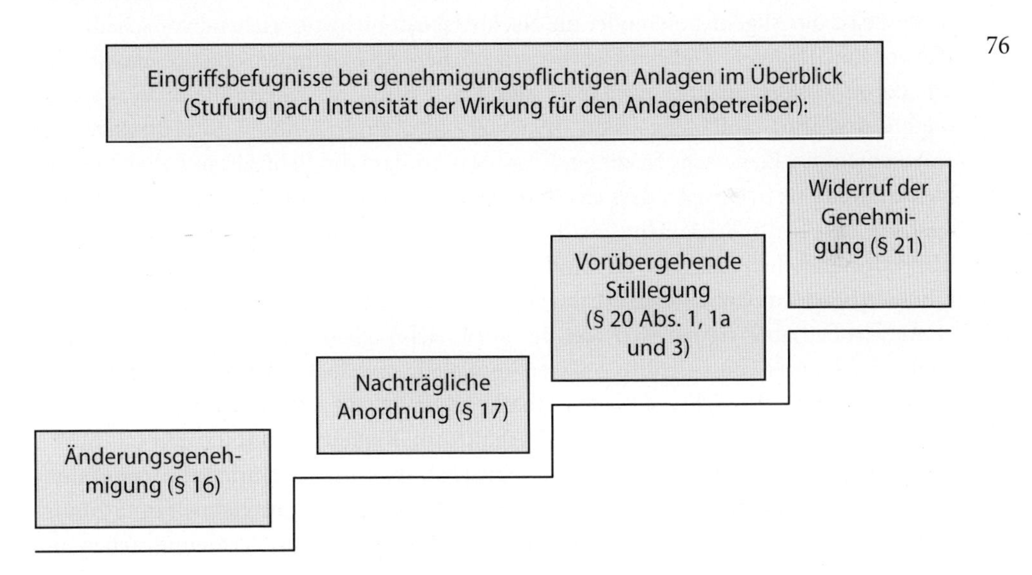

Abb. 2.6 Eingriffsbefugnisse bei genehmigungspflichtigen Anlagen im Überblick

5.1.6.1 Die Änderungsgenehmigung

77 Jede Verlegung und jede technische oder bauliche Veränderung an einer genehmigten Anlage muss der zuständigen Behörde einen Monat zuvor schriftlich gemeldet werden, wenn Auswirkungen auf die Schutzgüter des § 1 BImSchG drohen (§ 15 Abs. 1

BImSchG). Die Behörde untersucht dann, ob die Änderung wesentlich ist, weil sie nachteilige Auswirkungen – wie etwa höhere Emissionen – hat und für die Prüfung nach § 6 Abs. 1 Nr. 1 BImSchG relevant ist, oder ob es sich nur um ganz geringfügige, schadlose Veränderungen handelt. Im erstgenannten Fall ist eine Änderungsgenehmigung nach § 16 Abs. 1 BImSchG erforderlich. Im zweitgenannten Fall teilt die Behörde dem Anzeigenden mit, dass er die Änderung ohne Genehmigung durchführen darf (§ 15 Abs. 2 BImSchG). Änderungsgenehmigungen sind praktisch sehr wichtig,[81] weil in einem hochentwickelten Industrieland wie Deutschland häufiger vorhandene Anlagen umgebaut, modernisiert oder erweitert werden, als dass neue Anlagen errichtet werden.

5.1.6.2 Die nachträgliche Anordnung

78 Sowohl als Reaktion auf eine Änderungsmitteilung nach § 15 Abs. 1 BImSchG als auch aufgrund eigener Erkenntnisse kann die zuständige Behörde gemäß § 17 BImSchG die bereits erteilte Genehmigung mit nachträglichen Anordnungen modifizieren. Voraussetzung für eine solche Anordnung ist nach § 17 Abs. 1 S. 1 BImSchG, dass der Anlagenbetreiber Grundpflichten aus § 5 BImSchG oder Pflichten aus den Rechtsverordnungen zum BImSchG nicht einhält oder dass ein Pflichtenverstoß droht. Stellt sich nachträglich heraus, dass die Allgemeinheit oder die Nachbarschaft nicht ausreichend vor schädlichen Umwelteinwirkungen, Gefahren sowie erheblichen Belästigungen oder Nachteilen geschützt ist, soll die Behörde nach § 17 Abs. 1 S. 2 BImSchG einschreiten. Die Verwendung des Wortes **„soll"** signalisiert im Unterschied zu § 17 Abs. 1 S. 1 BImSchG ein eingeschränktes Ermessen. In dieser Konstellation darf die Behörde nur dann untätig bleiben, wenn sie nachweist, dass ein atypischer Fall vorliegt.[82] Wenn es um Anlagen der Spalte 1 der 4. BImSchV geht, ist die geplante Entscheidung nach § 17 Abs. 1 S. 2 BImSchG öffentlich bekannt zu machen, sodass betroffene Nachbarn und Umweltschutzverbände Einwendungen erheben können (§ 17 Abs. 1a BImSchG).

79 Anlagenbetreiber freuen sich fast nie über nachträgliche Anordnungen, weil diese häufig dazu führen, dass sie ihre Anlagen kostspielig umbauen oder nachrüsten müssen. § 17 Abs. 2 bis 3a BImSchG enthalten Einschränkungen, die die wirtschaftlichen Interessen der Betreiber berücksichtigen. Der **Verhältnismäßigkeitsgrundsatz**, den § 17 Abs. 2 BImSchG noch einmal betont, bedeutet zunächst, dass jede nachträgliche Anordnung geeignet sein muss, die Pflichtverletzung bzw. die schädliche Umwelteinwirkung zumindest teilweise zu beseitigen. Ferner darf kein milderes Mittel zur Verfügung stehen, um den gewünschten Zweck ähnlich effektiv zu erreichen. Die letzte Prüfungsstufe, die Verhältnismäßigkeit im engeren Sinne oder Zumutbarkeit, stellt den Aufwand für den Anlagenbetreiber in Beziehung zu dem immissionsschützenden Erfolg. Ist z. B. eine Anlage relativ neu und wird noch viele Jahre betrieben, so lohnt sich eine teure immissionsmindernde Maßnahme, weil sie noch lange wirksam sein wird und sich die Investition auf

---

[81] *Jarass*, BImSchG, § 16 Rn. 1; *ders.*, JuS 2009, 608 (611).

[82] *Jarass*, BImSchG, § 17 Rn. 61.

viele Nutzungsjahre verteilt. Umgekehrt kann eine Verminderung der Emissionen unverhältnismäßig sein, wenn die Anlage in absehbarer Zeit stillgelegt werden soll. Lösen die Emissionen einer Industrieanlage konkrete Gesundheitsbeeinträchtigungen aus, werden nachträgliche Anordnungen generell als verhältnismäßig betrachtet, selbst wenn die Anlage dann nicht mehr wirtschaftlich fortgeführt werden kann.[83] Dass ein Betrieb durch eine nachträgliche Anordnung in Insolvenzgefahr gerät, ist kein Argument für die Unverhältnismäßigkeit, wenn der Durchschnittsbetrieb der Branche die Anordnung wirtschaftlich verkraften könnte.[84] M. a. W. können sich schlecht geführte Betriebe nicht allein mit einem Hinweis auf ihre wirtschaftlichen Schwierigkeiten von nachträglichen Anordnungen nach § 17 BImSchG befreien. Im Konfliktfall ist es die Aufgabe des Anlagenbetreibers nachzuweisen, dass die nachträgliche Anordnung unverhältnismäßig ist.[85]

80 Die Einschränkung, die § 17 Abs. 3 BImSchG für nachträgliche Anordnungen vorsieht, ist noch nicht praktisch relevant geworden. Denn die vorhandenen Rechtsverordnungen legen sich in Hinsicht auf Vorsorgemaßnahmen nicht abschließend fest, sodass Raum für nachträgliche Anordnungen bleibt. Dies machen z. B. § 22 der 13. BImSchV, § 20 der 17. BImSchV, § 10 der 20. BImSchV, § 17 der 30. BImSchV oder § 10 der 31. BImSchV deutlich.

81 Die letzte Einschränkung für nachträgliche Anordnungen in § 17 Abs. 3a BImSchG setzt die Initiative des Anlagenbetreibers voraus. Er kann ein **Austauschmittel** anbieten, indem er einen Kompensationsplan ausarbeitet. In diesem Plan muss er weitergehende Emissionsverringerungen in Hinsicht auf denselben oder einen vergleichbaren Stoff nachweisen, die er entweder bei der eigenen Anlage oder bei Anlagen Dritter erzielen will. Überzeugt dieser Plan, so wird die Behörde regelmäßig von der vorgesehenen nachträglichen Anordnung Abstand nehmen. Denn diese ist angesichts der vom Betreiber selbst angebotenen besseren Lösung nicht mehr erforderlich. Die Kompensationsmöglichkeit scheidet allerdings aus, wenn die nachträgliche Anordnung bereits erlassen wurde (§ 17 Abs. 3a S. 2 BImSchG). Sie kommt ebenfalls nicht in Betracht, wenn es um eine gefahrenabwehrende Anordnung im Sinne des § 17 Abs. 1 S. 2 BImSchG geht.

82 Seit 2010 gibt es mit § 6 Abs. 3 BImSchG ähnliche **Kompensationsmöglichkeiten** bei einem Antrag auf eine Änderungsgenehmigung,[86] wenn einzelne Immissionswerte nicht eingehalten werden können. Die tatbestandlichen Voraussetzungen dieser Vorschrift sind allerdings sehr streng.[87] Erstens muss die Emissionsreduktion bei der Anlage deutlich über das hinausgehen, was die Behörde selbst im Wege der nachträglichen Anordnung nach § 17 Abs. 1 BImSchG verlangen könnte (Nr. 1). Außerdem müssen gerade die Emissionen des problematischen Stoffes oder eines verwandten Stoffes reduziert werden.

---

[83] *Jarass*, BImSchG, § 17 Rn. 48.

[84] *Jarass*, BImSchG, § 17 Rn. 49.

[85] BVerwG, NVwZ 1997, 497 (500); *Jarass*, BImSchG, § 17 Rn. 39.

[86] Siehe oben 5.1.6.1.

[87] Einzelheiten und w. N. bei *Schink*, NuR 2011, 250 (253 ff.); *Koch/Braun*, NVwZ 2010, 1271 (1272 f.)

Der Anlagenbetreiber ist darüber hinaus verpflichtet, weitere Luftreinhaltemaßnahmen zu ergreifen, die über den aktuellen Stand der Technik hinausgehen (Nr. 2). Schließlich wird ihm ein Plan abverlangt, der belegt, dass er auf längere Sicht seinen Verursacheranteil an der noch gegebenen Grenzwertüberschreitung zurückfährt, sodass die Werte in absehbarer Zeit eingehalten werden können (Nr. 3). Erfüllt der Betreiber diese anspruchsvollen Bedingungen, erhält er die Änderungsgenehmigung, die sonst wegen der Grenzwertüberschreitung abgelehnt worden wäre. Auf diese Weise soll auch ein gewisser Anreiz zur Anlagenmodernisierung gesetzt werden.

83 ▶ **Lösungsvorschlag zu Fall 2.3** Wissenschaftliche Untersuchungen haben ergeben, dass der Tod von Fledermäusen an Windkraftanlagen nicht durch Kollision mit den Rotorblättern, sondern durch plötzliche Luftdruckveränderungen im Nahbereich der Rotoren verursacht wird. Diese zerstören die empfindlichen Blutgefäße in den Lungen der Tiere und lösen innere Blutungen aus.[88] Sollten die Beobachtungen der Tierschützer zutreffen und die Verluste der Fledermauspopulation über seltene Einzelfälle hinausgehen, könnte die Behörde überlegen, nach § 17 BImSchG vorzugehen. Die Vorschrift setzt von ihrem Tatbestand her gesehen voraus, dass eine immissionsschutzrechtliche Pflicht verletzt wird. Die Pflicht, das Töten geschützter Tiere zu unterlassen, ergibt sich jedoch nicht aus dem Immissionsschutzrecht, sondern aus dem Naturschutzrecht. Für solche Konstellationen schließt die überwiegende Meinung die Anwendung des § 17 BImSchG aus.[89] In Betracht kommen nur – hier nicht weiter zu verfolgende – Ermächtigungsgrundlagen aus dem Bauordnungs- oder dem Naturschutzrecht.

5.1.6.3 Weitere Eingriffsbefugnisse

84 § 20 und § 21 BImSchG enthalten weitere Regelungsbefugnisse der Immissionsschutzbehörden in Bezug auf genehmigungsbedürftige Anlagen.

Sehr selten wird eine rechtmäßig erteilte Genehmigung nach § 21 BImSchG widerrufen. Die Voraussetzungen der Vorschrift sind anspruchsvoll, außerdem ist anschließend ein Rechtsstreit um Entschädigungszahlungen zu befürchten (§ 21 Abs. 4 BImSchG). In Reimform:[90]

Wie die Natur das Echo schuf,
so das Gesetz den Widerruf.
Doch weil die Stille nur Romantik spendet,
wird dieser Ruf fast niemals angewendet.

---

[88] *Wemdzio*, NuR 2011, 464 (465).

[89] *Jarass*, BImSchG, § 17, Rn. 15 ff. m. w. N.; A.A. *Wemdzio*, NuR 2011, 464 (466).

[90] *Lübbe-Wolff*, Von der Poesie des Immissionsschutzrechts, in: 25 Jahre BImSchG – Festschrift Feldhaus, 1999, S. 523 (524).

85 Eine **Untersagung** nach § 20 Abs. 1 BImSchG hat zur Folge, dass die betroffene Anlage ganz oder teilweise stillzulegen ist. Sie stellt grundsätzlich eine vorübergehende Maßnahme dar, die den Bestand der Genehmigung unberührt lässt.[91] Voraussetzung für eine Untersagungsverfügung ist es, dass der Anlagenbetreiber eine immissionsschutzrechtliche Pflicht verletzt hat. Eine solche Pflicht kann sich zunächst aus einer Auflage zur Genehmigung ergeben. Weiterhin kommen konkrete Pflichten aus Rechtsverordnungen oder aus vollziehbaren nachträglichen Anordnungen (§ 17 BImSchG) in Frage. Schließlich kann eine unzureichende Störfallvorsorge eine Untersagungsverfügung rechtfertigen (§ 20 Abs. 1a BImSchG). Verstöße gegen die Grundpflichten des § 5 BImSchG reichen dagegen für eine Stilllegung nicht aus. Beseitigt der Betreiber den Pflichtenverstoß, ist die Untersagung wieder aufzuheben. Alternativ kann die Behörde ihre Verfügung mit der auflösenden Bedingung versehen, dass sie nicht mehr gelten soll, wenn der gerügte Pflichtenverstoß behoben ist.

86 Die Untersagungsmöglichkeit des § 20 Abs. 3 BImSchG knüpft an die persönliche Eignung des Betreibers oder des beauftragten Betriebsleiters an. Als **unzuverlässig** im Sinne der Vorschrift gilt jemand, der nicht die Gewähr bietet, dass er oder sie die Vorschriften des Immissionsschutzrechts zum Schutz vor schädlichen Umwelteinwirkungen künftig einhalten wird.[92] Dies ist etwa dann der Fall, wenn ein Anlagenbetreiber schon mehrfach die Hinweise der Behörde auf Rechtsverstöße ignoriert hat. Als unzuverlässig kann auch eingestuft werden, wem der für den Betrieb der Anlage nötige Sachverstand fehlt. Es spielt dabei keine Rolle, ob die Unzuverlässigkeit auf Verschulden des Betroffenen beruht oder nicht.[93] Der Betreiber kann die Stilllegung seiner Anlage wegen persönlicher Unzuverlässigkeit abwenden, indem er einer verlässlichen Person die Betriebsleitung überträgt (§ 20 Abs. 3 S. 2 BImSchG).

5.1.7 Anforderungen und Eingriffsmöglichkeiten bei nicht genehmigungsbedürftigen Anlagen

Fall 2.4 87

M wohnt in einem Wohngebiet in der Großstadt direkt neben dem Glockenturm einer Kirche im 5. Stock eines Mietshauses. Jeden Sonntag wird er vom fünfminütigen Läuten zum ersten Gottesdienst um 8:30 Uhr aus dem Schlaf geholt. Die Glocken erreichen Schallwerte von 66–75 dB (A). M fragt, ob er die zuständige Immissionsschutzbehörde dazu verpflichten kann, das morgendliche Glockengeläut zu unterbinden.

[91] *Jarass*, BImSchG, § 20 Rn. 16.
[92] *Jarass*, BImSchG, § 20 Rn. 47.
[93] *Jarass*, BImSchG, § 20 Rn. 48.

88 **Fall 2.5**

Um Jugendlichen und Heranwachsenden die Möglichkeit zu geben, Fuß- und Basketball zu spielen, hat die Gemeinde G für 20.000 € ein Multifunktionsfeld – im Volksmund Bolzplatz – bauen lassen. Das Kunstrasenfeld ist 25 m lang und 12 m bereit. Ringsherum verläuft eine Holzbande, die in Höhe der Tore 4 m hoch ist. Die installierten Tore und Basketballkörbe sind komplett aus Stahl. Der Bolzplatz liegt in einem allgemeinen Wohngebiet, das nächste Wohnhaus ist 20 m entfernt. Der Platz wird vorwiegend zum Fußballspielen am Nachmittag, am frühen Abend und am Wochenende genutzt. Eigentümer W, dessen Garten nur 20 m vom Bolzplatz entfernt liegt, fühlt sich durch die hölzernen und blechernen Aufprallgeräusche der Fußbälle gestört und bittet um eine immissionsschutzrechtliche Beurteilung. Er lässt einen Sachverständigen Messungen durchführen, die nachmittags einen Durchschnittslärmpegel von 55 dB (A) auf seinem Grundstück ergeben.

89 Die nicht genehmigungsbedürftigen Anlagen, also solche, die in der 4. BImSchV nicht erwähnt sind oder unterhalb der dort benannten Größenordnungen bleiben, werden als weniger gefährlich eingeschätzt. Das Gesetz widmet ihnen deshalb nur die vier Vorschriften der §§ 22–25 BImSchG, die allerdings durch Verordnungen ergänzt werden.

90 Beispiele für immissionsschutzrechtlich nicht genehmigungsbedürftige Anlagen sind Sportplätze, Grillplätze, Baumaschinen, Elektrogeräte, Mobilfunksender, Tankstellen, Recycling-Höfe oder kleinere landwirtschaftliche Betriebe. Die für solche Anlagen Verantwortliche brauchen zwar keine immissionsschutzrechtliche Genehmigung, eventuell aber eine baurechtliche, gewerberechtliche, wasserrechtliche oder andere Erlaubnis (siehe auch § 22 Abs. 2 BImSchG).

91 Im Vergleich zu dem bereits dargestellten Pflichtenkatalog des § 5 Abs. 1 BImSchG[94] müssen die Betreiber nicht genehmigungspflichtiger Anlagen nach § 22 Abs. 1 BImSchG sehr viel weniger leisten. Die Vorsorgepflicht des § 5 Abs. 1 Nr. 2 BImSchG und die Energieeffizienzpflicht des § 5 Abs. 1 Nr. 4 BImSchG entfallen; in Bezug auf Abfälle muss grundsätzlich nur für eine ordnungsgemäße Beseitigung gesorgt sein (§ 22 Abs. 1 Nr. 3 BImSchG, siehe auch § 22 Abs. 1 S. 2 BImSchG), ohne dass es auf die Vermeidung oder Verwertung der Abfälle ankäme. Ferner sind schädliche Umwelteinwirkungen nicht wie in § 5 Abs. 1 Nr. 1 BImSchG gefordert unbedingt zu vermeiden, sondern nur dann, wenn es der Stand der Technik[95] zulässt (§ 22 Abs. 1 Nr. 1 BImSchG). Fehlen technische Möglichkeiten so sind die schädlichen Umwelteinwirkungen lediglich zu minimieren (§ 22 Abs. 1 Nr. 2 BImSchG).

92 Lösen die schädlichen Umwelteinwirkungen, die von der genehmigungsfreien Anlage ausgehen, allerdings Gefahren aus[96], bedrohen sie also Leben oder Gesundheit von Men-

[94] Siehe oben 5.1.2.1.
[95] Siehe zu diesem Begriff oben 5.1.2.1.
[96] Zum Gefahrenbegriff siehe oben 4, Rn. 26.

schen oder bedeutenden Sachwerten, dann ist das Mindestmaß des § 22 Abs. 1 Nr. 2 BImSchG überschritten. Dies führt im Regelfall dazu, dass Betrieb oder Errichtung der Anlagen nach § 25 Abs. 2 BImSchG untersagt werden. Verursachen die Emissionen der genehmigungsfreien Anlage Nachteile oder Belästigungen, was typischerweise für Lärm gilt, so kann erst nach einer umfassenden Abwägung darüber entschieden werden, ob die schädlichen Umwelteinwirkungen auf ein Mindestmaß beschränkt wurden oder nicht.[97] In diese Abwägung gehören unter anderem der Nutzen der Anlage für die Allgemeinheit, der Aufwand, den Immissionsminderungsmaßnahmen auslösen und eventuell auch der Grundrechtsschutz, der für die immissionsauslösende Tätigkeit gilt.[98]

93 **Lösungsvorschlag zu Fall 2.4** Kirchenglocken werden in der 4. BImSchV nicht erwähnt, sie gehören also zu den genehmigungsfreien Anlagen, für die die §§ 22 ff. BImSchG gelten. Das Geläut, welches den M am Sonntagmorgen weckt, ist als nicht gesundheitsschädigender Lärm und damit als Belästigung im Sinne des § 3 Abs. 1 BImSchG einzuordnen. Für die Erheblichkeit der Belästigung ist einerseits zu berücksichtigen, dass die Glocken nur 5 Minuten läuten und M dann wieder einschlafen kann. Eventuell hilft auch passiver Schallschutz wie Lärmschutzfenster oder Ohrstöpsel. Andererseits verursachen die Glocken einen Lärm, der z. B. oberhalb der Grenzwerte für neu errichtete Straßen in Wohngebieten liegt (59 dB (A) tagsüber nach § 2 Abs. 1 der 16. BImSchV). Für die Kirchenglocken spricht wiederum, dass sie traditionell Teil der Religionsausübung sind. Sie rufen die Gläubigen zum Gottesdienst. Kirchliches Glockengeläut kann deshalb auch den Schutz der Religionsfreiheit aus Art. 4 Abs. 1 GG beanspruchen. Dieses Argument, die geringe Dauer der Lärmbelästigung sowie ihr nicht allzu früher Zeitpunkt führen im Ergebnis dazu, dass die Gerichte in ähnlichen Fällen ein Nichteingreifen der zuständigen Behörde gebilligt haben.[99]

94 **Lösungsvorschlag zu Fall 2.5**[100] Kunstrasenfelder werden im Anhang zur 4. BImSchV nicht aufgeführt, sodass sie immissionsschutzrechtlich zu den nicht genehmigungspflichtigen Anlagen zu zählen sind. Es gelten also die §§ 22 ff. BImSchG i. V. m. den insoweit ergangenen Verordnungen.

Vorweg ist festzuhalten, dass W den Lärm vom Bolzplatz nicht wegen § 22 Abs. 1a BImSchG als sozial üblich hinzunehmen hat. Denn der Bolzplatz soll von Jugendlichen und Heranwachsenden ab einem Alter von 14 Jahren und nicht von Kindern genutzt werden. Ein Kinderspielplatz liegt daher nicht vor.

Der Bolzplatz wird zwar nicht als Sportanlage i. S. d. 18. BImSchV betrachtet, weil er nicht dem organisierten Sportbetrieb, sondern nur der Freizeitgestaltung gewidmet

---

97 VGH Mannheim, NVwZ-RR 1999, 569 f.
98 *Jarass*, BImSchG, § 22, Rn. 39.
99 Vgl. aus der Rechtsprechung BVerwGE 68, 62 (67 ff.); BVerwG, NVwZ 1997, 390 f.
100 Orientiert an OVG Saarlouis, Beschl. vom 06.07.2011, 2 A 246/10, juris.

ist, aber die Lärmgrenzwerte der Verordnung können zur Orientierung herangezogen werden.[101] § 2 Abs. 2 Nr. 3 der 18. BImSchV bestimmt als Immissionsrichtwert für das im Fall des W einschlägige allgemeine Wohngebiet tagsüber 55 dB (A). Dieser Wert wird im Fall des W durchschnittlich nicht übertroffen. Der Anhang zur 18. BImSchV enthält unter 1.3.3 jedoch einen Zuschlag für impulshaltige Geräusche, zu denen auch die Aufprallgeräusche von Bällen zählen. Die Konstruktion des umstrittenen Bolzplatzes bringt es mit sich, dass permanent Schüsse gegen Holz oder Stahl knallen. Bei Plätzen ohne Bande und mit Tornetzen liegt dieser Faktor nicht vor. Die impulsartigen Geräusche sind so häufig, dass ein Zuschlag auf den eigentlichen Durchschnittslärmwert geboten erscheint. Unter Einbeziehung dieses Zuschlages wird der Immissionsrichtwert aus § 2 Abs. 2 Nr. 3 der 18. BImSchV dann doch nicht gewahrt. Somit ist W schädlichen Umwelteinwirkungen i. S. d. § 22 Abs. 1 Nr. 1 BImSchG ausgesetzt. Weil eine aus Sicht der Gemeinde mildere Nutzungszeitenregelung die Lärmintensität nicht beeinflussen würde, kann W kann einen Rück- bzw. Umbau der Anlage beanspruchen.[102]

95 § 23 BImSchG befasst sich mit dem Erlass von Verordnungen für nicht genehmigungspflichtige Anlagen. Diese Ermächtigung wurde mit über zehn auf sie gestützten Verordnungen intensiv genutzt. Beispielhaft sei die 2010 novellierte Verordnung über kleine und mittlere Feuerungsanlagen erwähnt (1. BImSchV), die 30 Millionen Heizungsanlagen in Deutschland betrifft und deren Einhaltung von den Schornsteinfegerinnen und Schornsteinfegern mit überwacht wird.[103] Weitere wichtige Verordnungen, die auf § 23 BImSchG beruhen, sind die Sportanlagenlärmschutzverordnung (18. BImSchV), die Verordnung über elektromagnetische Felder (26. BImSchV), die insbesondere für Mobilfunksendemasten gilt,[104] sowie die Geräte- und Maschinenlärmschutzverordnung (32. BImSchV). Hingewiesen sei ferner darauf, dass – wenn Spezialregelungen in Verordnungen fehlen – die TA Lärm ebenfalls auf nicht genehmigungsbedürftige Anlagen anzuwenden ist (TA Lärm 1. Anwendungsbereich). Für die Abschnitte 4. und 5. der TA Luft gilt dies in eingeschränkter Weise ebenfalls (TA Luft 1. Anwendungsbereich a. E.).

96 Wie der bereits vorgestellte § 17 BImSchG,[105] erlaubt § 24 BImSchG der Immissionsschutzbehörde **nachträgliche Anordnungen**, die sicherstellen, dass die Betreiber nicht genehmigungspflichtiger Anlagen ihre Pflichten aus § 22 BImSchG bzw. die Pflichten aus gemäß § 23 BImSchG erlassenen Rechtsverordnungen einhalten. Solche Anordnungen dürfen auch gegenüber Hoheitsträgern ergehen, so darf eine Gemeinde, die ein Freibad betreibt, zur Einhaltung bestimmter Lärmgrenzwerte verpflichtet werden.[106] Anord-

---

[101] BVerwG, BauR 2004, 471 (472).

[102] Im Ergebnis ebenso, aber mit abweichender Begründung OVG Saarlouis, Beschl. vom 06.07.2011, 2 A 246/10, juris, Rn. 6.

[103] Vertiefend zur Novelle *Röckinghausen*, ZUR 2011, 65 ff.

[104] Siehe insoweit *Schmehl/Ludwig*, Jura 2011, 669 (674 ff.).

[105] Siehe oben 5.1.6.2.

[106] Einzelheiten insoweit bei BVerwGE 117, 1 (3 ff.).

nungen nach § 24 BImSchG stellen Ermessensentscheidungen dar, die den Grundsatz der Verhältnismäßigkeit wahren müssen.

97 Kommen die Verantwortlichen einer vollziehbaren Anordnung nach § 24 BImSchG nicht nach, kann die Behörde den Betrieb ganz oder teilweise vorübergehend stilllegen (§ 25 Abs. 1 BImSchG). Sie muss dies tun, wenn dem Betreiber eine unzureichende Unfallvorsorge i. S. d. § 25 Abs. 1a BImSchG vorzuwerfen ist.

98 Zu einer dauerhaften Betriebsschließung bzw. einem Errichtungsverbot ermächtigt § 25 Abs. 2 BImSchG. Die Behörde soll von dieser Ermächtigung Gebrauch machen, d. h. abgesehen von atypischen Fällen wird sie dazu verpflichtet, falls die Anlage schädliche Umwelteinwirkungen verursacht, die das Leben oder die Gesundheit von Menschen oder bedeutende Sachwerte gefährden. Ein Sachwert ist bedeutend, wenn er einen hohen Verkehrswert oder Relevanz für die Allgemeinheit hat, wie beispielsweise ein Denkmal.[107]

5.2 Der verkehrsbezogene Immissionsschutz

Fall 2.6 99

A wohnt mit seiner Familie unweit des Mittleren Rings, einer stark befahrenen Straße im Zentrum von München. Die dort installierte Luftgütemessstation stellt regelmäßig ein Überschreiten der Grenzwerte für Feinstaubpartikel fest. A wendet sich an die Stadt München und beantragt verkehrsreduzierende oder sonstige Maßnahmen, um die Einhaltung des Grenzwertes sicherzustellen. Die Stadt verweist allerdings darauf, dass das Land Bayern noch keinen Aktionsplan nach § 47 Abs. 2 BImSchG beschlossen habe und deshalb isolierte Maßnahmen ihrerseits nicht möglich seien. A ist mit dieser Reaktion unzufrieden und fragt Sie um Rat. Lesen Sie die §§ 40 Abs. 1 und 2, 45 Abs. 1 sowie 47 Abs. 1 und 2 BImSchG und versuchen Sie das Problem des A zu lösen!

100 Um Lärm und Abgase zu verringern, die von Autos, Lastwagen, Eisenbahnen, Schiffen und Flugzeugen ausgehen, kann man beim einzelnen Fahrzeug, bei der Verkehrsart, bei den Verkehrswegen oder beim betroffenen Gebiet ansetzen. Das deutsche Immissionsschutzrecht nutzt viele dieser Ansätze. Zunächst sieht es in § 38 BImSchG den Erlass von Grenzwerten für die Konstruktion und den Betrieb von Fahrzeugen vor. Diese sind z. B. in § 47 StVZO für Kraftfahrzeuge festgelegt. Fahrzeugführer werden überdies durch § 38 Abs. 1 S. 2 BImSchG dazu verpflichtet, vermeidbare Emissionen zu verhindern und unvermeidbare zu minimieren. Diese Aufforderung ist allerdings so ungenau, dass ihre Verletzung nur selten um Erlass eines Bußgeldbescheides nach § 62 Abs. 1 Nr. 7a BImSchG führen wird.

---

107 *Jarass*, BImSchG, § 25, Rn. 21.

101 Emissionsmindernde Anforderungen an Kraft- und Brennstoffe legen das Benzinbleigesetz von 1971 und die 10. BImSchV über die Beschaffenheit und die Auszeichnung der Qualitäten von Kraft- und Brennstoffen von 2010 fest.

102 Speziell für den Straßenverkehr erlaubt § 40 BImSchG sodann unter bestimmten Bedingungen Beschränkungen, wie z. B. LKW-Zufahrtsverbote. Soll nach § 40 Abs. 1 BImSchG vorgegangen werden, müssen Luftreinhaltepläne oder Aktionspläne (§ 47 Abs. 1 und 2 BImSchG) existieren, die solche Maßnahmen enthalten. Teil dieser Pläne sind die sogenannten **Umweltzonen**, die in über vierzig deutschen Städten, beispielhaft seien Berlin, Hannover, Köln oder Düsseldorf benannt, bereits in Kraft gesetzt sind.[108] Parallel zu den genannten Plänen sieht § 47d BImSchG Aktionspläne für Gebiete vor, die nicht von Abgasen, sondern besonders von Lärm betroffen sind. Wird die Aufstellung eines Aktionsplans versäumt, obwohl die relevanten Grenzwerte wahrscheinlich überschritten werden, können Bürgerinnen und Bürger die zuständige Behörde auf dessen Erlass verklagen.[109] Zusätzlich ist es Betroffenen nach einer Entscheidung des Bundesverwaltungsgerichts möglich, direkt aus § 45 Abs. 1 BImSchG einen planunabhängigen Anspruch auf immissionsmindernde Maßnahmen geltend zu machen, wenn die Grenzwerte der 39. BImSchV überschritten sind.[110]

103 Ebenfalls planunabhängig und in das Ermessen der Behörden gestellt sind Verkehrsbeschränkungsmaßnahmen nach § 40 Abs. 2 BImSchG. Das Überschreiten der Grenzwerte, die in der 39. BImSchV (2010)[111] etwa für Schwefeldioxid, Stickstoffdioxid, Benzol oder Partikel niedergelegt sind, kann solche Maßnahmen auslösen. Zu ihrem Erlass müssen Straßenverkehrs- und Immissionsschutzbehörde zusammenwirken. Selbst wenn die letztgenannte Behörde die Verkehrsreduzierungsmaßnahmen für geboten hält, muss die Straßenverkehrsbehörde diese nicht anordnen, weil sie die gegenläufigen Aspekte der Verkehrsbedürfnisse und städtebauliche – gemeint sind verkehrsplanerische – Belange in ihre Überlegungen einbeziehen darf. § 40 Abs. 3 BImSchG ermöglicht den Erlass einer Verordnung, die bestimmte Fahrzeuggruppen oder einzelne Fahrten von den Verkehrsverboten ausnimmt. Gestützt auf diese Ermächtigung ist 2006 die 35. BImSchV erlassen worden. Die Fahrzeughalter können nach dieser Verordnung verschiedenfarbige Plaketten erhalten (rot-gelb-grün), die je nach Schadstoffausstoß und den Regeln der jeweiligen Umweltzone die Zufahrt ermöglichen oder ausschließen.

104 Bei Neubau oder wesentlicher Änderung von Straßen und Schienenwegen verlangt § 41 Abs. 1 BImSchG, dass schädliche Umwelteinwirkungen durch Verkehrsgeräusche vermieden werden, soweit dies nach dem Stand der Technik[112] möglich ist. **Lärmsanierungspflichten** für bereits bestehende Straßen und Schienenwege lassen sich aus der

[108] *Cancik*, ZUR 2011, 283 (285) m. w. N. zur Rechtmäßigkeit eines solchen Plans exemplarisch OVG Münster, ZUR 2011, 199 ff.

[109] EuGH, NVwZ 2008, 984 (985); anders noch BVerwGE 128, 278 (281 ff.).

[110] BVerwGE 129, 296 (300 f.).

[111] Verordnung über Luftqualitätsstandards und Emissionshöchstmengen.

[112] Siehe zu diesem Begriff oben 5.1.2.1.

Norm jedoch nicht ableiten.[113] Aktive Lärmschutzmaßnahmen sind etwa Schallschutzwände, Untertunnelungen, Bepflanzungen oder der Einsatz von „Flüsterasphalt".[114] Erweisen sich solche Maßnahmen als unverhältnismäßig (§ 41 Abs. 2 BImSchG), bleiben den Anwohnern bei Überschreiten der Grenzwerte der Verkehrslärmverordnung (16. BImSchV) nur Ansprüche auf Entschädigungszahlungen für passiven Schallschutz, etwa in Form von Lärmschutzfenstern. Die einschlägige Vorschrift, § 42 BImSchG, setzt allerdings ferner voraus, dass die Beeinträchtigung auch unter Berücksichtigung der konkreten Nutzung der baulichen Anlage nicht zumutbar ist. Für Art und Umfang der Schallschutzmaßnahmen existiert ebenfalls eine präzisierende Verordnung (24. BImSchV).

105 Überdies hat das Bundesverwaltungsgericht es nicht für erforderlich gehalten, dass eine Straßenplanung sich an die Immissionsschutzwerte der 22. – heute der 39. – BImSchV hält; dies soll vielmehr durch spätere Luftreinhaltungsmaßnahmen erreicht werden.[115] Eine solche Problemverschiebung wird zu Recht kritisch bewertet.[116]

106 **Lösungsvorschlag zu Fall 2.6** Richtig ist, dass Verkehrsbeschränkungen nach § 40 Abs. 1 BImSchG einen Aktionsplan voraussetzen. Dies gilt indes nicht für Verkehrsreduzierungsmaßnahmen nach § 40 Abs. 2 BImSchG. Auch aus dem Wortlaut des § 45 Abs. 1 BImSchG lässt sich nicht entnehmen, dass die Pläne nach § 47 BImSchG die einzige Möglichkeit sein sollen, um eine Verbesserung der Luftqualität zu erreichen. Folglich hat die Stadt München unrecht. Planunabhängige Maßnahmen bleiben rechtlich möglich.

5.3 Der produktbezogene Immissionsschutz

107 In §§ 32–37f BImSchG finden sich gesetzliche Regelungen, die den Grundgedanken verfolgen, bereits bei der Herstellung oder dem Vertrieb von Produkten Immissionsschutzaspekte zu berücksichtigen. So erlaubt § 35 BImSchG den Erlass von Rechtsverordnungen, die etwa in Hinsicht auf eine spätere Verbrennung bestimmter Stoffe, Anforderungen an deren Qualität festlegen. §§ 37a–f BImSchG befassen sich mit den in § 37b aufwändig definierten Biokraftstoffen, deren Zusatz zu den etablierten Kraftstoffsorten die Kohlendioxidbilanz verbessern soll.

108 Abgesehen von den §§ 37a ff. BImSchG enthalten die Normen dieses Gesetzesabschnitts allerdings keine direkten Verpflichtungen, sondern nur Ermächtigungen zu Rechtsverordnungen, von denen jedoch nur selten Gebrauch gemacht wurde. Auf der Basis der §§ 32, 33 und 35 BImSchG allein sind fast keine Verordnungen erlassen wor-

[113] BVerwGE 97, 367 (372).
[114] *Jarass*, BImSchG, § 41, Rn. 43 ff. m. w. N.
[115] BVerwGE 121, 57 (60 ff.); 123, 23 (27 f.).
[116] *Koch*, Immissionsschutzrecht, in: ders., Umweltrecht, 3. Aufl. 2010, § 4, Rn. 47 m. w. N.

den. Die Geräte- und Maschinenlärmverordnung (32. BImSchV), die etwa für Kettensägen, Rasenmäher, Laubbläser und zahlreiche Baumaschinen gilt, stützt sich nicht nur auf § 32 BImSchG, sondern maßgeblich auf § 23 Abs. 1 und § 37 BImSchG. Ebenfalls auf EU-Recht und damit auf § 37 BImSchG als Ermächtigungsgrundlage geht die Verordnung über Emissionsgrenzwerte für Verbrennungsmotoren (28. BImSchV) zurück.

109 Warum führt der produktbezogene Immissionsschutz ein Dasein im Schatten? Zum einen liegt dies daran, dass viele andere, meist speziellere Gesetze auf Produkte einwirken. Ohne Anspruch auf Vollständigkeit lassen sich hier die §§ 13 ff. des Chemikaliengesetzes (ChemG)[117], §§ 23 ff. des KrWG,[118] §§ 30 f. des Lebensmittel-, Bedarfsgegenstände- und Futtermittelgesetzbuches (LFGB)[119] oder § 4 des Elektro- und Elektronikgerätegesetzes (ElektroG)[120] nennen. Zum anderen greifen Produktanforderungen in die Berufsfreiheit der jeweiligen Hersteller ein und müssen deshalb gut begründet und insbesondere verhältnismäßig sein. Im marktwirtschaftlichen System wird offenbar weniger auf Ge- und Verbote, als auf Anreize gesetzt, etwa durch die Vergabe von Umweltzeichen, wie dem deutschen Blauen Engel oder dem Umweltzeichen der EU, der Euroblume.

5.4 Der gebietsbezogene Immissionsschutz

110 Zu den Vorschriften, die sich mit dem Immissionsschutz in einem größeren Raum beschäftigen gehört zunächst die generelle **Planungsvorschrift** des § 50 BImSchG, die den vorausschauenden und schonenden Ausgleich von verschiedenen Nutzungen anstrebt, damit Nachbarschaftskonflikte wegen störender Immissionen oder wegen der Sorge um die Sicherheit der Anlage möglichst vermieden werden. Ferner lassen sich zum gebietsbezogenen Immissionsschutz die Verordnungen zum Schutz bestimmter Gebiete (§ 49 BImSchG) sowie die beim verkehrsbezogenen Immissionsschutz bereits erwähnten Pläne zur Luftreinhaltung (§ 47 Abs. 1 und 2 BImSchG) und zum Lärmschutz (§ 47d BImSchG) rechnen.

111 Bei § 50 S. 1 BImSchG geht es um die Standortwahl und die notwendigen Abstandsflächen von Anlagen zur zu schützenden Wohnnutzung bzw. anderen schützenswerten Nutzungen, wie etwa Freizeitflächen für Camping, Kleingartensiedlungen oder Naturschutzgebieten.[121] Die Vorschrift kann dabei in zwei Richtungen wirken.[122] Zum einen

[117] In der Fassung der Bekanntmachung vom 2. Juli 2008, BGBl. I S. 1146, zuletzt geändert durch Artikel 5 Absatz 39 des Gesetzes vom 24. Februar 2012, BGBl. I S. 212.

[118] Siehe unten *Smeddinck*, Abfallrecht, § 3 in diesem Buch, Punkt 3.7.4.

[119] In der Fassung der Bekanntmachung vom 22. August 2011, BGBl. I S. 1770, zuletzt geändert durch Artikel 2 des Gesetzes vom 15. März 2012, BGBl. I S. 476.

[120] Vom 16. März 2005, BGBl. I S. 762, zuletzt geändert durch Artikel 3 des Gesetzes vom 24. Februar 2012, BGBl. I S. 212.

[121] Weitere Einzelheiten bei *Jarass*, BImSchG, § 50, Rn. 12 ff.

[122] *Jarass*, BImSchG, § 50, Rn. 21.

kann sie die Zulassung eines störenden Industrie- oder Landwirtschaftsbetriebes in der Nähe einer Wohnsiedlung verhindern. Zum anderen kann aber auch die Planung eines Kindergartens oder einer Altenwohnanlage daran scheitern, dass am vorgesehenen Standort bereits mehrere Industriebetriebe angesiedelt sind.

112 § 50 S. 2 BImSchG fordert von Planerinnen und Planern, dass sie auch den Einfluss auf die vorhandene gute Luftqualität einkalkulieren, den ihr Vorhaben auslöst.

113 § 50 BImSchG wirkt als **Optimierungsgebot** in die Planungen nach anderen Gesetzen hinein, etwa in die Straßenverkehrs-, Raumordnungs-, oder Bauleitplanung.[123] Die Formulierung „so weit wie möglich" stellt allerdings klar, dass sich Immissionsschutzbelange nicht immer durchsetzen, sondern dass sie – beim Überwiegen anderer Belange – auch nachrangig sein können.[124] Missachtet eine Planung die Grundsätze des § 50 BImSchG, ohne dass es hierfür eine überzeugende Begründung gibt, so ist sie rechtswidrig.[125] Umstritten ist jedoch die Frage, ob ein betroffener privater Dritter sich auf diese Rechtswidrigkeit berufen kann, ob also die Vorschrift drittschützenden Charakter hat.[126]

114 § 49 BImSchG erlaubt den Landesregierungen den Erlass von Rechtsverordnungen, die zum einen besonders empfindliche Gebiete vor Lärm und Luftverunreinigungen schützen (Abs. 1), zum anderen – bei besonderen Vorbelastungen – gebietsbezogen auf Belastungsspitzen bei austauscharmen Wetterlagen (Smog) reagieren (Abs. 2). Die letztgenannte Ermächtigung zur Smogbekämpfung ist angesichts dessen, dass Smoggefahren weitgehend gebannt sind, heute nicht mehr praktisch relevant.[127] Die erstgenannte Ermächtigung kommt etwa bei Bade- und Kurorten, Naturschutzgebieten oder der Umgebung von Krankenhäusern in Frage.[128] Aber auch sie wird bislang praktisch kaum genutzt.[129]

115 Die gebietsbezogenen Regeln der §§ 44 ff. BImSchG gehen auf europarechtliche Vorgaben zurück, nämlich die Luftqualitätsrichtlinie (2008/50/EG) und die Umgebungslärmrichtlinie (2002/49/EG). Das Europarecht verfolgt dabei einen anderen Ansatz als das traditionelle deutsche Immissionsschutzrecht: Es geht nicht um die Reduzierung von Emissionen einzelner Quellen, sondern um das in einem bestimmten Gebiet zu erreichende Gesamtergebnis (Summationsansatz),[130] was vor allem aus der Sicht der Bewohnerinnen und Bewohner besonders lärm- oder abgasgeplagter Gebiete sinnvoll erscheint. Bestimmte Ziele sollen verwirklicht werden, man kann auch von „management by objectives" sprechen.

116 Am gründlichsten ist dieser Ansatz im Luftqualitätsrecht umgesetzt. Als vorbereitende Maßnahmen sind die Überwachung der Luftqualität nach § 44 BImSchG i. V. m.

[123] BVerwGE 128, 238 (240).
[124] *Jarass*, BImSchG, § 50, Rn. 23 ff. m. w. N.
[125] BVerwGE 71, 163 (165); *Jarass*, BImSchG, § 50, Rn. 31.
[126] Ablehnend BVerwG, NVwZ 2005, 813 (816) m. w. N.; bejahend *Jarass*, BImSchG, § 50, Rn. 33.
[127] *Scheidler*, KommJur 2010, 4 (8); *Jarass*, BImSchG, § 49, Rn. 25.
[128] *Scheidler*, KommJur 2010, 4.
[129] *Scheidler*, KommJur 2010, 4 (8).
[130] *Meßerschmidt*, Europäisches Umweltrecht, S. 741 und 836.

§§ 11 ff. der 39. BImSchV und die Erstellung eines Emissionskatasters nach § 46 BImSchG einzuordnen. Letzteres sammelt Angaben über die Art, die Menge sowie die räumliche und zeitliche Verteilung von Luftverunreinigungen in bestimmten Gebieten.[131] Die Messdaten für das Kataster stammen aus den Emissionserklärungen nach § 27 BImSchG und den eigenen Messungen der Behörden, nach §§ 26, 28, 29 oder 52 BImSchG.

117 Die in den §§ 2 ff. der 39. BImSchV niedergelegten Grenzwerte bilden das Kernstück des gebietsbezogenen Luftqualitätsrechts. Sind diese Werte für Schwefeldioxid, Stickstoffoxide, Feinstaubpartikel, Blei, Benzol, Kohlenmonoxid und Ozon **unterschritten**, braucht nichts weiter unternommen zu werden. Sind sie **überschritten**, hängt die erforderliche Reaktion der Behörden vom Grad der Abweichung nach oben ab. Die Normen der 39. BImSchV unterscheiden insoweit zwischen den höher angesetzten Alarmschwellen, deren Überschreiten ein Risiko für die Gesundheit der Gesamtbevölkerung auslöst (§ 1 Nr. 1 der 39. BImSchV) und den niedriger angesetzten Grenzwerten. Besteht die Gefahr, dass Alarmschwellen erreicht werden, sind gemäß § 47 Abs. 2 BImSchG i. V. m. § 28 der 39. BImSchV Pläne für kurzfristige Maßnahmen aufzustellen, die etwa den Kraftfahrzeugverkehr, Bautätigkeiten oder den Betriebs von Industrieanlagen zeitweise beschränken können.[132] Werden nur die niedrigeren Grenzwerte erreicht oder übertroffen, ist ein Luftreinhalteplan nach § 47 Abs. 1 BImSchG i. V. m. § 27 der 39. BImSchV erforderlich. Dieser soll die dauerhafte Einhaltung des überschrittenen Grenzwerts bzw. der überschrittenen Grenzwerte sichern. Als Umsetzungsmaßnahmen für einen solchen Plan kommen nach § 47 Abs. 6 und 7 BImSchG Rechtsverordnungen, Planungsmaßnahmen, etwa in Bebauungsplänen, Verkehrsbeschränkungen nach § 40 Abs. 1 BImSchG oder nachträgliche Anordnungen nach § 17 BImSchG in Betracht.[133] Anfang 2011 gab es mehr als 130 solcher Pläne in Deutschland.[134]

118 Beiden Plänen ist gemeinsam, dass sie nur verwaltungsintern wirken, also nicht selbst rechtsverbindlich sind,[135] sondern rechtlicher Umsetzung bedürfen. Gleiches gilt für die Lärmaktionspläne nach § 47d BImSchG. Wie bereits beim verkehrsbezogenen Immissionsschutz erwähnt, können Dritte, die ihre Gesundheit bedroht sehen, bei Nichteinhaltung der Alarm- oder Grenzwerte die Aufstellung von Plänen nach § 47 Abs. 1 bzw. Abs. 2 BImSchG gerichtlich erzwingen.[136]

119 Sowohl für die Luftreinhaltepläne als auch für die sogleich zu besprechenden Lärmaktionspläne gilt, dass die Öffentlichkeit umfassend zu informieren und zu beteiligen ist (§§ 46a, 47 Abs. 5, 5a, 5b BImSchG, § 30 der 39. BImSchV i. V. m. Anlage 14, § 47d Abs. 3 BImSchG, § 7 der 34. BImSchV).

---

[131] *Jarass*, BImSchG, § 46, Rn. 1.
[132] *Cancik*, ZUR 2011, 283 (288 f.).
[133] *Jarass*, BImSchG, § 47, Rn. 12.
[134] *Cancik*, ZUR 2011, 283 (285) m. w. N.
[135] *Jarass*, BImSchG, § 47, Rn. 41 und 47.
[136] EuGH, NVwZ 2008, 984 (985); anders noch BVerwGE 128, 278 (281 ff.); siehe auch *Jarass*, BImSchG, § 47, Rn. 50 m. w. N.

120 Die gebietsbezogenen Lärmschutzregeln der §§ 47a ff. BImSchG sind nicht so streng ausgestaltet wie der gebietsbezogene Schutz der Luftqualität. Wie § 47a S. 1 BImSchG zeigt, geht es primär um den Schutz vorhandener ruhiger Gebiete vor Verlärmung. Erneut steht eine Bestandsaufnahme in Form von Lärmkarten am Anfang der Planung (§ 47c BImSchG i. V. m. 34. BImSchV). Bis 18. Juli 2008 sollten gemäß § 47d BImSchG Lärmaktionspläne für besonders stark von Kraftfahrzeugverkehr bzw. Eisenbahnverkehr betroffene Gebiete aufgestellt sein, bis 18. Juli 2013 dann für alle Ballungsräume und alle Hauptverkehrstrassen. Die Aktionspläne können folgende Maßnahmen enthalten: Verbesserung des öffentlichen Personennahverkehrs (Busstraßen oder -spuren), Ausbau des Radwegenetzes, Sperrung einzelner Straßen, verkehrsberuhigte Zonen, Geschwindigkeitsbegrenzungen, Parkraumbewirtschaftung oder Verlagerung von Gewerbebetrieben. Es fehlt dem gebietsbezogenen Lärmschutzrecht jedoch an Grenzwerten, die zu erreichen sind.[137] Folglich ist nicht sicher, ob die in den Aktionsplänen vorgesehenen Maßnahmen eine Verschlechterung der Lärmsituation effektiv verhindern oder sogar eine Verbesserung erreichen müssen. Kritiker bemängeln, dass der Erhebungsaufwand bislang in keinem vernünftigen Verhältnis zum Lärmschutzertrag stehe.[138]

5.5 Überwachung der Normeinhaltung

121 Das Immissionsschutzrecht setzt zum einen in § 52 BImSchG auf die administrative Überwachung (hierzu unter 5.5.1). Der Überwachungsaufgabe darf sich die Behörde nicht dadurch entziehen, dass sie eine regelmäßige Überprüfung einer Anlage durch einen Sachverständigen anordnet.[139] Zum anderen werden die Anlagenbetreiber verpflichtet, selbst für die Einhaltung der immissionsschutzrechtlichen Regeln zu sorgen (hierzu unter 5.5.2). Diese Eigenüberwachung zeigt sich z. B. daran, dass für bestimmte Anlagen Betriebsbeauftragte für Immissionsschutz (§ 53 ff. BImSchG) oder Störfallbeauftragte (§ 58a ff. BImSchG) zu bestellen sind. Auch die Verpflichtung, in bestimmten Abständen Emissionserklärungen abzugeben (§ 27 BImSchG), lässt sich zur Eigenüberwachung rechnen.

5.5.1 Die administrative Überwachung

122 Alle **Kleinfeuerungsanlagen**, das sind z. B. alle Öl-, Gas-, Holz-, oder Kohleheizungen in Wohnhäusern, werden bei der Inbetriebnahme und dann alle zwei Jahre von Schornsteinfegerinnen und Schornsteinfegern überprüft. Dies legen § 14 und § 15 der 1. BImSchV fest.[140] Man würde erwarten, dass ein solcher Regelüberwachungstakt auch für die genehmigungspflichtigen Anlagen gilt, die grundsätzlich mehr Luftverunreini-

[137] *Jarass*, BImSchG, § 47a, Rn. 1.

[138] *Meßerschmidt*, Europäisches Umweltrecht, S. 840 m. w. N.

[139] VGH München, NVwZ-RR 2009, 594 f.

[140] Ausnahmen und Einzelheiten bei *Röckinghausen*, ZUR 2011, 65 (68 f.).

gungen und Lärm verursachen als Heizungsanlagen. Eine solche zeitliche Festlegung fehlt jedoch. Kritiker halten die Überwachung der genehmigungsbedürftigen Anlagen deshalb für unzureichend.[141] Immerhin sieht § 52 Abs. 1 S. 2 BImSchG eine regelmäßige Überwachung der genehmigungspflichtigen Anlagen durch die zuständige Behörde vor. Darüber hinaus muss die Behörde nach § 52 Abs. 1 S. 3 BImSchG kontrollieren, wenn

- Anhaltspunkte bestehen, dass die Nachbarschaft[142] oder die Allgemeinheit nicht ausreichend vor Emissionen geschützt ist,
- sich der Stand der Technik[143] wesentlich verbessert hat,
- die Betriebssicherheit, etwa nach einem Störfall, verbessert werden muss oder
- neue Umweltrechtsnormen – die etwa strengere Grenzwerte für einen bestimmten Schadstoff festlegen – ergangen sind.[144]

123 § 52 Abs. 2 BImSchG räumt den Behörden Betretungs- und Auskunftsrechte ein, um die Kontrollaufgabe praktisch umsetzen zu können. Die Behörde kann ferner die Vorlage von Unterlagen verlangen und nach Abs. 3 Stichproben von Stoffen oder Erzeugnissen entnehmen. Für Immissionsmessungen dürfen die Behördenmitarbeiter auch Nachbargrundstücke und -wohnungen betreten (§ 52 Abs. 6 BImSchG). Die Kosten der genannten Maßnahmen trägt im Regelfall der Anlagenbetreiber (§ 52 Abs. 5 BImSchG). Damit die Behörde weiß, wen sie ansprechen kann, wenn es um immissionsschutzrechtliche Fragen geht, müssen größere Unternehmen gemäß § 52a BImSchG die diesbezügliche Betriebsorganisation der Behörde mitteilen.

124 Liegt ein Verdacht auf schädliche Umwelteinwirkungen vor, kann die zuständige Behörde zur Klärung des Sachverhalts bei allen Anlagen ferner Messungen anordnen (§ 26 Abs. 1 BImSchG), die der Betreiber dann von einer staatlich anerkannten Messstelle durchführen lassen muss. Solche Anordnungen sind – beschränkt auf genehmigungsbedürftige Anlagen – ebenfalls bei Betriebsbeginn einer neuen Anlage oder nach Änderungen an einer bestehenden Anlage zulässig (§ 28 BImSchG). Insbesondere bei Anlagen mit einem hohen Ausstoß an Luftschadstoffen kann die Behörde nach § 29 BImSchG noch einen Schritt weiter gehen und kontinuierliche Messungen der Emissionen verlangen, um Grenzwertüberschreitungen zuverlässig erfassen zu lassen. Die TA Luft (Gliederungspunkt 5.3.3.2) empfiehlt solche fortlaufenden Kontrollen z. B. ab einer Menge von 3 kg staubförmiger Emissionen pro Stunde, 30 kg Schwefeldioxid pro Stunde oder 0,3 kg Chlor pro Stunde.

125 Um Störfällen vorzubeugen und die Störfallorganisation zu kontrollieren, steht den Behörden schließlich die Anordnung einer sicherheitstechnischen Prüfung nach § 29a BImSchG zur Verfügung. Diese kann nur für genehmigungspflichtige Anlagen getroffen werden und zwar verdachtsabhängig (§ 29a Abs. 2 Nr. 5 BImSchG) oder verdachtsunab-

141 *Koch*, Immissionsschutzrecht, in: ders., Umweltrecht, 3. Aufl. 2010, § 4, Rn. 196.

142 Siehe zu diesem Begriff oben 4.

143 Siehe zu diesem Begriff oben 5.1.2.1.

144 *Jarass*, BImSchG, § 52, Rn. 14.

hängig etwa vor der Inbetriebnahme oder nach Schließung der Anlage (§ 29a Abs. 2 Nr. 1 und Nr. 4 BImSchG). Ähnlich wie bei den Messungen des § 26 BImSchG darf der Anlagenbetreiber die Sicherheitsüberprüfung nicht selbst durchführen, sondern muss einen behördlicherseits anerkannten Sachverständigen beauftragen.

126 § 30 BImSchG bürdet die **Kostenlast** für die dargestellten Maßnahmen dem Anlagenbetreiber als Verursacher auf. Dies gilt ausnahmslos für genehmigungspflichtige Anlagen, für genehmigungsfreie Anlagen jedenfalls dann, wenn Rechtsverstöße festgestellt wurden oder wenn als Konsequenz der Überwachungsmaßnahme eine Anordnung nach § 24 BImSchG getroffen werden könnte.

5.5.2 Die Eigenüberwachung

127 Beginnend mit dem Jahr 2008 müssen die meisten Betreiber genehmigungspflichtiger Anlagen[145] alle vier Jahre eine **Emissionserklärung** abgeben (§ 27 BImSchG). Diese enthält Informationen über die Art, die Menge, die zeitliche und räumliche Verteilung und die Austrittsbedingungen aller Luftverunreinigungen, die die Anlage verursacht hat. Einzelheiten zu den erforderlichen Angaben finden sich in § 3 der 11. BImSchV, die im Anhang auch ein Formblatt zur Emissionserklärung enthält. Dritte dürfen bei der Behörde den Inhalt der Emissionserklärungen abfragen (§ 27 Abs. 3 BImSchG).

128 Ein zentrales Element der Eigenüberwachung sind die **Immissionsschutz- und Störfallbeauftragten**, die gemäß § 53 BImSchG i. V. m. § 1 Abs. 1 der 5. BImSchV (Anhang I) bzw. § 58a BImSchG i. V. m. § 1 Abs. 2 der 5. BImSchV und § 1 der 12. BImSchV für bestimmte genehmigungspflichtige Anlagen zu bestellen sind. Als normale Betriebsangehörige mit entsprechenden Fachkenntnissen[146] informieren und beraten sie die Mitarbeiter und den jeweiligen Anlagenbetreiber in allen immissionsschutzrechtlichen bzw. sicherheitsrelevanten Fragen. Sie unterbreiten ferner Verbesserungsvorschläge und verfassen einen jährlichen Bericht (§§ 54, 58b BImSchG). Vor wichtigen betrieblichen Entscheidungen ist nach §§ 56, 58c BImSchG eine Stellungnahme des Beauftragten einzuholen. Im Idealfall sorgen die Beauftragten also betriebsintern für die Einhaltung des Immissionsschutzrechts.[147] Die Behörde kann sie bei Überwachungsmaßnahmen hinzuziehen (§ 52 Abs. 2 BImSchG) und ihnen auch zwischenzeitliche Kontrollmessungen nach § 28 S. 2 BImSchG übertragen. Dennoch bleibt für die ordnungsgemäße Umsetzung des Immissionsschutzrechts der Anlagenbetreiber verantwortlich.[148] Fehler des Betriebsbeauftragten für Immissionsschutz entlasten ihn nicht.

129 Weil sie nicht immer Angenehmes mitzuteilen haben, sichern §§ 58, 58d BImSchG den Immissionsschutz- und Störfallbeauftragten Benachteiligungs- und Kündigungsschutz gegen ordentliche Kündigungen zu. Damit ihre Stimme auch gehört wird, geben §§ 57 und 58c BImSchG den Beauftragten ein Anhörungsrecht bei der Betriebsleitung.

---

[145] Ausnahmen finden sich in § 1 der 11. BImSchV.

[146] Siehe insoweit § 55 Abs. 2 BImSchG, §§ 7 ff. 5. BImSchV und Anhang II zur 5. BImSchV.

[147] *Jarass*, BImSchG, § 52, Rn. 1.

[148] *Jarass*, BImSchG, § 53, Rn. 4.

130 Wenn sich ein Unternehmen freiwillig dazu entschlossen hat, am **Umwelt-Audit** (Eco Management and Audit Scheme, EMAS) teilzunehmen, ergeben sich hieraus regelmäßig Erleichterungen bei der Überwachung. Die Einzelheiten lassen sich § 58e BImSchG i. V. m. der EMAS-Privilegierungs-Verordnung entnehmen.

6 Rechtspolitischer Ausblick

131 Für die Gesetzgebung des Bundes zum Immissionsschutzrecht steht das Jahr 2012 im Zeichen der EU-Richtlinie 2010/75/EU über Industrieemissionen (Industrial Emissions Directive – IED). Diese Richtlinie ist bis zum Januar 2013 in das deutsche Immissionsschutzrecht zu integrieren. Unter anderem wird sie zu einer Verschärfung der Anlagenüberwachung führen und die Emissionsgrenzwerte industrieller Anlagen europaweit vereinheitlichen, indem die bislang nur der Orientierung dienenden Merkblätter über die besten verfügbaren Techniken[149] verbindliches Recht werden.[150]

132 Praktische Umsetzungsprobleme könnten sich aus der seit 2011 verbindlichen Verpflichtung ergeben, die Emissionshöchstmengen des § 33 der 39. BImSchV einzuhalten.[151] Behörden und Gerichte werden sich ferner weiterhin mit der in vielen Ballungsgebieten nicht erreichten Einhaltung der Immissionswerte für einzelne Luftschadstoffe der §§ 2 ff. der 39. BImSchV beschäftigen müssen.

133 ▶ **Lösung für die Fälle** zur Unterscheidung immissionsschutzrechtlich genehmigungspflichtiger und genehmigungsfreier Anlagen (zu 5.1.1, Rn. 39): Fußballstadion und Schnellrestaurant sind genehmigungsfrei, die anderen Anlagen brauchen eine Genehmigung nach §§ 4 ff. BImSchG. Im Einzelnen: das Heizkraftwerk nach § 1 Abs. 1 4. BImSchV, Anhang 1.1 Spalte 1, die Fischräucherei nach § 1 Abs. 1 4. BImSchV, Anhang 7.5 Spalte 2 und der Ausbau des Kompostwerkes nach § 1 Abs. 1 4. BImSchV, Anhang 8.5 Spalte 2.

---

[149] Siehe Anhang zu § 3 Abs. 6 BImSchG, Nr. 12.

[150] Weitere Details und Nachweise etwa bei *Braunewell*, UPR 2011, 250 (251 ff.); *Peine*, UPR 2012, 8 (9 ff.); *Schlink*, DVBl. 2012, 197 (202 ff.); Röckinghausen, UPR 2012, S. 161 ff.

[151] *Koch/Braun*, NVwZ 2010, 1199 (1204).

7 Wiederholungsfragen

1. Was sind die Aufgaben des Immissionsschutzrechts? (Rn. 14)
2. Was regelt der Bund in diesem Bereich, was können die Länder regeln? (Rn. 8–11)
3. Welcher Abschnitt des Bundes-Immissionsschutzgesetzes hat praktisch die größte Bedeutung? (Rn. 17 und 34)
4. Wo ist die Anlage definiert und welche Reichweite hat diese Definition? (Rn. 31–33)
5. Wie unterscheidet man genehmigungspflichtige von genehmigungsfreien Anlagen? (Rn. 35–38)
6. Unter welchen Bedingungen wird eine immissionsschutzrechtliche Genehmigung erteilt? (Rn. 43 ff.)
7. Was sind ihre wichtigsten Wirkungen? (Rn. 64–65)
8. Welche Sonderformen der Genehmigung kennen Sie und warum hat man diese eingeführt? (Rn. 67 ff.)
9. Wie kann die Behörde nach der Erteilung einer Genehmigung noch Einfluss nehmen? (Rn. 75 ff.)
10. Warum und inwiefern sind die Anforderungen des Gesetzes an nicht genehmigungspflichtige Anlagen deutlich geringer als an genehmigungspflichtige Anlagen? (Rn. 91)
11. Kann ein Bürger die Aufstellung von Luftreinhalteplänen gerichtlich durchsetzen? (Rn. 102)
12. Welche Instrumente des gebietsbezogenen Immissionsschutzes kennen Sie? (Rn. 110 ff.)
13. Welche zwei Arten der Überwachung hält das BImSchG vor? (Rn. 122 ff.)
14. Wem ist der Immissionsschutzbeauftragte rechtlich zugeordnet, der Behörde oder dem Arbeitgeber? (Rn. 128)

8 Weiterführende Literatur

Beckmann (Hrsg.), Umweltrecht, Kommentar, Bände 3 und 4 zum Bundes-Immissionsschutzgesetz und seinem untergesetzlichen Regelwerk, Loseblattsammlung.
Jarass, Bundes-Immissionsschutzgesetz, 9. Auflage 2012.
Koch/Scheuing (Hrsg.), Gemeinschaftskommentar zum Bundes-Immissionsschutzgesetz, Loseblattsammlung.
Meßerschmidt, Europäisches Umweltrecht, 2011.

§ 3 Kreislaufwirtschafts- und Abfallrecht*

3

Ulrich Smeddinck

1 Problemaufriss

1 Der Blick auf Abfall hat sich verändert: was früher auf der Müllkippe deponiert wurde, soll heute möglichst lange im Wirtschaftskreislauf gehalten werden. Abfälle, die in Deponien eingelagert wurden, sollen wiedergenutzt werden. Abfall wird zunehmend als Ressource betrachtet. Ursache dafür sind die Probleme und Kosten, die mit der modernen, auf Wachstum ausgerichteten Wirtschaftsweise verbunden sind: Raubbau an der Natur, Kosten für die Entsorgung und eine Mentalität, allzu oft das neueste Produkt zu erwerben, bestimmen das Problemfeld.

2 Bis in die 1970er Jahre landete, was nicht mehr gebraucht wurde, in der Sandkuhle oder dem Steinbruch am Dorfrand. Der Wildwuchs in der unkontrollierten Entsorgung erwies sich mehr und mehr als gefährliches Problem, da es keinerlei Sicherheitsstandards gab. Mit dem **Abfallbeseitigungsgesetz** von 1972 wurde das Problem von der unzulänglichen Bewältigung vor Ort erstmals auf die Bundesebene gehoben und wurden einheitliche Maßstäbe zur ordnungsgemäßen Entsorgung eingeführt. Das Abfallaufkommen hatte sich seit der Wirtschaftswunderzeit rapide erhöht und die Wegwerfmentalität zugenommen.

3 Das war nicht immer so. In kargeren Zeiten war darauf geachtet worden, Gebrauchsgegenstände zu reparieren, um sie möglichst lange weiter nutzen zu können. In der unmittelbaren Nachkriegszeit wurden Trümmer von Häusern als Baumaterial für neue

* Für Hinweise danke ich Carsten Alsleben.

U. Smeddinck ✉
Umweltbundesamt, III 2.1, Wörlitzer Platz 1, 06844 Dessau, Deutschland
E-Mail: ulrich.smeddinck@uba.de

W. Kluth, U. Smeddinck (Hrsg.), *Umweltrecht*,
DOI 10.1007/978-3-8348-8644-6_3, © Springer Fachmedien Wiesbaden 2013

Häuser genutzt. Stoffe und Kleider wurden umgenutzt und neu verarbeitet. In der Gegenwart ähneln sich die Themen: Die deutsche Infrastruktur soll als Rohstofflager aufgelistet werden, damit werthaltige Materialien bei Renovierung oder Abriss gezielter als bisher wiedergewonnen werden können.[1] Recyclingkleider und -möbel sind Ausdruck einer noch kleinen Design- und Nachhaltigkeitsavantgarde.

4 Bereits mit dem Kreislaufwirtschafts- und Abfallgesetz (KrW-/AbfG)[2] von 1994 wurde vom Gesetzgeber der programmatische Anspruch zum Leitbild erhoben, dass Stoffe und Produkte möglichst lange genutzt und verwertet werden sollten, ehe sie als ultima ratio schließlich auf einer Deponie eingelagert werden .

5 **Das Leitbild der Kreislaufwirtschaft** wird nach wie vor kritisiert.[3] Die neue gesetzliche Begriffsbestimmung beschränkt sich auf den Hinweis, dass Kreislaufwirtschaft im Sinne des Gesetzes die Vermeidung und Verwertung von Abfällen sei.[4] Umstritten ist, ob wirklich zutreffend von einem Kreislauf gesprochen werden kann, wenn dennoch z. B. die Qualität des eingesetzten Materials mit jeder Verwertung weiter abnimmt (sogenanntes down-cycling). Lediglich 36 % des Plastikmülls, den das Duale System sammelt, müssen stofflich verwertet werden. Der Rest landet ohne weitere „Kreislaufführung" in der Müllverbrennungsanlage.[5] Zugleich gilt die Kreislaufwirtschaft etwa in Berlin als Wachstumsmotor des Standortes. Über die praktische Verwertung hinaus wird geforscht und entwickelt. Es werden neuartige Maschinen kreiert und Patente für innovative Kunststoffmischungen und Verwendungen angemeldet (z. B. Bahnschwellen aus PET-Flaschen).[6] Kann zu Recht von einem Kreislaufwirtschaftsgesetz gesprochen werden? Welcher Anspruch ist an einen Gesetzestitel zu stellen? Welche Wirkung soll von ihm ausgehen?

6 Eine explizite Stärkung der Abfallvermeidung ist in verschiedenen Abfallgesetzen bis heute ohne durchschlagende Wirkung geblieben.

7 Mit weiteren rechtlichen Maßnahmen wurde zwischenzeitlich versucht, auf abfallwirtschaftliche Probleme zu reagieren. Die Technische Anleitung (TA) Siedlungsabfall

---

[1] oN, Atlas der Rohstoffe, Der Spiegel 34/2010, S. 14.

[2] Vom 27. September 1994 (BGBl. I S. 2705), zuletzt geändert durch Gesetz vom 6. Oktober 2011 (BGBl. I S. 1986).

[3] *Henseling*, Nachhaltige Produktion – Was ist das eigentlich? in: Angrick (Hrsg.), Nach uns ohne Öl – Auf dem Weg zu nachhaltiger Produktion, Marburg 2010, S. 23, 33; kritisch auch *Grooterhorst*, MÜLL und ABFALL 2010, 440 ff. und Thomé-Kozmiensky, ReSource 3/2012, 4 ff.

[4] § 3 Abs. 19 KrWG.

[5] *Neubacher*, Deutschland – ein Ökomärchen, Der Spiegel 11/2012, S. 60 (61); in Berlin werden z. B. von 900.000 t Hausmüll 520.000 t direkt in Berlin verbrannt und der Rest zerkleinert und in einem Kraftwerk in Brandenburg verfeuert (vgl. *Jacobs*, Hier rollt der Strom, Der Tagesspiegel v. 25.03.2012, S. 14).

[6] *Sieben*, Bahnschwellen aus Plastikflaschen, der Tagesspiegel vom 12.01.2012, S. 16.

reduzierte die Möglichkeiten, Abfälle zu deponieren. Die Verpackungsverordnung verlangte die Einhaltung von Recyclingquoten.

Trotz der zunehmenden rechtlichen Regulierung und Neuausrichtung des Abfallsektors ist das **Abfallaufkommen** nach wie vor zu hoch: Im Jahr 2009 sind in Deutschland immerhin noch 48.466.000 t Siedlungsabfälle, mit einem Anteil von 43.230.000 t Haushaltsabfällen, 25.964.000 t Bergematerial aus dem Bergbau, 52.842.000 t Abfälle aus Produktion und Gewerbe und 195.000.000 t Bau- und Abbruchabfälle angefallen.[7] Dabei muss zum einen berücksichtigt werden, dass die Zahlen für einen bedeutenden Industriestaat mit großer Bevölkerung stehen. Zum anderen sind die Verwertungs- und Recyclingquoten vergleichsweise hoch. Die Zahlen machen allerdings auch deutlich, dass von geschlossenen Kreisläufen kaum gesprochen werden kann. 8

Längst sind der Umgang mit Abfall, aber auch der **Ressourcenabbau** und die **Rohstoffsicherung** nicht mehr allein nationale Fragen. Gebrauchtgüter sind ein Wirtschaftsgut. Auch Abfälle dürfen unter bestimmten Voraussetzungen exportiert werden. Problematisch sind aber illegale Exporte von alten Autos oder Elektroschrott nach Osteuropa, Asien und Afrika, wo sie von einzelnen Menschen ungeschützt, unter fragwürdigen, gesundheitsschädlichen Bedingungen ausgeweidet und verwertet werden. Dabei bedeutet die schleichende Selbstschädigung an improvisierten Schmelzen zugleich ein Einkommen, das sonst nicht für den Erhalt der Existenz zur Verfügung stünde. Internationale technische Zusammenarbeit wie eigenverantwortliche Initiativen großer, international tätiger Unternehmen können zur Lösung beitragen.[8] Hier mischt sich die Frage nach dem angemessenen Umgang mit Missständen mit dem Interesse an einer ausreichenden Rohstoffversorgung der Industrie. Die knappen und begehrten Inhaltsstoffe sollten systematischer und mit weniger schädlichen Auswirkungen für Mensch und Umwelt zurückgewonnen werden. 9

Der politische Wille und das ökonomische Interesse, konsequenter zu verwerten und zu recyceln, werfen systemimmanent **Zielkonflikte** auf, die nicht ohne Weiteres leicht aufzulösen sind. Im weltweiten Handel mit Chemikalien können Produkte aus Recyclingmaterial eine neue Gefahrenqualität bedingen. Problematische Zusatzstoffe können durch Recyclingverfahren und Wiederverwendung neu geschaffene Produkte belasten. Als unsichere Konsumgüter bergen sie Risiken für Menschen, Flora und Fauna und ganze Ökosysteme.[9] Auch hier gibt es also neue Herausforderungen, für die es neue, auch wissenschaftlich-technische Lösungen braucht. Auch der zugehörige Rechtsrahmen muss gegebenenfalls modifiziert und fortentwickelt werden. 10

---

[7] Eine jährlich aktualisierte Fassung finden Sie hier: http://www.destatis.de unter dem Stichwort Abfallbilanz.

[8] *Smeddinck/Wuttke*, AbfallR 2010, 218 ff.

[9] *Bilitewski*, MÜLL und ABFALL 2010, 582 ff.

11 **Aufgabe 3.1**

Bitte überlegen Sie, was Sie von einem modernen Kreislaufwirtschaftsrecht erwarten! Welche Regelungsbereiche sollte es geben? Welche Instrumente (Ordnungsrecht, Planung, ökonomische Anreize, Kooperation und Information)[10] sollten zum Einsatz kommen? Ihre Notizen können eine kritische eigene Beurteilung des Zuschnitts dieses Rechtsgebiets ermöglichen, das im Weiteren vor- und dargestellt wird.

12 **Aufgabe 3.2**

Entwerfen Sie den § 1 für das Kreislaufwirtschaftsgesetz, wo üblicherweise Ziele und Zwecke programmatisch für das Gesetz insgesamt formuliert werden! Die „Auflösung", welche Formulierung der Gesetzgeber tatsächlich gewählt hat, finden Sie unter 3.4.1!

2 Rechtsmaterie

13 Wenn man das Bild von der Kreislaufwirtschaft aufnimmt, lässt sich die zugehörige Rechtsmaterie in einem weiteren Sinn und in einem engeren Sinn unterscheiden. Allerdings muss die Grenze heute anders als in der Vergangenheit gezogen werden! Während früher vor allem die Unterscheidung zwischen der Kernmaterie der Gefahrenabwehr bei der Abfallentsorgung und die hinzugetretenen Bemühungen, Abfälle zu vermeiden und zu verwerten ins Auge fiel, muss das Verständnis von eng und weit heute ein anderes sein. Immerhin ist auch das vorangegangene Kreislaufwirtschafts- und Abfallgesetz fast 20 Jahre alt geworden. Der Fokus hat sich aber gegenüber den 1990er Jahren und darüberhinausgehend noch einmal erweitert.

14 Zum **Kreislaufwirtschaftrecht im engeren Sinne** gehören das neue Kreislaufwirtschaftsgesetz (KrWG)[11] aus dem Jahr 2012 selbst sowie Verordnungen und begleitende Gesetze, die im Wesentlichen dem Grundmodell dieses Gesetzes folgen. Rund um das KrWG als zentrales Regelwerk ist das Abfallrecht immer vielfältiger geworden. Zurückzuführen ist das insbesondere auf bestimmte Spezialprobleme des Massenkonsums in der Wohlstandgesellschaft. Wichtige Verordnungen des Bundes zur Konkretisierung abfallrechtlicher Vorschriften sind etwa die AltfahrzeugV,[12] AltölV,[13] Ver-

---

[10] Vgl. *Kluth*, § 1 in diesem Buch, Rn. 139 ff.; *Jänicke/Kunig/Stitzel*, Umweltpolitik, 2. Aufl., Bonn 2003, S. 100 ff.

[11] Vom 24. Februar 2012 (BGBl. I S. 212).

[12] Vom 21. Juni 2002 (BGBl. I S. 2214), zuletzt geändert durch Gesetz vom 24. Februar 2012 (BGBl. I S. 212).

[13] Vom 16. April 2002 (BGBl. I S. 1368), zuletzt geändert durch Gesetz vom 24. Februar 2012 (BGBl. I S. 2298).

packungsV,[14] NachweisV,[15] DeponieV.[16] Daneben sind vor allem das Gesetz über das Inverkehrbringen, die Rücknahme und die umweltverträgliche Entsorgung von Elektro- und Elektronikgeräten[17] und das Gesetz über das Inverkehrbringen, die Rücknahme und die umweltverträgliche Entsorgung von Batterien und Akkumulatoren[18] als Beispiele für die Diversifizierung des Abfallrechts zu nennen. Sie gehen allesamt auf europäische Rechtsetzungsakte zurück.[19]

15 Zum Kreislaufwirtschaftsrecht im engeren Sinn, aber Grenzen überschreitend, ist das Recht der internationalen **Abfallverbringung** zu zählen. Seit Mitte 2007 gilt die europäische Verordnung über die Verbringung von Abfällen.[20] In Deutschland gilt ergänzend das Abfallverbringungsgesetz.[21]

16 Als **Kreislaufwirtschaftsrecht im weiteren Sinn** wird man die Materien und Gesetze einordnen müssen, die auf die Entstehung von Abfall Einfluss nehmen und für das Ende der Abfalleigenschaft von Bedeutung sind, aber von anderen Ausgangspunkten ausgehen wie die Öko-Design-Richtlinie[22] oder die REACH-Verordnung[23]. Das Bundes-Immissionsschutzgesetz (BImSchG)[24] ist einerseits in seiner Verzahnung mit dem KrWG als zugehöriges Zulassungsrecht für unterschiedliche Abfallanlagen wichtig. Zugleich bildet es andererseits über die dynamische Betreiberpflicht in § 5 Abs. 1 Nr. 3 BImSchG auch eine Stellschraube für die Abfallentstehung im Rahmen einer nachhaltigen industriellen Produktion: Anlagenbetreiber sind zur Abfallvermeidung, Abfallverwertung und Abfallentsorgung verpflichtet. Über das Abfallrecht hinausgehend finden sich Regelungen zur Produktverantwortung bereits in der bestehenden Rechtsordnung im Gentechnikrecht,

---

[14] Vom 21. August 1998 (BGBl. I S. 2379), zuletzt geändert durch Gesetz vom 24. Februar 2012 (BGBl. I S. 212).

[15] Vom 20. Oktober 2006 (BGBl. I S. 2298), zuletzt geändert durch Gesetz vom 24. Februar 2012 (BGBl. I S. 212).

[16] Vom 27. April 2009 (BGBl. I S. 900), zuletzt geändert durch Gesetz vom 24. Februar 2012 (BGBl. I S. 212).

[17] Vom 16. März 2005 (BGBl. I S. 762), zuletzt geändert durch Gesetz vom 24. Februar 2012 (BGBl. I S. 212); *Stuiber/Hoffmann*, ZUR 2011, 519 ff.

[18] Vom 25. Juni 2009 (BGBl. I S. 1582), zuletzt geändert durch Gesetz vom 24. Februar 2012 (BGBl. I S. 212).

[19] Verpackungsrichtlinie 2005/20/EG; Altfahrzeuge-Richtlinie 2000/53/EG; Elektro- und Elektronik-Altgeräte-Richtlinie 2002/96/EG, Richtlinie 2002/95/EG zur Beschränkung der Verwendung bestimmter gefährlicher Stoffe in Elektro- und Elektronikgeräten, die Batterie-Richtlinie 2006/66/EG.

[20] Verordnung (EG) Nr. 1013/2006.

[21] Vom 19. Juli 2007 (BGBl. I S. 1462), zuletzt geändert durch Gesetz vom 24. Februar 2012 (BGBl. I S. 212).

[22] Richtlinie 2009/125/EG vom 21. Oktober 2009 (ABl. L 285/10); *Nusser*, ZUR 2010, 130 ff.

[23] Verordnung (EG) 1907/2006 vom 18. Dezember 2006 (ABl. 2007 L 136/3); *Henkes*, RECYCLING magazin, 12/2011, 18 ff.

[24] Vom 26. September 2002 (BGBl. I S. 3830), zuletzt geänd. durch Gesetz vom 24. Februar 2012 (BGBl. I S. 212).

Gefahrstoffrecht, Immissionsschutzrecht, Lebensmittel- und Bedarfsgegenständerecht und Arzneimittelrecht sowie in vertraglichen, haftungsrechtlichen und strafrechtlichen Zusammenhängen.[25]

3 Kreislaufwirtschaftsgesetz

17 Am 1. Juni 2012 ist das neue KrWG in Kraft getreten.[26] Es soll die Vermeidung von Abfällen stärken, der nachhaltigen Förderung des Recyclings dienen und damit die Grundlage für eine durchgreifende Verbesserung des Ressourcenmanagements und der Ressourceneffizienz in Deutschland legen. Generelle Linie für die Gestaltung des Gesetzes ist es, die bewährten Strukturen und Elemente des bestehenden Abfallrechts zu erhalten und die neuen Vorgaben der **Abfallrahmenrichtlinie** möglichst „eins zu eins" in das bestehende Rechtssystem zu integrieren, ohne die in der deutschen Abfallwirtschaft bereits erreichten hohen Standards abzuschwächen. So hat es der zuständige Bundesumweltminister Norbert Röttgen im Gesetzgebungsverfahren formuliert.[27] Das Gesetz und damit verbundene Rechtsfragen und -aspekte werden im Weiteren vorgestellt.

3.1 Verfassungsrecht, Landesrecht, Kommunalrecht

18 Nach Art. 74 Abs. 1 Nr. 24 GG hat der Bund die Möglichkeit **zur konkurrierenden Gesetzgebung** im Bereich Abfallwirtschaft, die das Landesrecht in dem Sektor gegebenenfalls verdrängt. Im Bereich der konkurrierenden Gesetzgebung haben die Länder die Befugnis zur Gesetzgebung, solange und soweit der Bund von seiner Gesetzgebungszuständigkeit nicht durch Gesetz Gebrauch gemacht hat (Art. 72 Abs. 1 GG).

19 Die passende Gesetzgebungskompetenz musste erst geschaffen werden: Die schiere Anzahl von ca. 50.000 Müllkippen in den 1960er Jahren sowie eine wachsende Zahl wilder Müllkippen und die Zunahme problematischer Abfälle waren der Anlass, neue bundesweite rechtliche Regelungen für den Umgang mit Abfällen zu schaffen. Für den Erlass eines Abfallbeseitigungsgesetzes des Bundes wurde zunächst die geeignete konkurrierende Gesetzgebungskompetenz für die Abfallbeseitigung in Art. 74 Nr. 24 GG eingefügt. Ziel des 1972 erlassenen **Abfallbeseitigungsgesetzes**[28] war es vor allem, die Abfallbeseitigung neu zu ordnen und insbesondere die Vielzahl der kleinen Müllkippen auf we-

[25] Eingehend: *Kluth/Nojack*, UTR 2003 (71), 261 (277 ff.).
[26] Überblick bei *Petersen/Doumet/Stöhr*, NVwZ 2012, 521 ff.
[27] Vgl. Begleitschreiben zur Kabinettsvorlage vom 25. März 2011, S. 1 f.
[28] Vom 7. Juni 1972 (BGBl. I S. 873).

nige, gut kontrollierbare und mit höheren Umweltstandards betreibbare Deponien zu reduzieren.[29]

20 Von dieser Gesetzgebungskompetenz hat der Bund für das KrWG erneut Gebrauch gemacht. Das Gesetz ist **abweichungsfest**. Hier gilt nach wie vor, dass Bundesrecht Landesrecht bricht (Art. 31 GG) – und zwar dauerhaft.

21 Dass bedeutet nicht, dass es keine **Landesabfallgesetze** oder kommunales **Satzungsrecht** in dem Bereich gibt: so enthält z. B. das Abfallgesetz des Landes Sachsen-Anhalt Grundsätze der Abfallwirtschaft, Pflichten der öffentlich-rechtlichen Entsorgungsträger, Regelungen über die Organisation der Entsorgung von gefährlichen Abfällen, über die Planung der Abfallwirtschaft, Abfallbeseitigungsanlagen, Altlasten, Behörden und Zuständigkeiten sowie Ordnungswidrigkeiten, Übergangs- und Schlussvorschriften.[30] Vergleichbare Gesetzeswerke gibt es in allen Bundesländern.[31]

22 Auch auf **kommunaler Ebene** ist das Abfallrecht nach wie vor ebenfalls vertreten: Für die Stadt Dessau-Roßlau finden sich aktuell unter anderem die Satzung über die Abfallentsorgung, die Erstreckungssatzung zur Satzung über die Abfallentsorgung, die Verordnung über die Aufhebung der Verordnung der Stadt Dessau-Roßlau zum Verbrennen von Baum- und Strauchschnitt, die Abfallgebührensatzung und Entgeltordnung, die Benutzerordnung für die Nutzung der Abfallentsorgungsanlage der Stadt Dessau-Roßlau an der Kochstedter Kreisstraße sowie die Verbandssatzung für den Abfallzweckverband Anhalt-Mitte.[32]

3.2 Verhältnis zum Europarecht

23 Mehr und mehr wurde das deutsche Abfallrecht von der europäischen Rechtsetzung und Rechtsprechung erfasst.[33] Grundlage war der Vertrag zur Gründung der Europäischen Gemeinschaft vom 25. März 1957 (EGV), der den Anspruch erhob, ein nicht auf einen Wirtschaftssektor beschränkter, prinzipiell alle Wirtschaftsbeziehungen zwischen den Mitgliedstaaten erfassender Grundlagenvertrag zu sein. Die Regelung der Abfallentsorgung und -vermeidung wurde dem **sekundären Gemeinschaftsrecht** vorbehalten, das nach Art. 189 EGV (jetzt Art. 288 Vertrag über die Arbeitsweise der Europäischen Union [EU]) vor allem in Gestalt von Verordnungen und Richtlinien ergehen kann.[34] Bereits

---

[29] Tatsächlich sank in der Folge die Anzahl der in Betrieb befindlichen Hausmülldeponien in den alten Bundesländern bis 1975 auf 4.415, bis 1980 auf 520, bis 1984 auf 385, bis 1987 auf 32 und bis 1992 auf 274 Deponien. Vgl. *Smeddinck*, Von Trümmern zu Ressourcen – das Abfallrecht in Deutschland von der Nachkriegszeit bis heute, in: SASE (Hrsg.), Urbaner Umweltschutz, Band 2, m. w. N. (im Erscheinen); vgl. auch *Wendenburg*, MÜLL und ABFALL 2009, 163 ff.

[30] Vom 1. Februar 2010 (GVBl. LSA S. 44), zuletzt geänd. durch Gesetz vom 10. Dezember 2010 (GVBl. LSA S. 569).

[31] Zur Abgrenzung der Regelungskompetenzen zwischen Bund und Ländern vgl. *Hendler*, UPR 2001, 281 ff.

[32] Vgl. http://www.dessau.de/Deutsch/Buergerservice/Stadtrecht/ (Stand: 23.04.2012).

[33] *Meßerschmidt*, Europäisches Umweltrecht, München 2011, § 18 Rn. 7.

[34] *Dieckmann*, Das Abfallrecht der Europäischen Gemeinschaft, Baden-Baden 1994, S. 35.

Mitte der 70er Jahre des 20. Jahrhunderts traten die Richtlinie 75/439/EWG des Rates vom 16. Juni 1975 über die Altölbeseitigung sowie die Richtlinie 75/442/EWG des Rates vom 15. Juli 1975 über Abfälle in Kraft.

24 Zuletzt stand die Umsetzung der Richtlinie 2008/98/EG des europäischen Parlamentes und des Rates vom 19. November 2008 über Abfälle und zur Aufhebung bestimmter Richtlinien (**Abfallrahmenrichtlinie** – AbfRRL) in deutsches Recht an. Durch die neuen Vorgaben für die Abfallwirtschaft soll erreicht werden, dass in der EU mehr und mehr eine Recyclinggesellschaft entsteht, die versucht, Abfälle zu vermeiden und Abfälle als Ressource zu nutzen. Die AbfRRL hat Elemente der Rechtsprechung des Europäischen Gerichtshofs (EuGH) zum Abfallrecht aufgenommen.[35] Art. 40 Abs. 1 AbfRRL hat die Mitgliedstaaten verpflichtet, die Rechts- und Verwaltungsvorschriften in Kraft zu setzen, die erforderlich sind, um diese Richtlinie innerhalb von zwei Jahren – ab dem 12. Dezember 2010 – nachzukommen. Tatsächlich trat das neue KrWG wegen Verzögerungen im Gesetzgebungsverfahren erst am 1. Juni 2012 in Kraft.

25 Die Kommission bereitet derzeit **Leitlinien** zur Interpretation von zentralen Vorschriften der AbfRRL vor. Sie werden auch nach ihrer Verabschiedung rechtlich unverbindlich sein. Allerdings können die Leitlinie von der Kommission, wie dies bereits früher der Fall war, etwa bei der Überprüfung der Umsetzung der AbfRRL in den einzelnen Mitgliedstaaten herangezogen werden.[36]

3.3 Aufbau des Gesetzes

26 Das Kreislaufwirtschaftsgesetz gliedert sich in die Teile 1 (Allgemeine Vorschriften), 2 (Grundsätze und Pflichten der Erzeuger und Besitzer von Abfällen sowie der öffentlich-rechtlichen Entsorgungsträger), 3 (Produktverantwortung), 4 (Planungsverantwortung), 5 (Absatzförderung und Abfallberatung), 6 (Überwachung), 7 (Entsorgungsfachbetriebe), 8 (Betriebsorganisation, Betriebsbeauftragter für Abfall und Erleichterungen für auditierte Unternehmensstandorte), 9 (Schlussbestimmungen).

3.4 Zielsetzung des Gesetzes

3.4.1 Zweck des Gesetzes

27 Zweck des Gesetzes ist es, die Kreislaufwirtschaft zur Schonung der natürlichen Ressourcen zu fördern und den Schutz von Mensch und Umwelt bei der Erzeugung und Bewirtschaftung von Abfällen sicherzustellen (§ 1 KrWG). Damit werden zwei Dimensionen

---

35 *Reese*, NVwZ 2009, 1073 ff.

36 Vgl. <http://www.interseroh-news.de/artikel.php?aid=111&sid=29c55c4e55fdbfc31da7dc7932373fd7> (Stand: 24.05.2012).

benannt: Die **Förderkomponente** unterstellt, dass die Kreislaufwirtschaft einen Beitrag zur Schonung von natürlichen Ressourcen leistet, den es zu fördern gilt. Das Gesetz errichtet allerdings keine rechtlichen Hürden gegen die Nutzung natürlicher Ressourcen. Nach der Vorstellung des Gesetzgebers verringert aber die Kreislaufführung von Rohstoffen den wirtschaftlichen Bedarf an erstmals der Natur entnommenen Rohstoffen und trägt daher zur Erhaltung der natürlichen Ressourcen bei.

28 Einen höheren rechtlichen Stellenwert erhalten Mensch und Umwelt, die zu schützen sind **(Schutzkomponente)**. Allerdings wird dieser Schutz auf Situationen beschränkt, in denen es um die Erzeugung und Bewirtschaftung von Abfällen geht. Gefahren für Mensch und Umwelt müssen abgewehrt werden.

29 Wichtig ist, dass die Zielsetzung des Gesetzes für sich genommen lediglich den thematischen Bogen aufspannt und den Anspruch formuliert, der mit dem Gesetzeswerk verfolgt wird. Es können aber **keine unmittelbaren Rechtspflichten** abgeleitet oder Maßnahmen auf § 1 gestützt werden. Über die Funktion hinaus, für den Normadressaten auf einfache Art und Weise den Zweck des Gesetzes zu verdeutlichen, kann die Regelung auch genutzt werden, um den Interpretationsspielraum unbestimmter Rechtsbegriffe im Rahmen der Rechtsanwendung zu klären.[37] Die Wirksamkeit des Gesetzes steht und fällt mit der Auswahl an Instrumenten und den konkreten rechtlichen Handlungsmöglichkeiten, die es enthält.

3.4.2 Abfallhierarchie

30 Einen Mechanismus zur **Dynamisierung der Zielsetzung** in § 1[38] stellt die sogenannte Abfallhierarchie in § 6 dar. Einerseits wird eine Hierarchie bestimmt: Maßnahmen der Vermeidung und der Abfallbewirtschaftung stehen in folgender Reihenfolge 1. Vermeidung, 2. Vorbereitung zur Widerverwendung, 3. Recycling, 4. Sonstige Verwertung, insbesondere energetische Verwertung und Verfüllung, 5. Beseitigung (Abs. 1).[39]

31 **Vermeidung** ist dabei jede Maßnahme, die ergriffen wird, bevor ein Stoff, Material oder Erzeugnis Abfall geworden ist und die dazu dient, die Abfallmenge, die schädlichen Auswirkungen des Abfalls auf Mensch und Umwelt oder den Gehalt an schädliche Stoffen in Materialien und Erzeugnissen zu verringern. Hierzu zählen insbesondere die anlageninterne Kreislaufführung von Stoffen, die abfallarme Produktgestaltung, die Wiederverwendung von Erzeugnissen oder die Verlängerung ihrer Lebensdauer sowie ein Konsumverhalten, das auf den Erwerb von abfall- und schadstoffarmen Produkten sowie die Nutzung von Mehrwegverpackungen gerichtet ist (§ 3 Abs. 20). **Vorbereitung zur Wiederverwendung** ist jedes Verwertungsverfahren der Prüfung, Reinigung oder Reparatur, bei dem Erzeugnisse oder Bestandteile von Erzeugnissen, die zu Abfällen geworden sind, so vorbereitet werden, dass sie ohne weitere Vorbehandlung wieder für denselben Zweck

[37] Eingehend: *Nusser*, Zweckbestimmungen in Umweltschutzgesetzen, Baden-Baden 2007.
[38] Vgl. oben 3.4.1.

verwendet werden können, für den sie ursprünglich bestimmt waren (§ 3 Abs. 24). Das gilt für Gegenstände, die sortiert, gereinigt und repariert sowie anschließend als Produkt verkauft oder abgegeben werden.

32 **Recycling** ist jedes Verwertungsverfahren, durch das Abfälle zu Erzeugnissen, Materialien oder Stoffen entweder für den ursprünglichen Zweck oder für andere Zwecke aufbereitet werden; es schließt die Aufbereitung organischer Materialien ein, nicht aber die energetische Verwertung und die Aufbereitung zu Materialien, die für Verwendung als Brennstoff oder zur Verfüllung bestimmt sind (§ 3 Abs. 25). **Verwertung** ist jedes Verfahren, als dessen Hauptergebnis die Abfälle innerhalb der Anlage oder in der weiteren Wirtschaft einem sinnvollen Zweck zugeführt werden, indem sie entweder andere Materialien ersetzen, die sonst zur Erfüllung einer bestimmten Funktion verwendet worden wären, oder indem die Abfälle so vorbereitet werden, dass sie diese Funktion erfüllen. Anlage 2 zum KrWG enthält eine nicht abschließende Liste von Verwertungsverfahren (§ 3 Abs. 23). **Beseitigung** ist jedes Verfahren, das keine Verwertung ist, auch wenn das Verfahren zur Nebenfolge hat, dass Stoffe oder Energie zurückgewonnen werden. Anlage 1 des KrWG enthält eine nicht abschließende Liste von Beseitigungsverfahren (§ 3 Abs. 26).

33 Andererseits wird mit diesen Maßgaben aber **keine starre Rangfolge** festgelegt. Denn nur ausgehend von dieser Rangfolge soll nach Maßgabe der § 7 (Grundpflichten der Kreislaufwirtschaft) und § 8 (Rangfolge und Hochwertigkeit der Verwertungsmaßnahmen) diejenige Maßnahme Vorrang haben, die den Schutz von Mensch und Umwelt bei der Erzeugung und Bewirtschaftung von Abfällen unter Berücksichtigung des Vorsorge- und Nachhaltigkeitsprinzips[40] am besten gewährleistet. Für die Betrachtung der Auswirkungen auf Mensch und Umwelt nach § 6 Satz 1 ist der gesamte Lebenszyklus des Abfalls zugrunde zu legen. Hierbei sind insbesondere zu berücksichtigen 1. die zu erwartenden Emissionen, 2. das Maß an Schonung der natürlichen Ressourcen, 3. die einzusetzende oder zu gewinnende Energie sowie 4. die Anreicherung von Schadstoffen in Erzeugnissen, in Abfällen zur Verwertung oder in daraus gewonnenen Erzeugnissen. Die technische Möglichkeit, die wirtschaftliche Zumutbarkeit und die sozialen Folgen der Maßnahme sind zu beachten.

34 Damit stellt sich die Frage nach dem Rechtscharakter der Abfallhierarchie und damit einhergehend ihrer Bindungswirkung. Ist sie eher verbindlicher Grundsatz mit der Folge, das dargelegt und bewiesen werden muss, warum von der Reihenfolge abgewichen wird, oder eher ein unverbindliches Leitprinzip? Letztlich ist von einem Grundprinzip auszugehen, dass die Abfallhierarchie nicht starr umzusetzen ist. Bestimmte Abfallströme dürfen abweichend von der Hierarchie behandelt werden, wenn eine solche Verfahrensweise das bessere Ergebnis unter dem Gesichtspunkt des Umweltschutzes erbringt.[41]

---

[40] Vgl. *Kluth*, § 1 in diesem Buch, Rn. 122 ff.

[41] *Petersen*, AbfallR 2008, 154 (157); kritisch: *Faßbender*, AbfallR 2011, 165 (167).

Die Hierarchie ist somit als **politischer Programmsatz** einzuordnen, weniger als verbindliches Handlungsprogramm.[42] Effektive Rechtswirkung soll sie dann haben, wenn der Staat auf Sachverhalte reagiert, bei denen eine Entsorgung evident minderwertig ist. Bei bestimmten Abfallströmen kann dann ein Abweichen von der Hierarchie erforderlich sein, wenn Gründe wie die technische Durchführbarkeit oder wirtschaftliche Vertretbarkeit oder der Umweltschutz dies rechtfertigen. Die konkrete Ausgestaltung bleibt Rechtsverordnungen vorbehalten (§§ 7 Abs. 1, 8 Abs. 2).

3.5 Anwendungsbereich

35 § 2 Abs. 1 listet zunächst in einem Positiv-Katalog diejenigen Bereiche auf, für die die Vorschriften des Gesetzes gelten: 1. die Vermeidung von Abfällen sowie 2. die Verwertung von Abfällen, 3. die Beseitigung von Abfällen und 4. die sonstigen Maßnahmen der Abfallbewirtschaftung. Wesentlich umfangreicher ist die Auflistung von Materien in Absatz 2, für die die **Vorschriften des KrWG nicht gelten**. Dabei wird zum Teil auf konkrete Gesetze hingewiesen, die als Spezialvorschriften vorrangig und abschließend anzuwenden sind. Beispielhaft dafür ist die Nr. 1, die Stoffe, die nach dem Lebens- und Futtermittelgesetzbuch, dem vorläufigen Tabakgesetz, dem Milch- und Margarinegesetz, dem Tierseuchengesetz, dem Pflanzenschutzgesetz und nachgeordneter Rechtsverordnungen zu entsorgen sind, vom Anwendungsbereich des KrWG ausnimmt. Nicht immer wird global auf andere Gesetze verwiesen, sodass die Entsorgung bestimmter Stoffe dann doch wieder dem KrWG unterfallen kann (vgl. etwa § 2 Abs. 2 Nr. 1). In anderen Fällen, bleibt offengelassen, welches Gesetz stattdessen anzuwenden ist. Dann kann sich das zugehörige Gesetz aufdrängen wie beim Aufsuchen, Bergen, Befördern, Lagern, Behandeln und Vernichten von Kampfmitteln (Nr. 14): Allerdings gibt es ein Gesetz zur Verhütung von Schäden durch Kampfmittel derzeit nur in Bremen.[43] Oder es bedarf eingehenderer Recherche, bei der Frage, welche Bundes- oder Landesvorschriften in Umsetzung internationaler oder supranationaler Übereinkommen inwieweit die Erfassung und Übergabe von Schiffsabfällen von Binnen- und Seeschiffen in den Binnen- und Seehäfen regeln (Nr. 13). In jedem Fall ist das Durchlesen des Anwendungsbereichs zu empfehlen!

---

[42] Zur Wirkungsweise von Umweltprinzipien eingehend: *Smeddinck*, NuR 2009, 304 ff.

[43] Vom 8. Juli 2008 (Brem.GBl. S. 229).

3.6 Abfallbegriff, Nebenprodukt, Ende der Abfalleigenschaft

36 **Aufgabe 3.3**

Was ist Abfall? Überlegen Sie Beispiele und formulieren Sie im Anschluss eine eigene Definition, die in abstrakt-generalisierter Weise – also so wie Rechtsnormen formuliert sein müssen, die auf eine Vielzahl von Sachverhalten angewendet werden können – ausdrückt, wann etwas Abfall ist! Vgl. Sie Ihre Ansätze mit den gesetzlichen Regelungen unter Punkt 3.6.1!

37 Das KrWG bestimmt mittlerweile für 28 Rechtsbegriffe in § 3 den verbindlichen gesetzlichen Inhalt. Die festgelegten Begriffsbestimmungen sollen die Anwendung des Gesetzes erleichtern und ein **einheitliches Rechtsverständnis** sicherstellen, ohne dass immer wieder die Gerichte angerufen werden und mit Einzelfallentscheidungen zur Klärung oder zu weiterem Streit über das richtige Begriffsverständnis beitragen.

38 An dieser Stelle sollen lediglich die Begriffsbestimmungen, die in engem Zusammenhang zum Abfallbegriff stehen, vorgestellt werden. Ansonsten werden die gesetzlichen Begriffsbestimmungen im Weiteren da eingeführt, wo sie im sachlichen Zusammenhang benötigt werden. Außerdem werden hier die Regelungen angesprochen, die mitbestimmen, ob Abfall überhaupt vorliegt und wenn ja, wie lange der Abfallbegriff erfüllt ist.

3.6.1 Abfallbegriff

39 **Aufgabe 3.4**[44]

Herr X wendet sich gegen eine abfallrechtliche Beseitigungsverfügung vom 2. Oktober 2007 wegen alter Autos auf seinem Grundstück, die die zuständige Behörde für Wracks hält. Die Fahrzeuge sind aufgrund der längeren Standzeit bereits eingewachsen und ihr Standplatz seit Jahren unverändert. Ein Ford Sierra 2.0 Ghia war bereits im August 2007 teildemontiert. Ein Zustand, an dem sich seither nicht geändert hat. Herr X behauptet zunächst, die Fahrzeuge seien größtenteils fahrbereit, dann, die Fahrzeuge sollen restauriert und verkauft werden. Bei Oldtimern müsse das Verhalten des Besitzers nicht erkennen lassen, dass die Fahrzeuge mit einem vernünftigen wirtschaftlichen Aufwand restauriert und veräußert werden könnten. Stellen die Fahrzeuge Abfall im Sinne des KrWG dar?

---

[44] Vgl. OVG Lüneburg, ZUR 2010, 541 ff.

40 Die Bestimmungen zum Abfallbegriff und zur Entledigung stehen in enger Wechselwirkung und stellen den **Schlüssel zur Anwendung des KrWG** dar. Die Prüfung, ob Abfall vorliegt, erfolgt anhand der im Schaubild dargestellten Schritte: Abfälle im Sinne dieses Gesetzes sind alle Stoffe oder Gegenstände, deren sich ihr Besitzer entledigt, entledigen will oder entledigen muss (§ 3 Abs. 1 S. 1). Abfälle zur Verwertung sind Abfälle, die verwertet werden; Abfälle, die nicht verwertet werden, sind Abfälle zur Beseitigung (§ 3 Abs. 1 S. 2). Eine Entledigung im Sinne des Absatzes 1 ist anzunehmen, wenn der Besitzer Stoffe oder Gegenstände einer Verwertung im Sinne der Anlage 2 oder einer Beseitigung im Sinne der Anlage 1 zuführt oder die tatsächliche Sachherrschaft über sie unter Wegfall jeder weiteren Zweckbestimmung aufgibt (§ 3 Abs. 2). Der Wille zur Entledigung im Sinne des Absatzes 1 ist hinsichtlich solcher Stoffe oder Gegenstände anzunehmen, die bei der Energieumwandlung, Herstellung, Behandlung oder Nutzung von Stoffen oder Erzeugnissen oder bei Dienstleistungen anfallen, ohne dass der Zweck der jeweiligen Handlung hierauf gerichtet ist (Nr. 1), oder deren ursprüngliche Zweckbestimmung entfällt oder aufgegeben wird, ohne dass ein neuer Verwendungszweck unmittelbar an deren Stelle tritt (Nr. 2). Für die Beurteilung der Zweckbestimmung ist die Auffassung des Erzeugers oder Besitzers unter Berücksichtigung der Verkehrsanschauung – also der Gepflogenheiten in einem bestimmten Bereich – zugrunde zu legen (§ 3 Abs. 3). Der Besitzer muss sich Stoffen oder Gegenständen im Sinne des Absatzes 1 entledigen, wenn diese nicht mehr entsprechend ihrer ursprünglichen Zweckbestimmung verwendet werden, aufgrund ihres konkreten Zustandes geeignet sind, gegenwärtig oder künftig das Wohl der Allgemeinheit, insbesondere die Umwelt, zu gefährden und deren Gefährdungspotenzial nur durch eine ordnungsgemäße oder schadlose Verwertung oder gemeinwohlverträgliche Beseitigung nach den Vorschriften des KrWG und der aufgrund dieses Gesetzes erlassenen Rechtsverordnungen ausgeschlossen werden kann (§ 3 Abs. 4).

41 Das Begriffsverständnis ist ausschlaggebend für die Anwendbarkeit von Rechtsvorschriften und -pflichten, die an den Begriff anknüpfen und die vorgesehenen Rechtsfolgen auslösen.[45] Wenn die Subsumtion des Sachverhaltes unter den Schlüsselbegriff Abfall gelingt, ist damit grundsätzlich die Anwendbarkeit des KrWG eröffnet – wenn auch die anderen Tatbestandsmerkmale einer Vorschrift erfüllt sind und der Anwendungsbereich nicht in irgendeiner Form eingeengt ist. Die Art und Weise, **wie Abfall definiert wird**, entscheidet über den Zugang zum Gesetz. Eine andere inhaltliche Bestimmung des Begriffs könnte dazu führen, dass bestimmte Sachverhalte nicht mehr erfasst werden oder andere dann neu unter das Gesetz fallen.

---

[45] Vgl. unten Fn. 57 ff.

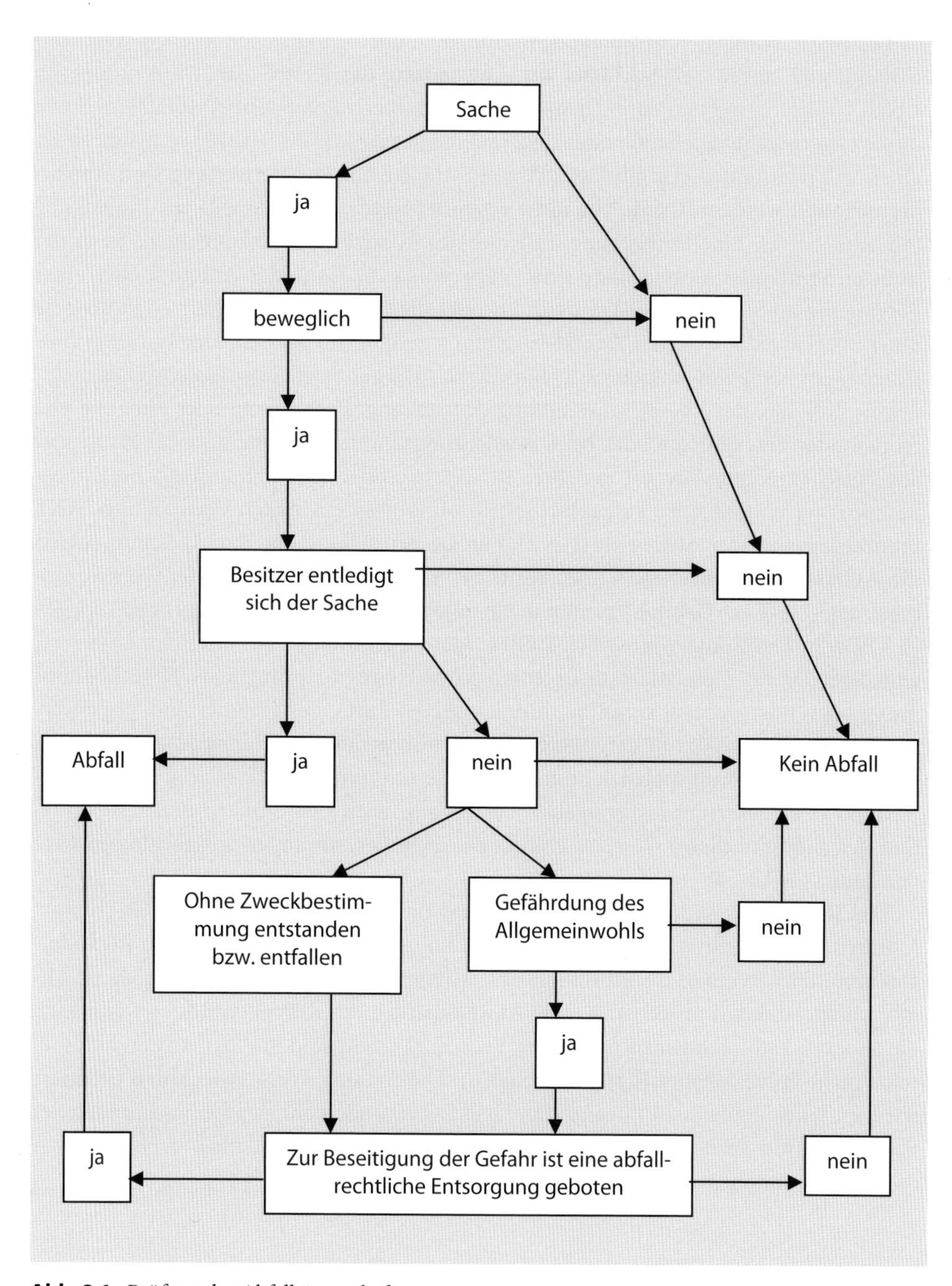

Abb. 3.1 Prüfung der Abfalleigenschaft

Schon Abfall oder noch gebrauchsfähig? – Abfallbestimmung durch Fotos

42 Die Frage, ob ein Gegenstand Abfall ist oder nicht, erfolgt üblicherweise, indem die Rechtslage geprüft wird. Die einschlägige, wohl passende Norm wird aufgesucht, die Tatbestandsmerkmale geprüft. Wenn der Obersatz der Voraussetzungen mit dem Untersatz des tatsächlichen Geschehens, den Fakten des Sachverhalts, übereinstimmt, wird die Rechtsfolge ausgelöst: eine bestimmte Maßnahme muss ergriffen werden oder ein Entscheidungsspielraum ist eröffnet. Grundlage für die Beurteilung ist das Kreislaufwirtschaftsrecht. Die jedenfalls nicht ganz leichte Rechtslage hat dafür gesorgt, dass z. B. die Bund/Länder-Arbeitsgemeinschaft Abfall (LAGA)[46] Mitteilungen veröffentlicht hat, die detailliertere Kriterien an die Hand geben, mit denen der Vollzug erleichtert werden soll. Das stellt noch keine Besonderheit dar, weil weitere schriftliche Materialien genutzt werden, um die Subsumtion im Einzelnen zu prüfen. In der Praxis hat sich allerdings herausgestellt, dass manche Alltagssituationen, in denen es zur Kontrolle von Ladungen kommt, nur sehr wenig Zeit lassen, um zu entscheiden, ob Abfall vorliegt oder nicht. Die Kontrolleure greifen stattdessen auf Beispielfotos zurück.

43 Eine solche Praxis ist etwa beim Export von sogenannten „Elektroschrott" zu beobachten. Wenn Zoll, Polizei oder Verwaltungsmitarbeiter am Straßenrand oder im Hafen Ladungen mit alten Elektrogeräten kontrollieren, bleibt keine Zeit für eine aufwändigere Prüfung. Insbesondere wenn im Containerumschlag geprüft werden soll, ob die Geräte zutreffend als exportierbare Gebrauchtgeräte oder falsch deklariert sind, muss rasch eine Entscheidung getroffen werden. Mittlerweile geben Behörden sogar Leitfäden mit Fotos von Kältekompressoren oder der unzureichenden Verpackung von Bildschirmen heraus. Die Fotos können als Vergleichsmaßstäbe genutzt werden. Rechtlich ist das interessant, da die Fotos an die Stelle von Rechtsnormen zu treten scheinen.[47]

44 Generell werden die Normtypen, die im Umweltrecht verwendet werden, stets vielfältiger: Neben die traditionellen rechtlichen Handlungsformen wie Gesetz, Rechtsverordnung und Verwaltungsvorschrift treten über Technische Regelwerke hinaus nun auch Anhänge, Fußnoten, EU-Guidelines, BVT-Merkblätter, Komitologiebeschlüsse u. a. m.[48] Dabei ist ja der Ausgangspunkt für die Zulässigkeit rechtlicher Regulierung und den Eingriff in Grundrechte der Gesetzesvorbehalt: Ein-

---

[46] *Pehle*, Das Bundesministerium für Umwelt, Naturschutz und Reaktorsicherheit – Ausgegrenzt statt integriert?, Wiesbaden 1998, S. 206 ff.

[47] Eine Broschüre aus der Schweiz bezeichnet sich als Merkblatt, das sich vor allem an Händler, Transporteure und Hilfswerke wendet: BAFU, Export von Konsumgütern – Gebrauchtware oder Abfall? 2010, S. 2, <www.bafu.admin.ch/ud-1042-d> (Stand: 23.04.2012).

[48] *Versteyl*, AbfallR 2010, 245 ff.

griffe bedürfen der gesetzlichen Grundlage. Für die sonstige Rechtsetzung der Staatsorgane muss unabhängig von grundrechtsbeschränkender Wirkung immer stets eine Grundlage in einem förmlichen Gesetz gegeben sein. Die Fotos ergänzen lediglich schriftliche Kriterien. Letztlich sind sie Teil einer überschlägigen Prüfung im Kopf, ob von Abfall ausgegangen werden muss oder nicht. Gegebenenfalls können Verwaltung wie Exporteur eine Vertiefung oder Überprüfung der Verwaltungsentscheidung anstrengen.

45 Dass komplexe Rechtstexte und vertiefende Konkretisierungen im Alltag des Vollzugs nicht genutzt werden, ist aus der Implementationsforschung bekannt. Seit einigen Jahren gibt es den Vorschlag, ergänzende Schaubilder zur Erläuterung zu nutzen.[49] Zu diesen Bemühungen, den Vollzug zu vereinfachen, gehören auch die angesprochenen Fotos.

46 Die Vollzugsprobleme im Hinblick auf Elektroschrott haben zwischenzeitlich dazu geführt, dass nun an einer anderen rechtlichen Stellschraube gedreht wird, um die Beurteilung, ob Abfall vorliegt oder nicht, zu erleichtern. Die Kontroll-Praxis soll bei Elektroaltgeräten durch die neue WEEE-Richtlinie verändert werden. Danach soll vom Exporteur der Nachweis verlangt werden, dass es sich um funktionsfähige Geräte handelt.

3.6.2 Nebenprodukte

47 Neu ist im KrWG eine Regelung zu Nebenprodukten: Fällt nach § 4 Abs. 1 ein Stoff oder Gegenstand bei einem Herstellungsverfahren an, dessen **hauptsächlicher Zweck** nicht auf die Herstellung dieses Stoffes oder Gegenstandes gerichtet ist, ist er als Nebenprodukt und nicht als Abfall anzusehen, wenn

- sichergestellt ist, dass der Stoff oder Gegenstand weiter verwendet wird,
- eine weitere, über ein normales industrielles Verfahren hinausgehende Vorbehandlung hierfür nicht erforderlich ist,
- der Stoff oder Gegenstand als integraler Bestandteil eines Herstellungsprozesses erzeugt wird und
- die weitere Verwendung rechtmäßig ist; dies ist der Fall, wenn der Stoff oder Gegenstand alle für seine jeweilige Verwendung anzuwendenden Produkt-, Umwelt- und Gesundheitsschutzanforderungen erfüllt und insgesamt nicht zu schädlichen Auswirkungen auf Mensch und Umwelt führt.

---

[49] Vgl. *Hill*, Abbau des Regelungsdickichts – Neue Akzente für die Rechtsprechung, in: Jann/u. a. (Hrsg.), Politik und Verwaltung auf dem Weg in die transindustrielle Gesellschaft, Baden-Baden 1998, S. 357 (363).

Das heißt, Produktions- und Verbrauchsrückstände sind in der Regel Abfall; Nebenprodukte sind solche, die in einem späteren Vorgang **ohne vorherige Bearbeitung** benutzt oder vermarktet werden können und sollen.[50] Die Bundesregierung wird in § 4 Abs. 2 ermächtigt, nach Anhörung der beteiligten Kreise (§ 68) durch Rechtsverordnung mit Zustimmung des Bundesrates nach Maßgabe der in Absatz 1 genannten Anforderungen Kriterien zu bestimmen, nach denen bestimmte Stoffe oder Gegenstände als Nebenprodukt anzusehen sind, und Anforderungen zum Schutz von Mensch und Umwelt festzulegen.

3.6.3 Ende der Abfalleigenschaft

Aufgabe 3.5 48

Sei es der Gedanke der Kreislaufwirtschaft oder schieres Profitstreben – jedenfalls werden häufig Bauteile aus Altautos entnommen und weiterverkauft. Nach der europäischen Altfahrzeug-Richtlinie 75/442/EWG[51] wie nach der zugehörigen deutschen AltfahrzeugV sind Altfahrzeuge als Abfall definiert. Damit werden auch die im Altfahrzeug vorhandenen Bauteile mit als Abfall eingeordnet. Fraglich ist, ob und unter welchen Voraussetzungen einzelne ausgebaute Motoren oder Batterien, die als Gebraucht- bzw. Ersatzteile wiederverwendet werden sollen, das Abfallrechtsregime verlassen können?[52]

49 Ebenfalls neu im Gesetz ist eine ausdrückliche Regelung zum Ende der Abfalleigenschaft: Die Abfalleigenschaft eines Stoffes oder Gegenstandes endet nach § 5 Abs. 1, wenn dieser ein **Verwertungsverfahren** durchlaufen hat **und so beschaffen** ist, dass

1. er üblicherweise für bestimmte Zwecke verwendet wird,
2. ein Markt für ihn oder eine Nachfrage nach ihm besteht,
3. er alle für seine jeweilige Zweckbestimmung geltenden technischen Anforderungen sowie alle Rechtsvorschriften und anwendbaren Normen für Erzeugnisse erfüllt sowie
4. seine Verwendung insgesamt nicht zu schädlichen Auswirkungen auf Mensch oder Umwelt führt.

50 Ebenfalls wird die Bundesregierung dann gemäß § 5 Abs. 2 ermächtigt, nach Anhörung der beteiligten Kreise (§ 68) durch **Rechtsverordnung** mit Zustimmung des Bundesrates nach Maßgabe der in Absatz 1 genannten Anforderungen die Bedingungen näher zu bestimmen, unter denen für bestimmte Stoffe und Gegenstände die Abfalleigenschaft endet und Anforderungen zum Schutz von Mensch und Umwelt, insbesondere durch Grenzwerte für Schadstoffe, festzulegen.

---

[50] *Beckmann/Kersting*, KrW-/AbfG, in: Landmann-Rohmer, 64. Lfg. 2012, § 3 Rn. 45 m. w. N.
[51] Vom 21. Oktober 2000 (ABl. L 269 S. 34).
[52] In Anlehnung an *Kopp-Assenmacher/Glass*, AbfallR 2010, 228 ff.

51 Interessanterweise hat die Europäische Kommission in Reaktion auf die wachsende Bedeutung der Ressourceneffizienz eine erste Verordnung mit Kriterien zur Festlegung verabschiedet, wann bestimmte Arten von Schrott gemäß der Richtlinie 2008/98/EG nicht mehr als Abfall anzusehen sind. Die **Verordnung** ist am 8. April 2011 im Amtsblatt der **EU** veröffentlicht worden und gilt nach einer sechsmonatigen Übergangsfrist unmittelbar in jedem Mitgliedstaat.[53]

52 Die Vorschriften zu Abfallbegriff, Nebenprodukt und Ende der Abfalleigenschaft spiegeln die unterschiedlichen Facetten und Problemlagen wider, die in dem Fragenkreis unsicher sind und umstritten sein können. Gleichzeitig sind die detaillierten Regelungen die **Folge höchstrichterlicher Rechtsprechung des EuGH**, die nun im Sinn einer leichteren Auffindbarkeit und Anwendbarkeit aus den verstreuten Urteilen, die man sich mit Hilfe etwa der juristischen Kommentarliteratur erst erschließen oder in juristischen Datenbanken recherchieren musste, nun in den Gesetzestext integriert.[54] Das ist ein Beispiel dafür, wie die Richter zu „Vor-Gesetzgebern" werden, indem der Gesetzgeber, die von ihnen entwickelten Vorgaben übernimmt.

53 Das Ende der Abfalleigenschaft bedeutet nicht automatisch, dass ein Gegenstand frei wird von allen rechtlichen Lasten. Vielmehr ist auch insofern eine **Arbeitsteilung zwischen unterschiedlich Rechtsregimen** zu beobachten, die z. B. dazu führen kann, dass nicht mehr das Kreislaufwirtschaftsrecht, dafür aber das Chemikalienrecht anzuwenden ist: So nimmt Art. 2 Abs. 2 REACH-VO Abfälle von den Regelungen aus. Wenn aber aus Abfällen Stoffe, Gemische oder Erzeugnisse im Sinne des Chemikalienrechts zurückgewonnen werden, findet REACH grundsätzlich Anwendung. Aus Abfällen gewonnene „Recyclingprodukte" sind trotz vorlaufender abfallrechtlicher Umweltprüfung daher nicht von REACH freigestellt. Sie haben dort grundsätzlich den gleichen rechtlichen Status wie Primärprodukte, die sich je nach Einzelfallkonstellation den REACH-Anforderungen stellen müssen. Dabei ist darauf hinzuweisen, dass die abfallrechtlichen Rechtsbegriffe „Stoff" und „Erzeugnis" mit den von REACH verwendeten, chemikalienrechtlichen Begriffen nicht identisch sind und die Begriffe innerhalb ihres jeweiligen Rechtssystems eigenständig ausgelegt und angewendet werden müssen.[55]

54 ▶ **Lösungsvorschlag zu Aufgabe 3.4**[56] Die in der Beseitigungsverfügung genannten Fahrzeuge erfüllen die Voraussetzungen des objektiven Abfallbegriffs in § 3 Abs. 4. Der ursprüngliche Verwendungszweck der Fahrzeuge als Fortbewegungsmittel ist hier erkennbar entfallen. Aufgrund ihres konkreten Zustandes sind sie auch geeignet, das Wohl der Allgemeinheit, insbesondere der Umwelt, zu gefährden. Diese Gefahr ist insbesondere für Autowracks typisch, die unter freiem Himmel ungeschützt der

---

[53] Verordnung (EU) Nr. 333/2011 des Rates vom 31. März 2011, ABl. L 94/2; vgl. auch *Röttgen*, EurUP 2009, 123 ff.; zunächst wird das Abfallregime von den Adressaten gegenüber dem Produktrecht bevorzugt: oN, EUWID 49/2011, 3.

[54] *Schmidt/Kahl*, Umweltrecht, 8. Aufl., München 2010, § 6 Rn. 26.

[55] Vgl. Gesetzesbegründung zu § 5 (BT-Drucks. 17/6052, S. 77).

[56] Vgl. OVG Lüneburg, ZUR 2010, 241 ff.

Witterung ausgesetzt und wie im vorliegenden Fall auf unbefestigtem Grund abgestellt sind. Hier kann sich das Umweltrisiko des Auslaufens von Ölen und anderer Betriebsflüssigkeiten infolge von Beschädigungen oder altersbedingter Korrosion jederzeit realisieren. Wegen des vorbeugenden Charakters des Ordnungsrechts kann die Beseitigungsverfügung bereits ergehen, wenn – wie hier – ein besonders begründeter Anlass für eine Gefährdung öffentlich-rechtlich geschützter Rechtsgüter besteht.

55 Auch der Abfallbegriff nach § 3 Abs. 3 S. 1 Nr. 2 ist erfüllt. Als Oldtimer werden üblicherweise Fahrzeuge ab einem Alter von 20, 25 oder 30 Jahren bezeichnet. Für keines der Fahrzeuge hat Herr X ein solches Alter dargelegt. Es widerspricht auch offensichtlich der maßgeblichen Verkehrsauffassung nach § 3 Abs. 3 S. 2, ein Fahrzeug, das als Oldtimer erhalten werden soll, bis zum Ablauf der maßgeblichen, je nach Fahrzeugalter möglichweise viele Jahre dauernden Frist unter freiem Himmel abzustellen, weil eine solche Lagerung regelmäßig zu Substanzschäden führt, die bei späterer, erneuter Inbetriebnahme des Fahrzeugs im Straßenverkehr erhebliche Reparaturaufwendungen bis zur vollständigen Restaurierung erfordern.

56 ▶ **Lösungsvorschlag zu Aufgabe 3.5**[57] Wenn ein Teil aus der Sachgesamtheit Altfahrzeug ausgebaut wird, so endet noch nicht automatisch die Abfalleigenschaft. Abzustellen ist vielmehr auf qualitative Gesichtspunkte. Am Ausbau des Teils führt zunächst kein Weg vorbei, darüber hinaus muss sichergestellt sein, dass der Motor oder die Batterie wiederverwendungsfähig ist und einer Wiederverwendung zugeführt wird. Indizien dafür sind einerseits die Vergleichbarkeit mit einem anerkannten Ersatzteil, der Liefervertrag mit einem Abnehmer oder ein Zertifikat. Außerdem dürfen von dem „neuen" Produkt, in das Batterie oder Motor eingebaut werden, keine negativen Auswirkungen für die Umwelt herrühren. Wenn sich die Art und Weise des Transports des gebrauchten Bauteils nicht wesentlich vom Transport eines wirklich neuen Produkts unterscheidet und ein positiver Marktwert für das Gebrauchtteil zu erzielen ist, dann liegen damit Indizien vor, die für das Ende der Abfalleigenschaft sprechen.

3.7 Instrumente

57 Instrumente sind die Gesamtheit aller eingeführten generellen Handlungsoptionen von (politischen) Akteuren zur Verwirklichung ihrer (politischen) Ziele.[58] Dieser Abschnitt stellt die wesentlichen Regelungselemente und Normbefehle vor, die der Gesetzgeber ausgewählt hat, um mit diesem Normprogramm die Ziele des KrWG zu erreichen. **Steu-**

---

[57] In Anlehnung an *Kopp-Assenmacher/Glass*, AbfallR 2010, 228 (234) m. w. N. zur Rechtsprechung.

[58] *Jänicke/Kunig/Stitzel*, Umweltpolitik, 2. Aufl., Bonn 2003, S. 100.

erung ist der staatliche Eingriff in die Gesellschaft.[59] Das Gesetz verwendet in seinen Vorschriften Steuerungsansätze, die das Ordnungsrecht, Planung, ökonomische Anreize, Kooperation und Information nutzen. Die verschiedenen umweltpolitischen Handlungskategorien erhalten durch die Einbindung in eine Rechtsvorschrift den jeweils möglichen Grad an Verbindlichkeit und das damit verknüpfte Potenzial an tatsächlicher Wirkung in dem konkreten Lebenssachverhalt, auf den das Gesetz angewendet wird. Auch das KrWG setzt gemäß seiner Herkunft nach zunächst auf ordnungsrechtliche Vorgaben. Es nutzt entsprechend der Entwicklung des modernen Umweltrechts aber auch die anderen Handlungskategorien. Auffällig ist, dass das Normprogramm auf die stark ausgeprägte **Verantwortungsteilung zwischen privaten und administrativen Akteuren** in diesem Sachbereich „Abfall" ausgerichtet ist.

3.7.1 Grundpflichten

3.7.1.1 Grundpflichten der Kreislaufwirtschaft

58 In den Grundpflichten wird die **Abfallhierarchie weiter konkretisiert** und operationalisiert. Die Pflichten zur Abfallvermeidung richten sich nach § 13 sowie den Rechtsverordnungen, die auf Grundlage der §§ 24 und 25[60] erlassen worden sind (§ 7 Abs. 1). § 13 bestimmt, dass die Pflichten der Betreiber von genehmigungsbedürftigen und nichtgenehmigungsbedürftigen Anlagen nach dem BImSchG,[61] diese so zu errichten und zu betreiben, dass Abfälle vermieden, verwertet oder beseitigt werden, sich nach den Vorschriften des BImSchG richten. Hier wird einerseits auf die Anwendung eines anderen Gesetzes verwiesen, was nicht unbedingt üblich ist. Über den Nutzen solcher Regelungen wird gestritten.[62] Der Grundidee nach soll jedenfalls die Anwendung der Rechtslage erleichtert werden. Andererseits wird deutlich, wie versucht wird, auf eine integrative Art und Weise auch in anderen Rechtsbereichen nicht nur eindimensional bezogen auf ein Ziel – wie die Luftreinhaltung im Immissionsschutzrecht – zu regulieren, sondern im jeweiligen Regelungszusammenhang auch weitere Wechselwirkungen und Folgen mit zu regeln.[63]

59 Wenn Abfälle schon entstanden sind, so sind die Erzeuger oder Besitzer von Abfällen zur Verwertung ihrer Abfälle verpflichtet. Die Verwertung von Abfällen hat **Vorrang** vor deren Beseitigung. Der Vorrang entfällt, wenn die Beseitigung der Abfälle den Schutz von Mensch und Umwelt nach Maßgabe des § 6 Abs. 2 S. 2 und 3 am besten gewährleis-

---

[59] Vgl. *Smeddinck*, DVBl. 2010, 694 m. w. N.; kritisch: *Baer*, Rechtssoziologie, Baden-Baden 2011, S. 205 f.

[60] Vgl. dazu unten Rn. 96.

[61] Siehe dazu *Beaucamp*, § 2 in diesem Buch, Rn. 43 ff.

[62] Vgl. *Brandt/Smeddinck*, Praktische Auswirkungen der Schnittstellenregelung in § 9 KrW/AbfG für den Verwaltungsvollzug, in: Lübbe-Wolff (Hrsg.), Umweltverträgliche Abfallverwertung 2001, S. 131 ff.

[63] *Calliess*, DVBl. 2010, 1 ff.

tet. Der Vorrang gilt nicht für Abfälle, die unmittelbar und üblicherweise durch Maßnahmen der Forschung und Entwicklung anfallen (§ 7 Abs. 2).

60 Die Verwertung von Abfällen, insbesondere durch ihre Einbindung in Erzeugnisse, hat ordnungsgemäß und schadlos zu erfolgen. Die Verwertung erfolgt **ordnungsgemäß**, wenn sie im Einklang mit den Vorschriften dieses Gesetzes und anderen öffentlich-rechtlichen Vorschriften steht. Sie erfolgt **schadlos**, wenn nach der Beschaffenheit der Abfälle, dem Ausmaß der Verunreinigungen und der Art der Verwertung Beeinträchtigungen des Wohls der Allgemeinheit nicht zu erwarten sind, insbesondere keine Schadstoffanreicherung im Wertstoffkreislauf erfolgt (§ 7 Abs. 3). Die Pflicht zur Verwertung von Abfällen ist zu erfüllen, soweit dies **technisch möglich** und **wirtschaftlich zumutbar** ist, insbesondere für einen gewonnenen Stoff oder gewonnene Energie ein Markt vorhanden ist oder geschaffen werden kann. Die Verwertung von Abfällen ist auch dann technisch möglich, wenn hierzu eine Vorbehandlung erforderlich ist. Die wirtschaftliche Zumutbarkeit ist gegeben, wenn die mit der Verwertung verbundenen Kosten nicht außer Verhältnis zu den Kosten stehen, die für eine Abfallbeseitigung zu tragen wären (§ 7 Abs. 4). Deutlich wird auch hier der fließende Übergang zwischen Umweltrecht und Wirtschaftsverwaltungsrecht.

61 § 8 Abs. 1 trifft Bestimmungen zur **Rangfolge und Hochwertigkeit der Verwertungsmaßnahmen**. Bei der Erfüllung der Verwertungspflicht nach § 7 Abs. 2 S. 1 hat diejenige Maßnahme der Vorbereitung zur Wiederverwendung, des Recyclings oder der sonstigen Verwertung (insbesondere der energetischen Verwertung und Verfüllung) Vorrang, die den Schutz von Mensch und Umwelt nach der Art und Beschaffenheit des Abfalls unter Berücksichtigung der in § 6 Abs. 2 S. 2 und 3 festgelegten Kriterien am besten gewährleistet. Zwischen mehreren gleichrangigen Verwertungsmaßnahmen besteht ein Wahlrecht des Erzeugers oder Besitzers von Abfällen. Bei der Ausgestaltung der nach Satz 1 oder 2 durchzuführenden Verwertungsmaßnahme ist eine den Schutz von Mensch und Umwelt am besten gewährleistende, hochwertige Verwertung anzustreben. Technische Machbarkeit und wirtschaftliche Zumutbarkeit sind auch hier maßgeblich. Ausdrücklich werden so Aspekte angesprochen, die im Rahmen einer Verhältnismäßigkeitsprüfung im Einzelfall zu berücksichtigen sind.

62 Durch Rechtsverordnung mit Zustimmung des Bundesrates kann die Bundesregierung nach Anhörung der beteiligten Kreise (§ 68) die **Wahlmöglichkeiten einschränken**, indem sie für bestimmte Abfallarten aufgrund der in § 6 Abs. 2 S. 2 und 3 festgelegten Kriterien 1. den Vorrang oder Gleichrang einer Verwertungsmaßnahme bestimmt und 2. Anforderungen an die Hochwertigkeit der Verwertung festlegt. Konkretisierend kann in dem Rahmen eine **Kaskadennutzung** festgelegt werden, die bestimmt, dass die Verwertung des Abfalls entsprechend seiner Art, Beschaffenheit, Menge und Inhaltsstoffe durch mehrfache, hintereinander geschaltete stoffliche und anschließende energetische Verwertungsmaßnahmen zu erfolgen hat (§ 8 Abs. 2).

63 Für den Fall, dass der Vorrang oder Gleichrang der energetischen Verwertung nicht in einer Rechtsverordnung nach Absatz 2 festgelegt wird, ist anzunehmen, dass die energetische Verwertung einer stofflichen Verwertung nach § 6 Abs. 1 Nr. 2 und 3 gleichran-

gig ist, wenn der **Heizwert des einzelnen Abfalls**, ohne Vermischung mit anderen Stoffen, mindestens 11.000 Kilojoule pro Kilogramm beträgt (§ 8 Abs. 2 S. 1). Die Regelung ist einer Evaluierungspflicht unterworfen: Die Bundesregierung muss auf Grundlage der abfallwirtschaftlichen Entwicklung bis zum 31.12.2016 überprüfen, ob und inwieweit der Heizwert zur effizienten und rechtssicheren Umsetzung der Abfallhierarchie noch erforderlich ist (§ 8 Abs. 3 S. 2).[64]

64

Der Streit um Heizwertkriterium und R1-Formel

Ein beachtlicher Streitpunkt war im Gesetzgebungsverfahren zum neuen KrWG die Frage, ob zur Bestimmung einer hochwertigen energetischen Verwertung, die mit dem stofflichen Recycling gleichziehen kann, das sogenannte Heizwertkriterium verwendet werden darf. Damit würde die deutsche Rechtslage fortgesetzt, wonach grundsätzlich ein Heizwert von 11.000 Kilojoule als Voraussetzung für die energetische Verwertung verlangt wird. Die neue AbfRRL sieht nun in Art. 23 Abs. 4 vor, dass eine Genehmigung, die eine Verbrennung oder Mitverbrennung mit energetischer Verwertung umfasst, nur unter der Voraussetzung erteilt werden darf, dass bei der energetischen Verwertung ein hoher Grad an Energieeffizienz erreicht wird. Als Anhaltspunkt nennt die Richtlinie im Anhang die Einhaltung des R1-Kriteriums. Die Formel legt fest, dass eine energetische Verwertung in Anlagen nur stattfinden kann, die eine Effizienz von 60 bzw. 65 % des Energieeinsatzes erreichen. In dem Streit trafen technische, rechtliche und politische Aspekte aufeinander: Aus fachlicher Sicht wird vertreten, dass nach ökobilanziellen Untersuchungen sich höher kalorische Abfälle über 11.000 Kilojoule pro kg (z. B. Altöl, Holz, Lösemittel, Papier) besser recyceln als energetisch verwerten lassen. Dagegen können niederkalorische Abfälle (z. B. Hausmüll, Klärschlamm, Windeln), weil sie vermischt oder verschmutzt sind, besser energetisch verwertet werden. Rechtlich kann einerseits eingewendet werden, dass die Abfallhierarchie keine Anhaltspunkte für die Einführung eines Heizwertes enthält und andererseits die Steuerungswirkung, die von der R1-Formel ausgeht konterkariert werden könnte. Diese zielt eben darauf, dass nur energieeffiziente Anlagen den Verwerterstatus erreichen können.[65] Der Vollzug steht vor dem Problem, dass der Heizwert der Ladungen auf den Müllfahrzeugen nicht mit vertretbarem Aufwand bestimmt werden kann, da es sich um ein Massengeschäft handelt und gemischte Siedlungsabfälle ganz unterschiedliche Heizwerte aufweisen können. Darüber hinaus sichert das Heizwertkriterium den Bestand von Müllverbrennungsanlagen, die den Energieeffizienzstandard nicht erreichen.[66]

---

[64] Zur Problematik solcher Evaluierungsklauseln: *Smeddinck*, ZNER 2002, 295 ff.

[65] Eingehend: *Weiss*, Vorgaben zur Anwendung des R1-Kriteriums der Abfallrahmenrichtlinie, in: Thomé-Kozmiensky/Versteyl (Hrsg.), Planung und Umwelt, Neuruppin 2012, S. 131 ff.; *Kropp*, AbfallR 2011, 207 ff.; *Stengler*, AbfallR 2011, 213 ff.

[66] Vgl. *Kropp*, ZUR 2009, 584 ff.

65 Der Streit um das Heizwertkriterium wird im Gesetzestext daran erkennbar, dass die Regelung in § 8 Abs. 1 S. 2 um die erwähnte gesetzliche Pflicht zur Überprüfung der Erforderlichkeit bis Ende 2016 ergänzt wurde.

66 Auf die Vielfalt der Abfallfraktionen und die Notwendigkeit eines geordneten Umgangs verweist § 9: Abfälle sind getrennt zu halten und zu behandeln, soweit dies zur Erfüllung der Anforderungen an die Verwertung erforderlich ist (Abs. 1). Die Vermischung – einschließlich der Verdünnung – gefährlicher Abfälle mit anderen gefährlichen Abfällen oder mit anderen Abfällen, Stoffen oder Materialien ist unzulässig (Abs. 2). Damit soll insbesondere dem Problem der **Querkontamination** zwischen Abfällen und Abfallströmen[67] begegnet werden. Allerdings können praktische Erwägungen für eine **Vermischung** sprechen. Eine Vermischung ist ausnahmsweise dann zulässig, wenn 1. sie in einer nach diesem Gesetz oder nach dem BImSchG hierfür zugelassenen Anlage erfolgt, 2. die Anforderungen an eine ordnungsgemäße und schadlose Verwertung nach § 7 Abs. 3 eingehalten und schädliche Auswirkungen der Abfallbewirtschaftung auf Mensch und Umwelt durch die Vermischung nicht verstärkt werden sowie 3. das Vermischungsverfahren dem Stand der Technik entspricht. Ebenso besteht eine Pflicht zur Trennung gefährlicher Abfälle, soweit sie in unzulässiger Weise vermischt worden sind, und soweit dies erforderlich ist, um eine ordnungsgemäße und schadlose Verwertung nach § 7 Abs. 3 sicherzustellen, und die Trennung technisch möglich und wirtschaftlich zumutbar ist.

3.7.1.2 Grundpflichten der Abfallbeseitigung

67 § 15 Abs. 1 verpflichtet zunächst die Erzeuger oder Besitzer von Abfällen, die nicht verwertet werden, diese zu beseitigen, soweit in § 17 nichts anderes bestimmt ist. Durch die Behandlung von Abfällen ist deren Menge und Schädlichkeit zu vermindern. Energie oder Abfälle, die bei der Beseitigung anfallen, sind hochwertig zu nutzen. § 8 Abs. 1 S. 3 – die Pflicht, eine umweltverträgliche und hochwertige Verwertung anzustreben – gilt entsprechend. Anzustreben ist eine hochwertige Verwertung, die den Schutz von Mensch und Umwelt am besten gewährleistet. Abfälle sind nach § 15 Abs. 2 so zu beseitigen, dass das **Wohl der Allgemeinheit** nicht beeinträchtigt wird. Eine **Beeinträchtigung** liegt insbesondere dann vor, wenn 1. die Gesundheit der Menschen beeinträchtigt wird, 2. Tiere oder Pflanzen gefährdet werden, 3. Gewässer oder Böden schädlich beeinflusst werden, 4. schädliche Umwelteinwirkungen durch Luftverunreinigungen oder Lärm herbeigeführt werden, 5. die Ziele oder Grundsätze und sonstigen Erfordernisse der Raumordnung nicht beachtet oder die Belange des Naturschutzes, der Landschaftspflege sowie des Städtebaus nicht berücksichtigt werden oder die öffentliche Sicherheit oder Ordnung in sonstiger Weise gefährdet oder gestört wird. Soweit dies zur Erfüllung

[67] Vgl. *Bilitewski*, MÜLL und ABFALL 2010, 582 ff.

der Anforderungen nach den Absätzen 1 und 2 erforderlich ist, sind Abfälle zur Beseitigung getrennt zu halten und zu behandeln. Das Vermischungs- und Verdünnungsverbot aus § 9 Abs. 2 gilt entsprechend.

68 § 16 enthält eine Verordnungsermächtigung zur Erfüllung der Pflichten nach § 15 entsprechend dem Stand der Technik Anforderungen an die Beseitigung von Abfällen nach Herkunftsbereich, Anfallstelle sowie nach Art, Menge und Beschaffenheit festzulegen. § 16 listet dazu eine ganze Reihe von konkreten Aspekten auf.

3.7.2 Pflichten bei der öffentlich-rechtlichen Entsorgung

3.7.2.1 Überlassungspflichten

69 Mit den Überlassungspflichten wird die **Grundregel der privaten Verantwortung** von Erzeugern und Besitzern von Abfall für die Verwertung und Beseitigung **durchbrochen**. Abweichend von § 7 Abs. 2 und § 15 Abs. 1 sind Erzeuger oder Besitzer von Abfällen aus privaten Haushaltungen nach § 17 Abs. 1 verpflichtet, diese Abfälle den nach Landesrecht zur Entsorgung verpflichteten juristischen Personen (öffentlich-rechtliche Entsorgungsträger) zu überlassen, soweit sie zu einer Verwertung auf den von ihnen im Rahmen ihrer privaten Lebensführung genutzten Grundstücken nicht in der Lage sind oder diese nicht beabsichtigen. Die Überlassungspflicht gilt auch für Erzeuger und Besitzer von Abfällen zur Beseitigung aus anderen Herkunftsbereichen, soweit sie diese nicht in eigenen Anlagen beseitigen. Allerdings besteht die Befugnis zur Beseitigung der Abfälle in eigenen Anlagen nicht, soweit die Überlassung der Abfälle an den öffentlich-rechtlichen Entsorgungsträger aufgrund überwiegender öffentlicher Interessen erforderlich ist.

70 **Aufgabe 3.6**

Hier drängt sich die Frage auf, wann von einer eigenen Anlage auszugehen ist! Nicht jeder verfügt über eigene Anlagen, in denen eine Verwertung oder Beseitigung stattfinden kann. Überlegen Sie in einem ersten Schritt zunächst, wie solche Anlagen wohl beschaffen und ausgestaltet sind, in welchen Kontexten sie vorstellbar sind. In einem weiteren Schritt notieren Sie Ideen, was eine Anlage zur eigenen machen kann. Dabei sind die tatsächlichen Verhältnisse wie unterschiedliche rechtliche Ausgestaltungsmöglichkeiten zu bedenken!

71 Weitere Differenzierungen hinsichtlich der Verantwortung und Pflichten, die wiederum **Ausnahmen von der Ausnahme** von der Grundregel bedeuten, erschweren den Überblick. So besteht die Überlassungspflicht nach 17 Abs. 2 nicht für Abfälle, die einer Rücknahme- oder Rückgabepflicht aufgrund einer Rechtsverordnung nach § 25 unterliegen. Hier ist erneut beispielhaft an die VerpackVO, die AltfahrzeugVO, das BattG und das ElektroG zu erinnern. Es sei denn, neben Herstellern und Vertreibern wirken die öffentlich-rechtlichen Entsorgungsträger aufgrund einer Bestimmung nach § 25 Abs. 2

Nr. 4 an der Rücknahme mit. An die Stelle von Pflichten des Abfallbesitzers zum Sammeln, Bereitstellen, Befördern und Bringen kann eine einheitliche Wertstofftonne oder eine einheitliche Wertstofferfassung in vergleichbarer Qualität treten (§ 25 Abs. 2 Nr. 3).[68]

3.7.2.1.1 Sammlungen und Allgemeinwohl

72 Schon viele Jahre gibt es eine – gesetzlich auch gewollte – **Konkurrenz zwischen den öffentlich-rechtlichen Entsorgern und privaten Abfallwirtschaftsunternehmen**. So gibt der Gesetzgeber auch in § 17 Abs. 3 einige Hinweise, wann öffentliche Interessen einer gewerblichen Sammlung (vgl. die Definition für den Begriff in § 3 Abs. 18!) entgegenstehen. Nämlich dann, wenn die Sammlung in ihrer konkreten Ausgestaltung auch im Zusammenwirken mit anderen Sammlungen, die Funktionsfähigkeit des öffentlich-rechtlichen Entsorgungsträgers, des von diesem beauftragten Dritten oder des aufgrund einer Rechtsverordnung nach § 25 eingerichteten Rücknahmesystems gefährdet. Eine Gefährdung der Funktionsfähigkeit des öffentlich-rechtlichen Entsorgungsträgers oder des von diesem beauftragten Dritten wiederum ist anzunehmen, wenn die Erfüllung der nach § 20 bestehenden Entsorgungspflichten zu wirtschaftlich ausgewogenen Bedingungen verhindert oder die Planungssicherheit und Organisationsverantwortung wesentlich beeinträchtigt werden. Eine wesentliche Beeinträchtigung der Planungssicherheit und Organisationsverantwortung des öffentlich-rechtlichen Entsorgungsträgers ist insbesondere dann anzunehmen, wenn durch die gewerbliche Sammlung

- Abfälle erfasst werden, für die der öffentlich-rechtliche Entsorgungsträger oder der von diesem beauftragte Dritte eine haushaltsnahe oder sonstige hochwertige getrennte Erfassung und Verwertung der Abfälle durchführt,
- die Stabilität der Gebühren gefährdet wird oder
- die diskriminierungsfreie und transparente Vergabe von Entsorgungsleistungen im Wettbewerb erheblich erschwert oder unterlaufen wird.

73 Satz 3 Nummer 1 und 2 – also die ersten beiden der eben genannten Punkte – gilt nicht, wenn die vom gewerblichen Sammler angebotene Sammlung und Verwertung der Abfälle wesentlich leistungsfähiger ist als die von dem öffentlich-rechtlichen Entsorgungsträger oder dem von ihm beauftragten Dritten bereits angebotene oder konkret geplante Leistung. Bei der Beurteilung der **Leistungsfähigkeit** durch die zuständige Abfallbehörde sind sowohl die in Bezug auf die Ziele der Kreislaufwirtschaft zu beurteilenden Kriterien der Qualität und der Effizienz, des Umfangs und der Dauer der Erfassung und Verwertung der Abfälle als auch die aus Sicht aller privaten Haushalte im Gebiet des öffentlich-rechtlichen Entsorgungsträgers zu beurteilende gemeinwohlorientierte Servicegerechtigkeit der Leistung zugrunde zu legen. Leistungen, die über die unmittelbare Sammel- und Verwertungsleistung hinausgehen, insbesondere Entgeltzahlungen, sind bei

[68] Zu den Grenzen der einheitlichen Erfassung: *Siederer/Thärichen*, AbfallR 2011, 72 ff.

der Beurteilung der Leistungsfähigkeit nicht zu berücksichtigen. Über § 17 Abs. 3 wurde im Gesetzgebungsverfahren bis zuletzt gestritten und schließlich allein wegen dieser Vorschrift der Vermittlungsausschuss nach Art. 77 Abs. 2 GG angerufen.[69] Das ist ein sicheres Indiz dafür, dass hier ein neuralgischer Punkt im Verhältnis von öffentlichen und privaten Akteuren geregelt wird.

74 Im Übrigen ist durchaus umstritten, ob der Gesetzgeber heutzutage noch in der Lage ist, **das öffentliche Interesse** selbst zu **bestimmen**.[70] Die Gesellschaft ist vielfältig, der Staat nicht allwissend.[71] Anhand der konkreten Prüfungspunkte kann jeweils im Einzelfall das öffentliche Interesse von der Behörde aktuell für die konkrete Situation neu bestimmt werden. Allerdings werden die vielfältigen Gesichtspunkte auch dazu führen, dass über ihr Vorliegen oder Nicht-Vorliegen gestritten wird – auch vor Gericht!

75 **Der Kampf ums Altpapier – auf den Straßen und vor den Gerichten**

Im Vorfeld des neuen KrWG zog ein Gerichtsurteil des Bundesverwaltungsgerichts (BVerwG)[72] große Aufmerksamkeit auf sich: Ausgangspunkt war der Streit um die Altpapierentsorgung zwischen einem privaten Abfallwirtschaftsunternehmen und der Stadt Kiel. Der Abfallverwerter hatte unter anderem mit mehreren Hausverwaltungen und Wohnungsgesellschaften Verträge zur Übernahme von Altpapier mit Laufzeiten von bis zu zwei Jahren abgeschlossen. Im Anschluss forderten Bürgerinnen und Bürger die Stadt auf, ihre Altpapierbehälter abzuziehen und auf die weitere Gebührenerhebung für die Altpapierentsorgung zu verzichten. Zuvor war das Abfallwirtschaftsunternehmen im Auftrag der Stadt Kiel für die Altpapiererfassung zuständig. Nach einer Neuausschreibung hatte dann aber ein anderes Unternehmen den Auftrag übernommen. Um die Konkurrenz zu unterbinden, hat die Stadt dann dem privaten Abfallverwerter die Erfassung, Entsorgung und Verwertung von Altpapier aus privaten Haushalten im Stadtgebiet untersagt. Nach erfolglosem Widerspruch wies das Verwaltungsgericht Schleswig die Klage ab. Dagegen hatte die Berufung vor dem Oberverwaltungsgericht Erfolg: § 13 Abs. 1 S. 2 2. Halbsatz des damaligen KrW-/AbfG gestatte den Abfallbesitzern, sich der Hilfe Dritter zu bedienen. Dem stünden auch keine überwiegenden Interessen des Allgemeinwohls entgegen. Wieder anders urteilte das BVerwG in der Revision, die die Stadt angestrengt hatte und die zur Zurückweisung an das OVG führte. Das BVerwG stellte zusammenfassend in seinen Leitsätzen fest:

[69] Vgl. http://www.bundesrat.de/DE/presse/pm/2012/010-2012.html (Stand: 23.04.2012).

[70] *Schuppert*, Gemeinwohl, das, in: Schuppert/Neidhardt (Hrsg.), Gemeinwohl – Auf der Suche nach Substanz, Berlin 2002, S. 19 ff.

[71] Vgl. *Voßkuhle*, Sachverständige Beratung des Staates als Governanceproblem, in: Botzem/u. a. (Hrsg.), Governance als Prozess – Koordinationsformen im Wandel, Baden-Baden 2009, S. 547 ff.

[72] BVerwG, ZUR 2009, 487 ff.

1. Private Haushaltungen müssen ihren Hausmüll einschließlich seiner verwertbaren Bestandteile (wie z. B. das Altpapier) grundsätzlich den öffentlich-rechtlichen Entsorgungsträgern überlassen und sind nicht befugt, mit der Verwertung solcher Bestandteile Dritte zu beauftragen. 76

2. Der Begriff der gewerblichen Sammlung i. S. v. § 13 Abs. 3 S. 1 Nr. 3 KrW-/AbfG schließt Tätigkeiten aus, die nach Art eines Entsorgungsträgers auf der Grundlage vertraglicher Bindungen zwischen dem sammelnden Unternehmen und den privaten Haushaltungen in dauerhaften Strukturen abgewickelt werden. Die im Wege einer Gesamtwürdigung vorzunehmende Abgrenzung hat sich an einem Vergleich mit dem Bild des Entsorgungsträgers zu orientieren. 77

3. Überwiegende öffentliche Interessen stehen einer gewerblichen Sammlung nicht erst bei einer Existenzgefährdung des öffentlich-rechtlichen Entsorgungssystems, sondern schon dann entgegen, wenn die Sammlungstätigkeit nach ihrer konkreten Ausgestaltung mehr als nur geringfügige Auswirkungen auf die Organisation und die Planungssicherheit des öffentlich-rechtlichen Entsorgungsträgers nach sich zieht.[73] 78

Auf Basis der Kriterien des BVerwG entschied das OVG, dass die gewerbliche Altpapiersammlung des Abfallverwerters bei privaten Haushalten untersagt werden könne, weil bei Altpapier eine grundsätzliche Überlassungspflicht an den öffentlich-rechtlichen Entsorgungsträger bestehe. Eine Revision gegen das Urteil wurde nicht zugelassen. Der Abfallverwerter legte dagegen Beschwerde ein und behauptete Verstöße gegen europäisches Recht. Das BVerwG bestätigte sein ursprüngliches Urteil und wies die Beschwerde zurück. 79

Ungeachtet des Urteils wollte die Bundesregierung im KrWG zunächst eine andere Regelung treffen. Die Beteiligung der Länder im Gesetzgebungsverfahren führte dazu, dass schließlich die Vorgaben des BVerwG dann doch inhaltlich prägend – wenn auch mit Modifikationen – für die endgültige Regelung wurden. 80

3.7.2.1.2 Anzeigeverfahren für gewerbliche und gemeinnützige Sammlungen

81 Unabhängig davon, ob eine gewerbliche oder gemeinnützige Sammlung (vgl. die Definition für den Begriff in § 3 Abs. 17 und 18) mittels Tonnen oder anders erfolgt, sie muss bei der zuständigen Behörde angezeigt werden. Eine Erlaubnis mit dem Vorbehalt eines Verbots – das ist die Anzeige als ***eine*** **Form der Zulassung**.[74] Die Behörde wird über die beabsichtigte Tätigkeit informiert und kann sich ggf. entschließen, ein Verbot auszusprechen.[75] Für die Anzeige von Sammlungen werden teils gleiche, teils unterschiedliche

[73] Einordnend in die Zusammenhänge: *Schmehl*, NVwZ 2009, 1262 ff.

[74] Kritisch: *Cancik*, DÖV 2011, 1, 5 f.

[75] Vgl. zu Verboten mit Erlaubnisvorbehalt *Kluth*, § 1 in diesem Buch, Rn. 108.

Anforderungen getroffen, je nachdem, ob es sich um eine gemeinnützige oder eine gewerbliche Sammlung handelt.

82 Gemeinnützige Sammlungen und *gewerbliche Sammlungen* von Abfällen nach § 17 Abs. 2 S. 1 Nr. 3 und 4 sind spätestens einen Monat vor ihrer beabsichtigten Aufnahme durch ihren Träger der für die Abfallwirtschaft zuständigen obersten Landesbehörde oder der von ihr bestimmten Behörde anzuzeigen (§ 18 Abs. 1). Der Anzeige einer gewerblichen Sammlung sind nach § 18 Abs. 2 **bestimmte Angaben** beizufügen. Weniger Angaben erfordert die Anzeige der *gemeinnützigen Sammlung* nach § 18 Abs. 3. Allerdings kann die zuständige Behörde optional weitere Angaben fordern, wie sie für die gewerbliche Sammlung verbindlich sind (§ 18 Abs. 3 S. 2). Die unterschiedlichen Anforderungen beruhen auf der Überzeugung, dass eine profitorientierte Sammlung in ganz anderen Quantitäten auf ihre Vereinbarkeit mit der öffentlich-rechtlichen Entsorgung überprüft werden muss.

83 Die zuständige Behörde fordert den von der gewerblichen oder gemeinnützigen Sammlung betroffenen öffentlich-rechtlichen Entsorgungsträger auf, für seinen Zuständigkeitsbereich eine **Stellungnahme** innerhalb einer Frist von zwei Monaten abzugeben. Hat der öffentlich-rechtliche Entsorgungsträger bis zum Ablauf dieser Frist keine Stellungnahme abgegeben, ist davon auszugehen, dass sich dieser nicht äußern will (§ 18 Abs. 4). Die unterschiedlichen Fristen für Anzeigen – vor Beginn ein Monat und für die behördliche Stellungnahme zwei Monate – mögen zunächst verblüffen. Nach zwei Monaten könnte die Sammlung schon abgeschlossen sein. Entscheidend ist aber, dass die Behörde Kenntnis erlangt. Die Angabe von Art, Ausmaß und Dauer erlaubt es, die Stellungnahme rechtzeitig zu terminieren.

84 Soweit dies erforderlich ist, kann die zuständige Behörde die angezeigte Sammlung von Bedingungen abhängig machen, sie zeitlich befristen oder Auflagen für sie vorsehen, um die Erfüllung der Voraussetzungen nach § 17 Abs. 2 S. 1 Nr. 3 oder Nr. 4 sicherzustellen. Damit werden die **Standardelemente zur Feinsteuerung in Verwaltungsakten** verfügbar gemacht.[76] Außerdem kann die zuständige Behörde bestimmen, dass eine gewerbliche Sammlung mindestens für einen bestimmten Zeitraum durchzuführen ist; dieser Zeitraum darf drei Jahre nicht überschreiten. So wird Verlässlichkeit erreicht, aber auch Wettbewerb nicht völlig ausgeschlossen. Wird die gewerbliche Sammlung vor Ablauf des nach Satz 1 bestimmten Mindestzeitraums eingestellt oder innerhalb dieses Zeitraums in ihrer Art und ihrem Ausmaß in Abweichung von den von der Behörde nach Absatz 5 Satz 1 festgelegten Bedingungen oder Auflagen wesentlich eingeschränkt, ist der Träger der gewerblichen Sammlung dem betroffenen öffentlich-rechtlichen Entsorgungsträger gegenüber zum Ersatz der Mehraufwendungen verpflichtet, die für die Sammlung und Verwertung der bislang von der gewerblichen Sammlung erfassten Abfälle erforderlich sind. Zur Absicherung des Ersatzanspruchs kann die zuständige Behörde dem Träger der gewerblichen Sammlung eine Sicherheitsleistung auferlegen.

[76] *Erbguth*, Allgemeines Verwaltungsrecht, 5. Aufl. 2013, § 18 Rn. 3 ff.

In bestimmten Fällen bleibt kein Entscheidungsspielraum: Die zuständige Behörde muss die Durchführung der angezeigten Sammlung untersagen, wenn Tatsachen bekannt sind, aus denen sich Bedenken gegen die **Zuverlässigkeit des Anzeigenden** oder der für die Leitung und Beaufsichtigung der Sammlung verantwortlichen Personen ergeben, oder die Einhaltung der in § 17 Abs. 2 S. 1 Nr. 3 oder Nr. 4 genannten Voraussetzungen anders nicht zu gewährleisten ist (§ 18 Abs. 5). Die Zuverlässigkeit wird häufig zur Voraussetzung für Zulassungen und Aktivitäten gemacht. Maßstäbe für die Beurteilung der Zuverlässigkeit müssen stets aus dem konkreten Zusammenhang abgeleitet werden.[77] 85

Gefährliche Abfälle und gemischte Abfälle aus privaten Haushaltungen müssen an die gesetzlich bestimmten Entsorgungsträger überlassen werden. Gewerbliche oder gemeinnützige Sammlungen sind keine zulässige Alternative, um den Abfall loszuwerden (§ 17 Abs. 2 S. 2). 86

▶ **Lösungshinweise zu Aufgabe 3.6** Der Begriff der eigenen Anlage kann in der Abgrenzung zu einer fremden Anlage konkretisiert werden. Eindeutig ist eine eigene Anlage gegeben, wenn das alleinige Eigentum und eigener Besitz des Abfallerzeugers oder -besitzers besteht. Miterfasst sind aber auch Miteigentum und Mitbesitz, weil der Abfallerzeuger oder -besitzer rechtlich und tatsächlich über die Anlage als eigene verfügen kann. Ausschlaggebend ist, ob die Abfälle mit der gleichen Planungssicherheit beseitigt werden können, wie das beim Alleineigentümer der Fall ist. Dafür ist es nicht erforderlich, die Anlage selbst zu betreiben. Entscheidend ist, dass man ein hinreichend konkretes Verfügungs- oder Nutzungsrecht für die Anlage nachweisen muss. Räumliche Nähe oder betriebliche Zusammenhänge sind keine Voraussetzung für eine eigene Anlage.[78] 87

3.7.3.2 Duldungspflichten bei Grundstücken

Das Recht, Grundstücke und Wohnungen zu betreten, spielt auch im Umweltrecht eine Rolle. Das **Grundrecht auf Unverletzlichkeit der Wohnung** (Art. 13 Abs. 1 GG) wird insoweit eingeschränkt (§ 19 Abs. 1). Deshalb muss es ausdrückliche gesetzliche Regelungen geben: Die Eigentümer und Besitzer von Grundstücken, auf denen überlassungspflichtige Abfälle anfallen, sind verpflichtet, das Aufstellen von zur Erfassung notwendigen Behältnissen sowie das Betreten des Grundstücks zum Zweck des Einsammelns und zur Überwachung des Getrennthaltens und der Verwertung von Abfällen zu dulden. Die Bediensteten und Beauftragten der zuständigen Behörde dürfen Geschäfts- und Betriebsgrundstücke und Geschäfts- und Betriebsräume auch außerhalb der üblichen Geschäftszeiten sowie Wohnräume ohne Einverständnis des Inhabers nur zur Verhütung 88

---

[77] *Versteyl*, in: Versteyl/Mann/Schomerus, KrWG, 3. Aufl. 2012, § 22 Rn. 12.
[78] In Anlehnung an *Giesberts*, in: Giesberts/Reinhardt (Hrsg.), BeckOK Umweltrecht, KrW-/AbfG, Stand: 01.04.2012, § 13 Rn. 22 m. w. N.

dringender Gefahren für die öffentliche Sicherheit und Ordnung betreten. Durch das Betretensrecht zur Überwachung der Verwertung können die öffentlich-rechtlichen Entsorgungsträger z. B. sicherstellen, dass die Verwertung im Falle der beabsichtigten Eigenverwertung ordnungsgemäß durchgeführt wird und es sich um Abfälle handelt, die einer Verwertung zugänglich sind.[79] Voraussetzung ist also eine Sachlage, in der, ohne dass dies unmittelbar bevorstehen müsste, Schäden für bedeutsame Rechtsgüter oder solche für weniger bedeutsame Rechtsgüter aber mit großem Ausmaß zu erwarten sind.[80] Absatz 1 gilt entsprechend für Rücknahme- und Sammelsysteme, die zur Durchführung von Rücknahmepflichten aufgrund einer Rechtsverordnung nach § 25 erforderlich sind (§ 19 Abs. 2). Ohne solche Duldungspflichten lassen sich Erfassung und Abtransport nicht gewährleisten. Mit der Ausdifferenzierung der Sammeltonnen wird in engen innerstädtischen Lagen die Konkurrenz um knappe Stellflächen immer drängender.[81]

3.7.3.3 Pflichten der öffentlich-rechtlichen Entsorgungsträger

89 Die Pflichten für private Abfallerzeuger, -besitzer und -sammler korrespondieren mit Pflichten der öffentlich-rechtlichen Entsorgungsträger. Deutlich wird hier die **Schnittstelle zwischen einer Vielzahl unterschiedlicher Akteure im Abfallsektor**. Die öffentlich-rechtlichen Entsorgungsträger haben nach § 20 Abs. 1 die in ihrem Gebiet angefallenen und überlassenen Abfälle aus privaten Haushaltungen und Abfälle zur Beseitigung aus anderen Herkunftsbereichen nach Maßgabe der §§ 6 bis 11 zu verwerten oder nach Maßgabe der §§ 15 und 16 zu beseitigen. Werden ihnen Abfälle zur Beseitigung überlassen, weil die Pflicht zur Verwertung aus den in § 7 Abs. 4 genannten Gründen nicht erfüllt werden muss, sind die öffentlich-rechtlichen Entsorgungsträger zur Verwertung verpflichtet, soweit bei ihnen diese Gründe nicht vorliegen. Aufgrund ihrer Leistungsfähigkeit und ihres Organisationsgrades sind die Entsorgungsträger regelmäßig auch dann noch zu einer hochrangigen und hochwertigen Verwertung in der Lage, wenn private Abfallerzeuger und -besitzer bereits an die Grenze der technischen Machbarkeit und wirtschaftlichen Zumutbarkeit stoßen.

90 Die öffentlich-rechtlichen Entsorgungsträger können nach § 20 Abs. 2 mit Zustimmung der zuständigen Behörde **Abfälle von der Entsorgung ausschließen**, soweit diese der Rücknahmepflicht aufgrund einer nach § 25 erlassenen Rechtsverordnung unterliegen und entsprechende Rücknahmeeinrichtungen tatsächlich zur Verfügung stehen. Das gilt nach § 20 Abs. 2 S. 2 auch für Abfälle zur Beseitigung aus anderen Herkunftsbereichen als privaten Haushaltungen, soweit diese nach Art, Menge oder Beschaffenheit nicht mit den in Haushaltungen anfallenden Abfällen entsorgt werden können oder die

[79] *Giesberts*, in: Giesberts/Reinhardt (Hrsg.), BeckOK Umweltrecht, KrW-/AbfG, Stand: 01.04.2012, § 14 Rn. 11.

[80] *Tettinger/Erbguth/Mann*, Besonderes Verwaltungsrecht, 10. Aufl. 2009, Rn. 469 m. w. N.

[81] Mit Vergleich zur Netzregulierung: *Kahl*, Abfall, in: Fehling/Ruffert (Hrsg.), Regulierungsrecht, München 2010, § 13 Rn. 18.

Sicherheit der umweltverträglichen Beseitigung im Einklang mit den Abfallwirtschaftsplänen der Länder durch einen anderen öffentlich-rechtlichen Entsorgungsträger oder Dritten gewährleistet ist. Die öffentlich-rechtlichen Entsorgungsträger können den Ausschluss von der Entsorgung nach den Sätzen 1 und 2 mit Zustimmung der zuständigen Behörde widerrufen, soweit die dort genannten Voraussetzungen für einen Ausschluss nicht mehr vorliegen.

91

Wer ist die zuständige Behörde?
Mit dem unbestimmten Rechtbegriff macht es sich der Gesetzgeber einerseits einfach. Denn die Zuständigkeit kann auf sehr unterschiedliche Weise an diverse Behörden verteilt sein. Andererseits führen die Länder das KrWG als eigene Angelegenheit aus. Deshalb regeln sie nach Art. 84 Abs. 1 GG die Einrichtung der Behörden und das Verwaltungsverfahren.
Das Abfallgesetz des Landes Sachsen-Anhalt unterscheidet in § 30 die
- **oberste** Abfallbehörde = das für das Abfallgesetz zuständige Ministerium,
- **obere** Abfallbehörde = das Landesverwaltungsamt,
- **untere** Abfallbehörde = die Landkreise und kreisfreien Städte.

Daneben gibt es das Landesamt für Umweltschutz als technische Fachbehörde für die oberste Abfallbehörde.

Soweit nichts anderes bestimmt ist, obliegt es den Abfallbehörden, insbesondere das KrWG zu vollziehen und ergänzende Maßnahmen nach dem Gefahrenabwehrrecht zu treffen (vgl. § 31 Abs. 1 AbfG LSA).

Die unteren Abfallbehörden sind zuständig, soweit das AbfG LSA nichts anderes vorschreibt (sachliche Zuständigkeit). Die oberste Abfallbehörde wird ermächtigt, durch Verordnung für bestimmte Arten von Angelegenheiten vorzuschreiben, dass die oberen Abfallbehörden oder andere Landesbehörden zuständig sind. Davon hat sie mit der Zuständigkeitsverordnung für das Abfallrecht[82] Gebrauch gemacht. Die Verordnung enthält lange Kataloge mit der Sonderzuweisung einzelner Aufgaben an die obere Abfallbehörde (§ 2) und das Landesamt für Umweltschutz (§ 3). Außerdem wird die Zuständigkeit der Polizei neben den zuständigen Abfallbehörden für die Überwachung der Einhaltung bei der Verkehrsüberwachung festgelegt (§ 4). Das AbfG LSA trifft darüber hinaus noch Regelungen zur örtlichen Zuständigkeit: Örtlich zuständig ist die Behörde, in deren Gebiet oder Bezirk die Anlage zur Verwertung oder Beseitigung von Abfällen ihren Standort oder Einsatzort hat, oder, wenn eine Anlage nicht Gegenstand der Entscheidung ist, die Verwertung oder Beseitigung durchgeführt wird (§ 33 Abs. 1 S. 1 AbfG LSA). In der Alltagspraxis bedeutet die Leerformel „zuständige Behörde" also einigen Rechercheaufwand, der unvermeidlich ist.

---

82 Vom 26. Mai 2004 (GVBl. LSA S. 302), zuletzt geänd. durch VO vom 20. Mai 2011 (GVBl. S. 585).

92 Die Pflichten nach § 20 Abs. 1 gelten auch für Fallgestaltungen, die häufiger im Stadtbild zu beobachten sind: Wenn **Kraftfahrzeuge oder Anhänger ohne gültige amtliche Kennzeichen** auf öffentlichen Flächen oder außerhalb im Zusammenhang bebauter Ortsteile abgestellt sind (1.), keine Anhaltspunkte für deren Entwendung oder bestimmungsgemäße Nutzung bestehen (2.) sowie nicht innerhalb eines Monats nach einer am Fahrzeug angebrachten, deutlich sichtbaren Aufforderung entfernt worden sind (3.), müssen die öffentlich-rechtlichen Entsorgungsträger diese entsorgen (§ 20 Abs. 3). Wird ein Fahrzeug unter Missachtung der Voraussetzungen des § 20 Abs. 3 KrWG entsorgt, kann sich daraus ein Amtshaftungsanspruch ergeben.[83]

3.7.3.4 Abfallwirtschaftskonzepte und Abfallbilanzen

93 Über die genannten Pflichten hinausgehend verpflichtet das KrWG die öffentlich-rechtlichen Entsorgungsträger zu **einem planvollen Herangehen**, das konzeptionelle Vorarbeiten wie auswertende Aufarbeitung umfasst. Sie müssen nach § 21 Abfallwirtschaftskonzepte und Abfallbilanzen über die Verwertung, insbesondere zur Vorbereitung zur Wiederverwendung und des Recyclings, und die Beseitigung der in ihrem Gebiet anfallenden und ihnen zu überlassenden Abfälle erstellen. Die **Anforderungen** an die Abfallwirtschaftskonzepte und Abfallbilanzen richten sich **nach Landesrecht** (z. B. §§ 8 und 9 AbfG LSA). Informationen über das tatsächliche Aufkommen signalisieren den Handlungsbedarf und zeigen, ob die richtigen Maßnahmen ergriffen wurden. Anderenfalls muss nachjustiert werden. Entsprechend sind die öffentlich-rechtlichen Entsorgungsträger verpflichtet, das Abfallwirtschaftskonzept der oberen Abfallbehörde vorzulegen. Es ist der Öffentlichkeit zugänglich zu machen (§ 8 Abs. 5 S. 2 AbfG LSA). Die Abfallbilanz ist der zuständigen Behörde für jedes Kalenderjahr vorzulegen. Sie wertet die übermittelten Abfallbilanzen aus und erstellt auf deren Grundlage eine zusammenfassende Bilanz des Landes (§ 9 Abs. 1 S. 2 und 4).

3.7.3.5 Beauftragung Dritter

94 Die Möglichkeit der Arbeitsteilung einerseits und ein unterschiedliches Angebot an Kompetenzen und Kapazitäten andererseits legen eine Flexibilisierung nahe, die § 22 ermöglicht: Die zur Verwertung und Beseitigung Verpflichteten können Dritte mit der Erfüllung ihrer Pflichten beauftragen. Ihre **Verantwortlichkeit** für die Erfüllung der Pflichten **bleibt** hiervon **unberührt** und so lange bestehen, bis die Entsorgung endgültig und ordnungsgemäß abgeschlossen ist. Die beauftragten Dritten müssen über die erforderliche Zuverlässigkeit verfügen.[84]

---

[83] Vgl. *Biletzki*, NJW 1998, 279 (282).

[84] Siehe oben Rn. 85.

3.7.4 Produktverantwortung

95 Die Regelungen zur Produktverantwortung werden als die zentralen Stellschrauben gesehen, um die Idee der Kreislaufwirtschaft mit wirksamen Verpflichtungen zu unterlegen. Denn angeknüpft wird nicht erst beim angefallenen Abfall, sondern bereits in der **Entstehungsphase von Produkten**:[85]

3.7.4.1 Produktverantwortung

96 Wer Erzeugnisse entwickelt, herstellt, be- oder verarbeitet oder vertreibt, trägt nach § 23 Abs. 1 **zur Erfüllung der Ziele der Kreislaufwirtschaft** die Produktverantwortung. Erzeugnisse sind möglichst so zu gestalten, dass bei ihrer Herstellung und ihrem Gebrauch das Entstehen von Abfällen vermindert wird und sichergestellt ist, dass die nach ihrem Gebrauch entstandenen Abfälle umweltverträglich verwertet oder beseitigt werden. Die Formulierung klingt sehr apodiktisch, also bestimmt und unumstößlich. Es ist kein „können" angefügt, um auf die bloße Möglichkeit zu verweisen. In der Gesetzesbegründung wird dazu näher erläutert, dass die umweltverträgliche Verwertung und Beseitigung der nach dem Gebrauch entstehenden Abfälle sicher zu stellen ist. Allerdings kann die Gestaltung der Produkte wohl kaum die Einhaltung der abfallrechtlichen Vorgaben gewährleisten. Das müssen die Akteure und das Abfallrecht schon zusammen hinkriegen.[86]

97 Die **Produktverantwortung umfasst insbesondere**:

- die Entwicklung, die Herstellung und das Inverkehrbringen von Erzeugnissen, die mehrfach verwendbar, technisch langlebig und nach Gebrauch zur ordnungsgemäßen, schadlosen und hochwertigen Verwertung sowie zur umweltverträglichen Beseitigung geeignet sind,
- den vorrangigen Einsatz von verwertbaren Abfällen oder sekundären Rohstoffen bei der Herstellung von Erzeugnissen,
- die Kennzeichnung von schadstoffhaltigen Erzeugnissen, um sicherzustellen, dass die nach Gebrauch verbleibenden Abfälle umweltverträglich verwertet oder beseitigt werden,
- den Hinweis auf Rückgabe-, Wiederverwendungs- und Verwertungsmöglichkeiten oder -pflichten und Pfandregelungen durch Kennzeichnung der Erzeugnisse und
- die Rücknahme der Erzeugnisse und der nach Gebrauch der Erzeugnisse verbleibenden Abfälle sowie deren nachfolgende umweltverträgliche Verwertung oder Beseitigung.

---

[85] Eingehend: *Thomé-Kozmiensky/Versteyl/Beckmann* (Hrsg.), Produktverantwortung, 2007; *Smeddinck*, NuR 2009, 304 ff.; *Webersinn*, AbfallR 2010, 266 ff.

[86] Eine beispielhafte Analyse, wie es nicht funktioniert, findet sich bei *Roßnagel*, Innovationssteuerung im Elektrogesetz, in: Eifert/Hoffmann-Riem (Hrsg.), Baden-Baden 2009, S. 263 (274 ff.); vgl. auch *Fehling*, NuR 2010, 323 (328).

98 Die Produktverantwortung ist eine Ausprägung des Verursacher- und des Vorsorgeprinzips.[87] Im Rahmen der konkreten Ausgestaltung nach den Absätzen 1 und 2 sind neben der Verhältnismäßigkeit der Anforderungen entsprechend § 7 Abs. 4 die sich aus anderen Rechtsvorschriften ergebenden Regelungen zur Produktverantwortung und zum Schutz von Mensch und Umwelt sowie die Festlegungen des Gemeinschaftsrechts über den freien Warenverkehr zu berücksichtigen (§ 23 Abs. 3). Einerseits wird der Verweis auf den freien Warenverkehr als überflüssig hingestellt. Andererseits sei er als Hinweis sinnvoll, dass die Einführung von Pfand- und Rücknahmepflichten keine willkürliche Ausnutzung als nationale Handelshemmnisse ermögliche.[88] Pfand- und Rücknahmesysteme wurden vom EuGH als Umweltschutzmaßnahmen anerkannt, die die **Einschränkung des freien Warenverkehrs** rechtfertigen.[89]

99 Gerade angesichts eines globalen Handels mit Konsumgütern stellt sich die Frage, wie es um die Produktverantwortung bei Importprodukten steht. Bei massenhaft **importierten Billigprodukten** kann von Deutschland aus die Produktverantwortung der Erzeuger in anderen Ländern nicht verbindlich reguliert werden. Aber es ist auch nicht so, dass regulative Autonomie als Voraussetzung für das Funktionieren internationaler Märkte verloren geht.[90] Ein Mindestschutz gegenüber solchen Produkten, bei denen ein Hersteller seine Verantwortung so sehr vernachlässigt hat, dass sie Gefahren für die Sicherheit und Gesundheit mit sich bringen, z. B. giftige Spielzeuge sorgten für Aufsehen, kann über die Regelungen über das Inverkehrbringen im **Geräte- und Produktsicherheitsgesetz**[91] erreicht werden. Um die Belastung von weltweit gehandelten Produkten aus chinesischen Fabriken zu verringern, wird der Aufbau von Recyclingstrukturen in China unterstützt.[92] In China selbst werden vergleichbare Gesetze erlassen, die die Produktverantwortung adressieren.[93] Eine Bindungswirkung kann auch von international anerkannten Produktstandards ausgehen, die sich faktisch oder verbindlich durch die Einbeziehung in unterschiedliche Rechtsrahmen ergeben kann.[94]

100 Allerdings gewinnen die deutschen Vorschriften erst Durchschlagskraft, wenn die Bundesregierung durch Rechtsverordnungen auf Grundlage der §§ 24 und 25 bestimmt, welche Verpflichteten die Produktverantwortung nach den Absätzen 1 und 2 wahrzunehmen haben. Sie legt zugleich fest, für welche Erzeugnisse und in welcher Art und

---

[87] Siehe dazu *Kluth*, § 1 in diesem Buch, Rn. 127 ff.

[88] *Versteyl*, in: Kunig/Paetow/Versteyl, KrW-/AbfG, 2. Aufl., München 2003, § 22 Rn. 39.

[89] EuGH, Urt. v. 20.09.1989, NVwZ 1989, 849 f.

[90] Zum Fragenkreis: *Joerges*, Freier Handel mit riskanten Produkten? in: Leibfried/Zürn (Hrsg.), Transformationen des Staates, Frankfurt 2006, S. 151 ff.

[91] Vom 6. Januar 2004 (BGBl. I S. 2, ber. S. 219), zuletzt geänd. durch Gesetz vom 8. November 2011 (BGBl. I S. 2178, ber. 2012 I S. 131).

[92] *Pfitzenmaier*, Focus 45/2007, 132 f.; *Zhang/Fröhling/Rentz*, Planung eines Rücknahme- und Recyclingsystems für Elektro- und Elektronikschrott in China, in: Thomé-Kozmiensky/Versteyl/Beckmann (Hrsg.), Produktverantwortung, Neuruppin 2007, S. 339 ff.

[93] Vgl. *Streicher-Porte/Kummer/Chi/Denzler/Wang*, elni 2010, 7 ff.

[94] *Joerges*, Freier Handel mit riskanten Produkten? in: Leibfried/Zürn (Hrsg.), Transformationen des Staates, Frankfurt/M. 2006, S. 151 (169 ff.).

Weise die Produktverantwortung wahrzunehmen ist (§ 23 Abs. 4). Im Rahmen dieser Vorgaben verfügt die Bundesregierung über die Gestaltungsfreiheit. Von der Vielzahl an Verordnungsermächtigungen zur Produktverantwortung ist bisher nur in Ansätzen Gebrauch gemacht worden.[95] Auf Grundlage der Verordnungsermächtigung zur Einführung einer Wertstofftonne könnte das Prinzip der Produktverantwortung stringenter umgesetzt werden.[96] In einigen Fällen ist die Form des Parlamentsgesetzes gewählt worden (ElektroG, BattG).[97]

Ist Produktverantwortung nur die Verantwortung des Herstellers? 101

Aufgabe 3.7

Gegenwärtig wird in rechtspolitischen Überlegungen unter Produktverantwortung fast ausschließlich die Herstellerverantwortung thematisiert. Richtigerweise handelt es sich bei Angebot und Nachfrage auch um zwei Seiten einer Medaille. Und der Hersteller hat besondere Möglichkeiten der Einflussnahme auf den gewählten Produktionsweg wie die erzeugten Produkte. Aber es würde zu kurz greifen und manche Einflussmöglichkeit bliebe ungenutzt, wenn nicht auch nach der Konsumentenverantwortung und einer Unterlegung mit geeigneten, auch rechtlichen Instrumenten gefragt würde. Wie könnte die Ausgestaltung der Konsumentenverantwortung aussehen? Die Frage ist nicht leicht zu beantworten.[98] Versuchen Sie, Ideen zu entwickeln!

3.7.4.2 Freiwillige Rücknahme

102 Eine weitere Verordnungsermächtigung betrifft in § 26 Abs. 1 Zielfestlegungen für die freiwillige Rücknahme von Abfällen, die innerhalb einer angemessenen Frist zu erreichen sind. Inhalt der **Zielfestlegungen** können die Bedingungen für die freiwillige Zurücknahme sein. Es kann auch festgelegt werden, welche **Quote der anfallenden Abfälle** durch die freiwillige Rücknahme erreicht werden soll.[99] Auf Grundlage einer vergleichbaren Regelung ist die Verpackungsverordnung 1991 als eine der Pioniertaten in der Regulierung der Produktverantwortung geschaffen worden. Im Hinblick auf die freiwillige Rücknahme werden aber auch eine Reihe verbindlicher Regelungen getroffen: Hersteller und Vertreiber, die Erzeugnisse und die nach Gebrauch der Erzeugnisse verbleibenden Abfälle freiwillig zurücknehmen, haben dies der zuständigen Behörde vor Beginn der Rücknahme anzuzeigen, soweit die Rücknahme gefährliche Abfälle umfasst

---

[95] *Beckmann*, AbfallR 2008, 65 (68).

[96] Vgl. *Schomerus/Sanden*, Entwicklung eines Regelungskonzepts für ein Ressourcenschutzrecht des Bundes, UBA-Forschungsvorhaben (im Erscheinen), S. 539.

[97] Siehe *Becht/Groß*, UPR 2010, 336 ff.

[98] Vgl. *Heidbrink/Schmidt/Ahaus* (Hrsg.), Die Verantwortung des Konsumenten, Frankfurt/M. 2011; *Schlacke/Stadermann*, Rechtliche Instrumente zur Förderung des nachhaltigen Konsums – am Beispiel von Produkten, UBA-Forschungsvorhaben (im Erscheinen).

[99] Vgl. *Versteyl*, in: Versteyl/Mann/Schomerus, KrWG, 3. Aufl., München 2012, § 26 Rn. 10.

(§ 26 Abs. 2). Den Hersteller oder Vertreiber, der von ihm hergestellte oder vertriebene Erzeugnisse nach deren Gebrauch als gefährliche Abfälle in eigenen Anlagen oder Einrichtungen oder in Anlagen oder Einrichtungen von ihm beauftragter Dritter freiwillig zurücknimmt, soll die Behörde von Nachweis- und Erlaubnispflichten freistellen. Voraussetzungen sind, dass die freiwillige Rücknahme erfolgt, um die Produktverantwortung im Sinne des § 23 wahrzunehmen (1.), durch die Rücknahme die Kreislaufwirtschaft gefördert wird (2.) und die umweltverträgliche Verwertung oder Beseitigung der Abfälle gewährleistet bleibt (3.). Die Rücknahme nach Satz 1 gilt spätestens mit der Annahme der Abfälle an einer Anlage zur weiteren Entsorgung als abgeschlossen, soweit in der Freistellung kein früherer Zeitpunkt bestimmt wird. Ausgenommen sind Anlagen zur Zwischenlagerung der Abfälle (§ 26 Abs. 3 S. 1 und 2).

103 § 27 hält ergänzend und klarstellend fest, dass Hersteller und Vertreiber, die Abfälle aufgrund einer Rechtsverordnung nach § 25 oder freiwillig zurücknehmen, den Pflichten eines Besitzers von Abfällen unterliegen.

3.7.5 Planungsverantwortung

104 Der Teil 4 des KrWG betont die Planungsverantwortung für **ein zielgerichtetes und bedachtes Vorgehen** im Hinblick auf die Ordnung und Durchführung der Abfallbeseitigung (§§ 28, 29), Abfallwirtschaftspläne (§§ 30–32) und Abfallvermeidungsprogramme (§ 33) und die Zulassung von Abfallentsorgungsanlagen (§§ 34–44). Der Titel ist nicht wirklich aussagekräftig. Es geht um planvolles Tätigwerden und wer jeweils dafür zuständig ist. Entsprechend der Strukturen im Abfallsektor ist die Verantwortung auf unterschiedliche Akteure verteilt.

3.7.5.1 Ordnung und Durchführung der Abfallbeseitigung

105 Abfälle dürfen nach § 28 Abs. 1 S. 1 zum Zweck der Beseitigung nur in den dafür zugelassenen Anlagen oder Einrichtungen **(Abfallbeseitigungsanlagen)** behandelt, gelagert oder abgelagert werden. Abweichend davon ist die Behandlung von Abfällen zur Beseitigung auch in solchen **Anlagen** zulässig, **die überwiegend einem anderen Zweck** als der Abfallbeseitigung **dienen** und die einer Genehmigung nach § 4 BImSchG bedürfen. Ein Beispiel dafür sind etwa die Hausmüllverbrennungsanlagen mit Verwerterstatus, in denen ausnahmsweise kleinere Mengen Abfälle zur Beseitigung mit verbrannt werden. Die Lagerung oder Behandlung von Abfällen zur Beseitigung in den diesen Zwecken dienenden Abfallbeseitigungsanlagen ist auch zulässig, soweit diese nach dem BImSchG wegen ihres geringen Beeinträchtigungspotenzials keiner Genehmigung bedürfen und in einer Rechtsverordnung nach § 23 BImSchG oder § 16 KrWG nichts anderes bestimmt ist.

106 Die zuständige Behörde kann nach § 28 Abs. 2 im Einzelfall unter dem Vorbehalt des Widerrufs **Ausnahmen** von Absatz 1 Satz 1 zulassen, wenn dadurch das Wohl der Allgemeinheit nicht beeinträchtigt wird. Außerdem können die Landesregierungen nach § 28 Abs. 3 durch Rechtsverordnung die Beseitigung bestimmter Abfälle oder bestimmter Mengen dieser Abfälle **außerhalb von Anlagen** im Sinne des Absatzes 1 Satz 1 zulas-

sen, soweit hierfür ein Bedürfnis besteht und eine Beeinträchtigung des Wohls der Allgemeinheit nicht zu besorgen ist. Sie können in diesem Fall auch die Voraussetzungen und die Art und Weise der Beseitigung durch Rechtsverordnung bestimmen. Die Landesregierungen können die Ermächtigung durch Rechtsverordnung ganz oder teilweise auf andere Behörden übertragen.

107

Verbrennen von Gartenabfällen – erlaubt oder nicht erlaubt?

Die konkrete Rechtslage kann beim Verbrennen von Gartenabfällen relevant werden: Mit der für das Land Sachsen-Anhalt geltenden Verordnung zur Übertragung von Verordnungsermächtigungen im Abfallrecht[100] wurde den unteren Abfallbehörden die Entscheidung übertragen, in ihrem Zuständigkeitsbereich Regelungen über die Entsorgung bestimmter pflanzlicher Gartenabfälle zu treffen. Im Landkreis Börde ist das Verbrennen von Gartenabfällen grundsätzlich zulässig. Bestimmte Voraussetzungen müssen eingehalten werden.[101] Vorrangig sollten die pflanzlichen Gartenabfälle allerdings gesammelt und einer Kompostierung zugeführt werden bzw. durch Liegenlassen oder Untergraben entsorgt werden (§ 2 Abs. 1 Verordnung über das Verbrennen pflanzlicher Abfälle von gärtnerisch genutzten Böden in den Landkreisen Bördekreis und Ohrekreis).[102] § 2 Abs. 3 der Verordnung verlangt, bei der Verbrennung die geltenden Brandschutzbestimmungen und die Grundsätze der Abfallentsorgung zu beachten. Was rechtlich zulässig ist, muss aber nicht ökologisch sinnvoll sein.[103]

108

Die zuständige Behörde kann nach § 29 Abs. 1 den Betreiber einer Abfallbeseitigungsanlage verpflichten, einem Beseitigungspflichtigen (vgl. § 15) sowie den öffentlich-rechtlichen Entsorgungsträgern (vgl. § 20) die **Mitbenutzung der Abfallbeseitigungsanlage** gegen angemessenes Entgelt zu gestatten. Voraussetzungen sind, dass diese auf eine andere Weise den Abfall nicht zweckmäßig oder nur mit erheblichen Mehrkosten beseitigen können und die Mitbenutzung für den Betreiber zumutbar ist. So soll eine optimale Ausnutzung von vorhandenen Anlagen erreicht werden. Ein Aufbau von Parallelstrukturen, die sich letztlich für alle Betreiber nicht rechnen würden, kann vermieden werden.

---

100 In der Fassung vom 25. Mai 1993 (GVBl. S. 262), zuletzt geändert durch Verordnung am 19. Dezember 2005 (GVBl. S. 744, 749).

101 Vgl. <www.boerdekreis.de/pdffile_1591.pdf> (Stand: 23.04.2012).

102 Einzusehen unter <http://www.eigenbetrieb-abfallentsorgung.de/Gesetze/gartenabfallverbrennung.htm> (Stand: 23.04.2012).

103 Das Umweltbundesamt sieht das Verbrennen von Gartenabfällen kritisch, vgl. S. 14 der Broschüre „Ökologisch sinnvolle Verwertung von Bioabfällen – Anregungen für kommunale Entscheidungsträger", download unter <http://www.umweltbundesamt.de/uba-info-medien/3888.html> (Stand: 23.04.2012).

109 Wenn eine **Einigung über das Entgelt** nicht zustande kommt, setzt es die zuständige Behörde auf Antrag fest (§ 29 Abs. 3 KrWG). Auf Antrag des Betreibers kann der durch die Gestattung Begünstigte statt zur Zahlung eines angemessenen Entgelts dazu **verpflichtet werden**, nach dem Wegfall der Gründe für die Zuweisung **Abfälle gleicher Art und Menge zu übernehmen**. Die Verpflichtung zur Gestattung darf nur erfolgen, wenn Vorschriften des KrWG nicht entgegenstehen. Es muss sichergestellt sein, dass die Grundpflichten nach § 15 erfüllt werden. Die zuständige Behörde muss vom Beseitigungspflichtigen, der durch die Gestattung begünstigt werden soll, ein Abfallwirtschaftskonzepts verlangen und dieses ihrer Entscheidung zugrunde legen.

110 Auf Antrag kann die zuständige Behörde nach § 29 Abs. 2 dem Betreiber einer Abfallbeseitigungsanlage, der Abfälle wirtschaftlicher als die öffentlich-rechtlichen Entsorgungsträger beseitigen kann, die **Beseitigung dieser Abfälle übertragen**. Um auch hier die „Rosinenpickerei" im Hinblick auf lukrative Abfallströme zu Lasten der öffentlich-rechtlichen Entsorgungsträger zu unterbinden, kann die Übertragung insbesondere mit der Auflage verbunden werden, dass der Antragsteller alle Abfälle, die in dem von den öffentlich-rechtlichen Entsorgungsträgern erfassten Gebiet angefallen sind, gegen Erstattung der Kosten beseitigt. Vorausgesetzt wird, dass die öffentlich-rechtlichen Entsorgungsträger die verbleibenden Abfälle nicht oder nur mit unverhältnismäßigem Aufwand beseitigen können. Wenn der Antragsteller allerdings darlegt, dass es unzumutbar ist, die Beseitigung auch dieser verbleibenden Abfälle zu übernehmen, bleibt diese Möglichkeit verschlossen. Das Tatbestandsmerkmal der Zumutbarkeit bezieht sich nicht auf ökonomische Aspekte, sondern auf abfallwirtschaftliche Aspekte, insbesondere ob durch die Mitbenutzung die Leistungsfähigkeit der Abfallbeseitigungsanlage erheblich beeinträchtigt wäre.[104]

3.7.5.2 Abfallwirtschaftspläne

111 In Abfallwirtschaftsplänen soll das unübersichtliche Gesamtgeschehen aus Akteuren, Strukturen und Einzelaktivitäten in einen Zusammenhang zueinander gesetzt werden. Die Länder müssen nach § 30 Abs. 1 für ihr Gebiet Abfallwirtschaftspläne nach überörtlichen Gesichtspunkten aufstellen.[105] Die inhaltlichen Anforderungen sind komplex. Die Abfallwirtschaftspläne stellen Folgendes dar:

- die Ziele der Abfallvermeidung, der Abfallverwertung, insbesondere der Vorbereitung zur Wiederverwendung und des Recyclings, sowie der Abfallbeseitigung,
- die bestehende Situation der Abfallbewirtschaftung,
- die erforderlichen Maßnahmen zur Verbesserung der Abfallverwertung und Abfallbeseitigung einschließlich einer Bewertung ihrer Eignung zur Zielerreichung sowie

---

104 *Kropp*, in: Giesberts/Reinhardt (Hrsg.), BeckOK Umweltrecht, KrW-/AbfG, Stand: 01.04.2012, § 28, Rn. 14.

105 Für eine klimaschutzbezogene Ausrichtung der Abfallwirtschaftsplanung: *Frenz,* UPR 2009, 241 ff.

- die Abfallentsorgungsanlagen, die zur Sicherung der Beseitigung von Abfällen sowie der Verwertung von gemischten Abfällen aus privaten Haushaltungen einschließlich solcher, die dabei auch in anderen Herkunftsbereichen gesammelt werden, im Inland erforderlich sind.

112 Außerdem weisen die Abfallwirtschaftspläne Folgendes aus:

- die zugelassenen Abfallentsorgungsanlagen,
- die Flächen, die für Deponien, für sonstige Abfallbeseitigungsanlagen sowie für Abfallentsorgungsanlagen geeignet sind.

113 Die Abfallwirtschaftspläne können ferner bestimmen, **welcher Entsorgungsträger** vorgesehen ist und **welcher Abfallentsorgungsanlage** sich die Entsorgungspflichtigen zu bedienen haben.

114 Die **Darstellung des Bedarfs** soll nach § 30 Abs. 2 die zukünftige Entwicklung mindestens in den nächsten zehn Jahren berücksichtigen. Soweit erforderlich, sind Abfallwirtschaftskonzepte und Abfallbilanzen als Informationsquellen auszuwerten.

115 Es ist in den Vorschriften an alles gedacht: Eine Fläche gilt als geeignet, wenn ihre Lage, Größe und Beschaffenheit für die vorgesehene Nutzung mit den **abfallwirtschaftlichen Zielsetzungen im Plangebiet** übereinstimmt und Belange des Wohls der Allgemeinheit der Eignung der Fläche nicht offensichtlich entgegenstehen. Für die Planfeststellung oder Genehmigung einer Abfallbeseitigungsanlage nach § 35 ist die **Flächenausweisung** in einem Abfallwirtschaftsplan **keine Voraussetzung** (§ 30 Abs. 3). Die Ausweisungen können für die Entsorgungspflichtigen für verbindlich erklärt werden (§ 30 Abs. 4). Bei der Abfallwirtschaftsplanung sind die Ziele der Raumordnung zu beachten und die Grundsätze und sonstigen Erfordernisse der Raumordnung zu berücksichtigen (§ 30 Abs. 5 S. 1).

116 In § 30 Abs. 6 und 7 werden **weitere Aspekte** und Themen aufgelistet, die zum **Gegenstand von Abfallwirtschaftsplänen** gemacht werden können. Hierzu gehören unter anderem Angaben über die Art, Menge, Herkunft der im Gebiet erzeugten Abfälle, Angaben über bestehende Abfallsammelsysteme, Beurteilung der Notwendigkeit neuer Systeme, allgemeine Abfallbewirtschaftungsstrategien. Die Angaben sind jedoch anders als in § 30 Abs. 1 nicht zwingend abzuarbeiten, sondern nur, soweit dies im Einzelfall zweckmäßig ist. Für die Zweckmäßigkeit kommt es entscheidend auf die Entsorgungsstrukturen im Planungsgebiet an.[106]

117 Die Länder sollen nach § 31 Abs. 1 ihre **Abfallwirtschaftsplanungen aufeinander und untereinander abstimmen**. Ist eine die Grenze eines Landes überschreitende Planung erforderlich, sollen die betroffenen Länder bei der Aufstellung der Abfallwirtschaftspläne die Erfordernisse und Maßnahmen in gegenseitigem Benehmen miteinander festlegen. Bei der Aufstellung der Abfallwirtschaftspläne sind die Gemeinden und die Landkreise sowie deren jeweilige Zusammenschlüsse und die öffentlich-rechtlichen Entsorgungsträger zu beteiligen (§ 31 Abs. 2).

---

106 Vgl. die Gesetzesbegründung (BT-Drucks. 17/6052, S. 92).

118 Die öffentlich-rechtlichen Entsorgungsträger haben die von ihnen zu erstellenden und fortzuschreibenden Abfallwirtschaftskonzepte und Abfallbilanzen auf Verlangen der zuständigen Behörde **zur Auswertung** für die Abfallwirtschaftsplanung **vorzulegen** (§ 31 Abs. 3). Die Pläne sind alle sechs Jahre auszuwerten und bei Bedarf fortzuschreiben (§ 31 Abs. 5).

119 § 32 regelt eine relativ aufwändige **Öffentlichkeitsbeteiligung**. Das zeigt, dass Partizipation auch schon vor Stuttgart 21[107] eine Rolle spielte – gerade im Abfallbereich. Für die Abfallentsorgung entstehen ebenfalls Anlagen, die unbeliebt sind, die Ängste auslösen und die sich keiner in der Nähe wünscht wie Abfallbehandlungsanlagen, Müllverbrennungsanlagen und Deponien. So sollen Konflikte und Widerstände, aber auch nützliche Hinweise im Vorfeld identifiziert und soweit möglich vermittelt werden. Maßgaben und Maßnahmen sollen eine stärkere Legitimation finden.[108] Frühzeitig, bereits bei der Aufstellung oder Änderung von Abfallwirtschaftplänen nach § 30, einschließlich besonderer Kapitel oder gesonderter Teilpläne, insbesondere über die Entsorgung von gefährlichen Abfällen (vgl. Begriffsbestimmung in § 3 Abs. 5!), Altbatterien und Akkumulatoren oder Verpackungen und Verpackungsabfällen, ist also gemäß § 32 Abs. 1 die Öffentlichkeit durch die zuständige Behörde zu beteiligen.

120 Die Aufstellung oder Änderung eines Abfallwirtschaftsplans sowie Informationen über das Beteiligungsverfahren sind in einem amtlichen Veröffentlichungsblatt und auf andere geeignete Weise **bekannt zu machen**. Jetzt wird neu klargestellt, dass der Entwurf des neuen oder geänderten Abfallwirtschaftsplans sowie die Gründe und Erwägungen, auf denen der Entwurf beruht, nach § 32 Abs. 2 einen Monat zur Einsicht **auszulegen** sind und bis zwei Wochen nach Ablauf der Auslegungsfrist gegenüber der zuständigen Behörde schriftlich **Stellung genommen** werden kann. Der Zeitpunkt des Fristablaufs ist bei der Bekanntmachung nach Absatz 1 Satz 2 mitzuteilen. Fristgemäß eingegangene Stellungnahmen werden von der zuständigen Behörde bei der Entscheidung über die Annahme des Plans angemessen berücksichtigt.

121 Die **Annahme des Plans** wiederum ist von der zuständigen Behörde in einem amtlichen Veröffentlichungsblatt und auf einer öffentlich zugänglichen Webseite öffentlich bekannt zu machen; dabei ist in **zusammengefasster Form** über den Ablauf des Beteiligungsverfahrens und über die Gründe und Erwägungen, auf denen die getroffene Entscheidung beruht, zu unterrichten. Der angenommene Plan ist zur Einsicht für die Öffentlichkeit **auszulegen**, hierauf ist in der öffentlichen Bekanntmachung nach Satz 1 hinzuweisen (§ 32 Abs. 3).

122 Die Regelungen greifen nicht, wenn für den Abfallwirtschaftsplan eine **Strategische Umweltprüfung** nach dem Umweltverträglichkeitsprüfungsgesetz durchzuführen ist (§ 32 Abs. 4). Unabhängig von den Regelungen zur Öffentlichkeitsbeteiligung trifft die Behörde eine **aktive Informationspflicht**: die Länder unterrichten die Öffentlichkeit über den Stand der Abfallwirtschaftsplanung. Unter Beachtung bestehender Geheimhal-

---

[107] *Knauff*, DÖV 2012, 1 ff.; *Böhm*, NuR 2011, 614 ff.; *Pünder*, NuR 2004, 71 ff.
[108] Vgl. auch *Smeddinck*, EurUP 2011, 217 (222).

tungsvorschriften ist eine zusammenfassende Darstellung und Bewertung der Abfallwirtschaftspläne, ein Vergleich zum vorangegangenen sowie eine Prognose für den folgenden Unterrichtungszeitraum vorzulegen (§ 32 Abs. 5).

3.7.5.3 Abfallvermeidungsprogramm

123

Forschung und Wissenstransfer zur Abfallvermeidung
Das KrWG verpflichtet als Neuerung den Bund, ein Abfallvermeidungsprogramm (AVP) zu erstellen. Obwohl schon viele Jahre die Abfallvermeidung an der Spitze der Abfallhierarchie steht, ist sie bisher praktisch wenig folgenreich und wirksam geworden. Da das Thema nicht gezielt und systematisch-verbindlich angegangen wurde.[109] Auch wenn man zu Recht die Frage aufwerfen kann, ob darauf zielende rechtliche Verpflichtungen ins Kreislaufwirtschafts- und Abfallrecht gehören oder richtigerweise außerhalb des Abfallrechts platziert werden sollten. Denn Abfälle vermeiden heißt doch, dass Abfälle gar nicht entstehen. Der Schlüssel zur Anwendbarkeit des KrWG – das Vorliegen von Abfall, die Erfüllung des Abfallbegriffs – wird gar nicht ausgehändigt. Und doch hat die Abfallrahmenrichtlinie 2008/98/EG (AbfRRL) das neue Instrument der Abfallvermeidungsprogramme eingeführt und den deutschen Gesetzgeber so zur Übernahme gezwungen. Interessant ist, dass und wie die Europäische Union dabei die Wissensgenerierung und den Wissenstransfer rechtlich organisiert und festlegt: Zunächst werden die Mitgliedstaaten verpflichtet, die bestehenden Vermeidungsmaßnahmen zu beschreiben und die Zweckmäßigkeit der in Anhang IV angegebenen Beispielsmaßnahmen oder anderer geeigneter Maßnahmen zu bewerten (Art. 29 Abs. 2 S. 2 AbfRRL). Im Anhang werden in drei Kategorien bereits 16 Beispiele für Abfallvermeidungsmaßnahmen aufgelistet. Doch wie weiß ein föderal gegliederter Staat wie die Bundesrepublik eigentlich, welche Maßnahmen zur Abfallvermeidung es in Deutschland gibt? Konkret hat das Umweltbundesamt als Ressortforschungseinrichtung und damit als wissenschaftlicher Berater des Bundesumweltministeriums, das für die Umsetzung der AbfRRL in deutsches Recht federführend ist, ein Forschungsvorhaben vergeben, um die gewünschten Informationen zu ermitteln: Als Grundlage für die Erarbeitung des nationalen Abfallvermeidungsprogramms werden in diesem Forschungsvorhaben die zahlreichen Maßnahmen der öffentlichen Hand, die in Deutschland bereits einen Beitrag zur Abfallvermeidung leisten, sowie in der Literatur zu diesem Zweck beschriebene Maßnahmen nach der in Anhang IV der AbfRRL vorgegebenen Systematik dargestellt und durch entsprechenden Maßnahmen aus dem Ausland bzw. der Literatur ergänzt. Ziel des Forschungsvorhabens ist

---

[109] Vgl. *Schink*, Elemente symbolischer Umweltpolitik im Abfallrecht, in: Hansjürgens/Lübbe-Wolff (Hrsg.), Symbolische Umweltpolitik, Frankfurt/M. 2000, S. 102 (108 ff.).

es, für Deutschland zum Komplex „Abfallvermeidung" eine fundierte Datenbasis über bestehende Maßnahmen der öffentlichen Hand sowie über angewandte Instrumente auf kommunaler, Länder- und Bundesebene zu schaffen. Damit wird zugleich eine Datenbasis für die Erstellung eines nationalen AVP geschaffen. Dafür werden die in Deutschland und im Ausland bestehenden staatlichen Abfallvermeidungsmaßnahmen auf lokaler, regionaler, Landes- und Staatsebene erfasst und strukturiert. Freiwillige, ordnungspolitische und ökonomische Instrumente sind zu berücksichtigen.[110]

124 In den vergangenen Jahren ist das Wissensmanagement ein immer wichtigerer Faktor für die Steuerung und die Einflussnahme des Staates auf gesellschaftliche Vorgänge geworden. In der Wissensgesellschaft verfügt eine wachsende Zahl von Akteuren über immer mehr unterschiedliches Wissen, das für eigene Zwecke und Interessen und gegen den Staat, aber auch zu seiner Unterstützung eingesetzt werden kann. Wissen kann gemeinsam produziert werden. An Wissen kann in unterschiedlicher Weise angeknüpft werden.[111] Im konkreten Beispiel tritt die Europäische Kommission als Wissensmittler auf. Nach Art. 29 Abs. 7 AbfRRL schafft die Kommission ein System für den Austausch von Informationen über die bewährte Praxis im Bereich der Abfallvermeidung und erarbeitet Leitlinien, um die Mitgliedstaaten bei der Ausarbeitung der Programme zu unterstützen. Diese rechtlichen Regelungen zielen darauf, dass unterschiedliche Wissen zum Thema Abfallvermeidung in den Mitgliedstaaten zu sammeln und anschließend dessen flächige Verbreitung zu gewährleisten. Hier muss auch darauf hingewiesen werden, dass aufgrund des ausgeprägten Umweltbewusstseins in Deutschland und dem gesellschaftlichen Stellenwert des Umweltschutzes hierzulande die Bemühungen um Abfallvermeidung sicher sehr viel stärker ausgeprägt sind, als in vielen anderen Ländern der EU, die eine völlig andere Entwicklung genommen haben. Sie können noch sehr viel mehr als Deutschland von diesem Ansatz profitieren.

125 Um eine echte Verbindlichkeit zu erreichen, müssen die AVPe erstmals zum 12. Dezember 2013 erstellt und danach alle sechs Jahre ausgewertet und bei Bedarf fortgeschrieben werden. Bei der Aufstellung oder Änderung von AVPs ist die Öffentlichkeit von der zuständigen Behörde entsprechend § 32 Abs. 1 bis 4 zu beteiligen. Zuständig für die Erstellung des Abfallvermeidungsprogramms des Bundes ist das Bundesumweltministerium oder eine von diesem zu bestimmende Behörde. Das

---

[110] *Dehoust/Küppers/Bringezu/Wilts*, Erarbeitung der wissenschaftlichen Grundlagen für die Erstellung eines bundesweiten Abfallvermeidungsprogramms, Kurzfassung, UBA-Texte 59/2010, S. 3.

[111] Eingehend dazu der Sammelband *Schuppert/Voßkuhle* (Hrsg.), Governance von und durch Wissen, Baden-Baden 2008.

AVP des Bundes muss im Einvernehmen mit den fachlich betroffenen Bundesministerien erstellt werden (§ 33 Abs. 5).

126 Die mögliche Wirkung eines AVP wird ambivalent eingeschätzt: Positiv schlägt zu Buche, dass die Pflicht zur Programmerstellung, -auswertung und -weiterentwicklung einen Lernprozess auslösen kann, der die Beteiligten in Wirtschaft, Gesellschaft und Verwaltung zu neuen Anstrengungen motiviert. Abgesehen davon, dass das Kreislaufwirtschaftsrecht seinen Kern in der Gefahrenabwehr hat, ist negativ zu veranschlagen, dass ein Interessengegensatz zwischen der Abfallvermeidung und einer Entsorgungswirtschaft besteht, die auf Abfall als Wirtschaftsgut angewiesen ist.[112]

3.7.6 Zulassung von Anlagen, in denen Abfälle entsorgt werden

3.7.6.1 Planfeststellung und Genehmigung

127 § 34 regelt zunächst Betretensrechte und Duldungspflichten bei der **Erkundung geeigneter Standorte** für Deponien und öffentlich zugängliche Abfallbeseitigungsanlagen.[113] Für die anschließende Zulassung solcher Anlagen stehen zwei Zulassungsverfahren zur Verfügung:

128 Die Errichtung und der Betrieb von Anlagen, in denen eine Entsorgung (vgl. die Begriffsbestimmung in § 3 Abs. 2) von Abfällen durchgeführt wird, sowie die wesentliche Änderung einer solchen Anlage oder ihres Betriebes, bedürfen nach § 35 Abs. 1 ausschließlich einer Genehmigung nach dem BImSchG. Bei Vorliegen der Voraussetzungen muss die Genehmigung also erteilt werden – wie bei anderen Industrieanlagen auch.[114] Die **Errichtung und der Betrieb von Deponien** sowie die wesentliche Änderung einer solchen Anlage oder ihres Betriebes werden dagegen durch Planfeststellung durch die zuständige Behörde zugelassen (§ 35 Abs. 2).[115] Soll auf einer im Wege der Planfeststellung zugelassenen Deponie ein Zwischenlager für Abfälle errichtet werden, das für sich gesehen eine immissionsschutzrechtlich genehmigungsbedürftige Anlage nach § 4 Abs. 1 S. 1 BImSchG i. V. m. Nr. 8.12 Spalte 2 Buchstabe b der 4. BImSchV darstellt, bedarf es dafür einer Zulassung im abfallrechtlichen Planfeststellungsverfahren, wenn damit eine wesentliche Änderung des planfestgestellten Zustandes der Deponie verbunden ist.[116] Bei dem aufwändigen Zulassungsverfahren für größere Infrastrukturvorhaben steht die Zulassung im Ermessen der Behörde.

[112] Eingehend *Schomerus/Herrmann-Reichold/Strophal*, ZUR 2011, 507 ff.
[113] Siehe dazu oben Rn. 88.
[114] Vgl. *Beaucamp*, § 2 in diesem Buch, Rn. 114.
[115] Vgl. dazu allgemein *Kluth*, § 1 in diesem Buch, Rn. 147 ff.
[116] OVG Münster, ZUR 2010, 440.

129 In dem Planfeststellungsverfahren ist eine Umweltverträglichkeitsprüfung nach den Vorschriften des Gesetzes über die Umweltverträglichkeitsprüfung (UVPG) durchzuführen.[117] Als schlankere Form der Planfeststellung wurde aus Gründen der Verfahrensvereinfachung die Möglichkeit der **Plangenehmigung** geschaffen. Die Öffentlichkeitsbeteiligung und eine formalisierte UVP müssen dabei nicht durchgeführt werden. Die zuständige Behörde kann allerdings nur dann an Stelle eines Planfeststellungsbeschlusses auf Antrag oder von Amts wegen eine weniger aufwändige Plangenehmigung erteilen, wenn:

- die Errichtung und der Betrieb einer unbedeutenden Deponie beantragt wird, soweit die Errichtung und der Betrieb keine erheblichen nachteiligen Auswirkungen auf ein in § 2 Abs. 1 S. 2 UVPG genanntes Schutzgut haben kann, oder
- die wesentliche Änderung einer Deponie oder ihres Betriebes beantragt wird, soweit die Änderung keine erheblichen nachteiligen Auswirkungen auf ein in § 2 Abs. 1 S. 2 des UVPG genanntes Schutzgut haben kann, oder
- die Errichtung und der Betrieb einer Deponie beantragt wird, die ausschließlich oder überwiegend der Entwicklung und Erprobung neuer Verfahren dient, und die Genehmigung für einen Zeitraum von höchstens zwei Jahren nach Inbetriebnahme der Anlage erteilt werden soll. Soweit diese Deponie der Ablagerung gefährlicher Abfälle dient, darf die Genehmigung für einen Zeitraum von höchstens einem Jahr nach Inbetriebnahme der Anlage erteilt werden.

130 Die zuständige Behörde **soll** – ist also grundsätzlich verpflichtet – **ein Genehmigungsverfahren durchführen**, wenn die wesentliche Änderung keine erheblichen nachteiligen Auswirkungen auf ein in § 2 Abs. 1 S. 2 UVPG genanntes Schutzgut hat und den Zweck verfolgt, eine wesentliche Verbesserung für diese Schutzgüter herbeizuführen. Allerdings erfolgte die Einführung der Plangenehmigung in Zeiten, wo die Beschleunigung von Verfahren im Vordergrund stand, insbesondere nach der deutschen Einheit. Die abgespeckte Zulassungsform fand weiter Verbreitung im Umweltrecht. Die Politik wollte so das Engagement für Bürokratieabbau und für die Wirtschaft demonstrieren. Für Wirtschaftsunternehmen war die Dauer der Genehmigungsverfahren allerdings kein neuralgischer Punkt.[118] Stuttgart 21 und das gewachsene Interesse an neuen Partizipationsformen werfen ein verändertes Licht auf die Regelung.[119] Gegen fast alle Projekte organisiert sich mittlerweile Widerstand. Insofern ist die strikte Regelung („soll“) fragwürdig.

131 § 36 Abs. 1 verlangt, dass der Planfeststellungsbeschluss oder die Plangenehmigung nur ergehen dürfen, wenn ein Katalog mit detaillierten Voraussetzungen erfüllt wird.

---

[117] Vgl. dazu oben *Kluth*, § 1 in diesem Buch, Rn. 152 ff.

[118] *Steinberg*, Symbolische Umweltpolitik, in: Hansjürgens/Lübbe-Wolff (Hrsg.), Symbolische Umweltpolitik, Frankfurt/M. 2000, S. 63 ff.

[119] Vgl. nochmals *Böhm* NuR 2011, 614 ff.; auch *Steurer/Trattnigg*, Nachhaltigkeit anders regieren: ein Ausblick, in: Steurer/Trattnigg (Hrsg.), Nachhaltigkeit regieren – Eine Bilanz zu Governance-Prinzipien und Praktiken, München 2010, S. 269 (271 f.).

Dem Erlass eines Planfeststellungsbeschlusses oder der Erteilung einer Plangenehmigung stehen die nachteiligen Wirkungen auf **das Recht eines anderen** (§ 36 Abs. 1 Nr. 4) nicht entgegen.

132 Allerdings ist Voraussetzung, dass sie durch Auflagen oder Bedingungen verhütet oder ausgeglichen werden können oder der Betroffene den nachteiligen Wirkungen auf sein Recht nicht widerspricht. Rechte eines anderen können nicht entgegenstehen, wenn das Vorhaben dem Wohl der Allgemeinheit dient. So kann z. B. das Interesse an der Errichtung eines dezentralen Zwischenlagers mit Vorbehandlungseinrichtungen wegen der positiven Auswirkungen auf die gesamte Funktionsfähigkeit des landesweiten Sonderabfallentsorgungssystems mit dem öffentlichen Entsorgungsinteresse weitgehend identisch sein.[120] Wird in diesem Fall der Planfeststellungsbeschluss erlassen, ist der Betroffene für den dadurch eingetretenen Vermögensnachteil in Geld zu entschädigen (§ 36 Abs. 2).

133 Die zuständige Behörde soll verlangen, dass der Betreiber einer Deponie für die **Rekultivierung** sowie zur Verhinderung oder Beseitigung von Beeinträchtigungen des Wohls der Allgemeinheit nach Stilllegung der Anlage **Sicherheit** im Sinne von § 232 Bürgerliches Gesetzbuch **leistet** oder ein gleichwertiges Sicherungsmittel erbringt (§ 36 Abs. 3).

3.7.6.2 Stilllegung

134 Der Betreiber einer Deponie hat nach § 40 Abs. 1 deren beabsichtigte Stilllegung der zuständigen Behörde unverzüglich, also ohne schuldhaftes Zögern anzuzeigen. Der **Anzeige** sind Unterlagen über Art, Umfang und Betriebsweise sowie die beabsichtigte Rekultivierung und sonstige Vorkehrungen zum Schutz des Wohls der Allgemeinheit beizufügen. Soweit entsprechende Regelungen noch nicht in dem Planfeststellungsbeschluss, der Plangenehmigung, in Bedingungen und Auflagen oder den für die Deponie geltenden umweltrechtlichen Vorschriften enthalten sind, hat die zuständige Behörde spätestens zu diesem Zeitpunkt nach § 40 Abs. 2 den Betreiber der Deponie zu verpflichten, auf seine Kosten das Gelände zu rekultivieren (1.) bzw. alle sonstigen erforderlichen Vorkehrungen zu treffen (2.) und alle Überwachungsergebnisse zu melden (3.). Die zuständige Behörde hat nach § 40 Abs. 3 unter anderem den Abschluss der Stilllegung (endgültige Stilllegung) festzustellen.

135 § 41 verpflichtet den Betreiber einer Deponie zu einer **Emissionserklärung**. Nach § 42 sind Planfeststellungsbeschlüsse, Plangenehmigungen, Anordnungen nach dem KrWG und alle Ablehnungen und Änderungen dieser Entscheidungen sowie die bei der zuständigen Behörde vorliegenden Ergebnisse der Überwachung der von einer Deponie ausgehenden Emissionen gemäß Umweltinformationsgesetz (UIG)[121] grundsätzlich der **Öffentlichkeit zugänglich zu machen**.

---

[120] VGH Mannheim, NVwZ-RR 1994, 17 (22).

[121] Vgl. oben *Kluth*, § 1 in diesem Buch, Rn. 173 ff.

136 **Deponien wieder im Fokus**

Die verstärkte Diskussion über Ressourcenschutz und Kreislaufwirtschaft hat dazu geführt, dass auch die Deponien wieder stärker in den Blickwinkel des Interesses gerückt sind. Zum einen wird unter dem Stichwort „landfill mining" die Möglichkeit verstanden, bestehende Deponien wieder aufzugraben, um die darin enthalten Rohstoffe „abzubauen". Denn bis in die 1990er Jahre wurden Abfälle weitgehend unbehandelt abgelagert. Jetzt sehen Experten darin wertvolle Ressourcen. Im deponierten Hausmüll und den deponierten hausmüllähnlichen Gewerbeabfällen wird ein Potenzial von 26 Mio. t Eisenschrott, 580.000 t Kupferschrott und 500.000 t Aluminiumschrott vermutet. Gestiegene Rohstoffpreise legen gerade die Verwertung von Metallen in Altdeponien nah. Allerdings fehlt es dennoch bisher an der Wirtschaftlichkeit. Vorteile könnten zusätzlich in der Verminderung von Umweltbelastungen, dem Gewinn an zusätzlichem Deponieraum, in Erlösen aus dem Flächenrecycling sowie in Kostenersparnis bei Stilllegung und Nachsorge liegen. Trotz eines hohen Kenntnisstandes in Teilbereichen gilt daneben auch das „urban mining" – die Rückgewinnung von Ressourcen aus Bauten und Infrastrukturen – als große Herausforderung für Wirtschaft, Wissenschaft und Politik. Zum anderen behält aber die Deponie trotz der anspruchsvollen mittlerweile fünfstufigen Abfallhierarchie ihre Bedeutung als letzte Senke für Schadstoffe. Außerdem gewinnt sie zusätzliche Bedeutung als Zwischenlager für Wertstoffe, für solche Abfälle, die aus technischen Gründen (noch?) nicht behandelt werden können. Hier sollte im Hinblick auf eine spätere geeignete Aufbereitungstechnik eine separierte Lagerung erfolgen.[122] Die aktuell gültige Deponieverordnung geht von der dauerhaften Beseitigung aus. Es ist keine Änderung bezüglich des Rückbaus geplant. Die Verordnung steht allerdings auch keinem Rückbau entgegen.

3.7.7 Absatzförderung und Abfallberatung

137 Modern, wenn auch keineswegs ganz neu, sind Ansätze, **als Staat selbst mit gutem Beispiele voranzugehen** – etwa bei der Beschaffung für den eigenen Bedarf:[123] Nach § 45 gehört es zu den Pflichten der öffentlichen Hand, dass die Behörden des Bundes sowie die der Aufsicht des Bundes unterstehenden juristischen Personen des öffentlichen Rechts, Sondervermögen und sonstigen Stellen durch ihr Verhalten zur Erfüllung des Zweckes des § 1 beitragen. Insbesondere haben sie unter Berücksichtigung der §§ 6 bis 8 – nach Hierarchie, Grundpflichten und Rangfolge der Verwertungsmaßnamen – bei der Gestaltung von Arbeitsabläufen, der Beschaffung oder Verwendung von Material

---

[122] In Anlehnung an *Mocker/Herklotz*, ReSource 2011, 16 ff. und *Fellner*, ReSource 2011, 12 ff. jeweils m. w. N.

[123] *Hartmann*, Umweltfreundliche Öffentliche Beschaffung, UBA-Hintergrund, Dessau 2009; download unter: www.umweltdaten.de/publikationen/fpdf-l/3821.pdf (Stand: 23.04.2012).

und Gebrauchsgütern, bei Bauvorhaben und sonstigen Aufträgen zu prüfen, ob und in welchem Umfang:

- Erzeugnisse eingesetzt werden können,
  a) die sich durch Langlebigkeit, Reparaturfreundlichkeit und Wiederverwendbarkeit oder Verwertbarkeit auszeichnen,
  b) die im Vergleich zu anderen Erzeugnissen zu weniger oder zu schadstoffärmeren Abfällen führen oder
  c) die durch Vorbereitung zur Wiederverwendung oder durch Recycling aus Abfällen hergestellt worden sind, sowie
- die nach dem Gebrauch der Erzeugnisse entstandenen Abfälle unter besonderer Beachtung des Vorrangs der Vorbereitung zur Wiederverwendung und des Recyclings verwertet werden können (Abs. 1).

138 Die genannten Stellen wirken im Rahmen ihrer Möglichkeiten darauf hin, dass die Gesellschaften des privaten Rechts, an denen sie beteiligt sind, die Verpflichtungen nach Absatz 1 ebenfalls beachten (vgl. Abs. 2). So soll sichergestellt werden, dass auch die zahlreichen Ausgründungen aus der öffentlichen Verwaltung von den Anstrengungen, die Kreislaufwirtschaftsziele zu verfolgen, nicht ausgenommen sind (vgl. § 45 Abs. 2). Die Zulässigkeit der **Berücksichtigung umweltbezogener Aspekte bei der öffentlichen Auftragsvergabe** ist inzwischen allgemein anerkannt, erfolgt aber in der Praxis noch viel zu wenig.[124]

139 Zu den modernen Ansätzen gehört es auch, Beratungsmöglichkeiten[125] vorzuschreiben, um so die Zwecke des KrWG zu unterstützen: § 46 Abs. 1 verlangt von den öffentlich-rechtlichen Entsorgungsträgern im Sinne des § 20, dass sie im Rahmen der ihnen übertragenen Aufgaben in Selbstverwaltung **zur Information und Beratung** über Möglichkeiten der Vermeidung, Verwertung und Beseitigung von Abfällen **verpflichtet** sind. Kommunale Broschüren zum Thema kennt fast jeder, da sie an alle Haushalte verteilt werden. Die gleiche Pflicht zur Beratung trifft auch die Industrie- und Handelskammern, Handwerkskammern und Landwirtschaftskammern. Daneben wird den nach diesem Gesetz zur Beseitigung Verpflichteten ein **Anspruch auf Auskunft** über geeignete Abfallbeseitigungsanlagen gegenüber der zuständigen Behörde eingeräumt (§ 46 Abs. 2).

140 Im Vergleich der beiden Ansätze dürften **verbindliche Vorgaben** im Vergabewesen bzw. bei der Beschaffung **wirksamer** durchschlagen als Beratungsmöglichkeiten, die dem Betroffenen immer noch die Möglichkeit lassen, sich auch anders zu verhalten.[126] Gerade weil der Beratungsansatz zur Unterstützung der Abfallvermeidung kaum beigetragen hat, hat die EU mit den neuen Vorgaben zur Abfallvermeidung nachgesteuert.[127]

---

124 Differenzierend: *Heyne*, ZUR 2011, 578 (585).

125 *Beckmann/Krekeler*, NuR 1997, 223 ff.

126 *Jänicke/Kunig/Stitzel*, Umweltpolitik, 2. Aufl., 2003, S. 101.

127 Vgl. oben Rn. 123 f.

141 **Der Ärger über die Müllgebühren**

Gesetzt den Fall, dass die Beratung erfolgreich ist, oder auch wenn Bürgerinnen und Bürger aus eigenem Antrieb Abfälle vermeiden, dann ist oft das Unverständnis und der Ärger groß, weil das Engagement nicht honoriert wird, indem die eigenen Müllgebühren sinken. Die Aktivitäten zur Abfallvermeidung stehen in Konkurrenz dazu, dass es in den Kommunen, vor Ort, auch ein berechtigtes Interesse an einer funktionierenden und leistungsfähigen Abfallentsorgung gibt.

142 Um solche kommunalen Leistungen, die allen zu Gute kommen, zu finanzieren, gibt es seit langem den sogenannten Anschluss- und Benutzungszwang.[128] Das heißt, die möglichen Nutznießer der Abwasserentsorgung oder Stadtreinigung müssen einen gewissen Anteil, eben die örtlich in kommunalen Satzungen festgesetzten Müllgebühren zahlen, und zwar unabhängig von der Frage, inwieweit das Entsorgungssystem in Anspruch genommen wird oder nicht. Die Gebühren müssen nicht individuell berechnet werden, sondern dürfen pauschal festgesetzt werden. So ist der Ansatz jedenfalls traditionell ausgestaltet und durch höchste Gerichte als rechtmäßig anerkannt.[129]

143 Weil viele Bürgerinnen und Bürger das als ungerecht empfinden und weil heutzutage viel über ökonomische Anreize in der Umweltpolitik diskutiert wird, experimentieren einzelne Kommunen auch mit Mülltonnen, die eine Abrechnung ermöglichen, die sich an der tatsächlich angefallenen Menge orientiert. Ob eine Kommune auf ein solches System umsteigt, steht allerdings im Ermessen der jeweiligen Stadtverwaltung. Es bleibt aber dabei, dass es vor Ort eine funktionsfähige Stadtreinigung geben muss, die finanziert werden muss. Deshalb sind auch die Spielräume, bei geringeren Abfallmengen die Gebühren zu reduzieren, begrenzt.

144 Insofern ist das Thema Abfallvermeidung ein gutes Beispiel dafür, wie ein wichtiges und unterstützenswertes Anliegen in Einklang gebracht werden muss mit anderen Anforderungen des alltäglichen Lebens wie hier dem Interesse an der funktionierenden Stadtreinigung.

3.7.8 Überwachung

145 Die **Überwachung** gesetzlicher Verpflichtungen **ist notwendig.**[130] Das gilt insbesondere dann, wenn der Norminhalt nicht ohnehin mit dem Verhalten und den Intentionen des Normadressaten übereinstimmt. Das KrWG enthält im Teil 6 gleich mehrere Regelungen, die die Arbeitsteilung zwischen öffentlicher Hand und privaten Akteuren einerseits und gesetzlichem und untergesetzlichem Regelwerk andererseits widerspiegeln.

---

[128] Aufbereitet als Übungsklausur bei *Hartmannsberger*, JuS 2006, 614 ff.

[129] Vgl. OVG Lüneburg, NVwZ 1993, 1017 f.

[130] *Huber*, Überwachung, in: Hoffmann-Riem/Schmidt-Aßmann/Voßkuhle (Hrsg.), Grundlagen des Verwaltungsrechts III, München 2009, § 45.

3.7.8.1 Allgemeine Überwachung

146 § 47 enthält die Grundsätze der allgemeinen Überwachung und legt in diesem Zusammenhang die **Pflichten der Betroffenen** und die korrespondierenden **Befugnisse der zuständigen Behörden** fest. Die allgemeine Überwachung gilt für die Abfallvermeidung und Abfallbewirtschaftung (vgl. die Begriffsbestimmung in § 3 Abs. 14) und bezieht sich auf alle Abfallarten. An die Überwachung von gefährlichen Abfällen stellen die §§ 47 ff. besondere Anforderungen.[131]

147 Die Vermeidung nach Maßgabe der aufgrund der §§ 24 und 25 erlassenen Rechtsverordnungen zur Produktverantwortung und die Abfallbewirtschaftung unterliegen nach § 47 Abs. 1 der Überwachung durch die zuständige Behörde. Für den Vollzug der ergangenen Rechtsverordnungen sind bestimmte **Regelungen des Geräte- und Produktsicherheitsgesetzes entsprechend anzuwenden** (§ 47 Abs. 1 S. 2). Die Regelungen legen insbesondere Überwachungsbefugnisse der Behörde fest, enthalten aber auch Maßnahmen zur Beschränkung des Inverkehrbringens, soweit vom Produkt Gefahren für den Anwender ausgehen.[132]

148 Zentral ist die Pflicht der zuständigen Behörde, **in regelmäßigen Abständen** und in angemessenem Umfang Erzeuger von gefährlichen Abfällen, Anlagen und Unternehmen, die Abfälle entsorgen, sowie Sammler, Beförderer, Händler und Makler von Abfällen zu **überprüfen**. Die Überprüfung der Tätigkeiten der Sammler und Beförderer von Abfällen erstreckt sich dabei auch auf den Ursprung, die Art, die Menge und den Bestimmungsort der gesammelten und beförderten Abfälle (§ 47 Abs. 2).

149 Die nach § 47 Abs. 3 der Überwachung unterliegenden Akteure haben der Behörde **auf Verlangen Auskunft** über Betrieb, Anlagen, Einrichtungen und sonstige der Überwachung unterliegende Gegenstände **zu erteilen.**

150 Erneut werden Betretensrechte und Duldungspflichten geregelt (§ 47 Abs. 3 S. 2–4). **Zusätzliche Pflichten** ergeben sich in dem Zusammenhang für Betreiber von Verwertungs- und Abfallbeseitigungsanlagen oder von Anlagen, in denen Abfälle mitverwertet oder mitbeseitigt werden: Sie haben diese Anlagen den Bediensteten oder Beauftragten der zuständigen Behörde zugänglich zu machen, die zur Überwachung erforderlichen Arbeitskräfte, Werkzeuge und Unterlagen zur Verfügung zu stellen und nach Anordnung der zuständigen Behörde Zustand und Betrieb der Anlage auf eigene Kosten prüfen zu lassen (§ 47 Abs. 4). Für die nach dieser Vorschrift zur Auskunft verpflichteten Personen gilt § 55 Strafprozessordnung entsprechend (§ 47 Abs. 5). Das bedeutet, dass jeder Zeuge – nach Belehrung – die Auskunft auf solche Fragen verweigern kann, deren Beantwortung ihm selbst oder einem der näher bezeichneten Angehörigen die Gefahr zuziehen würde, wegen einer Straftat oder einer Ordnungswidrigkeit verfolgt zu werden.

151 Die Überwachungsmaßnahmen sollen neben den präventiv ansetzenden Zulassungsverfahren **repressive Sanktionen ermöglichen**, um die Durchsetzung des Gesetzes-

[131] So die Gesetzesbegründung (BT-Drucks. 17/6052, S. 96).
[132] So die Gesetzesbegründung (BT-Drucks. 17/6052, S. 96).

zwecks zu unterstützen. Die Überwachung dient der Informationsaufnahme, kann zu anschließenden Ermittlungen, behördlichen Maßnahmen, aber auch wirtschafts- oder rechtspolitischen Initiativen oder Korrekturen führen.[133]

3.7.8.2 Registerpflichten

152 Register gewinnen in der modernen Umweltpolitik, die in Informationen und Daten eine wichtige **Grundlage des selbstbestimmten gesellschaftlichen wie des staatlichen Handelns** sieht, eine wachsende Bedeutung.[134] Im KrWG haben die Betreiber von Anlagen oder Unternehmen, die Abfälle in einem Verfahren nach Anlage 1 oder Anlage 2 entsorgen (Entsorger von Abfällen), nach § 49 Abs. 1 jeder für sich ein Register zu führen, in dem hinsichtlich der Entsorgungsvorgänge folgende Angaben verzeichnet sind:

- die Menge, die Art und der Ursprung sowie
- die Bestimmung, die Häufigkeit der Sammlung, die Beförderungsart sowie die Art der Verwertung oder Beseitigung, einschließlich der Vorbereitung vor der Verwertung oder Beseitigung, soweit diese Angaben zur Gewährleistung einer ordnungsgemäßen Abfallbewirtschaftung von Bedeutung sind.

153 Entsorger, die Abfälle behandeln oder lagern und in einer Rechtsverordnung nach § 52 Abs. 1 S. 1 erfasst sind, haben die **erforderlichen Angaben**, insbesondere die Bestimmung der behandelten oder gelagerten Abfälle, auch für die weitere Entsorgung **zu verzeichnen**, soweit dies erforderlich ist, um aufgrund der Zweckbestimmung der Abfallentsorgungsanlage eine ordnungsgemäße Entsorgung zu gewährleisten.

154 Die Pflicht, ein solches Register zu führen, gilt auch für die Erzeuger, Besitzer, Sammler, Beförderer, Händler und Makler von gefährlichen Abfällen (§ 49 Abs. 3). Auf Verlangen der zuständigen Behörde **sind die Register vorzulegen oder Angaben** aus diesen Registern **mitzuteilen** (§ 49 Abs. 4). In ein Register eingetragene Angaben oder eingestellte Belege über gefährliche Abfälle haben die Erzeuger, Besitzer, Händler, Makler und Entsorger von Abfällen mindestens drei Jahre, die Beförderer von Abfällen mindestens zwölf Monate, jeweils ab dem Zeitpunkt der Eintragung oder Einstellung in das Register gerechnet, aufzubewahren. Es sei denn eine Rechtsverordnung schreibt nach § 52 eine längere Frist vor (§ 49 Abs. 5). Für private Haushaltungen gelten die Registerpflichten nach den Absätzen 1 bis 3 nicht.

3.7.8.3 Nachweispflichten

155 Über Nachweispflichten gewährleistet der Staat, dass er hinreichend über das tatsächliche Geschehen unterrichtet ist, wenn er sich um die Vielzahl von Aktivitäten nicht in-

---

[133] *Paetow*, in: Kunig/Paetow/Versteyl, KrW-/AbfG, 2. Aufl. 2003, § 40, Rn. 1.

[134] Eingehend: *Collin*, Archive und Register – Verlorenes Wissen oder Wissensressource der Zukunft?, in: Schuppert/Voßkuhle (Hrsg.), Governance von und durch Wissen, Baden-Baden 2008, S. 75 ff.

tensiver kümmern kann oder kümmern will.[135] Wegen der ausgeprägten Verantwortungsteilung im Abfallsektor und einer Vielzahl beteiligter Akteure, gibt es **auch Nachweispflichten, die den Informationsfluss zwischen Privaten sicherstellen sollen:** Die Erzeuger, Besitzer, Sammler, Beförderer und Entsorger von gefährlichen Abfällen haben sowohl der zuständigen Behörde gegenüber als auch untereinander die ordnungsgemäße Entsorgung gefährlicher Abfälle nachzuweisen.

156 Der Nachweis wird geführt:

- vor Beginn der Entsorgung in Form einer **Erklärung** des Erzeugers, Besitzers, Sammlers oder Beförderers von Abfällen zur vorgesehenen Entsorgung, einer **Annahmeerklärung** des Abfallentsorgers sowie der **Bestätigung** der Zulässigkeit der vorgesehenen Entsorgung durch die zuständige Behörde und
- über die durchgeführte Entsorgung oder Teilabschnitte der Entsorgung in Form von Erklärungen der nach Satz 1 Verpflichteten über den Verbleib der entsorgten Abfälle.

157 Die Nachweispflichten gelten dagegen nicht für die Entsorgung gefährlicher Abfälle, welche die Erzeuger oder Besitzer von Abfällen in eigenen Abfallentsorgungsanlagen entsorgen, wenn diese Entsorgungsanlagen in einem **engen räumlichen und betrieblichen Zusammenhang** mit den Anlagen oder Stellen stehen, in denen die zu entsorgenden Abfälle angefallen sind. Der Begriff des engen räumlichen und betrieblichen Zusammenhangs ist nicht anlagenbezogen, sondern betriebswirtschaftlich zu bestimmen. Ein enger räumlicher Zusammenhang liegt danach grundsätzlich dann vor, wenn die Abfallerzeugung und -beseitigung an einem Standort erfolgt. Ein enger betrieblicher Zusammenhang liegt vor, wenn die Abfallbeseitigungsanlage (auch) der Entsorgung der am jeweiligen Standort erzeugten Abfälle dient. Anhaltspunkte hierfür können entsprechende Ausführungen in den Zulassungsbescheiden für die entsprechenden Anlagen, die organisatorische Zusammenfassung der Anlagen sowie hinreichend dokumentierte unternehmensinterne Planungen sein.[136] Die Nachweispflichten ergänzen die Registerpflichten, verdrängen sie aber nicht (§ 50 Abs. 2 S. 2).

158 Die Nachweispflichten gelten nicht bis zum Abschluss der Rücknahme oder Rückgabe von Erzeugnissen oder der nach Gebrauch der Erzeugnisse verbleibenden gefährlichen Abfälle, die einer verordneten Rücknahme oder Rückgabe nach § 25 unterliegen. Eine Rücknahme oder Rückgabe von Erzeugnissen und der nach Gebrauch der Erzeugnisse verbleibenden Abfälle gilt spätestens mit der Annahme an einer Anlage zur weiteren Entsorgung als abgeschlossen, soweit die Rechtsverordnung, welche die Rückgabe oder Rücknahme anordnet, keinen früheren Zeitpunkt bestimmt. Ausgenommen sind Anlagen zur Zwischenlagerung der Abfälle (§ 50 Abs. 3). So soll eine **klare zeitliche Abgrenzung der Verantwortlichen** erreicht werden. Auch die Nachweispflichten gelten nicht für private Haushaltungen (§ 50 Abs. 4).

---

[135] *Hoffmann-Riem*, Das Recht des Gewährleistungsstaates, in: Schuppert (Hrsg.), Der Gewährleistungsstaat – ein Leitbild auf dem Prüfstand, Baden-Baden 2005, S. 89 (95 ff.).
[136] *Thull*, in: Giesberts/Reinhardt (Hrsg.), BeckOK Umweltrecht, KrW-/AbfG, Stand: 01.04.2012, § 43 Rn. 10 und 11.

3.7.8.4 Überwachung im Einzelfall

159 Die Möglichkeit zu Anordnungen im Einzelfall ist die notwendige Ergänzung zu den Register- und Nachweispflichten. Die zuständige Behörde kann auf diesem Wege **nachsteuern**. Sie kann anordnen, dass die Erzeuger, Besitzer, Sammler, Beförderer, Händler, Makler oder Entsorger von Abfällen:

- Register oder Nachweise zu führen und vorzulegen oder Angaben aus den Registern mitzuteilen haben, soweit Pflichten nach den §§ 49 und 50 nicht bestehen, oder
- bestimmten Anforderungen entsprechend § 10 Abs. 2 Nr. 2 und 3 sowie Nr. 5 bis 8 nachzukommen haben (§ 51 Abs. 1 S. 1).

160 Durch die Anordnung kann auch bestimmt werden, dass Nachweise und Register **elektronisch** geführt und Dokumente in elektronischer Form nach § 3a Abs. 2 S. 2 und 3 des VwVfG vorzulegen sind.[137] Ausgenommen sind erneut die privaten Haushalte (§ 51 Abs. 1 S. 2).

161 Gewisse **Privilegierungen** gibt es auch für Akteure, die besondere Anforderungen erfüllen: Ist der Erzeuger, Besitzer, Sammler, Beförderer, Händler, Makler oder Entsorger von Abfällen Entsorgungsfachbetrieb nach § 56 oder auditierter Unternehmensstandort nach § 61, so hat die zuständige Behörde dies bei Anordnungen nach Absatz 1, insbesondere auch im Hinblick auf mögliche Beschränkungen des Umfangs oder des Inhalts der Nachweispflicht, zu berücksichtigen. Dies umfasst vor allem die Berücksichtigung der vom Umweltgutachter geprüften und im Rahmen der Teilnahme an dem Gemeinschaftssystem für das Umweltmanagement und die Umweltbetriebsprüfung (EMAS) erstellten Unterlagen (§ 51 Abs. 2).

3.7.8.5 Pflichten der Sammler, Beförderer, Händler und Makler von Abfällen

162 Sammler, Beförderer, Händler und Makler von Abfällen haben nach § 53 Abs. 1 die Tätigkeit ihres Betriebes vor Aufnahme der Tätigkeit der zuständigen Behörde anzuzeigen, es sei denn, der Betrieb verfügt über eine Erlaubnis nach § 54 Abs. 1. Die zuständige Behörde bestätigt dem Anzeigenden unverzüglich schriftlich den Eingang der Anzeige. Der Inhaber eines Betriebes im Sinne des Absatzes 1 sowie die für die Leitung und Beaufsichtigung des Betriebes verantwortlichen Personen müssen zuverlässig sein. Der Inhaber, soweit er für die Leitung des Betriebes verantwortlich ist, die für die Leitung und Beaufsichtigung des Betriebes verantwortlichen Personen und das sonstige Personal müssen über die für ihre Tätigkeit notwendige Fach- und Sachkunde verfügen (§ 53 Abs. 2). **Sachkunde** erfordert eine qualifizierte und überwachte Einarbeitung über einen längeren Zeitraum. **Fachkunde** steht für technisches, rechtliches und wirtschaftliches

---

[137] Zum elektronischen Verwaltungshandeln: *Guckelberger*, VerwArch 2006, 62 ff.

Wissen in Bezug auf Abfall, dass durch eine fachbezogene Hochschulausbildung, durch praktische Erfahrung und/oder entsprechende Lehrgänge erworben sein kann.[138]

163 Die zuständige Behörde kann nach § 53 Abs. 3 die angezeigte Tätigkeit von **Bedingungen** abhängig machen, sie zeitlich **befristen** oder **Auflagen** für sie vorsehen, soweit dies zur Wahrung des Wohls der Allgemeinheit erforderlich ist. Sie kann Unterlagen über den Nachweis der Zuverlässigkeit und der Fach- und Sachkunde vom Anzeigenden verlangen. Sie hat die angezeigte Tätigkeit zu untersagen, wenn Tatsachen bekannt sind, aus denen sich Bedenken gegen die Zuverlässigkeit des Inhabers oder der für die Leitung und Beaufsichtigung des Betriebes verantwortlichen Personen ergeben, oder wenn die erforderliche Fach- oder Sachkunde nach Absatz 2 Satz 2 nicht nachgewiesen wurde. **Nachweise aus einem anderen Mitgliedstaat** der Europäischen Union oder einem anderen Vertragsstaat des Abkommens über den Europäischen Wirtschaftsraum über die Erfüllung der Anforderungen nach Absatz 2 stehen inländischen Nachweisen gleich, wenn aus ihnen hervorgeht, dass die betreffenden Anforderungen oder die aufgrund ihrer Zielsetzung im Wesentlichen vergleichbaren Anforderungen des Ausstellungsstaates erfüllt sind (§ 53 Abs. 4 S. 1).

164 Wenn es um **gefährliche Abfälle** geht, reicht die Anzeige nicht aus: Sammler, Beförderer, Händler und Makler von gefährlichen Abfällen bedürfen nach § 54 Abs. 1 S. 1 der **Erlaubnis**. Auffälligerweise gibt es hier keinen Ermessensspielraum: Die zuständige Behörde hat die Erlaubnis zu erteilen. Voraussetzung ist allerdings, dass:

- keine Tatsachen bekannt sind, aus denen sich Bedenken gegen die Zuverlässigkeit des Inhabers oder der für die Leitung und Beaufsichtigung des Betriebes verantwortlichen Personen ergeben, sowie
- der Inhaber, soweit er für die Leitung des Betriebes verantwortlich ist, die für die Leitung und Beaufsichtigung des Betriebes verantwortlichen Personen und das sonstige Personal über die für ihre Tätigkeit notwendige Fach- und Sachkunde verfügen.

165 Die Erlaubnis nach Satz 1 gilt für die Bundesrepublik Deutschland. Die zuständige Behörde kann die Erlaubnis mit Nebenbestimmungen versehen, soweit dies zur Wahrung des Wohls der Allgemeinheit erforderlich ist (§ 54 Abs. 2). Von der Erlaubnispflicht ausgenommen sind 1. öffentlich-rechtliche Entsorgungsträger sowie 2. Entsorgungsfachbetriebe im Sinne von § 56, soweit sie für die erlaubnispflichtige Tätigkeit zertifiziert sind (§ 54 Abs. 3). Da traditionell die Sammlung und Beförderung von Abfall in der Eigenorganisation der **öffentlich-rechtlichen Entsorgungsträger** erfolgte, waren sie schon immer **befreit**, da innerhalb der Verwaltung ein Zulassungsverfahren keinen Sinn macht. **Entsorgungsfachbetriebe** werden **privilegiert**, weil ihre Zuverlässigkeit sowie Fach- und Sachkunde bereits bei der Zertifizierung überprüft wird.[139]

---

138 *Kropp*, in: Giesberts/Reinhardt (Hrsg.), BeckOK Umweltrecht, KrW-/AbfG, Stand: 01.04.2012, § 49, Rn. 28.

139 *Schomerus*, in: Versteyl/Mann/Schomerus, KrWG, 3. Aufl., München 2012, § 54 Rn. 30.

166 § 54 Abs. 4 und 5 betreffen Regelungen zur **Anerkennung** von Erlaubnissen aus anderen europäischen Staaten. § 54 Abs. 6 ermöglicht die Abwicklung der Erlaubnisverfahren über eine **einheitliche Stelle**.

3.7.9 Selbstüberwachung

167 Ganze Organisationen wie Entsorgungsfachbetriebe, technische Überwachungsorganisationen und Entsorgergemeinschaften werden für die Verwirklichung der Kreislaufwirtschaft in Dienst genommen.[140] Die privaten Akteure und ihr Wissen werden für die Kontrolle eingesetzt, die die öffentliche Hand nicht mehr leistet.[141] Das kann man als Selbstüberwachung bezeichnen.[142] Der Staat macht allerdings Vorgaben und setzt einen **Rahmen für die Selbstregulierung**.[143]

168 In Weiterentwicklung der bisherigen Regelung wird sowohl der zentrale Qualitätsbegriff „Entsorgungsfachbetrieb" mit seinen Anforderungen als auch das Zertifizierungssystem mit seinen Trägern „technische Überwachungsorganisation" und „Entsorgergemeinschaft" nunmehr durch das Gesetz selbst definiert. Die wichtige Funktion des Entsorgungsfachbetriebes[144] im Zusammenhang mit der Förderung der Kreislaufwirtschaft und der Sicherstellung des Schutzes von Mensch und Umwelt bei der Erzeugung und Bewirtschaftung von Abfällen bildet damit auch für die künftige Rechtsetzung durch Verordnungen eine wichtige Leitlinie (§ 56 Abs. 1 KrWG).

169 **Entsorgungsfachbetrieb** ist nach Absatz 2 ein Betrieb, der
1. gewerbsmäßig, im Rahmen wirtschaftlicher Unternehmen oder öffentlicher Einrichtungen Abfälle sammelt, befördert, lagert, behandelt, verwertet, beseitigt, mit diesen handelt oder makelt und
2. in Bezug auf eine oder mehrere der in Nummer 1 genannten Tätigkeiten durch eine technische Überwachungsorganisation oder eine Entsorgergemeinschaft als Entsorgungsfachbetrieb zertifiziert ist.

170 Das **Zertifikat** darf nur erteilt werden, wenn der Betrieb die für die ordnungsgemäße Wahrnehmung seiner Aufgaben erforderlichen Anforderungen an seine Organisation, seine personelle, gerätetechnische und sonstige Ausstattung, seine Tätigkeit sowie die

---

[140] *Schuppert*, Verwaltungsorganisation und Verwaltungsorganisationsrecht als Steuerungsfaktoren, in: Hoffmann-Riem/Schmidt-Aßmann/Voßkuhle (Hrsg.), Grundlagen des Verwaltungsrechts I, München 2006, § 16; vgl. auch *Buhck*, Überwachungsgemeinschaften im Umweltrecht, Berlin 1997.

[141] *Becht/Groß*, UPR 2010, 336 (339).

[142] Vgl. *Franzius*, NVwZ 1998, 1164 ff.

[143] *Eifert*, Regulierungsstrategien, in: Hoffmann-Riem/Schmidt-Aßmann/Voßkuhle (Hrsg.), Grundlagen des Verwaltungsrechts I, München 2006, § 19 Rn. 52 ff.

[144] Eingehend: *Schomerus/Versteyl*, Weitere Vereinfachung des Abfallrechts – Auf dem Weg zur Kreislaufwirtschaft, Baden-Baden 2010, S. 258 f.

Zuverlässigkeit und Fach- und Sachkunde seines Personals erfüllt. In dem Zertifikat sind die zertifizierten Tätigkeiten des Betriebes, insbesondere bezogen auf seine Standorte und Anlagen, genau zu bezeichnen. Das Zertifikat muss befristet werden. Die Gültigkeitsdauer darf 18 Monate nicht überschreiten. Das Vorliegen der Voraussetzungen des Satzes 1 wird mindestens jährlich von der technischen Überwachungsorganisation oder der Entsorgergemeinschaft überprüft (§ 56 Abs. 3).

171 Mit Erteilung des Zertifikats ist dem Betrieb von der technischen Überwachungsorganisation oder Entsorgergemeinschaft die Berechtigung zum **Führen eines Gütezeichens** zu erteilen, das die Bezeichnung „Entsorgungsfachbetrieb" in Verbindung mit dem Hinweis auf die zertifizierte Tätigkeit und die das Gütezeichen erteilende technische Überwachungsorganisation oder Entsorgergemeinschaft aufweist. Ein Betrieb darf das Gütezeichen nur führen, soweit und solange er als Entsorgungsfachbetrieb zertifiziert ist (§ 56 Abs. 4).

172 Eine **technische Überwachungsorganisation** ist ein rechtsfähiger Zusammenschluss mehrerer Sachverständiger, deren Sachverständigentätigkeit auf dauernde Zusammenarbeit angelegt ist. Die Erteilung des Zertifikats und der Berechtigung zum Führen des Gütezeichens durch die technische Überwachungsorganisation erfolgt auf der Grundlage eines Überwachungsvertrages, der insbesondere die Anforderungen an den Betrieb und seine Überwachung sowie an die Erteilung und den Entzug des Zertifikats und der Berechtigung zum Führen des Gütezeichens festlegt. Der **Überwachungsvertrag** bedarf der Zustimmung der für die Abfallwirtschaft zuständigen obersten Landesbehörde oder der von ihr bestimmten Behörde (§ 56 Abs. 5).

173 Eine **Entsorgergemeinschaft** ist ein rechtsfähiger Zusammenschluss von Entsorgungsfachbetrieben im Sinne des Absatzes 2. Sie bedarf der Anerkennung der für die Abfallwirtschaft zuständigen obersten Landesbehörde oder der von ihr bestimmten Behörde. Die Erteilung des Zertifikats und der Berechtigung zum Führen des Gütezeichens durch die Entsorgergemeinschaft erfolgt auf der Grundlage einer Satzung oder sonstigen Regelung, die insbesondere die Anforderungen an die zu zertifizierenden Betriebe und ihre Überwachung sowie an die Erteilung und den Entzug des Zertifikats und der Berechtigung zum Führen des Gütezeichens festlegt (§ 56 Abs. 6).

174 Technische Überwachungsorganisation und Entsorgergemeinschaft müssen für die Überprüfung der Betriebe Sachverständige einsetzen, die die für die Durchführung der Überwachung erforderliche Zuverlässigkeit, Unabhängigkeit sowie Fach- und Sachkunde besitzen (§ 56 Abs. 7). **Entfallen die Voraussetzungen für die Erteilung des Zertifikats**, hat die technische Überwachungsorganisation oder die Entsorgergemeinschaft dem Betrieb das von ihr erteilte Zertifikat und die Berechtigung zum Führen des Gütezeichens zu entziehen sowie den Betrieb aufzufordern, das Zertifikat zurückzugeben und das Gütezeichen nicht weiter zu führen. Kommt der Betrieb dieser Aufforderung innerhalb einer gesetzten Frist nicht nach, kann die zuständige Behörde dem Betrieb das erteilte Zertifikat und die Berechtigung zum Führen des Gütezeichens entziehen sowie die sonstige weitere Verwendung der Bezeichnung „Entsorgungsfachbetrieb" untersagen (§ 56 Abs. 8). § 57 ermöglicht in dem Zusammenhang detaillierte Regelungen in Verordnungen.

3.7.10 Selbstorganisation (Betriebsorganisation, Betriebsbeauftragter für Abfall und Erleichterungen für auditierte Unternehmensstandorte)

175 Zur Erweiterung der rechtlichen Handlungsmöglichkeiten mit dem Ziel, zusätzliche Wirkung zugunsten der Kreislaufwirtschaft zu ermöglichen, gehören Instrumente, die an der Selbstorganisation von Unternehmen ansetzen. Integrierte Lösungen und Verbesserungen in der Organisation, die größere Sachnähe wie die Kommunikation im Unternehmen und mit der Behörde sowie die Zertifizierung von Unternehmensstandorten übertragen Verantwortung auf die privaten Akteure und entlasten den Staat von Steuerungsleistungen. Deutlich erkennbar ist hier **ein kooperativer Ansatz des Umweltschutzes**, bei dem die handelnden Akteure an der gemeinsamen Bewältigung von Aufgaben und Problemen interessiert sind.[145]

3.7.10.1 Betriebsorganisation

176 Wenn vom Gesetzgeber Freiheit zur selbstbestimmten Organisation des Unternehmens gewährt wird, gleichen Pflichten zur Kommunikation das Informationsinteresse des Staates aus. Die privatrechtliche Organisation von Unternehmen lässt ganz unterschiedliche Zuschnitte und Zuständigkeiten zwischen einer Vielzahl von Personen und Unternehmenseinheiten zu. Aus dem Blickwinkel des Umweltrechts ist für die jeweils zuständige Behörde von vorrangigem Interesse, **wer konkret die Verantwortung für die Erfüllung bestimmter Verpflichtungen trägt**. Besteht bei Kapitalgesellschaften das vertretungsberechtigte Organ aus mehreren Mitgliedern oder sind bei Personengesellschaften mehrere vertretungsberechtigte Gesellschafter vorhanden, so ist nach § 58 Abs. 1 KrWG der zuständigen Behörde anzuzeigen, wer von ihnen nach den Bestimmungen über die Geschäftsführungsbefugnis für die Gesellschaft die Pflichten des Betreibers einer genehmigungsbedürftigen Anlage im Sinne des § 4 BImSchG oder die Pflichten des Besitzers im Sinne des § 27 wahrnimmt, die ihm nach dem KrWG und auf dessen Grundlage erlassenen Rechtsverordnungen obliegen. Die Gesamtverantwortung aller Organmitglieder oder Gesellschafter bleibt hiervon unberührt. Insofern besteht eine Abschichtung: trotz der vorrangigen Verantwortung des Geschäftsführers werden die weiteren Organmitglieder oder Gesellschafter nicht aus den Verantwortung entlassen.

177 Im Anschluss an die klare Identifikation des Verantwortlichen werden **inhaltliche Mitteilungspflichten** formuliert. Der Betreiber einer genehmigungsbedürftigen Anlage im Sinne des § 4 BImSchG,[146] der Besitzer im Sinne des § 27[147] oder die im Rahmen ihrer Geschäftsführungsbefugnis anzuzeigende Person hat der zuständigen Behörde mitzuteilen, auf welche Weise sichergestellt ist, dass die Vorschriften und Anordnungen, die

---

[145] Vgl. dazu *Kluth*, § 1 in diesem Buch, Rn. 181 ff.; vgl. auch *Wolff*, Staatlichkeit im Wandel – Aspekte kooperativer Umweltpolitik, München 2004, S. 141 ff.

[146] Vgl. dazu *Beaucamp*, § 2 in diesem Buch, Rn. 33 ff.

[147] Siehe dazu oben Rn. 103.

der Vermeidung, Verwertung und umweltverträglichen Beseitigung von Abfällen dienen, beim Betrieb beachtet werden (§ 58 Abs. 2 KrWG).

3.7.10.2 Betriebsbeauftragter für Abfall

178 Als **Informationsmittler** fungiert der Betriebsbeauftragte für Abfall. Er ist Ansprechpartner und Impulsgeber im Betrieb. Er ist aber auch fachlicher Ansprechpartner für die Behörde.[148] Deshalb besteht in bestimmten Fällen die gesetzliche Verpflichtung einen Betriebsbeauftragten zu berufen: So müssen die Betreiber von genehmigungsbedürftigen Anlagen im Sinne des § 4 BImSchG, Betreiber von Anlagen, in denen regelmäßig gefährliche Abfälle anfallen, Betreiber ortsfester Sortier-, Verwertungs- oder Abfallbeseitigungsanlagen sowie Besitzer im Sinne des § 27 unverzüglich einen oder mehrere Betriebsbeauftragte für Abfall (Abfallbeauftragte) bestellen, sofern dies im Hinblick auf die Art oder die Größe der Anlagen erforderlich ist. Die Vorschrift gibt dafür Anhaltspunkte. Die Verordnung über Betriebsbeauftragte für Abfall[149] bestimmt, für welche Anlagen der Betreiber Abfallbeauftragte zu bestellen hat.

179 Die praktische Bedeutung des Betriebsbeauftragten wird dadurch unterstrichen, dass die zuständige Behörde **anordnen** kann, dass Betreiber von Anlagen nach § 59 Abs. 1 S. 1 KrWG, einen oder mehrere Abfallbeauftragte zu bestellen haben, soweit sich **im Einzelfall** die Notwendigkeit der Bestellung ergibt, auch wenn das in der Verordnung nicht vorgesehen war. § 59 Abs. 3 KrWG ermöglicht die **Bündelung unterschiedlicher Funktionen:** Wenn nach § 53 BImSchG ein Immissionsschutzbeauftragter oder nach § 64 WHG ein Gewässerschutzbeauftragter zu bestellen ist, dann können diese zusätzlich die Aufgaben und Pflichten eines Abfallbeauftragten übernehmen.

180 Die **Aufgaben** des Abfallbeauftragten sind **denkbar weit** (vgl. § 60 Abs. 1): Der Abfallbeauftragte berät den Betreiber und die Betriebsangehörigen in Angelegenheiten, die für die Abfallvermeidung und Abfallbewirtschaftung bedeutsam sein können. Er ist unter anderem berechtigt und verpflichtet:

- den Weg der Abfälle zu überwachen,
- die Einhaltung der Vorschriften des KrWG zu überwachen, sowie festgestellte Mängel mitzuteilen und Vorschläge zur Mängelbeseitigung zu machen,
- die Betriebsangehörigen über Beeinträchtigungen des Wohls der Allgemeinheit durch Abfälle aus der Anlage und Gegenmaßnahmen aufzuklären,
- bei genehmigungsbedürftigen Anlagen nach § 4 BImSchG oder solchen Anlagen, in denen regelmäßig gefährliche Abfälle anfallen, auf Innovationen hinzuwirken,
- bei der Entwicklung und Einführung von Innovationen mitzuwirken,
- bei Anlagen, in denen Abfälle verwertet oder beseitigt werden, zudem auf Verbesserungen des Verfahrens hinzuwirken.

---

[148] Vgl. auch *Kluth*, § 1 in diesem Buch, Rn. 188 f.

[149] Vom 26. Oktober 1977 (BGBl. I S. 1913).

181 Mit einem **schriftlichen Bericht** über die getroffenen und beabsichtigten Maßnahmen wird der Betreiber jährlich informiert (§ 60 Abs. 2 KrWG). **Mitteilungen und Vorschläge** sind im Hinblick auf den möglichen Adressaten vom Einzelfall abhängig: Für kleinere Maßnahmen wie das getrennte Sammeln von Abfällen, die Verstärkung von Dichtungen oder die Vermeidung von Zwischenlagern durch Bereitstellung zum Transport, bieten sich der Meister oder der Betriebsleiter an. Für kostenintensive Investitionen muss der Betriebsleiter die Geschäftsleitung kontaktieren.[150]

182 Da die Bemühungen, die Regelungen zu den unterschiedlichen Beauftragten auf einfache Weise zusammenzufassen mit dem Umweltgesetzbuch 2009 scheiterten, verweist das KrWG in § 60 Abs. 3 weiter auf die **entsprechende Anwendung** von Regelungen aus dem **BImSchG** für das Verhältnis zwischen dem zur Bestellung Verpflichteten und dem Abfallbeauftragten (§ 55 Abs. 1, Abs. 2 S. 1 und 2, Abs. 3 und 4 sowie §§ 56 bis 58 BImSchG).

183 Neu und noch nicht genutzt ist die **Verordnungsermächtigung**, mit welcher Anforderungen an die Fachkunde und Zuverlässigkeit des Abfallbeauftragten vorgeschrieben werden können (§ 60 Abs. 3).

3.7.10.3 Erleichterungen für auditierte Unternehmensstandorte

184 Wenn Unternehmen freiwillig größere Anstrengungen machen, um umweltfreundlicher zu produzieren und zu handeln, so können ihnen verschiedene Erleichterungen eingeräumt werden. Diese sind in der Verordnung über immissionsschutz- und abfallrechtliche Überwachungserleichterungen für nach der Verordnung (EG) Nr. 761/2001 registrierte Standorte und Organisationen (sogenannte EMAS-Privilegierungs-Verordnung) näher geregelt.[151] Die zugehörige Verordnungsermächtigung findet sich jetzt in § 61. Die §§ 2 ff. der Rechtsverordnung enthalten **verschiedene Erleichterungen hinsichtlich der Betriebsorganisation und des Betriebsbeauftragten** vornehmlich für EMAS-Anlagen. Für EMAS-Anlagen werden die Ermittlungen von Emissionen, Messungen sowie Prüfungen und Berichte erleichtert. So werden die oben erwähnten Anzeige- und Mitteilungspflichten zur Betriebsorganisation bezüglich EMAS-Anlagen und bezüglich bestimmter Abfälle vereinfacht. Auf die Anordnung der Bestellung eines oder mehrerer Betriebsbeauftragten soll bei einer EMAS-Anlage oder bei einem Entsorgungsfachbetrieb verzichtet werden (§ 3). Weiter gibt es immissionsschutzrechtliche Erleichterungen im Hinblick auf die Ermittlung und Messung von Emissionen, Prüfungen und Berichten (§ 4 ff.), sofern auf Abfallentsorgungsanlagen die entsprechenden Vorgaben des Immissionsschutzrechts anzuwenden sind.[152]

---

[150] *Versteyl*, in: Kunig/Paetow/Versteyl, KrW-/AbfG, 2. Aufl. 2003, § 55 Rn. 9.

[151] Zu weiteren Privilegierungen z. B. durch Umweltallianzen vgl. *Kluth*, § 1 in diesem Buch, Rn. 190 ff.

[152] Zu Entwicklungsperspektiven auch im Sinne des Ressourcenschutzes vgl. <http://www.nachhaltigkeitsrat.de/news-nachhaltigkeit/2012/2012-03-22/effizientes-wirtschaften-politik-setzt-auf-umweltmanagementsystem-emas/> (Stand: 23.04.2012).

3.7.11 Anordnungen im Einzelfall

Aufgabe 3.8 185

Der Kläger wendet sich gegen eine Anordnung im Einzelfall nach § 62 KrWG durch die ihm untersagt wird, auf einem Grundstück lagernde Klärschlämme mit Materialien jeglicher Art zu vermengen oder zu vermischen sowie Abfälle im Sinne des KrWG zu lagern. Ist eine solche Anordnung rechtswidrig?

186 Von zentraler Bedeutung ist die Regelung in § 62: Die zuständige Behörde kann im Einzelfall die erforderlichen Anordnungen zur Durchführung des KrWG und der darauf basierenden Rechtsverordnungen treffen. Mit der Verankerung am Ende des Gesetzes (vorher § 21) soll die generelle Bedeutung unterstrichen werden.[153] Die Anordnungsbefugnis nach § 62 ist allerdings immer nur als **Auffangtatbestand** (Auffang-Rechtsgrundlage) im Verhältnis zu speziellen (abfallrechtlichen) Eingriffs-Rechtsgrundlagen subsidiär.[154]

187 Immer wenn in Grundrechte Einzelner eingegriffen werden soll, wird eine **gesetzliche Eingriffsermächtigung** benötigt. Sie ist regelmäßig Ausgangspunkt für die Prüfung der Handlungsmöglichkeiten, sei es bei der Tätigkeit in der Verwaltung oder wenn es gilt, einen Klausurfall zu lösen.

188 ▶ **Lösungshinweise zu Aufgabe 3.8** Die Untersagung der Vermischung oder Vermengung des Klärschlamms mit Materialien jeglicher Art und der Lagerung von Abfällen im Sinne des KrWG ist materiell rechtmäßig. Es handelt sich um eine Anordnung zur Durchführung des KrWG i. S. des § 62. Mit dieser Formulierung sind nicht nur die Maßnahmen gemeint, die sich als Gebote spezialgesetzlich in den Bestimmungen des Kreislaufwirtschaftsgesetzes finden. Erfasst werden auch Anordnungen zur Gefahrenabwehr, sofern die Gefahr in der Verletzung von Normen des KrWG besteht. Anderenfalls bliebe die ordnungsrechtliche Durchsetzung des Gesetzes, das einen eigenständigen ordnungsrechtlichen Charakter hat, weil die Verwertung und Beseitigung von Abfall vorrangig der Bekämpfung der im Abfall zu sehenden Gefahr für die öffentliche Sicherheit und Ordnung dient, den einschlägigen landesrechtlichen Regelungen und subsidiär dem jeweiligen landesrechtlichen allgemeinen Ordnungsrecht überlassen. Dies entspricht nicht Sinn und Zweck einer Regelung, die die Durchführung des Kreislaufwirtschaftsgesetzes eigenständig sichern soll.[155]

---

[153] So die Gesetzesbegründung.

[154] *Queitsch*, in: Giesberts/Reinhardt (Hrsg.), BeckOK Umweltrecht, KrW-/AbfG, Stand: 01.04.2012, § 21 Rn. 9.

[155] In Anlehnung an OVG Greifswald, NVwZ 1997, 1027 (1028).

3.7.12 Sanktionsmöglichkeiten

189 **Aufgabe 3.9**

Luftballon-Proteste gegen Atomenergie
Eine Bürgerin wendet sich per e-mail an das Umweltbundesamt:

„Sehr geehrte Damen und Herren,

die Organisation „Campagne“ hat vor kurzem bei zwei Protestaktionen an Atomkraftwerken angeblich 20.000 Luftballons in die Luft steigen lassen, trotz vorheriger, massiver Proteste von Tier- und Umweltschützern:

Info von Campagne: An zwei Samstagen im Mai werden wir an den AKWs Grundremmingen (14.5.) und Unterweser (21.5.) aus tausenden Ballons Radioaktivitätszeichen mit 25 Metern Durchmesser bilden. Die Ballons sollen als „radioaktive Wolke“ aufsteigen und vor den „tödlichen Nachbarn“ warnen.

Ist es möglich, dass diese Aktionen genehmigt waren? Wenn ja, aufgrund von welchen Gesetzen??

Wenn ich Abfall in die Landschaft werfe, bekomme ich Probleme. 20.000 Luftballons, die erst nach Wochen (wenn überhaupt) verrotten, bis dahin aber in Bäumen hängen, in Flüssen und Meeren landen, von Tieren gefressen werden etc. – **das ist erlaubt ???**

Mit freundlichen Grüßen
Trude Adler“[156]

Was würden Sie antworten? Denken Sie auch an etwaige Sanktionsmöglichkeiten!

190 § 69 KrWG enthält die **Bußgeldvorschriften** und regelt in zwei Katalogen welches vorsätzliche oder fahrlässige Handeln ordnungswidrig ist und mit Bußgeldern belegt werden kann. Gravierendere Ordnungswidrigkeiten können mit einem Ordnungsgeld bis zu 1.000.000 €, minder schwere bis zu 10.000 € geahndet werden. § 326 **Strafgesetzbuch** enthält einen Straftatbestand zum unerlaubten Umgang mit gefährlichen Abfällen, der Freiheitsstrafen bis zu fünf Jahren und Geldstrafen vorsieht.[157] § 70 ermöglicht die Einziehung von Gegenständen im Zusammenhang mit der Ordnungswidrigkeit.

---

[156] Hervorhebungen im Original; Namen geändert.

[157] Eingehend zu den Sanktionsmöglichkeiten unten *Sack*, § 8 in diesem Buch; vgl. auch *Hoffmann-Riem*, Administrativ induzierte Pönalisierung – Strafrecht als Auffangordnung für Verwaltungsrecht, in: Müller-Dietz/u. a. (Hrsg.), Festschrift für Heike Jung, 2007, S. 299 ff.

▶ Lösungsvorschlag zu Aufgabe 3.9

191

„Sehr geehrte Frau Adler,

vielen Dank für Ihre Anfrage vom 2. Juni 2011.

Sie machen auf einen Punkt aufmerksam, der auch das Umweltbundesamt beschäftigt: die unkontrollierte Verbreitung und Anreicherung von Plastik und Gummi in der Landschaft und insbesondere auf den Meeren.[158]

Der von Ihnen geschilderte Fall lässt sich allerdings nicht ohne Weiteres mit dem Abfallrecht angehen. Zum einen muss natürlich in Rechnung gestellt werden, dass die Luftballons ein Mittel sind, die Meinungsfreiheit auszuleben und wahrzunehmen. Auch dieses Recht genießt als Grundrecht in Artikel 5 Absatz 1 des Grundgesetzes der Bundesrepublik einen hohen Rang und muss bei der Beurteilung des Geschehens mitberücksichtigt werden. Zum anderen wirkt sich der Punkt aber auch auf die abfallrechtliche Beurteilung des Falles aus.

Für die Anwendung des Kreislaufwirtschaftsgesetzes und der darin enthaltenen Maßgaben und Verpflichtungen ist die Voraussetzung, dass Abfall im Sinne dieses Gesetzes vorliegt. Die Abfalldefinition ist nicht ganz leicht eingängig: Nach § 3 Abs. 1 sind Abfälle im Sinne dieses Gesetzes alle beweglichen Sachen, die unter die in Anhang I aufgeführten Gruppen fallen und deren sich ihr Besitzer entledigt, entledigen will oder entledigen muss. Abfälle zur Verwertung sind Abfälle, die verwertet werden; Abfälle, die nicht verwertet werden, sind Abfälle zur Beseitigung.

Im Anschluss daran wird auch die Entledigung näher bestimmt: Die Entledigung im Sinne des Absatzes 1 liegt vor, wenn der Besitzer bewegliche Sachen einer Verwertung im Sinne der Anlage 2 zum KrWG oder einer Beseitigung im Sinne der Anlage 1 zum KrWG zuführt oder die tatsächliche Sachherrschaft über sie unter Wegfall jeder weiteren Zweckbestimmung aufgibt (§ 3 Abs. 2).

Ohne hier auf alle Details einzugehen: es ist mehr als zweifelhaft, dass die hier naheliegende Voraussetzung ‚Aufgeben der Sachherrschaft unter Wegfall jeder weiterer Zweckbestimmung' erfüllt wird. Denn die Luftballons werden ja nicht wie Abfall einfach in die Landschaft geworfen. Vielmehr ist die Aufgabe der Sachherrschaft, das Loslassen der Ballons und das Aufgeben der Möglichkeit, auf die Ballons einzuwirken, die eigentliche Zweckbestimmung.

Denn erst mit dem Auffliegen der Ballons kann die Meinungsäußerung, die sich darin ausdrückt, wirken. Für den Effekt reichen auch wenige Ballons nicht aus und der Verzicht auf das Wegfliegen wäre auch nicht in vergleichbarer Weise bildhaft und wirkungsmächtig. Schließlich ist davon auszugehen, dass die Ballons großflächig verweht werden und beim Aufkommen, wo auch immer, letztlich einen vergleichsweise kleinen Beitrag zur Umweltverschmutzung leisten.

---

[158] Vgl. dazu <http://www.umweltbundesamt.de/uba-info-medien/mysql_medien.php?anfrage=Kennummer&Suchwort=3900> (Stand: 23.04.2012).

Angesichts der eingangs angesprochenen Anreicherung von Plastik und Gummi in der Umwelt soll das nicht kleingeredet werden! Nach unserem Wissen ist diese Aktion in der betreffenden Umweltorganisation ebenfalls kontrovers diskutiert worden. Nach einer Abwägung hat man sich letztlich dafür entschieden.

Wenn man das Beispiel in den größeren Zusammenhang einordnet, sprechen für ein solches Verhalten einerseits verfassungsrechtliche Gründe (Meinungsfreiheit). Andererseits ist es eben auch so, dass die Rechtsordnung eine Vielzahl umweltschädlicher Verhaltensweisen als sozial üblich zulässt. Weder Flugreisen noch das Autofahren werden verboten.

Es wäre sicherlich wünschenswert, wenn mehr Menschen – wie Sie – die Begleitumstände und Nachwirkungen einer solchen Aktion bedenken und dann davon Abstand nehmen würden. Mit dem Abfallrecht lässt sich eine solche, seltene Aktion jedoch kaum unterbinden.

Auch eine nachträgliche, strafrechtliche Sanktion ist nicht denkbar. Schon bei gravierenden Einträgen von Abfall an einem bestimmten Ort werden entsprechende Verfahren häufig eingestellt. Anders wäre die Frage zu beurteilen, wenn die Ballonwolken als geballtes ‚Gummireste-Konglomerat' auf die Erde treffen sollten. Dann könnten abfallrechtliche Verpflichtungen aktiviert werden."

3.8 Rechtspolitischer Ausblick

192 Wie sich das Kreislaufwirtschaftsrecht weiterentwickelt ist derzeit nicht genau absehbar. Klar ist aber, dass bestimmte **umweltpolitische Anliegen** im Zusammenhang mit Abfällen und der Kreislaufwirtschaft realisiert werden müssen.

193 Ein wichtiger Bereich ist dabei die weitere **Ausgestaltung der Produktverantwortung**. Sie zielt umfassender als die Normierung im KrWG auf Anreize für die Produkthersteller zum Einsatz weniger umweltschädlicher Inhaltsstoffe, Anreize zur Konstruktion von Produkten, die besser verwertbar sind (recyclinggerechtes Design, Demontagefreundlichkeit, Reduktion der Materialvielfalt im Produkt, Kennzeichnung von Materialien), Anreize zur Vermeidung von Abfällen, z. B. durch Reduktion des Materialgewichtes, Verlängerung der Lebensdauer oder gänzlich neue Strategien der Produktvermarktung (z. B. Leasingkonzepte), Lenkung der Abfälle in bestimmte Verwertungspfade, verursachergerechte Zuordnung von Entsorgungskosten, Aufbau und/oder Weiterentwicklung der Behandlung spezieller Abfälle.[159] Für die Konkretisierung können die Verordnungsermächtigungen der §§ 24 und 25 genutzt werden.

194 Die rechtspolitische Diskussion wird allerdings häufig allein mit Blick auf die Binnenperspektive des KrWG geführt. Aber bereits die Abfallvermeidung als erste Stufe der „Abfallhierarchie" weist im Grunde aus dem Gesetz hinaus. Auch das Verständnis der Produktverantwortung würde zu kurz greifen, wenn man sie allein auf abfallwirtschaftli-

[159] Vgl. SRU, Umweltgutachten 2008, S. 86 ff.

che Gesichtspunkte ausrichtet. Vielmehr muss sie aus der gegensätzlichen Perspektive betrachtet als „Durchgangsstation" zwischen den Polen **Ressourcenschonung und Abfallbewältigung** verstanden werden.[160] Damit gibt es eine Phase, in deren Mittelpunkt die Produktion steht, die aber in beide Richtungen weit darüber hinaus greift.[161] Insofern gilt es, entlang der gesamten Nutzungsphase von Ressourcen Stellschrauben zu nutzen, die sich zugunsten einer nachhaltigeren Kreislaufwirtschaft auswirken. Eine besondere Herausforderung wird es dabei sein, auch auf den Konsum – also Kauf und Nutzung von Produkten – so Einfluss zu nehmen, dass Entscheidungen im Hinblick auf die mögliche spätere Abfallphase so getroffen werden, dass weniger belastende Auswirkungen entstehen.

195

Nachhaltiger Konsum durch gemeinwohlverträgliche Gestaltung von Entscheidungssituationen?

Es gibt einen pragmatischen Ansatz, um auf das Kaufverhalten von Konsumenten Einfluss zu nehmen. Ausgehend von der Grundannahme und Erfahrung, dass Menschen phlegmatisch sind und häufig schlechte Entscheidungen treffen, schlagen die amerikanischen Wissenschaftler *Richard H. Thaler* und *Cass R. Sunstein* vor, an der Gestaltung von Entscheidungssituationen anzusetzen. Wenn die gesünderen Waren im Supermarkt nicht in den unteren Regalen angeboten werden, sodass man sich bücken muss, sondern in bequemer Griffhöhe, dann steigt ihr Absatz. Das ist nur ein Beispiel für eine Vielzahl von Entscheidungssituationen und Gestaltungsmöglichkeiten – auch solche, die abfall-relevant sind – auf die der Ansatz übertragbar ist. Er kann eigenverantwortlich umgesetzt werden. Er kann aber auch mit Hilfe des Rechts in ganz unterschiedlicher Art und Weise gestaltet werden.[162]

196

Undeutlich ist derzeit auch, inwieweit sich neben dem KrWG ergänzend ein **Ressourcenschutzrecht** etablieren lässt.[163] Hier stehen insbesondere zwei Optionen in Rede: Zum einen könnte ein eigenständiges Ressourcenschutzgesetz in stärkerem Maße als das im KrWG möglich wäre das Thema fokussieren, indem nach Zweck, Anwendungsbereich und Begriffsbestimmungen (z. B. auch des Ressourcen-Begriffs) Grundsätze des

---

[160] Grundlegend: *Brandt/Röckseisen*, Konzeption für ein Stoffstromrecht, Berlin 2000; Führ (Hrsg.), Stoffstromsteuerung durch Produkteregulierung, Baden-Baden 2000; *Rehbinder*, Konzeption eines in sich geschlossenen Stoffrechts, in: Enquete-Kommission „Schutz des Menschen und der Umwelt" (Hrsg.), Umweltverträgliches Stoffstrommanagement II, Berlin 1994.

[161] *Schwegler/Schmidt*, Ressourceneffizienz in Unternehmen: Erfolgsfaktoren und Hemmnisse, in: Hartard/Schaffer/Giegrich (Hrsg.), Ressourceneffizienz im Kontext der Nachhaltigkeitsdebatte, Baden-Baden 2008, S. 161 ff.

[162] *Thaler/Sunstein*, Nudge – Wie man kluge Entscheidungen anstößt, Berlin 2009; *Smeddinck*, Die Verwaltung 2011, 375 ff. m. w. N.

[163] *Smeddinck*, VerwArch 2012, 183 ff.; siehe auch *Beckmann*, AbfallR 2008, 65 ff.

Ressourcenschutzes (wie ein möglichst schonender Umgang mit den natürlichen Ressourcen als Optimierungsgebot) und speziellere Grundsätze zur Ressourceneffizienz, -suffizienz und -konsistenz (bis hin zu einer absoluten Verminderung des Ressourcenverbrauchs als Grundsatz bzw. als Rechtsprinzip) verankert werden; einschließlich eines Grundsatzes zur Verringerung der negativen Umweltauswirkungen.[164] Zum anderen lassen sich rechtspolitische Änderungen zugunsten des Ressourcenschutzes in einer Vielzahl von bestehenden Gesetzen punktuell und „dezentral" vornehmen. Diese Option ist aus zwei Gründen erfolgversprechender: Es gibt eine gewisse Scheu, z. B. mit Produktgestaltungsregelungen weitergehende Eingriffe in die Produktionswirtschaft und die Grundrechte ihrer Akteure zu verursachen. Ein eigenständiges Gesetz könnte – wie ein Symbol – kontraproduktiv den Widerstand auf sich ziehen und schon im Ansatz die politische Durchsetzbarkeit unmöglich machen. Den Wunsch nach einem konsistenten und harmonisierten Ressourcenschutzrecht kann man aus rechtssystematischen Erwägungen zwar nachvollziehen. Aber er trifft nicht nur auf eine schon bestehende Rechtsordnung, sondern es wird auch nach dem Ressourcenschutz künftig andere neue Themen geben, die in die Rechtsordnung integriert werden müssen. Harmonie und Konsistenz lassen sich nicht immer wieder neu für jeden übergreifenden Belang realisieren. Entscheidender sind letztlich die Verzahnung alter und neuer Vorschriften sowie die tatsächliche Wirksamkeit rechtlicher Modifikationen und Neuerungen zugunsten des Ressourcenschutzes – unabhängig von ihrer konkreten Verortung!

4 Wiederholungsfragen

197

1. Was ist Abfall rechtlich? (Rn. 40)
2. Erläutern Sie Funktion und Wirkungsweise der Abfallhierarchie! (Rn. 30, 33, 34)
3. Was ist der Unterschied zwischen Verwertung und Recycling? (Rn. 32)
4. Wann endet die Abfalleigenschaft? (Rn. 49–51)
5. Wodurch kann das Wohl der Allgemeinheit bei der Abfallbeseitigung beeinträchtigt werden? (Rn. 67)
6. Welche Funktion haben die Überlassungspflichten nach § 17 KrWG? (Rn. 69)
7. Was bedeutet Produktverantwortung? (Rn. 96 f.)
8. Wozu gibt es Abfallwirtschaftspläne? (Rn. 111)
9. Worum geht es beim Abfallvermeidungsprogramm? (Rn. 123)
10. Was sind die Aufgaben des Abfallbeauftragten? (Rn. 180)
11. Wer ist die zuständige Behörde? (Rn. 91)
12. Welche Bedeutung hat die Anordnungsbefugnis im Einzelfall nach § 62 KrWG? (Rn. 186 f.)

---

164 *Schomerus/Sanden*, Entwicklung eines Regelungskonzeptes für ein Ressourcenschutzrecht des Bundes, UBA-Forschungsvorhaben (im Erscheinen).

5 Weiterführende Literatur

Angrick, Ressourcenschutz für unseren Planeten, 2008. 198
Jarass/Petersen/Weidemann (Hrsg.), Kreislaufwirtschafts- und Abfallgesetz, 29. EGL 2011.
Kahl, Abfall, in: Fehling/Ruffert (Hrsg.), Regulierungsrecht. 2010, § 13.
Meßerschmidt, Europäische Umweltrecht, 2011, § 18.
Schmehl (Hrsg.), GK-KrWG: Gemeinschaftskommentar zum Kreislaufwirtschaftsgesetz (im Erscheinen).
Schmidt-Bleek, Nutzen wir die Erde richtig?, 2007.
Smeddinck, Die Entwicklung des Ressourcenschutzrechts, Verwaltungs-Archiv 2012, 183 ff.
Schink/Weidemann/Versteyl (Hrsg.), Kommentar zum Kreislaufwirtschaftsgesetz (KrWG), 2012.
Versteyl/Mann/Schomerus, Kreislaufwirtschaftsgesetz, 2012.

§ 4 Wasserrecht

4

Anne-Barbara Walter

1 Problemaufriss

Das Wasser gehört zu den wichtigsten Grundlagen des menschlichen, tierischen und pflanzlichen Lebens. Es wird vom Menschen in vielfältigster Weise genutzt. Neben seiner Verwendung als Trink- und Brauchwasser ist es wichtiges Produktionsmittel für Industrie und Handwerk. Es wird zur Stromproduktion in Wasserkraftanlagen benötigt und dient der Kühlung von Kernkraftwerken.[1] 1

Als Bestandteil des Naturhaushalts sind Gewässer aber auch Lebensraum für Tiere und Pflanzen. Im Rahmen einer nachhaltigen Gewässerbewirtschaftung müssen daher verschiedene Ziele berücksichtigt und miteinander in Einklang gebracht werden. Dazu gehört neben dem Erhalt bestehender und der Schaffung künftiger Nutzungsmöglichkeiten, der Schutz der Gewässer vor nachteiligen Veränderungen ihrer Eigenschaften, der Schutz vor Folgen des Klimawandels und vor nachteiligen Hochwasserfolgen sowie der Schutz der Meeresumwelt.[2] 2

In der modernen Industriegesellschaft ergeben sich Gefährdungen der Gewässer und ihrer Funktionen vor allem durch Schadstoffeintrag, Wasserentzug, Erwärmung und bauliche Maßnahmen.[3] Deutschland ist grundsätzlich ein wasserreiches Land. Zwar gibt 3

[1] *Stüer/Buchsteiner*, DÖV 2010, 261.

[2] Vgl. Zweck des Gesetzes und die allgemeinen Grundsätze der Gewässerbewirtschaftung gemäß §§ 1, 6 WHG.

[3] *Schmidt/Kahl*, Umweltrecht, 8. Aufl. 2010, S. 201.

A.-B. Walter ✉
Umweltbundesamt, II 2.1, Wörlitzer Platz 1, 06844 Dessau, Deutschland
E-Mail: anne.walter@uba.de

W. Kluth, U. Smeddinck (Hrsg.), *Umweltrecht*,
DOI 10.1007/978-3-8348-8644-6_4, © Springer Fachmedien Wiesbaden 2013

es einige Regionen, z. B. in den Flusseinzugsgebieten Elbe, Weser und Rhein, in denen die Nutzungsrate von Wasser so hoch ist, dass die Europäische Umweltagentur (EEA) bereits von „Wasserstress"[4] spricht [*Die Wasserverfügbarkeit ist einerseits von den Wasserressourcen, andererseits von der Wasserentnahme abhängig. Übersteigt die Entnahme einen bestimmten Prozentsatz der Ressourcen spricht man von Wasserstress.*], dennoch ist das verfügbare Wasservolumen in Deutschland insgesamt so hoch, dass die Mengenbewirtschaftung bei Oberflächengewässern derzeit noch keine große Rolle spielt.

4 Das Grundwasser hingegen wird trotz seiner Vorräte auch quantitativ knapp.[5] Ursachen hierfür sind regional übermäßige Nutzungen sowie Behinderungen der Grundwassererneuerung durch flussbautechnische Maßnahmen oder Bodenversiegelungen.[6] Auch mit Blick auf die Vorgaben der europäischen **Wasserrahmenrichtlinie**[7] **(WRRL)** liegen die wesentlichen Herausforderungen des **Gewässerschutzes** heute jedoch im Bereich der Qualitätsbewirtschaftung, denn die Situation der Gewässer ist trotz Verbesserungen hinsichtlich der ökologischen und chemischen Beschaffenheit keinesfalls zufriedenstellend.

5 Aufgabe des modernen Gewässerschutzes ist es, das ökologische Gleichgewicht der Gewässer zu bewahren oder wiederherzustellen, eine mengen- und gütemäßige Sicherung der Wasserversorgung zu gewährleisten und alle weiteren Wassernutzungen, die dem Gemeinwohl dienen, zu ermöglichen. Neben der Abwehr drohender Gefahren und der Beseitigung eingetretener Schäden, umfasst der Gewässerschutz auch Aspekte der Vorsorge und dringt auf eine schonende Inanspruchnahme der natürlichen Ressource Wasser.[8]

2 Die Rechtsmaterie

2.1 Die Ordnung des Wasserhaushalts

6 Das Wasser als lebensnotwendiges und knappes Gut ist nicht unbeschränkt verfügbar und bedarf daher einer Bewirtschaftung nach Maßgabe der gesetzlichen Vorschriften.[9] Ziel einer geordneten Wasserwirtschaft ist es, die vielfältigen und teilweise miteinander konkurrierenden Nutzungsinteressen bezüglich des Umweltmediums Wasser so zu reg-

---

[4] Vgl. www.wiki.bildungsserver.de/klimawandel/index.php/Wasserressourcen_und_Klima (Stand: 09.02.2012).

[5] *Kloepfer*, Umweltrecht, 3. Aufl. 2004, § 13, Rn. 5.

[6] *Schmidt/Kahl*, Umweltrecht, 8. Aufl. 2010, S. 201.

[7] Richtlinie 2000/60/EG des Europäischen Parlaments und des Rates vom 23.10.2000 zur Schaffung eines Ordnungsrahmens für Maßnahmen der Gemeinschaft im Bereich der Wasserpolitik, ABl. EG L 327, S. 1, zuletzt geändert am 23.04.2009, ABl. EG L 140, S. 114.

[8] Umweltbundesamt (Hrsg.), Wasserwirtschaft in Deutschland, Teil 1, 2010, S. 7 ff.

[9] *Berendes*, Wasserhaushaltsgesetz, 2010, Einl., Rn. 1.

lementieren, dass das Interesse der Allgemeinheit gewahrt bleibt.[10] Alle Nutzungen, die in den Wasserhaushalt eingreifen, sind daher mit dem Grundsatz der „Gemeinverträglichkeit“ zu begrenzen.

7 An dieser Stelle ist zunächst die Frage zu klären, was sich hinter den Begriffen „Wasserwirtschaft“ und „Wasserhaushalt“ verbirgt, denn beide Begriffe prägen die Wassermaterie in Deutschland. Die Wasserwirtschaft umfasst die Bewirtschaftung der Wasserressourcen durch den Menschen sowohl in qualitativer als auch in quantitativer Hinsicht.[11] Sie beinhaltet die Bewirtschaftung von ober- und unterirdischen Gewässern, die Trinkwassergewinnung und -verteilung, die Bewirtschaftung von Abwässern und die Entwässerung von niederschlagsreichen Gebieten oder die Bewässerung von niederschlagsarmen Gebieten.

8 Der **Wasserhaushalt** ist Bestandteil von Natur und Landschaft. Er ist die Grundlage für die öffentliche Wasserversorgung, die Gesundheit der Bevölkerung und für die Gestaltung von Freizeit und Erholung. Er dient aber auch der gewerblichen Wirtschaft, der Land- und Forstwirtschaft sowie anderer Belange.[12] Grundsätzlich ist der „Wasserhaushalt“ als ein natürlicher Vorgang einer rechtlichen Wirkung nicht zugänglich. Allerdings können die menschlichen Einwirkungen, die das in der Natur vorhandene Wasser nach Menge und Güte beeinflussen, allgemein verbindlichen Regelungen unterworfen werden.[13] Durch die zielbewusste Regelung aller unmittelbaren und mittelbaren menschlichen Einwirkungen auf das Wasser wird der Wasserhaushalt in Deutschland „geordnet“.

9 Schon das Grundgesetz (GG) gebraucht die Begriffe „Wasserwirtschaft“ und „Wasserhaushalt“ nebeneinander und auch die Begründung zum **Wasserhaushaltsgesetz (WHG)** stellt klar, dass mit den Begriffen nichts Verschiedenes gemeint ist. Es kann daher im Ergebnis gesagt werden, dass die Summe aller Einwirkungen, die den Wasserhaushalt berühren, üblicherweise als Wasserwirtschaft bezeichnet wird.[14]

10 Die **Wasserwirtschaft** als die rechtliche Ordnung des Wasserhaushalts nach den Regeln einer „haushälterischen“ Bewirtschaftung soll den Wasserhaushalt vor sämtlichen schädlichen Einwirkungen schützen.[15]

11 Das passende Instrumentarium für eine geordnete Wasserwirtschaft stellt in erster Linie das Wasserrecht zur Verfügung. Hier finden sich die meisten Regelungen für die verschiedenen Wassernutzungen, also für gezielte menschliche Eingriffe in den Wasserhaushalt. In diesen Vorschriften finden auch die wissenschaftlichen Erkenntnisse Eingang, die bestimmen, was für den Wasserhaushalt schädlich oder was gemeinverträglich ist. Auf Bundes-, Landes- und Kommunalebene existieren bereits zahlreiche Vorschriften, die eine geordnete Bewirtschaftung der vorhandenen Wasservorräte sicherstellen sollen.

---

[10] BVerfGE 58, 300 (340).
[11] BVerfGE 15 (15), 1, (15); BVerwG, NuR 2002, 735.
[12] *Czychowski/Reinhardt*, Wasserhaushaltsgesetz, 10. Aufl. 2010, Einl., Rn. 50.
[13] BVerfGE 58, 300 (339).
[14] BT-Drs. 2/2072, S. 17; ähnl. DIN 4049 Teil 1.
[15] BVerwG v. 17.04.2002 – 9 A 24.01, S. 2; BVerfGE 58, 300 (341).

12 Die Bedeutung des Wassers als Lebensgrundlage für den Menschen wurde ursprünglich durch eine stark anthropozentrische Sicht geprägt. Aus diesem Grund wurden wohl auch durch den Verfassungsgeber die Begriffe „Wasserwirtschaft" und „Wasserhaushalt" in das GG eingeführt.[16] In der Zwischenzeit hat sich das Wasserrecht aber zunehmend auch für eine ökologische Sicht geöffnet. So heißt es heute in § 1 WHG: „Zweck des Gesetzes ist es, durch **nachhaltige Gewässerbewirtschaftung** die Gewässer als Bestandteil des Naturhaushalts, als Lebensgrundlage des Menschen, als Lebensraum für Tiere und Pflanzen sowie als nutzbares Gut zu schützen". Damit hat der Gesetzgeber bewusst die Sicherung der ökologischen Gewässerfunktion zum Schutzzweck erhoben. Die Wasserwirtschaft soll nicht mehr nur Nutzungsfunktionen erfüllen, sondern zusätzlich die natürlichen Funktionen des Wasserhaushalts bewahren oder wiederherstellen und mithin auch einem ökologischen Schutzzweck dienen.[17] Aufgabe der Wasserwirtschaft und ihres Regulierungsrahmens ist es daher auch, eine gute Gewässerqualität sowohl in chemischer als auch in ökologischer Hinsicht sicherzustellen.

2.2 Die Entwicklung des Gewässerschutzrechts

13 Die normativen Grundlagen des Wasserrechts in Deutschland waren bis in das 19. Jahrhundert hinein nur fragmentarisch und überwiegend gewohnheitsrechtlich geprägt.[18] Schwerpunkt des Regelungsbereichs bildete die privatrechtliche Nutzung der Gewässer durch den Anlieger.[19] Auch heute existieren noch gültige Vorschriften aus dieser Zeit, wie die alten Rechte und Pflichten, vgl. §§ 20, 21 WHG.

14 Nach der Gründung des Deutschen Reiches setzte sich nach und nach eine föderale Struktur im Bereich des Wasserrechts durch. Es entstanden erste Landeswassergesetze, die aber teilweise erheblich voneinander abwichen. So regelten das württembergische und das sächsische Wassergesetz das Wasserrecht öffentlich-rechtlich, das preußische, das badische und das bayrische Wassergesetz teils öffentlich, teils privatrechtlich.[20] Mit der Weimarer Verfassung wurden erstmals dem Reich Kompetenzen für den Bereich der Wasserwirtschaft übertragen. Binnenwasserstraßen waren in das Eigentum des Deutschen Reichs zu übernehmen und durch dieses auch zu verwalten.[21] Erste Entwürfe für ein einheitliches Wasserrecht im Dritten Reich wurden nicht vollendet. Nach 1945 führte die Neugliederung der Bundesländer zunächst zu einer noch weitergehenden Zersplitterung des Wasserrechts, da in manchen Ländern mehrere **Landeswassergesetze** (LWG) galten.[22]

---

[16] BVerfGE 15, 1 (16).

[17] Begründung zum Gesetzentwurf des WHG, BT-Drs. 16/12275, S. 41.

[18] *Berendes* (Fn. 9), Einl., Rn. 3; *Czychowski/Reinhardt* (Fn. 12), Einl., Rn. 1.

[19] *Reinhardt*, ZfW 2000, 4.

[20] *Czychowski/Reinhardt* (Fn. 12), Einl., Rn. 2.

[21] *Czychowski/Reinhardt* (Fn. 12), Einl., Rn. 3.

[22] *Czychowski/Reinhardt* (Fn. 12), Einl., Rn. 5.

2.3 Entstehung des Wasserhaushaltsgesetzes

15 Maßgebendes Gesetz auf dem Gebiet der Wasserwirtschaft ist heute das **WHG**. Es hat zum Ziel, die rechtlichen Voraussetzungen für eine geordnete Bewirtschaftung des ober- und unterirdischen Wassers nach Menge und Beschaffenheit sowie den menschlichen Einwirkungen auf Gewässer zu steuern.[23] Im WHG ist, als Hauptteil des öffentlichen Wasserrechts, das Wasserhaushaltsrecht geregelt. Erstmals beinhaltete das GG von 1949 die Befugnis für den Bund, Rahmenvorschriften für den Bereich des Wasserhaushalts zu erlassen. In Kraft getreten ist dann das 1. WHG aber erst am 01.03.1960.[24] Zwischen 1960 und 1962 erließen die Bundesländer zur Ausfüllung des bundesrechtlichen Rahmens die entsprechenden Landeswassergesetze. Es folgte nun eine stetige Fortentwicklung des WHG. Bis zur geänderten kompetenzrechtlichen Grundlage und dem neuen WHG 2010[25] wurde das Gesetz insgesamt sieben Mal novelliert.

16 Im Zuge der Föderalismusreform von 2006 hat dann der verfassungsändernde Gesetzgeber die Rahmengesetzgebungskompetenz des Bundes abgeschafft und die Materie des Wasserhaushalts in die sogenannte **konkurrierende Gesetzgebungskompetenz** des Bundes überführt, vgl. Art. 74 Abs. 1 Nr. 32 GG. Die Länder haben heute nur dann noch die Befugnis zur Gesetzgebung, solange und soweit der Bund von seiner Zuständigkeit durch die Erarbeitung eines Gesetzes keinen Gebrauch gemacht hat. Anders als bisher ist das Gesetzgebungsrecht des Bundes bezüglich der Wasserrechtsmaterie auch nicht mehr an die sogenannte Erforderlichkeitsklausel des Art. 72 Abs. 2 GG[26] gebunden. Mit dem neuen WHG hat der Bund von seiner Befugnis aufgrund der geänderten Kompetenzlage Gebrauch gemacht. Die bisherigen Regelungen wurden abgelöst und das Wasserrecht hat sich mit dem Ziel der *„Schaffung eines zeitgemäßen Bundeswasserrechts, das den heutigen und künftigen Bedürfnissen der Rechtsanwender besser als bisher gerecht wird“*, [27] grundlegend geändert.

2.4 Wasserrecht der Länder

17 Die Länder haben in Ausführung und Ergänzung der bisherigen Rahmenvorschriften des alten WHG und den Vorgaben des neuen WHG entsprechend der geänderten Gesetzgebungskompetenzen eigene LWG erlassen.[28] Auch nach Inkrafttreten des neuen

---

[23] *Berendes* (Fn. 9), Einl. Rn. 2.

[24] Ausgefertigt am 27.07.1957, BGBl. I S. 1110, 1. Änderungsgesetz vom 19.02.1959, BGBl. I S. 37.

[25] Vom 31.07.2009, BGBl I S. 2585, zuletzt geändert am 22.12.2011, BGBl. I S. 3044, in Kraft seit 01.03.2010.

[26] Erforderlichkeitsklausel nach Art. 72 Abs. 2 GG: *„Der Bund hat das Gesetzgebungsrecht, wenn und soweit die Herstellung gleichwertiger Lebensverhältnisse im Bundesgebiet oder Wahrung der Rechts- oder Wirtschaftseinheit im gesamtstaatlichen Interesse eine bundesgesetzliche Regelung erforderlich macht.“*

[27] Begründung zum Gesetzentwurf des WHG, BT-Drs. 16/12275, S. 40.

[28] *Berendes* (Fn. 9), Einl., Rn. 41.

WHG behalten die LWG grundsätzlich ihre Bedeutung, d. h. sie führen zunächst das Bundesrecht aus und treffen Regelungen zum Vollzug. Daneben füllen sie aber auch die vom WHG belassenen Spielräume mit eigenen Regelungen.

18 Die LWG werden durch untergesetzliche Regelwerke, d. h. Verordnungen und Verwaltungsvorschriften ergänzt. Insbesondere können auch die Kommunen im Rahmen ihrer Satzungshoheit verbindlich Vorschriften erlassen. Beispielhaft für Regelungen im Rahmen der kommunalen Satzungshoheit sind solche zum Anschluss an kommunale Wasserver- und Abwasserentsorgungsanlagen, zu Einleitungen in Abwasseranlagen, zur Erhebung kostendeckender Abgaben und zum Entgelt für Wasserentnahmen.

19 Zu beachten ist, dass die Länder nach neuer Kompetenzlage gemäß Art. 72 Abs. 3 Nr. 5 GG vom WHG **abweichende eigene Bestimmungen** treffen können. Dies gilt nach ausdrücklicher verfassungsrechtlicher Anordnung nur nicht für stoff- und anlagenbezogene Regelungen.[29] Deshalb und aufgrund der Tatsache, dass der Bund bei der Erarbeitung des WHG nicht in vollem Umfang von seinen Kompetenzen Gebrauch gemacht hat, sind zur Frage der Zuständigkeit der Länder für die Wassergesetzgebung nach heutiger Rechtslage drei Fallkonstellationen zu unterscheiden:[30]

20 **Tab. 4.1** Zuständigkeit der Bundesländer für die Wassergesetzgebung

Fall 1	Die Länder können das Wasserhaushaltsrecht des Bundes in den nicht oder nicht abschließend geregelten Bereichen ergänzen. Im Wege der Auslegung muss ggf. ermittelt werden, wann eine Bundesregelung abschließend und daher nicht mehr der Ergänzung durch Landesrecht zugänglich ist.
Fall 2	Die Länder können die bundesrechtlichen Öffnungsklauseln des WHG ausfüllen. Das WHG ermächtigt die Länder teilweise andere oder abweichende Bestimmungen zu treffen. Bundesrecht tritt in diesem Fall hinter die landesrechtliche Regelung zurück. Beispiele: § 2 Abs. 2, § 20 Abs. 1 Satz 1, § 38 Abs. 3 Satz 3, § 46 Abs. 3, § 58 Abs. 1 Satz 3 und 4, § 60 Abs. 4 Satz 1.
Fall 3	Die Länder können nach Art. 72 Abs. 3 Nr. 5 GG vom Bundesrecht abweichen. Wichtig ist die Abgrenzung zur Abweichung im Rahmen einer Öffnungsklausel.

2.5 Weitere wasserbezogene Gesetze

21 Eine wirksame Ordnung des Wasserhaushalts muss sich neben den Bestimmungen, die ausschließlich die Inanspruchnahmen der Gewässer regeln, auch anderer, z. B. ökonomischer Mittel bedienen und sie muss vor allem möglichst frühzeitig ansetzen.[31]

---

[29] *Czychowski/Reinhardt* (Fn. 12), Einl., Rn. 9.
[30] *Berendes* (Fn. 9), Einl., Rn. 35.
[31] *Czychowski/Reinhardt* (Fn. 12), Einl., Rn. 7; *Kluth*, NuR 1997, 108.

Es sind im Laufe der Zeit zahlreiche Gesetze entstanden, die in ganz unterschiedlicher Weise ebenfalls die Fragen des Wasserhaushalts berühren:

Tab. 4.2 Wasserbezogene Gesetze

22

Abwasserabgabengesetz[32]
▸ Für das Einleiten von Abwasser in ein Gewässer ist eine Abgabe zu zahlen, die sich nach Menge und spezifischer Schädlichkeit des Abwassers richtet. Diese Abgabe wird von den Bundesländern erhoben. Sie ist zugunsten des Gewässerschutzes zweckgebunden.[33]
Bundeswasserstraßengesetz[34]
▸ Erfasst die Binnenwasserstraßen des Bundes, die dem allgemeinen Verkehr dienen und die Seewasserstraßen, soweit wasserrechtliche Fragen betroffen sind. Außerhalb des Anwendungsbereichs bestimmen sich die Rechtsverhältnisse an den Bundeswasserstraßen nach WHG und den LWG.
Wasch- und Reinigungsmittelgesetz[35]
▸ Es handelt sich um ein produktbezogenes Gewässerschutzinstrument, da Anforderungen an das Inverkehrbringen von gewässerbelastenden Wasch- und Reinigungsmitteln gestellt werden.
Wasserverbandsgesetz[36]
▸ Regelt die Organisation, der als Körperschaften des öffentlichen Rechts gebildeten Verbände, denen für ein bestimmtes Gebiet wasserwirtschaftliche Aufgaben zur eigenverantwortlichen Wahrnehmung übertragen worden sind.[37]
Wassersicherstellungsgesetz[38]
▸ Regelt diejenigen Anforderungen, die im Verteidigungsfall an die Wasserwirtschaft zu stellen sind.
Umweltverträglichkeitsprüfungsgesetz[39]
▸ Erfasst wasserwirtschaftliche Vorhaben, die der Umweltverträglichkeitsprüfung oder der Strategischen Umweltprüfung unterliegen (vgl. § 1, Rn. 152 ff. in diesem Buch).

[32] Gesetz über Abgaben für das Einleiten von Abwasser in Gewässer, Abwasserabgabengesetz (AbwAG), v. 18.01.2005, BGBl. I S. 114, zuletzt geändert durch Art. 1 des Gesetzes v. 11.08.2010, BGBl. I S. 1163.

[33] *Czychowski/Reinhardt* (Fn. 12), Einl., Rn. 20.

[34] Bundeswasserstraßengesetz (WaStrG), v. 23.05.2007, BGBl. I S. 962, zuletzt geändert durch Art. 5 des Gesetzes v. 31.07.2009, BGBl. I S. 2585.

[35] Gesetz über die Umweltverträglichkeit von Wasch- und Reinigungsmittel, Wasch- und Reinigungsmittelgesetz (WRMG), v. 29.04.2007, BGBl. I S. 600, geändert am 02.11.2011, BGBl. I S. 2162.

[36] Gesetz über Wasser- und Bodenverbände, Wasserverbandsgesetz (WVG), v. 12.02.1991, BGBl. I S. 405, geändert durch Gesetz v. 15.02.2002, BGBl. I S. 1578.

[37] *Berendes* (Fn. 9), Einl. Rn. 50.

[38] Gesetz über die Sicherstellung von Leistungen auf dem Gebiet der Wasserwirtschaft für Zwecke der Verteidigung, Wassersicherstellungsgesetz, v. 24.08.1965, BGBl. I S. 1225, zuletzt geändert durch Art. 10 des Gesetzes v. 03.12.2001, BGBl. I S. 3306.

[39] Gesetz über die Umweltverträglichkeitsprüfung, Umweltverträglichkeitsprüfungsgesetz (UVPG), v. 24.02.2010, BGBl. I S. 94, geändert durch Art. 11 des Gesetzes v. 11.08.2010, BGBl. I S. 1163.

Umweltschadensgesetz[40]
▸ Erfasst auch Gewässerschäden (vgl. § 1, Rn. 205 ff. in diesem Buch).
Umweltstatistikgesetz[41]
▸ Erfasst auch Erhebungen über die Wasserversorgung, die Abwasserbeseitigung und den Umgang mit wassergefährdenden Stoffen bzw. die dabei und bei der Beförderung auftretenden Unfälle mit wassergefährdenden Stoffen.
Strafgesetzbuch[42]
▸ Regelt unter anderem die Strafbarkeit von vorsätzlichen und fahrlässigen Gewässerverunreinigungen (vgl. § 8 in diesem Buch).

23 **Tab. 4.3** Gesetze mit gewässerschützender Wirkung

Bundesnaturschutzgesetz[43]
▸ Die Rechtsmaterien verbindet ein übergreifender ökologischer Ansatz. Dies verdeutlichen bereits die Zielsetzungen von WHG und BNatSchG, die Begriffsbestimmungen und die Anordnungen in beiden Gesetzen. Die in § 1 WHG beschriebene Bewirtschaftung der Gewässer als Bestandteil der Naturhaushalts und Lebensraum für Tiere und Pflanzen zeigt jedoch auch ein potenzielles Konfliktfeld zwischen Gewässer- und Naturschutz auf, vor allem mit Blick auf die Nutzungsinteressen an Gewässern. Dieser Konflikt ist im Einzelfall durch behördliche Abwägung zu klären[44] (vgl. § 5 in diesem Buch).
Bundesbodenschutzgesetz[45]
▸ Es besteht ein enger tatsächlicher Zusammenhang zwischen den Materien. Maßnahmen zum Bodenschutz können mindestens mittelbar gewässerschützende Wirkung haben. Bodennutzungen können zudem gewässerbezogenen Funktionen des Bodens beeinträchtigen.[46]
Kreislaufwirtschaftsgesetz[47]
▸ Beide Rechtsmaterien haben unterschiedliche Ansätze (medial und kausal). Daher können Lebenssachverhalte grundsätzlich von beiden Gesetzen (WHG, KrWG) erfasst werden (vgl. § 3 in diesem Buch).

---

[40] Gesetz über die Vermeidung und Sanierung von Umweltschäden, Umweltschadensgesetz (USchadG), v. 10.05.2007, BGBl. I S. 666, zuletzt geändert durch Art. 14 des Gesetzes v. 31.07.2009, BGBl. I S. 2585.

[41] Umweltstatistikgesetz (UStatG), v. 16.08.2005, BGBl. I S. 2446, zuletzt geändert durch Art. 7 des Gesetzes v. 11.08.2009, BGBl. I S. 2723.

[42] Strafgesetzbuch (StGB), v. 13.11.1998, BGBl. I S. 3322, zuletzt geändert durch Gesetz vom 06.12.2011, BGBl. I S. 2557.

[43] Bundesnaturschutzgesetz (BNatSchG), v. 29.07.2009, BGBl. I S. 2542, zuletzt geändert am 06.12.2011, BGBl. I S. 2557.

[44] *Czychowski/Reinhardt* (Fn. 12), Einl. Rn. 24; *Reinhardt*, NuR 2009 S. 517 ff.

[45] Bundesbodenschutzgesetz (BBodSchG), v. 17.03.1998, BGBl. I S. 502, zuletzt geändert am 09.12.2004, BGBl. I S. 3214.

[46] *Reinhardt*, UTR 54 (2000) S. 153; zur räumlichen Abgrenzung zwischen Wasser- und Bodenschutzrecht s. *Hendler*, UTR 53 (2000), S. 99 ff.

[47] Gesetz zur Förderung der Kreislaufwirtschaft und Sicherung der umweltverträglichen Beseitigung von Abfällen vom 24.02.2012, BGBl. I S. 212.

Es gibt darüber hinaus noch weitere Rechtsgebiete, die dazu beitragen, dass möglichen Gefahren für den Wasserhaushalt schon im Vorfeld des eigentlichen Wasserrechts begegnet werden kann. Dazu gehören das Immissionsschutzrecht, das Chemikalienrecht, das Raumordnungsrecht, das Strahlenschutzrecht und das Baurecht. Die allgemeinen, fach- und medienübergreifenden Umweltgesetze, wie z. B. das Umwelthaftungsgesetz, das Rechtsbehelfsgesetz und das Umweltinformationsgesetz spielen ebenfalls eine Rolle und tragen mit ihren Anforderungen zum Schutz der Gewässer bei. Das Gebiet des Gesundheitsrechts betrifft mit dem Infektionsschutzgesetz und der darauf basierenden Trinkwasserverordnung ebenfalls in Teilen das Wasserrecht. 24

2.6 Einfluss des Unionsrechts

Maßgaben des Gewässerschutzes gehören seit jeher zum zentralen Handlungsfeld der Europäischen Union (EU). In verschiedenen Einzelakten hat die EU zunächst seit den 1970er Jahren das Gewässerschutzrecht der Mitgliedstaaten mit geprägt.[48] Im Gegensatz zu den früheren punktuellen Ansätzen im europäischen Gewässerschutzrecht bestimmt die WRRL mit ihren materiellen und prozessualen Vorgaben für Mitgliedstaaten nunmehr einen rechtlichen Überbau für die Ordnung des Wasserhaushalts und steht für eine grundlegende und umfassende **Neuordnung** des europäischen Gewässerschutzes. Das zersplitterte europäische Wasserrecht, ein Flickenteppich aus unterschiedlichen, teils inkonsistenten und sogar widersprüchlichen „Teilregelungen",[49] erhielt so einen **einheitlichen Regulierungsrahmen**.[50] 25

Der breite Schutzansatz, den die WRRL entfaltet, umfasst den Schutz der Oberflächengewässer, der Übergangsgewässer, der Küstengewässer und des Grundwassers. Zentrales Ziel ist dabei der **gute ökologische und chemische Zustand** aller Gewässer im Gemeinschaftsgebiet bis 2015. Dieses Ziel beinhaltet neben der Verbesserung des Zustands der aquatischen Ökosysteme auch die Vermeidung einer weiteren Verschlechterung. Außerdem verfolgt die WRRL die Strategie der nachhaltigen Wassernutzung auf der Grundlage langfristigen Ressourcenschutzes. Dieser Gewässerschutz hat quantitative und qualitative Dimensionen und verknüpft einen ökologisch geprägten qualitätsbezogenen mit einem wasserwirtschaftlichen quantitätsbezogenen Ansatz. 26

Darüber hinaus beinhaltet die WRRL das neue Konzept des **Flussgebietsmanagements**, d. h., es wurde ein System der länderübergreifenden Bewirtschaftung nach Fluss- 27

[48] *Meyerholt*, Umweltrecht, 3. Aufl. 2010, S. 73.
[49] *Breuer*, WuB 47 (1995) 11, S. 10.
[50] *Caspar*, Die EU-Wasserrahmenrichtlinie: Neue Herausforderungen an einen europäischen Gewässerschutz, DÖV 2001, 529.

gebietseinheiten[51] geschaffen, welches mit den Instrumenten des Maßnahmenprogramms und des Bewirtschaftungsplans in den Mitgliedstaaten umgesetzt wird. Die WRRL wird ergänzt durch ihre sogenannten Tochterrichtlinien (Grundwasserrichtlinie 2006/118/EG[52], Prioritäre Stoffe-Richtlinie 2008/105/EG[53]). Weitere wichtige Richtlinien[54] für den Bereich des Gewässerschutzes sind die Meeresstrategie-Rahmenrichtlinie 2008/56/EG[55] und die Hochwasserschutzrichtlinie 2007/60/EG.[56]

28 Die Richtlinien der EU sind für die Mitgliedstaaten verbindlich und bedürfen, innerhalb der in der jeweiligen Richtlinie festgelegten Frist, der Umsetzung in das nationale Recht.[57] Ist das nationale Recht nicht mit den Richtlinien vereinbar, muss es aufgehoben, verschärft oder entsprechend den Vorgaben der EU neu gestaltet werden.[58] Damit gilt europäisches Wasserrecht in Deutschland ausschließlich in der Gestalt seiner Umsetzung durch Bundes- und Landesrecht. Dieses ist jedoch im Sinne des EU-Rechts auszulegen und anzuwenden. Die Zuständigkeit für die Umsetzung richtet sich nach der Kompetenzordnung des Grundgesetzes.

29 Weitgehend geklärt ist inzwischen, dass europarechtliche Vorgaben, die Außenwirkung entfalten (z. B. die Festlegung von Qualitätsnormen oder von Emissionsgrenzwerten), durch Gesetze oder Verordnungen umzusetzen sind. Die Umsetzung durch Verwaltungsvorschriften ist nicht ausreichend.[59]

30 Die WRRL wurde maßgeblich im WHG umgesetzt. Soweit die Aufstellung verwaltungsverfahrensrechtlicher Instrumente wie Maßnahmenprogramme und Bewirtschaftungspläne betroffen sind, bleibt es bei der Vollzugszuständigkeit der Länder entsprechend Art. 83 GG.[60] Bund und Länder sind innerstaatlich gemeinsam für die Verwirklichung der Richtlinienziele verantwortlich. Gegenüber der EU ist jedoch der Bund allein als Mitgliedstaat verpflichtet.[61]

---

[51] In Deutschland erfolgt die Bewirtschaftung in 10 Flussgebietseinheiten: Donau, Rhein, Maas, Ems, Weser, Eider, Oder, Schlei/Trave und Warnow/Peene, vgl. Kartendarstellung der Flussgebietseinheiten in: Umweltbundesamt (Hrsg.), Wasserwirtschaft in Deutschland, Teil 1, 2010, S. 15.

[52] RL 2006/118/EG des Europäischen Parlaments und des Rates vom 12.12.2006 zum Schutz des Grundwassers vor Verschmutzung und Verschlechterung, ABl. EG L 372 S. 19.

[53] RL 2008/105/EG des europäischen Parlaments und des Rates vom 16.12.2008 über Umweltqualitätsnormen im Bereich der Wasserpolitik, ABl. EG L 348 S. 84.

[54] Umfassende Aufzählung einschlägiger wasserrechtlicher Richtlinien s. *Czychowski/Reinhardt* (Fn. 12), Einl., Rn. 72.

[55] RL 2008/56/EG des Europäischen Parlaments und des Rates vom 17.06.2008 zur Schaffung eines Ordnungsrahmens für Maßnahmen der Gemeinschaft im Bereich der Meeresumwelt, ABl. EG L 164 S. 19

[56] RL 2007/60/EG des Europäischen Parlaments und des Rates vom 23.10.2007 über die Bewertung und das Management von Hochwasserrisiken, ABl. EG L 288 S. 27.

[57] EuGH, ZfW 1998, 289.

[58] *Czychowski/Reinhardt* (Fn. 12), 2010, Einl. Rn. 76.

[59] EuGH, EuZW 1991, 405.

[60] *Czychowski/Reinhardt* (Fn. 9), Einl., Rn. 76.

[61] *Ruffert*, in: Callies/Ruffert (Hrsg.), EUV/AEUV, Art. 288 AEUV, Rn. 41.

31

Wesentlicher Inhalt der WRRL

- Festlegung von ökologischen, chemischen und mengenmäßigen Umweltzielen
- Gewässerbewirtschaftung in Flussgebietseinheiten (ermöglicht auch die grenzüberschreitende Zusammenarbeit zum Schutz der Gewässer)
- Verpflichtung innerhalb bindender Fristen Maßnahmen zu ergreifen
- Einbeziehung der Öffentlichkeit in die Planungsprozesse

3 Organisation der Wasserwirtschaft

3.1 National

32 Der Gewässerschutz ist eine gemeinsame Aufgabe von Bund und Ländern, denn Deutschland ist gemäß dem GG ein **föderaler Staat**. Mit der Wahrnehmung dieser Aufgaben sind daher sowohl der Bund als auch die Länder betraut.

33 Das Ministerium für Umweltschutz, Naturschutz und Reaktorsicherheit (BMU) beschäftigt sich in seinem Geschäftsbereich mit den Grundsatzfragen der Wasserwirtschaft. Ihm obliegt zudem die Federführung für die Bundesgesetze und Verordnungen in diesem Bereich, z. B. für das WHG. Außerdem begleitet es die Erarbeitung von Gewässerschutzregelungen der EU.

34 Zur Abstimmung gemeinsamer Fragen haben sich der Bund und die obersten Landesbehörden auf dem Gebiet der Wasserwirtschaft zur **Bund/Ländergemeinschaft Wasser** (LAWA)[62] zusammengeschlossen. In der LAWA wird zu länderübergreifenden und gemeinschaftlichen wasserwirtschaftlichen und wasserrechtlichen Fragen diskutiert und es werden gemeinsame Lösungen erarbeitet. Empfehlungen der LAWA dienen vor allem in den Ländern als Umsetzungshilfe im Vollzug.

35 Zudem haben die Kommunen (Kreise, Städte und Gemeinden) bei eigenen Angelegenheiten Gestaltungsspielraum. Das sogenannte Recht auf Selbstverwaltung ist mit Art. 28 GG verfassungsrechtlich gut geschützt. **Selbstverwaltungsangelegenheiten**, sind „eigene Angelegenheiten" der Gemeinde. Sie ergeben sich aus der örtlichen Gemeinschaft oder beziehen sich auf diese. So z. B. verwalten Gemeinden in ihrem Gebiet alle öffentlichen Aufgaben allein und unter eigener Verantwortung, soweit Gesetze nichts anderes bestimmen. Zudem haben die Gemeinden Gesetzgebungsbefugnis, nämlich das Recht zum Erlass von Satzungen. Auch obliegen ihnen die Vollzugskompetenz im Gemeindegebiet sowie die Finanzverantwortung. Der Vollzug für den Bereich der Wasserwirtschaft umfasst unter anderem das Monitoring von Gewässern, die Erteilung von

[62] Zu den Aufgaben der LAWA siehe unter: <www.lawa.de> (Stand: 23.04.2012).

Erlaubnissen oder Bewilligungen und die Überwachung von Gewässern. Als Eigentümer kleinerer Gewässer haben Gemeinden zudem für deren Unterhaltung zu sorgen.

36 **Selbstverwaltungsangelegenheit:** „Angelegenheiten der örtlichen Gemeinschaft sind diejenigen Bedürfnisse und Interessen, die in der örtlichen Gemeinschaft wurzeln oder auf sie einen spezifischen Bezug haben, die also den Gemeindebewohnern gerade als solchen gemeinsam sind, indem sie das Zusammenleben und Zusammenwohnen der Menschen in der politischen Gemeinde betreffen".[63]

3.2 Daseinsvorsorge

37 Die Daseinsvorsorge ist Teil der Selbstverwaltung und gehört sogar zu deren Kernbestand. Sie obliegt daher ebenfalls den Kommunen. Die Daseinsvorsorge umfasst z. B. die Organisation der **Wasserversorgung**, also die Versorgung der Allgemeinheit mit Trink- und Brauchwasser sowie die **Abwasserentsorgung**. Zur Deckung der anfallenden Kosten erheben die Kommunen von den Benutzern Abgaben, d. h. Beiträge und Gebühren. Grundsätzlich kann die Gemeinde die Rechtsform für die Wahrnehmung der Daseinsvorsorge bestimmen.[64] Dadurch ist in Deutschland eine stark differenzierte Versorgungsstruktur entstanden.[65] Öffentlich-rechtliche Unternehmensformen wie Regiebetriebe, Eigenbetriebe, Anstalten des öffentlichen Rechts, Zweckverbände und Wasserverbände sind nach wie vor am stärksten an der Aufgabenerfüllung beteiligt. Einige LWGe sehen z. B. die Möglichkeit zur Übertragung der Aufgaben der Wasserversorgung vor. Es muss aber darauf geachtet werden, dass eine funktionstüchtige Wasserversorgung im Interesse des Wohls der Allgemeinheit gewährleistet werden kann.

38 **Tab. 4.4** Betriebsformen zur Durchführung der Wasserversorgung und Abwasserentsorgung

Regiebetrieb	Eigenbetrieb	Eigengesellschaft	Betreibermodell
Betrieb durch die Gemeinde im Rahmen der allgemeinen Gemeindeverwaltung	Betrieb durch die Gemeinde als Sondervermögen mit eigenständiger Buchführung	Unternehmen in privater Rechtsform in Hand der Gemeinde	Übertragung des Anlagenbetriebs auf einen privaten Unternehmer, die Verantwortung der Aufgabenerfüllung verbleibt aber bei der Gemeinde

63 *Maurer*, Allgemeines Verwaltungsrecht, 18. Aufl. 2011, § 23, Rn. 13.
64 *von Danwitz*, JuS 1995, 1 ff.
65 *Laskowski*, ZUR 2003, 2.

Die Zusammenarbeit von Kommunen mit Verbänden[66] erfolgt, um die Organisation von Wasserversorgung und Abwasserbehandlung sowie Gewässerunterhaltung technisch und wirtschaftlich auch mit Blick auf den Gewässerschutz effizient zu gestalten. Die Verbände unterscheiden sich nach Aufgabe, regionaler Ausdehnung und Organisationsform: 39

- Zweckverbände (öffentlich-rechtliche Vereinigung),
- Anstalt öffentlichen Rechts als Gemeinschaftsunternehmen mehrerer Kommunen,
- Wasser- und Bodenverbände im Sinne des Wasserverbandsgesetzes (WVG).

Auch die sogenannten technisch-wissenschaftliche Vereinigungen, in denen üblicherweise sowohl die Wissenschaft als auch die Verbände und die Politik vertreten sind, befassen sich mit den Zielen der Wasserwirtschaft. Zu ihren Aufgaben gehören neben der Standardisierung, die Erarbeitung **technischer Regeln** sowie die Politikberatung[67]. 40

41

Kann der Bund in Selbstverwaltungsangelegenheiten auf die Gemeinde durchgreifen?

Dem Bund fehlt das unmittelbare Recht zum Durchgriff auf die Gemeinden, da die Zuständigkeit zur Gesetzgebung über das Kommunalrecht im Allgemeinen den Ländern zufällt.[68] Aber der Bund kann Gesetze über spezielle Materien, soweit er dafür zuständig ist, erlassen, mit denen sich dann die Gemeinden zu befassen haben. Dies betrifft auch den Bereich der Wasserwirtschaft: Im Rahmen der Festsetzung eines Wasserschutzgebietes nach § 51 Absatz 1 Satz 1 WHG können die Schutzanordnungen nach § 52 Absatz 1 Satz 1 WHG, soweit diese nicht sowieso zur Sicherung der Trinkwasserversorgung der Gemeinde dienen, das gemeindliche Selbstverwaltungsrecht nach Art. 28 Absatz 2 GG berühren. Zum Beispiel mit Blick auf die Beschränkungen bei der Ausweisung neuer Baugebiete. Hier ist die geschützte Planungs- und Entwicklungshoheit der Gemeinde betroffen, auch wenn dies keinen Eingriff in den Kernbereich des Selbstverwaltungsrechts darstellt. Im Rahmen der Güterabwägung müssen vorrangige schutzwürdige überörtliche Interessen,[69] wie die der öffentlichen Wasserversorgung und die Belange der Gemeinde

[66] Verbände mit bundesweiter Reichweite, z. B.: Allianz der öffentlichen Wasserwirtschaft (AöW), Arbeitsgemeinschaft Trinkwassertalsperren e.V. (ATT), Bundesverband der Energie- und Wasserwirtschaft e.V. (BDEW), Deutscher Bund der verbandlichen Wasserwirtschaft (DBVW), Verband kommunaler Unternehmen (VKU).

[67] Technisch-wissenschaftliche Vereinigungen, z. B. Deutsche Vereinigung für Wasserwirtschaft, Abwasser und Abfall (DWA), Bund der Ingenieure für Wasserwirtschaft, Abfallwirtschaft und Kulturbau (BWK), Deutsche Gesellschaft für Limnologie (DGL), Deutsches Institut für Normung (DIN), Deutscher Verein des Gas- und Wasserfachs (DVGW), Wasserchemische Gesellschaft in der Gesellschaft Deutscher Chemiker (GDCh), Vereinigung Deutscher Gewässerschutz (VDG), Deutsches Institut für Bautechnik (DIBt).

[68] *Maunz/Scholz*, in: Maunz/Dürig (Hrsg.), Grundgesetz, 63. EGL 2011, Art. 28, Rn. 68.

[69] BVerfGE 56, 298.

erfasst und gewichtet werden.[70] Gegebenenfalls müssen sich Gemeinden dann auf die naturräumlichen Gegebenheiten einstellen, denn die Rechtsordnung kennt kein kommunales Recht auf grenzenloses Wachstum. Der Gemeinwohlbelang einer sicheren Versorgung der Bevölkerung mit gesundem Wasser hat Vorrang.[71]

3.3 Europäisch/International

42 Deutschland kooperiert auch in zahlreichen internationalen Organisationen mit anderen Staaten zum Schutz der Gewässer und ist zudem Vertragsstaat von verschiedenen internationalen Umweltschutzverträgen.[72] Dazu gehören die **Meeresschutzübereinkommen** Londoner Konvention, die Übereinkommen zum Schutz des Nordatlantiks (MARPOL) und zum Schutz des Ostseegebiets (OSPAR), das Helsinki-Übereinkommen sowie die **Flussgebietskommissionen** für eine grenzüberschreitende Zusammenarbeit in den Flusseinzugsgebieten Rhein, Elbe, Donau und Oder. Ein anderer Weg das deutsche Wissen und die Kompetenz auch weltweit bekannt zu machen, ist die Arbeit in **German Water Partnership (GWP)**, eine gemeinsame Initiative des öffentlichen und privaten Sektors. Deutschland als Mitgliedstaat der EU beteiligt sich zudem an der Erarbeitung des EU-Rechts. Vollzogen wird das EU-Recht durch die Mitgliedstaaten. Soweit es sich dabei um Rahmenvorschriften handelt, kann Deutschland diese ergänzen. Die Mitgliedstaaten können auch über EU-Vorschriften hinausgehen, also für den Umweltschutz strengere Regelungen treffen.[73]

4 Aufbau der Wasserwirtschaftsverwaltung in Deutschland

43 Der Vollzug wasserwirtschaftlicher Regelungen ist Sache der Länder und Kommunen. Einige Länder haben einen zweistufigen Verwaltungsaufbau ohne Mittelinstanz (z. B. Niedersachsen und Bremen). In den meisten Ländern erfolgt die **Wasserwirtschaftsverwaltung** jedoch im dreistufigen Aufbau. Allerdings ist die Aufgabenzuordnung von Land zu Land verschieden (vgl. Abb. 4.1).[74]

44 Aufgabe der Ministerien ist vordergründig die Steuerung der Wasserwirtschaft und die Durchführung übergeordneter Verwaltungsverfahren. Außerdem obliegen ihnen die Landesgesetzgebung und die Aufsicht gegenüber den mittleren und unteren Wasser-

---

[70] *Sieder/Zeitler/Dahme/Knopp*, Wasserhaushaltsgesetz, 42. EGL 2011, § 19a, Rn. 2c.

[71] OVG Koblenz, NuR 2000, 387 ff.

[72] Umweltbundesamt (Hrsg.), Wasserwirtschaft in Deutschland, Teil 1, 2010, S. 25 f.

[73] Umweltbundesamt (Hrsg.), Wasserwirtschaft in Deutschland, Teil 1, 2010, S. 25 f.

[74] Ausführlich zu den Wasserwirtschaftsverwaltungen der Länder: *Exner/Seemann/Barjenbruch/Hinkelmann*, Wassersituation in Deutschland. Institutionen mit Verantwortlichkeiten für auf Wasser bezogene Aspekte, acatech Materialien Nr. 13, 2011.

behörden. Die mittleren Behörden befassen sich mit der regionalen wasserwirtschaftlichen Planung und bedeutenden wasserrechtlichen Verfahren.

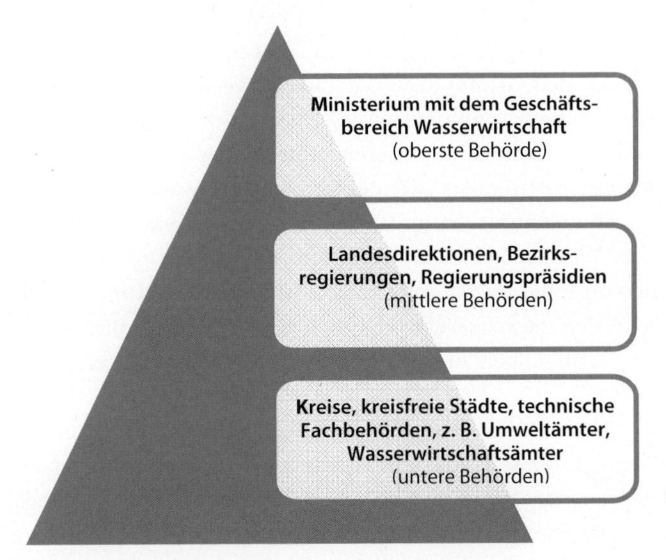

Abb. 4.1 Dreistufiger Verwaltungsaufbau in der Wasserwirtschaft

Während die unteren Wasserbehörden unter anderem zuständig sind für:

- die Fachberatung,
- die Überwachung von Gewässern (z. B. der Unterhaltung),
- Genehmigung von Anlagen in und an Gewässern,
- die Gestattung von Gewässerbenutzungen,
- Zulassung zum Befahren nicht schiffbarer Gewässer,
- Genehmigung von Abwasseranlagen und die Überprüfung von Abwassereinleitungen,
- Bearbeitung von Anzeigen zum Umgang mit wassergefährdenden Stoffen,
- Entgegennahme von Meldungen über Gewässerverunreinigungen,
- Durchführung von Gewässer und Deichschauen,
- Anordnungen von Schutzarbeiten bei Hochwassergefahr,
- Bußgeld- und Entschädigungsverfahren,
- Feststellung alter Rechte und Befugnisse.

Weiterhin gibt es üblicherweise für die umfangreichen Aufgaben der Wasserwirtschaft die sogenannten **Landeszentralbehörden**, z. B. die Landesämter für Umweltschutz, für Wasserwirtschaft, für Wasser und Abfall. Ihnen obliegen von Land zu Land unterschiedliche fachliche Aufgaben, wie die Gewässerkunde, die Gewässerüberwachung, die wasserwirtschaftliche Planung, die Fachberatung und die Erarbeitung technischer Leitlinien. Die Landeszentralbehörden sind üblicherweise den obersten Behörden, also den Ministerien, direkt unterstellt. 45

5 Instrumente des Wasserrechts

46 Das WHG zählt zum besonderen **Gefahrenabwehrrecht** und ist von seinem Ursprung her polizei- und ordnungsrechtlicher Natur.[75] Es regelt einzelne Zulassungen über Ge- und Verbote nach den Grundsätzen der Eingriffsverwaltung.[76] Dies betrifft zum einen Vorgänge, die unmittelbar auf die Gewässer wirken, wie z. B. die Gewässerbenutzungen und den Gewässerausbau. Zum anderen umfasst dies auch Vorgänge mit mittelbaren Auswirkungen auf die Gewässer, wie der Umgang mit wassergefährdenden Stoffen, dass Errichten von Abwasseranlagen und Maßnahmen in Wasserschutz- und Überschwemmungsgebieten. Darüber hinaus erfordert eine wirksame Ordnung des Wasserhaushalts die Steuerung von Eingriffen durch gemeinwohlorientierte Lenkungsziele. Daher haben die Wasserbehörden die wasserwirtschaftlich relevanten öffentlichen Belange zu fördern und vor Beeinträchtigungen zu bewahren. Außerdem ist eine gerechte **Verteilungsordnung** zu schaffen.[77]

47 Das WHG hält weiterhin Bußgeld- und Schadensersatzforderungen vor, soweit bestimmten Pflichten, die sich aus dem Gesetz ergeben, nicht nachgekommen wird. Eine indirekte Steuerung des Wasserdargebots erfolgt über die Abwasserabgabe und der Abgabe für die Entnahme von Wasser, die von vielen Ländern erhoben wird. Mit dem Instrument des finanziellen Anreizes bzw. der finanziellen Last werden durch den Gesetzgeber Erwartungen formuliert, deren Erfüllung erwünscht ist, deren Nichterfüllung aber auch nicht rechtswidrig ist.[78]

6 Das Wasserhaushaltsgesetz

48 Das neue WHG regelt auf Grundlage der geänderten Gesetzgebungskompetenzen maßgebend das Gewässerschutzrecht des Bundes. Es ist seit dem 1. März 2010 in Kraft und ist im Vergleich zum vorhergehenden Gesetz systematischer und strukturierter aufgebaut. Es besteht nunmehr aus sechs Kapiteln, die wiederum in Abschnitte unterteilt sind. Die europäischen Vorgaben zum Wasserrecht, insbesondere die der WRRL wurden durch die Vorschriften des neuen WHG bundeseinheitlich harmonisiert. Integriert wurden zudem aktuelle europäische Anforderungen aus der Hochwasserrichtlinie und der Grundwasserrichtlinie. Einzelne Bereiche, die bisher im Landesrecht geregelt waren, wurden in Bundesrecht übernommen.

---

[75] *Czychowski/Reinhardt* (Fn. 12), Einl., Rn. 51.

[76] *Sieder/Zeitler/Dahme/Knopp*, Wasserhaushaltsgesetz, 42. EGL 2011, Vorb., Rn. 8.

[77] BVerwG, ZfW 1988, 346.

[78] *Kloepfer*, DVBl. 1991, 343.

6.1 Allgemeine Vorschriften

6.1.1 Zielsetzung, Anwendungsbereich, Begriffsbestimmungen

49 Das erste Kapitel enthält, entsprechend dem Aufbau anderer medialer Umweltgesetze, in den §§ 1 bis 5 die sogenannten allgemeinen Bestimmungen. Davon umfasst sind unter anderem die Zweckbestimmung und der Anwendungsbereich des Gesetzes sowie ein Katalog mit denjenigen Begriffserläuterungen, die für die Wasserwirtschaft von grundlegender Bedeutung sind.[79] Zweck und Zielsetzung des gesamten Gesetzes ist es, dass *„durch **nachhaltige Gewässerbewirtschaftung** die Gewässer als Bestandteil des Naturhaushalts, als Lebensgrundlage des Menschen und als Lebensraum für Tiere und Pflanzen zu schützen sind"*. Diese Vorschrift deckt sowohl die **ökologischen** als auch die **nutzungsbezogenen Funktionen der Gewässer** ab. Als bloße Zielsetzung begründet sie aber weder unmittelbare Anforderungen an den Gewässerschutz oder Verhaltenspflichten an den Bürger, noch kann sie als Leitlinie für behördliche Entscheidungen charakterisiert werden.[80]

50 **Beachte!** Vorrang haben hier die allgemeinen Bewirtschaftungsgrundsätze des § 6, die ihrerseits durch die Bewirtschaftungsziele und Anforderungen des Kapitels 2 (§§ 6 ff.) konkretisiert werden. Die Zweckbestimmung des § 1 ist daher als **Auslegungshilfe** zu verstehen und bei Anwendung der verschiedenen Einzelnormen des WHG heranzuziehen. Besondere praktische Bedeutung kommt der Zweckbestimmung daher bei der Ausübung von **Ermessensentscheidungen** in der Verwaltung zu.[81]

51 Der Anwendungsbereich des Gesetzes nach § 2 erstreckt sich auf drei Hauptkategorien von Gewässern: auf **oberirdische Gewässer**, **Küstengewässer** und **Grundwasser**. Dabei werden auch Teile dieser Gewässer von der Geltung erfasst, § 2 Abs. 1 Satz 2. Auf diese Weise ist es möglich, Gewässerteile nach unterschiedlichen Zielen und Anforderungen zu bewirtschaften.[82] Die umfangreiche Verordnungsvorschrift des § 23 sowie Kapitel 2 Abschnitt 3a gelten für die **Meeresgewässer**. Keine Anwendung findet das WHG auf die Hohe See. Dieser Bereich wird überwiegend durch internationale Vorschriften abgedeckt.[83] Kleine und wirtschaftlich untergeordnete Gewässer können die Bundesländer von den Bestimmungen des WHG ausnehmen, vgl. § 2 Abs. 2 WHG. Die Ausnahme gilt

---

[79] *Stüer/Buchsteiner*, DÖV 2010, 261.
[80] *Berendes* (Fn. 9), § 1, Rn. 2.
[81] *Berendes* (Fn. 9), § 1, Rn. 2.
[82] *Berendes* (Fn. 9), § 2, Rn. 2.
[83] Unter anderem das Internationale Seerechtsübereinkommen (SRÜ), das Internationale Übereinkommen über die Verhütung der Meeresverschmutzung durch das Einbringen von Abfällen und anderen Stoffen v. 1972 bzw. das aktuellere Protokoll v. 1996 dazu siehe unter: http://www.umweltbundesamt.de/wasser/themen/meere/meerespolitik.htm (Stand: 23.04.2012). National: Gesetz über das Verbot der Einbringung von Abfällen und anderen Stoffen und Gegenständen in die Hohe See (Hohe See Einbringungsgesetz) v. 25.08.1998, BGBl. I S. 2455, zuletzt geändert am 31.10.2006, BGBl. I S. 2407.

allerdings nicht für die Haftung für **Gewässerverunreinigungen** nach §§ 89, 90. Da das WHG keinen allgemeingültigen Gewässerbegriff kennt, definiert es die Gewässer, auf die es Anwendung findet:

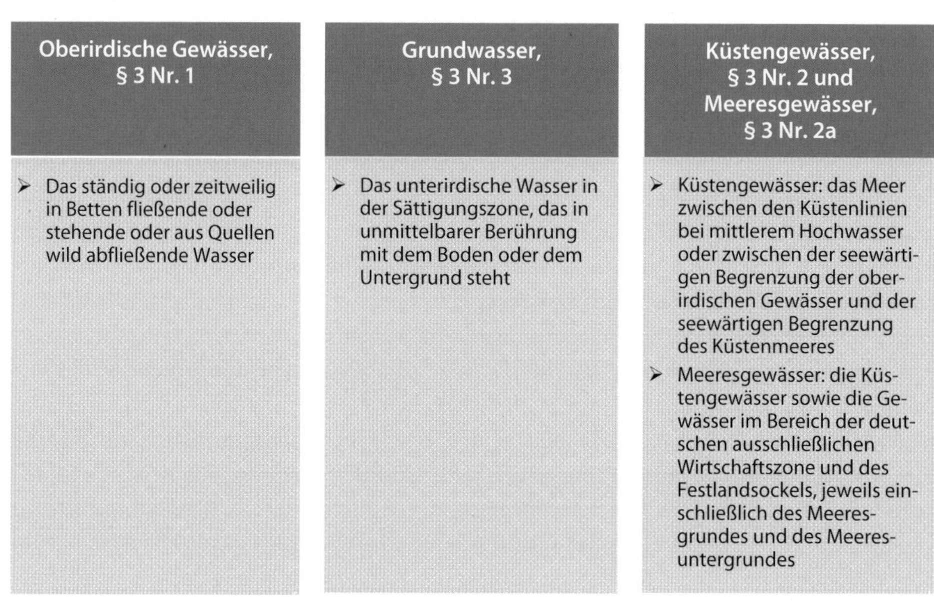

Abb. 4.2 Hauptkategorien von Gewässern

52 **Die Rechtsprechung zum Begriff „oberirdische Gewässer":**[84] „Unter einem oberirdischen Gewässer ist das ständig und zeitweilig in natürlichen oder künstlichen Betten fließende oder stehende Wasser zu verstehen, wobei es in den natürlichen Wasserkreislauf eingebunden sein muss.[85] Nur dann ist eine Steuerung des Wassers nach Menge und Güte mit dem im Wasserhaushaltsgesetz vorgesehenen wasserwirtschaftlichen Instrumentarium möglich.[86] Die Einbindung in den natürlichen Wasserkreislauf setzt die Teilhabe an der Gewässerfunktion voraus. Diese ist dann gegeben, wenn natürliche Prozesse wie Verdunstung, Versickerung, Auffangen von Regenwasser und Auffangen von aufsteigendem Grundwasser stattfinden. Anderenfalls handelt es sich um vom natürlichen Wasserhaushalt abgesondertes Wasser, nicht jedoch um ein Gewässer. Die Gewässereigenschaft entfällt auch nicht ohne Weiteres für einen verrohrten Bereich, der Wasser unterirdisch führt. Auch hier ist zu beurteilen, ob die Verrohrung eine Absonderung des

[84] Zum Gewässerbegriff unter anderem BVerwG v. 15.06.2005 – 9 C 9.04.
[85] BVerwG, Beschl. v. 16.07.2003 – 7 B 61.03.
[86] *Czychowski/Reinhardt* (Fn. 12), § 3, Rn. 10 ff.

Wassers aus dem unmittelbaren Zusammenhang des natürlichen Wasserhaushalts bewirkt.[87]

6.1.2 Gewässereigentum

53 Das **Gewässereigentum** war bislang nicht im WHG geregelt. Mit dem neuen WHG ist es nunmehr in § 4 Abs. 1, 2 und 4 abschließend normiert. Diese Regelungen des § 4 beruhen auf dem Kompetenztitel des Art. 74 Abs. 1 Nr. 1 GG für das bürgerliche Recht und unterliegen daher auch nicht der Abweichungskompetenz der Bundesländer (anders Abs. 3, der dem Kompetenztitel Wasserhaushalt unterfällt). Dennoch ist es den Ländern gestattet, das Eigentum an Gewässern „im Übrigen", also über die bundesrechtlichen Regelungen hinausgehend, selbst zu regeln, da Abs. 5 eine Öffnungsklausel für Landesrecht enthält. Bedeutend ist die Vorschrift des § 4 insbesondere mit Blick auf Abs. 2. Hier wird bundeseinheitlich festgelegt, dass Wasser eines fließenden oberirdischen Gewässers und das Grundwasser nicht eigentumsfähig sind. Gewässereigentum umfasst also nicht die sogenannte **„fließende Welle"**. Diese Festlegung war längst überflüssig, denn die fehlende Eigentumsfähigkeit des Grundwassers stellte bereits das Bundesverfassungsgericht im sogenannten **„Nassauskiesungsbeschluss"** fest.[88]

54 **Aus dem Nassauskiesungsbeschluss:** „Es steht mit dem Grundgesetz in Einklang, dass das Wasserhaushaltsgesetz das unterirdische Wasser zur Sicherung einer funktionsfähigen Wasserbewirtschaftung – insbesondere der öffentlichen Wasserversorgung – einer vom Grundstückseigentum getrennten öffentlich-rechtlichen Benutzungsordnung unterstellt hat."

6.1.3 Allgemeine Sorgfaltspflichten

55 Die von **jeder Person**[89] im Umgang mit Wasser zu beachtenden **Sorgfaltspflichten** werden in § 5 geregelt. Demnach ist jeder verpflichtet, bei Maßnahmen, mit denen Einwirkungen auf ein Gewässer verbunden sein können, die erforderliche Sorgfalt walten zu lassen.

56 Eine **Maßnahme** im Sinne des § 5 sind *„zweckgerichtete Verhaltensweisen jeder Art"*. Umfasst sind alle im WHG oder in den Landeswassergesetzen geregelten Tatbestände:

- die Gewässerbenutzung,
- die Errichtung, der Betrieb und die Änderung von Anlagen,
- die Gewässerunterhaltung und
- der Gewässerausbau.

---

[87] BVerwG, Urt. v. 27.01.2011 – 7 C 3/10.

[88] BVerfGE 58, 300, 332 (332).

[89] Jede Person = natürliche, juristische, privatrechtliche und öffentlich-rechtliche Personen.

57 Aber auch **sonstige Maßnahmen**, für die es keine wasserrechtlichen Tatbestände gibt, mit denen aber dennoch Einwirkungen auf Gewässer verbunden sein können, sind unter den Maßnahmenbegriff zu fassen. Zu nennen sind hier beispielhaft das Düngen von Äckern und das Sprühen von Pflanzenschutzmitteln. Außerdem sind Handlungen im Vorfeld eines Eingriffs mit einzubeziehen, wenn die Vorschriften z. B. über Benutzungen noch nicht gelten.[90]

58 Die Sorgfalt, die bei der Durchführung gewässerrelevanter Maßnahmen anzuwenden ist, ist die, *die nach objektiver Betrachtung im konkreten Fall geboten ist.*[91] Diese allgemeine Sorgfaltspflicht im Umgang mit Gewässern ist zu wahren, um:

- nachteilige Veränderungen der Gewässereigenschaften zu vermeiden,
- eine mit Rücksicht auf den Wasserhaushalt gebotene sparsame Verwendung des Wassers sicherstellen,
- die Leistungsfähigkeit des Wasserhaushalts zu erhalten und
- eine Vergrößerung und Beschleunigung des Wasserabflusses zu vermeiden.

59 **Besondere Sorgfaltspflicht für Hochwasserbetroffene:** Jede Person, die durch Hochwasser betroffen sein kann, muss zudem geeignete Vorsorgemaßnahmen zum Schutz vor nachteiligen Hochwasserfolgen und zur Schadensminderung ergreifen. Im Rahmen des **Möglichen und Zumutbaren**, hat jeder Betroffene seinen persönlichen Beitrag zum Hochwasserschutz zu leisten und darf sich nicht auf staatliche Schutzvorkehrungen verlassen.[92] Diese Verpflichtung kann geahndet und zwangsweise durchgesetzt werden, denn eine an Hochwasserrisiken angepasste Nutzung von Grundstücken ist besonders relevant. Dabei ist natürlich der Grundsatz der Verhältnismäßigkeit zu beachten. Eingriffe in bestehende Bauten verlangt die Vorsorgevorschrift daher nicht. Verletzt der Verantwortliche die ihm obliegende Schadensminderungspflicht, muss er sich dies bei Geltendmachung von Entschädigungsansprüchen gegen Hoheitsträger entgegenhalten lassen.

60 **Beachte!** Vorrang vor der allgemeinen Sorgfaltspflicht nach § 5 haben die spezielleren Vorschriften des WHG, z. B. die Regelungen zum Hochwasserschutz, zur Abwasserbeseitigung, zum Umgang mit wassergefährdenden Stoffen oder zur Gewässerunterhaltung. Soweit aber keine speziellere Norm greift, kann § 5 auch Rechtsgrundlage für behördliche Eingriffe, wie Verfügungen oder Anordnungen in Form von Verwaltungsakten sein.[93]

---

[90] BVerwG, NVwZ 1991, 996.

[91] Vgl. die nach § 276 BGB geforderte allgemeine Sorgfaltspflicht.

[92] *Berendes* (Fn. 9), § 5, Rn. 5.

[93] *Berendes* (Fn. 9), § 5, Rn. 2.

6.2 Die Bewirtschaftung von Gewässern

6.2.1 Gemeinsame Bestimmungen

61

Umfassende Ermächtigungsgrundlage für Rechtsverordnungen des Bundes
Eine umfassende Ermächtigung für die Bundesregierung, Rechtsverordnungen zur Gewässerbewirtschaftung nach Maßgabe der Bewirtschaftungsziele gemäß §§ 27 bis 31, 44 und 47 zu erlassen, findet sich in § 23. Diese Ermächtigung bietet die Möglichkeit, die im WHG schlank gehaltenen Regelungen zu konkretisieren und dient zudem der bundeseinheitlichen Umsetzung von Unionsrecht. Der Katalog der Regelungsthemen in Abs. 1 ist beispielhaft und daher nicht abschließend. Er wird aufgrund des engen Sachzusammenhangs durch weitere Ermächtigungsgrundlagen in den jeweils betroffenen Vorschriften (§§ 48 Abs. 1 Schadstoffeinträge in das Grundwasser, §§ 57 Abs. 2, 58 Abs. 1 Satz 2 Direkt- und Indirekteinleitungen von Abwasser, § 61 Abs. 3 Selbstüberwachung bei Abwassereinleitungen und Abwasseranlagen, §§ 62 Abs. 4, 63 Abs. 2 Satz 2 Umgang mit wassergefährdenden Stoffen) ergänzt und konkretisiert. Eigenständige Bedeutung haben die Verordnungsermächtigungen nach § 24 Abs. 1 Erleichterungen für EMAS (Gemeinschaftssystem für Umweltmanagement und Betriebsprüfung) -Standorte, § 62 Abs. 7 Satz 2 Erhebung von Gebühren und Auslagen für Amtshandlungen des Umweltbundesamtes und § 102 Anlagen und Einrichtungen der Verteidigung.[94]

62

Die gemeinsamen Bestimmungen für alle Gewässer regeln zum einen die allgemeinen Grundsätze der Gewässerbewirtschaftung und zum anderen die öffentlich-rechtliche Benutzungsordnung. In den allgemeinen **Bewirtschaftungsgrundsätzen** (§ 6) erteilt das Gesetz dem Staat den Auftrag zur nachhaltigen Gewässerbewirtschaftung. Damit dient diese Regelung den Interessen der Allgemeinheit und hat keinen nachbarschützenden Charakter.[95] Die Grundsätze umfassen **ökologische und nutzungsbezogene Leitprinzipien**. Es ist Aufgabe der Wasserbehörden, die legitimen Nutzungsinteressen mit den Belangen der Gewässerökologie und des Naturschutzes in Einklang zu bringen.

Beachte! Gemeinwohlinteressen haben Vorrang vor Einzelinteressen.

---

94 *Berendes* (Fn. 9), § 23, Rn. 3.
95 *Berendes* (Fn. 9), § 6, Rn. 3.

63 **Was verbirgt sich hinter dem unbestimmten Rechtsbegriff *„Wohl der Allgemeinheit"*?**

Zunächst ist die Gewährleistung der öffentlichen Wasserversorgung als ausgesprochen wichtiger Gemeinwohlbelang privilegiert. Dies spiegelt auch das WHG in seinen Vorschriften wider, vgl. §§ 3 Nr. 10, 6 Abs. 1 Satz 1 Nr. 4 und § 50 Abs. 2. Darüber hinaus zählen Aspekte des Gesundheitsschutzes, Wohnungs- und Siedlungswesens, der gewerblichen Wirtschaft, des Naturschutzes, der Landschaftspflege, der Land- und Forstwirtschaft, der Fischerei, des Verkehrs, des Sports und der Erholung zu den Belangen des Gemeinwohls, die im Bereich der Wasserwirtschaft von Bedeutung sein können. Nicht erfasst sind Gemeinwohlbelange, die durch spezielle Vorschriften geregelt sind und in einem eigenen Verwaltungsverfahren geprüft werden.

64 Das Vorhalten von Anpassungsstrategien an den Klimawandel, die Gewährleistung natürlicher Abflussverhältnisse und die Schaffung geeigneter Rückhalteflächen zum Schutz vor nachteiligen Hochwasserfolgen sowie der Meeresschutz sind weitere Grundsätze, die im Rahmen der Gewässerbewirtschaftung zu beachten sind. Dabei ist insgesamt ein **hohes Schutzniveau** für die Umwelt zu gewährleisten und es darf keine Verlagerung nachteiliger Auswirkungen auf andere Schutzgüter erfolgen. Die Vorschrift zu den allgemeinen Grundsätzen der Gewässerbewirtschaftung beinhaltet insoweit einen medienübergreifenden Ansatz. Dieser stammt aus der Industrieemissions-Richtlinie (IE-RL)[96] und setzt deren diesbezüglichen Anforderungen im Wasserrecht um.

65 **Beachte!** Von den Wasserbehörden ist dieser Grundsatz als Leitlinie bei der Auslegung unbestimmter Rechtsbegriffe und der Ausfüllung von Ermessensspielräumen zu berücksichtigen.

66 Die allgemeinen Grundsätze enthalten weiterhin, unter anderem im Interesse der Hochwasservorsorge, ein **Erhaltungs- und Renaturierungsgebot**: „*Gewässer, die sich in einem natürlichen oder naturnahen Zustand befinden, sollen in diesem Zustand erhalten bleiben und nicht naturnah ausgebaute Gewässer sollen so weit wie möglich wieder in einen naturnahen Zustand zurückgeführt werden.*" Dieser Grundsatz steht unter einem doppelten Vorbehalt:

- der Erhalt oder die Wiederherstellung müssen überhaupt möglich sein **und**
- es dürfen keine überwiegenden Gründe des Allgemeinwohls entgegenstehen.

[96] RL 2010/75/EU des Parlaments und des Rates vom 04.01.2010 über Industrieemissionen (IE-RL), ABl. EU L 334 S. 17.

67

Was ist ein natürlicher/naturnaher Zustand?
Natürlich bzw. naturnah sind Gewässer, die nach ihrem Erscheinungsbild als nicht oder nicht wesentlich durch menschliche Eingriffe veränderte Bestandteile von Natur und Landschaft wahrgenommen werden. Dies können auch künstliche angelegte Gewässer sein (z. B. Teiche, Biotope). Die WRRL gibt die hierfür maßgeblichen Kriterien vor. So sind z. B. für den ökologischen Zustand bestimmte Qualitätskomponenten vorgegeben: die biologischen Komponenten (z. B. Fischfauna), die hydromorphologischen Komponenten (z. B. Strömungsverhältnisse und Durchgängigkeit) und die Morphologie des Flussbettes und seiner Ufer.

6.2.2 Die öffentlich-rechtliche Benutzungsordnung

68 Das Medium Wasser unterliegt einer eigenen Nutzungsordnung. Rechtlich betrachtet gehören Gewässer zu den **öffentlichen Sachen**,[97] denn Wasser ist nicht eigentumsfähig, § 4 Abs. 2. Im Gegensatz zu den Umweltmedien Boden und Luft wird das Wasser also strikt staatlich reglementiert und die Verwaltung hat, gemessen an den Zielen des WHG, die Nutzungsinteressen am Wasser zu steuern. Das WHG stellt hierfür verschiedene Instrumente zur Verfügung. Maßgeblich wird es durch das Instrument des Gestattungsregimes geprägt. Das Gestattungsregime ist ein Instrument der Präventivkontrolle.[98]

69 **Beachte!** Grundsätzlich sind Eingriffe in den Wasserhaushalt untersagt. Sie können jedoch behördlich zugelassen werden.[99] Der Zugriff auf ein Gewässer wird damit nur in besonderen Fällen gestattet. Es ist entweder eine Erlaubnis, eine gehobene Erlaubnis oder eine Bewilligung bei der zuständigen Wasserbehörde einzuholen, bevor eine Benutzung begonnen wird.[100]

70 **Erlaubnisfreie Benutzungen:**

- Maßnahmen zur Abwehr einer gegenwärtigen Gefahr für die öffentliche Sicherheit, § 8 Abs. 2,
- Benutzungen bei Übungen und Erprobungen (für Zwecke der Verteidigung), § 8 Abs. 3,
- Maßnahmen, die der Unterhaltung oder dem Ausbau oberirdischer Gewässer dienen, § 9 Abs. 3,
- Alte Rechte und Befugnisse, § 20,
- Gemeingebrauch und Eigentümergebrauch an oberirdischen Gewässern, §§ 25, 26,
- Erlaubnisfreie Benutzungen des Grundwassers und der Küstengewässer, §§ 43, 46,

[97] *Meyerholt*, Umweltrecht, 3. Aufl. 2010, S. 276; *Sparwasser/Engel/Voßkuhle*, Umweltrecht, 5. Aufl. 2003, S. 513.
[98] *Meyerholt*, Umweltrecht, 3. Aufl. 2010, S. 278.
[99] Sogenanntes repressives Verbot mit Befreiungsvorbehalt.
[100] *Czychowski/Reinhardt* (Fn. 12), § 8, Rn. 25.

- Bestimmte Erdaufschlüsse, § 49,
- Die Entnahme/Einleitung im Rahmen von bestimmten Gewässeruntersuchungen, §§ 12, 13, 100.

6.2.2.1 Das Gestattungsregime des WHG

71 Im neuen WHG wurde das System der behördlichen Zulassungsinstrumente flexibilisiert und harmonisiert.[101] Neu ist daher die bundeseinheitliche Regelung zur sogenannten „**gehobenen Erlaubnis**". Diese Zulassungsform war bisher in den LWG verankert und dort im Einzelnen unterschiedlich geregelt.

72 Bei der gehobenen Erlaubnis handelt es sich um eine besondere Form der Erlaubnis. Sie ist ein häufig gewähltes Zulassungsinstrument und hat bereits seit Jahren im Vollzug erhebliche Bedeutung, da sie die Rechtsstellung des Benutzers gegenüber Abwehransprüchen Dritter im Vergleich zur Erlaubnis stärker absichert, vgl. § 16 Abs. 1. Systematisch steht sie zwischen Erlaubnis und Bewilligung, ist aber der Zulassungsform der Bewilligung angenähert. Sowohl bei der Erlaubnis bzw. gehobenen Erlaubnis als auch bei der Bewilligung handelt es sich um **Verwaltungsakte i. S. d. § 35 Satz 1 Verwaltungsverfahrensgesetz (VwVfG)**. Ihr Inhalt und ihre Voraussetzungen ergeben sich aus den §§ 10 ff. und den ergänzenden Bestimmungen der LWG.

73 Die **Erlaubnis** gewährt die öffentlich-rechtliche Befugnis zur Benutzung eines Gewässers, die Bewilligung das Recht dazu, vgl. § 10 Abs. 1. Unter bestimmten Voraussetzungen darf nur eine Erlaubnis erteilt werden, vgl. dazu § 14 Abs. 1. Zudem kann mit der Festsetzung von **Inhalts- und Nebenbestimmungen** bei Erteilung der Erlaubnis/gehobenen Erlaubnis/Bewilligung durch die Behörde auf die Gestaltung der Benutzung Einfluss genommen werden, vgl. § 13.

74 **Beachte!** Auf die Erteilung einer Erlaubnis/gehobenen Erlaubnis oder einer Bewilligung besteht kein Rechtsanspruch, sondern lediglich ein Anspruch auf ermessensfehlerfreie Entscheidung der Behörde.[102]

75 Voraussetzung für die Gestattung einer Benutzung ist, dass sie mit dem **Wohl der Allgemeinhei**t und mit den **Interessen Dritter** vereinbar ist. Maßgeblicher Unterschied zwischen Erlaubnis und Bewilligung besteht dabei in der dem Benutzer gegenüber Behörden und Dritten eingeräumten Rechtsposition.[103]

76 Die Erlaubnis ist ein begünstigender Verwaltungsakt, der eine Befugnis gewährt und keine Außenwirkung hat. Die Rechte Dritter bleiben unberührt. Da ein solcher Verwaltungsakt keine privatrechtsgestaltende Wirkung hat, können Dritte alle rechtlichen Abwehrmöglichkeiten nutzen.[104] Außerdem kann die Erlaubnis durch die Behörde nach pflichtgemäßem Ermessen entschädigungslos widerrufen werden.

---

[101] BT-Drs. 16/12275, S. 53.

[102] *Czychowski/Reinhardt* (Fn. 12), § 8, Rn. 2.

[103] *Kotulla*, Umweltrecht, 5. Aufl. 2010, S. 84, Rn. 38.

[104] Zum Beispiel zivilrechtliche Ansprüche nach §§ 1004, 823 Abs. 1 und Abs. 2 BGB auf Beseitigung, Unterlassung und Schadensersatz.

Die **Bewilligung** unterscheidet sich von der Erlaubnis durch ihre rechtlichen Wirkungen und gesetzlichen Voraussetzungen. Das subjektive Recht auf Gewässerbenutzung, welches sie gewährt, ist öffentlich-rechtlicher Natur.[105] Die Bewilligung kann nur in Verfahren erteilt werden, in dem die Betroffenen und die beteiligten Behörden Einwendungen geltend machen konnten, vgl. § 11 Abs. 2. 77

Beachte! Auch die gehobene Erlaubnis setzt eine Öffentlichkeits- und Behördenbeteiligung voraus, vgl. § 15 Abs. 2. 78

Eine Bewilligung ist befristet nur unter bestimmten Voraussetzungen zu erteilen, vgl. §§ 12, 14 und sie ist nach § 16 Abs. 2 gegenüber Ansprüchen Dritter und nach § 18 Abs. 2 gegenüber behördlichen Widerruf geschützt. 79

Bewirtschaftungsermessen 80

Die Erteilung einer Erlaubnis oder Bewilligung steht im Ermessen der Behörde, § 12 Abs. 2.[106] Ohne Ermessen der Behörde wäre eine optimale Nutzung des Wasserangebots nicht erreichbar und eine auf die Zukunft ausgerichtete ordnungsgemäße Steuerung der Gewässerbenutzung unmöglich.[107] Für die Ausübung des sogenannten Bewirtschaftungsermessens finden die im Rahmen des § 40 VwVfG entwickelten allgemeinen Regeln der Ermessenslehre Anwendung. Dieses Ermessen gibt der Behörde gegenüber dem Gewässerbenutzer eine starke Stellung. Der Anspruch einer nachhaltigen Gewässerbewirtschaftung erfordert bei Ermessensausübung ein Einbeziehen der allgemeinen Grundsätze und diese Grundsätze konkretisierenden Vorschriften des WHG sowie der eigenen im Rahmen des Bewirtschaftungsauftrags entwickelten wasserwirtschaftlichen Konzepte der Behörde.[108]

Im Rahmen der Prüfung, ob eine Erlaubnis/Bewilligung zu versagen oder zu erteilen ist, müssen alle Umstände durch die Behörde abgewogen werden. Dabei ist vor allem zu prüfen, ob eine zu erwartende schädliche Gewässerveränderung durch geeignete **Nebenbestimmung** vermieden oder ausgeglichen werden kann. 81

Beachte! Gegebenenfalls Überprüfung und Anpassung von Erlaubnissen und Bewilligungen nach § 100 Abs. 2.

105 *Berendes* (Fn. 9), § 10, Rn. 4.

106 Vgl. zum Bewirtschaftungsermessen BVerfGE 58, 300 (347).

107 *Berendes* (Fn. 9), § 12, Rn. 8.

108 *Czychowski/Reinhardt* (Fn. 12), § 12, Rn. 32 ff.; *Berendes* (Fn. 9), § 12, Rn. 9.

82 **Tab. 4.5** Voraussetzungen und Inhalt Erlaubnis/Bewilligung

Voraussetzung für die Erteilung einer Erlaubnis/Bewilligung nach § 12
– Es dürfen durch die Benutzung keine schädliche Gewässerveränderung im Sinne von § 3 Nr. 10 erwartet werden. – Falls doch: prüfen, ob diese ist durch Nebenbestimmungen vermeidbar sind. – Weitere Anforderungen nach anderen öffentlich-rechtlichen Vorschriften müssen auch erfüllt werden.
Besonderheiten für die Erteilung einer Bewilligung nach § 14
– Gewässerbenutzung kann dem Benutzer ohne gesicherte Rechtsposition einer Bewilligung nicht zugemutet werden. – Gewässerbenutzung muss einem bestimmten Zweck dienen, der nach einem der Behörde darzulegenden Plan verfolgt wird. – Es handelt sich nicht um eine Benutzung nach § 9 Abs. 1 Nr. 4 und Abs. 2 Nr. 2. Diese Benutzungen bergen ein zu hohes Gefährdungspotenzial. – Erteilung der Bewilligung ggf. nur mit Inhalts- oder Nebenbestimmungen.
Inhalt einer Erlaubnis/Bewilligung nach § 10
– Gewässer darf zu einem bestimmten Zweck, in einer nach Art und Maß bestimmten Weise benutzt werden. – Mit Erteilung bestätigt die Behörde, dass die Erlaubnis/Bewilligung einer gesetzlich anerkannten Zielsetzung entspricht. – Es muss der konkrete Benutzungstatbestand angegeben werden. – Bezeichnung aller, die Benutzung begrenzenden Faktoren, z. B. Wassermenge, Abwasserinhaltsstoffe, Konzentrationswerte.

83 Hier gelten die allgemeinen verwaltungsverfahrensrechtlichen Regelungen über die Zulässigkeit von Inhalts- und Nebenbestimmungen (§ 36 VwVfG), die durch § 13 WHG ergänzt werden. Gegebenenfalls kann eine Bewilligung auch nachträglich mit **Inhalts- und Nebenbestimmungen** versehen werden, § 13 Abs. 3. Zulässige Inhalts- und Nebenbestimmungen nach § 13 Abs. 2 sind z. B.:

- das Stellen von Anforderungen an die Beschaffenheit einzubringender oder einzuleitender Stoffe,
- die Anordnung von Maßnahmen, die in einem Maßnahmenprogramm enthalten sind,
- die Anordnung von Maßnahmen, die zwecks sparsamer Verwendung von Wasser geboten sind,
- die Anordnung von Maßnahmen, die der Feststellung der Gewässereigenschaften vor Benutzung bzw. Beobachtung der Benutzung dienen und die zum Ausgleich einer Benutzung erforderlich sind,
- Festlegung von Bestimmungen, die die Beauftragung eines Betriebsbeauftragten vorschreiben oder die die Kostenübernahme vorsehen.

Beachte zum Verfahren! Das Verwaltungsverfahren regeln überwiegend die Länder, denn sie führen das WHG als eigene Angelegenheit aus, vgl. Art. 84 Abs. 1 Satz 1 GG. Nur in einzelnen Fällen bestimmt das WHG direkt etwas anderes, vgl. dazu Art. 84 Abs. 1 Satz 2 GG (z. B. § 11 WHG, die Länder können jedoch davon abweichen). Zudem ermöglicht § 23 Abs. 1 Nr. 10 WHG dem Bund, für denjenigen Bereich, die auf Verordnungsebene geregelt werden auch die behördlichen Verfahren festzulegen. 84

Wann ist für die Erteilung einer Erlaubnis/Bewilligung eine Umweltverträglichkeitsprüfung (UVP) erforderlich? Dies richtet sich nach § 3a ff. i. V. m. Anlage 1 und 2 Gesetz über die Umweltverträglichkeitsprüfung (UVPG.). Die UVP-pflichtigen wasserrechtlichen Vorhaben finden in Anlage 1 unter Nr. 13 UVPG. Für Gewässerbenutzung kommt eine UVP in Betracht, wenn sie im Zusammenhang mit einem Vorhaben der Anlage 1 Nr. 1-19 zum UVPG stehen (z. B. Anlagen i. V. m. Gewässerbenutzungen (Entnahme oder Einleiten)).[109] 85

6.2.2.2 Die Benutzungstatbestände

Der Begriff „Benutzung" gehört zu den zentralen Rechtsbegriffen im WHG. Gewässerbenutzungen (echte und unechte) sind zweckgerichtete Verhaltensweisen, die unmittelbar auf ein Gewässer ausgerichtet sind und sich der Gewässer zur Erreichung bestimmter Zwecke bedienen.[110] Die verschiedenen Benutzungen werden in § 9 geregelt. Ob eine Gewässerbenutzung vorliegt, ist aus dem äußeren Geschehensablauf herzuleiten. Jedenfalls muss die Handlung zielgerichtet sein. Handlungen, die nur zufällig mit Einwirkungen auf ein Gewässer verbunden sind (z. B. Unfall mit wassergefährdenden Stoffen), sind nicht zweckgerichtet und daher auch keine Gewässerbenutzungen. Ebenso wenig liegt eine Gewässerbenutzung vor, wenn sich die Handlung auf eine Anlage bezieht (Einleiten von Abwasser in die Kanalisation). Nicht unter § 9 fallen alle Tatbestände, die in speziellen Vorschriften geregelt sind (Befördern wassergefährdender Stoffe in Rohrleitungsanlagen, §§ 20 UVPG, Beförderung gefährlicher Güter nach dem Gefahrgutbeförderungsgesetz). 86

Beachte! Es besteht die Möglichkeit, dass die Landeswassergesetze weitere Benutzungstatbestände beinhalten. 87

Tab. 4.6 Benutzungstatbestände „Echte Benutzungen" 88

Echte Benutzungen, § 9 Abs. 1
▸ Entnehmen von Wasser aus oberirdischen Gewässern durch Abpumpen, Abschöpfen oder Ableiten von Wasser aus oberirdischen Gewässern mittels eines Grabens, Kanals oder Rohres. *Beachte!* Erlaubnisfreiheit, §§ 25, 26

109 *Berendes* (Fn. 9), § 11, Rn. 3.

110 BVerwG, ZfW 1974, 296 f.; *Berendes* (Fn. 9), 2010, § 9, Rn. 3.

- Aufstauen eines oberirdischen Gewässers (Anheben der natürlichen Wasserspiegellage, z. B. durch Stauanlagen) und Absenken eines oberirdischen Gewässers (der Wasserstand verringert sich).

- Entnehmen fester Stoffe (z. B. die Entnahme von Steinen, Kies und Sand oder Schilf und anderen Pflanzen) umfasst sind Eingriffe in das Gewässerbett oder das Ufer von oberirdischen Gewässern.

Beachte! Erlaubnisfreiheit, §§ 25, 26

- Einbringen von festen Stoffen und Einleiten von Stoffen (flüssige oder gasförmige Stoffe); umfasst sind alle Gewässer und damit auch die Küstengewässer bzw. das Grundwasser. Einsatz von Bauprodukten im Grundwasserbereich.

Beachte! Erlaubnisfreiheit bzw. Anzeigepflicht im Grundwasserbereich, §§ 25, 26, 49, Verbot des Einleitens von Stoffen, § 32

- Entnehmen, Zutagefördern, Zutageleiten und Ableiten von Grundwasser durch Pumpen oder die Ausnutzung des natürlichen Gefälles. Unter Ableiten von Grundwasser fällt auch das unterirdische Fortleiten, z. B. im Bergbau.

Beachte! Erlaubnisfreiheit, § 46

89 **Tab. 4.7** Benutzungstatbestände „Unechte Benutzungen"

Unechte Benutzungen, § 9 Abs. 2
▸ Aufstauen, Absenken oder Umleiten von Grundwasser durch hierfür bestimmte oder geeignete Anlagen, z. B. Mauern, Spundwände, Wannen (zweckgerichtet und auf das Gewässer bezogen).
▸ Maßnahmen, die geeignet sind, dauernd oder in einem nicht nur unerheblichen Ausmaß nachteilige Veränderungen der Wasserbeschaffenheit herbeizuführen (Auffangtatbestand der greift, wenn keine echte Benutzung vorliegt (weiter und unbestimmter Benutzungstatbestand)).

6.2.3 Die Bewirtschaftung von Oberflächengewässern

6.2.3.1 Die Ziele

90 Das Bewirtschaftungskonzept der europäischen WRRL findet sich in den §§ 27 bis 31 wieder. Das heißt, mit diesen Vorschriften wird europäisches in deutsches Recht umgesetzt. Geregelt werden hier die bei den oberirdischen Gewässern zu erreichenden Bewirtschaftungsziele, einschließlich der dabei einzuhaltenden Fristen sowie den zulässigen Ausnahmen von den vorgegebenen Zielen und Fristen. Der § 27 formuliert zunächst die konkreten Bewirtschaftungsziele und richtet sich zu deren Realisierung an die Wasserbehörden. Diese haben bei ihren, gegenüber den Gewässernutzern zutreffenden, Entscheidungen die verbindlichen Bewirtschaftungsziele zugrunde zu legen. Zu vermeiden

ist eine Verschlechterung des Gewässerzustands bezogen auf die Wasserkörper. Es sind bestehende gute Zustände zu erhalten und es sind diejenigen Wasserkörper zu sanieren, die sich nicht in einem guten Zustand befinden. § 27 präzisiert für die oberirdischen Gewässer den bereits in den allgemeinen Zielen und Leitlinien nach §§ 1 und 6 angelegten Auftrag zur nachhaltigen Gewässerbewirtschaftung.

Die Bewirtschaftungsziele nach § 27 Abs. 1 formulieren Anforderungen an den ökologischen und den chemischen Zustand, soweit die Gewässer nicht als künstlich oder erheblich verändert eingestuft sind.

Tab. 4.8 Ökologischer und chemischer Zustand

91

Guter Öklogischer Zustand	*Guter chemischer Zustand*
Qualität von Struktur und Funktionsfähigkeit aquatischer, in Verbindung mit Oberflächengewässern stehender, Ökosysteme gemäß der Einstufung nach Anhang V der WRRL, vgl. Art. 2 Nr. 21 WRRL.	Indirekte Definition nach Art. 2 Nr. 24 WRRL. § 27 Abs. 2 WHG: - Verschlechterungsverbot - Erhaltungs- und Sanierungsgebot
Guter ökologischer Zustand	*Guter chemischer Zustand*
Der Zustand eines Oberflächenwasserkörpers gemäß der Einstufung nach Anhang V, vgl. Art. 2 Nr. 22 WRRL. Qualitätskomponenten für eine Einstufung: - biologische (Phytoplankton, benthische und wirbellose Fauna, Fischfauna) - hydromorphologische (Wasserhaushalt, Durchgängigkeit, Morphologie) - physikalisch-chemische (Temperatur)	Wenn kein Schadstoff eine höhere Konzentration hat, als die Umweltqualitätsnormen, die in Anhang IX WRRL und den entsprechenden EU-Rechtsvorschriften festgelegt sind, vgl. Art. 2 Nr. 24 WRRL. - vgl. zur nationalen Umsetzung (Oberflächengewässerverordnung, Rn. 90)

92

Die Oberflächengewässerverordnung gestaltet die gesetzlichen Bestimmungen näher aus. **Oberflächengewässerverordnung (OGewV):**[111] Im Juli 2011 wurde die OGewV verabschiedet. Diese dient der Umsetzung der Umweltqualitätsnormrichtlinie und der Richtlinie zur Festlegung technischer Spezifikationen für die chemische Analyse und die Überwachung des Gewässerzustands gemäß der WRRL. Ziel der Verordnung ist ein kohärenter und umfassender Vollzug der EU-rechtlichen Vorgaben zum Schutz der Oberflächengewässer.

[111] Verordnung zum Schutz der Oberflächengewässer (OGewV) v. 20.07.2011, BGBl. I S. 1429.

93 **Verordnungsinhalt**

- bundesweite Vollregelung für ein gleichartiges Schutzniveau für die Oberflächengewässer in Deutschland,
- Anforderungen an die Eigenschaften der Oberflächengewässer mit konkreten Vorgaben zum chemischen und ökologischen Zustand,
- Regelungen zur Kategorisierung, Typisierung und Abgrenzung von Oberflächenwasserkörpern und zur Festlegung von Referenzbedingungen,
- Maßgaben zur Durchführung der Bestandsaufnahme und der Überwachungsprogramme, Anforderungen an die anzuwendenden Analysemethoden und Qualitätsmanagementsysteme,
- Vorgaben für die wirtschaftliche Analyse von Wassernutzungen.

94 **Bewirtschaftungsziele** nach § 27 Abs. 2 formulieren Anforderungen an den **ökologischen** und **chemischen Zustand**, soweit die Gewässer künstlich oder erheblich verändert sind. Für solche Gewässer ist zunächst ein besonderer staatlicher Einstufungsakt erforderlich. Das Verschlechterungsverbot und das Sanierungsgebot gelten für diese Gewässer ebenfalls. Sie unterscheiden sich nur in einem Punkt. Statt auf den ökologischen Zustand bezieht sich dieses Bewirtschaftungsziel auf das ökologische Potenzial, vgl. hierzu § 3 Nr. 8. Gemäß Art. 2 Nr. 23 WRRL wird der Zustand künstlicher oder erheblich veränderter Wasserkörper ebenfalls entsprechend der einschlägigen Einstufungsvorschriften des Anhangs V bestimmt. Das Potenzial stellt an die Qualität der Wasserkörper geringere Anforderungen. Referenzzustand ist hier das maximale ökologische Potenzial. Das ist der Zustand, der nach Durchführung aller praktikablen Verbesserungsmaßnahmen zur Gewährleistung der bestmöglichen ökologischen Durchgängigkeit erreichbar wäre, ohne dass die vom natürlichen oder naturnahen Zustand abweichenden Eingriffe rückgängig zu machen sind.[112] Die **ökologische Entwicklungsfähigkeit eines Gewässers** wird nach Maßgabe der näheren Festlegungen der OGewV bestimmt.

95 Die Voraussetzungen für die Einstufung als „künstlich" oder „erheblich verändert" finden sich in § 28. Die Dokumentation der Einstufung erfolgt im jeweiligen Bewirtschaftungsplan, § 83 Abs. 2 Nr. 1. Dadurch erhält die Öffentlichkeit **Zugang zu Informationen**, die ihr eine Beteiligung an den Planinhalten ermöglichen. Künstliche oder erheblich veränderte Gewässer bleiben dennoch oberirdische Gewässer, sodass die einschlägigen Vorschriften für Oberflächengewässer anzuwenden sind.[113] Die Einstufung steht im Ermessen der Länder. Gebunden ist die Entscheidung aber auf Tatbestandsseite an die Voraussetzungen in § 28 Nr. 1 bis 3. Diese müssen nebeneinander vorliegen. Die gesetzlichen Einstufungsvoraussetzungen enthalten eine Vielzahl unterschiedlicher Merkmale und unbestimmter Rechtsbegriffe, sodass Behörden bei ihrer Beurteilung bedeutsame

---

112 *Berendes* (Fn. 9), § 27, Rn. 4.

113 *Berendes* (Fn. 9), § 28, Rn. 2.

Spielräume zustehen. Diese sind jedoch gerichtlich voll überprüfbar. Praktisch stützt sich eine Einstufung auf Daten und Materialien, die im Rahmen der Bestandsaufnahme erhoben worden sind.

6.2.3.2 Fristen, abweichende Ziele und Ausnahmen

96 Neben dem Grundkonzept der Ziel- und Fristvorgaben existieren Vorschriften (§§ 29, 30, 31), die abweichende Regelungen vorsehen. Diese Vorschriften sind unverzichtbar, denn sie schaffen für die Vollzugsbehörden wichtige Spielräume, um dem Einzelfall angepasste Lösungen zu entwickeln und tragen damit dem Verhältnismäßigkeitsgedanken in der jeweiligen konkreten wasserwirtschaftlichen und ökonomischen Situation Rechnung. Die Ausnahmevorschriften bieten unterschiedliche Handlungsmöglichkeiten für die Zielerreichung, sind im Zweifel aber eng auszulegen.[114]

97 Grundsätzlich einzuhaltende **Frist** zur Erreichung eines guten Gewässerzustandes ist nach § 29 Abs. 1 der **22.12.2015**. Das Gesetz sieht die Möglichkeit einer zweimaligen **Fristverlängerung** von sechs Jahren entsprechend den Zyklen für die Aktualisierung des Bewirtschaftungsplans vor. Nach § 29 Abs. 3 Satz 2 sind darüber hinaus noch weitere Verlängerungen möglich, wenn sich die Bewirtschaftungsziele aufgrund von natürlichen Gegebenheiten nicht erreichen lassen. Weitere Voraussetzung für jede Fristverlängerung ist, dass sich der Zustand in der Verlängerungszeit nicht weiter verschlechtert, d. h. das **Verschlechterungsverbot** bleibt von Fristverlängerungen unberührt. Eine Erreichung des guten Zustands muss zudem technisch und mit verhältnismäßigen Mitteln[115] überhaupt möglich sein. Eine Fristverlängerung steht im Ermessen der Behörde. Bei dieser Entscheidung sind alle Gewässer in der zu betrachtenden Flussgebietseinheit zu berücksichtigen, denn deren Erreichung der Bewirtschaftungsziele darf durch die Fristverlängerung nicht gefährdet werden.

98 Abweichend von dem Grundkonzept der Bewirtschaftungsziele können für bestimmte Oberflächengewässer **weniger strenge Ziele** behördlich festgelegt werden, vgl. § 30. Lässt sich also das Ziel auch nach Fristverlängerung nicht erreichen, besteht die Möglichkeit, weniger anspruchsvolle Ziele zu formulieren. Auch hier handelt es sich um eine Ermessensentscheidung der zuständigen Behörde. Die Voraussetzungen dafür finden sich in § 29 Abs. 2.

99 Neben den Möglichkeiten der Fristenverlängerung und der Festlegung von weniger strengen Bewirtschaftungszielen kann außerdem vom Grundkonzept der Bewirtschaftungsziele abgewichen werden. Das heißt, es besteht die Möglichkeit Ausnahmen von den anspruchsvollen Zielsetzungen des § 27 zuzulassen, vgl. § 31. Davon umfasst sind zwei Fälle. Zum einen die Inkaufnahme vorübergehender Verschlechterungen des Gewässerzustands. Und zum anderen die Tolerierung bestimmter Verfehlungen der Ziele des guten ökologischen Zustands bzw. ökologischen Potenzials und der Vermeidung von

---

[114] *Czychowski/Reinhart*, Wasserhaushaltsgesetz, § 30, Rn. 1; *Sieder/Zeitler/Dahme/Knopp*, Wasserhaushaltsgesetz, 42. EGL 2011, § 25d, Rn. 3a.

[115] *Rechenberg*, in: Giesberts/Reinhardt (Hrsg), Wasserhaushaltsgesetz, 2007, § 29, Rn. 6 ff.

Verschlechterungen des Gewässerzustands.[116] Vgl. zu den Voraussetzungen im Detail § 31.

100 Reinhaltung von oberirdischen Gewässern: § 32 Abs.1 enthält ein Grundsatzverbot, um die Gewässer reinzuhalten. Dennoch dürfen feste Stoffe nicht in ein oberirdisches Gewässer eingebracht werden, um sich ihrer zu entledigen. Dieses Verbot bezieht sich vor allem auf Stoffe, die geeignet sind, die Eigenschaften des Gewässers nachteilig zu verändern (z. B. Müll, Schutt, Schlacken, Schiffsabfälle etc.). Zudem dürfen Stoffe an einem oberirdischen Gewässer nur so gelagert werden, dass eine nachteilige Veränderung der Wasserbeschaffenheit oder des Wasserabflusses nicht zu besorgen ist. Dies wäre der Fall, wenn die Möglichkeit eines Schadenseintritts auf Grundlage einer konkreten und nachvollziehbaren Prognose nach menschlicher Erfahrung und nach dem Stand der Technik nicht von der Hand zu weisen wäre.[117] Um dies zu beurteilen, müssen im Einzelfall alle Umstände, die Anlass zur Sorge geben, abgewogen werden.

6.2.3.3 Die ökologische Anforderungen zur Zielerreichung

101 Die ökologischen Anforderungen, die der Erreichung der Bewirtschaftungsziele dienen, finden sich ebenfalls im WHG. Es handelt sich dabei um die Regelungen zur Mindestwasserführung (§ 33), zur Durchgängigkeit (§ 34), zur Wasserkraftnutzung (§ 35), zu Anlagen an den Gewässern (§ 36), zum Wasserabfluss (§ 37) und zum Gewässerrandstreifen (§ 38). Diese Vorschriften dienen der ökologischen Funktionsfähigkeit der Gewässer und unterstützen damit im Wesentlichen die Erreichung der Bewirtschaftungsziele. Für die Behörden gehört die Ermittlung der mit zahlreichen unbestimmten Rechtsbegriffen umschriebenen Ziele zu ihrem Auftrag, die Gewässer zu bewirtschaften. Daher müssen sie die Einhaltung der ökologischen Anforderungen entweder im wasserrechtlichen Bescheid oder durch nachträgliche Anordnung sicherstellen.

102 Ein **Mindestwasserabfluss** ist wesentliche Voraussetzung für den Erhalt der standorttypischen Lebensgemeinschaften eines Gewässers. Bei Prüfung der Zulässigkeit von Wasseraufstauungen, Wasserentnahmen und Wasserableitungen im Rahmen von Erlaubnis- bzw. Bewilligungsverfahren (§ 8 Abs. 1, § 9 Abs. 1 Nr. 1 und 2) oder Planfeststellungsverfahren ist von der Behörde zu beurteilen, ob diese Anforderung eingehalten werden können. Es handelt sich daher um eine zwingend zu beachtende materielle Zulassungsvoraussetzung.[118] In Verbindung mit geeigneten technischen Maßnahmen an der Stauanlage gehört der Mindestwasserabfluss auch zum wesentlichen Bestandteil der Durchgängigkeit.

103 Für die Errichtung, die wesentliche Änderung und den Betrieb von Stauanlagen wiederum ist nach § 34 der Erhalt oder die Wiederherstellung der **Durchgängigkeit** zwingend zu beachtende materielle Voraussetzung (z. B. durch die Errichtung und den dauerhaften Betrieb von Fischtreppen[119]). Das heißt, auch diese Vorschrift richtet sich an die

---

[116] *Berende* (Fn. 9), § 31, Rn. 1.
[117] *Czychowski/Reinhart* (Fn. 12), § 32, Rn. 8.
[118] *Kotulla*, Umweltrecht, 5. Aufl. 2010, S. 102, Rn. 107.
[119] *Berendes* (Fn. 9), § 34, Rn. 3.

Behörden, die Zulassungsbescheide zu erlassen haben (Planfeststellung, Plangenehmigung, § 68 Abs. 1 oder 2) und die im Bescheid die zur Erreichung der Bewirtschaftungsziele erforderlichen Maßnahmen zu Erhaltung oder Wiederherstellung der Durchgängigkeit zu konkretisieren haben. Soweit Maßnahmenprogramme Festlegungen zur Durchgängigkeit enthalten, sind diese ausschlaggebend. Die Durchgängigkeit ist unverzichtbare Voraussetzung für die Besiedlung mit wandernden Fischarten. Was „Durchgängigkeit" in diesem Zusammenhang aber konkret bedeutet, ist auslegungsbedürftig, da es an einer Definition fehlt und es sich um einen unbestimmten Rechtsbegriff handelt.

104 Die Vorschrift des § 35 umfasst die Zulassung neuer bzw. den Weiterbetrieb bestehender Wasserkraftnutzungen in Abhängigkeit von geeigneten Schutzmaßnahmen für die Fischpopulation. Auch § 35 soll vornehmlich helfen, die natürliche Reproduktionsmöglichkeit aufrechtzuerhalten. Damit beinhaltet diese Norm den Zielkonflikt von **Wasserkraftnutzung** einerseits und Natur- und Gewässerschutz andererseits. Bei der Wasserkraft handelt es sich um eine relevante erneuerbare Energie, die im Hinblick auf den Klimawandel umweltpolitische Priorität erlangt hat.[120] Aber die Anlagen unterbrechen die Durchgängigkeit von Gewässern, sie verändern Strömungsverhältnisse im Staubereich und schädigen und beeinträchtigen Fische bei ihrer Wanderung, sodass bestimmte Arten in ihrem Bestand gefährdet sein können. Behördliche Einzelfallentscheidungen unter Abwägung der zu erwartenden Auswirkungen müssen sich diesem Zielkonflikt stellen. Dies gilt für jede Nutzung der Wasserkraft und erfasst alle wasserrechtlichen Tatbestände, die dadurch erfüllt werden, z. B. Gewässerausbauten, Gewässerbenutzungen und die Errichtung und der Betrieb von Anlagen. Die Anforderungen richten sich auch hier wieder an die jeweilige Zulassungsbehörde.

105 Nach § 36 sind **Anlagen in, an, über und unter oberirdischen Gewässern** so zu errichten, zu betreiben, zu unterhalten und stillzulegen, dass keine schädlichen Gewässerveränderungen zu erwarten sind und die Gewässerunterhaltung nicht mehr erschwert wird, als es nach den Umständen unvermeidbar ist. Eine entsprechende Ausgestaltung dieser Vorschrift erfolgt durch Landesrecht. Da die Regelung anlagenbezogen ist, darf dies nicht einschränkend sein, denn anlagenbezogene Regelungen gehören zum abweichungsfesten Kern. Der Anlagenbegriff im Zusammenhang mit dieser Vorschrift ist unbestimmt und weit auszulegen, so sind z. B. auch Fähren als mobile Anlagen erfasst. Maßgeblich ist, ob nach den konkreten Verhältnissen von der Anlage Gefahren für ein Gewässer ausgehen können.[121]

106 Bei der Vorschrift zum **Wasserabfluss** handelt es sich um zivilrechtliches Nachbarrecht. Sie beinhaltet Verbote und Duldungspflichten mit wasserwirtschaftlicher Bedeutung, so z. B. das Verbot nachteiliger Veränderungen beim natürlichen Ablauf wild fließenden Wassers für die benachbarten Grundstücke (Unter-/Oberlieger) und entsprechender Ansprüche bei Verstoß. Aus Gründen des Gemeinwohls können davon Abweichungen zugelassen werden. Es handelt sich hier um eine Ermessensentscheidung der Behörde.

---

[120] *Berendes* (Fn. 9), § 35, Rn. 1.

[121] *Berendes* (Fn. 9), 2010, § 36, Rn. 2.

107 Die Regelungen zum Schutz des **Gewässerrandstreifens** dienen der Erhaltung und Verbesserung der ökologischen Gewässerfunktionen, der Wasserspeicherung, der Sicherung des Wasserabflusses und der Verminderung diffuser Stoffeinträge. Sie fördern damit die eigendynamische Entwicklung eines Gewässers und haben die naturnahe Gestaltung und Ausbildung der Uferbereiche, die standortgerechte Ufervegetation und die Entwicklung typischer Lebensgemeinschaften zum Ziel. Parallel zum Wasserrecht finden sich im Naturschutzrecht in §§ 1 Abs. 1 Nr. 3, 30 Abs. 2 Nr. 1 BNatSchG Vorschriften mit ähnlichem Schutzziel. Das Schutzregime für Gewässerrandstreifen statuiert folgende Handlungsverbote für diesen Bereich:

- Verbot der Umwandlung von Grünland in Ackerland,
- Verbot des Entfernens von standortgerechten Bäumen und Sträuchern,
- Verbot des Umgangs mit wassergefährdenden Stoffen (ausgenommen die Anwendung von Pflanzenschutzmittel und Düngemittel[122], soweit Landesrecht nichts anderes bestimmt),
- Verbot der nicht nur zeitweisen Ablagerung von Gegenständen, die den Wasserabfluss behindern können oder die weggeschwemmt werden können.

108 **Beachte!** Die Behörde kann von einem der Verbote eine widerrufliche Befreiung erteilen, wenn dies Gründe des Allgemeinwohls erfordern oder das Verbot im Einzelfall zu einer unbilligen Härte führen würden, § 38 Abs. 5.

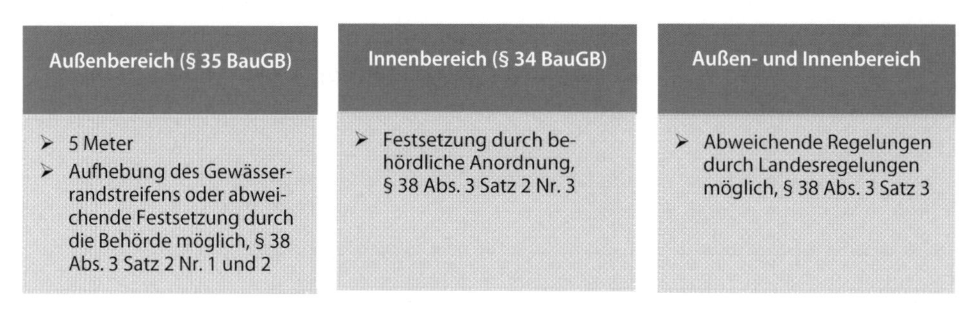

Abb.4.3 Ausdehnung Gewässerrandstreifen

6.2.3.4 Gewässerunterhaltung

109 Die Unterhaltung beinhaltet die „**Pflege und Entwicklung**" eines oberirdischen Gewässers. Es handelt sich dabei um eine öffentlich-rechtliche Verpflichtung. Die Gewässerunterhaltung ist also eine öffentliche Aufgabe des Trägers der **Unterhaltungslast**.

[122] Diese Ausnahme bedeutet aufgrund der § 6 Abs. 2 Satz 2, § 6a Pflanzenschutzgesetz und § 3 Abs. 6 und 7 Düngeverordnung eine erhebliche Absenkung des Schutzniveaus. Das Pflanzenschutzgesetz verbietet die Anwendung von Pflanzenschutzmitteln nur unmittelbar am Gewässer und die Düngeverordnung sieht nur einen Schutzstreifen von 3 Metern vor.

Der Katalog der zur Gewässerunterhaltung gehörenden **Tätigkeiten** nach § 39 Abs. 1 Satz 2 Nr. 1 bis 5 ist nicht abschließend. Er bestimmt jedoch den Kern von Maßnahmen der Gewässerunterhaltung. Außerdem hat sich die Gewässerunterhaltung an den Bewirtschaftungszielen auszurichten und darf deren Erreichung nicht gefährden. Sie muss sich daher an den Anforderungen orientieren, die das Maßnahmenprogramm nach § 82 an sie stellt. 110

Die Unterhaltung oberirdischer Gewässer obliegt den Eigentümern der Gewässer, soweit sie nicht nach landesrechtlichen Vorschriften Aufgabe von Gebietskörperschaften, Wasser- und Bodenverbänden, gemeindlichen Zweckverbänden oder sonstigen Körperschaften des öffentlichen Rechts ist. Außerdem kann die Unterhaltungslast mit Zustimmung der zuständigen Behörde auf Dritte übertragen werden. Erforderlich ist eine entsprechende vertragliche Vereinbarung. 111

Duldungs-, Unterhaltungs- und Handlungspflichten nach § 41 Abs. 1 dienen dazu, den nach § 40 Unterhaltungspflichtigen die ordnungsgemäße Erfüllung dieser Aufgabe zu ermöglichen. Gewässereigentümer, Anlieger und Hinterlieger, die demgemäß zur Duldung von Unterhaltungsmaßnahmen verpflichtet sind, sind jedoch berechtigt, Schadensersatz geltend zu machen, soweit bei der Durchführung der Unterhaltungsmaßnahme Schäden entstehen. 112

Der § 42 enthält die Befugnis für Behörden, die für eine ordnungsgemäße Unterhaltung erforderlichen Festlegungen und Anordnungen zu treffen. 113

Fall 4.1 114

E ist Eigentümer eines selbst genutzten Wohngrundstücks an einem Gewässer. Das Gewässer liegt in der Unterhaltungspflicht der Stadt S. E sieht sich durch die am gegenüberliegenden Ufer stehenden hohen Weidebäume gefährdet und begehrt deren Rückschnitt durch S im Rahmen ihrer Unterhaltungspflicht. Mit Erfolg?

Lösungsvorschlag Fall 4.1 E kann den Rückschnitt der Weiden mit Erfolg begehren, wenn Baumverschnitt von der Unterhaltungspflicht gemäß dem WHG umfasst ist.

Zur Gewässerunterhaltung gehören unter anderem die Erhaltung der Ufer, insbesondere durch Erhaltung und Neupflanzung einer standortgerechten Ufervegetation und die Erhaltung und Förderung der ökologischen Funktionsfähigkeit der Gewässer, § 39 Abs. 1 Satz 2 Nr. 2 und 4 WHG. Auch muss sich die Unterhaltung an den Bewirtschaftungszielen nach Maßgabe der §§ 27 bis 31 WHG ausrichten, die ihrerseits unter anderem eine ökologische Zielsetzung einbeziehen und sie darf die Erreichung der Ziele nicht gefährden, § 39 Abs. 1 Satz 2 Nr. 2. Zudem ist bei der Unterhaltung dem Erhalt der Leistungs- und Funktionsfähigkeit des Naturhaushalts Rechnung zu tragen, § 39 Abs. 2 Satz 3.

Im vorliegenden Fall fehlt es jedoch an konkreten Anhaltspunkten dafür, dass der Rückschnitt der Weiden erforderlich ist, um den Bewirtschaftungszielen (§ 39 Abs. 2

Satz 2) zu genügen oder die Leistungs- und Funktionsfähigkeit des Naturhaushalts (§ 39 Abs. 2 Satz 2) zu erhalten. Das Wachstum der Bäume ist ebenso wie das Auftreten von Baumkrankheiten Teil der natürlichen biologischen Abläufe.

Anlass, in diese Abläufe mit einem Rückschnitt einzugreifen, besteht auch dann nicht, wenn der Baumbestand in seiner Vitalität beeinträchtigt ist. Gehölze bedürfen von Natur aus keiner Pflege. Pflegearbeiten an Gehölzen im Rahmen der Gewässerunterhaltung sind ausschließlich aus Gründen der Verkehrssicherung, des Nachbarschutzrechts, des Hochwasserschutzes sowie des ordnungsgemäßen Wasserabflusses durchzuführen. E müsste hierfür substantiiert angeben, dass ein solches Geschehen in überschaubarer Zukunft mit hinreichender Wahrscheinlichkeit zu erwarten ist und es müssten Anhaltspunkte dafür vorliegen, dass es nicht ausreicht, ggf. die durch die Weiden tatsächlich verursachten Abflusshindernisse zu beseitigen.

Da die Gewässerunterhaltung der Pflege und Entwicklung von Gewässern dient, ist sie ihrem Umfang nach nicht als umfassende Verantwortung für einen in jeder Hinsicht gefahrlosen Zustand des Gewässers einschließlich seiner Ufer ausgestaltet. Ihre Ausrichtung liegt auf Bewirtschaftung der Gewässer. Der Rückschnitt von Bäumen am Ufer, allein um benachbarte Grundstücke vor umstürzenden Bäumen oder herabfallenden Ästen zu schützen, unterfällt ihnen nicht. Die Gewässerunterhaltungspflicht der Stadt S trägt daher den Anspruch des E nicht, weil der begehrte Rückschnitt der Weiden über den Rahmen dieser Pflicht hinaus geht. Die Zugehörigkeit der Weiden zur Vegetation am Ufer des Flusses ergibt keinen Anspruch auf Rückschnitt. Auch dann nicht, wenn der Standort der Bäume für die ökologische Funktion des Flusses von Bedeutung ist.

6.2.4 Die Bewirtschaftung von Küstengewässern

115 In Anlehnung an die Vorschriften für Oberflächengewässer formuliert § 44 Bewirtschaftungsziele für die Küstengewässer. Der Anwendungsbereich beschränkt sich auf Teile der Küstengewässer, die nach § 7 Abs. 5 Satz 2 einer für die oberirdischen Gewässer zu bildenden Flussgebietseinheit zuzuordnen sind. Im Hinblick auf den chemischen Zustand ist der gesamte Meeresanteil bis zur 12 Seemeilen-Grenze umfasst, vgl. § 44 Satz 2. Parallel zu den Vorschriften über die oberirdischen Gewässer und das Grundwasser beinhaltet das WHG Regelungen zu **Reinhaltung** der Küstengewässer, § 45.

116 **Beachte!** Es existiert ein absolutes **Einbringungsverbot** für feste Abfallstoffe nach § 45 Abs. 1. Voraussetzung für dieses Verbot ist das Vorliegen einer Absicht, sich der Stoffe zu entledigen, diese also als Abfall zu beseitigen. Ausgenommen von dem Einbringungsverbot sind Sedimente, die einem Gewässer entnommen wurden. Kommt diese Ausnahme zur Anwendung, besteht für die Einbringung jedoch die Erlaubnispflicht nach §§ 8 Abs. 1, 9 Abs. 1 Nr. 4.

117 Gemäß § 45 Abs. 2 bestimmt sich das Lagern und Ablagern sowie Befördern von Stoffen nach dem **Besorgnisgrundsatz**. Das heißt, nur wenn eine nachteilige Veränderung der Wasserbeschaffenheit nicht zu besorgen ist, dürfen Stoffe an einem Küstengewässer entsprechend gelagert oder abgelagert werden. Dies gilt auch für das Befördern von Flüs-

sigkeiten und Gasen. § 45 Abs. 2 steht insoweit in Konkurrenz mit den Regelungen über den Umgang zu wassergefährdenden Stoffen im WHG und zum UVPG. Gegenüber diesen Spezialnormen hat § 45 Abs. 2 nur untergeordnete Bedeutung.

6.2.5 Die Bewirtschaftung von Meeresgewässern

118 Der neue Abschnitt 3a des Kapitels 2 (§§ 45a bis 45l) setzt die Anforderungen der **Meeresstrategie-Rahmenrichtlinie (MSRL)** um.

119 Hauptziel der MSRL ist es, einen Rahmen zu schaffen, innerhalb dessen die Mitgliedstaaten die notwendigen Maßnahmen ergreifen, um bis spätestens 2020 einen **guten Zustand** der **Meeresgewässer** zu erreichen. Um dieses Gesamtziel zu erreichen, wird den Mitgliedstaaten aufgegeben, Meeresstrategien zu entwickeln, die dem Schutz und der Erhaltung der Meeresumwelt dienen und die ihre Verschlechterung verhindern sollen bzw. die darauf abzielen, dass Schäden an Meeresökosystemen beseitigt werden.[123]

120 **Zeitplan für die Umsetzung der MSRL:**

- bis 2010 nationale rechtliche Implementierung,
- bis 2012 Anfangsbewertung der Meere, die Beschreibung des guten Umweltzustands und die Festlegung der Umweltziele,
- bis 2013 Bericht über die Entwicklung des marinen Schutzgebietsnetzwerks,
- bis 2014 Erstellung und Durchführung von Monitoringprogrammen,
- bis 2015 Entwicklung von Maßnahmenprogramme und Implementierung bis 2016,
- bis 2020 Erreichen des guten Umweltzustand für alle europäischen Meere.

121 Durch die Umsetzung der MSRL[124] wurden daher erstmals Bestimmungen über solche Meeresgewässer, die außerhalb der Küstengewässer liegen, in das WHG aufgenommen. Zudem wurde die Verordnungsermächtigung des § 23 auf die Meeresgewässer erweitert. Dies ermöglicht der Bundesregierung auch in Zukunft Verordnungen zur Umsetzung von EU-Recht mit konkretisierenden Anforderungen an Meeresgewässer zu erlassen.[125]

122 In § 45a Abs. 1 werden die **Bewirtschaftungsziele** für Meeresgewässer festgelegt. Ziele sind demnach die Vermeidung einer weiteren Verschlechterung des Zustands der Meeresgewässer und die Erreichung oder Erhaltung eines guten Zustands bis zum 31. Dezember 2020. Die erforderlichen **Maßnahmen** werden in Abs. 2 beschrieben. Nord- und Ostsee sind jeweils gesondert zu bewirtschaften, vgl. § 45a Abs. 3.

---

[123] BT-Drs. 17/6055, S. 12.

[124] Zur Umsetzung der MSRL siehe unter: <http://www.umweltbundesamt.de/wasser/themen/meere/meeresstrategie-rahmenrichtlinie/umsetzung.htm> (Stand: 23.04.2012)

[125] BT-Drs. 17/6055, S. 13 f.

123 Der „Zustand der Meeresgewässer“ und der „gute Zustand“ werden in § 45d näher definiert. § 45c regelt die Fristen und die Maßgaben für die Anfangsbewertung der Meeresgewässer. Die Grundlagen und die zu berücksichtigenden Faktoren für die Beschreibung eines guten Zustands der Meeresgewässer sowie die Grundlagen der Festlegung von Zwischen- und Endzielen und die Fristsetzung für die Erreichung der Ziele werden in §§ 45d und 45e festgelegt. Die Vorgaben für die Aufstellung der Maßnahmenprogramme finden sich in § 45h.

124 Auch die Vorschriften zur Bewirtschaftung von Meeresgewässern sehen Möglichkeiten zur **Fristenverlängerung** sowie die Zulassung von **Ausnahmen** der Zielerreichung vor, vgl. § 45g.

125 Zudem ist im Rahmen der Anfangsbewertung der Meere, der Beschreibung des guten Zustands, der Festlegung der Ziele sowie der Überwachungs- und Maßnahmenprogramme die **Öffentlichkeit zu beteiligen**, vgl. § 45i. Die zuständigen Behörden in Deutschland, innerhalb der EU und ggf. in Drittstaaten sind verpflichtet sich untereinander zu **koordinieren**. Ebenfalls vorgesehen ist eine regelmäßige Überprüfung und ggf. Aktualisierung der genannten Verfahrensschritte, vgl. § 45j.

126 § 45l enthält eine Verordnungsermächtigung zur Regelung der Zuständigkeiten der Bundesbehörden für die Durchführung dieser Vorschriften im Bereich der ausschließlichen Wirtschaftszone und des Festlandsockels.

127 **Beachte!** Für diesen Vollzug ist ausschließlich der Bund zuständig. **Aber:** die Festlegung der Zuständigkeiten der Landesbehörden für die Küstengewässer, in denen die Länder für die Durchführung der MSRL zuständig sind, erfolgt durch die Länder.

6.2.6 Die Bewirtschaftung des Grundwassers

128 Die für das Grundwasser zu erreichenden grundwasserspezifischen Bewirtschaftungsziele bestimmt § 47. Ziel ist es, das Grundwasser flächendeckend zu schützen und in seiner natürlichen Beschaffenheit zu erhalten. Dafür ist auch hier ein Verschlechterungsverbot und ein Erhaltungs- und Sanierungsgebot normiert. Beide beziehen sich auf den **chemischen** und **mengenmäßigen Zustand** des Grundwassers.

129 Der mengenmäßige Zustand bezeichnet dabei das Ausmaß, in dem ein Grundwasserkörper durch direkte oder indirekte Entnahme von Wasser beeinflusst wird, vgl. Art. 2 Nr. 26 WRRL. Der gute chemische Zustand ist der Zustand, der alle Bedingungen nach Tabelle 2.3.2 des Anhangs V WRRL erfüllt, vgl. Art. 2 Nr. 25 WRRL.

130 Es besteht zudem die Verpflichtung, Maßnahmen zur **Trendumkehr** zu ergreifen, wenn signifikante und anhaltende Trends steigender Schadstoffkonzentrationen aufgrund der Auswirkungen menschlicher Tätigkeiten festgestellt werden. Es ist also wichtig, eine frühzeitige Gegensteuerung durch Ermittlung und Umkehr steigender Schadstofftrends zu ermöglichen.

131 Konkretere Festlegungen zur Erreichung der Bewirtschaftungsziele finden sich in der Grundwasserverordnung des Bundes.

132

Grundwasserverordnung (GrwV)[126]

Im Oktober 2010 wurde die neue Grundwasserverordnung verabschiedet. Diese setzt die Grundwasserrichtlinie der EU in deutsches Recht um.

Verordnungsinhalt:

- Kriterien für die Beschreibung, Beurteilung, Einstufung und Überwachung des Grundwasserzustands sowie für die Ermittlung und Umkehrung signifikanter und anhaltender steigender Trends von Schadstoffkonzentrationen in Grundwasserkörpern;
- gemäß der Verordnung sind Maßnahmen durchzuführen, um den Eintrag von Schadstoffen in das Grundwasser zu verhindern oder zu begrenzen und eine Verschlechterung des Grundwasserzustands zu verhindern,
- der gute mengenmäßige und der gute chemische Zustand sollen erhalten oder wiederhergestellt werden und signifikante Schadstofftrends sollen umgekehrt werden;
- für den guten mengenmäßigen Zustand wird auf die Anforderungen der WRRL verwiesen, sodass ein Gleichgewicht zwischen Grundwasserentnahme und -neubildung gewährleisten ist;
- der gute chemische Zustand richtet sich nach den in der Verordnung aufgeführten Qualitätsnormen.

133 Die Bewirtschaftungsziele für das Grundwasser sind ebenfalls bis zum 22.12.2015 zu erreichen. Der § 47 Abs. 2 bestimmt, dass Fristverlängerungen zur Erreichung der Bewirtschaftungsziele gemäß des § 29 Abs. 2-4 zulässig sind. Abs. 3 regelt die zulässigen Ausnahmen und Abweichungen ebenfalls in Anlehnung an die Vorschriften für die Oberflächengewässer.

134 Der **Besorgnisgrundsatz** findet auch über die Bestimmungen zur Reinhaltung des Grundwassers Anwendung. Er gilt für alle schädlichen Einwirkungen auf das Grundwasser, z. B. bezüglich des Einbringens und Einleitens von Stoffen. Die Anforderung an die Reinhaltung bezieht sich auf die physikalische, chemische und biologische Beschaffenheit des Wassers, d. h., die Wasserqualität darf sich durch den Stoffeintrag im Sinne des Besorgnisgrundsatzes nicht nachteilig verändern. Ebenfalls vom Besorgnisgrundsatz umfasst sind das Lagern, Ablagern und das Befördern von Stoffen.

135 Außerdem sehen die Vorschriften zur Bewirtschaftung des Grundwassers eine Anzeigepflicht für bestimmte Erdarbeiten vor, § 49. Bei solchen Arbeiten besteht immer auch die Möglichkeit, dass relevante Auswirkungen auf das Grundwasser verursacht werden. Die für das Einbringen fester Stoffe grundsätzlich bestehende Erlaubnispflicht entfällt jedoch, wenn Stoffe im Zusammenhang mit Erdarbeiten nach § 49 Abs. 1 eingebracht werden. Voraussetzung hierfür ist, dass sich das Einbringen nicht nachteilig auf Beschaf-

[126] Verordnung zum Schutz des Grundwasser (GrwV) v. 09.11.2010, BGBl. I S. 1513.

fenheit der Gewässer auswirkt. Daher ist es wichtig, dass die Behörde etwaige Folgen für den Wasserhaushalt durch die Anzeige rechtzeitig prüfen und beurteilen kann. Kann die Behörde nachteilige Auswirkungen nicht ausschließen, muss sie die Benutzung in einem Erlaubnisverfahren ausführlicher prüfen[127].

136

Grundwassernutzung durch Geothermie und Fracking

Geothermische Energie (Erdwärme) ist in Form von Wärme gespeicherte Energie unterhalb der Oberfläche der festen Erde.[128] Aufgrund mangelnder Kenntnis der Untergrundverhältnisse und nicht angepasster Technik (z. B. beim Bohren) kann es beim Bau, dem Betrieb und bei der Stilllegung von Anlagen zur Erdwärmenutzung zu einer Gefährdung für das Grundwasser kommen.

Fracking[129] ist ebenfalls eine Methode der geologischen **Tiefbohrtechnik**. Durch Einpressen einer Flüssigkeit in eine durch die Bohrung erreichte Schicht werden Risse erzeugt. Auf diese Weise wird die Gas- und Flüssigkeitsdurchlässigkeit in der Gesteinsschicht erhöht und der Abbau von gasförmigen und flüssigen Bodenschätzen ermöglicht. Auch beim Fracking bestehen durch die bei den Bohrungen verwendeten Chemikalien sowie der damit im Zusammenhang stehende Lagerung dieser Chemikalien erhebliche Risiken für das Grundwasser.

Bei beiden Verfahren hat die zuständige Behörde[130] die schwierige Aufgabe zu beurteilen, ob und wenn ja welcher Benutzungstatbestand erfüllt ist. In Betracht kommt nach § 9 Abs. Nr. 4 ein Einbringen und Einleiten von Stoffen in ein Gewässer, z. B. soweit Fracking Fluide in das Grundwasser eingepresst werden oder wenn bei der Geothermie durch Bohrungen Grundwasserstockwerke durchbohrt und verunreinigt werden. Voraussetzung ist ein zweckgerichtetes Einpressen und Durchbohren. Ist eine Benutzung des Grundwassers nicht geplant, besteht aber dennoch die Gefahr, dass durch den Bohrvorgang bei beiden Verfahren eine nachteilige Veränderung der Wasserbeschaffenheit in einem nicht unerheblichen Ausmaß herbeigeführt wird, ist zu prüfen, ob eine unechte Benutzung im Sinne von § 9 Abs. 2 Nr. 2 vorliegt. Schwierig kann im Einzelfall der Nachweis einer nachteiligen Veränderung sein.

---

127 Erlaubnisfreiheit, wenn ein Baustoff mit europäischer technischer Zulassung oder mit bauaufsichtlicher Zulassung des Deutschen Instituts für Bautechnik nach Bauproduktegesetz eingebracht werden, vgl. dazu *Berendes* (Fn. 9), § 49, Rn. 3.

128 Dazu vertiefend, Umweltbundesamt (Hrsg.), Wasserwirtschaft in Deutschland, Teil 1, 2010, S. 121 ff.

129 Stellungnahme des Umweltbundesamtes „Einschätzung der Schiefergasförderung in Deutschland" unter <www.umweltbundesamt.de/chemikalien/publikationen.htm> (Stand: 23.04.2012).

130 Zuständige Behörde beim Fracking bzw. bei der Geothermie, soweit eine Tiefenbohrung erforderlich ist, ist die Bergbaubehörde. Die Wasserbehörde muss ihr Einvernehmen erteilen, vgl. § 19 Abs. 2 und 3.

In jedem Fall erfordert sowohl das Fracking als auch die Geothermie eine Anzeige bei der zuständigen Behörde nach § 49 Abs. 1, da Erdarbeiten ausgeführt werden, die sich auf das Grundwasser auswirken können. Vor allem das Fracking betreffend, liegen derzeit keine fundierten wissenschaftlichen Kenntnisse zu möglichen Auswirkungen auf Umwelt und Natur vor. Dies betrifft auch mögliche Risiken für das Grund- und Trinkwasser. Aber auch bei der Geothermie ist noch nicht abschließend geklärt, inwieweit sich Temperaturänderungen im Grundwasser nachteilig auf die Grundwasserbeschaffenheit auswirken. Es besteht für diese Techniken noch erheblicher Forschungsbedarf.[131]

Beachte! Wird unabsichtlich Grundwasser erschlossen, ist dies der zuständigen Behörde ebenfalls unverzüglich anzuzeigen. Grundwassererschließungen sind z. B. das Freilegen durch Bodenvertiefungen, das Zutagefördern, das Zutageleiten, das Anschneiden oder Anbohren von Grundwasser. Dies geschieht dann unbeabsichtigt, wenn die Handlung nicht auf das Grundwasser gerichtet ist. Sowohl die Erdarbeiten als auch die unbeabsichtigte Grundwassererschließung sind aufgrund behördlicher Anordnung nach Abs. 3 einzustellen bzw. zu beseitigen, wenn eine nachteilige Veränderung der Gewässerbeschaffenheit zu besorgen ist oder bereits eingetreten ist und der Schaden nicht anderweitig zu vermeiden oder auszugleichen ist. Das gilt auch, wenn Grundwasser unberechtigt erschlossen wird. 137

7 Besondere wasserwirtschaftliche Bestimmungen

7.1 Abwasserbeseitigung

Wann genau handelt es sich bei Wasser um **Abwasser**, das den Vorschriften des WHG entsprechend zu beseitigen ist? Die Definition zu Abwasser findet sich in § 54 Abs. 1. 138

Anders als beim Abfall kommt es beim Abwasser nicht darauf an, dass man sich des Abwassers entledigen will oder muss. Die **Abwassereigenschaft** liegt bereits vor, bevor es beseitigt werden soll. Abwasser ist vom Geltungsbereich des Kreislaufwirtschaftsgesetzes (KrWG) ausgenommen, sobald es in Gewässer oder Abwasseranlagen eingeleitet wird, § 2 Abs. 2 Nr. 6, jedenfalls soweit weder: 139

- wasserrechtlich oder
- sonstige öffentlich-rechtliche noch
- wasserwirtschaftliche Belege entgegenstehen.

131 Beim Umweltbundesamt läuft derzeit ein Forschungsvorhaben, welches der Frage nachgeht, ob die rechtlichen Regelungen und die Verwaltungsstrukturen ausreichend sind, um diese Risiken zu bewältigen. Ein Ergebnis des Vorhabens wird für Mitte 2012 erwartet.

140 **Tab. 4.9** Definition Abwasser

Schmutzwasser, § 54 Abs. 1 Nr. 1	*Niederschlagswasser, § 54 Abs. 1 Nr. 2*
– Das durch Gebrauch in seinen Eigenschaften veränderte Wasser, z. B. das häusliche und gewerbliche Schmutzwasser (der Gebrauch muss nicht zu einer nachteiligen Veränderung der Wasserqualität führen, auch „sauberes" Schmutzwasser ist Abwasser) **und** – das bei Trockenwetter damit zusammen abfließende Wasser (Fremdwasser). – Gesammeltes Deponiesickerwasser, da es die Gewässer belastet und deshalb wie Abwasser behandelt werden muss.	– Das von Niederschlägen (Regen, Schnee, Hagel) aus dem Bereich von bebauten oder befestigten Flächen gesammelt abfließende Wasser.

141 Die Abwasserbeseitigung umfasst das Sammeln, Fortleiten, Behandeln, Lagern und Ablagern von Abfällen austretenden und gesammelten Flüssigkeiten, vgl. § 54 Abs. 2. Dabei ist das Abwasser ohne Beeinträchtigung des Wohls der Allgemeinheit zu beseitigen und das Niederschlagswasser sollte ortsnah versickert, verrieselt oder direkt oder über Kanalisation ohne Vermischung mit Schmutzwasser in ein Gewässer eingeleitet werden. Jedenfalls soweit weder wasserrechtliche oder sonstige öffentlich-rechtliche Vorschriften noch wasserwirtschaftliche Belange entgegenstehen. Außerdem können auch flüssige Stoffe, die kein Abwasser sind, mit Abwasser beseitigt werden, wenn eine solche Entsorgung der Stoffe umweltverträglicher ist als eine Entsorgung als Abfall. Dabei setzt die Beseitigung ein bewusstes und gewolltes, zweckgerichtetes Handeln voraus.[132] Sie beginnt, wenn das Abwasser dort, wo es anfällt, von dem Erzeuger oder Besitzer an den Pflichtigen übergeben wird. Die Übergabe wiederum erfolgt durch Sammeln des Abwassers in Kanälen, Gräben, Gruben oder Tankwagen.

142 *„Fortleiten"* bedeutet den Abtransport des Abwassers im freien Gefälle oder mittels Pumpen. Mit *„Behandeln"* ist Aufbereitung durch technische Maßnahmen und Verbesserung seiner Beschaffenheit gemeint, sodass das Abwasser abschließend über ein Gewässer oder den Boden den gesetzlichen Anforderungen entsprechend beseitigt werden kann. Zur Abwasserbeseitigung verpflichtet sind die juristischen Personen des öffentlichen Rechts, die das Landesrecht entsprechend bestimmt hat. Grundsätzlich sind dies die Gemeinden. Die anspruchsvollen Reinigungsanforderungen liegen damit vordergründig in öffentlich-rechtlicher Verantwortung. Dies begründet sich mit der Tatsache, dass die öffentliche Abwasserbeseitigung grundsätzlich eine Aufgabe der Daseinsvorsorge ist.

[132] *Berendes* (Fn. 9), § 54, Rn. 8.

143 Die Aufgabenerfüllung erfolgt dann im Rahmen der kommunalen Selbstverwaltung, als Angelegenheit der örtlichen Gemeinschaft.[133] Einzelheiten zur Durchführung der Abwasserbeseitigung werden in den Satzungen der öffentlich-rechtlichen Körperschaften geregelt. Häufig schließen sich mehrere Kommunen zur gemeinsamen Erfüllung der Entsorgungsaufgabe zu **Zweckverbänden zusammen**. Aber auch Dritte können eingebunden werden, wenn das Landesrecht dies vorsieht,[134] vgl. § 56 Satz 3. So z. B. private Dritte, wenn für die Gemeinde eine Übernahme des Abwassers technisch oder finanziell nicht vertretbar ist.

144

Fall 4.2

Die Gemeinde G betreibt auf einem in ihrem Eigentum stehenden Grundstück eine Abwasseranlage. Das geklärte Abwasser wird in den Fluss F eingeleitet, der als Vorfluter dient. Landratsamt A erteilt eine Bewilligung zur Ableitung von Grundwasser aus einer Karstquelle, die zum Fluss F abfließt, zum Zweck der öffentlichen Trinkwasserversorgung. Dagegen wendet sich G aufgrund ihrer Befürchtung, dass mit Bewilligung der Ableitung die kommunale Abwasseranlage beeinträchtigt wird. Sie führt zudem an, dass es aufgrund der Bewilligung zu erhöhten Schadstoffkonzentrationen im Fluss kommen wird. Mit Erfolg?

▶ **Lösungsvorschlag Fall 4.2** Zu den Rechten Dritter im Sinne von § 14 Abs. 3 Satz 1 WHG gehören auch Abwehrrechte gegenüber erheblichen Beeinträchtigungen kommunaler öffentlicher Einrichtungen. Die Gemeinden sind nicht nur Träger öffentlicher Interessen. Sie können in dieser Eigenschaft auch Träger eigener Rechte sein. Das heißt sie können das Wohl der Allgemeinheit verteidigen, soweit dieses durch Selbstverwaltungsbefugnis qualifiziert ist. Das folgt aus der in Art. 28 Abs. 2 Satz 1GG gewährleisteten Selbstverwaltungsbefugnis. Die Selbstverwaltungsbefugnis stellt der Gemeinde im Verhältnis zum Staat materielle Rechtspositionen zur Seite.[135]

Eine öffentliche Abwasserbeseitigungsanlage gehört grundsätzlich zum eigenen Wirkungskreis einer Gemeinde. Die gemeindliche Selbstverwaltungsbefugnis vermittelt also ein Abwehrrecht gegenüber erheblichen Beeinträchtigungen gemeindlicher Einrichtungen unabhängig von ihrer Größe und Bedeutung.

Aber der Einwand, dass die geklärten Abwässer unzureichend verdünnt würden und es deshalb zu einer großen Schadstoffkonzentration in Fluss F kommt, ist in diesen Zusammenhang unerheblich, denn die Gemeinde kann nicht Belange der Allgemeinheit geltend machen, die nicht speziell dem gemeindlichen Selbstverwaltungs-

133 *Berendes* (Fn. 9), § 57, Rn. 3.

134 Zur Privatisierung der Abwasserbeseitigung: *Fries*, NWVBl. 2004, 431 ff.; *Laskowski*, ZUR 2003, 1 ff.; *Nisipeanu*, Privatisierung der Abwasserbeseitigung, 1998, S. 148.

135 BVerwG, DÖV 2000, 422.

recht zugeordnet sind. Insbesondere kann sie sich nicht gegenüber einem anderen Planungsträger zum gesamtverantwortlichen „Wächter des Umweltschutzes“ machen.[136] Der Schutz des Fluss F als Gewässer ist nicht dem gemeindlichen Selbstverwaltungsrecht zugeordnet.

Außerdem ist es nicht zu erwarten, dass die Bewilligung zur Grundwasserableitung die Abwasseranlage der G in ihrer Funktionsfähigkeit zerstören oder erheblich beeinträchtigen wird. Mit dem Widerruf seiner Erlaubnis, die Abwasseranlage zu betreiben, aus wasserrechtlichen Gründen muss G nicht rechnen. Die Anforderungen an Abwasseranlagen bestimmen sich nach §§ 57 Abs. 1, 60 Abs. 1 WHG. Grundsätzlich ist demnach die Schadstofffracht des Abwassers so gering zu halten, wie dies bei Einhaltung des Stands der Technik möglich ist. Die Anforderungen werden durch die Abwasserverordnung konkretisiert. Zudem bleiben weitere Vorgaben nach anderen Rechtsvorschriften unberührt, § 1 Abs. 1 und 3. Selbst wenn ein veränderter Zustand des Flusses F zusätzliche Maßnahmen erforderlich machen würde, wäre es fernliegend damit G zu belasten, sofern G ihren Verpflichtungen aus dem WHG und der AbwV nachkommt. Näher liegend ist eine Inanspruchnahme des Verursachers. Die Bewilligung wäre gemäß § 14 Abs. 3 WHG zu versagen oder ggf. nur mit Inhalts- oder Nebenbestimmungen zu erteilen, wenn eine nachteilige Einwirkung der zu bewilligenden Benutzung auf das Recht eines anderen bereits erwartet werden würde. Dies setzt voraus, dass der Eintritt nachteiliger Wirkungen zum Zeitpunkt der Verwaltungsentscheidung nicht bloß theoretisch möglich, sondern sogar wahrscheinlich ist und überwiegende Gründe für ihren Eintritt sprechen.[137] Das ist hier aber nicht der Fall, denn G befürchtet lediglich eine Beeinträchtigung für ihre Abwasseranlage.

Sind nachteilige Wirkungen im Entscheidungszeitpunkt der Wasserbehörde nicht vorhersehbar gewesen, treten diese gleichwohl ein, so besteht jedoch immer noch ein Anspruch auf nachträglichen Schutz durch Auflagen oder Entschädigungen, vgl. § 14 Abs. 6 WHG. Diese Vorschrift ist ihrem Sinn nach auch anwendbar, wenn der Betroffene die nachteiligen Wirkungen während des Verfahrens vorausgesehen und rechtzeitig Einwendungen erhoben hat, damit jedoch bei der Bewilligungsbehörde nicht durchgedrungen ist.[138]

G kann also im Moment nicht mit Erfolg gegen die Bewilligung vorgehen. Sollten sich später tatsächlich nachteilige Wirkungen auf die Abwasseranlage einstellen, kann G verlangen, dass dem Benutzer nachträgliche Inhalts- oder Nebenbestimmungen zum Schutz der Abwasseranlage auferlegt werden.

---

[136] BVerwG, DVBl. 2003, 211.

[137] BayVGH v. 04.09.2007 – 22 ZB 06.3161.

[138] BayVGH v. 04.09.2007 – 22 ZB 06.3161.

Abgrenzung von Abwasser- und Abfallbeseitigung

145 Klärschlamm ist der ungelöste Teil des Abwassers. Er fällt bei der Abwasserbehandlung durch Sedimentation an oder er wird anderweitig aus dem Abwasser getrennt.[139] Mit § 54 Abs. 2 Satz 2 stellt der Gesetzgeber klar, dass die Entwässerung von **Klärschlamm** Teil der Abwasserbeseitigung ist. Mit dieser Klarstellung wird die Grenzziehung zur Abfallbeseitigung erleichtert. Dabei endet die Abwasserbeseitigung nicht bereits mit der Absonderung des Rohschlamms und der sonst anfallenden Dünnschlämme, sondern erst nach deren Entwässerung. Unter Entwässerung im Rahmen der Abwasserbeseitigung versteht man jeden Wasserentzug, bei dem Schlamm anfällt (z. B. in Kläranlagen).[140] Das Entwässern von Klärschlamm wird aber nur dann von § 54 Abs. 2 Satz 2 erfasst, wenn es in einer räumlichen oder funktionalen Beziehung zur Abwasserbeseitigung steht.[141] Dies gilt auch dann, wenn der Klärschlammentwässerung von außen zusätzlich Schlamm zugeführt wird, z. B. aus Kleinkläranlagen. Ist der Klärschlamm entwässert, unterliegt er dem Regime des Abfallrechts. In Zweifels- und Überschneidungsfällen kommt es darauf an, in welchem Bereich der Schwerpunkt der Anlage liegt oder welche anderen Stoffe bei dem Behandlungsvorgang noch verwendet werden.

7.1.1 Einleiten von Abwässern

146 Ziel der wasserrechtlichen Regelungen zum Einleiten von Abwasser ist es, die Jahresfrachten an Schad- und Nährstoffen zu vermindern, die aus den Gemeinden und der Industrie stammen und über die Vorfluter bis ins Meer gelangen können.[142] Die Vorschriften im WHG normieren die **Mindestanforderungen** an Abwassereinleitungen nach einem einheitlichen Anforderungsniveau. Weitere Anforderungen finden sich in der Abwasserverordnung.

7.1.2 Direkte Einleitung von Abwasser in ein Gewässer (Direkteinleitung)

147 **Beachte!** Bei einer Direkteinleitung von Abwasser in ein Gewässer wird der nach § 8 Abs. 1 gestattungspflichtige Benutzungstatbestand des § 9 Abs. 1 Nr. 4 erfüllt. Damit eine Erlaubnis für das Einleiten von Abwasser in ein Gewässer erteilt werden kann, ist die Minimierung schädlicher Abwassereinleitungen gemäß dem Anforderungsniveau des „Stands der Technik" zwingend Voraussetzung, vgl. § 57 Abs. 1 Nr. 1.

148 Der **Stand der Technik** verlangt Maßnahmen zur Behandlung des Abwassers sowie Vorkehrungen, die den Abwasseranfall nach Menge und Schädlichkeit durch geeignete

---

139 *Czychowski/Reinhardt* (Fn. 12), § 54, Rn. 24.

140 *Sieder/Zeitler/Dahme/Knopp*, Wasserhaushaltsgesetz, 42. EGL 2011, § 18a, Rn. 13.

141 *Fluck*, ZfW 1996, 500; VGH Mannheim, ZfW 1996, 445.

142 *Czychowski/Reinhardt* (Fn. 12), § 57, Rn. 2.

innerbetriebliche Produktionsverfahren so gering wie möglich halten.[143] Außerdem muss eine Einleitung mit den Anforderungen an die Gewässereigenschaften und sonstigen rechtlichen Anforderungen vereinbar sein, § 57 Abs. 1 Nr. 2. Zudem sind Abwasseranlagen oder sonstige Einrichtungen so zu errichten und zu betreiben, dass die Anforderungen, nach § 57 Abs. 1 Nr. 1 und 2, eingehalten werden können.

149 Eine Konkretisierung der gesetzlichen Anforderungen erfolgt durch die Abwasserverordnung.

150 **Abwasserverordnung (AbwV)**[144]**:** Die Abwasserverordnung ist ein wichtiges Instrument zur Umsetzung von emissionsbezogenen Grenzwertregelungen in europäischen Richtlinien und zwischenstaatlichen Vereinbarungen. Dabei ist die Fortschreibung der Abwasserverordnung eine Daueraufgabe, da sich der Stand der Technik dynamisch fortentwickelt und die Verordnung den technischen Fortschritt angepasst werden muss. Die Abwasserverordnung verfolgt einen **Branchenansatz**, indem technische Abwasserstandards für verschiedene Abwasserarten gebildet und entwickelt werden. Die branchenspezifischen Einleitungsanforderungen finden sich in den Anhängen der Verordnung. Derzeit hält die Verordnung Anforderungen für **57 Branchen** vor. Die Regelungen der Verordnung sind grundsätzlich abschließend. Dennoch kann die zuständige Behörde aus Gründen der Gewässerqualität weitergehende Anforderungen festlegen. Bereits vorhandene Einleitungen sind insoweit privilegiert, als die erforderlichen Anpassungsmaßnahmen an die Anforderungen der Verordnung nicht unverhältnismäßig sein dürfen. Aus diesem Grund sind für die Umsetzung der Anpassungsmaßnahmen angemessene Fristen festzusetzen.

7.1.3 Indirekte Einleitung von Abwasser in Abwasseranlagen (Indirekteinleitung)

151 Das WHG stellt das Einleiten in eine öffentliche Abwasseranlage dem Einleiten in eine privaten Abwasseranlage grundsätzlich gleich, § 59 Abs. 1. Eine Abwasseranlage ist öffentlich, wenn sie dazu dient, das Abwasser der Allgemeinheit, also einer unbestimmten Zahl nicht näher benannter Personen aufzunehmen.[145] Eine private Anlage unterscheidet sich davon dadurch, dass sie nicht der Allgemeinheit, sondern nur einem ausgewählten, von vornherein begrenzten, zu einem bestimmten Standort gehörenden Kreis von Abwasserproduzenten zur Verfügung steht.[146]

152 Für Indirekteinleitungen gibt das Gesetz eine allgemeine **Genehmigungspflicht** vor. Die Voraussetzungen für die Erteilung einer Genehmigung finden sich in § 58 Abs. 2. Liegen die Voraussetzungen für eine Genehmigung vor, besitzt die nach Landesrecht zuständige Behörde ein Versagungsermessen,[147] d. h., es besteht kein Rechtsanspruch auf

---

143 *Berendes* (Fn. 9), § 57, Rn. 4.

144 Verordnung über die Anforderungen an das Einleiten von Abwasser in ein Gewässer (AbwV) v. 17.06.2004, BGBl. I S. 1108, zuletzt geändert durch Verordnung v. 31.07.2009, BGBl. I. S. 2585.

145 *Czychowski/Reinhardt* (Fn. 12), § 58, Rn. 7.

146 *Czychowski/Reinhardt* (Fn. 12), § 59, Rn. 5.

147 BT-Drs. 16/12275, S. 69.

die Genehmigung. Bei der pflichtgemäßen Ermessensausübung ist jedoch vor der Versagung zu prüfen, ob eine Genehmigung unter einschränkenden Inhalts- und Nebenbestimmungen einen hinreichenden Gewässerschutz sicherstellen kann.

153 **Beachte!** Mit der Vorschrift des § 58 werden nur die bundesrechtlichen Mindestanforderungen normiert. Weitere Anforderungen ergeben sich aus dem Landesrecht, den sogenannten **Indirekteinleiterverordnungen** der Länder.

154 Ebenfalls zu berücksichtigen sind die dem Benutzungsverhältnis zugrunde liegenden Rechtsgrundlagen, z. B. die **Gemeindeordnungen zum Anschluss- und Benutzungszwang** sowie die entsprechenden **Satzungen**. Eine Besonderheit ergibt sich für das Einleiten von Abwasser in private Abwasseranlagen. Es besteht die Möglichkeit im Interesse der Rechtsvereinfachung, die Einleitung durch behördliche Entscheidung von der Genehmigungspflicht zu befreien. Aber auch diese Befreiung steht im Ermessen der zuständigen Behörde.

7.1.4 Abwasseranlagen

155 Die rein **technikbezogenen Anforderungen** an die Errichtung, den Betrieb und die Unterhaltung von Abwasseranlagen finden sich in § 60 Abs. 1. Der Begriff der Abwasseranlage wird zwar nicht definiert, er ist aber weit zu verstehen und umfasst nicht nur Abwasserbehandlungsanlagen, wie z. B. Kläranlagen, sondern sämtliche Anlagen, die der Beseitigung von Abwasser dienen: z. B. Kanäle, Regenüberlaufbecken, Regenrückhaltebecken, abflusslose Gruben und Grundstücksentwässerungsanlagen. Maßstab für die jeweils anzuwendende Technik sind zunächst die Anforderungen, die sich auch für die Abwasserbeseitigung im Allgemeinen ergeben (vgl. §§ 57 bis 59),[148] da die Abwasserbeseitigung auch deren bestimmungsgemäßer Gebrauch ist. Für Direkteinleitungen findet daher mindestens der Stand der Technik mit den Einleitungswerten entsprechend der Abwasserverordnung Anwendung.

156 **Beachte!** Dies gilt nicht für diejenigen Anlagen, die nicht der Einhaltung der Anforderungen an das Einleiten selbst dienen. Mindeststandard für diese Anlagen sind die weniger anspruchsvollen **allgemein anerkannten Regeln der Technik**.[149]

157 Für die jeweilige Abwasseranlage sind zudem die sich aus dem Einleitungsbescheid der zuständigen Behörde ergebenden, konkreten und rechtsverbindlichen Anforderungen zu beachten. Gegenüber den in § 57 normierten Mindestanforderungen kann eine Behörde im Einzelfall schärfere Vorgaben treffen, wenn dies im Rahmen der Bewirtschaftung des zu schützenden Gewässers erforderlich ist.

158 Für die Errichtung, den Betrieb und die wesentliche Änderung einer Abwasserbehandlungsanlagen sieht das WHG eine **Genehmigungsbedürftigkeit** vor, vgl. § 60 Abs. 3. Abwasserbehandlungsanlagen sind Einrichtungen, die dazu dienen, die Schadwirkung des Abwassers zu vermindern und zu beseitigen und den anfallenden Klärschlamm für eine ordnungsgemäße Beseitigung aufzubereiten. Die Genehmigungspflicht

---

148 *Berendes* (Fn. 9), § 60, Rn. 4.

149 Vgl. zur Definition der Technikstandards *Kluth*, § 1 in diesem Buch, Rn. 48 f.

beschränkt sich allerdings auf Abwasserbehandlungsanlagen, für die nach dem UVPG (Anlage 1 Nr. 13.1.1–13.1.3) eine UVP durchzuführen ist.[150]

159 Die Voraussetzungen für die Erteilung einer Genehmigung werden in § 60 Abs. 3 Satz 2 formuliert. Demnach muss eine Anlage, um genehmigt zu werden, den in Abs. 1 benannten Anforderungen sowie sonstigen öffentlich-rechtlichen Vorschriften entsprechen. Ist dies nicht der Fall, besteht immer noch die Möglichkeit, die Genehmigung mit Nebenbestimmungen zu versehen und das Vorhaben so genehmigungsfähig zu machen. Die Genehmigung nach Abs. 3 ist keine gebundene Entscheidung. Das heißt, es besteht auch bei Vorliegen der benannten Voraussetzungen kein Anspruch auf die Genehmigung. Für die Rücknahme und den Widerruf der Genehmigung gelten die Bestimmungen des allgemeinen Verwaltungsverfahrensrechts.

160 Die Genehmigung sonstiger Abwasseranlagen richtet sich nach dem Landeswasserrecht. Gemäß § 60 Abs. 4 können die Länder für Abwasseranlagen, die keine genehmigungsbedürftigen Abwasserbehandlungsanlagen i. S. d. Abs. 3 sind (z. B. Kanalisation), eine Anzeige oder Genehmigung vorsehen.[151]

161 **EXKURS: Umsetzung des Kooperationsprinzips – wie können sich Private am Gewässerschutz beteiligen?** [152]

- **Pflicht zur Eigenkontrolle**

Grundsätzlich unterliegt die Einhaltung der materiell-rechtlichen Anforderungen an das Einleiten von Abwasser in ein Gewässer oder in eine Abwasseranlage sowie der Betrieb einer derartigen Anlage der Überwachung durch die zuständige Wasserbehörde, vgl. §§ 100–102. Daneben begründet der § 61 eine ergänzende Rechtspflicht, nämlich die des Bürgers, die Beachtung der einschlägigen Standards selbst zu kontrollieren.[153] Mit dieser Vorschrift wird also eine kontinuierliche Eigenkontrolle durch Gewässerbenutzer bzw. den Anlagenbetreiber begründet.[154]

Für Einleitungen von Abwasser (Direkt- und Indirekteinleitungen) wird diese Pflicht künftig nach Maßgabe einer Rechtsverordnung begründet und ausgestaltet oder aber durch behördlichen Bescheid für den Einzelfall festgelegt, vgl. § 61 Abs. 1. In der Verordnung oder dem Bescheid sind dann die notwendigen Vorgaben für die Durchführung der Überwachung zu konkretisieren und festzulegen.

---

[150] *Breuer*, Öffentliches und privates Wasserrecht, 3. Aufl. 2004, Rn. 541; *Czychowski/Reinhardt* (Fn. 12), § 60, Rn. 36.

[151] *Berendes* (Fn. 9), § 60, Rn. 7.

[152] Zum Kooperationsprinzip: *Lübbe-Wolff*, NVwZ 2001, 481, 491 (491); *Koch*, NuR 2001, 541.

[153] *Czychowski/Reinhardt* (Fn. 12), § 61, Rn. 2.

[154] Die Selbstüberwachung ist Ausdruck des umweltrechtlichen Kooperationsprinzips, vgl. dazu: *Kloepfer*, Umweltrecht, 3. Aufl. 2004, § 4, Rn. 56 f., *Sparwasser/Engel/Voßkuhle*, Umweltrecht, 5. Aufl. 2003, § 2, Rn. 48.

§ 61 Abs. 2 begründet daneben eine unmittelbare bundesgesetzliche Verpflichtung zur **Selbstüberwachung** für Anlagen.[155] Die Pflicht über die Prüfungen Aufzeichnungen anzufertigen, aufzubewahren und auf Verlangen der Behörde vorzulegen, ergibt sich wiederum ebenfalls erst aus einer künftigen Rechtsverordnung.[156]

- **Betrieblicher Umweltschutz:**
Der betriebliche Umweltschutz hat zum Ziel, die **Eigenverantwortung** der Unternehmen für einen effizienten Umweltschutz zu stärken. Der schonende Umgang mit Natur und Umwelt soll so auch als wichtige betriebliche Aufgabe anerkannt werden. Mit den Regelungen zum Gewässerschutzbeauftragten verdeutlicht das WHG, dass die Einhaltung der Vorschriften zum Gewässerschutz nicht nur durch behördliche Überwachung, sondern auch durch innerbetriebliche Maßnahmen sichergestellt werden muss. Diese Vorschriften konkretisieren daher, ähnlich wie die Bestimmung zur Selbstüberwachung, das umweltrechtliche Kooperationsprinzip. Sie stärken die Mitverantwortung der Abwasserproduzenten für die Lebensgrundlage Wasser und deren Bemühen um einen effektiveren Gewässerschutz.[157]

- **Gewässerschutzbeauftragter:**
Derjenige Gewässerbenutzer, der an einem Tag mehr als 750 Kubikmeter Abwasser einleiten darf, muss nach § 64 Abs. 1 einen oder mehrere Betriebsbeauftragte für den Gewässerschutz bestellen. Das WHG regelt hier den einzigen Fall der von Gesetzes wegen vorgeschriebenen Bestellung. Zudem erfasst § 64 Abs. 2 die Fälle, in denen die zuständige Behörde die Bestellung eines Gewässerschutzbeauftragten nach Ermessen anordnen kann:
  - alle Direkteinleitungen bis zu 750 m^3 Abwasser pro Tag,
  - sämtliche Indirekteinleitungen,
  - Betreiber von Anlagen, die mit wassergefährdenden Stoffen umgehen.

Eine diesbezügliche Entscheidung wird sich in der Regel an der Schädlichkeit des Abwassers oder dem Gefährdungspotenzial der Anlage orientieren. Der unmittelbar dem Unternehmer verantwortliche Beauftragte hat die Rechtsstellung eines innerbetrieblichen Kontrollorgans, das der Geschäftsleitung zuarbeitet und keine Entscheidungs- oder Weisungsbefugnis hat. Damit trägt er keine Außenverant wortung, vor allem nicht mit Blick auf die zivilrechtliche Haftung und der strafrechtlichen Verantwortlichkeit.[158]

---

155 Vgl. Konkretisierung von Dichtheitsprüfungen bei Abwasserleitungen im Landesrecht *Queitsch,* in: Wellmann/Queitsch/Fröhlich, Wasserhaushaltsgesetz, 1. Aufl. 2010, § 61, Rn. 8 ff.

156 *Berendes* (Fn, 9), § 61, Rn. 3.

157 *Czychowski/Reinhardt*, Wasserhaushaltsgesetz, 10. Aufl. 2010, § 64, Rn. 4.

158 *Berendes*, Wasserhaushaltsgesetz, 2010, § 64, Rn. 2.

Die Verantwortung für die Verunreinigung eines Gewässers und dadurch entstandene Schäden liegt beim Unternehmer. Verletzt der Gewässerschutzbeauftragte seine Aufklärungs- und Mitteilungspflichten, kann allerdings eine Schadensverursachung durch Unterlassen in Betracht kommen.

Aufgabe des Gewässerschutzbeauftragten ist es, die Einhaltung von Vorschriften, Bedingungen und Auflagen zu überprüfen. Er soll auf die Vermeidung oder Verminderung des Abwassers im Betrieb und sogar auf eine gewässerschonende Produktion hinwirken. Damit ist die Beratungspflicht des Beauftragten in allen für den Gewässerschutz relevanten Fragen neben seiner Überwachungsfunktion herausragende Aufgabe.

Als Gewässerschutzbeauftragter können Betriebsangehörige und betriebsfremde Personen bestellt werden. Sie müssen immer die erforderliche Fachkunde und Zuverlässigkeit besitzen.[159] Ist nach § 53 BImSchG ein Immissionsschutzbeauftragter oder nach § 59 KrWG ein Abfallbeauftragter zu bestellen, so kann dieser auch die Aufgaben des Gewässerschutzbeauftragten nach WHG wahrnehmen.[160] Die §§ 55 bis 58 BImSchG, über den Immissionsschutzbeauftragten finden entsprechende Anwendung, vgl. § 66.

- **Öko-Audit oder EMAS Verfahren:**

Das WHG schafft zudem eine **Privilegierung** von Unternehmensstandorten, die am sogenannten Umweltaudit-Verfahren teilnehmen und deshalb einer weniger intensiven behördlichen Kontrolle unterliegen, da sie als weniger überwachungsbedürftig gelten,[161] vgl. dazu § 24. Umweltaudit ist die freiwillige Beteiligung von Organisationen an einem Gemeinschaftssystem für das Umweltmanagement und die Umweltbetriebsprüfung. Die in Abs. 1 benannte Förderung der privaten Eigenverantwortung ist wie die Regelung zum Gewässerschutzbeauftragten Ausdruck des umweltrechtlichen Kooperationsprinzips.

Die Voraussetzungen, unter denen sich Gewässernutzer als sogenannte „Organisation" am Umweltaudit beteiligen können, sind überwiegend in der EU-Verordnung[162] und im Umweltauditgesetz geregelt. Regelmäßige interne Prüfungen kontrollieren, ob der Standort die selbstgesetzten Umweltziele erreicht und sein Umweltprogramm erfüllt. Aufgrund der Ergebnisse wird in der Öffentlichkeit eine Umwelterklärung abgegeben, die dann durch einen staatlich zugelassenen Umweltgutachter überprüft wird.

---

159 *Meyerholt*, Umweltrecht, 3. Aufl. 2010, S. 288.

160 *Becker*, Das neue Umweltrecht 2010, 2010, S. 69, Rn. 187.

161 Vgl. § 58e BImSchG und § 61 KrWG.

162 Die novellierte EMAS-Verordnung (EG) Nr. 1221/2009 über die freiwillige Teilnahme von Organisationen an einem Gemeinschaftssystem für Umweltmanagement und Umweltbetriebsprüfung (ABl. EG Nr. L 342 S. 1 vom 22.12.2009).

Erleichterungen für Unternehmen im Wasserbereich bestehen sowohl bzgl. des Inhalts der Antragsunterlagen für wasserrechtliche Verfahren, z. B. Erlaubnis-, Bewilligungs-, Genehmigungs-, Planfeststellungsverfahren als auch hinsichtlich der Überwachung, z. B. zur Kalibrierung, zu Ermittlungen, zu Prüfungen, zu Messungen und Messberichten und zur Häufigkeit der Überwachung.

Beachte! Keine Erleichterungen bezüglich der materiellen Anforderungen des Wasserrechts.

7.2 Umgang mit wassergefährdenden Stoffen

162 Viele Stoffe des täglichen Gebrauchs sind geeignet, bei Kontakt mit Wasser dessen Eigenschaften dauerhaft nachteilig zu verändern. Von solchen Stoffen können erhebliche Gefahren für die Oberflächengewässer, das Grundwasser und somit auch für das Trinkwasser ausgehen. Verunreinigt ein **wassergefährdender Stoff** den Boden oder das Grundwasser, können zudem hohe Sanierungskosten entstehen.

163 Mit den Regelungen für Anlagen zum Umgang mit wassergefährdenden Stoffen wird daher dem **Vorsorgeprinzip**[163] Rechnung getragen. Bereits die Entstehung von Belastungen oder Schäden soll durch sie vermieden bzw. weitgehend verringert werden.

Die gesetzlichen Vorschriften zum Umgang mit wassergefährdenden Stoffen finden sich in den §§ 62, 63.

164 Das WHG normiert zunächst die Mindestanforderungen an die Anlagen, es definiert den technischen Standard und den Begriff der wassergefährdenden Stoffe, es enthält Bestimmungen für Schutzgebiete und die gesetzlichen Vorgaben für den Erlass einer künftigen Bundesverordnung zur Regelung von Detailfragen. Zusammen mit den landesrechtlichen Ergänzungsvorschriften konkretisieren die §§ 62, 63 die allgemeine Sorgfaltspflicht nach § 5 sowie die Vorschriften zur Reinhaltung der Gewässer[164] und sind daher neben diesen Regelungen anzuwenden.

165 **Zum Anlagenbegriff**

Der Begriff der „Anlage" ist gemäß dem Zweck der Vorschriften zum Umgang mit wassergefährdenden Stoffen weit zu verstehen. Nach den derzeit noch gültigen Länderverordnungen zum Umgang mit wassergefährdenden Stoffen (VAwS) sind Anlagen *„selbstständige und ortsfeste oder ortsfest benutzte Funktionseinheiten"*. Die Rechtsprechung präzisiert den Anlagenbegriff wie folgt: *„als Funktionseinhei-*

[163] Verweis auf *Kluth*, § 1 in diesem Buch, Rn. 127 ff.

[164] *Czychowski/Reinhardt* (Fn. 12), § 62, Rn. 7.

ten organisierte Einrichtungen von nicht ganz unerheblichem Ausmaß, die für eine gewisse Dauer bestehen und die der Erfüllung bestimmter Zwecke dienen.[165] *Dabei kommt es auf das Vorhandensein baulicher Anlagen, technischer Geräte, maschineller oder sonstiger Teile nicht an".*[166] Der Anlagenbegriff umfasst mithin sowohl ortsfeste Anlagen (z. B. Tanks, Lagerhallen und Umschlagsplätze) als auch bewegliche Anlagen (z. B. Lagerfässer, Eisenbahnwaggons).

7.2.1 Anforderungen an die Anlagensicherheit

166 Für Anlagen zum Umgang mit wassergefährdenden Stoffen gilt grundsätzlich der **Besorgnisgrundsatz:** die Anlagen müssen so beschaffen sein und so errichtet, unterhalten, betrieben und stillgelegt werden, dass eine nachteilige Veränderung der Eigenschaften von Gewässer nicht zu besorgen ist, vgl. § 62 Abs.1.

167 **Beachte!** Die Besorgnis einer nachteiligen Gewässerveränderung setzt bereits im Vorfeld der polizeilichen Gefahr ein. Das heißt es genügt, dass konkrete tatsächliche Anhaltspunkte für die Möglichkeit solcher Veränderungen bestehen.[167]

168 Da eine Anlage nur ordnungsgemäß errichtet werden kann, wenn sie entsprechend geplant ist, unterliegt bereits das planerische Konzept für eine solche Anlage den Anforderungen des § 62 Abs. 1. Obwohl Rohrleitungsanlagen grundsätzlich der Rohrleitungsverordnung unterfallen, gilt dies auch für Rohrleitungsanlagen, die den Bereich eines Werksgeländes nicht überschreiten oder die Zubehör einer Anlage zum Umgang mit wassergefährdenden Stoffen sind bzw. die in einem engen räumlichen und betrieblichen Zusammenhang miteinander stehen. Mit dieser Regelung sollen hauptsächlich Industrieparks erfasst werden, da hier Rohrleitungen oftmals verschiedene Anlagen verbinden, die sich auf verschiedenen Werksgeländen befinden.[168]

169 Anlagen zum Umschlagen und Anlagen zum Lagern und Abfüllen von Jauche, Gülle und Silagesickersäften sowie vergleichbare in der Landwirtschaft anfallende Stoffe müssen anstelle des Besorgnisgrundsatzes lediglich den „bestmöglichen Schutz der Gewässer" genügen und sind insoweit gegenüber den anderen Anlagen **privilegiert**. Mit dieser Erleichterung gegenüber dem strengeren Besorgnisgrundsatz soll den Besonderheiten dieser Anlagentypen gerecht werden. Der **bestmögliche Schutz** wird dann erreicht, wenn nach menschlicher Erfahrung eine Gewässerverunreinigung durch entsprechende technische oder betriebliche Maßnahmen ausgeschlossen werden kann.

170 § 62 Abs. 2 konkretisiert die Anforderungen des Abs. 1 und bestimmt, dass die Anlagen stets die allgemein **anerkannten Regeln der Technik** einzuhalten haben. Dieser Technikstandard umfasst die technischen Regeln und Betriebsweisen, die in der Praxis

---

[165] Zum Beispiel OVG Hamburg, ZUR 1999, 98.

[166] OLG Düsseldorf, ZfW 1990, 354; BayOLG, ZfW 1994, 438.

[167] *Czychowski/Reinhardt* (Fn. 12), § 62, Rn. 31.

[168] BT-Drs. 16/12275 S. 70.

erprobt und bewährt sind und deren Anwendung sich mehrheitlich in den einschlägigen Fachkreisen durchgesetzt hat.[169]

171 Als wasserrechtliches Instrument der behördlichen Vorkontrolle dient diesem Regelungsbereich die **Eignungsfeststellung**, vgl. § 63. Auch andere Rechtsbereiche wie das Arbeitssicherheitsrecht und das Bauproduktrecht regeln Eignungsanforderungen für Anlagen, in denen mit wassergefährdenden Stoffen umgegangen wird. Eine spezifisch wasserrechtliche Prüfung beinhaltet aber nur die Eignungsfeststellung. Allerdings ist die Eignungsprüfung keine Anlagengenehmigung, sondern lediglich ein Brauchbarkeitsnachweis für Anlagen zum Lagern, Abfüllen oder Umschlagen der wassergefährdenden Stoffe.[170] Als Anlage, betriebsnotwendige Anlagenteile oder als in einem räumlich oder betriebstechnischen Zusammenhang stehende Nebeneinrichtung können Anlagen, die mit wassergefährdenden Stoffen umgehen, in den Rahmen einer immissionsschutzrechtlichen Anlagengenehmigung einbezogen sein.[171] Die Prüfung der Eignung bezieht sich dabei auf die Einhaltung der materiellen Anforderungen, insbesondere des § 62. Sie wird von der zuständigen Behörde auf Antrag festgestellt und kann auch für Anlagenteile oder technische Schutzvorkehrungen erteilt werden. Soweit die einschlägigen Anforderungen erfüllt sind, besteht ein Rechtsanspruch auf Erteilung der Eignungsfeststellung.

7.2.2 Stoffeinstufungen

172 Wassergefährdende Stoffe sind feste, flüssige oder gasförmige Stoffe, die geeignet sind, dauernd oder in einem nicht nur unerheblichen Ausmaß nachteilige Veränderungen der Wasserbeschaffenheit herbeizuführen. Wobei mit Wasserbeschaffenheit die physikalische, chemische oder biologische Beschaffenheit des Wassers eines oberirdischen Gewässers, des Grundwassers oder eines Küstengewässers gemeint ist.

173 Die Bestimmung und Einstufung in die sogenannten **Wassergefährdungsklassen** (WGK) erfolgt durch ein mehrstufiges, kooperatives Verfahren der Selbsteinstufung durch den Anlagenbetreiber und Überprüfung durch das Umweltbundesamt unter Mitwirkung der Kommission zur Bewertung wassergefährdender Stoffe. Maßstab für die Einstufung ist die Gefährlichkeit des Stoffes für die Gewässereigenschaften. Die Einstufung in drei WGK:

- schwach wassergefährdend,
- wassergefährdend und
- stark wassergefährdend

trägt dem **Übermaßverbot**[172] Rechnung, indem an die WGK jeweils unterschiedlich strenge Anforderung für die Anlagen anknüpfen.

---

[169] *Czychowski/Reinhardt*, Wasserhaushaltsgesetz, 10. Aufl. 2010, § 60, Rn. 17 ff. und § 62, Rn. 46 ff.

[170] *Breuer*, Öffentliches und privates Wasserrecht, 3. Aufl. 2004, Rn. 763.

[171] Vgl. § 2 in diesem Buch.

[172] Übermaßverbot: das vom Gesetzgeber gewählte Mittel, muss zur Erreichung des angestrebten Ziels geeignet und erforderlich sein. Das Ziel darf nicht durch weniger belastende Maßnahmen zu erreichen sein. Außerdem muss das Verhältnis von Mittel und Zweck angemessen sein.

174 Bislang wurden die Regelungen zur Bestimmung der wassergefährdenden Stoffe und zu ihrer gefährlichkeitsbezogenen Einstufung in einer Verwaltungsvorschrift des Bundes getroffen. Künftig werden sie, zusammen mit den Anlagenbestimmungen, Teil einer Bundesverordnung sein.

175 Die Anforderungen des WHG in Bezug auf Anlagen, die mit wassergefährdenden Stoffen umgehen, werden jedoch im Moment noch durch die Anlagenverordnungen der Länder (VAwS) konkretisiert.

176 **Verordnungen für Anlagen zum Umgang mit wassergefährdenden Stoffen (VAwS)**
Die Umsetzung der Anforderungen der VAwS ist zunächst Aufgabe des Anlagenbetreibers. Mit den sogenannten Betreiberpflichten wird der Eigenverantwortlichkeit des Anlagenbetreibers ein hoher Stellenwert zugewiesen. Sie umfassen im Wesentlichen folgende Verpflichtungen:

- Arbeiten an Anlagen sind durch Fachbetriebe auszuführen,
- Anlagen sind ständig selbst zu überwachen,
- Anlagen sind ggf. durch zugelassene Sachverständige zu überwachen,
- beim Befüllen und Entleeren von Anlagen ist besondere Sorgfalt anzuwenden, Betriebsanweisungen und Anlagenkataster sind zu führen,

Neben der eigenverantwortlichen Umsetzung der Anforderungen gibt es für bestimmte Anlagen Verwaltungsverfahren, in denen auch die beteiligten Behörden bei der Umsetzung der Anforderungen der VAwS mitwirken, z. B.:

- die Anzeige des Umgangs mit wassergefährdenden Stoffen in und außerhalb von Anlagen,
- die wasserrechtliche Eignungsfeststellung für Anlagen zum Lagern, Abfüllen oder Umschlagen von wassergefährdenden Stoffen, wenn die Anlagen nicht ohnehin vorgegebenen Anforderungen entsprechen,
- sonstige Verfahren (insbesondere BImSchG-Verfahren für Produktionsanlagen).

7.3 Hochwasserschutz

177 In Deutschland hat die Hochwasserthematik seit dem Elbehochwasser von 2002 eine neue Dimension erlangt. Hinzu kommt, dass mit dem fortschreitenden Klimawandel die Hochwasserrisiken stetig weiter zunehmen. Aus diesem Grund steht die **Hochwasservorsorge** auf nationaler, europäischer und internationaler Ebene mit an vorderster Stelle. Auch die Rechtsprechung erkennt den Schutz vor Überflutung als ein „*Gemeinwohlinteresse von überragender Bedeutung*“ im Abwägungsprozess auf fachgesetzlicher Ebene an.[173]

---

[173] BVerfG, ZfW 1999, 87 (88).

Wann spricht man von Hochwasser?

178

Gesetzlich definiert wird Hochwasser als die zeitlich begrenzte Überschwemmung von „normalerweise" nicht mit Wasser bedecktem Land durch oberirdische Gewässer oder durch in Küstengebiete eindringendes Meerwasser, vgl. § 72:

- Hochwasser mit niedriger Wahrscheinlichkeit oder bei Extremereignissen (Wiederkehrintervall voraussichtlich mindestens 1000 Jahre = HQ 1000),
- Hochwasser mit mittlerer Wahrscheinlichkeit (HQ 100),
- Hochwasser mit hoher Wahrscheinlichkeit = Hochwasser tritt häufig auf.

179 Der Hochwasserschutz im WHG strebt in erster Linie an, die vom Menschen nicht beherrschbaren und nur begrenzt vorhersehbaren natürlichen Überflutungen der Gewässer durch vorbeugende Maßnahmen in ihren Auswirkungen zu begrenzen und durch Steuerung und Einschränkung gefahrengeneigter Zustände und Verhaltensweisen im Vorfeld Schäden weitgehend zu vermeiden.[174]

7.3.1 Hochwasserrisiko

180 Ein Hochwasserrisiko bemisst sich aus der Kombination der **Wahrscheinlichkeit** eines Hochwasserereignisses mit den möglichen nachteiligen Folgen für die menschliche Gesundheit, die Umwelt, das Kulturerbe, wirtschaftliche Tätigkeiten und Sachwerte, § 73 Abs. 1 Satz 2. Es ist von den Behörden zu bewerten. Ein Gebiet mit einem signifikanten Hochwasserrisiko wird als sogenanntes **Risikogebiet** qualifiziert. Diese Bewertung erfolgt auf Basis von Informationen aus relevantem Kartenmaterial, der Beschreibung vergangener Hochwasser und ihrer Folgen sowie der zu erwartenden künftigen Entwicklung. Die Risikobewertung und die Bestimmung der Risikogebiete erfolgen entsprechend dem Grundsatz der flussgebietsbezogenen Gewässerbewirtschaftung für jede Flussgebietseinheit. Die Frist für die erste Bewertung ist Ende 2011 abgelaufen. Eine Überprüfung und soweit erforderlich eine Aktualisierung sowohl der Bewertung als auch der Bestimmung der Risikogebiete sowie der Feststellungen und Maßnahmen findet nunmehr bis zum 22.12.2018 und danach alle sechs Jahre statt.

7.3.2 Risikokarten und Gefahrenkarten

181 Die zuständigen Behörden erstellen für die Risikogebiete Gefahrenkarten und Risikokarten. Die Risikogebiete sind dabei die Grundlage für die Karten. Die Gefahrenkarten erfassen die Gebiete, die bei Hochwasserereignissen überflutet werden (niedrige, mittlere und hohe Wahrscheinlichkeit). Sie enthalten Angaben zum Ausmaß der Überflutung, zur Wassertiefe oder soweit erforderlich auch zum Wasserstand, zur Fließgeschwindigkeit bzw. zum für die Risikobewertung bedeutsamen Wasserabfluss. Die Risikokarten beinhalten außerdem die möglichen **nachteiligen Folgen**, z. B. die Anzahl der betroffe-

[174] *Czychowski/Reinhardt* (Fn. 12), § 72, Rn. 6.

nen Einwohner, die Art der dort stattfindenden wirtschaftlichen Tätigkeiten, die bedrohten Schutzgebiete gemäß der WRRL und die umweltrelevanten Anlagen nach der IE-Richtlinie sowie weitere als „nützlich" betrachtete Informationen. Nach den in den Karten angegebenen Risiken richtet sich dann auch die Planung der zu treffenden **Schutzmaßnahmen**. Die Frist für die Erstellung der Karten ist der 22.12.2013. Danach sind alle Karten bis zum 22.12. 2019 und dann alle sechs Jahre zu überprüfen und erforderlichenfalls zu aktualisieren.

7.3.3 Informationsaustausch

182 Es besteht die Pflicht, dass die Behörden für die Risikobewertung bedeutsame Informationen mit den Behörden anderer Staaten austauschen (vgl. § 73 Abs. 4), wenn die maßgebenden Bewirtschaftungseinheiten ebenfalls in deren Hoheitsgebiet liegen. Eine entsprechende Koordinierungspflicht gilt bei der Bestimmung von Risikogebieten.

7.3.4 Risikomanagementpläne

183 Die Behörden stellen für die Risikogebiete auf Grundlage der Gefahren- und Risikokarten Risikomanagementpläne auf. Diese dienen dazu, durch eine zielführende und koordinierte Planung in einer die Planungsträger bindenden Weise, die nachteiligen Folgen zu verringern, § 75. Mit den Plänen werden für die Risikogebiete angemessene Ziele und **Maßnahmen** (z. B. nichtbauliche Maßnahmen der Hochwasservorsorge, technische Maßnahmen des Hochwasserschutzes) für das Risikomanagement festgelegt. Die **Koordinierung** in der Flussgebietseinheit muss einen Ausgleich gegenläufiger Interessen von Ober- und Unterliegern berücksichtigen. Zudem muss bei Festlegung der Maßnahmen darauf geachtet werden, dass das Hochwasserrisiko für andere Länder und Staaten im selben Einzugsgebiet nicht erheblich erhöht wird.[175] Die Bundesländer haben Spielraum für die weitere Ausgestaltung dieser Vorschrift. Die Frist zur Erstellung der Pläne läuft bis zum 22.12.2015. Bis 22.12.2021 und dann alle sechs Jahre erfolgt dann eine Überprüfung und erforderlichenfalls eine Aktualisierung. Die Risikomanagementpläne unterliegen nach § 3 Abs. 1a, Nr. 1.3 der Anlage 3 UVPG einer obligatorischen Strategischen Umweltprüfung (SUP).

7.3.5 Schutz der Überschwemmungsgebiete

184 Ein besonders wichtiger Teil des Hochwasserschutzes ist der Schutz der Überschwemmungsgebiete. Die Überschwemmungsgebiete sind Gebiete zwischen oberirdischen Gewässern und Deichen oder Hochufern und sonstige Gebiete, die bei Hochwasser überschwemmt oder durchflossen oder die für **Hochwasserentlastung** oder **Rückhaltung** beansprucht werden, § 76 Abs. 1. Nicht erfasst sind die Gebiete, die überwiegend von Gezeiten beeinflusst sind, es sei denn das jeweilige Landesrecht trifft hierfür andere Bestimmungen.

---

[175] *Berendes* (Fn. 9), § 75, Rn. 6 f.

185 Innerhalb der Risikogebiete setzen die Länder durch Rechtsverordnung mindestens die Gebiete, in denen ein Hochwasserereignis statistisch einmal in 100 Jahren zu erwarten ist und die Gebiete, die der Hochwasserentlastung und Rückhalten dienen, bis 22.12.2013 als Überschwemmungsgebiete fest. Bislang noch nicht förmlich festgesetzte Überschwemmungsgebiete sind, nachdem sie ermittelt wurden, in Kartenform darzustellen und vorläufig zu sichern.

186 **Beachte!** Das festgesetzte Überschwemmungsgebiet ist die Gebietskategorie mit dem höchsten Schutzniveau.

187 Entsprechende gebietsbezogene Schutzmaßnahmen und Schutzvorschriften sind regelmäßig mit **Eingriffen in Freiheit und Eigentum des Bürgers** verbunden. Der Grundsatz der Verhältnismäßigkeit verlangt daher, dass zum einen der räumliche Geltungsbereich, also die Unterschutzstellung der Flächen, und zum anderen auch jedes Verbot geeignetes, erforderliches und im Verhältnis zu dem erfolgten Zweck angemessenes Mittel sein muss.[176]

188 Ein wichtiger Punkt ist zudem, dass die Öffentlichkeit über die vorgesehene Festsetzung als Überschwemmungsgebiet zu informieren ist. Darüber hinaus ist der Öffentlichkeit Gelegenheit zur Stellungnahme zu geben und sie ist über die bereits festgesetzten und vorläufig gesicherten Gebiete, einschließlich der in ihnen geltenden Schutzbestimmungen und Maßnahmen zur Vermeidung nachteiliger Hochwasserfolgen in Kenntnis zu setzen.[177] Überschwemmungsgebiete sind auch in ihrer Funktion als Rückhalteflächen zu erhalten bzw. wieder herzustellen. Stehen dem überwiegende Gründe des Allgemeinwohls entgegen, sind rechtzeitig die notwendigen Ausgleichsmaßnahmen zu treffen.

189 **Handlungsverbote in Überschwemmungsgebieten nach § 78 Abs. 1**

Die Schutzvorschriften für festgesetzte Überschwemmungsgebiete beinhalten verschiedene Handlungsverbote. Dabei unterliegt insbesondere das Bauen in solchen Gebieten massiven Beschränkungen. Auf diesem Wege soll der Entstehung von hochwassergefährdeten Neubaugebieten bzw. Neubauten entgegengewirkt werden.[178] Durch zu nah an Flüssen errichtete Gebäude entstanden hier in der Vergangenheit als Folge großer Hochwasserereignisse gravierende Schäden. Die Handlungsverbote in Überschwemmungsgebieten gelten nicht für Maßnahmen des Gewässerbaus, der Gewässer-, Deich- und Dammunterhaltung, des Hochwasserschutzes sowie für Handlungen, die für den Betrieb von zugelassenen Anlagen oder im Rahmen zugelassener Gewässerbenutzungen erforderlich sind.[179]

---

[176] *Berendes* (Fn. 9), § 78, Rn. 3.
[177] *Becker*, Das neue Umweltrecht 2010, 2010, S. 77 Rn. 203.
[178] *Kotulla*, Umweltrecht, 5. Aufl. 2010, S. 107, Rn. 123.
[179] *Albrecht/Wendler*, NuR 2009, 608.

Ausnahmen von den Handlungsverboten sind nur restriktiv zuzulassen, da der Schutz der Überschwemmungsgebiete vorrangig ist. Aus diesem Grunde sind die Aufzählungen der Ausnahmetatbestände nach § 78 Abs. 2 und Abs. 3 auch kumulativ zu verstehen:[180]

Vgl. Übersicht Handlungsverbote Tabelle 4.10 bis 4.15.

190 **Tab. 4.10** Bauverbot nach § 78 Abs. 1 Nr. 1

Verbot der Ausweisung von neuen Baugebieten in Bauleitplänen oder sonstigen Satzung nach Baugesetzbuch (ausgenommen sind Bauleitpläne für Häfen und Werften).

191 **Tab. 4.11** Ausnahme nach § 78 Abs. 2

Die Behörde kann die Ausweisung neuer Baugebiet ausnahmsweise zulassen, wenn:
- keine anderen Möglichkeiten der Siedlungsentwicklung bestehen oder geschaffen werden können, - das neu auszuweisende Gebiet unmittelbar an ein bestehendes Baugebiet angrenzt.
Die mit einer Ausweisung von Überschwemmungsgebieten primär verfolgten Ziele durch eine Bebauungsplanung nicht beeinträchtigt werden, vgl. Nr. 3 bis 6:
- eine Gefährdung von Leben oder erhebliche Gesundheits- oder Sachschäden nicht zu erwarten sind, - der Hochwasserabfluss und die Höhe des Wasserstandes nicht beeinflusst werden, - die Hochwasserrückhaltung nicht beeinträchtigt und der Verlust von verloren gehendem Rückhalteraum umfang-, funktions- und zeitgleich ausgeglichen wird, - der bestehende Hochwasserschutz nicht beeinträchtigt wird, - keine nachteiligen Auswirkungen auf Oberlieger und Unterlieger zu erwarten sind, - die Belange der Hochwasservorsorge beachtet sind **und** - die Bauvorhaben so errichtet werden, dass bei dem Bemessungshochwasser, das der Festsetzung des Überschwemmungsgebietes zugrunde liegt, keine baulichen Schäden zu erwarten sind.

192 Um nachteilige Folgen zu verhindern, können in Bebauungsplänen selbst Vorkehrungen getroffen werden. Zum Beispiel indem von Bebauung freizuhaltende Flächen und deren Nutzung bestimmt werden, Flächen für Hochwasserschutzanlagen und für die Regelung des Wasserabflusses oder Flächen für die Rückhaltung und Versickerung von Niederschlagswasser ausgewiesen werden.

---

180 *Becker*, Das neue Umweltrecht 2010, 2010, S. 79, Rn. 206.

193

Tab. 4.12 Verbot der Errichtung oder Erweiterung baulicher Anlagen nach § 78 Abs. 1 Nr. 2

- dies gilt in Gebieten mit Bebauungsplan (§ 30 BauGB),
- in Gebieten während der Aufstellung des Bebauungsplans (§ 33 BauGB),
- innerhalb im Zusammenhang bebauter Ortsteile (§ 34 BauGB) sowie
- im Außenbereich (§ 35 BauGB).

194

Tab. 4.13 Ausnahme nach § 78 Abs. 3 Satz 1

Die Behörde kann abweichend die Errichtung oder Erweiterung einer baulichen Anlage im Einzelfall genehmigen, wenn das Vorhaben

- die Hochwasserrückhaltung nicht oder nur unwesentlich beeinträchtigt und der Verlust von verloren gehendem Rückhalteraum zeitgleich ausgeglichen wird,
- den Wasserstand und den Abfluss bei Hochwasser nicht nachteilig verändert,
- den bestehenden Hochwasserschutz nicht beeinträchtigt und
- hochwasserangepasst durchgeführt wird oder wenn die nachteiligen Auswirkungen durch Nebenbestimmungen ausgeglichen werden können.

Ausnahme nach § 78 Abs. 3 Satz 2:

Das Landesrecht kann die Errichtung oder Erweiterung baulicher Anlagen im Interesse einer sinnvollen Verminderung des Verwaltungsaufwands[181] unter bestimmten Voraussetzungen auch allgemein zulassen. Einzelne Vorhaben bedürfen der Anzeige, vgl. § 78 Abs. 3 Satz 2.

195

Tab. 4.14 Verbot nach § 78 Abs. 1 Nr. 3 bis 9

- der Errichtung von Mauern, Wällen oder ähnlichen Anlagen quer zur Fließrichtung des Wassers,
- des Aufbringens und Ablagerns wassergefährdender Stoffe auf den Boden, es sei denn, die Stoffe dürfen im Rahmen einer ordnungsgemäßen Landwirtschaft eingesetzt werden,
- der nicht nur kurzfristige Ablagerung von Gegenständen und Stoffen, die den Hochwasserabfluss behindern können – dies ist zeitlich eng auszulegen,
- des Erhöhens oder Vertiefens der Erdoberfläche,
- Baum- und Strauchpflanzungen anzulegen, soweit diese den Zielen des vorsorgenden Hochwasserschutzes entgegenstehen,
- der Umwandlung von Grünland in Ackerland,
- der Umwandlung von Auwald in eine andere Nutzungsart.

[181] *Berendes*, Wasserhaushaltsgesetz, 2010, § 78, Rn. 10.

196 **Tab. 4.15** Ausnahme nach § 78 Abs. 3 Satz 1

Die zuständige Behörde kann Maßnahmen nach Nr. 3 bis 9, ggf. nachträglich mit Nebenbestimmungen, zulassen, wenn:
– Belange des Wohls der Allgemeinheit dem nicht entgegenstehen, der Hochwasserabfluss und die Hochwasserrückhaltung nicht wesentlich beeinträchtigt werden **und** – eine Gefährdung von Leben oder erhebliche Gesundheits- oder Sachschäden nicht zu befürchten sind oder die nachteiligen Auswirkungen ausgeglichen werden können.
Ausnahme nach § 78 Abs. 4 Satz 3:
In der Gebietsverordnung können Ausnahmen im Interesse der Verwaltungsvereinfachung auch allgemein zugelassen werden.

197 Durch Rechtsverordnung sind zudem weitere Maßnahmen zu bestimmen oder Vorschriften zu erlassen, soweit dies zum Schutz vor nachteiligen Hochwasserfolgen erforderlich ist, vgl. § 78 Abs. 5.

198 **Beachte!** Die Behörde ist verpflichtet, die Bewertung der Hochwasserrisiken, die Gefahrenkarten, die Risikokarten und die Risikomanagementpläne zu veröffentlichen. Damit hat der Bürger die Möglichkeit, sich umfassend über die Hochwassersituation in der Gemeinde zu informieren. Bei den SUP-pflichtigen Risikomanagementplänen sind die Vorschriften des UVPG zur **Öffentlichkeitsbeteiligung** zu beachten. Eine aktive Beteiligung interessierter Stellen ist zu gewährleisten. Außerdem umfasst die Koordinierung des Risikomanagements die Gewässerbewirtschaftung nach der WRRL, z. B. die Koordinierung der Risikomanagementpläne mit den Bewirtschaftungsplänen. Dies ist wichtig, damit sich die verschiedenen wasserwirtschaftlichen Planungen nicht widersprechen.

7.4 Öffentliche Wasserversorgung

199 Die wichtigste Nutzung der Gewässer ist die Versorgung der Bevölkerung mit Trink- und Brauchwasser[182], vgl. § 50 Abs. 1. Daher ist die Wasserversorgung auch als ein herausgehobener Belang des **Wohls der Allgemeinheit** im WHG normiert, vgl. §§ 3 Nr. 10, 6 Abs. 1 Nr. 4.

200 Die Wasserversorgung umfasst das Sammeln, Fördern, Reinigen, Aufbereiten, Bereitstellen, Weiterleiten, Zuleiten, Verteilen von und das Beliefern der Verbraucher mit Trink-, Betriebs- oder Brauchwasser.[183] Als öffentliche Aufgabe ist die Wasserversorgung Teil der kommunalen Daseinsvorsorge im Rahmen der Selbstverwaltungsgarantie

[182] Dazu BVerfGE 10, 113.

[183] *Czychowski/Reinhardt* (Fn. 12), § 50, Rn. 4.

des Art. 28 Abs. 2 GG. Wie auch bei der Abwasserbeseitigung kann die Gemeinde frei wählen, in welcher Organisationsform sie diese Leistung erbringen will. Sie kann das Nutzungsverhältnis öffentlich-rechtlich oder privatrechtlich ausgestalten. Auch die **Wasserpreisgestaltung** ist strukturell zweigeteilt und bestimmt sich einerseits durch öffentliche-rechtliche Abgaben und andererseits durch privatrechtliche Entgelte.[184]

201 Das wasserwirtschaftliche Leitprinzip der **ortsnahen Wasserversorgung** nach § 50 Abs. 2, trägt den Bewirtschaftungszielen für das Grundwasser Rechnung. Diese fordern einen guten mengenmäßigen und chemischen Zustand. Ausnahmen von diesem Grundsatz sind möglich, wenn einer öffentlichen Wasserversorgung aus ortsnahem Wasservorkommen überwiegende Gründe des Allgemeinwohls entgegenstehen. Zum Beispiel, wenn die Versorgung aus ortsnahen Wasservorkommen nicht in ausreichender Menge oder Güte oder nicht mit vertretbarem Aufwand sichergestellt werden kann. Dieser wasserrechtliche Grundsatz ist über Planungsinstrumente und von den Wasserbehörden umzusetzen, die bei der Erteilung von Erlaubnissen/Bewilligungen für Wasserentnahmen auch über den Ort der Entnahme entscheiden.[185]

202 Darüber hinaus ist ein **sorgsamer Umgang** mit Wasser durch Wasserversorger und Endverbraucher geboten, § 50 Abs. 3. Der Grundsatz der Sorgsamkeit bedeutet zwar den Verzicht auf einen übermäßigen Ressourcenverbrauch, nicht aber den Verzicht auf die Anwendung des Grundsatzes der Wirtschaftlichkeit.[186] Dennoch geht es nicht allein um quantitative Aspekte des Wassersparens.[187] Ziel ist vielmehr ein insgesamt verantwortungsvoller Umgang mit den regionalen Ressourcen. So sind z. B. die Versorgungsunternehmen gehalten, geeignete Maßnahmen mit Blick auf den Endverbraucher zu treffen (z. B. durch Informationen über empfehlenswerte Verhaltensweisen), sowie entsprechende betriebsinterne Maßnahmen zu veranlassen, die einen sorgsamen Umgang ermöglichen.

203 **Beachte!** Auf eine Verletzung dieser Pflicht kann mit Erlass einer gewässeraufsichtlichen Anordnung reagiert werden.[188]

204 Die technikbezogene Anforderungen an Wassergewinnungsanlagen, die der öffentlichen Wasserversorgung dienen, finden sich in § 50 Abs. 4. Demnach dürfen Wassergewinnungsanlagen nur nach den allgemein anerkannten Regeln der Technik errichtet, unterhalten und betrieben werden. Dies entspricht auch dem Standard, den das Trinkwasserrecht für Wasserversorgungsanlagen verlangt, vgl. § 4 Abs. 1 Satz 2 Trinkwasserverordnung.

---

[184] Dazu *Czychowski/Reinhardt* (Fn. 12), § 50, Rn. 17.

[185] *Berendes* (Fn. 9), § 50, Rn. 5

[186] *Becker*, Das neue Umweltrecht 2010, 2010, S. 66, Rn. 82.

[187] *Berendes* (F. 9), § 50, Rn. 7.

[188] *Berendes*, ZfW 2005, 197.

205 **Wer gestaltet die allgemein anerkannten Regeln der Technik?**
Geeignete Quellen hierfür sind DIN Normen[189] und andere technische Regelwerke fachlich anerkannter Organisationen (z. B. DWA; DVGW). Diese begründen zwar keinen Ausschließlichkeitsanspruch, aber bei jenen Regelwerken, die bestimmte Verfahren durchlaufen haben (unter anderem die Beteiligung von Fachkreisen), besteht eine tatsächliche Vermutung für ihre Qualität als allgemein anerkannte Regeln der Technik.

206 Zu Untersuchungen, ob Wasser zum Zweck der öffentlichen Wasserversorgung überhaupt geeignet ist, kann der Wasserversorger durch Rechtsverordnung oder behördliche Anordnung im Einzelfall verpflichtet werden. Diese Untersuchungen sind dann im Rohwasser durchzuführen. Im Vergleich dazu beziehen sich die Untersuchungen nach §§ 14, 15 Trinkwasserverordnung auf das an den Endverbraucher gelangende Wasser.

7.5 Gebietsbezogener Gewässerschutz

7.5.1 Festsetzung von Wasserschutzgebieten

207 Wasserschutzgebiete sind Zonen, in denen Handlungen zu unterlassen sind, die sich auf die Menge oder Beschaffenheit des Wassers nachteilig auswirken. Die Festsetzung eines Wasserschutzgebietes ist nur zulässig, wenn es das Wohl der Allgemeinheit erfordert. Sie erfolgt, wenn das betreffende Wasservorkommen **schutzwürdig**, **schutzbedürftig** und **ohne unverhältnismäßige Belastung Dritter** auch **schutzfähig** ist.[190] Eine **Ausweisung** ist bereits dann im Interesse der bestehenden oder künftigen Wasserversorgung erforderlich, wenn dadurch Beeinträchtigungen des in Anspruch genommenen Grundwassers für Trinkwasserzwecke vermieden und entsprechende Restrisiken vermindert werden:

- Schutz vor Anreicherungen des Grundwassers,
- Schutz vor schädlichem Abfließen von Niederschlagswasser,
- Schutz vor dem Abschwemmen und dem Eintrag von Bodenbestandteilen, Düngemitteln und Dünger oder Pflanzenschutzmitteln.

208 Die **Schutzgebietsfestsetzung** erfolgt von Amts wegen auf Landesebene durch **Rechtsverordnung**. Üblicherweise wird die Festsetzung jedoch von außen, durch einen Interessenten initiiert, z. B. durch einen Wasserversorgungsunternehmen oder durch eine Gemeinde. Gemäß § 51 Abs. 2 sollen Trinkwasserschutzgebiete in **Zonen** mit unterschiedlichen Schutzniveaus und entsprechend angepassten Standards unterteilt werden, um der

[189] Eine DIN-Norm ist ein unter Leitung eines Arbeitsausschusses im Deutschen Institut für Normung erarbeiteter freiwilliger Standard.

[190] *Berendes* (Fn. 9), § 51, Rn. 3; *Anders/Krüger*, Festsetzung von Wasserschutzgebieten, NuR 2004, 491.

besonderen Bedeutung der verschiedenen Zonen von Trinkwasserschutzgebieten für den Schutz des Trinkwassers angemessen Rechnung zu tragen:[191]

- Fassungsbereich (Zone I),
- engere Schutzzone (Zone II),
- weitere Schutzzone (Zone III)[192].

Der § 52 regelt bestimmte Anforderungen für Wasserschutzgebiete. Die Festsetzungsverordnungen benennen dann die im Schutzgebiet verbotenen Handlungen bzw. erklären diese für nur beschränkt zulässig. 209

Zudem können die Eigentümer und Nutzungsberechtigten von Grundstücken dazu verpflichtet werden, bestimmte Handlungen vorzunehmen, insbesondere die Grundstücke nur in besonderer Weise zu nutzen und Aufzeichnungen über die Bewirtschaftung der Grundstücke anzufertigen. Die Aufzeichnungen sind aufzubewahren und der zuständigen Behörde auf Verlangen vorzulegen. Gegebenenfalls können die in Betracht kommenden Maßnahmen auch durch Einzelfallentscheidung der zuständigen Behörde angeordnet werden. 210

Beachte! Eine solche Anordnung muss dem Verhältnismäßigkeitsgrundsatz entsprechen, d. h. sie muss erforderlich, geeignet und verhältnismäßig (im engeren Sinne) sein. 211

Bereits vor der geplanten Festsetzung eines Wasserschutzgebiets können von der Behörde Anordnungen getroffen werden (sogenannte vorläufige Anordnungen), um den mit der Schutzgebietsfestsetzung verfolgten Zweck nicht zu gefährden. 212

§ 52 Abs. 4 begründet einen **Entschädigungsanspruch**, wenn das Eigentum durch eine Anordnung unzumutbar beschränkt wird. Die Wasserschutzgebietsverordnung sehen entsprechend den verfassungsrechtlichen Vorgaben bereits regelmäßig Ausgleichsmaßnahmen vor, sodass Ansprüche auf Geldzahlungen nach Abs. 4 häufig leer laufen. 213

Fall 4.3 214

A ist Eigentümer eines Grundstücks und wendet sich gegen die Festsetzungen eines Wasserschutzgebiets. Gegenstand des Verfahrens ist eine Verordnung der Landratsamts F über ein Wasserschutzgebiet unter anderem im Gewinnungsgebiet des Grundstücks von A. Die Verordnung soll der öffentlichen Wasserversorgung dienen. Sie wurde bekannt gemacht und ist formell in Kraft getreten. A wendet zutreffend ein, dass die Wasserschutzgebietsverordnung nicht erforderlich sei, da sie nicht der gegenwärtigen Trinkwasserversorgung dient und auch nicht für die Sicherung der künftigen Trinkwasserversorgung erforderlich ist. Ferner besteht eine funktionierende Wasserversorgung, die den Bedarf in diesem Gebiet abdeckt. Kann A erfolgreich gegen diese Verordnung vorgehen?

---

[191] *Egner/Fuchs*, Naturschutz- und Wasserrecht 2009, S. 391, Rn. 2; BT-Drs. 16/12275, S. 67.

[192] Maßgebend für diese Unterteilung sind die vom Deutschen Verein des Gas- und Wasserfachs (DVGW) herausgegebenen und in den Bundesländern als Verwaltungsvorschriften eingeführten Richtlinien für Trinkwasserschutzgebiete – Technische Regel DVGW Arbeitsblatt W 101.

Lösungsvorschlag Fall 4.3 Nach § 51 Abs. 1 Satz 1 Nr. 1 WHG können Wasserschutzgebiete festgesetzt werden, um Gewässer im Interesse auch der künftigen Wasserversorgung vor nachteiligen Einwirkungen zu schützen, soweit es das Wohl der Allgemeinheit erfordert. Nach ständiger Rechtsprechung ist die Festsetzung eines Wasserschutzgebietes erforderlich, wenn sie vernünftigerweise geboten ist, um eine Beeinträchtigung der Eignung des in Anspruch genommen Grundwassers für Trinkwasserzwecke zu vermeiden und entsprechende Restrisiken weiter zu vermindern. Es genügt aber nicht, wenn die künftige Inanspruchnahme dieses Grundwassers und dessen Schutz durch die Festsetzung eines Wasserschutzgebietes lediglich eine zweckmäßige Verfahrensweise darstellen, aber andere Lösungen ohne zusätzliche Beschränkungen von Grundstückseigentum ebenfalls möglich wären. Die Erforderlichkeit in diesem Sinne unterliegt der uneingeschränkten gerichtlichen Kontrolle.

Im vorliegenden Fall muss also das Wasserschutzgebiet überhaupt zum maßgeblichen Zeitpunkt der Festsetzung durch die Rechtsverordnung und nach Art und Umfang erforderlich sein. Die Erforderlichkeit bezieht sich also auf das „Ob" und „Wie" der Festsetzung. Das unter Schutz gestellte Grundwasser muss für die öffentliche Wasserversorgung und ggf. für die künftige Wasserversorgung der Gemeinde quantitativ oder qualitativ benötigt werden. Das heißt, es muss eine erhebliche Wahrscheinlichkeit dafür bestehen, dass das betreffende Grundwasservorkommen in absehbarer Zeit für die öffentliche Wasserversorgung benötigt wird. Eine Unterschutzstellung für die Zukunft als Reserve ist hingegen nur dann möglich, wenn feststeht, dass sich in dem fraglichen Gebiet das Trinkwasserangebot künftig verknappen und deshalb die Bedeutung des strittigen Grundwassers zunehmen wird. Dies gilt auch dann, wenn der genaue Zeitpunkt für die Wassergewinnung nicht bestimmbar ist.

Eine Unterschutzstellung nur zur Vorratshaltung oder alleine nach Vorsorgeprinzipien ist dagegen nicht zulässig. Es wäre dann weder ein hinreichender Bezug zu einer künftigen Wasserversorgung vorhanden, noch wäre dies im Sinn der Erforderlichkeit vernünftigerweise geboten. Nutzungsbeschränkungen in einem Wasserschutzgebiet, die für die betroffenen Grundstückseigentümer eine Inhalts- und Schrankenbestimmung ihres Eigentums darstellen (vgl. Art. 14 Abs. 1 Satz 2 GG), müssen von diesen dann nicht hingenommen werden. Die in Frage stehende Schutzgebietsverordnung erfüllt die Anforderungen an die Erforderlichkeit nicht und verstößt gegen § 51 Abs. 1 Satz 1 Nr. 1 WHG. Sie ist deshalb unwirksam. Eine Normenkontrollklage wäre begründet.

7.5.2 Heilquellenschutz/Heilquellenschutzgebiete

215 Heilquellen, deren Erhaltung aus Gründen des Wohls der Allgemeinheit erforderlich ist, können auf Antrag, aufgrund ihrer Bedeutung für die Gesundheit, staatlich anerkannt werden. Heilquellen sind natürlich zu Tage tretende oder künstlich erschlossene Wasser- oder Gasvorkommen, die aufgrund ihrer chemischen Zusammensetzung, ihrer physikalischen Eigenschaften oder der Erfahrung nach geeignet sind, **Heilzwecken** zu dienen,

vgl. § 53 Abs. 1. Bei der **Anerkennung** handelt es sich um einen im Ermessen der zuständigen Behörde stehenden begünstigenden Verwaltungsakt. Die Bundesländer können zu deren Schutz durch Rechtsverordnungen Heilquellenschutzgebiete festlegen.

7.6 Gewässerausbau[193], Deich-, Damm- und Küstenschutzbauten

216 Neben der Benutzung und der Unterhaltung ist der Gewässerausbau eine weitere Art der menschlichen Einwirkung auf das Gewässer, für die das WHG ein eigenes Regime installiert hat.[194] Gewässerausbau ist die Herstellung[195] (z. B. eines künstlichen Gewässers, Entstehung von Baggerseen, Kanälen, Fluss- oder Bachläufe, Fischteiche, Regenrückhaltebecken, Freilegung von Grundwasser), Beseitigung (z. B. Verfüllen von Baggerseen, Flussschleifen, Zuschütten von Altarmen) oder wesentliche Umgestaltung eines Gewässers (Gewässer wird in seiner physischen Gestalt verändert mit bedeutsamen Auswirkungen auf die Gewässereigenschaften verbreitert, verlegt, vertieft, begradigt oder renaturiert) oder seiner Ufer. Dabei sind Gewässer so auszubauen,

- dass natürliche Rückhalteflächen erhalten bleiben,
- dass das natürliche Abflussverhalten nicht wesentlich verändert wird,
- dass naturraumtypische Lebensgemeinschaften bewahrt und
- sonstige nachteilige Veränderungen des Zustands des Gewässers vermieden oder, soweit dies nicht möglich ist, ausgeglichen werden, § 67 Abs. 1.

Bei diesen Vorgaben handelt es sich um die für den Ausbau maßgebenden **Planungsleitlinien**,[196] die vordergründig der Hochwasservorsorge und dem Naturschutz dienen.

217 **Beachte!** Das Naturschutzrecht ist daher beim Gewässerausbau neben dem Wasserrecht anzuwenden.

218 Dem Gewässerausbau gleichgestellt sind der Deich- und Dammbau sowie die Küstenschutzbauten. Deiche dienen dem Schutz vor Überschwemmung, Dämme können neben dem Hochwasserschutz auch andere Zwecke haben (z. B. Verkehr) und Bauten des Küstenschutzes (z. B. Sperrbauwerke, Buhnen) sollen Küsten und Küstengebiete vor Meeresüberflutungen, Uferrückgang und Erosion schützen. Alle haben jedoch vergleichbare Auswirkungen auf den Wasserhaushalt.

219 Für seine Zulassung bedarf der Gewässerausbau der **Planfeststellung** bzw. der **Plangenehmigung**, vgl. § 68. Der Planfeststellungbeschluss ist ein Verwaltungsakt besonderer Art, der eine umfassende, einheitliche und verbindliche Sachentscheidung über ein komplexes raumbedeutsames Vorhaben trifft.[197] Es handelt sich daher um ein eigen-

193 Der Ausbau von Bundeswasserstraßen richtet sich nach §§ 14 ff. WaStrG.

194 *Berendes* (Fn. 9), § 67, Rn. 1.

195 BVerwGE 55, 220,

196 BT-Drs. 16/12275, S. 73.

197 Vgl. Abb. „Planfeststellung" bei *Kluth*, § 1 in diesem Buch, Rn. 151.

ständiges, förmliches, verwaltungsrechtliches Zulassungsverfahren. Eine interessengerechte Sachentscheidung ist nur durch umfassende Abwägung aller berührten Belange zu erreichen. Die Plangenehmigung tritt ggf. anstelle der Planfeststellung, wenn für einen Gewässerausbau keine UVP verpflichtend vorgeschrieben ist, vgl. § 68 Abs. 2 Satz 1. In materieller Hinsicht sind beide Instrumente gleich. Der Unterschied findet sich im vereinfachten Verfahren, welches der Beschleunigung dient, aber in seinen rechtlichen Wirkungen auch weniger weit reicht. Es handelt sich ebenfalls um eine Planungsentscheidung, die einer planerischen Abwägung unterliegt.

220 **Tab. 4.16** Einwirkungen auf das Gewässer

Benutzung	*Unterhaltung*	*Ausbau*
Einwirkungen auf das im Bett fließende oder stehende Wasser: Zum Beispiel Einleiten, Entnehmen, Ableiten, Aufstauen, Einbringen von Stoffen ins Gewässer, vgl. § 9.	Erhaltungsmaßnahmen oder geringfügige Veränderungen. Diese können auch Tatbestandsmerkmale von Gewässerbenutzungen erfüllen, sind aber kraft Gesetzes vom Benutzungsregime ausgeschlossen (soweit keine chemischen Mittel verwendet werden), § 9 Abs. 3 Satz 2. Das WHG normiert die Unterhaltungspflicht und den Unterhaltungspflichtigen, §§ 39 ff.	Wesentliche Umgestaltung des Gewässers und seiner Ufer. Diese sind nicht nur vorübergehender Natur, sondern zielen darauf ab einen Dauerzustand zu schaffen und beinhalten für das Flussgebietsregime nennenswerte Auswirkungen. Maßnahmen des Ausbaus können keine Maßnahmen zur Unterhaltung sein. Sie können Tatbestandsmerkmale von Gewässerbenutzungen erfüllen, sind aber kraft Gesetzes vom Benutzungsregime ausgeschlossen, § 9 Abs. 3 Satz 1.
– Erlaubnis- oder Bewilligungspflicht nach §§ 10 ff.	– grundsätzlich gestattungsfrei	– Planfeststellung, ggf. Plangenehmigung, – UVP-Pflicht
– Gestattungsfrei: Anlieger- und Gemeingebrauch, §§ 25, 26, erlaubnisfreie Tatbestände, §§ 43, 46.		

7.7 Wasserwirtschaftliche Planungen

221 Die **Maßnahmenprogramme** und **Bewirtschaftungspläne** sind das zentrale Instrument zur Steuerung und Koordination einer integrierten Gewässerbewirtschaftung. Dabei werden die der Durchsetzung der Bewirtschaftungsziele dienenden Maßnahmenprogramme[198] durch die Bewirtschaftungspläne fortgesetzt, indem eine Zusammenfassung des Maßnahmenprogramms in den Bewirtschaftungsplan aufzunehmen ist. Maßnahmenprogramm und Bewirtschaftungsplan stehen jedoch selbstständig nebeneinander.[199]

222 Für jede **Flussgebietseinheit** sind Maßnahmenprogramme aufzustellen. Maßnahmenprogramme unterliegen nach § 3 Abs. 1a Nr. 1.4 der Anlage 3 UVPG einer **obligatorischen SUP**. So können mögliche Auswirkungen von Projekten auf die Umwelt bereits im Planungsprozess berücksichtigt werden. Bei den Maßnahmenprogrammen handelt es sich um verwaltungsinterne, vorbereitende Pläne. Sie dokumentieren die Absichten des Planungsträgers.[200] In diese Programme sind grundlegende und ergänzende Maßnahmen aufzunehmen, die zur Erreichung der Bewirtschaftungsziele beitragen, § 82 Abs. 2. Dabei besteht das Maßnahmenprogramm aus vielen Einzelmaßnahmen, die in Abhängigkeit von ihrer Rechtsnatur gesonderter Umsetzung (z. B. durch Rechtsvorschriften oder Verwaltungsakte) bedürfen, damit sie Außenwirkung entfalten. Zur Erreichung von Behördenverbindlichkeit ist eine Umsetzung durch Verwaltungsvorschriften bzw. landesübergreifende Verwaltungsabkommen ausreichend.[201]

223 Grundsätzlich ist entsprechend der WRRL von einem weiten Maßnahmenbegriff auszugehen. Von Rechtssetzungsakten (z. B. Erlass einer Wasserschutzgebietsverordnung) über Verwaltungsakte, wie z. B. Erlaubnisse, Verbotsverfügungen bis hin zu informellen Verwaltungshandeln (Fortbildungsmaßnahmen, Förderprogramme) ist das gesamte Spektrum staatlicher Handlungsformen umfasst.[202] Das deutsche Wasserrecht hält über viele Jahre bewährte **Rechtsinstrumente** und **Rechtsvorschriften** bereit, die den Anforderungen der WRRL an die Maßnahmenprogramme gerecht werden: z. B. Instrumente der behördlichen Vorkontrolle (Erlaubnis, Bewilligung, Planfeststellung), des Abgabenrechts sowie Verbotsnormen und weitere Gewässervorschriften (z. B. Umgang mit wassergefährdenden Stoffen aber auch andere Vorschriften, die dem Gewässerschutz zu Gute kommen (z. B. Abfallrecht, Bodenschutzrecht, Düngemittelrecht).[203]

224 Stellt sich durch Überwachung oder aufgrund sonstiger Erkenntnisse heraus, dass die angestrebten Ziele nicht mit dem bestehendem Maßnahmenprogramm erreicht werden, ist das Programm zu aktualisieren, § 82 Abs. 5, 6.

---

198 *Götze*, ZUR 2008, 393; *Heinz/Esser*, ZUR 2009, 254.

199 *Sieder/Zeitler/Dahme/Knopp*, Wasserhaushaltsgesetz, 42. EGL 2011, § 36, Rn. 5 f.

200 *Breuer*, ZfW 2005, 1 (16).

201 *Berendes* (Fn. 9), § 82, Rn. 5.

202 *Berendes* (Fn. 9), § 82, Rn. 7.

203 *Berendes* (Fn. 9), § 82, Rn. 9.

225 **Tab. 4.17** Grundlegende und ergänzende Maßnahmen

Grundlegende Maßnahmen, vgl. Art. 11 Abs. 3 WRRL	*Ergänzende Maßnahmen, vgl. Art. 11 Abs. 4 WRRL*
Grundlegende Maßnahmen sind stets aufzunehmen. Es handelt sich um zwingend zu erfüllende Mindestanforderungen. *Zum Beispiel:* - um Schadstoffeinträge aus diffusen Quellen zu begrenzen, - für die Rückführung von Ackerland in Grünland und Ausweisung von Gewässerrandstreifen. - Erforderlich ist eine regelmäßige Überprüfung und Aktualisierung der Maßnahmen. (Vgl. zu behördlichen Eingriffsmöglichkeiten die §§ 13, 100 Abs. 2.).	Ergänzende Maßnahmen sind nur bei Bedarf aufzunehmen, wenn die grundlegenden Maßnahmen nicht ausreichen, um die Ziele der WRRL zu erreichen. Diese Maßnahmen können auch zur Erreichung eines über die Bewirtschaftungsziele hinausgehenden Gewässerschutzes in das Programm aufgenommen werden. *Zum Beispiel:* - Bau- und Sanierungsmaßnahmen - rechtliche, administrative oder steuerliche Instrumente - Fortbildungsmaßnahmen

226 Auch die Bewirtschaftungspläne sind für jede **Flussgebietseinheit** aufzustellen. Sie dienen dazu, für alle Betroffenen, die zuständigen Stellen, die Öffentlichkeit und die Europäische Kommission zu **dokumentieren** und zu **publizieren**, von welchen Grundlagen die Planung der integrierten Gewässerbewirtschaftung in der jeweiligen Flussgebietseinheit ausgeht.[204] Der Bewirtschaftungsplan trifft keine Regelungen mit Außenwirkung, er hat also keinen Rechtsnormcharakter.[205] Vielmehr beinhaltet er Informationen zu den verschiedenen Anforderungen der WRRL, z. B.:

- zur Beschreibung der Merkmale der Gewässer,
- die Zusammenfassung der signifikanten Belastungen und anthropogenen Einwirkungen,
- die Ermittlung und Kartierung von Schutzgebieten,
- die Karte der Überwachungsnetze und Darstellung der Überwachungsergebnisse,
- die Zusammenfassung der wirtschaftlichen Analyse und des Maßnahmenprogramms,
- Zusammenfassung der Maßnahmen zur Information und Anhörung der Öffentlichkeit.

227 Zur Information dient die Veröffentlichung des Bewirtschaftungsplans in 3 Stufen: drei Jahre, zwei Jahre und ein Jahr vor dessen Inkraftsetzung.

[204] *Berendes* (Fn. 9), § 83, Rn. 6.
[205] BT-Drs. 16/12275, S. 77.

Die im Maßnahmenprogramm aufgeführten Maßnahmen sind bis zum 22.12.2012 durchzuführen. Sowohl die Maßnahmenprogramme als auch die Bewirtschaftungspläne sind erstmals bis zum 22.12.2015 zu **überprüfen** und ggf. zu **aktualisieren**. 228

7.8 Wasserrechtliche Verantwortung und Haftung[206]

229 Die wasserrechtliche Verantwortung und Haftung ist verschieden geregelt: einerseits die öffentlich-rechtliche Verantwortung und Haftung nach § 90 und andererseits die privatrechtliche Haftung nach § 89.

230 § 89 begründet eine **verschuldensunabhängige, unbegrenzte Gefährdungshaftung**. Der Tatbestand des Abs. 1 umfasst das Einbringen und Einleiten von Stoffen in ein Gewässer sowie sonstige Einwirkungen auf ein Gewässer. Dabei setzt die Ersatzpflicht nach Abs. 1 ein zweckgerichtetes Verhalten voraus. Nicht erfasst werden daher nachteilige Veränderungen der Wasserbeschaffenheit durch Unfälle. Der Schaden muss allerdings nicht direkt an der Einleitungsstelle eintreten.

231 Abs. 2 beinhaltet einen weiteren Haftungstatbestand. Dieser erfasst Anlagen, die mit wassergefährdenden Stoffen umgehen. Gelangen aus einer solchen Anlage Stoffe in ein Gewässer, ohne eingebracht oder eingeleitet worden zu sein und wird dadurch die Wasserbeschaffenheit nachteilig verändert, so ist der Betreiber zum Ersatz des entstehenden Schadens verpflichtet. Die Ersatzpflicht tritt nicht ein, wenn der Schaden durch höhere Gewalt verursacht wurde. **Ersatzberechtigt** sind alle, die aus der Verwirklichung der Tatbestände des § 89 einen Schaden erleiden. Dies können z. B. Gewässereigentümer, Fischzuchtbetriebe, Fischereiausübungsberechtigte oder Betreiber von Badegewässern sein.

232 Bei einer Schädigung eines Gewässers im Sinne des Umweltschadensgesetzes muss der Verantwortliche die erforderlichen **Sanierungsmaßnahmen** von Umweltschäden treffen. § 90 enthält Vorgaben für ein öffentliches Haftungsregime, mit dem eine bessere Durchsetzung von allgemeinen und besonderen Sorgfaltspflichten gegenüber dem Verantwortlichen erreicht werden soll. Dabei verweist die Vorschrift unmittelbar auf die europarechtlichen Vorgaben.

233 Eine Schädigung eines Gewässers ist ein „*Schaden, der erhebliche nachteilige Auswirkungen auf den ökologischen oder chemischen Zustand bzw. das ökologische Potenzial eines oberirdischen Gewässers/Küstengewässers oder den chemischen oder mengenmäßigen Zustand des Grundwassers hat*“.[207] Erfasst werden nur anthropogene Eingriffe. Die erforderliche Sanierungsmaßnahme richtet sich nach Anhang II Nr. 1 der Richtlinie 2004/35/EG über Umwelthaftung zur Vermeidung und Sanierung von Umweltschäden.

[206] Ausführlich dazu: *Becker*, Das neue Umweltrecht 2010, 2010, S. 80 ff.; *Berendes* (Fn. 9), §§ 89, 90.

[207] Vgl. Art 2. Nr. 1b UmwelthaftungsRL.

234 **Die Verfolgung von Rechtsverstößen:**
§ 103 bestimmt die als **Ordnungswidrigkeit** zu ahndenden Verletzungen von öffentlich-rechtlichen Verpflichtungen, die im WHG normiert sind. Handlungen, die gegen das WHG verstoßen und sogenanntes Verwaltungsunrecht darstellen, werden durch Bußgeldandrohungen sanktioniert. Neben der Verfolgung von Rechtsverstößen gegen das WHG als Ordnungswidrigkeit hat die Wasserbehörde die Möglichkeit, gegen wasserrechtliche Zuwiderhandlungen im Wege des Verwaltungszwangs vorzugehen.

235 Zudem enthält das Strafgesetzbuch den **Straftatbestand** der vorsätzlichen oder fahrlässigen Gewässerverunreinigung, vgl. § 324 StGB.

236 **Beachte!** Erfüllt die Verletzung eines Tatbestandes nach § 103 gleichzeitig den Tatbestand eines Strafgesetzes, so ist nur das Strafgesetz anzuwenden, vgl. § 21 Abs. 1 Gesetz über Ordnungswidrigkeiten (OWiG).

237 Die Verfolgung und Ahndung der Ordnungswidrigkeiten nach § 103 richtet sich nach dem OWiG, soweit § 103 nichts anderes bestimmt.

8 Rechtspolitischer Ausblick

238 Es erscheint uns fast schon selbstverständlich: naturnahe und intakte Bäche, Flüsse und Seen sowie gesundes, wohlschmeckendes Wasser aus dem Hahn. Doch das ist es nicht. Obwohl die Schadstoffbelastung der Gewässer immer weiter zurückgegangen ist, treten andere, bislang kaum beachtete Substanzen (z. B. Arzneimittel) in Erscheinung. Unsere Gewässer sind durch Schadstoffeinträge immer noch gefährdet. Genauso wie sie durch ihren Ausbau und ihre Begradigung nach wie vor erheblich in ihrer natürlichen Funktion beeinträchtigt werden.

239 Eine Fortentwicklung im Bereich des Gewässerschutzes unter Berücksichtigung der aktuellen wissenschaftlichen Erkenntnisse und unter Berücksichtigung der verschiedenen Nutzungsinteressen ist und bleibt eine Daueraufgabe. Diese Aufgabe besteht zum einen aus der Weiterentwicklung der Regelungsmaterie „Wasser", z. B. durch die Umsetzung neuer europäischer Anforderungen, aber auch durch die Fortschreibung nationaler Rechtstexte aufgrund der neuen Bundeskompetenzen und zum anderen in der Umsetzung dieser Vorgaben, also dem Vollzug der Normen.

240 Im Hinblick auf die Anforderungen der WRRL, ihrer Tochterrichtlinien und der MSRL hat auch in den kommenden Jahren die schrittweise Weichenstellung zur Erreichung der gesetzten Umweltziele große Bedeutung. Ein wichtiger nächster Schritt ist dabei die Umsetzung der Anforderungen der Oberflächengewässerverordnung und der Grundwasserverordnung sowie die Anfangsbewertung der Meere gemäß den neuen Vorschriften des WHG.

Aber auch ein vernünftiger Ausgleich zwischen den konkurrierenden Nutzungsinteressen wird für eine Erreichung der Ziele nach wie vor eine wichtige Rolle spielen. Hier muss weiterhin auf eine ökologisch verträgliche Gestaltung der Nutzungen Wert gelegt werden. 241

Letztlich wird auch der Klimawandel in der Zukunft eine höhere Bedeutung für den Gewässerschutz erlangen. Seine Folgen, wie z. B. längere Trockenperioden oder die Zunahme von Hochwasserereignissen, machen die Entwicklung von Anpassungsstrategien, z. B. im Rahmen der Maßnahmenplanung, unerlässlich. 242

9 Wiederholungsfragen

1. Welche Instrumente prägen das Wasserrecht? (Rn. 46 f.)
2. Erläutern Sie den Gewässerbegriff! (Rn. 51 f.)
3. Bennen Sie die Voraussetzungen für die Erteilung wasserrechtlicher Erlaubnisse/Bewilligungen! (Rn. 82 f.)
4. Erläutern Sie den Unterschied zwischen echten und unechten Gewässerbenutzungen! (Rn. 88 f.)
5. Wie sind die ökologischen Anforderungen zur Zielerreichung gemäß WRRL im WHG ausgestaltet? (Rn. 101 ff.)
6. Was ist unter privaten Gewässerschutz zu verstehen? (Rn. 161 ff.)
7. Welche Handlungsverbote dienen dem Schutz vor Hochwasser in Überschwemmungsgebieten? Inwieweit sind Ausnahmen von diesen Verboten zulässig? (Rn. 189 ff.)
8. Erläutern Sie die Leitprinzipien der öffentlichen Wasserversorgung! (Rn. 199 ff.)
9. Grenzen Sie die drei bedeutenden, im WHG geregelten, Einwirkungsformen auf ein Gewässer voneinander ab! (Rn. 220)
10. Was beinhaltet der Besorgnisgrundsatz und wo ist er im WHG verankert? (Rn. 117, 134, 166)

10 Weiterführende Literatur

Berendes, Wasserhaushaltsgesetz, Kurzkommentar, 2010.
Czychowski/Reinhardt, Wasserhaushaltgesetz, Kommentar, 10. Auflage 2010.
Kloepfer, Umweltrecht, Lehrbuch, 3. Auflage 2004.
Koch (Hrsg.), Umweltrecht, Lehrbuch/Studienliteratur, 3. Auflage 2010.
Kotulla, Umweltrecht, Grundstrukturen und Fälle, 4. Auflage 2007.
Sieder/Zeitler/Dahme/Knopp, Wasserhaushaltsgesetz, Kommentar-Loseblattsammlung, 42. EGL 2011.

§ 5 Natur- und Artenschutzschutzrecht

5

Rainer Wolf

1 Problemaufriss

Die historischen Wurzeln des Naturschutzes liegen im Schutz besonders schöner Landschaftsbestandteile. Sie stehen im Zeichen des romantischen Naturerlebens und des Heimatschutzes.[1] Beispielhaft dafür sind die Bemühungen um den Schutz des Drachenfels bei Bonn seit dem Jahr 1836. Sie galten in der Folge auch besonders schönen und seltenen Tieren und Pflanzen. Eine besondere Rolle spielte hierbei der Vogelschutz. Eine erste gesetzliche Grundlage erhielt der Naturschutz mit dem Reichsnaturschutzgesetz vom 28.6.1935.[2] 1

Im modernen Naturschutz haben sich die Herausforderungen vom Schutz besonders schöner und seltener Arten zum Schutz der Biodiversität insgesamt generalisiert. Diesem Ansatz folgte bereits das Bundesnaturschutzgesetz vom 10.11.1976.[3] Mit der Erweiterung des Schutzes von einzelnen Exemplaren auf Populationen und schließlich auf die Biodiversität insgesamt ist auch die Globalisierung des Schutzprinzips und eine Internationalisierung des Schutzrahmens verbunden. In ähnlicher Weise entwickelte sich aus dem Schutz einzelner Naturdenkmale über den Gebietsschutz der Gedanke der Vernetzung von Biotopen. Die Bewahrung der Biodiversität ist keine ephemäre Aufgabe, sondern 2

[1] Vgl. dazu *Radkau*, Die Ära der Ökologie. Eine Weltgeschichte. 2011, S. 38 ff.

[2] RGBl. 1935 I S. 821.

[3] BGBl. 1976 I S. 3574.

R. Wolf ✉
TU Bergakademie Freiberg, Institut für europäisches und deutsches Wirtschafts- und Umweltrecht, Lessingstraße 45, 09599 Freiberg, Deutschland
E-Mail: rwolf@bwl.tu-freiberg.de

W. Kluth, U. Smeddinck (Hrsg.), *Umweltrecht*,
DOI 10.1007/978-3-8348-8644-6_5, © Springer Fachmedien Wiesbaden 2013

eine Grundvoraussetzung des Schutzes der natürlichen Evolution und damit der natürlichen Lebensgrundlagen insgesamt. Er manifestiert sich in der Sicherung der Leistungsfähigkeit des Naturhaushalts als dem übergreifenden Bedingungs- und Wirkungszusammenhang von belebter und unbelebter Natur.

3 In Deutschland sind etwa 48.000 Tier- und 9.500 Pflanzenarten heimisch.[4] Dieser Artenreichtum ist gefährdet. Mehr als ein Drittel der heimischen Tierarten gelten als bedroht.[5] Entsprechendes gilt für knapp ein Drittel der Pflanzenarten.[6] Der Hauptgrund ihrer Bestandsgefährdung liegt in der Veränderung ihrer Lebensräume durch intensive menschliche Nutzungen. Für sie ist kennzeichnend der stetige Flächenverbrauch durch Siedlungs- und Verkehrsflächen mit einem Umfang von ca. 113 ha/Tag[7] und der Strukturwandel landwirtschaftlicher Nutzungsmuster durch zunehmende Intensivierung und Technisierung der Bodenbearbeitung.

4 Der Schutz der Artenvielfalt ist daher vornehmlich Lebensraumschutz. Zwei Drittel aller Biotoptypen gelten in Deutschland als bedroht.[8] Allerdings ist zu berücksichtigen, dass der Schutz der Natur vor menschlichen Nutzungen als strategisches Leitbild zu kurz greift. Die in modernen Gesellschaften vorfindbare Natur mit ihrem spezifischen Artenreichtum ist kultivierte Natur und auch urbane Räume stellen für viele Tier- und Pflanzenarten attraktive Habitate dar. Damit wird auch ein alternatives Leitbild gegenüber dem **Schutz vor Nutzung** diskussionsfähig: **Schutz durch Nutzung**. In vielen Fällen wird sich Naturschutz damit in der Entwicklung angepasster Nutzungen manifestieren.

5 Der moderne Naturschutzschutz kennt somit mit dem Schutz der Artenvielfalt, dem Schutz des Naturhaushalts sowie dem Schutz der Schönheit, Eigenart und Seltenheit einzelner Naturelemente drei Ziele. Er verfolgt sie im unbebauten und bebauten Bereich, indem er jeweils spezifische Rahmenvorgaben für angepasste Nutzungen entwickelt.

2 Völker- und gemeinschaftsrechtliche Grundlagen

6 Die Anfänge der Entwicklung der völkerrechtlichen Grundlagen des Naturschutzes liegen in den 70er Jahren des vergangenen Jahrhunderts. Die 1975 in Kraft getretene **Ramsar-Konvention** vom 02.02.1971 widmet sich dem Schutz von Feuchtgebieten.[9] Das gleichfalls 1975 in Kraft getretene **Washingtoner Artenschutzabkommen** vom 03.03.1973 regelt den grenzüberschreitenden Handel mit wild lebenden Tieren und Pflanzen.[10] Die 1982 in Kraft getretene **Berner Konvention** vom 19.09.1979 zielt auf den

---

[4] Vgl. Bundesamt für Naturschutz, Daten zur Natur 2008, 2008, S. 15 und 20.
[5] BfN, 2008, S. 27.
[6] BfN, 2008, S. 35.
[7] BfN, 2008, S. 83.
[8] BfN, 2008, S. 45.
[9] BGBl. 1976 II, S. 1265.
[10] BGBl. 1975 II, S. 773.

Schutz der europäischen wild lebenden Pflanzen und Tiere sowie deren Lebensräume.[11] Das **Bonner Übereinkommen** zur Erhaltung der wandernden wild lebenden Tiere vom 23.06.1979 dient dem Schutz der Lebensräume und Wanderwege gefährdeter Tiere.[12] In einem umfassenden Ansatz widmet sich die 1993 in Kraft getretene **Biodiversitätskonvention** vom 12.06.1992 dem Erhalt der biologischen Vielfalt und hat in diesem Zusammenhang das Konzept der nachhaltigen Entwicklung vorgestellt.[13] Zu erwähnen ist weiter das **UNESCO-Übereinkommen zum Schutz des Kultur- und Naturerbes der Welt** aus dem Jahr 1972,[14] auf dessen Grundlage inzwischen weltweit 176 Weltnaturerbestätten und 25 gemischte Stätten ausgewiesen worden sind.

7 Den völkerrechtlichen Übereinkommen ist gemeinsam, dass sie die Unterzeichnerstaaten nach ihrem Inkrafttreten zwar zu dem vereinbarten Handeln verpflichten, aber keine unmittelbare Rechtswirkung in den Mitgliedstaaten entfalten. Ihr Inhalt muss daher in verbindliches nationales Recht umgesetzt werden. Erfolgt dies nicht, kann die Umsetzung grundsätzlich nicht erzwungen werden.

8 Dies markiert den Unterschied zu dem supranationalen Recht der EU. Es entfaltet entweder in dem Regelungstyp der **Verordnung** unmittelbare Rechtswirkung in den Mitgliedstaaten oder verpflichtet in der Form der **Richtlinie** die Mitgliedstaaten zu einer frist-, form- und inhaltsgerechten Umsetzung in nationales Recht. Verstößt ein Mitgliedstaat dagegen, kann er von der Europäischen Kommission mit einem Vertragsverletzungsverfahren vor dem Europäischen Gerichtshof (EuGH) überzogen werden. Bei Zweifeln über die Vereinbarkeit nationalen Rechts mit dem Gemeinschaftsrecht können die nationalen Gerichte diese Frage dem EuGH zur Entscheidung vorlegen. Schließlich kann eine Richtlinie, die nicht rechtzeitig umgesetzt worden ist, auch unmittelbare Anwendung finden.

9 Das Naturschutzrecht der EU wird maßgeblich durch die **Vogelschutz-Richtlinie (V-RL)**[15], die **FFH-Richtlinie**[16] und die **Artenschutzverordnung**[17] geprägt. Die Artenschutzverordnung dient der Umsetzung des Washingtoner Artenschutzübereinkommens. Die 1979 erlassene V-RL greift mit ihren Anforderungen zur Ausweisung von Vogelschutzgebieten und zum Schutz der europäischen Vogelarten Leitgedanken der Ramsar-Konvention auf. Die 1992 erlassene FFH-RL widmet sich dem Schutz des europäischen Naturerbes durch Anforderungen zur Ausweisung von Schutzgebieten, aus denen sich das europäische Netz „Natura 2000" zusammensetzen soll, und dem Schutz streng geschützter Arten (vgl. dazu 4. 5).

---

[11] BGBl. 1984 II, S. 618.
[12] BGBl. 1984 II, S. 571.
[13] BGBl. 1993 II, S. 1742.
[14] BGBl. 1977 II, S. 215.
[15] ABl. 1979 Nr. L 103, S. 1.
[16] ABl. 1992 Nr. L 206, S. 7.
[17] ABl. 1997 Nr. L 61, S. 1.

3 Verfassungsrechtliche Grundlagen

10 Der Schutz der natürlichen Lebensgrundlagen ist nach Art. 20a GG Verpflichtung des Staates. Dem steht keine individualrechtliche Ausprägung im Sinne eines Grundrechts auf Umweltschutz gegenüber. Die Einhaltung naturschutzrechtlicher Anforderungen ist daher weitgehend dem auf den Schutz subjektiver Rechte bezogenen verwaltungsgerichtlichen Individualrechtsschutz entzogen. Umso wichtiger wird hier der Einsatz der naturschutzrechtlichen Verbandsklage (vgl. dazu 4.8).

11 Durch die Änderung des Grundgesetzes vom 28.08.2006 ist die bis dahin für den Naturschutz bestehende Rahmengesetzgebung des Bundes aufgehoben worden.[18] Das Recht des Naturschutzes und der Landschaftspflege gehört nunmehr nach Art. 74 Abs. 1 Nr. 29 GG zur konkurrierenden Gesetzgebung des Bundes. Der Bund besitzt danach die Kompetenz, eine Vollregelung für den Naturschutz zu schaffen. Im Rahmen der konkurrierenden Gesetzgebung verlieren die Länder grundsätzlich ihr Recht zur Gesetzgebung, wenn und soweit der Bund von seiner Gesetzgebungskompetenz Gebrauch gemacht hat. Dies hat er mit dem am 01.03.2010 in Kraft getretenen BNatSchG getan. Allerdings räumt Art. 72 Abs. 3 Nr. 2 GG den Ländern im Bereich des Naturschutzes und der Landschaftspflege das Recht zur **Abweichungsgesetzgebung** ein. Sie können danach durch eigenes Landesrecht Regelungen erlassen, die dem Bundesrecht widersprechen und gegenüber dem Bundesrecht Anwendungsvorrang genießen. Abweichungsresistent sind allerdings die allgemeinen Grundsätze des Naturschutzes, das Recht des Artenschutzes und das Meeresnaturschutzrecht. Abweichende Regelungen der Länder können wiederum durch neues Bundesrecht verdrängt werden, denn nach Art. 72 Abs. 3 S. 3 GG geht im Verhältnis von Bundes- und Landesrecht das jeweils spätere Gesetz vor.

12 Der Bundesgesetzgeber hat versucht, die Gegenstände der abweichungsfesten Materie näher zu definieren. So hat er dem Meeresnaturschutz räumliche Konturen gegeben (vgl. § 56 BNatSchG: auch im Bereich der Küstengewässer) oder das Artenschutzrecht in einem eigenen Kapitel geregelt (§§ 37–51 BNatSchG). Die allgemeinen Grundsätze des Naturschutzes hat er jeweils besonders benannt (vgl. §§ 1 Abs. 1; 6 Abs. 1; 8; 13; 20; 30 Abs. 1; 59 Abs. 1). Gleichwohl bleibt darauf hinzuweisen, dass es sich um verfassungsrechtliche Begrifflichkeiten handelt, die durch den Gesetzgeber nicht abschließend definiert werden können, sondern deren Inhalt letztlich aus der Verfassung selbst zu gewinnen ist. So darf man durchaus zweifeln, ob die Regelungen zu Zoos (§ 42 BNatSchG) oder Tiergehegen (§ 43 BNatSchG) zum abweichungsfest normierten Artenschutz zu zählen sind.

13 Mit Inkrafttreten des neuen BNatSchG ist das bestehende Landesnaturschutzrecht verdrängt worden, soweit das Bundesrecht reicht. Es gilt nur dort weiter, wo das Bundesrecht landesrechtliche Regelungen selbst vorsieht. Soll der verdrängte Inhalt des Landesrechts wieder anwendbar sein, müssen die Länder von ihrem Recht zur Abweichungsgesetzgebung Gebrauch machen. Abweichendes Landesrecht ist dabei alles, was vom Wort-

[18] BGBl. 2006 I, S. 2034.

laut des Bundesrechts abweicht. Landesrecht, dass das Bundesrecht wörtlich wiedergibt, stellt keine Abweichung dar. Es genießt keinen Anwendungsvorrang.[19] Der Grundsatz der Normenklarheit setzt dabei voraus, dass die Bundesnorm, von der abgewichen werden soll, genau benannt wird.[20] Abweichendes Landesrecht ist in einer für alle Rechtsanwender zugänglichen Weise zu dokumentieren.[21]

14 Das BNatSchG wird von den Bundesländern als eigene Angelegenheit vollzogen (vgl. Art. 83 GG). Abweichend davon besitzt der Bund im Bereich des Meeresnaturschutz die Verwaltungskompetenz (vgl. § 58 BNatSchG).

4 Das Bundesnaturschutzgesetz

15 Das BNatSchG enthält allgemeine Bestimmungen, wie etwa die Ziele des § 1 BNatSchG, und spezifische Instrumente, wie etwa die Landschaftsplanung (§§ 8–12), die Eingriffsregelung (§§ 13–18), die Unterschutzstellung von Teilen von Natur und Landschaft (§§ 20–30), den Schutz von Natura 2000-Gebieten (§§ 31–36) oder den Artenschutz (§§ 37–51).

4.1 Ziele

16 § 1 BNatSchG formuliert die **Ziele des Naturschutzes und der Landschaftspflege**. Aus der Bezeichnung als Ziele folgt, dass § 1 BNatSchG keine Rechtssätze mit einer an die Erfüllung eines Tatbestandes geknüpften unmittelbar vollzugsfähigen Rechtsfolge für bestimmte Adressaten enthält.[22] Obwohl die Ziele des Naturschutzes und der Landschaftspflege **unmittelbar geltendes Recht** darstellen, haben sie in der Rechtspraxis daher keine unmittelbar verhaltenssteuernde Wirkung. Vielmehr handelt es sich um fachliche Anforderungen, deren Umsetzung soweit wie möglich anzustreben ist. Auch wenn sie tragende Grundlagen für Ausgestaltung und Auslegung der weiteren Vorschriften des Gesetzes sind, haben sie gegenüber konkurrierenden Belangen nicht schlechthin Vorrang. Maßgeblich für den Grad der Umsetzung sind die Spielräume, die die Gesamtheit der im konkreten Fall zu beachtenden und zu berücksichtigenden Rechtsnormen eröffnet (vgl. auch § 2 Abs. 3 BNatSchG). Die Ziele des Naturschutzes sind daher in der Sache konkretisierungsfähig und instrumentell operationalisierungsbedürftig. Dafür gibt es im Naturschutzrecht von der Landschaftsplanung über die naturschutzrechtliche Eingriffsregelung, den Gebiets- und den Artenschutz zunächst ein breit angelegtes Arse-

---

[19] *Degenhart*, DÖV 2010, 322 (324); *Lütkes/Ewer*, Bundesnaturschutzgesetz, Kommentar 2011, Einleitung, Rn. 34.

[20] *Schumacher/Fischer-Hüftle*, Bundesnaturschutzgesetz, Kommentar 2011, vor § 1, Rn. 29.

[21] Vgl. dazu den Beschluss des Bundesrates vom 07.07.2007 (BR-Drs. 426/06).

[22] Vgl. zur alten Rechtslage VGH Mannheim, NuR 1991, 487 (487); *Berendt*, Die Bedeutung von Zweck- und Zielbestimmungen für die Verwaltung, 2000, S. 101 ff.

nal eigener Ansätze. Im Übrigen sind die Ziele des Naturschutzes bei der Anwendung anderer Rechtsnormen nach Möglichkeit zur Geltung zu bringen. Dies betrifft im besonderen Maße die Raumordnung und die Bauleitplanung sowie die Zulassung von Vorhaben im Rahmen von Genehmigungs- und Planfeststellungsverfahren. Die Ziele des Naturschutzes und der Landschaftspflege fungieren dort im Rahmen der planerischen Abwägung als zu berücksichtigende Belange, sie können als ermessensleitende Gesichtspunkte bei Ermessensentscheidungen eingestellt werden und bei der Auslegung unbestimmter Rechtsbegriffe wie dem öffentlichen Interesse eine Rolle spielen.[23]

17 Die frühere Differenzierung von allgemeinen Zielen und konkretisierenden Grundsätzen wurde aufgegeben. Dies erfolgte, um der besonderen Bedeutung der **neuen verfassungsrechtlichen Begrifflichkeit** der allgemeinen Grundsätze des Naturschutzes und der Landschaftspflege **i. S. d. Art. 72 Abs. 3 Nr. 2 GG** Rechnung zu tragen.[24] Nach der vom Gesetzgeber verfolgten Konzeption werden die allgemeinen Grundsätze über das gesamte Gesetz hinweg jeweils besonders hervorgehoben. Die Ziele des § 1 Abs. 1 BNatSchG sind dabei als allgemeiner Grundsatz i. S. d. Art. 72 Abs. 3 Nr. 2 GG einer abweichenden Gesetzgebung durch die Länder nicht zugänglich. Die Absätze 2 bis 6 sind als exemplarische Konkretisierung des § 1 Abs. 1 BNatSchG zu verstehen. Dabei ergibt sich aus der Reihung keine Rangordnung ihrer Wertigkeit. Sie selbst sind im Einzelnen der abweichenden Gesetzgebung durch die Länder nicht entzogen. Die Absätze 2–6 können also durch Landesrecht im Detail modifiziert oder ergänzt werden.

18 Schutzgegenstände des § 1 Abs. 1 BNatSchG sind **„Natur und Landschaft“.** Wie für die Bezeichnung der vom Gesetz vorgegebenen Aufgabe „Naturschutz und Landschaftspflege“ benutzt das Gesetz dieses Begriffspaar als **einheitlichen Sammelbegriff.**[25] Eine strikte operative Trennung von „Natur“ einerseits und „Landschaft“ andererseits wäre daher bereits im Ansatz verfehlt.[26] Der Doppelbegriff von Natur und Landschaft verweist darauf, dass Natur notwendigerweise eine räumliche Dimension immanent ist. Naturschutz ist auf Lebensraumschutz fokussiert. Die Aufgabe des Schutzes von Lebensräumen macht wiederum deutlich, dass der Schutz von Landschaft mehr umfasst als das Landschaftsbild.

19 Ein nicht vom Menschen beeinflusster Zustand der Landschaft wird gemeinhin als Naturlandschaft bezeichnet, eine vom Menschen genutzte und veränderte dagegen als Kulturlandschaft. Heute werden nach Maßgabe von § 1 Abs. 1 BNatSchG Natur und Landschaft **sowohl im unbesiedelten als auch im besiedelten Bereich** geschützt. Diese ubiquitäre Erstreckung macht deutlich, dass Natur nicht vor den Stadtgrenzen Halt macht. Stadtökologische Wirkungszusammenhänge sind nicht nur wichtige Grundlage des urbanen Lebens, vielmehr bieten die Städte mit ihren Parks, ihren brachgefallenen Infrastruktur-, Industrie- und Gewerbeflächen, Gärten und selbst mit ihren Bauwerken

---

[23] Vgl. auch BVerwG, NuR 1996, 600 (600).

[24] BT-Drs. 16/12274, S. 50.

[25] *Schumacher/Fischer-Hüftle*, § 1, Rn. 7.

[26] Vgl. *von Lersner*, NuR 1999, 61 ff.

einen spezifischen Lebensraum für eine erstaunliche Vielzahl von Arten. Es gibt für den Naturschutz und die Landschaftspflege daher keine „extraterritorialen" Gebiete, die aus dem räumlichen Anwendungsbereich des BNatSchG genommen wären. Sein Schutzbereich umfasst grundsätzlich die gesamte Biosphäre. Dies gilt inzwischen mit der Erstreckung des BNatSchG auf Meeresgebiete der Ausschließlichen Wirtschaftszone auch für Gebiete, die nicht zum Territorium der Bundesrepublik gehören, in denen sie aber nach dem Völkerrecht funktionell begrenzte Hoheitsrechte zur Nutzung und zum Schutz der natürlichen Ressourcen besitzt (vgl. dazu §§ 56 ff. BNatSchG). Wohl aber kann die Anwendung einzelner Instrumente des Naturschutzes auf bestimmte Räume oder sachliche Gegebenheiten beschränkt sein (vgl. etwa §§ 18 und 56 BNatSchG zur Eingriffsregelung).

20 Mit Natur und Landschaft sind die Grundlagen des natürlichen Lebens in allen Bedingungs- und Wirkungszusammenhängen gemeint. Schon deswegen kann der Schutz von Natur und Landschaft nicht statisch begriffen werden. Vielmehr muss er ihre dynamischen Prozesse und ihre Fähigkeit zur Selbstreproduktion und Regeneration zum Kriterium machen. Das BNatSchG hat dabei allerdings nicht nur die belebte Natur im Blick, sondern auch deren unbelebte physische Grundlagen wie Boden, Wasser, Luft oder Klima. Sie sind die entscheidenden natürlichen Parameter für die Entwicklung von Flora und Fauna. Diese trägt wiederum durch ihre erneuernden und stabilisierenden Funktionen entscheidend zur Qualität der unbelebten Umweltmedien Boden, Wasser und Luft bei. Der Schutz von Boden, Wasser und Luft ist zunächst in anderen Gesetzen spezialgesetzlich geregelt. Da die Prozesse der belebten Natur auf Bedingungs- und Wirkungszusammenhänge mit den Umweltmedien Boden, Wasser und Luft beruhen, können sie jedoch im Naturschutzrecht nicht unberücksichtigt bleiben.[27]

21 Aus der Bandbreite der Aufgabe des Schutzes von Natur und Landschaft in naturnahen Räumen, Kulturlandschaften und urban genutzten Flächen folgt, dass sie sowohl spezifischer Konzepte als auch allgemeiner Grundorientierungen bedarf. In Bezug auf die allgemeinen Schutzziele lässt § 1 Abs. 1 BNatSchG eine **doppelte Grundorientierung** erkennen. Sie konvergiert mit dem Schutzansatz des Art. 20a GG. Naturschutz dient zum einen **den lebenden Menschen und den zukünftigen Generationen** als Sicherung ihrer natürlichen Lebensgrundlagen, zum anderen sind Natur und Landschaft auch wegen ihres **Eigenwertes**, d. h. um ihrer selbst willen, zu schützen. Der Zustand der natürlichen Umwelt bestimmt nicht nur das Leben von Naturvölkern, sondern beeinflusst auch die Lebensqualität von zivilisierten und hochtechnisierten Gesellschaften. Gerade dort sind die materiellen Bedingungen gegeben, Natur nicht nur aus der Perspektive der Ausbeutung der Naturgüter zur Befriedigung unmittelbarer Überlebensbedürfnisse zu betrachten. Gerade dort machen es aber auch die Eingriffspotenziale der modernen Technik erforderlich, langfristig **Vorsorge für die ökologischen Ressourcen** zu treffen und damit auch die **Interessen zukünftiger Generationen** in die Nutzung von Naturgütern mit einzustellen. Wenn § 1 Abs. 1 BNatSchG gleichzeitig verlangt, dass Natur und Land-

---

[27] *Mengel*, in: Frenz/Müggenborg (Hrsg.), Bundesnaturschutzgesetz, Kommentar 2011, § 1, Rn. 14.

schaft auf Dauer zu sichern sind, betont er sowohl den Zusammenhang mit dem Grundsatz der **Nachhaltigkeit** als materielles Kriterium für einzelne Maßnahmen als auch prozedural die politische Daueraufgabe des Naturschutzes. Es entspringt dabei nicht nur einem altruistischen Naturverständnis, das Nützlichkeitsparadigma als Kriterium des Schutzes von Natur und Landschaft zu überwinden und sie auch in Dimensionen zu schützen, die keinen erkennbaren Nutzen für die Entwicklung der modernen Gesellschaft aufweisen.[28] Mit der Zunahme des Wissens über die Funktionszusammenhänge der Natur werden auch immer mehr Erkenntnisse über die Risiken anthropogener Eingriffe generiert. Die Anerkennung eines Eigenwertes der Natur konvergiert daher auch mit dem Vorsorgeprinzip, Eingriffe in die Natur, deren Folgen nicht hinreichend abzuschätzen sind, nach Möglichkeit zu vermeiden.

22 Die Dualität von anthropozentrischen und ökozentrischen Zielsetzungen wird im Folgenden an den drei Leitorientierungen nochmals hervorgehoben:

- Erhalt der biologischen Vielfalt (Nr. 1),
- Leistungs- und Funktionsfähigkeit des Naturhaushalts (Nr. 2) und
- Schutz der Vielfalt, Eigenart und Schönheit sowie des Erholungswertes von Natur und Landschaft (Nr. 3).

23 Während die ersten beiden Ziele die naturwissenschaftlich grundierten Basiselemente von Natur und Landschaft beschreiben, verfolgt die dritte Bestimmung eine dezidiert gesellschaftlich-normative Zielsetzung.

24 Mit dem Erhalt der **biologischen Vielfalt** greift das BNatSchG die von der Bundesrepublik Deutschland im Übereinkommen zum Schutz der biologischen Vielfalt vom 05.06.1992 übernommenen Verpflichtungen auf. Der Begriff der biologischen Vielfalt erfährt dabei in § 7 Abs. 1 Nr. 1 BNatSchG eine Legaldefinition. Er bezeichnet danach die Vielfalt der Tier- und Pflanzenarten einschließlich der innerartlichen Vielfalt sowie die Vielfalt an Formen von Lebensgemeinschaften und Biotopen. Es geht damit sowohl um den Reichtum an Arten und die genetische Vielfalt innerhalb der Arten selbst als auch um die Vielfalt der Ökosysteme.[29] Die Dimensionen des Schutzes der Biodiversität werden in § 1 Abs. 2 BNatSchG näher beschrieben.

25 Der Begriff der **Leistungs- und Funktionsfähigkeit des Naturhaushalts** erhält in § 7 Abs. 1 Nr. 2 BNatSchG mit den Naturgütern Boden, Wasser, Luft, Klima, Tiere und Pflanzen sowie dem Wirkungsgefüge zwischen ihnen eine Legaldefinition. Es geht damit um die Gesamtheit der Bedingungs- und Wirkungszusammenhänge des natürlichen Lebens, die wiederum die entscheidenden Parameter für die biologische Vielfalt darstellen. Die Differenzierung zwischen Leistungs- und Funktionsfähigkeit bezeichnet keine divergierende Bedeutungsinhalte, sondern verweist lediglich darauf, dass der Begriff Funktion gewöhnlich im Zusammenhang mit qualitativen Aussagen gebraucht wird, während dem Begriff der Leistung auch quantifizierbare Dimensionen unterlegt sein

---

[28] *Mengel*, in: Frenz/Müggenborg (Hrsg.), Bundesnaturschutzgesetz, § 1, Rn. 25.
[29] Vgl. auch *Schumacher/Fischer-Hüftle*, § 1, Rn. 30.

können.[30] Die Elemente des Naturhaushalts werden in § 1 Abs. 3 BNatSchG näher umschrieben.

26 Während der biologischen Vielfalt und dem Naturhaushalt naturwissenschaftlich erschließbare Sachverhalte zugrunde liegen, verbergen sich hinter den Begriffen der **Vielfalt, Eigenart und Schönheit** von Natur und Landschaft dezidiert gesellschaftliche Zuschreibungen. Die Bedeutung der Natur erschöpft sich danach nicht in ihrer Funktion als physische Grundlage des Lebens. Naturschutz hat für den Menschen auch immaterielle Funktionen. Ästhetische Werturteile unterliegen dabei dem kulturellen Wandel und variieren auch nach der subjektiven Einschätzung durch den Betrachter. Zur Maßstabsbildung bedient sich hierbei die Rechtsprechung gewöhnlich der Kunstfigur des „aufgeschlossenen Durchschnittsbetrachters".[31] Zur Annäherung an die Problematik einer gesetzlich normierten Naturästhetik ist zunächst darauf hinzuweisen, dass das Begriffspaar „Natur und Landschaft" eine Verkürzung der Thematik auf das Landschaftsbild ausschließt, sondern Tiere, Pflanzen und grundsätzlich das gesamte Bedingungs- und Wirkungsgefüge von Natur und Landschaft einschließt. Vielfalt zielt dabei auf abwechslungsreiche Erscheinungsformen der strukturprägenden Elemente von Natur und Landschaft, wie sie für europäische Kulturlandschaften typisch sind. Damit wird jedoch nur eine ästhetische Dimension der Natur erschlossen. Mit dem Begriff der Eigenart werden auch karge und eintönige Naturräume wie Wüsten oder Meere in ihrer spezifischen ästhetischen Qualität erfasst. Gleichwohl kann weder in der Vielfalt noch in der Eigenart eine erschöpfende Kriterienbildung für Schönheit gesehen werden. Alle drei Begriffe stellen nur Elemente der vielgestaltigen ästhetischen Dimension der Natur dar. Sie wird in § 1 Abs. 4 BNatSchG nochmals aufgegriffen. Dies gilt auch für den Erholungswert von Natur und Landschaft. Er trägt zusätzlich zum kontemplativen Naturgenuss von Vielfalt, Eigenart und Schönheit zur psychischen und sozialen Stabilisierung des Menschen bei. Er erschöpft sich daher nach Maßgabe des Gesetzes nicht in der ästhetischen Dimension von Natur und Landschaft.

27 Durch die Handlungsebenen **Schützen, Pflegen, Entwickeln und Wiederherstellen** wird in § 1 Abs. 1 BNatSchG deutlich gemacht, dass die Ziele des Naturschutzes und der Landschaftspflege **nicht allein durch reaktive und konservierende Maßnahmen**, sondern auch durch **proaktive** und ggf. durch **restitutive Maßnahmen** erreicht werden sollen. Diese Definition der Handlungsebenen ist überall dort zu beachten, wo im Gesetz von Schutz und Erhaltung die Rede ist.[32] Die Trias von Schützen, Pflegen und Entwickeln bezeichnet dabei grundsätzlich gleichgerichtete und gleichrangige Aufgaben. Die später hinzugefügte Dimension des Wiederherstellens füllt die Lücke, die notwendigerweise entstehen muss, wenn der Handlungstrias von Schützen, Pflegen und Entwickeln nicht hinreichend Rechnung getragen werden kann. Insoweit kann sie nicht als gleichrangig und gleichgerichtet betrachtet werden, erweist sich aber als essentielle Hand-

[30] *Schumacher/Fischer-Hüftle*, § 1, Rn. 46.

[31] Vgl. BVerwGE 4, 57 (59); 67, 84 (90); BVerwG, NuR 1994, 83 (84).

[32] BT-Drs. 16/12274, S. 40.

lungsebene, um die Folgen von Eingriffen in Natur und Landschaft zu bewältigen, die nicht vermieden werden können.

28 **Schützen** bedeutet dabei Abwehr von Störungen.[33] Damit soll eine Verschlechterung von Natur und Landschaft vermieden werden. **Pflege** zielt auf die Erhaltung des Ist-Zustandes von Natur und Landschaft durch begleitende und unterstützende Maßnahmen. **Entwickeln** bedeutet eine darüber hinausgehende Gestaltung von Natur und Landschaft zur Erreichung eines gewünschten Zustandes. Durch entsprechende Maßnahmen sollen vorhandene Potenziale der Natur zur Entfaltung gebracht werden. **Wiederherstellung** zielt auf die strukturelle oder funktionelle Kompensation von Eingriffen, die zu einer Zerstörung oder Störung von Elementen und Abläufen des Naturhaushalts geführt haben. Der umfassende Handlungsauftrag von Schützen, Pflegen, Entwickeln und Wiederherstellen unterstreicht, dass Natur in entwickelten Gesellschaften bis auf wenige von intensiver Nutzung freie Inseln gestaltete und kultivierte Natur ist und dass die Erhaltung von Kulturlandschaft mit ihrer spezifischen Artenvielfalt eine ständige Pflege verlangt. Dies eröffnet nicht nur die Agenda eines **Schutzes vor Nutzung**, sondern auch die Perspektive eines **Schutzes durch Nutzung**. Gleichzeitig liegt in der Fähigkeit der Natur zur Regeneration auch die Möglichkeit, die Folgen belastender Eingriffe durch unterstützende kompensierende Maßnahmen auszugleichen. Dies ist eine wichtige Funktion der naturschutzrechtlichen Eingriffsregelung. Dass sich die Funktionen einer geschädigten Natur unter bestimmten Umständen auch wiederherstellen lassen, liegt dem Sanierungsansatz von Biodiversitätsschäden zugrunde (vgl. dazu 4.7).

4.2 Landschaftsplanung

29 Die Landschaftsplanung ist die **Fachplanung des Naturschutzes**. Nach § 8 BNatSchG sind die Ziele des Naturschutzes und der Landschaftspflege als Grundlage vorsorgenden Handelns im Rahmen der Landschaftsplanung überörtlich und örtlich zu konkretisieren und die Erfordernisse und Maßnahmen zur Verwirklichung dieser Ziele darzustellen und zu begründen. Dieser allgemeine Grundsatz gibt den Ländern den abwägungsresistenten Rahmen für die Organisation ihrer naturschutzfachlichen Planung vor. Damit ist das Verhältnis zur räumlichen Gesamtplanung thematisiert. Landschaftsplanung hat sowohl auf **überörtlicher** als auch auf der **örtlichen** Ebene zu erfolgen. Sie ist für den Bereich des Meeresnaturschutz nicht vorgesehen (vgl. § 56 Abs. 1 BNatSchG).

30 Der der abweichenden Landesgesetzgebung zugängliche bundesgesetzliche Organisationsentwurf sieht dabei vor, dass die überörtlichen Ziele, Erfordernisse und Maßnahmen für den Bereich eines Bundeslandes im **Landschaftsprogramm** und für Teile des Landesgebiets im **Landschaftsrahmenprogramm** dargestellt werden (§ 10 Abs. 1 BNatSchG). Damit wird auf die Ausdifferenzierung der **Raumordnungsplanung** in Landesentwicklungsprogramm und Regionalplanung Bezug genommen. Die naturschutz-

[33] *Mengel*, in: Frenz/Müggenborg (Hrsg.), Bundesnaturschutzgesetz, § 1, Rn. 20.

fachliche Planung hat dabei die Ziele der Raumordnung zu beachten (§ 10 Abs. 1 S. 1 BNatSchG) und die sonstigen Erfordernisse der Raumordnung zu berücksichtigen (§ 10 Abs. 1 S. 3 BNatSchG). Die örtliche Landschaftsplanung folgt nach § 11 Abs. 1 BNatSchG mit der Ausdifferenzierung in **Landschaftsplan** und **Grünordnungsplan** der Ausdifferenzierung der **kommunalen Bauleitplanung** in Flächennutzungsplan und Bebauungsplan.

31 Gegenstand der naturschutzfachlichen Planung ist zunächst eine Bestandsaufnahme des Zustandes von Natur und Landschaft und eine Prognose der zu erwartenden Entwicklung im Planungsraum (§ 9 Abs. 3 Nr. 1 BNatSchG). Auf dieser Grundlage sind die Ziele des Naturschutzes und der Landschaftspflege zu konkretisieren (§ 9 Abs. 3 Nr. 2 BNatSchG), der Zustand von Natur und Landschaft zu bewerten (§ 9 Abs. 3 Nr. 3 BNatSchG) und Erfordernisse und Maßnahmen des Naturschutzes und der Landschaftspflege abzuleiten (§ 9 Abs. 3 Nr. 4 BNatSchG). Dazu gehören Maßnahmen zur Vermeidung, Minderung oder Beseitigung von Beeinträchtigungen von Natur und Landschaft, zum Schutz bestimmter Teile von Natur und Landschaft, zum Aufbau und Schutz eines Biotopverbunds, der Biotopvernetzung und des Netzes „Natura 2000", zum Schutz und zur Qualitätsverbesserung sowie zur Regeneration von Böden, Gewässern, Luft und Klima, zur Erhaltung und Entwicklung von Vielfalt, Eigenart und Schönheit sowie des Erholungswertes von Natur und Landschaft, zur Erhaltung und Entwicklung von Freiräumen im besiedelten und unbesiedelten Bereich sowie die Darstellung von Flächen, die zur Kompensation von Eingriffen in Natur und Landschaft besonders geeignet sind (§ 9 Abs. 3 Nr. 4 lit. a–g BNatSchG).

32 Dies verdeutlicht, dass die naturschutzfachliche Planung zuallererst die Aufgabe hat, den Naturschutzbehörden als internes Arbeitsprogramm zu dienen. Gegenüber Dritten fehlt es zunächst an unmittelbarer Verbindlichkeit. Im Rahmen von Planfeststellungsverfahren und bei der Aufstellung von Bauleitplänen ist die Landschaftsplanung zu berücksichtigen (vgl. § 11 Abs. 3 BNatSchG). Im Außenbereich sind nach § 35 Abs. 3 Nr. 2 BauGB bauliche Vorhaben unzulässig, wenn sie dem Landschaftsprogramm widersprechen.

4.3 Naturschutzrechtliche Eingriffsregelung

33 Nach § 13 BNatSchG sind erhebliche Beeinträchtigungen von Natur und Landschaft vorrangig zu vermeiden, nicht vermeidbare erhebliche Beeinträchtigungen durch Ausgleichs- oder Ersatzmaßnahmen oder, soweit das nicht möglich ist, durch einen Ersatz in Geld zu kompensieren. Dieses abweichungsresistente Minimalprogramm der naturschutzrechtlichen Eingriffsregelung dient dem allgemeinen Flächenschutz. Es hat die Sicherung der Leistungsfähigkeit des Naturhaushalts auch außerhalb besonders geschützter Gebiete gegenüber gesellschaftlichen Nutzungsansprüchen zum Ziel.

34 Die naturschutzrechtliche Eingriffsregelung stellt daher für die Praxis das wichtigste Instrument des Naturschutzrechts dar. Sie ist bei allen in Natur und Landschaft eingrei-

fenden Vorhaben zu beachten. Sie gilt grundsätzlich auch in den Meeresgebieten der deutschen Ausschließlichen Wirtschaftszone. Allerdings ist die Errichtung von Windkraftanlagen bis zum 01.01.2017 davon ausgenommen (§ 56 Abs. 2 BNatSchG).

4.3.1 Struktur und Funktion

35 An den **gesetzlichen Eingriffstatbestand** (§ 14 BNatSchG) ist mit der Vermeidung und der physisch-realen Kompensation von Eingriffen, der Abwägung und der monetären Ersatzzahlung eine **Kaskade von Eingriffsfolgenbewältigungselementen** geknüpft (§ 15 BNatSchG). Adressat der Eingriffsregelung ist der Verursacher. Die Eingriffsregelung dient daher der Verwirklichung des Verursacherprinzips.[34] Sie beschränkt sich nicht auf den Schutz besonders wertvoller oder gefährdeter Flächen, sondern gilt grundsätzlich **ubiquitär**. Insoweit kommt in ihr auch das Vorsorgeprinzip zum Ausdruck. Andererseits kennt die Eingriffsregelung „keine schlechthin unantastbaren Gebiete. Sie verbietet es nicht, selbst Landschaftsteile von überragendem ökologischen Wert für andere Zwecke in Anspruch zu nehmen".[35] Das abgestufte Anforderungsprogramm von Vermeiden, Vermindern und Kompensation trägt dem Rechnung.

36 Allerdings greift die naturschutzrechtliche Eingriffsregelung im Rahmen der Bauleitplanung nicht (§ 18 Abs. 1 BNatSchG). Für sie gilt eine spezielle bauplanerische Regelung (§§ 1a Abs. 3 BauGB, 5 Abs. 2a, 9 Abs. 1a, 135a BauGB). Eingriffe in Natur und Landschaft im unbeplanten Innenbereich sind im Weiteren von der Eingriffsregelung freigestellt (§ 18 Abs. 2 BNatSchG). Daraus ergibt sich, dass die naturschutzrechtliche Eingriffsregelung nur für Eingriffe im sogenannten Außenbereich i. S. d. § 35 BauGB in Betracht kommt.

37 Prozedural ist die Eingriffsregelung den jeweiligen fachrechtlich erforderlichen Zulassungsverfahren für in Natur und Landschaft eingreifende Vorhaben „aufgesattelt".[36] Über die Eingriffsregelung entscheidet damit die jeweilige Zulassungsbehörde. Sie hat dabei das Benehmen mit der Naturschutzbehörde herzustellen (§ 17 Abs. 1 BNatSchG). Allerdings sieht § 17 Abs. 3 BNatSchG für nichtzulassungsbedürftige Eingriffe nunmehr eine subsidiäre Genehmigung durch die Naturschutzbehörde vor. Dies kann etwa genehmigungsfreie Unterhaltungsmaßnahmen an öffentlicher Infrastruktur betreffen. Damit stellt sich die Frage nach dem Verhältnis der fachrechtlichen zu den naturschutzrechtlichen Anforderungen. Aus rechtssystematischen Erwägungen folgt dabei, dass das Naturschutzrecht die Frage der fachrechtlich zu beantwortenden Zulässigkeit eines Vorhabens nicht neu thematisieren, sondern nur als zusätzliche Anforderung fungieren kann.[37] Daraus ergibt sich, dass die Eingriffsregelung ein **Konzept der Folgenbewältigung** für fachrechtlich zulässige Eingriffe in Natur und Landschaft darstellt, das dafür Sorge trägt, dass die nachteilige Inanspruchnahme von Natur und Landschaft, die das

[34] BVerwGE 81, 220 (222).
[35] BVerwG, NuR 2002, 539 (548).
[36] BVerwGE 104, 144 (148).
[37] BVerwGE 104, 144 (147).

Fachrecht gestattet, nicht sanktionslos bleibt.[38] Die Eingriffsregelung ist damit eine zusätzliche Zulassungsvoraussetzung für die Genehmigungsfähigkeit eines Vorhabens und keine Sanktionsmaßnahme für unerlaubte Handlungen. Dies unterscheidet die Eingriffsregelung von der Sanierungspflicht für Biodiversitätsschäden nach § 19 BNatSchG.[39] Diese setzt eine unzulässige Beeinträchtigung von Natur und Landschaft voraus und knüpft an die dadurch verursachte Schädigung an. Dagegen verlangt die Eingriffsregelung vor Durchführung des Vorhabens eine Prognose über dessen Folgen für Natur und Landschaft und verlangt deren Minimierung bzw. die Kompensation der Eingriffsfolgen, die sich nicht vermeiden lassen.

4.3.2 Eingriffstatbestand

38 Tatbestandliche Voraussetzung der naturschutzrechtlichen Eingriffsregelung ist nach § 14 BNatSchG eine **durch Veränderung der Gestalt oder Nutzung von Grundflächen** bzw. eine durch Veränderung der mit der belebten Bodenschicht in Verbindung stehenden Grundwasserschicht **ausgelöste erhebliche Beeinträchtigung der Leistungs- und Funktionsfähigkeit des Naturhaushalts oder des Landschaftsbilds**. Der Eingriffstatbestand besteht danach aus zwei Teilen. Zunächst geht es mit der Veränderung der Gestalt oder Nutzung von Grundflächen um die **Eingriffshandlung**. Sodann geht es mit der erheblichen Beeinträchtigung von Naturhaushalt und Landschaftsbild um die **Eingriffswirkung**.

39 Grundfläche meint dabei Teile der Erdoberfläche. Eingriffe, die allein Luft und Wasser betreffen, fallen insoweit aus dem Eingriffstatbestand heraus. Veränderungen der Gestalt von Grundflächen beziehen sich auf das optische Erscheinungsbild der Erdoberfläche in allen Ausprägungen.[40] Insbesondere verändern bauliche Anlagen die Gestalt von Grundflächen. Eine Änderung der Nutzung liegt vor, wenn die Nutzung einer Fläche anders als bisher erfolgt, etwa durch Nutzung einer Brachfläche zum Aufstieg von Modellflugzeugen,[41] durch Umbruch von Brachflächen oder dem Wandel von Weide- in Ackerland.[42] Keine Nutzungsänderung wird dagegen im normalen Fruchtwechsel beim Ackerbau gesehen.[43] Entsprechendes gilt für den Einsatz von Düngemitteln und Chemikalien.[44] Als Eingriff gelten nach § 14 BNatSchG auch Veränderungen des mit der belebten Bodenschicht in Verbindung stehenden Grundwasserspiegels.

40 Aus dem Eingriff muss eine erhebliche Beeinträchtigung der Leistungs- und Funktionsfähigkeit des Naturhaushalts oder des Landschaftsbilds folgen. Zum Naturhaushalt gehören nach § 7 Abs. 1 Nr. 2 BNatSchG Boden, Wasser, Luft, Klima, Tiere und Pflanzen

---

38 BVerwGE 100, 370 (382); 104, 144 (148).
39 Vgl. dazu Punkt 4.7.
40 *Schumacher/Fischer-Hüftle*, § 14, Rn. 8.
41 VG Gießen, NVwZ-RR 1988, 66 (67).
42 VGH Kassel, NuR 1992, 86 (87); OVG Koblenz, NuR 2001, 287 (288).
43 *Schumacher/Fischer-Hüftle*, § 14, Rn. 11.
44 *Schumacher/Fischer-Hüftle*, § 14, Rn. 64.

sowie das Wirkungsgefüge zwischen ihnen. Es geht damit um den langfristigen Erhalt der für die Funktionsfähigkeit von Ökosystemen maßgeblichen Bestandteile. Die Beeinträchtigung muss dabei nicht durch Veränderungen von Flächen unmittelbar erfolgen, sondern kann auch aus Immissionen resultieren, die mit Veränderungen der Gestalt oder Nutzung von Grundflächen verbunden sind.[45] Dazu zählen etwa Beeinträchtigungen von Bodenfunktionen durch Schadstoffe, die von einer Anlage emittiert werden, oder die Störung des Wilds aufgrund von Straßenlärm. Zum Landschaftsbild gehören alle optisch wahrnehmbaren Elemente der Erdoberfläche, die nach § 1 Abs. 1 BNatSchG ihre Vielfalt, Eigenart und Schönheit ausmachen.

41 Erheblich sind die Beeinträchtigungen, wenn sie nicht nur zu vorübergehenden negativen Veränderungen führen. Dies ist etwa der Fall, wenn die Beeinträchtigungen durch die natürliche Selbstreproduktion innerhalb kurzer Zeit ausgeglichen werden können.[46] Eine erhebliche Beeinträchtigung des Landschaftsbildes liegt vor, wenn ein Vorhaben als Fremdkörper der Landschaft in Erscheinung tritt und ihr Bild damit negativ prägt.[47] Dies trifft etwa für Windenergieanlagen regelmäßig zu.[48] Maßstabsbildend wirkt dabei das ästhetische Empfinden des Durchschnittsbetrachters.[49]

42 Die vor der Zulassung eines Eingriffs vorzunehmende Bewertung der Eingriffswirkungen erfordert eine **Prognose**. In Bezug auf die zu fordernde Prognosesicherheit reicht es aus, wenn die befürchteten Beeinträchtigungen nicht ganz unwahrscheinlich sind.[50] Das Gesetz selbst legt dabei kein spezielles Prognose- und Bewertungsverfahren fest.[51] Verlangt ist aber eine sorgsame Bestandsaufnahme. Ihr Umfang hängt von den jeweiligen Umständen ab. Dabei ist es grundsätzlich zulässig, die Bestandsaufnahme auf repräsentative Indikatorengruppen zu stützen. Lassen bestimmte Vegetationsstrukturen hinreichend sichere Rückschlüsse auf die faunistische und die floristische Ausstattung des Gebiets zu, so kann es mit der gezielten Erhebung der insoweit repräsentativen Daten sein Bewenden haben.[52] Das Recht nötigt nicht zu einem Ermittlungsaufwand, der keinen zusätzlichen Ertrag verspricht.[53] Werden jedoch erforderliche Sachverhaltsermittlungen unterlassen, kann dadurch die Entscheidung selbst rechtsfehlerhaft werden.[54]

43 Kein Eingriff in Natur und Landschaft liegt nach § 14 Abs. 2 S. 1 BNatSchG bei ordnungsgemäßen land-, forst- und fischereiwirtschaftlichen Bodennutzungen vor, soweit hierbei die Ziele des Naturschutzes und der Landwirtschaft berücksichtigt werden. Nach der – widerlegbaren – Regelvermutung des § 14 Abs. 2 S. 2 BNatSchG genügt dabei eine

[45] *Maaß/Schütte*, Naturschutzrecht, in: Koch (Hrsg.), Umweltrecht, 2010, § 7, Rn. 44.
[46] *Guckelberger*, in: Frenz/Müggenborg, Bundesntaurschutzgesetz, § 14, Rn. 28.
[47] VGH Mannheim, NuR 2001, 275 (276).
[48] BVerwG, NuR 2010, 133 (134).
[49] BVerwGE 4, 57 (59).
[50] VGH München, NuR 1999, 153 (155).
[51] BVerwG, NuR 2001, 216 (222).
[52] BVerwGE 125, 116, Rn. 522.
[53] BVerwG, NuR 2001, 216 (222).
[54] BVerwG, NuR 1994, 188 (188).

den Anforderungen der guten fachlichen Praxis i. S. d. § 5 Abs. 2–4 BNatSchG, des § 17 Abs. 2 BBodSchG sowie dem Recht der Land-, Forst- und Fischereiwirtschaft entsprechende Bodennutzung grundsätzlich dieser Maßgabe. Privilegiert wird damit nur die ertragswirtschaftlich ausgerichtete, nicht aber die Hobbynutzung. Die Privilegierung bezieht sich nur auf die unmittelbare Urproduktion, ausgeschlossen sind nicht direkt darauf bezogene Maßnahmen, wie etwa der Wegebau oder die Errichtung von Gebäuden. Nicht als Eingriff gilt auch die Wiederaufnahme einer land-, forst und fischereiwirtschaftlichen Bodennutzung, wenn sie zeitweise aufgrund von Vertragsnaturschutz oder vorgezogener Maßnahmen zum Ausgleich oder Ersatz unterbrochen oder eingeschränkt war (§ 14 Abs. 3 BNatSchG).

4.3.3 Eingriffsfolgenbewältigung

44 An den Eingriffstatbestand schließt sich eine komplexe Kaskade von Regelungen zur Eingriffsfolgenbewältigung an. Sie besteht aus folgenden Punkten:

- Eingriffsminimierung,
- naturale Kompensation von nicht vermeidbaren Beeinträchtigungen,
- Abwägung und
- Entrichtung des Ersatzgeldes.

4.3.3.1 Eingriffsminimierung

45 Nach § 15 Abs. 1 S. 1 BNatSchG ist der Verursacher verpflichtet, **vermeidbare Beeinträchtigungen von Natur und Landschaft zu unterlassen**. Diese Vorschrift könnte so interpretiert werden, dass damit die Nichtdurchführung des Vorhabens selbst gefordert werden kann. Die Entscheidung über die grundsätzliche Zulässigkeit eines Vorhabens regeln allerdings die fachrechtlichen Anforderungen.[55] § 15 Abs. 1 S. 2 BNatSchG präzisiert daher den Begriff der Vermeidbarkeit dahingehend, dass eine Beeinträchtigung vermeidbar ist, wenn zumutbare Alternativen, den mit dem Eingriff verfolgten Zweck am gleichen Ort oder mit geringeren Beeinträchtigungen zu erreichen, gegeben sind. Daraus folgt, dass damit nicht nur die sogenannte „**Nullvariante**“, sondern auch **Standort- und Trassenalternativen kein Gegenstand der Vermeidungspflicht** sein können. Zu minimieren sind nach § 15 Abs. 1 BNatSchG lediglich die vorhabenbezogenen Eingriffsdimensionen. Sie beziehen sich auf Varianten des Baus und Betriebs. Dazu zählen etwa Bau- und Betriebszeiten, technische Schutzvorkehrungen oder bautechnische Varianten. Diese Anforderungen sind strikt zu beachtendes Recht. Sie unterliegen nicht der planerischen Abwägung.[56]

---

55 BVerwGE 104, 144 (149).

56 BVerwGE 100, 370 (381).

4.3.3.2 Eingriffsfolgenbewältigung durch Ausgleichs- und Ersatzmaßnahmen

46 Soweit sich die Folgen eines Eingriffs nicht durch vorhabenbezogene Minimierungsmaßnahmen vermeiden lassen, sind sie unvermeidlich. Dies ist zu begründen (§ 15 Abs. 1 S. 3 BNatSchG). In diesem Falle ist der Verursacher verpflichtet, Ausgleichs- oder Ersatzmaßnahmen zu treffen (§ 15 Abs. 2 S. 1 BNatSchG). Ein Eingriff gilt nach § 15 Abs. 2 S. 2 BNatSchG als **ausgeglichen**, wenn und sobald die beeinträchtigten Funktionen des Naturhaushalts in **gleichartiger Weise** wiederhergestellt und das Landschaftsbild landschaftsgerecht wiederhergestellt oder neu gestaltet ist. Durch eine Ersatzmaßnahme **in sonstiger Weise kompensiert** ist eine Beeinträchtigung, wenn und sobald die beeinträchtigten Funktionen des Naturhaushalts in dem betroffenen Naturraum **in gleichwertiger Weise** hergestellt sind und das Landschaftsbild landschaftsgerecht neu gestaltet ist (§ 15 Abs. 2 S. 3 BNatSchG).

47 Auch der Ausgleich bewirkt keine strikte Naturalrestitution des status quo ante am Eingriffsort, sondern stellt die beeinträchtigten Funktionen des Naturhaushalts in gleichartiger Weise wieder her. Es muss ein Zustand herbeigeführt werden, der den früheren Zustand in der gleichen Art und mit der gleichen Wirkung fortführt.[57] Der Ausgleich muss sich räumlich dort auswirken, wo die mit dem Eingriff verbundenen Auswirkungen auftreten.[58] Dem Ausgleich steht nicht entgegen, dass die Veränderungen des Landschaftsbildes nach der Kompensation weiter optisch wahrnehmbar sind, sie dürfen nur nicht als Fremdkörper empfunden werden.[59] Der Zusammenhang zwischen Eingriff und Kompensation ist bei Ersatzmaßnahmen gelockert. Statt gleichartigen sind lediglich gleichwertige Kompensationsmaßnahmen zu treffen und diese können im gesamten betroffenen Naturraum platziert werden. Das Bundesamt für Naturschutz hat hierfür eine Gliederung des Bundesgebietes in 69 Naturräume vorgeschlagen.[60]

48 Der Unterschied zwischen Ausgleich und Ersatz bezieht sich damit auf den sachlichen und räumlichen Zusammenhang zwischen Eingriff und Kompensation. Im neuen Naturschutzrecht ist der früher gesetzlich normierte Vorrang des Ausgleichs vor dem Ersatz aufgegeben worden. Ersatzmaßnahmen stehen damit gleichberechtigt neben den Ausgleichsmaßnahmen. Mit den Ersatzmaßnahmen wird der Zusammenhang von Eingriff und Kompensation auf eine höher aggregierte und abstrakter definierte Ebene verlagert und es werden damit zugleich die Anwendungsbedingungen der Eingriffsregelung flexibilisiert. Erst dies eröffnet die Möglichkeit, großräumig wirkende Eingriffe, wie etwa den Bau von Großflughäfen oder die Einrichtung von Tagebauen, deren Eingriffsfolgen sich nicht an Ort und Stelle ausgleichen lassen, der Eingriffsregelung zugängig zu machen. Sie bietet zusätzlich die Option, *Flächenpools* zu entwickeln, aus denen der Kompensationsbedarf mehrerer unterschiedlicher Eingriffsvorhaben koordiniert bedient werden kann.[61]

---

[57] BVerwGE 125, 116, Rn. 532.
[58] BVerwGE 112, 140 (163).
[59] BVerwG, NVwZ 1991, 364 (367).
[60] Vgl. dazu BfN, 2008, S. 10 f.
[61] BVerwGE 125, 116, Rn. 532.

49 Beide Varianten der Kompensation sind jedoch nur erfüllt, wenn keine erhebliche Beeinträchtigung des Naturhaushalts zurückbleibt.[62] Sie müssen zeitnah zum Eingriff durchgeführt werden, für ihren Erfolg reicht es jedoch aus, wenn sich die volle Wirkung der Kompensation erst in 25 Jahren einstellt.[63] Als Kompensationsmaßnahmen kommen nur Maßnahmen des Naturschutzes und der Landschaftspflege in Betracht, die eine reale ökologische Wertsteigerung zur Folge haben. Die bloße Sicherung einer Fläche gegen Veränderungen durch eine Unterschutzstellung reicht daher nicht.[64] Auch ist die Anerkennung von Maßnahmen des Denkmalschutzes als naturschutzrechtliche Kompensationsmaßnahmen ausgeschlossen.[65] Das Gleiche gilt für erhaltende Pflegemaßnahmen oder Maßnahmen zur Information von Bürgern. Verlangt wird daher grundsätzlich eine ökologische Aufwertung der Kompensationsfläche, die in einem räumlichen und sachlich funktionalen Zusammenhang zum Eingriff stehen muss. Die in Betracht gezogene Fläche muss aufwertungsfähig und aufwertungsbedürftig sein und durch Maßnahmen des Naturschutzes und der Landschaftspflege in ihrem ökologischen Wert gesteigert werden können. Ungeeignet ist daher auch der Austausch von Lebensraumfunktionen, da hier zugunsten eines Typs ein anderer entwertet wird.[66] Der mögliche Aufwertungsertrag einer Fläche ist dabei umso geringer, je höher ihre Wertigkeit für den Naturhaushalt ist. Er nimmt in dem Maße zu, wie die aufzuwertende Fläche dem Funktionszusammenhang des Naturhaushalts entzogen ist. Daraus ergibt sich eine Grundeinsicht in die Funktion der Eingriffsregelung: Die Kompensation von Eingriffen setzt im Grunde den Bestand von Flächen voraus, die nicht mehr naturnah sind. Gerade deswegen hat dieses Institut für hochentwickelte Gesellschaften mit intensiven Formen der Nutzung von Natur eine besondere Aktualität.

4.3.3.3 Ableitung von Kompensationsmaßnahmen

50 Für die Ableitung von Kompensationsmaßnahmen ist eine Vielzahl von naturschutzfachlichen Bewertungskonzepten entwickelt worden.[67] Sie basieren auf der Bilanzierung von Eingriffen, der Funktionen der als Aufwertungsflächen in Betracht gezogenen Grundstücke und dem erforderlichen Aufwertungsertrag. Für die Eingriffs-Ausgleichs-Bilanzierung ist kein spezielles Bewertungsverfahren vorgeschrieben. Allerdings ist ein ausreichendes Maß an Quantifizierung sowohl der Eingriffswirkungen als auch der Kompensationsmaßnahmen notwendig.[68] Nicht erforderlich ist dabei, dass der Gesamt-

---

62 *Schumacher/Fischer-Hüftle*, § 15, Rn. 31.

63 *Schumacher/Fischer-Hüftle*, § 15, Rn. 81.

64 *Schumacher/Fischer-Hüftle*, § 15, Rn. 63.

65 BVerwGE 120, 1 (15).

66 OVG Schleswig, NuR 2002, 695 (696).

67 Vgl. dazu etwa *Köppel/Feickert/Spandau/Strasser*, Praxis der Eingriffsregelung. Schadenersatz an Natur und Landschaft? 1998; *Köppel/Peters/Wende*, Eingriffsregelung. Umweltverträglichkeitsprüfung. FFH-Verträglichkeitsprüfung. 2004.

68 BVerwGE 121, 72 (83).

bestand des betroffenen Naturhaushalts untersucht wird. Es reicht aus, wenn sich die Untersuchung auf repräsentative Elemente des Naturraums konzentriert. Dabei ist der verfügbare Wissensbestand auszuschöpfen. Die Entfaltung eigener Grundlagenforschung ist allerdings nicht gefordert. Die Abarbeitung der Eingriffsregelung muss insgesamt nicht zwingend in einer standardisierten oder rechenhaften Weise erfolgen. Es genügt eine verbal-argumentative Darstellung, wenn sie rational nachvollziehbar ist.[69] Dabei steht der Behörde eine naturschutzfachliche Einschätzungsprärogative zu.[70]

4.3.3.4 Auswahlkriterien und -spielräume

51 Für eine Kompensation kommen grundsätzlich Flächen nicht in Betracht, für die nach Maßgabe anderer Rechtsvorschriften eine Pflicht zu entsprechenden aufwertenden Maßnahmen besteht (z. B. eine Sanierungspflicht nach § 4 Abs. 3 BBodSchG). Aus § 15 Abs. 2 S. 4 BNatSchG ergibt sich allerdings im Weiteren, dass Kompensationsmaßnahmen im Rahmen der naturschutzrechtlichen Eingriffsregelung zusätzlich auch andere Zwecksetzungen erfüllen können. So steht etwa Festsetzungen von Entwicklungs- und Wiederherstellungsmaßnahmen von Schutzgebieten, von Bewirtschaftungsplänen für FFH-Gebiete, Kohärenzsicherungsmaßnahmen für FFH-Gebiete, artenschutzrechtlichen Ausgleichsmaßnahmen und Maßnahmen in Maßnahmenprogrammen des Gewässerschutzes die gleichzeitige Anerkennung als Kompensationsmaßnahmen im Rahmen der Eingriffsregelung nicht im Wege. Bei der Festsetzung von Kompensationsmaßnahmen sind die Programme und Pläne der Landschaftsplanung zu berücksichtigen. Sie kann Anhaltspunkte enthalten, welche Flächen aufwertungsbedürftig und – fähig sind (vgl. § 9 Abs. 3 Nr. 4 lit. c BNatSchG).

52 Kommen mehrere geeignete Flächen für Kompensationsmaßnahmen in Betracht, besteht in Bezug auf ihre Auswahl grundsätzlich ein Beurteilungsspielraum.[71] Dabei ist bei der Inanspruchnahme land- und forstwirtschaftlich genutzter Flächen auf die agrarstrukturellen Belange Rücksicht zu nehmen (§ 15 Abs. 3 S. 1 BNatSchG). Es ist vorrangig zu prüfen, ob die Kompensation auch durch Maßnahmen zur Entsiegelung, durch Maßnahmen zur Wiedervernetzung von Lebensräumen oder durch Bewirtschaftungs- und Pflegemaßnahmen erbracht werden kann (§ 15 Abs. 3 S. 2 BNatSchG).

4.3.3.5 Sicherung von Kompensationsmaßnahmen

53 Die Ausgleichs- und Ersatzmaßnahmen sind in dem jeweils erforderlichen Umfang zu unterhalten (§ 15 Abs. 4 S. 1 BNatSchG). Die Wirkung der Kompensationsmaßnahmen muss daher solange andauern, wie die vom Eingriff verursachten Beeinträchtigungen von Natur und Landschaft anhalten.[72] Dazu sind ggf. zur Sicherung des Aufwertungs-

---

[69] BVerwGE 121, 72 (84).
[70] BVerwGE 121, 72 (84).
[71] BVerwGE 121, 72 (84).
[72] VGH Kassel, NuR 2006, 42 (52).

erfolgs weitere Unterhaltungsmaßnahmen durchzuführen. Der erforderliche Zeitraum ist im Zulassungsbescheid festzusetzen (§ 15 Abs. 4 S. 2 BNatSchG).

54 Die Kompensation ist auch rechtlich zu sichern. Deshalb ist es regelmäßig erforderlich, dass der zur Kompensation Verpflichtete die Flächen erwirbt, auf denen Kompensationsmaßnahmen durchgeführt werden sollen. Der Erwerb der Kompensationsflächen ist grundsätzlich Sache des Trägers des Eingriffsvorhabens. Allerdings kommt auch bei Vorhaben, deren Flächenbedarf im Wege der Enteignung durchgesetzt werden kann, eine Enteignung von Kompensationsflächen in Betracht.[73] Dies betrifft im Wesentlichen planfeststellungsbedüftige Vorhaben. Eine Enteignung setzt allerdings voraus, dass der Zugriff auf privates Grundeigentum zur Realisierung der Kompensation erforderlich ist.[74] Dies ist nicht der Fall, wenn geeignete Flächen freihändig erworben werden können oder im Eigentum der öffentlichen Hand vorhanden sind.[75] Denkbar ist allerdings auch, dass die Kompensation auf Flächen durchgeführt wird, die nicht dem Vorhabenträger gehören. Dann müssen sie allerdings auf Dauer gesichert sein. Die Kompensation auf Flächen Dritter erfordert damit mehr als das Einverständnis der Flächeneigentümer, das mit der Veräußerung der Fläche gegenstandslos werden würde, sondern verlangt darüber hinaus nach einer dinglichen Sicherung, die auch gegenüber dem Rechtsnachfolger wirkt.[76] Dafür kommen die Eintragung einer Grunddienstbarkeit (§ 1090 BGB) oder einer Reallast (§ 1105 BGB) in Betracht.

4.3.3.6 Erstellung der Unterlagen

55 Zur Vorbereitung der komplexen Entscheidung über die erforderlichen Kompensationsmaßnahmen hat der Vorhabenträger Unterlagen im angemessenen Umfang vorzulegen (§ 17 Abs. 4 S. 1 BNatSchG). Dazu kann die Zulassungsbehörde die Vorlage von Gutachten verlangen (§ 17 Abs. 4 S. 2 BNatSchG). Dies kann auch im Rahmen einer Untersuchung über die Umweltverträglichkeit des Vorhabens nach § 6 UVPG erfolgen. Im Zusammenhang mit der ihm obliegenden Darlegungslast muss der Vorhabenträger daher auf seine Kosten Untersuchungen über den Naturhaushalt vorlegen, der von seinem Vorhaben beeinträchtigt werden kann, die Folgen seines Vorhabens abschätzen und Angaben über deren Bewältigung machen. Dazu gehören Angaben über Ort, Art, Umfang und zeitlichen Ablauf des Eingriffs sowie über die vorgesehenen Maßnahmen zur Vermeidung, zum Ausgleich und zum Ersatz von Beeinträchtigungen von Natur und Landschaft einschließlich der Angaben zur tatsächlichen und rechtlichen Verfügbarkeit der für Ausgleich und Ersatz benötigten Flächen (§ 17 Abs. 4 S. 1 Nr. 1 und 2 BNatSchG). Bei einem Eingriff, der aufgrund eines nach öffentlichem Recht vorgesehenen Fachplans zugelassen wird, erfolgt dies in einem landschaftspflegerischen Begleitplan mit Text und Karte (§ 17 Abs. 4 S. 3 BNatSchG). Dieser soll nach § 17 Abs. 4 S. 4

[73] BVerwGE 105, 178 (180 ff.); 125, 116, Rn. 542.
[74] BVerwG, NuR 2010, 41 (43).
[75] BVerwGE 105, 178 (186).
[76] Vgl. auch VGH München, NuR 2010, 885 (887).

BNatSchG auch Angaben zu den zur Sicherung des Netzes „Natura 2000" notwendigen Maßnahmen und zu den vorgezogenen Ausgleichsmaßnahmen im Rahmen des Artenschutzes nach § 44 Abs. 5 BNatSchG enthalten.

4.3.3.7 Flächenpools und Ökokonten

56 In der Praxis der Eingriffsregelung hat es sich als dienlich erwiesen, die erforderlichen Kompensationsflächen nicht erst dann zu beschaffen, wenn ein Vorhaben zur Durchführung ansteht. Je mehr Vorhaben zeitgleich in einem Raum durchgeführt werden sollen, desto größer wird die Konkurrenz der Vorhabenträger untereinander bei der Beschaffung geeigneter Flächen. In vielen Fällen wurde daher auf Flächen zugegriffen, die aus naturschutzfachlicher Sicht als suboptimal erscheinen. Daher fand das Konzept des **Flächenpools** Anklang. Ein Flächenpool koordiniert und bündelt den Flächenbedarf mehrerer Vorhaben. Ihm liegt die Strategie zugrunde, in Erwartung zukünftiger Ansprüche nach naturschutzfachlich geeigneten Flächen zu suchen, diese für Kompensationsmaßnahmen zu sichern und als Angebot für mehrere Eingriffsvorhaben zur Verfügung zu stellen, das von den Vorhabenträgern angenommen werden kann, aber nicht muss.[77] Voraussetzung dafür ist ein fachliches Konzept und eine entsprechende Koordinierung auf örtlicher oder regionaler Ebene durch einen Träger eines solchen Flächenpools.

57 Das Konzept des „**Ökokontos**" geht darüber hinaus. Es zielt auf die **Aufwertung einer Fläche vor Durchführung des Eingriffs**, die im Nachgang dann dem Eingriffsvorhaben gutgeschrieben wird. § 16 BNatSchG eröffnet die Möglichkeit zu einer solchen Bevorratung von Kompensationsmaßnahmen. Sie können danach schon vor dem Eingriff durchgeführt werden und diesem erst bei seiner Durchführung zugeordnet werden. Dies setzt voraus, dass über sie in einer nachvollziehbaren Form in einem „Ökokonto" in der Weise Buch geführt wird, dass die Maßnahmen zur Aufwertung zunächst auf ihm positiv verbucht und im Falle der zur Verfügungsstellung als Kompensationsmaßnahmen für einen konkreten Eingriff ausgebucht werden. Das Nähere ist durch Landesrecht zu regeln. So können etwa solche Maßnahmen nach § 16 Abs. 2 BNatSchG grundsätzlich auch als handelbare Dienstleistungen ausgestaltet werden. Der Betrieb von Flächenpools muss daher nicht zwingend von der öffentlichen Verwaltung organisiert sein, sondern kann auch in privatrechtlicher Form erfolgen.

4.3.3.8 Abwägung

58 Bei **Beeinträchtigungen, die nicht kompensierbar sind**, ist nach § 15 Abs. 5 BNatSchG eine **Abwägung** der Belange des Naturschutzes und der Landschaftspflege mit denen für das Vorhaben ins Feld zu führenden Belangen vorzunehmen. Als nicht kompensierbar gelten Werte und Funktionen des Naturhaushaltes, die sich nicht innerhalb einer Frist von 25 Jahren wiederherstellen lassen.[78] Neben diesen objektiven Kompensationsdefizi-

[77] BVerwG, NuR 2004, 665 (665).

[78] *Schumacher/Fischer-Hüftle*, § 15, Rn. 81.

ten kann es aber auch subjektive geben. Dies ist z. B. dann der Fall, wenn es dem Vorhabenträger nicht gelingt, die erforderlichen Kompensationsflächen zu erwerben.[79] In die Abwägung einzustellen sind zum einen das Kompensationsdefizit und zum anderen die für das Vorhaben sprechenden Belange. Dazu gehören auch private Interessen. Werden die Belange von Natur und Landschaft als vorrangig bewertet, darf der Eingriff nicht zugelassen oder durchgeführt werden. Werden die für das Vorhaben sprechenden Belange höher bewertet, ist seine Durchführung zulässig. Die Abwägung zwischen den widerstreitenden Belangen ist nach Ansicht des BVerwG bei **Zulassungsentscheidungen im Rahmen des § 35 BauGB gerichtlich voll nachprüfbar**.[80] Sie trägt daher nicht den Charakter einer planerischen Abwägung. Im Gegensatz dazu begründet das BVerwG bei naturschutzrechtlichen Abwägungsentscheidungen im Rahmen von **Planfeststellungsentscheidungen** sein Insistieren auf **planerischen Abwägungsspielräumen** bei der Anwendung des § 15 Abs. 5 BNatSchG damit, dass Wertungswidersprüche zwischen Naturschutz- und Planfeststellungsrecht vermieden werden müssten, da die naturschutzrechtliche Abwägung auf die planfeststellungsrechtliche Feststellung der Zulässigkeit des Vorhabens zurückschlage.[81]

4.3.3.9 Ersatzzahlung

59 **Fällt die Abwägung zugunsten des Vorhabens aus**, hat der Verursacher des Eingriffs als Ausgleich für die nicht kompensierbaren Beeinträchtigungen nach § 15 Abs. 6 BNatSchG **Ersatz in Geld** zu leisten. Die Ersatzzahlung ist von der für die Zulassung des Eingriffs zuständigen Behörde im Zulassungsbescheid festzusetzen (§ 15 Abs. 6 S. 4 BNatSchG). Sie ist grundsätzlich vor dem Eingriff zu leisten (§ 15 Abs. 6 S. 5 BNatSchG). Der Betrag ist zweckgebunden für Maßnahmen des Naturschutzes möglichst im betroffenen Naturraum zu verwenden, für die nicht bereits aus anderen Vorschriften eine gesetzliche Verpflichtung besteht (§ 15 Abs. 6 S. 7 BNatSchG). Mit dieser verfassungsrechtlich zulässigen Sonderabgabe[82] ist eine weitere Stufe der Lockerung von Eingriff und Kompensation erreicht. Eine Gleichartig- oder -wertigkeit der Maßnahmen ist nicht mehr gefordert. Die Maßnahmen müssen wohl eine reale Wertsteigerung von Natur und Landschaft zur Folge haben, aber nicht mehr zwingend im gleichen Naturraum durchgeführt werden. Lediglich die Zahlung des Ersatzgeldes, aber nicht mehr seine Verwendung für Maßnahmen des Naturschutzes steht in einem zeitlichen Zusammenhang zur Durchführung des Vorhabens. Allerdings stellt das Ersatzgeld keine alternative Option zur Durchführung von Ausgleichs- und Ersatzmaßnahmen dar. Es kann nicht anstelle von Maßnahmen der realen Kompensation auferlegt werden, sondern nur dann, wenn sich ihre Durchführung als unmöglich erweist und die für die Durchführung des Vorhabens sprechenden Belange vorgehen.

---

[79] *Schumacher/Fischer-Hüftle*, § 15, Rn. 127.
[80] BVerwG, NuR 2002, 360 (361).
[81] BVerwGE 128, 76, Rn. 27.
[82] BVerwGE 74, 308 (310), 81, 220 (225).

60 Der Bund wird durch § 15 Abs. 7 Nr. 2 BNatSchG ermächtigt, die Bemessung des Ersatzgeldes durch Rechtsverordnung zu regeln. Sie soll sich grundsätzlich an den durchschnittlichen Kosten der nicht durchführbaren Kompensationsmaßnahmen orientieren oder, wenn dies nicht möglich ist, an der Dauer und Schwere des Eingriffs unter Berücksichtigung der dem Verursacher daraus erwachsenden Vorteile (§ 15 Abs. 6 S. 2 und 3 BNatSchG). Soweit und solange eine detaillierte bundesrechtliche Kostenregelung fehlt, gilt das Landesrecht weiter. Dieses sieht häufig für die Operationalisierung des Hilfsmaßstabes eine Begrenzung der Höhe des Ersatzgeldes auf bestimmte Anteile an den Errichtungskosten für das eingreifende Vorhaben vor.[83] Daran wird kritisiert, dies sei zu unbestimmt, da sich aus den Kosten eines Vorhabens nicht auf die Kosten der Kompensationsmaßnahmen schließen lasse.[84]

4.3.4 Vollzugskontrolle

61 Zum Zeitpunkt der mit der Zulassungsentscheidung verbundenen Festsetzung der Kompensationsmaßnahmen ist weder deren Durchführung noch deren Erfolg gesichert. Zur Abdeckung der sich daraus ergebenden Risiken kann eine **Sicherheitsleistung** vom Vorhabenträger gefordert werden (§ 17 Abs. 5 BNatSchG). Sie hat sich an den voraussichtlichen Kosten der Ausgleichs- und Ersatzmaßnahmen zu orientieren. Die Sicherheitsleistung kann auch nachträglich verlangt werden.[85] Für sie gelten im Weiteren die §§ 232 ff. BGB.

62 Zur Sicherung eines wirksamen Vollzugs ist ein **Verzeichnis der Kompensationsflächen** zu erstellen (§ 17 Abs. 6 BNatSchG). Hierzu übermitteln die für die Zulassung des Eingriffs zuständigen Stellen den Naturschutzbehörden die für Ausgleichs- und Ersatzmaßnahmen in Anspruch genommenen Flächen.

63 Nach § 17 Abs. 7 BNatSchG hat die für die Zulassung des Eingriffs zuständige Stelle die **frist- und sachgemäße Durchführung** der Maßnahmen zur Vermeidung, zum Ausgleich und zum Ersatz einschließlich der erforderlichen Unterhaltungsmaßnahmen **zu überprüfen**. Hierzu kann sie vom Verursacher des Eingriffs die Vorlage eines Berichts verlangen (§ 17 Abs. 7 S. 2 BNatSchG). Streng genommen richtet sich die Überprüfung nur auf die Durchführung der festgesetzten Maßnahmen, nicht jedoch auf deren Erfolg. Die Folgen eines Fehlschlags werden weder von § 15 noch § 17 BNatSchG ausdrücklich geregelt. Ein Nachsteuern wird in diesen Fällen nur möglich sein, wenn es in der Zulassungsentscheidung ausdrücklich vorbehalten worden ist.

64 § 17 Abs. 8 BNatSchG regelt die Befugnisse der Behörden für Eingriffe, die ohne die erforderliche Zulassung oder Anzeige begonnen oder durchgeführt werden. In diesen Fällen soll die weitere Durchführung des Eingriffs untersagt werden. Zuständig ist für fachrechtlich zulassungsbedürftige Eingriffe die Zulassungsbehörde, für fachrechtlich

[83] Vgl. dazu OVG Lüneburg, NuR 2010, 133 (137).
[84] *Schumacher/Fischer-Hüftle*, § 15, Rn. 142.
[85] *Schumacher/Fischer-Hüftle*, § 17, Rn. 30.

nichtzulassungsbedürftige Eingriffe die Naturschutzbehörde. Soweit nicht auf andere Weise ein rechtmäßiger Zustand hergestellt werden kann, sollen entweder Ausgleichs- und Ersatzmaßnahmen oder die Wiederherstellung des früheren Zustandes angeordnet werden. Die Wiederherstellung des früheren Zustandes impliziert die Beseitigung des eingreifenden Vorhabens. Ausgleichs- und Ersatzmaßnahmen kommen insbesondere in Betracht, wenn das Vorhaben nachträglich genehmigt werden kann.

4.4 Besonderer Schutz von Teilen von Natur und Landschaft

65 Der besondere Schutz von Teilen von Natur und Landschaft dient der Abwehr von Gefahren für besonders schützenswerte Bereiche von Natur und Landschaft. Die historische Tendenz geht vom kleinräumigen Schutz zu großräumig konzipierten und vernetzten Schutzgebieten, die auch menschliche Nutzungen mit einschließen können.

66 Der **Gebiets- und Objektschutz** nach den §§ 20 ff. BNatSchG setzt sich aus nationalen Schutzkategorien und den europäischen Schutzgebieten des Netzes „Natura 2000" (vgl. dazu 4.5) zusammen. Keinen eigenständigen rechtlichen Schutzstatus besitzen dagegen die Stätten des Weltnaturerbes. Sie werden zwar von dem UNESCO-Komitee für den Schutz des Weltkultur- und -naturerbes anerkannt und in eine Liste aufgenommen, ihr Schutz erfolgt jedoch allein nach Maßgabe des nationalen Rechts. Reicht dieser nicht den Ansprüchen der UNESCO, kann sie nachträglich nur eine Streichung von der Welterbeliste veranlassen.

67 Der Katalog der bundesrechtlichen Schutzgebietskategorien ist **abschließend**.[86] Er kann daher von den Ländern nicht mehr ergänzt werden. Im Gegensatz dazu sind einer landesrechtlichen Regelung die einzelnen Anforderungen an die jeweiligen Schutzgebiete zugänglich, soweit diese nicht abwägungsfest formuliert sind. Zu den abweichungsfest normierten nationalen Instituten des Gebietsschutzes zählen das Naturschutzgebiet (§ 23 BNatSchG), der Nationalpark und das nationale Naturmonument (§ 24 BNatSchG) sowie das Landschaftsschutzgebiet (§ 26 BNatSchG). Einer abweichenden landesrechtlichen Regelung zugänglich sind dagegen: das Biosphärenreservat (§ 25 BNatSchG), der Naturpark (§ 27 BNatSchG), das Naturdenkmal (§ 28 BNatSchG), der geschützte Landschaftsbestandteil (§ 29 BNatSchG) und die gesetzlich geschützten Biotope (§ 30 BNatSchG). Die Schutzkategorien des Naturdenkmals, des geschützten Landschaftsbestandteils und der gesetzlich geschützten Biotope beziehen sich auf flächenmäßig kleinräumige Erscheinungen von Natur und Landschaft. Sie werden daher rechtssystematisch nicht dem Gebietsschutz, sondern dem Objektschutz zugeordnet.

68 Eine Unterschutzstellung setzt **Schutzwürdigkeit und Schutzbedürftigkeit** des jeweiligen Gebiets voraus. Schutzwürdigkeit verlangt, dass die gesetzlichen Gebietsmerkmale erfüllt werden und das Gebiet die damit verknüpften Schutzziele erfüllen kann.[87] Sie

[86] *Schumacher/Fischer-Hüftle*, § 20, Rn. 19.

[87] OVG Berlin, NuR 2010, 881 (881); *Schumacher/Fischer-Hüftle*, § 22, Rn. 4.

kann auch bei Flächen gegeben sein, die erst durch Pflege- und Entwicklungsmaßnahmen verbessert werden sollen, um den Schutzzweck zu erfüllen.[88] Schutzbedürftigkeit bedeutet, dass das betroffene Gebiet gefährdet ist. Dabei reicht die auf der Grundlage einer typisierenden prognostischen Wertung getroffene Feststellung einer Gefährdung aus.[89] Dass ein Eigentümer eine Fläche bisher schonend genutzt hat, steht der Annahme einer Gefährdung nicht im Wege, denn es ist nicht sicher, dass es so bleibt.[90] Auch der Vertragsnaturschutz schließt die Schutzbedürftigkeit nicht aus, da er eine Störung des Gebiets durch Dritte nicht verhindert.[91] In Bezug auf die Unterschutzstellung besteht ein erhebliches **Gestaltungsermessen**.[92] Anders als im gemeinschaftsrechtlichen Gebietsschutz besteht im deutschen Gebietsschutz eine Pflicht zur Unterschutzstellung nicht.[93] Sie kann daher mit Rücksicht auf konkurrierende öffentliche und private Belange auch unterlassen werden.

69 Die Unterschutzstellung von Teilen von Natur und Landschaft erfolgt durch Erklärung (§ 22 Abs. 1 S. 1 BNatSchG). Sie bestimmt den Schutzgegenstand, den Schutzzweck, die zur Erreichung des Schutzzwecks notwendigen Ge- und Verbote sowie die Pflege-, Entwicklungs- und Wiederherstellungsmaßnahmen. Zur Bestimmung des Schutzgegenstandes gehört, dass der räumliche Geltungsbereich hinreichend genau – ggf. in Verbindung mit einer Karte – zu bezeichnen ist.[94] Schutzgebiete können dabei nach § 22 Abs. 1 S. 2 BNatSchG in Zonen mit einem abgestuften Schutz gegliedert werden. Der Schutzzweck bildet Grundlage und Grenze der zum Schutz anzuordnenden Gebote und Verbote sowie der Pflege- und Entwicklungsmaßnahmen. Sie sind dem Grunde nach in den gesetzlichen Grundlagen für die Einrichtung von Schutzgebieten vorgezeichnet, müssen jedoch in den jeweiligen Unterschutzstellungsverordnungen konkretisiert werden. Verbote lassen sich in präventive Verbote und repressive Verbote unterscheiden. Bei präventiven Verboten mit Erlaubnisvorbehalt werden bestimmte Handlungen einem Zulassungserfordernis unterworfen. Im Zulassungsverfahren wird dann geprüft, ob die Voraussetzungen für deren Zulassung im Einzelfall gegeben sind. Repressive Verbote untersagen die betreffenden Handlungen an sich. Ihre Überwindung ist nur durch eine Befreiung bei Vorliegen atypischer Sachverhalte möglich (vgl. dazu § 67 BNatSchG).

70 Da der Schutz von Natur und Landschaft ein hohes Allgemeingut darstellt (Art. 20a GG), **rechtfertigt** er grundsätzlich auch **Eigentumsbeschränkungen**.[95] Die Untersagung von bisher nicht ausgeübten Nutzungen durch eine Unterschutzstellungsverordnung für die Zukunft ist daher eine zulässige Beschränkung des durch Art. 14 GG geschützten Grundeigentums. Werden jedoch zulässig ausgeübte Nutzungen durch eine Schutzge-

---

[88] BVerwG, NuR 1998, 37 (38).
[89] BVerwG, NuR 1998, 37 (38).
[90] VGH Kassel, NuR 1986, 176 (177).
[91] *Schumacher/Fischer-Hüftle*, § 22, Rn. 7.
[92] OVG Berlin, NuR 2010, 881 (881).
[93] BVerwG, NuR 1998, 131 (132); NuR 2004, 311 (311).
[94] BVerwGE 112, 373 (375).
[95] BVerwG, NuR 1995, 455 (456); BVerwGE 94, 1 (4).

bietsverordnung für unzulässig erklärt, liegt darin grundsätzlich eine unverhältnismäßige Beschränkung des Eigentums, die in der Regel einen zusätzlichen Ausgleich erforderlich macht.[96] Pflege- und Entwicklungsmaßnahmen können Privaten grundsätzlich nicht auferlegt werden.[97] Sie müssen daher im Wege des Vertragsnaturschutzes mit ihnen vereinbart oder durch die Naturschutzbehörden selbst durchgeführt werden. In diesen Fällen besteht für die Eigentümer der betroffenen Grundstücke eine Duldungspflicht (vgl. 65 BNatSchG).

71 Form und Verfahren der Unterschutzstellung regeln die Länder (§ 22 Abs. 2 BNatSchG). Regelmäßig wird zum Schutz von Teilen von Natur und Landschaft eine Rechtsverordnung oder eine Satzung (NRW) erlassen.[98] Am Unterschutzstellungsverfahren sind die Gemeinden zur Wahrung ihres Rechts auf Selbstverwaltung (Art. 28 Abs. 2 GG) zu beteiligen.[99] Anerkannten Naturschutzverbänden ist nach § 63 Abs. 2 BNatSchG Einsicht in die einschlägigen Sachverständigengutachten und Gelegenheiten zur Stellungnahme zu gewähren. Entsprechendes gilt für betroffene Grundeigentümer. Darüber hinaus sind geschützte Teile von Natur und Landschaft nach § 22 Abs. 4 BNatSchG gemäß weiterer landesrechtlicher Bestimmungen zu registrieren und zu kennzeichnen.

4.4.1 Biotopverbund

72 Die besonders geschützten Teile von Natur und Landschaft sind, soweit sie geeignet sind, Bestandteile des Biotopverbundes (§ 20 Abs. 3 BNatSchG). Dazu zählen weiter Flächen und Elemente des Nationalen Naturerbes, d. h. Flächen, die der Bund zur langfristigen naturschutzfachlichen Sicherung den Ländern, der Bundesstiftung Umwelt und anderen Naturschutzträgern übertragen hat, und das „Grüne Band“ der ehemaligen innerdeutschen Grenze. Der **Biotopverbund** dient nach Maßgabe von § 21 Abs. 1 BNatSchG der **dauerhaften Sicherung der Populationen wildlebender Tiere und Pflanzen einschließlich ihrer Lebensstätten, Biotope und Lebensgemeinschaften** sowie der Bewahrung, Wiederherstellung und Entwicklung funktionsfähiger ökologischer Wechselbeziehungen. Er soll auch einen Beitrag zur Verbesserung des Zusammenhanges des europäischen Netzes „Natura 2000“ leisten (vgl. auch Art. 11 FFH-RL). Der Biotopverbund soll nach § 20 Abs. 1 BNatSchG mindestens 10 % der Fläche eines jeden Bundeslandes umfassen und der Isolation von Lebensräumen und Populationen entgegenwirken. Dieser Mindestbestand wird für erforderlich gehalten, um die zum Teil flächenmäßig kleinen Schutzgebiete bzw. weit auseinanderliegenden Großschutzgebiete miteinander zu vernetzen.[100]

[96] BVerwG, NuR 2000, 267 (267).

[97] *Gassner/Heugel*, Das neue Naturschutzrecht. BNatSchG-Novelle, Eingriffsregelung, Rechtsschutz, 2010, Rn. 405.

[98] Vgl. BVerwG, NuR 2007, 268, Rn. 9.

[99] Vgl. dazu BVerwGE 81, 95 (106); 127, 259, Rn. 31.

[100] SRU, Umweltgutachten 2000, BT-Drs. 14/3363, Rn. 417.

73 Der Biotopverbund besteht aus Kernflächen, Verbindungsflächen und Verbindungselementen (§ 21 Abs. 3 BNatSchG). Kernflächen sind die Flächen, die nach Ausstattung und Größe die dauerhafte Sicherung der Populationen, Lebensstätten, Biotope und Lebensgemeinschaften gewährleisten können. Zwischen den Kernflächen sollen die Verbindungsflächen als Trittsteinbiotope räumliche Vermittlungen schaffen. Als Verbindungselemente werden flächen-, linien- und punktförmige Landschaftsbestandteile verstanden, die wie Gehölze, Feldraine, einzelne Bäume, Tümpel oder Bäche für die Wanderung von Arten von Bedeutung sind.[101] Sie sind rechtlich zu sichern (§ 20 Abs. 4 BNatSchG). Neben der Unterschutzstellung kann dies auch durch planungsrechtliche Festlegungen (etwa durch Vorranggebiete i. S. d. § 8 Abs. 1 Nr. 1 ROG), vertragliche Vereinbarungen oder andere geeignete Maßnahmen (etwa Maßnahmen zur Kompensation von Eingriffen i. S. d. § 15 Abs. 2 BNatSchG) erfolgen. Die Herstellung des Biotopverbundes ist Aufgabe der Länder, seine konzeptionelle Vorbereitung ist eine wesentliche Aufgabe der Landschaftsplanung.[102]

4.4.2 Naturschutzgebiet

74 Das Naturschutzgebiet ist die strengste Schutzkategorie des Gebietsschutzes. Naturschutzgebiete umfassen 3,3 % der Fläche der Bundesrepublik.[103] An ihnen wird kritisiert, dass sie zumeist nur kleinräumige Schutzareale umfassen. 60 % der Naturschutzgebiete sind kleiner als 50 ha.[104] Sie weisen damit in der Regel keine ausreichende Pufferung gegen äußere Einwirkungen auf.

75 Die Unterschutzstellung als Naturschutzgebiet setzt nach § 23 Abs. 1 BNatSchG voraus, dass ein besonderer Schutz von Natur und Landschaft in ihrer Ganzheit oder in einzelnen Teilen erforderlich ist:

- zur Erhaltung, Entwicklung oder Wiederherstellung von Lebensstätten, Biotopen oder Lebensgemeinschaften bestimmter wild lebender Tier- und Pflanzenarten,
- aus wissenschaftlichen, naturgeschichtlichen oder landeskundlichen Gründen oder
- wegen ihrer Seltenheit, besonderer Eigenart oder hervorragender Schönheit.

76 In der aktuell geltend Fassung wird deutlich, dass die Schutzkonzeption über den rein konservierenden Naturschutz hinausgeht. Schützenswert sind nicht nur Flächen, die sich in einem besonders guten Zustand befinden, **unter Schutz** können **auch in ihren ökologischen Funktionen gestörte Flächen gestellt** werden, wenn sie über Entwicklungs- und Wiederherstellungspotenzial verfügen und diese Prozesse durch entsprechende Bewirtschaftungsmaßnahmen mobilisierbar sind. Das zu schützende Gebiet muss damit nicht

---

[101] *Gassner/Heugel*, Rn. 371.

[102] *Schumacher/Fischer-Hüftle*, § 21, Rn. 38; vgl. zu den Anforderungen an den Biotopverbund BfN, 2008, S. 187.

[103] BfN, 2008, S. 143.

[104] BfN, 2008, S. 147.

in einem völlig naturbelassenen Zustand sein. Auch durch menschliche Aktivitäten entstandene „Sekundärbiotope“ können unter Schutz gestellt werden.[105]

77 Nach § 23 Abs. 2 BNatSchG sind alle Handlungen, die zu einer Zerstörung, Beschädigung oder Veränderung des Naturschutzgebiets oder seiner Bestandteile oder zu einer nachhaltigen Störung führen können, nach Maßgabe näherer Bestimmungen verboten. § 23 Abs. 2 BNatSchG statuiert damit ein **allgemeines Beeinträchtigungsverbot**, das in der Unterschutzstellungsverordnung zu konkretisieren ist. Diesbezüglich besitzt die Behörde einen Einschätzungs- und Beurteilungsspielraum.[106] Das Beeinträchtigungsverbot erfasst grundsätzlich auch Maßnahmen, die im Rahmen einer ordnungsgemäßen Landwirtschaft durchgeführt werden.[107] Es kann auch Einwirkungen von außen betreffen.[108] Den ökologischen Zustand des Gebiets fördernde Maßnahmen sind von dem Verbot nicht erfasst.[109] Das Betreten von Naturschutzgebieten kann grundsätzlich ausgeschlossen werden, wenn es der Schutzweck erfordert. Es besteht insoweit aus § 59 BNatSchG kein Anspruch auf Betretung eines Naturschutzgebietes.[110] § 23 Abs. 2 BNatSchG enthält jedoch keine Regelung, die Gebote i. S. von positiven Verhaltenspflichten vorsieht. Pflegemaßnahmen müssen daher mit den Grundstückeigentümern vertraglich vereinbart werden oder von der Naturschutzbehörde selbst durchgeführt werden.[111]

4.4.3 Nationalpark

78 Der Nationalparkgedanke hat seinen Ursprung in den Vereinigten Staaten. Er manifestierte sich dort zuerst in der Unterschutzstellung des Yellowstone-Nationalparks im Jahr 1872. Der Nationalpark stellt eine internationale Schutzkategorie dar, für die die International Union for Conservation of Nature and Natural Resources (IUCN) die entsprechenden Anforderungen entwickelt hat, die auch in das nationale Recht eingeflossen sind, ohne dass sie ihm gegenüber bindende Wirkung entfalten. Leitidee des Nationalparkgedankens ist der **Prozessschutz**, nach dem ein möglichst ungestörter Ablauf der Naturvorgänge in ihrer natürlichen Dynamik im Schutzgebiet zu gewährleisten ist. Die 14 in der Bundesrepublik bestehenden Nationalparke machen 0,54 % ihrer Landesfläche aus.[112]

79 Nationalparke unterscheiden sich von den Naturschutzgebieten dadurch, dass sie großräumig, weitgehend unzerschnitten und überwiegend in einem vom Menschen

[105] OVG Lüneburg, NuR 1990, 178 (179).

[106] OVG Lüneburg, NuR 1990, 281 (282).

[107] BVerwG, NuR 1998, 37 (38).

[108] VGH München, NVwZ-RR 1995, 648 (649).

[109] OVG Lüneburg, NuR 2009, 130 (131); weitergehend *Gassner/Heugel*, Rn. 408: das absolute Veränderungsverbot stehe auch bereichernden Handlungen entgegen.

[110] VGH Kassel, NuR 1993, 165 (166).

[111] *Schumacher/Fischer-Hüftle*, § 23, Rn. 45.

[112] BfN, 2008, S. 143.

nicht oder wenig beeinflussten Zustand sind (§ 24 Abs. 1 Nr. 1 und 3 BNatSchG). Ihre Unterschutzstellung hat zum Ziel, den **Ablauf der Naturvorgänge** im überwiegenden Teil des Gebietes **möglichst ungestört zu gewährleisten** (§ 24 Abs. 2 S. 1 BNatSchG). Dies schloss nach Ansicht der Rechtsprechung Gebiete von einer Unterschutzstellung aus, die vorwiegend extensiv landwirtschaftlich genutzt wurden, und erst zu einem Prozessschutz der Naturvorgänge entwickelt werden sollten.[113] Nach der aktuellen Fassung des § 24 BNatSchG ist eine Unterschutzstellung jedoch auch möglich, wenn damit das Ziel verfolgt wird, solche Gebiete in den geforderten Zustand zu entwickeln. Das Zulassen einer vom Menschen unbeeinflussten Eigenentwicklung der Natur markiert den Unterschied zu der anderen Großgebietsschutzkategorie, dem Biosphärenreservat. Aktive Pflegemaßnahmen widersprechen daher zumindest in den Kernzonen dem Gebietscharakter von Nationalparken.

80 Die Unterschutzstellung von Nationalparken erfolgt regelmäßig durch Gesetz. Sie sind dabei grundsätzlich wie Naturschutzgebiete zu schützen (§ 24 Abs. 3 BNatSchG). Für sie gilt daher das **allgemeine Beeinträchtigungsgebot** des § 23 Abs. 2 BNatSchG. Allerdings kann ihre Großräumigkeit auch Ausnahmen rechtfertigen. So schließt die Existenz eines Nationalparks nach Ansicht des BVerwG den Erlass eines Bebauungsplanes außerhalb der Kernzone nicht generell aus.[114]

4.4.4 Nationales Naturmonument

81 Das Nationale Naturmonument ist seinem Wesen nach ein großflächiges Naturdenkmal mit nationaler Bedeutung.[115] Auch diese Schutzkategorie lehnt sich an ein Konzept der IUCN, den „National Monuments of Features", an. Sie zielt auf den Schutz von Erscheinungen der Natur wie Wasserfälle, Dünen, Höhlen, Korallenbänke oder Felsformationen, denen eine identitätsstiftende Wirkung für das jeweilige Land zukommt.

82 Nach § 24 Abs. 4 S. 1 BNatSchG können Gebiete als Nationale Naturmonumente geschützt werden, die aus wissenschaftlichen, naturgeschichtlichen, kulturhistorischen oder landeskundlichen Gründen und wegen ihrer Seltenheit, Eigenart und Schönheit von herausragender Bedeutung sind. Mit dieser neuen Schutzkategorie können **nationalbedeutsame Schöpfungen der Natur** einem herausgehobenen Schutz unterworfen werden, die die räumlichen Voraussetzungen eines Nationalparks nicht erfüllen.[116] Von den Naturdenkmalen unterscheiden sie sich durch ihre Größe und ihre Bedeutung. Nationale Naturmonumente gehören zum Gebietsschutz. Von daher wird angenommen, dass ihre Fläche mehr als 5 ha umfassen soll.[117] Ihnen muss im nationalen Vergleich ein

---

[113] Vgl. zur *Elbtalaue* OVG Lüneburg, ZUR 1999, 156 mit Anm. *Fiesahn*; BVerwG, NuR 2000, 43 (44).

[114] BVerwG, NuR 2004, 167 (168).

[115] *Gassner/Heugel*, Rn. 421.

[116] BT-Drs. 16/13430, S. 22.

[117] BT-Drs. 16/13430, S. 22.

außergewöhnlicher Wert zukommen,[118] der für die Bevölkerung identitätsstiftende Bedeutung hat.[119] Nationale Naturdenkmale sind nach § 24 Abs. 4 S. 2 BNatSchG wie Naturschutzgebiete zu schützen. Sie unterliegen daher einem **allgemeinen Beeinträchtigungsverbot**.

4.4.5 Biosphärenreservat

83 Der Begriff des Biosphärenreservates geht auf das UNESCO-Programm „Der Mensch und die Biosphäre" aus dem Jahr 1974 zurück.[120] Er wurde 1995 durch die UNESCO operationalisiert und mit einem Anerkennungsverfahren ausgestattet.[121] Leitbildprägend sind seine Ausrichtung auf den Schutz von Landschaften und genetischer Vielfalt sowie die gleichzeitige Förderung einer nachhaltigen sozialen Entwicklung. In das Naturschutzrecht der Bundesrepublik Deutschland hat diese Schutzgebietskategorie über den Einigungsvertrag Eingang gefunden. Biosphärenreservate umfassen 2,8 % der Fläche der Bundesrepublik.[122]

84 Nach § 25 Abs. 1 BNatSchG sind Biosphärenreservate **großräumige charakteristische Landschaftstypen**, die in wesentlichen Teilen die Anforderungen eines Naturschutzgebietes und im Übrigen die eines Landschaftsschutzgebiets erfüllen und vornehmlich der Erhaltung, Entwicklung und Wiederherstellung einer **durch hergebrachte vielfältige Nutzungen geprägten Landschaft** und der darin gewachsenen Arten- und Biotopvielfalt sowie beispielhaft der Entwicklung und Erprobung von die Naturgüter besonders schonenden Wirtschaftsweisen dienen. Nach § 25 Abs. 2 BNatSchG dienen Biosphärenreservate, soweit es der Schutzzweck erlaubt, auch der Forschung und Beobachtung von Natur und Landschaft sowie der Bildung für nachhaltige Entwicklung.

85 Biosphärenreservate sind unter Berücksichtigung der durch ihre Großräumigkeit und Besiedelung gebotenen Ausnahmen über Kernzonen, Pflegezonen und Entwicklungszonen zu entwickeln und wie Naturschutz- oder Landschaftsschutzgebiete zu schützen (§ 25 Abs. 3 BNatSchG). Dies erfordert ein in sich schlüssiges Gesamtkonzept einer auf die Leitorientierungen des Kulturraumschutzes bezogenen Zonierung von Kern-, Pflege- und Entwicklungsbereichen sowie den der Großräumigkeit und Besiedelung geschuldeten Ausnahmen.

4.4.6 Landschaftsschutzgebiet

86 Landschaftsschutzgebiete stellen die zweite Grundkategorie des Flächenschutzes mit einem im Vergleich zum Naturschutzgebiet weniger strengem Schutzregime dar. Sie

[118] *Schumacher/Fischer-Hüftle*, § 24, Rn. 82.
[119] Vgl. auch *Hönes*, Naturdenkmäler und Nationale Naturmonumente, NuR 2009, 741 (744).
[120] BT-Drs. 13/10186.
[121] UNESCO, Biosphärenreservate. Die Sevilla-Strategie und die Internationalen Leitlinien für das Weltnetz, 1996.
[122] BfN, 2008, S. 143.

dienen dem Schutz von Landschaftsräumen, die durch menschliche Nutzung geprägt sind, aber gleichwohl für Natur und Landschaft von Bedeutung sind.[123] Landschaftsschutzgebiete erstrecken sich auf 29,9 % der Fläche der Bundesrepublik.[124]

87 Ihre Unterschutzstellung setzt voraus, dass sie zur Erhaltung, Entwicklung oder Wiederherstellung der Leistungs- und Funktionsfähigkeit des Naturhaushalts oder der Regenerationsfähigkeit und der nachhaltigen Nutzungsfähigkeit der Naturgüter, wegen der Vielfalt, Eigenart und Schönheit oder wegen ihrer besonderen Bedeutung für die Erholung erforderlich ist (§ 26 Abs. 1 Nr. 1–3 BNatSchG). Mit einem Landschaftsschutzgebiet lassen sich daher alle Ziele des § 1 Abs. 1 BNatSchG – **Naturhaushalt, Biodiversität, Landschaftsästhetik und Erholung** – verfolgen. Es reicht allerdings aus, wenn eines der Schutzkriterien erfüllt ist.[125] Mit dem Verweis auf Entwicklung und Wiederherstellung wird deutlich, dass die Funktion eines Landschaftsschutzgebietes nicht nur auf den bewahrenden Schutz von Natur und Landschaft begrenzt ist.[126] Eine Unterschutzstellung kommt auch für Flächen in Betracht, denen eine solche Qualität fehlt, wenn sie Pufferfunktionen für ein nach § 26 BNatSchG schützenswertes Gebiet erfüllen.[127] Dies kann auf bebaute Flächen im Falle von einzelnen Gehöften oder Streusiedelungen zutreffen,[128] nicht aber für die verdichtete Bebauung.[129]

88 In einem Landschaftsschutzgebiet sind unter besonderer Beachtung des § 5 Abs. 1 BNatSchG nach Maßgabe näherer Bestimmungen alle **Handlungen verboten, die den Charakter des Gebiets verändern** oder dem besonderen Schutzzweck zuwiderlaufen (§ 26 Abs. 2 BNatSchG). Der Wert der natur- und landschaftsverträglichen Land-, Forst- und Fischereiwirtschaft ist dabei bei den restriktiven Regelungen zur Nutzung des Gebiets besonders zu berücksichtigen. Daraus ist zu folgern, dass dies nicht für andere nach berufsständischen Regeln ausgeübte Tätigkeiten gilt.[130] Im Gegensatz zum Naturschutzgebiet sind in einem Landschaftsschutzgebiet nicht schlechthin alle Beeinträchtigungen verboten, sondern nur solche, die den Gebietscharakter verändern oder den Schutzzwecken des § 26 Abs. 1 Nr. 1–3 BNatSchG zuwiderlaufen. Dies erfordert, dass die Schutzgebietsverordnungen eines Landschaftsschutzgebietes stärker auf die Umstände des jeweiligen Einzelfalles abstellen als die eines Naturschutzgebietes. Als Konsequenz daraus muss daher hier vermehrt mit Genehmigungsvorbehalten an Stelle von generellen Verboten gearbeitet werden.[131] Eine Erlaubnis ist danach zu erteilen, wenn eine Maßnahme nicht geeignet ist, den Gebietscharakter zu verändern oder den besonderen

---

123 *Schumacher/Fischer-Hüftle*, § 25, Rn. 2.
124 BfN, 2008, S. 143.
125 VGH München, NuR 1984, 53 (54).
126 *Schumacher/Fischer-Hüftle*, § 25, Rn. 13.
127 OVG Lüneburg, NuR 2007, 270 (273).
128 VGH München, NuR 1988, 248 (249).
129 VGH München, NuR 1994, 239 (241).
130 *Schumacher/Fischer-Hüftle*, § 25, Rn. 30.
131 *Schumacher/Fischer-Hüftle*, § 25, Rn. 21.

Schutzzwecken zuwiderzulaufen.[132] Der Gebietscharakter bezieht sich dabei insbesondere auf das Landschaftsbild. Er wird auch verändert, wenn Flächen in ästhetisch ansprechender Weise gestaltet werden (z. B. Anlage eines Golfplatzes).[133]

4.4.7 Naturpark

89 Leitgedanke des Naturparkkonzepts ist der **Schutz großräumiger Kulturlandschaften zum Zweck der Erholung**. In Deutschland gibt es 101 Naturparke. Sie umfassen 23,9 % der Fläche der Bundesrepublik[134] und weisen im Vergleich untereinander eine große Heterogenität auf.

90 Naturparke sind einheitlich zu entwickelnde und pflegende Gebiete, die insbesondere der Erholung dienen. Die Festsetzung eines Naturparks setzt voraus, dass er großräumig ist, überwiegend aus Naturschutz- und Landschaftsschutzgebieten besteht, nach den Erfordernissen der Raumordnung für Erholung vorgesehen ist (vgl. § 27 Abs. 1 Nr. 1, 2 und 4 BNatSchG), sich wegen seiner landschaftlichen Voraussetzungen besonders für die Erholung eignet und für den ein nachhaltiger Tourismus angestrebt wird, der Erhaltung, Entwicklung oder Wiederherstellung einer durch vielfältige Nutzung geprägten Landschaft und ihrer Arten- und Biotopvielfalt dient und in dem zu diesem Zweck eine dauerhaft umweltgerechte Landnutzung angestrebt wird sowie besonders geeignet ist, eine nachhaltige Regionalentwicklung zu fördern (§ 27 Abs. 1 Nr. 3, 5 und 6 BNatSchG). Nach § 27 Abs. 2 BNatSchG sollen Naturparke entsprechend ihrer in Absatz 1 beschriebenen Zwecke unter Beachtung der Ziele des Naturschutzes und der Landschaftspflege geplant, gegliedert, erschlossen und weiterentwickelt werden.

91 Naturparke zeichnen sich dadurch aus, dass sie über **kein eigenständiges Schutzregime** verfügen. Sie bestehen vielmehr zum einen aus Naturschutz- und Landschaftsschutzgebieten mit restriktiven Nutzungsbedingungen und zum anderen aus Flächen, auf denen im Zeichen der Förderung einer nachhaltigen Raumentwicklung eine umweltgerechte Landnutzung und ein nachhaltiger Tourismus angestrebt wird. § 27 BNatSchG fehlt daher ein eigenständiges Schutzregime, das auf Verboten basiert. Diese können nur aus den Unterschutzstellungsverordnungen der Natur- und Landschaftsschutzgebiete entnommen werden, aus denen sich der Naturpark zusammensetzt. Aufgabe der Ausweisung eines Naturparks ist es daher vornehmlich, ein in sich stimmiges Arrangement der Schutzgebiete und der nicht unter Gebietsschutz stehenden Flächen mit ihren Nutzungen durch Planung und Gliederung des Naturparks zu treffen. Für die Erfüllung der Aufgaben der Erschließung und Wiederherstellung bedarf es insbesondere eines dafür verantwortlichen Trägers (Verein, Zweckverband o. ä.).[135]

---

[132] BVerwGE 4, 57 (58).
[133] VGH Mannheim, NuR 1997, 597 (598).
[134] BfN, 2008, S. 143.
[135] *Schumacher/Fischer-Hüftle*, § 27, Rn. 6.

4.4.8 Naturdenkmal

92 Der Schutz von Naturdenkmalen gehört in den Bereich des **Objektschutzes**. Unter Schutz gestellt können nach § 28 BNatSchG **Einzelschöpfungen der Natur** oder entsprechende Flächen **bis zu fünf Hektar** werden, deren besonderer Schutz aus wissenschaftlichen, naturgeschichtlichen oder landeskundlichen Gründen oder wegen ihrer Seltenheit, Eigenart oder Schönheit erforderlich ist. Es handelt sich daher um flächenmäßig kleine Einheiten wie Dünen, Felsen, Höhlen, Alleen oder Einzelbäume, die durch die biologische Entwicklung oder die Wirkung mechanischer oder physikalischer Kräfte wie Regen, Frost oder Wind hervorgerufen wurden.[136] Nicht ausgeschlossen sind auch Biotope, die durch menschliche Einwirkungen entstanden sind.[137] Erforderlich ist eine Beständigkeit ihres Erscheinungsbildes.[138] Die Unterschutzstellungsgründe des § 28 Abs. 1 Nr. 1 und 2 BNatSchG sind abschließend. Dazu zählt nicht der Arten- und Biotopschutz.[139] Sollen Flächen aus diesen Gründen unter Schutz gestellt werden, kommt § 29 BNatSchG in Betracht.

93 Nach Maßgabe näherer Bestimmungen in der Unterschutzstellungsverordnung sind die Beseitigung eines Naturdenkmals und alle Handlungen, die zu seiner Zerstörung, Beschädigung oder Veränderung führen können, verboten. Die Einbeziehung der Umgebung in den Schutz ist zulässig.[140]

4.4.9 Geschützte Landschaftsbestandteile

94 Geschützte Landschaftsbestandteile sind rechtsverbindlich aus den Gründen des § 29 Abs. 1 Nr. 1–4 BNatSchG festgesetzte Teile von Natur und Landschaft. Als Schutzzweck kommen danach in Betracht die Erhaltung, Entwicklung oder Wiederherstellung der Leistungs- und Funktionsfähigkeit des Naturhaushalts (Nr. 1), die Belebung, Gliederung oder Pflege des Orts- oder Landschaftsbildes (Nr. 2), die Abwehr schädlicher Einwirkungen auf die Schutzgüter des § 1 BNatSchG (Nr. 3) und die Bedeutung als Lebensstätte wild lebender Tier- und Pflanzenarten (Nr. 4). Unter Schutz gestellt werden können **Einzelobjekte, aber auch flächenhafte Teile von Natur und Landschaft**, die sich vom Gesamtraum abgrenzen und sich aus der sie umgebenden Landschaft abheben.[141] In Betracht kommt z. B. die Unterschutzstellung von Höhlen, Quellbereichen, Steilufern, Kleingewässern, Feldgehölzen oder Streuwiesen. Dies gilt auch für Elemente, die der Mensch geschaffen hat, sofern sie so sehr mit der Natur verbunden sind, dass sie als deren Bestandteil erscheinen (z. B. Alleen, nicht mehr genutzte Ton- und Sandgruben oder ehemalige Steinbrüche).

---

136 *Schumacher/Fischer-Hüftle*, § 28, Rn. 2.
137 OVG Lüneburg, NuR 1990, 178 (178).
138 VGH Kassel, NuR 1996, 265 (265).
139 OVG Bautzen, NuR 1997, 608 (609).
140 *Gassner/Heugel*, Rn. 438.
141 OVG Lüneburg, NuR 2002, 620 (621).

95 Nach § 29 Abs. 1 S. 2 BNatSchG kann der Schutz für den Bereich eines Landes oder Teile von ihm auf den gesamten Bestand von Alleen, einseitigen Baumreihen, Bäumen, Hecken oder andere Landschaftsbestandteile erstreckt werden. Einer Ermittlung der individuellen Schutzwürdigkeit und Schutzbedürftigkeit bedarf es insoweit nicht. Auf der Grundlage des § 29 Abs. 1 S. 2 BNatSchG kann daher entweder der Gesetzgeber eines Landes bestimmte Landschaftsbestandsteile für den gesamten Bereich des Landes unter Schutz stellen oder eine Gebietskörperschaft dies für Teilbereiche des Landes tun. In dieser Vorschrift liegt daher die **Rechtsgrundlage für den Erlass kommunaler Baumschutzsatzungen**. Sie können für den gesamten bebauten Bereich Bäume ab einer bestimmten Größe unter Schutz stellen, ohne auf eine individuelle Betrachtung der Schutzwürdigkeit und der örtlichen Gegebenheiten Rücksicht zu nehmen.[142] Der Ausgleich mit den Interessen der Grundstückseigentümer findet dabei im Wege von Ausnahmegenehmigungen und Befreiungsvorbehalten statt.[143]

96 Verboten sind nach § 29 Abs. 2 BNatSchG nach Maßgabe näherer Bestimmungen die Beseitigung des geschützten Landschaftsbestandteils sowie alle Handlungen, die zu seiner Zerstörung, Beschädigung oder Veränderung führen können. Dieses Veränderungsverbot begründet kein subjektives Recht eines Dritten auf Erhalt des geschützten Objekts.[144] Der Bestand geschützter Landschaftsbestandteile auf Flächen, die als Bauland ausgewiesen ist, muss allerdings relativiert werden, um einen ausreichend Schutz des Eigentums zu gewährleisten.[145] Insoweit besteht ein Anspruch auf Genehmigung ihrer Beseitigung.[146] Für diese Fälle ermächtigt § 29 Abs. 2 S. 2 BNatSchG dazu, in der Unterschutzstellungsregelung eine Pflicht zu einer angemessenen und zumutbaren Ersatzpflanzung oder zur Leistung von Ersatz in Geld im Rahmen einer abwägenden Einzelfallentscheidung[147] vorzusehen.

4.4.10 Gesetzlich geschützte Biotope

97 Mit dieser 1987 in das gesetzliche Regelungsprogramm aufgenommenen Bestimmung soll die Schutzlücke im Schutz von Natur und Landschaft geschlossen werden, die durch die aufwändigen Unterschutzstellungsverfahren beim Gebiets- und Objektschutz entsteht.[148] Der gesetzliche Biotopschutz trägt daher der Erkenntnis Rechnung, dass wertvolle Biotope häufig nur noch kleinräumig vorhanden sind, deren Schutz im Wege einer Unterschutzstellungsverordnung aber in der Regel zu aufwändig wäre und zu erheblichen Verzögerungen führen würde. Bestimmte Teile von Natur und Landschaft, die eine

[142] BVerwG, NuR 1989, 179 (180).
[143] BVerwG, NuR 1996, 403 (404).
[144] VGH Mannheim, NuR 1992, 82 (82).
[145] OVG Berlin, NuR 1987, 323 (324).
[146] *Schumacher/Fischer-Hüftle*, § 29, Rn. 26.
[147] OVG Münster, NuR 1999, 526 (527).
[148] *Schumacher/Fischer-Hüftle*, § 30, Rn. 3 f.

besondere Bedeutung als Biotope haben, sind daher nach § 30 Abs. 1 BNatSchG **von Gesetzes wegen geschützt**.

98 In § 30 Abs. 2 Nr. 1–6 BNatSchG hat der Bundesgesetzgeber dafür bestimmte

- Feuchtbiotope (Nr. 1 und 2),
- Trockenbiotope (Nr. 3),
- Waldbiotope (Nr. 4),
- Gebirgsbiotope (Nr. 5) und
- Küsten- und Meeresbiotope (Nr. 6)

unter gesetzlichen Schutz gestellt. Seine Auswirkungen entsprechen denen einer Schutzgebietsverordnung.[149] Die **Registrierung** der Biotope gemäß § 30 Abs. 7 BNatSchG hat dabei lediglich **deklaratorische Bedeutung**. Die gesetzliche Umschreibung der einzelnen Biotoptypen entspricht nach Ansicht der Rechtsprechung den Anforderungen des verfassungsrechtlichen Bestimmtheitsgebots.[150] Der gesetzliche Schutz gilt insbesondere auch gegenüber dem Eigentümer. Er ist Ausdruck der Sozialpflichtigkeit des Eigentums.[151] Er erstreckt sich nicht nur auf Schöpfungen der Natur, sondern umfasst grundsätzlich auch vom Menschen geschaffene Sekundärbiotope.[152]

99 Als allgemeiner Grundsatz stellt § 30 Abs. 1 BNatSchG **abweichungsresistentes Recht** dar. Die Länder können im Rahmen ihrer Abweichungsgesetzgebung die Gegenstände des bundesgesetzlichen Biotopschutzes nur insoweit aufheben, als sie auf ihrem Gebiet keine besondere naturschutzfachliche Bedeutung haben.[153] Sie können allerdings nach Maßgabe von § 30 Abs. 2 S. 2 BNatSchG weitere Biotope unter Schutz stellen.

100 Verboten sind nach § 30 Abs. 2 BNatSchG alle Handlungen, die zu einer Zerstörung oder erheblichen Beeinträchtigung der gesetzlich geschützten Biotope führen können. Das **Beeinträchtigungsverbot** gilt grundsätzlich auch gegenüber der Land- und Fischereiwirtschaft.[154] Gebote für eine Entwicklung und Pflege der Biotope lassen sich dagegen aus § 30 Abs. 2 BNatSchG nicht ableiten. Bei Verstößen gegen die Pflichten des § 30 Abs. 2 BNatSchG können die Naturschutzbehörden nach Maßgabe von § 3 Abs. 2 BNatSchG die zu ihrer Durchsetzung erforderlichen Anordnungen treffen. Nach § 30 Abs. 3 BNatSchG ist eine **Ausnahme vom Beeinträchtigungsverbot** möglich, wenn die **Beeinträchtigung ausgeglichen** wird. Dies setzt voraus, dass ein gleichartiges Biotop, das mit den standörtlichen Gegebenheiten und der Flächenausdehnung im Wesentlichen übereinstimmt, hergestellt werden kann.[155] Ist dies nicht möglich, bleibt nur die Erteilung einer Befreiung nach Maßgabe von § 67 BNatSchG.

---

[149] VGH Mannheim, NuR 1998, 146 (146).
[150] OVG Lüneburg, NuR 1995, 470 (471); OVG Schleswig, NuR 1997, 256 (256).
[151] VGH Mannheim, NuR 2005, 724 (725).
[152] OVG Münster, NuR 1994, 453 (454).
[153] *Schumacher/Fischer-Hüftle*, § 30, Rn. 6.
[154] OVG Lüneburg, ZUR 2007, 43 (44).
[155] VGH Mannheim, NuR 1999, 385 (385).

101 Der gesetzliche Biotopschutz gilt auch gegenüber der kommunalen Bauleitplanung als höherrangiges Recht. Da mit der Bauleitplanung keine Handlungen im Sinne des § 30 BNatSchG verbunden sind, steht der Biotopschutz ihr jedoch auch grundsätzlich nicht im Wege, soweit Bauvorhaben im Wege einer Ausnahme oder Befreiung zugelassen werden können.[156] Sind Beeinträchtigungen aufgrund der Aufstellung, Änderung oder Ergänzung von Bebauungsplänen zu erwarten, kann dabei nach § 30 Abs. 4 BNatSchG auf Antrag der Gemeinde bereits auf der Ebene der Bauleitplanung über die Ausnahme oder Befreiung entschieden werden. Trifft dies zu, ist für die Durchführung eines Bauvorhabens innerhalb von sieben Jahren keine weitere Ausnahme oder Befreiung erforderlich.

102 Eine **Sonderregelung** besteht für gesetzlich geschützte Biotope, die im Rahmen einer vertraglich geförderten Einschränkung der Land-, Forst- und Fischereiwirtschaft entstanden sind. Nach § 30 Abs. 5 BNatSchG ist die Wiederaufnahme einer zulässigen land-, forst- und fischereiwirtschaftlichen Nutzung innerhalb von zehn Jahren nach Einstellung der Förderung zulässig. Dies gilt nicht für die Aufnahme anderer Nutzungen.[157] Entsprechend privilegiert ist nach § 30 Abs. 6 BNatSchG die Wiederaufnahme der Gewinnung von Bodenschätzen gegenüber gesetzlich geschützten Biotopen, die auf Flächen entstanden sind, bei denen die zulässige Nutzung von Bodenschätzen eingeschränkt oder unterbrochen war. Im Unterschied zu § 30 Abs. 3 BNatSchG beträgt die Frist hier allerdings nur fünf Jahre.

103 Nach § 30 Abs. 8 BNatSchG bleiben weitergehende Schutzvorschriften unberührt. Dies betrifft insbesondere den Artenschutz. Es kann daher erforderlich sein neben den Vorschriften des gesetzlichen Biotopschutzes die Vorschriften des Artenschutzes anzuwenden.

4.5 Schutz des Netzes „Natura 2000"

104 Nach Art. 3 Abs. 1 FFH-RL wird **zur Bewahrung des europäischen Naturerbes ein kohärentes europäisches ökologisches Netz** besonderer Schutzgebiete mit der Bezeichnung „**Natura 2000**" errichtet. Dazu zählen die nach Maßgabe der FFH-RL eingerichteten FFH-Gebiete und die auf der Grundlage der RL 79/409 von den Mitgliedsstaaten ausgewiesenen Vogelschutzgebiete (§ 7 Abs. 1 Nr. 8 BNatSchG). Die Bundesrepublik hat die fristgemäße Umsetzung dieser Richtlinien zunächst nicht erfüllt[158] und ist danach auch hinter ihren inhaltlichen Anforderungen zurückgeblieben.[159]

105 Heute ist der Prozess der Gebietsauswahl weitgehend abgeschlossen. Zurzeit sind in der Bundesrepublik 738 Vogelschutzgebiete ausgewiesen. Sie umfassen 11,2 % der Lan-

156 OVG Koblenz, NuR 2008, 119 (120).
157 *Schumacher/Fischer-Hüftle*, § 30, Rn. 60.
158 Vgl. dazu EuGH, NuR 1991, 97; NuR 1993, 505; NuR 1998, 194; NuR 2002, 151.
159 Vgl. dazu EuGH, NuR 1988, 53; NuR 2006, 166.

desfläche.[160] Zurzeit hat die Bundesrepublik 4.622 FFH-Gebiete aus drei biogeographischen Regionen gemeldet. Diese entspricht einem Anteil von 9,3 % der Landesfläche.[161] Zusammen mit den Vogelschutzgebieten stehen damit 15,4 % der Fläche der Bundesrepublik unter Natura 2000-Schutz. Dazu kommen noch die Meeresschutzgebiete (vgl. dazu § 57 BNatSchG), die ungefähr ein Drittel der Fläche der Ausschließlichen Wirtschaftszone der Bundesrepublik ausmachen.[162] Dieser beträchtliche Umfang hat seine wesentliche Ursache in der vom deutschen Schutzgebietssystem abweichenden Unterschutzstellungslogik. Während die nationalen Schutzgebiete mit Rücksichtnahme auf entgegenstehende soziale und wirtschaftliche Belange festgesetzt werden, gilt für die Auswahl der gemeinschaftlichen Schutzgebiete nur ihre naturschutzfachliche Eignung. Obwohl das Gemeinschaftsrecht besondere Anforderungen an die Ausweisung und den Schutz von Natura 2000-Gebieten vorgibt, sind diese Gebiete in den von § 20 Abs. 2 BNatSchG vorgesehenen Formen unter Schutz zu stellen (§ 32 Abs. 2 BNatSchG).

4.5.1 Einrichtung von Schutzgebieten

106 Nach Art. 4 Abs. 1 V-RL haben die Mitgliedstaaten die für die Erhaltung der in Anhang I der V-RL genannten Vogelarten die **zahlen- und flächenmäßig geeignetsten Gebiete** zu Schutzgebieten zu erklären. Entsprechendes gilt nach Art. 4 Abs. 2 V-RL für die Vermehrungs-, Mauser- und Überwinterungsgebiete sowie die Rastplätze der regelmäßig auftretenden Zugvogelarten. Die **Auswahl der Gebiete** hat sich damit **allein an ornithologischen Kriterien** zu orientieren.[163] Dazu gehören die Seltenheit, Empfindlichkeit und Gefährdung einer Vogelart sowie Populationsdichte, Artendiversität, Entwicklungspotenzial und Netzverknüpfung eines Gebietes.[164] Eine Abwägung mit anderen Belangen findet bei der Auswahl der Gebiete daher nicht statt. Als fachliches Fundament der Auswahl kommt dabei insbesondere die Liste der „Important Bird Areas" (IBA) in Betracht.[165] Sie hat allerdings keinen Rechtsnormcharakter, sondern dient lediglich als fachliche Orientierungshilfe.[166] In diesem Rahmen ist den Behörden dabei ein gewisser ornithologischer Beurteilungsspielraum eröffnet, der von den Gerichten nur eingeschränkt nachprüfbar ist.[167] Er beschränkt sich darauf, ob die Auswahlentscheidung ornithologisch vertretbar ist.[168] Die ausgewählten Gebiete sind der Europäischen Kommission nach Art. 4 Abs. 3 V-RL zu melden. Die Vollständigkeit der gemeldeten Gebiete

---

[160] Vgl. dazu <www.bfn.de/0316_gebiete.html> (Stand: 13.06.2012).

[161] Vgl. dazu <www.bfn.de/0318_gebiete.html> (Stand: 13.06.2012).

[162] BfN 2008, S. 170.

[163] EuGH, NuR 1994, 521 (522); 1997, 36 (37).

[164] BVerwGE 117, 149 (155).

[165] EuGH, NuR 1998, 538 (541); NuR 2001, 210 (211); NuR 2007, 678 (679); BVerwG, NuR 2002, 539 (543).

[166] BVerwGE 120, 1 (8).

[167] EuGH, NuR 1991, 249 (250); NuR 1994, 521 (523); BVerwGE 117, 149 (155); BVerwG, NuR 2008, 495 (496).

[168] BVerwG, NuR 2008, 495 (496).

unterliegt der gerichtlichen Nachprüfung.[169] Obwohl das BVerwG zu erkennen gegeben hat, dass der Auswahlprozess grundsätzlich zum Abschluss gekommen ist,[170] weist der EuGH daraufhin, neue Erkenntnisse und Informationen könnten es erforderlich machen, die Gebietsauswahl zu aktualisieren.[171] Auf jeden Fall bedeutet die Erklärung eines Bundeslandes, dass es das Gebietsauswahlverfahren für beendet betrachtet, nicht, dass dies tatsächlich so ist.[172]

107 Die Mitgliedstaaten haben nach Art. 4 Abs. 4 V-RL geeignete Maßnahmen zu treffen, um in diesen Gebieten die Verschmutzung oder Beeinträchtigung der Lebensräume sowie der Belästigung der Vögel zu vermeiden, soweit sich diese auf den Schutzzweck als erheblich auswirken. Dies erfolgt durch Unterschutzstellung in den dafür geeigneten Formen des nationalen Rechts (vgl. § 32 Abs. 2 BNatSchG), in der Bundesrepublik grundsätzlich als Naturschutzgebiete, in besonderen Fällen auch als Landschaftsschutzgebiete. Von dem Zeitpunkt an, an dem ein Vogelschutzgebiet rechtsverbindlich unter Schutz gestellt worden ist, unterliegt es nicht mehr den Anforderungen der V-RL, sondern nach Art. 7 FFH-RL denen der FFH-RL. Dies bedeutet, dass für die Zulassung von Plänen und Projekten, die ausgewiesene Vogelschutzgebiete beeinträchtigen können, dann Art. 6 Abs. 3 bis 4 FFH-RL anzuwenden sind. Dabei reicht eine einstweilige Sicherstellung nicht aus, weil es ihr an Dauerhaftigkeit und Festigkeit des Schutzes fehlt.[173]

108 Die **Unterschutzstellung von FFH-Gebieten** unterscheidet sich vom Prozess der Unterschutzstellung von Vogelschutzgebieten. Nach Art. 4 Abs. 1 FFH-RL sind die Mitgliedstaaten verpflichtet, anhand der in Anhang III festgelegten Anforderungen und einschlägigen wissenschaftlichen Informationen eine Liste von Gebieten der in Anhang I genannten Lebensraumtypen und Habitate der in Anhang II angeführten Arten zu erstellen und diese der Europäischen Kommission zu melden. Einen besonderen Status haben dabei die sogenannten „prioritären" Lebensraumtypen und Arten. Bei der **Auswahl** steht den Mitgliedstaaten ein naturschutzfachlicher Beurteilungsspielraum,[174] aber **kein durch ökonomische, soziale oder politische Kriterien gesteuertes Auswahlermessen** zu.[175] Wie auch bei den Vogelschutzgebieten ist es im FFH-Gebietsschutz nicht ausgeschlossen, dass trotz fortgeschrittenem Meldestand weitere Gebiete zur Meldung kommen können.[176] Auf der Grundlage der Gebietsmeldungen durch die Mitgliedstaaten erstellt die Kommission nach Art. 4 Abs. 2 FFH-RL einen Entwurf der Liste der Gebiete von gemeinschaftlicher Bedeutung für die in Art. 1 lit. c Ziff. iii angeführten biogeographischen Regionen. Diese Listung erfolgt im Einvernehmen mit den Mitgliedstaa-

---

[169] BVerwGE 117, 149 (154).
[170] BVerwG, NuR 2008, 633, Rn. 55.
[171] EuGH, NuR 2006, 429, Rn. 43.
[172] BVerwGE 117, 149 (155).
[173] BVerwGE 120, 276 (287); OVG Greifswald, NuR 2011, 136 (138).
[174] BVerwG, NuR 2001, 216 (221).
[175] EuGH, NuR 2001, 206 (207).
[176] BVerwGE 117, 149 (155); 126, 166 (168).

ten. Stimmt der Habitatausschuss diesem Entwurf zu (Art. 21 FFH-RL), teilt die Kommission den Mitgliedstaaten die Liste als Entscheidung mit.

109 Die Mitgliedstaaten haben die Gebiete so schnell wie möglich, aber spätestens nach sechs Jahren (Art. 4 Abs. 4 FFH-RL) als besondere Schutzgebiete in den Schutzkategorien des nationalen Rechts auszuweisen (vgl. § 32 Abs. 2 BNatSchG). Die Schutzerklärung bestimmt den Schutzzweck entsprechend den jeweiligen Erhaltungszielen und die erforderlichen Gebietsabgrenzungen (§ 32 Abs. 3 BNatSchG). Durch Gebote und Verbote sowie durch Pflege- und Entwicklungsmaßnahmen ist sicherzustellen, dass diese erreicht werden. Ab ihrer Aufnahme in die Gemeinschaftsliste unterliegen die Gebiete dem Schutz des Art. 6 Abs. 2–4 FFH-RL.

4.5.2 Vorwirkender Schutz

110 In diesem Zusammenhang stellt sich die Frage, welchen **Schutz** Gebiete **vor ihrer förmlichen Unterschutzstellung** genießen. Die Rechtsprechung hat hier einen vorwirkenden Schutz bejaht.[177] Für Gebiete, die die besonderen Anforderungen eines Vogelschutzgebietes nach Art. 4 Abs. 1 S. 4 V-RL zweifelsfrei erfüllen, aber pflichtwidrig nicht zum Vogelschutzgebiet erklärt worden sind, hat sich die Bezeichnung **„faktisches Vogelschutzgebiet"** durchgesetzt.[178] Nur Habitate, die in signifikanter Weise zur Arterhaltung beitragen, gehören zum Kreis der i. S. d. Art. 4 V-RL geeignetsten Gebiete.[179] Als faktische Vogelschutzgebiete kommen insbesondere Gebiete in Betracht, die in dem Verzeichnis der IBA angeführt worden sind.[180] Das pflichtwidrige Unterlassen der Unterschutzstellung führt auch ohne Umsetzung in nationales Recht zur unmittelbaren Anwendung der V-RL.[181] Das „faktische Vogelschutzgebiet" steht damit unter dem Schutz des Art. 4 Abs. 4 S. 1 V-RL.[182] Danach ist die Verschmutzung oder Beeinträchtigung der Lebensräume sowie eine erhebliche Belästigung der Vögel zu vermeiden. Es gilt daher ein strenges Beeinträchtigungs- und Störungsverbot.[183] Es greift insbesondere bei Verkleinerung des Schutzgebietes.[184] Auch der Verlust einzelner Brutreviere kann eine substanzielle Beeinträchtigung darstellen.[185] Erhebliche Beeinträchtigungen sind nur zulässig, wenn sie aus überwiegenden Gründen des Gemeinwohls erforderlich sind.[186] Eine Zulassung eines Vorhabens nach Maßgabe des Art. 6 Abs. 3 und 4 FFH-RL ist damit im Rahmen des vorläufigen Schutzes ausgeschlossen.[187]

---

[177] EuGH, NuR 1994, 521 (522); NuR 1997, 36 (38).
[178] BVerwG, NuR 1998, 649 (651); BVerwGE 107, 1 (18); 117, 149 (153); 120, 276 (287).
[179] BVerwGE 120, 87 (101); 126, 166, Rn. 20.
[180] BVerwGE 126, 166, Rn. 21.
[181] EuGH, NuR 1994, 521 (523); NuR 2007, 678 (679).
[182] EuGH, NuR 1994, 521 (522); NuR 2001, 210 (212).
[183] BVerwG, NuR 2002, 153 (154); NuR 2003, 360 (361).
[184] BVerwGE 120, 276 (291).
[185] BVerwGE 120, 276 (291).
[186] EuGH, NuR 1991, 249 (250); BVerwGE 120, 276 (289).
[187] EuGH, NuR 2001, 210 (212).

111 Nach Ansicht des EuGH kommt eine Anwendung der Schutzvorschriften des Art. 6 Abs. 2–4 FFH-RL nur für **FFH-Gebiete** in Betracht, die bereits in die Gemeinschaftsliste aufgenommen worden sind.[188] Wie bei den Vogelschutzgebieten stellt sich auch hier die Frage nach dem Schutz der FFH-Gebiete **vor ihrer Aufnahme in die Gemeinschaftsliste**. Gebiete, die im Sinne des Anhanges III als geeignet zu betrachten sind, deren Meldung aber unterblieben ist, werden als **„potenzielle FFH-Gebiete"** bezeichnet. Dies setzt voraus, dass die sachlichen Anforderungen erfüllt sind, sich die Aufnahme in das Netz „Natura 2000" aufdrängt oder nahe liegt und der Mitgliedstaat die FFH-RL noch nicht vollständig umgesetzt hat.[189] Die Mitgliedstaaten haben dann dafür Sorge zu tragen, dass ein als FFH-Gebiet in Betracht kommendes Gebiet nicht ernsthaft beeinträchtigt wird.[190] Es sind geeignete Schutzmaßnahmen geboten, um die ökologischen Merkmale dieses Gebietes zu erhalten.[191] Es dürfen keine Maßnahmen zugelassen werden, die die Fläche des Gebietes wesentlich verringern, zum Verschwinden prioritärer Arten führen oder die Beseitigung repräsentativer Merkmale zur Folge haben können.[192] Das BVerwG hat die entsprechende Anwendung der Art. 6 Abs. 3 und 4 FFH-RL für Projekte, die potenzielle FFH-Gebiete erheblich beeinträchtigen können, angenommen, deren Aufnahme in die Gebietsliste sich aufdrängt.[193] Dies gilt für Gebiete, die bereits vom Mitgliedstaat gemeldet, aber noch nicht in die Gemeinschaftsliste aufgenommen worden sind.[194] Im Übrigen reiche aus, das Gebiet nicht so zu beeinträchtigen, dass es für eine Meldung nicht mehr in Betracht komme.[195]

4.5.3 Allgemeiner Schutz

112 Nach Art. 2 Abs. 2 der FFH-RL sind die natürlichen Lebensräume und die wild lebenden Tier- und Pflanzenarten von gemeinschaftlichem Interesse in einem günstigen Erhaltungszustand zu bewahren. Nach Art. 6 Abs. 2 FFH-RL treffen die Mitgliedstaaten die geeigneten Maßnahmen, um in den besonderen Schutzgebieten die Verschlechterung der natürlichen Lebensräume und der Habitate der Arten sowie Störungen von Arten, für die die Gebiete ausgewiesen worden sind, zu vermeiden, sofern sich solche Störungen im Hinblick auf die Ziele dieser Richtlinie als erheblich auswirken könnten. § 33 BNatSchG setzt Art. 6 Abs. 2 FFH-RL in nationales Recht um. Er statuiert zu diesem Zweck ein allgemeines Störungs- und Veränderungsverbot für Natura 2000-Gebiete. Geschützt sind FFH-Gebiete gemäß § 7 Abs. 1 Nr. 6 BNatSchG ab Aufnahme in die Gemeinschaftsliste und Vogelschutzgebiete nach Maßgabe von § 7 Abs. 1 Nr. 7

[188] EuGH, NuR 2005, 242 (243).
[189] BVerwGE 107, 1 (21); 112, 140 (156); 116, 254 (257); 120, 1 (9).
[190] EuGH, NuR 2006, 763 (764).
[191] EuGH, NuR 2006, 763, Rn. 44.
[192] EuGH, NuR 2006, 763, Rn. 46.
[193] BVerwGE 116, 254 (257).
[194] BVerwGE 124, 201 (208).
[195] BVerwGE 116, 254 (257); 120, 87 (104).

BNatSchG ab ihrer rechtsverbindlichen Ausweisung. Geschützt sind die Gebiete nur in ihren administrativen Grenzen.[196] Erfüllen gebietsexterne Flächen notwendige Funktionen für die vom FFH-Recht geschützten Arten, ist das Gebiet insoweit falsch abgegrenzt.

113 Nach § 33 Abs. 1 BNatSchG sind alle Veränderungen und Störungen, die zu einer erheblichen Veränderung eines Natura 2000-Gebietes in seinen für die Erhaltungsziele oder den Schutzzweck maßgeblichen Bestandteilen führen können, unzulässig. Damit verschiebt das deutsche Recht die vom Gemeinschaftsrechts an die Mitgliedstaaten adressierte Schutzverpflichtung in ein abstraktes **Verschlechterungsverbot**, das z. B. bei aufgrund von natürlichen Einwirkungen eingetretenen Gebietsbeeinträchtigungen leer zu laufen droht. Das allgemeine Verschlechterungsverbot hat eine präventive Funktion. Es greift nicht gegenüber bereits eingetretenen Beeinträchtigungen. Der durch § 33 BNatSchG begründete allgemeine Schutz tritt hinter den gegenüber Projekten und Plänen konstituierten besonderen Schutzanforderungen des § 34 BNatSchG zurück.

4.5.4 Schutz gegenüber Projekten und Plänen

114 Für die Zulässigkeit von **Projekten** und **Plänen**, die Natura 2000-Gebiete berühren, gelten die §§ 34–36 BNatSchG. Sie sind leges speciales zum § 33 BNatSchG und setzen Art. 6 Abs. 3 und 4 FFH-RL in deutsches Recht um. § 34 BNatSchG kennt **zwei Zulassungsebenen** für Projekte im Rahmen des Gebietsschutzes von „Natura 2000". Entsprechendes gilt nach § 36 BNatSchG für Pläne. Zulässig sind nach Maßgabe von § 34 Abs. 2 BNatSchG zunächst Projekte und Pläne, die ein Gebiet nicht erheblich beeinträchtigen. Dies ist im Rahmen einer **FFH-Verträglichkeitsprüfung** zu belegen. **Abweichend davon** können auch erheblich beeinträchtigende Projekte und Pläne unter den **Voraussetzungen des § 34 Abs. 3–5 BNatSchG** zugelassen werden. In dieser Vorschrift realisiert sich die in Art. 2 Abs. 3 FFH-RL niedergelegte Zielsetzung, den Anforderungen von Wirtschaft, Gesellschaft und Kultur sowie der regionalen und örtlichen Besonderheiten im Rahmen des Schutzes von Natura 2000-Gebieten Rechnung zu tragen.[197]

4.5.4.1 Projekt- und Planbegriff

115 § 34 BNatSchG bezieht sich nur auf Projekte. Der **Projektbegriff** ist durch die FFH-RL nicht definiert. Eine Kompetenz des deutschen Gesetzgebers, den Projektbegriff zu konkretisieren, ist vom EuGH verworfen worden.[198] Vielmehr gewinnt dieser die Konturen des Projektbegriffs aus Art. 1 Abs. 2 der RL 85/337/EWG über die **Umweltverträglichkeitsprüfung.**[199] Als Projekte kommen danach die Errichtung von baulichen oder sonstigen Anlagen sowie sonstige Eingriffe in Natur und Landschaft einschließlich derjenigen

---

[196] BVerwG, NuR 2011, 558, Rn. 32.

[197] EU-Kommission, Natura 2000 – Gebietsmanagement. Die Vorgaben des Artikels 6 der Habitat-Richtlinie 92/43/EWG, 2000, S. 32.

[198] EuGH, NuR 2006, 166, Rn. 40 ff.

[199] Vgl. EuGH, NuR 2004, 788, Rn. 23.

zum Abbau von Bodenschätzen in Betracht. Diese müssen nicht zwingend nach deutschem Recht zulassungsbedürftig sein (vgl. § 34 Abs. 6 BNatSchG). Aus diesem weiten Projektbegriff ergibt sich, dass grundsätzlich auch land- oder fischereiwirtschaftliche Tätigkeiten Projekte i. S. d. § 34 BNatSchG sein können.[200] Auch fortlaufende Unterhaltungsmaßnahmen an Infrastrukturen, die nach nationalem Recht keiner besonderen Genehmigung bedürfen, können Projekte sein.[201] Noch nicht abschließend geklärt ist dagegen bisher, ob die von zugelassenen Projekten ausgehenden Beeinträchtigungen nach § 33 oder nach § 34 BNatSchG zu bewerten sind.[202] Zumindest für Beeinträchtigungen, die bereits einer FFH-Verträglichkeitsprüfung unterzogen worden sind, sich aber entgegen der dort entwickelten Bewertung als erhebliche Beeinträchtigungen erwiesen haben, erscheint § 33 BNatSchG aus rechtssystematischen Gründen als die zutreffende Norm.

116 § 34 BNatSchG erfasst nicht nur Projekte, die innerhalb eines Natura 2000-Gebietes durchgeführt werden sollen, sondern auch außerhalb liegende. Maßgeblich ist allein, ob von ihnen Beeinträchtigungen des Gebiets, etwa durch Emissionen oder Barriereeffekte, ausgehen können. Dient das Projekt, wie etwa Pflegemaßnahmen nach Maßgabe eines Bewirtschaftungsplanes i. S. d. § 32 Abs. 5 BNatSchG, unmittelbar der Verwaltung des Gebiets, ist die Durchführung einer FFH-Verträglichkeitsprüfung entbehrlich.

117 Der **Planbegriff** ist gleichfalls gemeinschaftsrechtlich nicht definiert. § 36 Nr. 1 BNatSchG stellt zunächst klar, dass darunter auch Linienbestimmungen für Bundes- und Bundeswasserstraßen fallen. Nach § 36 Nr. 2 BNatSchG gelten als Pläne im Weiteren alle Pläne, die bei behördlichen Entscheidungen zu beachten oder zu berücksichtigen sind. § 36 BNatSchG sichert so die entsprechende Anwendung des Zulassungsregimes für Projekte für alle Pläne, von denen eine rechtsbedeutsame Wirkung ausgeht. Dies gilt nach Maßgabe von § 36 S. 2 BNatSchG nicht unmittelbar für Raumordnungs- und Bauleitpläne. In den jeweiligen Fachgesetzen ist allerdings eine spezialgesetzliche Anwendung der gemeinschaftsrechtlichen Vorgaben geregelt (vgl. § 7 Abs. 6 ROG; § 1a Abs. 2 Nr. 4 BauGB).

4.5.4.2 Adressatenkreis

118 Die Pflicht zur Durchführung der FFH-Verträglichkeitsprüfung trifft die Behörde, die über die Zulässigkeit des Projekts entscheidet. Die FFH-Verträglichkeitsprüfung findet dabei im Rahmen der für das Projekt einschlägigen Zulassungsverfahren statt. Für zulassungsfreie Projekte gilt § 34 Abs. 6 BNatSchG (vgl. 4.5.6). Nach § 34 Abs. 1 S. 2 BNatSchG hat der Projektträger die zur Prüfung der Verträglichkeit sowie der Voraussetzungen nach § 34 Abs. 3 bis 5 BNatSchG erforderlichen Unterlagen vorzulegen. Ihn trifft damit auch die Kostentragungslast für die Erstellung der Unterlagen.

---

[200] EuGH, NuR 2004, 788, Rn. 27.

[201] Vgl. EuGH, NuR 2010, 114, Rn. 50.

[202] Vgl. dazu EuGH, NuR 2004, 788, Rn. 37; EuGH, NuR 2005, 494, Rn. 57.

4.5.4.3 Vorprüfung

119 Eine FFH-Verträglichkeitsprüfung ist vor der Durchführung des Projekts immer dann vorzunehmen, wenn anhand objektiver Umstände nicht ausgeschlossen werden kann, dass ein Projekt das fragliche Gebiet beeinträchtigen kann.[203] Der eigentlichen FFH-Verträglichkeitsprüfung geht damit eine **Vorprüfung**, das sogenannte Screening, voraus.[204] In ihr ist zu ermitteln, **ob Beeinträchtigungen** des Schutzgebietes **offensichtlich ausgeschlossen** werden können[205] und sich deshalb die Durchführung einer FFH-Verträglichkeitsprüfung erübrigt. Gegenstand der Vorprüfung ist damit die Frage, ob es objektiv möglich ist, dass das Projekt ein Erhaltungsziel des Gebiets gefährden kann.[206] Besteht auch nur die Besorgnis nachteiliger Auswirkungen, ist die Klärung des Zusammenhanges von Vorhabenrealisierung und Beeinträchtigung eines FFH-Gebietes in einer FFH-Verträglichkeitsprüfung durchzuführen. Wegen des pauschalierenden Ansatzes der Vorprüfung zum Verursachungszusammenhang müssen hier Kompensationsmaßnahmen (vgl. dazu 5.4.6) in aller Regel außer Betracht bleiben.[207]

4.5.4.4 Prüfung der FFH-Verträglichkeit

120 Nach § 34 Abs. 1 BNatSchG sind Projekte vor ihrer Zulassung oder Durchführung auf ihre Verträglichkeit mit den Erhaltungszielen eines Natura 2000-Gebietes zu überprüfen. Die FFH-Verträglichkeitsprüfung hat den „Gegenbeweis" zu liefern, dass entgegen den Besorgnissen der Vorprüfung keine erheblichen Beeinträchtigungen des Gebiets zu erwarten sind.[208] Dazu ist eine sorgfältige Bestandserfassung und -bewertung der vom Projekt betroffenen maßgeblichen Gebietsbestandteile zu leisten[209] und eine komplexe Wirkungsprognose zu erstellen.[210] Für die Durchführung einer FFH-Verträglichkeitsprüfung ist keine besondere Methode festgelegt.[211] Verlangt wird aber die Ausschöpfung der besten verfügbaren wissenschaftlichen Erkenntnisse.[212] Prüfungsgegenstand sind dabei die Gesamtwirkungen aus der Kombination des Projekts mit anderen Projekten und Plänen auf das Gebiet.[213] Einzustellen sind damit auch die summativen Effekte mit bereits realisierten, genehmigten und in Planung befindlichen Vorhaben, soweit deren Auswirkungen hinreichend bestimmbar sind.

---

[203] EuGH, NuR 2004, 788, Rn. 37.
[204] BVerwGE 128, 1, Rn. 61.
[205] BVerwGE 128, 1, Rn. 60.
[206] *Storost*, FFH-Verträglichkeitsprüfung und Abweichungsentscheidung, DVBl. 2009, 673 (674).
[207] BVerwG, NuR 2008, 115, Rn. 19.
[208] BVerwGE 128, 1, Rn. 64.
[209] BVerwG, NuR 2010, 558, Rn. 50.
[210] *Lau*, Fachliche Beurteilungsspielräume in der FHH-Verträglichkeitsprüfung, UPR 2010, 169 (170).
[211] EuGH, NuR 2004, 788, Rn. 52.
[212] EuGH, NuR 2004, 788, Rn. 54; BVerwGE 128, 1, Rn. 61.
[213] EuGH, NuR 2004, 788, Rn. 53.

121 Maßgebliches Kriterium der Verträglichkeitsprüfung ist die Frage, *ob* **„das Gebiet als solches" beeinträchtigt** wird.[214] Entscheidender Maßstab für die Prüfung der FFH-Verträglichkeit sind damit die für das Gebiet **festgelegten Erhaltungsziele.**[215] Erfasst und bewertet werden müssen daher in der FFH-Verträglichkeitsprüfung nur die für die Erhaltungsziele maßgeblichen Gebietsbestandteile.[216] Darunter sind nach § 7 Abs. 1 Nr. 9 BNatSchG die Ziele zu verstehen, die im Hinblick auf die Erhaltung oder Wiederherstellung eines **günstigen Erhaltungszustandes** eines natürlichen Lebensraumtyps von gemeinschaftlichen Interesse, einer in Anhang II der Richtlinie 92/43/EWG oder in Art. 4 Abs. 2 oder Anhang I der Richtlinie 79/409/EWG aufgeführten Art für ein Natura 2000-Gebiet festgelegt sind. Sind diese nicht festgelegt, kann auf die im Rahmen der Gebietsmeldung erstellten Standarddatenbögen zurückgegriffen werden.[217]

122 Soweit ein Natura 2000-Gebiet ein geschützter Teil von Natur und Landschaft im Sinne des § 20 Abs. 2 BNatSchG ist, ergeben sich nach § 34 Abs. 1 S. 2 BNatSchG die Maßstäbe für die Verträglichkeit aus dem Schutzzweck und den dazu erlassenen Vorschriften, wenn hierbei die jeweiligen Erhaltungsziele bereits berücksichtigt wurden. Altverordnungen für Gebiete, die vor ihrer Meldung als FFH-Gebiete nach deutschem Recht unter Schutz gestellt wurden, genügen diesen Anforderungen nicht. Hier sind die Angaben im jeweiligen für die Gebietsmeldung erstellten Standarddatenbogen maßgeblich.[218] Es ist allerdings nicht ausgeschlossen, dass vom FFH-Schutz nicht erfasste Belange, wie etwa das Landschaftsbild, nach Maßgabe der Unterschutzstellungsverordnung einem Veränderungsverbot, etwa nach § 23 Abs. 2 BNatSchG, unterliegen. In diesem Fall beurteilt sich die Zulässigkeit des Projekts für die vom FFH-Schutz nicht erfassten Belange nach § 62 BNatSchG.[219]

123 Das FFH-Recht zielt daher nicht auf einen umfassenden Flächenschutz, sondern auf einen spezifischen Schutz der Erhaltungsziele.[220] Auf dieser Basis sind dann die unmittelbaren und mittelbaren Einwirkungen zu ermitteln und zu bewerten.[221] Es ist daher nicht erforderlich, das gesamte Inventar des Gebiets flächendeckend und umfassend zu ermitteln. Drohen „Projekte, obwohl sie sich auf das Gebiet auswirken, nicht, die für dieses festgesetzten Erhaltungsziele zu beeinträchtigen, so sind sie nicht geeignet, das in Rede stehende Gebiet erheblich zu beeinträchtigen."[222] Der FFH-Gebietsschutz erstreckt sich daher grundsätzlich nicht auf die von ihm nicht erfassten europäischen Vogelarten. Ihr Schutz wird über die parallel anzuwendenden artenschutzrechtlichen Bestimmungen

---

214 *Storost*, DVBl. 2009, 173 (174).
215 EuGH, NuR 2004, 788, Rn. 49.
216 BVerwGE 130, 299, Rn. 72.
217 BVerwGE 128, 1, Rn. 75.
218 Vgl. BT-Drs. 16/12274, S. 65.
219 *Fischer-Hüftle*, NuR 2010, 34 (35).
220 *Jarass*, NuR 2007, 371 (373).
221 *Storost*, DVBl. 2009, 173 (174)
222 EuGH, NuR 2004, 788; Rn. 47.

erreicht.[223] Eine auf der Grundlage der besten wissenschaftlichen Erkenntnisse durchgeführte Bestandsbewertung ist dabei einer gerichtlichen Kontrolle nur eingeschränkt zugänglich.[224]

4.5.4.5 Erhebliche Beeinträchtigungen

124 Grundsätzlich ist **jede Beeinträchtigung von Erhaltungszielen erheblich.**[225] Unerheblich sind nur Beeinträchtigungen, die kein Erhaltungsziel nachteilig berühren.[226] Lediglich Bagatellbeeinträchtigungen können unberücksichtigt bleiben.[227] Bewertungskriterium ist dabei der **günstige Erhaltungszustand der geschützten Lebensraumtypen und Arten.**[228] Er muss nach Durchführung des Vorhabens **stabil bleiben.**[229] Das Gebiet muss daher in der Lage sein, nach der vorhabenbedingten Störung wieder zum ursprünglichen Gleichgewicht zurückzukehren.[230] Der Erhaltungszustand eines natürlichen Lebensraumes wird nach Art. 1 lit. e FFH-RL als günstig erachtet, wenn sein natürliches Verbreitungsgebiet sowie die Flächen, die er in diesem Gebiet einnimmt, beständig sind oder sich ausdehnen und die für seinen langfristigen Fortbestand notwendige Struktur und spezifischen Funktionen bestehen und in absehbarer Zukunft wahrscheinlich weiterbestehen werden und der Erhaltungszustand der für ihn charakteristischen Arten günstig ist. Vorhabenbedingte Flächenverluste sind daher grundsätzlich als erheblich zu betrachten.[231] Beim günstigen Erhaltungszustand einer vom Erhaltungsziel eines FFH-Gebiets umfassten Tier- und Pflanzenart geht es nach Art. 1 lit. i FFH-RL um ihre Populationsdynamik, ihr Verbreitungsgebiet und ihre Populationsgröße. Anders als bei den Lebensraumtypen indizieren Flächenverluste erhebliche Beeinträchtigungen der geschützten Art nicht ohne Weiteres.[232] Befindet sich das Gebiet in einem ungünstigen Erhaltungszustand, ist es grundsätzlich für jede weitere Zusatzbelastung gesperrt.[233] Entsprechendes gilt, wenn aufgrund von Vorbelastungen die Belastbarkeitsgrenze des Gebiets bereits erreicht ist.[234] Hier sind Zusatzbelastungen nur unschädlich, wenn sie die Bagatellgrenze nicht überschreiten.[235]

125 Ergibt die Prüfung der Verträglichkeit, dass das Projekt zu erheblichen Beeinträchtigungen des Gebiets in seinen für die Erhaltungsziele oder den Schutzzweck maßgebli-

---

[223] BVerwGE 125, 116, Rn. 549.
[224] BVerwGE 130, 299, Rn. 75.
[225] BVerwGE 128, 1, Rn. 41.
[226] BVerwGE 128, 1, Rn. 41.
[227] BVerwGE 130, 299, Rn. 124 .
[228] BVerwGE 128, 1, Rn. 43.
[229] BVerwGE 128, 1, Rn. 43.
[230] BVerwGE 128, 1, Rn. 43.
[231] BVerwGE 128, 1, Rn. 50; BVerwGE 130, 299, Rn. 124.
[232] BVerwGE 128, 1, Rn. 132.
[233] OVG Greifswald, NuR 2011, 136 (141).
[234] BVerwGE 128, 1, Rn. 108; 130, 299, Rn. 108; BVerwG, NuR 2010, 190.
[235] BVerwGE 130, 299, Rn. 125.

chen Bestandteilen führen kann, ist es nach § 34 Abs. 2 BNatSchG unzulässig. Zulässig ist ein Projekt nur, wenn die Gewissheit besteht, dass es zu keinen erheblichen Beeinträchtigungen des Gebiets kommen wird. Es **darf** aus wissenschaftlicher Sicht **kein vernünftiger Zweifel daran bestehen**, dass es keine solchen Auswirkungen gibt.[236] **Ungewissheiten und Unsicherheiten** gehen damit **zu Lasten des Vorhabens**. Rein theoretische Besorgnisse scheiden allerdings aus.[237] Zulässig ist es dagegen, mit Prognosewahrscheinlichkeiten und Schätzungen zu arbeiten.[238] „Worst-case-Betrachtungen", die im Zweifelsfall verbleibende negative Auswirkungen des Vorhabens unterstellen, dürfen eingestellt werden.[239]

4.5.4.6 Schadensvermeidende Maßnahmen

126 Bei der Beurteilung der Erheblichkeit sind auch **Maßnahmen zur Vermeidung und Verminderung der Beeinträchtigungen** zu berücksichtigen.[240] Dies trifft für **Maßnahmen am Vorhaben**, wie etwa die Terminierung der Bau- und Betriebszeiten, die technischen Anlagenkonfigurationen oder den Standort, ohne Zweifel zu. Fraglich ist dagegen, ob auch **Maßnahmen am Schutzgut**, wie etwa Beseitigung von Barrieren oder Aufwertung ökologischer Funktionen des Gebiets, Berücksichtigung finden können. **Schutz- und Kompensationsmaßnahmen** sind nach Ansicht des BVerwG bei der Prüfung der Erheblichkeit **zu berücksichtigen**, sofern sie sicherstellen, dass der günstige Erhaltungszustand der geschützten Lebensraumtypen und Arten stabil bleibt.[241] Es macht nach seiner Ansicht aus Sicht des Habitatschutzes keinen Unterschied, ob die durch ein Vorhaben verursachten Beeinträchtigungen von vorneherein als unerheblich einzustufen sind oder ob sie diese Eigenschaft erst dadurch erlangen, dass Schutzvorkehrungen angeordnet und getroffen werden.[242] Gegen diese Auffassung spricht, dass damit die Gefahr besteht, dass der Unterschied zum Abweichungsregime aufgehoben wird, in dem nach Maßgabe von § 34 Abs. 5 BNatSchG Maßnahmen zur Kohärenzsicherung verlangt werden, und die dort bestehende Pflicht zur Unterrichtung der **Kommission** unterlaufen wird.[243]

127 Gefordert ist nach der Rechtsprechung des BVerwG allerdings für die Berücksichtigungsfähigkeit von Schutz- und Kompensationsmaßnahmen im Rahmen der Prüfung der FFH-Verträglichkeit, dass die Schutz- und Kompensationsmaßnahmen erhebliche Beeinträchtigungen des Gebiets nachweislich wirksam verhindern.[244] **An ihrer Wirk-**

[236] EuGH, NuR 2004, 788, Rn. 59.
[237] BVerwGE 128, 1, Rn. 60.
[238] BVerwGE 128, 1, Rn. 64.
[239] BVerwGE 128, 1, Rn. 64.
[240] EU-Kommission, Natura 2000 – Gebietsmanagement. Die Vorgaben des Artikels 6 der Habitat-Richtlinie 92/43/EWG, 2000, S. 41.
[241] BVerwGE 128, 1, Rn. 53.
[242] BVerwGE 128, 1, Rn. 53.
[243] Vgl. dazu Rn. 134.
[244] BVerwGE 128, 1, Rn. 54.

samkeit darf daher kein vernünftiger Zweifel bestehen. Sie müssen dabei zum Zeitpunkt der Durchführung des Vorhabens den Eintritt erheblicher Beeinträchtigungen des Gebiets mit Sicherheit ausschließen. Dies wird für Kompensationsmaßnahmen, die im Rahmen der naturschutzrechtlichen Eingriffsregelung angeordnet werden, in der Regel nicht gegeben sein.[245] Sämtliche Risiken, die aus Schwierigkeiten bei der Umsetzung der Maßnahmen oder der Beurteilung ihrer langfristigen Wirksamkeit resultieren, gehen zu Lasten des Vorhabens.[246] Zur Beherrschung von Prognoseunsicherheiten über die Wirksamkeit von Schutz- und Kompensationsmaßnahmen kann im Rahmen eines Risikomanagements ein Monitoring eingesetzt werden.[247] Wird ein solches Monitoring angeordnet, müssen zugleich begleitende Korrektur- und Vorsorgemaßnahmen für den Fall vorgesehen sein, dass das Monitoring zu einem negativen Befund gelangt.[248]

4.5.5 Zulassung im Rahmen des Abweichungsregimes

128 Das Abweichungsregime eröffnet eine **zweite Zulassungsebene für Vorhaben**, *die* nach Maßgabe der Prüfung der FFH-Verträglichkeit **ein Gebiet erheblich beeinträchtigen**. Es enthält drei Anforderungen. Abweichend von Absatz 2 darf ein Projekt nach § 34 Abs. 3 BNatSchG nur zugelassen oder durchgeführt werden, soweit es:

- aus zwingenden Gründen des überwiegenden öffentlichen Interesses, einschließlich solcher sozialer oder wirtschaftlicher Art, notwendig ist und
- zumutbare Alternativen, den mit dem Projekt verfolgten Zweck an anderer Stelle ohne oder mit geringeren Beeinträchtigungen zu erreichen, nicht gegeben sind sowie zudem
- zusätzlich die zur Sicherung des Zusammenhangs des Netzes „Natura 2000“ notwendigen Maßnahmen vorgesehen sind und die EU-Kommission unterrichtet worden ist (§ 34 Abs. 5 BNatSchG).

129 Das Abweichungsregime knüpft an die Prüfung der Verträglichkeit an und kann damit durch Fehleinschätzungen der FFH-Verträglichkeitsuntersuchung infiziert werden, soweit die dort ermittelten Befunde für die nach § 34 Abs. 3 bis 5 BNatSchG zu treffenden Bewertungen bedeutsam sind.[249] Auch die in diesem Zusammenhang einschlägigen Unterlagen sind vom Projektträger vorzulegen (§ 34 Abs. 1 S. 2 BNatSchG). Zwischen der grundsätzlichen Unzulässigkeit von Projekten, die ein Gebiet erheblich beeinträchtigen, und der Entscheidung, ihre Durchführung gleichwohl nach Maßgabe von § 34 Abs. 3 BNatSchG zuzulassen, besteht dabei kein empirisches Regel-Ausnahme-Verhältnis in dem Sinne, dass von ihr tatsächlich nur in Ausnahmefällen Gebrauch gemacht werden

---

245 *Storost*, DVBl. 2009, 673 (677).

246 BVerwGE 128, 1, Rn. 54.

247 BVerwGE 130, 299, Rn. 105.

248 BVerwGE 128, 1, Rn. 55.

249 BVerwGE 128, 1, Rn. 116; relativierend: BVerwG, NuR 2008, 659, Rn. 24.

dürfte. Es kommt allein auf das Vorliegen der Abweichungsgründe an. Sie sind eng auszulegen.[250]

4.5.5.1 Zwingende Gründe des überwiegenden öffentlichen Interesses

Das Abweichungsregime lässt Gründe des öffentlichen Interesses als Rechtfertigung für die Durchbrechung des strengen ökologischen Schutzregimes zu, das für die Einrichtung von FFH-Gebieten allein maßgeblich ist und sich im Weiteren in der FFH-Verträglichkeitsprüfung manifestiert. Der **Begriff des öffentlichen Interesses umfasst dabei** grundsätzlich **alle Allgemeinbelange**. In Betracht kommen auch soziale und wirtschaftliche Gründe. Rein private Interessen können eine Abweichung dagegen nicht rechtfertigen. Projekte privater Träger können daher nur zugelassen werden, wenn zugleich hinreichend gewichtige öffentliche Interessen, wie etwa die Schaffung von Arbeitsplätzen oder die Verbesserung der regionalen Wirtschaftsstruktur, an ihrer Realisierung bestehen. 130

Können von dem Projekt im Gebiet vorkommende **prioritäre natürliche Lebensraumtypen oder prioritäre Arten** betroffen werden, können nach § 34 Abs. 4 BNatSchG als zwingende Gründe des überwiegenden öffentlichen Interesses nur solche im Zusammenhang mit der Gesundheit des Menschen, der öffentlichen Sicherheit, einschließlich der Verteidigung und des Schutzes der Zivilbevölkerung oder der maßgeblichen günstigen Auswirkungen des Projekts auf die Umwelt geltend gemacht werden. Für die Einschränkung der Gründe des öffentlichen Interesses reicht es nicht aus, dass in dem Gebiet prioritäre Lebensraumtypen oder Arten grundsätzlich vorkommen, sondern es wird vorausgesetzt, dass diese vom Projekt tatsächlich betroffen sein können.[251] Als Gründe für den Schutz der menschlichen Gesundheit können z. B. die Entschärfung eines Unfallschwerpunktes oder die Minderung von Lärm- und Abgasbeeinträchtigungen geltend gemacht werden.[252] Als maßgeblich günstige Auswirkungen auf die Umwelt kommen nur die Auswirkungen von Projekten in Betracht, die die Umweltsituation unmittelbar verbessern. Anlagen zur Erzeugung regenerativer Energie tragen zwar zur Minderung der CO_2-Belastung durch die Energieversorgung bei, haben aber keine unmittelbaren positiven Auswirkungen auf die Umwelt. Sonstige Gründe des öffentlichen Interesses können nur berücksichtigt werden, wenn die zuständige Behörde zuvor über das Bundesministerium für Umwelt, Naturschutz und Reaktorsicherheit eine Stellungnahme der EU-Kommission eingeholt hat. Die Stellungnahme der Kommission ist danach bei der Zulassungsentscheidung zu berücksichtigen, bindende Wirkung kommt ihr aber nicht zu.[253] 131

Das öffentliche Interesse muss gerade an der Durchführung des Projekts bestehen. Zwingend ist das öffentliche Interesse nicht nur dann, wenn es sich um schlechthin unausweichliche Sachzwänge handelt. Es reicht aus, wenn triftige Gründe des von Vernunft 132

---

[250] EuGH, NuR 2007, 679, Rn. 83.

[251] BVerwGE 130, 299, Rn. 153.

[252] BVerwGE 128, 1, Rn. 121.

[253] *Gassner/Heugel*, Rn. 502.

und Verantwortungsbewusstsein geleiteten Handelns dafür sprechen.[254] Das öffentliche Interesse an der Durchführung des Projekts muss dabei in Ansehung des Integritätsinteresses des Schutzgebiets überwiegen. Prioritäre Lebensraumtypen und Arten haben dabei ein besonderes Gewicht. Das Ausmaß der Beeinträchtigungen des Schutzgebiets ist daher gegen die für das Vorhaben sprechenden Gründe abzuwägen.[255] Für das Gebiet vorgesehene Kohärenzsicherungsmaßnahmen können dabei das Gewicht des Integritätsinteresses mindern.[256] Fehler bei der Ermittlung der projektbedingten Einwirkungen im Rahmen der FFH-Verträglichkeitsprüfung schlagen auf die Abweichungsentscheidung durch.

4.5.5.2 Alternativenprüfung

133 Im Weiteren dürfen **zumutbare Alternativen**, das Projekt an einem für das zu schützende Gebiet günstigerem Standort oder mit geringerer Eingriffsintensität durchzuführen, **nicht bestehen**. Diese Anforderung dient der **größtmöglichen Schonung des Gebiets trotz Vorliegens der das Projekt rechtfertigenden Abweichungsgründe** des überwiegenden öffentlichen Interesses.[257] Die Prüfung der Alternativen unterliegt der uneingeschränkten richterlichen Kontrolle.[258] Eine **Alternative ist vorzugswürdig**, wenn sich mit ihr das Projekt an einem nach dem Schutzkonzept der Habitatrichtlinie **günstigeren Standort oder mit geringerer Eingriffsintensität verwirklichen lässt.**[259] Die zu untersuchenden Alternativen beziehen sich dabei sowohl auf den Standort des Projekts als auch auf die Modalitäten seiner Durchführung. Eine Alternative muss rechtlich und tatsächlich möglich sein.[260] Wenn zwingende Gründe des überwiegenden öffentlichen Interesses für die Durchführung des Projekts sprechen, kann der Verzicht auf das Projekt als solches (Nullvariante) keine zumutbare Alternative darstellen. Eine Alternativlösung setzt voraus, dass die mit dem Projekt verfolgten Ziele trotz Abstriche im Zielerfüllungsgrad weiter erreichbar sind.[261] **Abstriche am Zielerfüllungsgrad des Projekts sind hinzunehmen.** Sie sind jedoch dann nicht mehr zumutbar, wenn sie auf ein anderes Projekt hinauslaufen.[262] Unzumutbar sind auch zusätzliche Aufwendungen, die außerhalb jedes vernünftigen Verhältnisses zu dem mit ihnen erreichbaren Gewinn für Natur und Umwelt stehen.[263]

---

[254] BVerwGE 130, 299, Rn. 153.
[255] BVerwGE 128, 1, Rn. 114.
[256] BVerwGE 134, 166, Rn. 28; *Stüer*, NuR 2010, 677 (683).
[257] BVerwGE 116, 254 (263); 134, 166, Rn. 33.
[258] BVerwGE 128, 1, Rn. 169; 134, 166, Rn. 33.
[259] BVerwGE 130, 299, Rn. 170.
[260] *Jarass*, NuR 2007, 371 (378).
[261] BVerwGE, 116, 254 (262); 130, 299, Rn. 10 ff.
[262] BVerwGE 107, 1 (14); 120, 1 (11); 134, 166, Rn. 33.
[263] BVerwGE 116, 254 (267); BVerwGE 128, 1, Rn. 142.

4.5.5.3 Kohärenzsicherung

Soll ein Projekt nach § 34 Abs. 3 BNatSchG zugelassen oder durchgeführt werden, sind nach § 34 Abs. 5 BNatSchG die zur Sicherung des Zusammenhangs des Netzes „Natura 2000“ notwendigen Maßnahmen vorzusehen. Die zuständige Behörde unterrichtet darüber die EU-Kommission über das Bundesministerium für Umwelt, Naturschutz und Reaktorsicherheit. Diese sogenannten „Kohärenzsicherungsmaßnahmen“ stellen eine **konstitutive Zulässigkeitsvoraussetzung** der Abweichungsentscheidung und nicht lediglich deren Rechtsfolge dar.[264] Erweisen sie sich als nicht durchführbar, ist das Projekt unzulässig.[265] Maßnahmen zur Kohärenzsicherung sollen die projektbedingten Beeinträchtigungen des Netzes „Natura 2000“ auf ein Minimum reduzieren. Trotz der im Abweichungsregime zugelassenen erheblichen Beeinträchtigung des betroffenen Schutzgebietes soll die **globale Kohärenz der europäischen Schutzgebiete erhalten bleiben**. Kohärenzsicherungsmaßnahmen haben daher eine kompensatorische Funktion.[266] 134

Kohärenzsicherungsmaßnahmen können die Schaffung oder Aufwertung eines vergleichbaren natürlichen Lebensraums oder Habitats einer Art und seine Eingliederung in das Netz „Natura 2000“ zum Gegenstand haben.[267] Art und Umfang der Kohärenzsicherungsmaßnahmen sind aus den Beeinträchtigungen des Gebietes abzuleiten. Sie müssen dabei quantitativ oder funktional den zu erwartenden Beeinträchtigungen entsprechen, sich auf die gleiche biogeographische Region im selben Mitgliedstaat beziehen und regelmäßig zum Zeitpunkt des Eintritts der Beeinträchtigungen getroffen worden sein.[268] In zeitlicher Hinsicht muss gewährleistet sein, dass die betroffenen Erhaltungsziele nicht irreversibel geschädigt werden, bevor der Kohärenzausgleich tatsächlich erfolgt.[269] Im Übrigen ist es unschädlich, wenn die Kohärenzsicherungsmaßnahmen erst nach Vollendung des Projekts volle Wirksamkeit erreichen.[270] Dass Maßnahmen zugleich dazu dienen, Beeinträchtigungen des Naturhaushalts im Sinne der naturschutzrechtlichen Eingriffsregelung zu kompensieren, stellt ihre Eignung als Kohärenzsicherungsmaßnahmen nicht grundsätzlich infrage.[271] An die Eignung von Kohärenzsicherungsmaßnahmen sind weniger strenge Anforderungen als an die von Schadensvermeidungsmaßnahmen zu stellen. Es reicht aus, wenn eine hohe Wahrscheinlichkeit ihrer Wirksamkeit besteht.[272] Insoweit besteht eine naturschutzfachliche Einschätzungsprärogative, die nur einer eingeschränkten richterlichen Überprüfung unterliegt.[273] 135

---

[264] BVerwGE 128, 1, Rn. 148, ff.
[265] BVerwGE 128, 1. Rn. 148.
[266] EU-Kommission, Natura 2000-Gebietsmanagement, 2000, S. 49.
[267] BVerwGE 128, 1, Rn. 150.
[268] BVerwGE 128, 1, Rn. 148.
[269] *Storost*, DVBl. 2009, 173 (680).
[270] BVerwGE 130, 299, Rn. 200 ff.
[271] BVerwGE 130, 299, Rn. 203.
[272] BVerwGE 130, 299, Rn. 201.
[273] BVerwGE 130, 299, Rn. 202.

4.5.6 Anzeigeverfahren

136 § 34 Abs. 6 BNatSchG sieht ein **subsidiäres Anzeigeverfahren** vor. Es dient als Auffangträgerverfahren zur Prüfung der Voraussetzungen des § 34 Abs. 1 bis 5 BNatSchG **für nach deutschem Recht nicht zulassungsbedürftige Vorhaben**. Bedarf ein Projekt, das nicht von einer Behörde durchgeführt wird, nach anderen Rechtsvorschriften keiner behördlichen Entscheidung oder Anzeige an eine Behörde, so ist es der für Naturschutz und Landschaftspflege zuständigen Behörde anzuzeigen. Diese kann die Durchführung des Projekts zeitlich befristen oder anderweitig beschränken, um die Einhaltung der Voraussetzungen der Absätze 1 bis 5 sicherzustellen. Trifft die Behörde innerhalb eines Monats nach Eingang der Anzeige keine Entscheidung, kann mit der Durchführung des Projekts begonnen werden. Wird mit der Durchführung des Projekts ohne die erforderliche Anzeige begonnen, kann die Behörde die vorläufige Einstellung anordnen. Liegen im Fall erheblicher Beeinträchtigungen des Schutzgebiets die Voraussetzungen der Absätze 3 bis 5 für eine Abweichungsentscheidung nicht vor, hat die Behörde die Durchführung des Projekts zu untersagen. Die Anforderungen des § 34 Abs. 6 BNatSchG gelten nur, soweit Schutzvorschriften der Länder keine strengeren Regelungen enthalten.

4.5.7 Strengerer Schutz

137 Nach § 32 Abs. 2 BNatSchG sind die Natura 2000-Gesetze in den vom deutschen Recht vorgesehenen Schutzgebietsformen unter Schutz zu stellen. Nach § 34 Abs. 7 BNatSchG sind die Abs. 1 bis 6 für geschützte Teile von Natur und Landschaft im Sinne des § 20 Abs. 2 BNatSchG und gesetzlich geschützte Biotope im Sinne des § 30 BNatSchG nur insoweit anzuwenden, als Schutzvorschriften, einschließlich der Vorschriften über Ausnahmen und Befreiungen keine strengeren Regelungen für die Zulässigkeit von Projekten enthalten. Davon bleiben die Anforderungen zur Beteiligung und zur Unterrichtung der Kommission unberührt.

4.6 Artenschutz

138 Die Bestimmungen des Artenschutzes der §§ 37 ff. BNatSchG sind nach Art. 72 Abs. 3 Nr. 2 GG einer abweichenden Regelung durch die Länder entzogen. Das deutsche Recht differenziert zwischen dem allgemeinen Schutz wild lebender Tier- und Pflanzenarten nach §§ 39 ff. BNatSchG und dem durch das europäische Gemeinschaftsrecht geprägten besonderen Artenschutz nach Maßgabe der §§ 44 ff. BNatSchG. Dieser differenziert sich nochmals aus in den Schutz der nach § 7 Abs. 2 Nr. 13 BNatSchG besonders geschützten Arten und der nach Maßgabe von § 7 Abs. 2 Nr. 14 BNatSchG streng geschützten Arten.

4.6.1 Allgemeiner Artenschutz

Der Artenschutz umfasst nach § 37 Abs. 1 BNatSchG 139

- den Schutz der Tiere und Pflanzen wild lebender Arten und ihrer Lebensgemeinschaften vor Beeinträchtigungen durch den Menschen und die Gewährleistung ihrer sonstigen Lebensbedingungen,
- den Schutz der Lebensstätten und Biotope der wild lebenden Tier- und Pflanzenarten,
- die Wiederansiedelung von Tieren und Pflanzen verdrängter wild lebender Arten in geeigneten Biotopen innerhalb ihres natürlichen Verbreitungsgebietes.

Nach § 37 Abs. 2 BNatSchG bleiben die Vorschriften des Pflanzen- und Tierschutzrechts, des Seuchenrechts sowie des Forst-, Jagd- und Fischereirechts unberührt. § 38 BNatSchG regelt dabei die Aufgaben eines proaktiven Artenschutzes, der den Behörden obliegt, die §§ 39 ff. BNatSchG enthalten Verbotstatbestände, die sich an die Allgemeinheit richten. 140

§ 39 BNatSchG schützt alle wild lebenden Tier- und Pflanzenarten und deren Lebensstätten durch ein **allgemeines Störungs- und Zugriffsverbot** vor Tötung, Verletzung, Entnahme oder Zerstörung. Geschützt werden damit nicht nur Populationen, sondern auch die **einzelnen Individuen**. Allerdings lässt das Vorliegen eines „vernünftigen Grundes" weit gehende Ausnahmen zu. Die behördliche Zulassung eines genehmigungsbedürftigen Vorhabens entbindet danach grundsätzlich von diesen Verboten.[274] 141

4.6.2 Besonderer Artenschutz

§ 44 BNatSchG statuiert **Zugriffs-, Besitz- und Vermarktungsverbote und Gemeinschaftsrecht für besonders geschützte und streng geschützte Arten**. Hier ist ein signifikanter Bedeutungswandel zu verzeichnen. Wurden diese Instrumente zunächst zum Schutz dieser Arten vor Handlungen verstanden, die den Bestand durch menschliche Neugier, Sammeltätigkeit oder Handel gefährdeten, rückt nun der Schutz vor Beeinträchtigungen durch Land- und Forstwirtschaft, öffentliche Infrastruktur und private Bauvorhaben in den Vordergrund.[275] Im Zentrum steht dabei der Begriff der *Absicht* i. S. d. Art. 12 Abs.1 lit. a–c, Art. 13 lit. a FFH-RL und Art. 5 lit. a, b und d V-RL. Wurde darunter früher von der deutschen Rechtsprechung eine gezielte Maßnahme verstanden, wonach Beeinträchtigungen ausgeschlossen waren, die sich als unausweichliche Konsequenz rechtmäßigen Verhaltens ergeben,[276] so **umfasst** er nach Ansicht des EuGH **auch Handlungen, mit denen wissentlich Beeinträchtigungen verursacht werden, ohne dass es dabei auf die Störungsintention ankommt.**[277] Danach ist vom Beeinträchtigungsverbot auch die Durchführung von zulassungspflichtigen Vorhaben erfasst. Die 142

---

[274] *Gassner/Heugel*, Rn. 535.
[275] *Gassner/Heugel*, Rn. 564 ff.
[276] Vgl. dazu BVerwGE 112, 321 (330); NuR 2005, 538 (541).
[277] EuGH, NuR 2004, 596, Rn. 36; NuR 2006, 166, Rn. 55.

einschlägige Vorschrift des deutschen Rechts wurde für nicht gemeinschaftsrechtskonform erklärt.[278] Der deutsche Gesetzgeber hat inzwischen auf solche subjektive Tatbestandsmerkmale verzichtet, sodass klargestellt ist, dass es auf die Störungsintention nicht ankommt.

143 Nach **§ 44 Abs. 1 Nr. 1 BNatSchG** ist es verboten, wild lebenden Tieren der besonders geschützten Arten nachzustellen, sie zu verletzen oder zu töten oder ihre Entwicklungsformen aus der Natur zu entnehmen, zu beschädigen oder zu zerstören. Dieser **Verbotstatbestand** ist **individuenbezogen**.[279] Er bezieht sich auch auf Handlungen ohne Vorsatz oder Fahrlässigkeit und erstreckt sich damit auch auf zulassungsbedürftige Maßnahmen, bei deren Durchführung die betroffenen Schutzgüter gefährdet werden. Das Zugriffsverbot gilt daher auch für den Bau einer Straße, wenn sich damit das Kollisionsrisiko signifikant erhöht.[280] Zur Vermeidung der Tatbestandsverwirklichung können Maßnahmen ergriffen werden, die das Kollisionsrisiko vermindern (z. B. Geschwindigkeitsbeschränkungen).[281]

144 Darüber hinaus ist es nach **§ 44 Abs. 1 Nr. 2 BNatSchG** verboten, die streng geschützten Arten einschließlich der europäischen Vogelarten während der Fortpflanzungs-, Aufzucht-, Mauser-, Überwinterungs- und Wanderzeiten erheblich zu stören. Damit unterliegt das **Störungsverbot** einer zeitlichen Spezifizierung auf besonders sensible Lebensabschnitte. Eine erhebliche Störung ist anzunehmen, wenn sich durch sie der Erhaltungszustand der **lokalen Population** einer Art verschlechtert.[282] Maßgeblich ist daher nicht der Schutz einzelner Individuen, sondern der Bestand einer lokalen Population. Bei besonders seltenen Arten mit geringer Populationsgröße kann jedoch eine erhebliche Störung bereits dann angenommen werden, wenn sich die Störung nur auf ein einzelnes Individuum auswirkt.[283]

145 Im Weiteren ist es nach **§ 44 Abs. 1 Nr. 3 BNatSchG** verboten, **Fortpflanzungs- und Ruhestätten** der wildlebenden Tiere der besonders geschützten Arten aus der Natur zu entnehmen, zu beschädigen oder **zu zerstören**. Das **Beeinträchtigungsverbot** bezieht sich damit nur auf bestimmte Stätten des Lebensraumes besonders geschützter Arten. Es umfasst **nicht deren Jagd- und Nahrungshabitate**.[284] Soweit Nester durch standorttreue Arten wieder aufgesucht werden, unterliegen sie dem Schutz auch dann, wenn sie nicht genutzt werden.[285] Der Störungstatbestand kann insbesondere durch bau- und betriebsbedingte Beeinträchtigungen in Gestalt von optischen und akustischen Einwirkungen erfüllt werden.[286]

---

[278] EuGH, NuR 2006, 166, Rn. 55 ff.

[279] BVerwGE 133, 239, Rn. 58; *Schumacher/Fischer-Hüftle*, § 44, Rn. 13.

[280] BVerwGE 130, 299, Rn. 219; 131, 274, Rn. 90 ff.; 133, 239, Rn. 58.

[281] Vgl. OVG Bautzen, NuR 2007, 831 (834).

[282] BVerwGE 130, 299, Rn. 237; 131, 274, Rn. 103.

[283] *Schumacher/Fischer-Hüftle*, § 44, Rn. 25.

[284] BVerwG, NuR 2001, 385 (386); BVerwGE 131, 274, Rn. 100.

[285] *Schumacher/Fischer-Hüftle*, § 44, Rn. 41.

[286] BVerwGE 126, 166, Rn. 34; 133, 239, Rn. 66.

146 In § 44 Abs. 4–6 BNatSchG sind **Abweichungen vom umfassenden Schutz** der besonders und streng geschützten Arten und ihrer Lebensstätten geregelt. So verstößt nach § 44 Abs. 4 S. 1 BNatSchG die **land-, fischerei- und forstwirtschaftliche Bodennutzung** und die Verwertung der dabei gewonnenen Erzeugnisse den Anforderungen des Schutzes für besonders geschützte Arten nicht, wenn sie die Anforderungen des § 5 Abs. 2 bis 4 BNatSchG, des § 17 Abs. 2 BBodSchG und des Rechts der Land-, Forst- und Fischereiwirtschaft zur guten fachlichen Praxis einhält. Damit ist ein Privilegierungstatbestand geschaffen. Die Europäische Kommission hat die besonderen Bedingungen der Landnutzung im Grundsatz anerkannt.[287] Die Privilegierung der Land-, Forst- und Fischereiwirtschaft gilt nach § 44 Abs. 4 S. 2 BNatSchG **für streng geschützte Arten** der europäischen Vogelarten und der von Anhang IV der FFH-RL erfassten Arten **nur dann, wenn sich der Erhaltungszustand der Populationen durch die Bewirtschaftung nicht verschlechtert**. Damit wird in Bezug auf das Zugriffsverbot für privilegierte Nutzungen wie beim Störungsverbot auf den Erhaltungszustand der lokalen Population abgestellt. Dieser ist nach § 44 Abs. 4 S. 3 BNatSchG durch zusätzliche Maßnahmen zu sichern (z. B. Gebietsschutz; Artenschutzprogramme; Vertragsnaturschutz).

147 Bei der Durchführung von Vorhaben ist § 44 Abs. 5 BNatSchG zu beachten. Er bezieht sich auf Vorhaben, die unter **Anwendung der Regelungen zur naturschutzrechtlichen Eingriffsregelung** durchgeführt werden bzw. die nach Maßgabe eines Bebauungsplanes zulässig sind. Sind Arten des Anhanges IV der FFH-RL und der europäischen Vogelarten betroffen, ist nach § 44 Abs. 5 S. 2 BNatSchG die **Zerstörung oder Beschädigung von Fortpflanzungs- und Ruhestätten zulässig, wenn die ökologische Funktion der betroffenen Lebensstätten im räumlichen Zusammenhang weiter erfüllt wird**. Dass Ersatzlebensräume außerhalb des Vorhabengebiets vorhanden sind, reicht damit nicht aus.[288] Dieses ökologisch-funktionale Verständnis des Lebensstättenbegriffs ist im Lichte des Gemeinschaftsrechts kritisiert worden.[289] Um die ökologische Funktion zu sichern, können auch vor dem Eingriff Ausgleichsmaßnahmen durchgeführt werden. Sie müssen an den betroffenen Exemplaren ansetzen.[290] Diese sogenannten CEF-Maßnahmen (continuous ecological functionality-measures)[291] müssen bis zum Zeitpunkt des Eingriffs wirksam geworden sein. Ungewissheiten bei der Umsetzung der Maßnahmen gehen grundsätzlich zu Lasten des Vorhabens und verlangen ein wirksames Risikomanagement.[292] Mit den CEF-Maßnahmen soll auch sicher gestellt sein, dass das Zugriffsverbot des § 44 Abs. 1 Nr. 1 BNatSchG eingehalten wird.

148 Soweit sich mit den genannten Maßnahmen die Anforderungen des Artenschutzes nicht erfüllen lassen, ist ein Vorhaben oder eine Maßnahme nur zulässig, wenn ein **Aus-**

---

[287] Vgl. Europäische Kommission, Leitfaden zum strengen Schutzsystem für Tierarten von gemeinschaftlichen Interesse im Rahmen der FFH-Richtlinie 92/43/EWG, II. 2.4, Tz. 24 ff.

[288] *Schumacher/Fischer-Hüftle*, § 44, Rn. 70.

[289] Vgl. *Gellermann*, NuR 2007, 783 (785).

[290] BVerwGE 134, 239, Rn. 67.

[291] Vgl. dazu Europäische Kommission, Tz. 72 ff.

[292] BVerwGE 128, 1, Rn. 53 ff.

nahmentatbestand des § 45 BNatSchG erfüllt wird. § 45 Abs. 1 BNatSchG regelt dabei die Ausnahmen vom Besitzverbot, § 45 Abs. 3 BNatSchG die vom Vermarktungsverbot. Für die Zulassung von Vorhaben ist § 45 Abs. 7 BNatSchG einschlägig. Ausnahmen können danach im Einzelfall oder durch Rechtsverordnung zugelassen werden.

149 Eine Ausnahme von den Zugriffs- und Störungsverboten ist dabei:

- zur Abwendung erheblicher land-, forst-, fischerei-, wasser- und sonstiger erheblicher wirtschaftlicher Schäden (Nr. 1),
- **im Interesse der Gesundheit des Menschen, der öffentlichen Sicherheit** einschließlich der Verteidigung und des Schutzes der Zivilbevölkerung oder der maßgeblich günstigen Auswirkungen auf die Umwelt (Nr. 4) **oder**
- **aus anderen zwingenden Gründen des überwiegenden öffentlichen Interesses einschließlich solcher sozialer und wirtschaftlicher Art** (Nr. 5) zulässig.

150 Der artenschutzrechtliche Ausnahmetatbestand wird damit in Bezug auf Nr. 4 und 5 dem gebietsschutzrechtlichen Abweichungstatbestand angenähert.[293] Dabei findet der Ausnahmetatbestand der Nr. 5 im Wortlaut des Art. 9 Abs. 1 V-RL keine Erwähnung, wird allerdings mit Hinweis auf den Grundsatz der Verhältnismäßigkeit als zulässig und geboten betrachtet.[294] Andererseits könnte aus der Maßgabe des § 44 Abs. 7 S. 3 BNatSchG, dass Art. 9 der V-RL zu beachten ist, geschlossen werden, dass insoweit § 44 Abs. 7 Nr. 5 BNatSchG keine Anwendung findet. Die Ausnahme **darf im Weiteren nur zugelassen werden, wenn zumutbare Alternativen nicht gegeben sind und sich der Erhaltungszustand der Population nicht verschlechtert** (§ 45 Abs. 7 S. 2 BNatSchG). Zumutbare Alternativen sind gegeben, wenn es sich mittels CEF-Maßnahmen erreichen lässt, dass eine Ausnahme nicht in Betracht gezogen werden muss.[295] Eine räumliche Alternative ist nicht gegeben, wenn am alternativen Standort Beeinträchtigungen zu erwarten sind, die sich als ebenso wirksame Zulassungssperre erweisen wie an dem für das Vorhaben ins Auge gefassten Standort.[296] Da in § 44 Abs. 7 S. 2 BNatSchG nicht auf den örtlichen Erhaltungszustand verwiesen wird, ist eine großräumigere Betrachtung des natürlichen Verbreitungsgebietes zugrunde zu legen.[297] Der Erhaltungszustand darf hierbei durch kompensierende Maßnahmen verbessert werden.[298] Ist der Erhaltungszustand ungünstig, kommt eine Ausnahme nur unter außergewöhnlichen Umständen in Betracht,[299] wenn nachgewiesen ist, dass weder der Erhaltungszustand der Art weiter verschlechtert wird noch die Wiederherstellung eines günstigen Erhaltungszustandes behindert wird.[300]

---

[293] BVerwGE 130, 299, Rn. 239 ff.
[294] *Gassner/Heugel*, Rn. 597.
[295] *Schumacher/Fischer-Hüftle*, § 45, Rn. 43.
[296] BVerwGE 125, 116, Rn. 567.
[297] BVerwGE 126, 166, Rn. 44; BVerwG, ZUR 2011, 146, Rn. 16.
[298] BVerwGE 125, 166, Rn. 572.
[299] EuGH, NuR 2007, 477, Rn. 29.
[300] BVerwG, NuR 2010, 492, Rn. 8.

151 Anders als im Gebietsschutz unterliegt die Prüfung der artenschutzrechtlichen Anforderungen keinem speziellen Verfahren. Erforderlich ist aber eine ausreichende Bestandsaufnahme.[301] Sie kann im Zusammenhang mit den einschlägigen Prüfungsverfahren, wie der UVP, erfolgen. Sie muss methodisch fachgerecht durchgeführt werden.[302] Die Erstellung eines lückenlosen Arteninventars ist dabei nicht geboten, sie kann sich auf die Erhebung repräsentativer Daten beschränken. Dabei steht der Behörde in Bezug auf die Entscheidung, an welchem Standort Maßnahmen zum Ausgleich durchgeführt werden, ein Beurteilungsspielraum zu.[303]

4.7 Sanierung von Biodiversitätsschäden

152 Sowohl die naturschutzrechtliche Eingriffsregelung als auch die Schutzgebietsregelungen, einschließlich der Anforderungen zum Schutz von Natura 2000-Gebieten treffen keine Vorkehrungen für eingetretene Schäden an Natur und Landschaft. § 19 BNatSchG definiert den Biodiversitätsschaden. Diese Regelung verknüpft das Naturschutzrecht mit dem Umweltschadensgesetz (USchadG). Dieses setzt wiederum die Umwelthaftungsrichtlinie (UH-RL) der EU in nationales Recht um.[304] Ihr Gegenstand ist eine **verschuldensunabhängige Sanierungspflicht für Schädigungen der ökologischen Gemeinschaftsgüter Boden, Wasser und Biodiversität für bestimmte Betreibergruppen**. Dadurch grenzt sich dieser Regelungskomplex von der zivilrechtlichen Haftung für Umweltschäden an Individualrechtsgütern nach Maßgabe des Umwelthaftungsgesetztes (UmweltHG) ab.

153 **Schutzgut** des § 19 BNatSchG ist **nicht die Biodiversität im Allgemeinen**, sondern es werden nur die Elemente der biologischen Vielfalt geschützt, die **Gegenstand der V-RL und der FFH-RL** sind. Dazu zählen nach § 19 Abs. 2 BNatSchG alle Zugvogelarten und die in Anhang I der V-RL aufgelisteten europäischen Vogelarten sowie die in Anhang II der FFH-RL angeführten Tier- und Pflanzenarten sowie die in Anhang IV der FFH-RL besonders geschützten Arten. Geschützt sind im Weiteren die Lebensräume der Arten, die in Art. 4 Abs. 2 oder in Anhang I der RL 79/409/EWG oder in Anhang II der RL 92/43/EG aufgeführt sind, die natürlichen Lebensraumtypen von gemeinschaftlichen Interesse i. S. d. Anhangs I der RL 92/43/EG sowie die Fortpflanzungs- und Ruhestätten der in Anhang IV der RL 92/43/EG aufgeführten Arten. Aus dieser Auflistung wird deutlich, dass sich der Schutz des § 19 BNatSchG räumlich nicht auf die in den Richtlinien

[301] BVerwGE 133, 239, Rn. 43.
[302] BVerwGE 131, 274, Rn. 54 ff.
[303] BVerwGE 131, 274, Rn. 54 ff.
[304] ABl. 2004 Nr. L 143/56.

bezeichneten Schutzgebiete beschränkt, sondern darüber hinaus überall gilt, wo entsprechende Arten und Lebensraumtypen vorkommen.[305]

154 Ein Biodiversitätsschaden liegt vor, wenn der günstige Erhaltungszustand der geschützten Arten und Lebensräume erheblich nachteilig betroffen ist. Eine nachteilige Veränderung wird nach § 2 Nr. 2 USchadG bei einer direkt oder indirekt eintretenden feststellbaren nachteiligen Veränderung einer natürlichen Ressource (Arten und Lebensräume, Wasser und Boden) oder bei einer Beeinträchtigung der Funktion einer natürlichen Ressource angenommen. Grundsätzlich ist jede Verringerung von Quantität und Qualität einer natürlichen Ressource als nachteilig zu betrachten. Diese **nachteilige Veränderung muss in Bezug auf den günstigen Erhaltungszustand erheblich** sein. Der günstige Erhaltungszustand wird in Art. 2 Nr. 4 lit. a und b UH-RL näher definiert. Dazu zählen etwa:

- der Flächenbestand des natürlichen Verbreitungsgebietes,
- der Fortbestand der für einen natürlichen Lebensraumtyp maßgeblichen Strukturen und
- Funktionen oder die Populationsdynamik einer geschützten Art.

155 § 19 Abs. 5 BNatSchG benennt Regelbeispiele für nicht erhebliche nachteilige Abweichungen. Sie liegen vor, wenn:

- sie geringer sind als die **natürlichen Fluktuationen** für den betroffenen Lebensraum (Nr. 1),
- sie auf **natürliche Ursachen** zurückzuführen sind (Nr. 2) oder
- sich die betroffenen Arten und Lebensräume **in kurzer Zeit selbst regenerieren** können (Nr. 3).

156 Bei der Anwendung des § 19 BNatSchG stellt sich die Frage, wie erhebliche nachteilige Auswirkungen einer Maßnahme zu bewerten sind, die durch eine behördliche Entscheidung zugelassen worden ist. § 19 Abs. 1 S. 2 BNatSchG stellt Beeinträchtigungen von den Rechtsfolgen des USchadG frei, wenn sie zuvor auf der Grundlage der §§ 34, 35, 45 Abs. 7 oder 67 Abs. 2 BNatSchG geprüft und genehmigt worden oder wenn eine Prüfung nicht erforderlich ist und die Auswirkungen nach § 15 BNatSchG oder aufgrund der Aufstellung eines Bebauungsplanes genehmigt oder zulässig sind. Für letztere Freistellungsregelung ist die Gemeinschaftsrechtskonformität fraglich.[306] Eine Freistellung von den Anforderungen der UH-RL ist in Art. 2 Nr. 1 UAbs. 2 UH-RL vorgesehen für die Genehmigung von Tätigkeiten durch eine dem europäischen Gemeinschaftsrecht gleichwertige nationale Naturschutzvorschrift. Die trifft für die Prüfung der FFH-Verträglichkeit für Projekte (§ 34 BNatSchG) und Pläne (§ 35 BNatSchG) sowie die Ausnahme von artenschutzrechtlichen Bestimmungen (§ 45 Abs. 7 BNatSchG) sowie die

---

[305] *Schumacher/Fischer-Hüftle*, § 19, Rn. 14; *Gellermann*, NVwZ 2008, 829 (830); a. A. *Führ/Lewin/Roller*, NuR 2006, 68 ff.

[306] *Schumacher/Fischer-Hüftle*, § 19, Rn 47.

Befreiung (§ 67 Abs. 2 BNatSchG) zu. Das Folgenbewältigungsprogramm des § 15 BNatSchG ist jedoch nicht deckungsgleich mit dem Gemeinschaftsrecht.[307] Dies betrifft insbesondere die Kompensation in Geld. Noch entschiedener kann ein Bebauungsplan im Rahmen der Abwägung von dem Schutzprogramm des Gemeinschaftsrechts abweichen.

157 § 3 USchadG unterscheidet zwei Gruppen von verantwortlichen Personen. Eine **verschuldensunabhängige Haftung** sieht § 3 Abs. 1 Nr. 1 USchadG für alle in der Anlage 1 des USchadG angeführten Personengruppen vor. Dies betrifft etwa Vorhaben, die der Richtlinie über die integrierte Verminderung und Vermeidung der Umweltverschmutzung (RL 96/61/EG) unterfallen. Erforderlich ist hier nur der Nachweis eines Verursachungszusammenhanges zwischen der Tätigkeit und der Schädigung der geschützten Arten und Lebensräume. Eine **verschuldensabhängige Haftung** begründet § 3 Abs. 1 Nr. 2 USchadG für alle anderen beruflichen Tätigkeiten. Das Gesetz regelt nur die Einstandspflicht für Schäden, die nach seinem Inkrafttreten eingetreten sind (§ 14 Abs. 1 USchadG). Eine rückwirkende Verantwortlichkeit nach dem Muster der Sanierungspflicht für Altlasten (vgl. § 4 Abs. 3 BBodSchG) wird damit nicht formuliert.

158 Der Verantwortliche trägt eine Informationspflicht (§ 4 USchadG), eine Gefahrenabwehrpflicht (§ 5 USchadG) und eine Sanierungspflicht (§ 8 USchadG). Er ist verpflichtet, die erforderlichen Sanierungsmaßnahmen zu ermitteln. Nach Anhang II Nr. 1. 1 UH-RL ist zunächst die sogenannte **„primäre Sanierung“** vorzunehmen. Sie soll bewirken, dass die geschädigten natürlichen Ressourcen und/oder deren Funktionen ganz oder annähernd in den Ausgangszustand zurückversetzt werden. Für den Fall, dass dies nicht vollständig möglich ist, sind **„ergänzende Sanierungsmaßnahmen“** durchzuführen. Sie haben zum Ziel, den „Restsschaden“ an einem anderen Ort so zu kompensieren, dass dies einer Rückführung am geschädigten Ort gleichkommt (Nr. 1.1.2). Die **„Ausgleichssanierung“** zielt auf die Kompensation der zwischenzeitlichen Verluste, die zwischen dem Schadenseintritt und der vollen Wirkung der Sanierungsmaßnahmen zu verzeichnen sind (Nr. 1.1.3).

4.8 Verbandsbeteiligung und Rechtsschutz

159 Der Schutz der natürlichen Lebensgrundlagen ist Aufgabe des Staates (Art. 20a GG). Er liegt grundsätzlich außerhalb der Reichweite des Individualrechtsschutzes i. S. d. Art. 19 Abs. 4 GG. Durch die **Beteiligung der anerkannten Naturschutzverbände** im Vorfeld staatlicher Entscheidungen und die **naturschutzrechtliche Verbandsklage** wird anerkannt, dass der staatliche Schutz „nicht ausreichend“ ist.[308] Ihnen wird dadurch der Schutz von Natur und Landschaft „in besonderer Weise anvertraut“.[309] Sie haben durch

[307] Vgl. dazu EuGH, NuR 2006, 166, Rn. 59 ff.; *Schumacher/Fischer-Hüftle*, § 19, Rn. 47.
[308] BVerwGE 87, 62 (73).
[309] BVerwGE 87, 62 (73).

Information der Behörden und Bewertung betroffener Belange einen eigenständigen Beitrag zur Stärkung des Schutzes von Natur und Landschaft zu leisten. Die anerkannten Naturschutzverbände wirken dabei nicht als „Verwaltungshelfer",[310] sondern im Rahmen einer „staatsfreien Bürgerbeteiligung"[311] an der Verwaltungsentscheidung und deren gerichtlicher Kontrolle mit. Die Verbandsklage und die Verbandbeteiligung lassen sich weder aus Art. 19 Abs. 4[312] noch aus Art. 20a GG[313] zwingend ableiten. Sie ist aber nach Maßgabe des europäischen Gemeinschaftsrechts (Umweltinformationsrichtlinie[314] und Öffentlichkeitsbeteiligungsrichtlinie[315]) inzwischen geboten.

160 Die Mitwirkung von Naturschutzvereinigungen setzt eine **Anerkennung** nach § 3 Umweltrechtsbehelfsgesetz (UmwRG)[316] voraus. Diese ist zu erteilen, wenn die Vereinigung nach ihrer Satzung die Ziele des Umweltschutzes ideell und nicht nur vorübergehend fördert, zum Zeitpunkt ihrer Anerkennung mindestens drei Jahre besteht und die Gewähr für eine sachgerechte Aufgabenerfüllung bietet (vgl. § 3 Abs. 1 Nr. 1–5 UmwRG). Den vom Bund anerkannten Naturschutzvereinigungen ist nach § 63 Abs. 1 BNatSchG **Gelegenheit zur Stellungnahme und Einsicht** in die einschlägigen Sachverständigengutachten zu geben bei

- der Vorbereitung von Verordnungen auf dem Gebiet des Naturschutzrechts,
- der Erteilung von Befreiungen von naturschutzrechtlichen Geboten und Verboten,
- von Bundesbehörden getroffenen Planfeststellungen für Vorhaben, die mit Eingriffen in Natur und Landschaft verbunden sind.

161 Entsprechendes gilt nach Maßgabe von § 63 Abs. 2 BNatSchG für die von einem Bundesland anerkannten Vereinigungen. Die einzelnen Beteiligungstatbestände sind in § 63 Abs. 2 Nr. 1–7 BNatSchG angeführt. Sie können durch Landesrecht erweitert werden (§ 63 Abs. 2 Nr. 8 BNatSchG).

162 Die Beteiligung der Verbände ist damit punktuell begrenzt. Sie muss geeignet sein, eine „substanzielle Behandlung der berührten Belange und Interessen" zu ermöglichen.[317] Die Mitwirkung der Verbände ist dabei nicht auf das Verfahren zur Öffentlichkeitsbeteiligung beschränkt. Sie erstreckt sich bis zum Abschluss des Verfahrens.[318] So ist den anerkannten Naturschutzvereinigungen eine erneute Gelegenheit zur Stellungnahme einzuräumen, wenn sich die Planung grundlegend ändert.[319] Dabei sind ihnen alle Sach-

---

310 BVerwG, NuR 2002, 676 (677).
311 BVerwGE 104, 367 (371).
312 BVerfG, NVwZ 2001, 1148 (1149).
313 BVerfG, NuR 1997, 506 (507).
314 ABl. 2003 L Nr. 43, S. 26.
315 ABl. 2003 L Nr. 156, S. 7.
316 Vom 7. Dezember 2006 (BGBl. I S. 2816), zuletzt geändert durch Artikel 5 Absatz 32 des Gesetzes vom 24. Februar 2012 (BGBl. I S. 212).
317 BVerwGE 105, 348 (349).
318 BVerwG, NuR 2002, 739 (740).
319 BVerwGE 121, 72 (75).

verständigengutachten zugänglich zu machen, die für eine sachkundige Äußerung im Bereich des Naturschutzes von Bedeutung sind.[320] Dies betrifft allerdings nicht die Stellungnahme der Europäischen Kommission nach § 34 Abs. 4 S. 2 BNatSchG.[321] Ein Recht auf einen ständigen Abstimmungsprozess besteht im Übrigen nicht.[322]

163 Nimmt der Verband die Möglichkeit zur Beteiligung nicht wahr, verliert er die Möglichkeit zur Erhebung der Klage (§ 64 Abs. 1 Nr. 3 BNatSchG). Eine unterlassene Beteiligung kann dagegen mit einer sogenannten **„Partizipationserzwingungsklage"** vor Gericht durchgesetzt werden.[323] Sie stellt im Weiteren einen schwerwiegenden Verfahrensfehler dar, der zur Rechtswidrigkeit der Entscheidung in der Sache selbst führt.[324] Allerdings können Mängel bei der Beteiligung in einem ergänzenden Verwaltungsverfahren behoben werden.[325]

164 Ohne in eigenen Rechten verletzt zu sein, ist nach § 64 BNatSchG die **altruistische Verbandsklage** eröffnet bei Entscheidungen nach § 63 Abs. 1 Nr. 2–4 und § 63 Abs. 2 Nr. 5–7 BNatSchG. Dies betrifft Befreiungen von Geboten und Verboten von Natura 2000-Gebieten, Naturschutzgebieten, Nationalparken und Biosphärenreservaten sowie Planfeststellungen und Plangenehmigungen, mit denen Eingriffe in Natur und Landschaft verbunden sind. Die Zulässigkeit einer Verbandsklage setzt voraus, dass Vorschriften verletzt wurden, die zumindest auch den Belangen des Naturschutzes und der Landschaftspflege zu dienen bestimmt sind, der Verein in satzungsgemäßen Aufgabenbereich berührt wird, zur Mitwirkung am Verwaltungsverfahren berechtigt war und sich in der Sache geäußert hat. Im Übrigen gelten die allgemeinen Zulässigkeitsanforderungen der VwGO. Die Verbandsklage ist nach § 64 Abs. 2 i. V. m. § 1 Abs. 1 S. 4 UmwRG ausgeschlossen, wenn eine Entscheidung im Sinne dieses Absatzes aufgrund einer Entscheidung in einem verwaltungsgerichtlichen Streitverfahren erlassen worden ist. Damit wird die Bindungswirkung verwaltungsgerichtlicher Entscheidungen auf die Verbandsklage ausgedehnt. Da die Verbandsklage die Verletzung individueller Recht als Zulässigkeitsvoraussetzung nicht kennt, handelt es sich hier um ein **„objektives Beanstandungsverfahren"**.[326] Die Verbandsklage steht neben den auf der Grundlage des Umweltrechtsbehelfsgesetzes eröffneten Klagemöglichkeiten.[327] Dessen Bezug auf die Verletzung individualrechtsschützender Normen ist vom EuGH als Verstoß gegen das Gemeinschaftsrecht erkannt worden.[328]

---

320 BVerwGE 105, 348 (353).
321 BVerwG, NuR 2002, 539 (540).
322 BVerwGE 105, 348 (349).
323 BVerwGE 87, 62 (70).
324 *Maaß/Schütte*, Rn. 139.
325 BVerwGE 104, 144 (153).
326 BVerwGE 121, 72 (82).
327 VGH München, NuR 2010, 214 (215).
328 Vgl. dazu EuGH, NuR 2011, 423 ff.

5 Wiederholungsfragen

1. Welche Funktion haben die in § 1 BNatSchG benannten Ziele des Naturschutzes? (Rn. 16)
2. Wie ist die Landschaftsplanung gegliedert? (Rn. 29)
3. Was versteht man unter einem Eingriff im Sinne der naturschutzrechtlichen Eingriffsregelung? (Rn. 38)
4. Worauf zielt die Pflicht zur Vermeidung von Eingriffen? (Rn. 45)
5. Was ist der Unterschied zwischen Ausgleichs- und Ersatzmaßnahmen? (Rn. 46)
6. Was versteht man unter einem Öko-Konto? (Rn. 57)
7. Was folgt auf die Feststellung, dass eine reale Kompensation von Eingriffen nicht möglich ist? (Rn. 58)
8. Wann muss eine FFH-Verträglichkeitsprüfung vorgenommen werden? (Rn. 120)
9. Was ist das Kriterium für eine erhebliche Beeinträchtigung eines FFH-Gebiets? (Rn. 124)
10. Wann ist eine Alternative im Abweichungsregime der Zulassung von Projekten, die ein FFH-Gebiet berühren, zumutbar? (Rn. 133)

6 Weiterführende Literatur

Frenz, Walter/Müggenborg, Hans-Jürgen (Hrsg.), Bundesnaturschutzgesetz. Kommentar. 2011.

Gassner, Erich/Heugel, Michael, Das neue Naturschutzgesetz. BNatSchG-Novelle 2010. Eingriffsregelung. Rechtsschutz. 2010.

Gellermann, Martin, Natura 2000. Europäisches Habitatschutzrecht und seine Durchführung in der Bundesrepublik Deutschland. 2001.

Lütkes, Stefan/Ewer, Wolfgang (Hrsg.), Bundesnaturschutzgesetz. Kommentar. 2011.

Schlacke, Sabine (Hrsg.), GK-BNatSchG. Gemeinschaftskommentar zum Bundesnaturschutzgesetz. 2012.

Schumacher, Jochen/Fischer-Hüftle, Peter (Hrsg.), Bundesnaturschutzgesetz. Kommentar. 2011.

§ 6 Klimaschutzrecht

6

Susanna Much

1 Problemaufriss

Durch menschliche Aktivitäten verursachte, sogenannte anthropogene Emissionen erhöhen die Konzentration von Treibhausgasen in der Atmosphäre und bewirken einen globalen Temperaturanstieg. Mittlerweile beträgt die globale Erderwärmung 0,8 Grad Celsius gegenüber dem vorindustriellen Niveau (1880).[1] Für den Zeitraum bis 2100 prognostiziert der sogenannte Weltklimarat, das **Intergovernmental Panel on Climate Change** (IPCC)[2], je nach zugrunde gelegtem Emissionsszenario eine globale Erderwärmung zwischen 2 und 4,5 Grad Celsius.[3] Die Folgen eines solchen Klimawandels sind vielfältig und regional unterschiedlich stark ausgeprägt: Jahreszeiten und Niederschlagsmuster könnten sich verändern und zur Verschiebung von Klima- und Vegetationszonen führen.[4] Dies könnte die Bodenfruchtbarkeit und in der Folge die Nahrungsmittelproduktion sowie die Artenvielfalt beeinträchtigen. Davon wären insbesondere Entwicklungsländer betroffen. Zudem ist damit zu rechnen, dass Extremereignisse wie 1

[1] Vgl. Wissenschaftlicher Beirat der Bundesregierung Globale Umweltveränderung (WBGU), Kassensturz für den Weltklimavertrag, 2009, S. 9.

[2] Vgl. hierzu näher unten Rn. 24.

[3] IPCC, Climate Change 2007: Synthesis Report, 2007, S. 45.

[4] Bundesministerium für Umwelt, Naturschutz und Reaktorsicherheit (BMU), Umweltbericht 2010 - Umweltpolitik ist Zukunftspolitik, 2010, S. 45.

S. Much ✉
Bundesministerium für Umwelt, Naturschutz und Reaktorsicherheit
Stresemannstraße 128–130, 10117 Berlin, Deutschland
E-Mail: susanna.much@bmu.bund.de

W. Kluth, U. Smeddinck (Hrsg.), *Umweltrecht*,
DOI 10.1007/978-3-8348-8644-6_6, © Springer Fachmedien Wiesbaden 2013

Hitzeperioden, Wirbelstürme, Dürren, Starkregen und Überflutungen häufiger und in extremerer Ausprägung auftreten werden.[5]

2 Um diese Folgen des Klimawandels einzudämmen und zu verhindern, empfehlen Wissenschaftler, die globale Erwärmung auf 2 Grad Celsius gegenüber dem vorindustriellen Niveau zu begrenzen, weil bei einer solchen Erwärmung die Auswirkungen noch verträglich sind (sogenannte **2-Grad-Celsius-Leitplanke**).[6] Wegen der Trägheit des Klimasystems und der langen Lebensdauer von Treibhausgasen in der Atmosphäre ist ein weiterer Temperaturanstieg auch bei einer drastischen Reduzierung der Treibhausgasemissionen in nächster Zeit unvermeidbar.[7]

3 Kohlendioxid ist mit einem Anteil von mehr als 70 % an den Gesamtemissionen das wichtigste unter den **Treibhausgasen**.[8] Daneben gehören aber auch Methan, Distickstoffoxid, teilhalogenisierte Fluorkohlenwasserstoffe, perfluorierte Kohlenwasserstoffe und Schwefelhexafluorid zu den Treibhausgasen, die über ein Vielfaches des Schädigungspotenzials von Kohlendioxid verfügen.[9]

2 Begriffsbestimmung „Klimaschutzrecht"

4 Das Klimaschutzrecht ist ein recht junges Rechtsgebiet, das sich noch in der Entstehung befindet und daher im Hinblick auf seine Zielsetzungen, Instrumente und Prinzipien nur wenig rechtsdogmatisch strukturiert ist.[10] Gleichwohl besteht Einigkeit darüber, dass unter Klimaschutzrecht „die Summe derjenigen Normen (zu verstehen ist), die das Klima vor anthropogenen Einwirkungen schützen sollen"[11]. **Schutzgut** des Klimaschutzrechts ist damit zunächst das Klima. Dieses erfasst die Gesamtheit der meteorologischen Ursachen, die für den längerfristigen durchschnittlichen Zustand der Erdatmosphäre bzw. des Wetters an einem Ort verantwortlich sind.[12] Als weiteres Schutzgut des Klimaschutzrechts firmiert daher auch die Atmosphäre.[13]

---

[5] BMU, Umweltbericht 2010 – Umweltpolitik ist Zukunftspolitik, 2010, S. 45 f.; WBGU, Klimawandel: Warum 2 °C?, 2009, S. 3.

[6] Vgl. hierzu ausführlich WBGU, Klimawandel: Warum 2 °C?, 2009, S. 2.

[7] Vgl. hierzu WBGU, Klimawandel: Warum 2 °C?, 2009, S. 4.

[8] Vgl. IPCC, Climate Change 2007: Synthesis Report, 2007, S. 36, der für das Jahr 2004 einen Kohlendioxid-Anteil an den Gesamtemissionen von 77 % festgestellt hat.

[9] Vgl. IPCC, Climate Change 2007: Synthesis Report, 2007, S. 36.

[10] Vgl. näher hierzu die Versuche dieses neue Rechtsgebiet zu strukturieren von *Schlacke*, Die Verwaltung 2010, 121 (123 ff. und 152 ff.) und *Koch*, NVwZ 2011, 641 ff.

[11] Auf die von *Gärditz*, JuS 2008, 324 (324) genannte Definition beziehen sich alle anderen Autoren, vgl. *Koch*, NVwZ 2011, 641 ff.; *Sailer*, NVwZ 2011, 718 (719 f.); *Schlacke*, Die Verwaltung 2010, 121 (124).

[12] *Gärditz*, JuS 2008, 324 (324).

[13] Vgl. auch *Erbguth/Schlacke*, Umweltrecht, 4. Aufl., § 16, Rn. 2.

5 Das Klimaschutzrecht ist durch zwei systematische Ansätze bzw. „strukturprägende Strategien"[14] gekennzeichnet: **Mitigation und Adaption**. Dabei bedeutet Mitigation die Reduzierung der Treibhausgasemissionen. Adaption hingegen umfasst Anpassungsmaßnahmen an die Folgen des Klimawandels, wie beispielsweise den Hochwasserschutz. Bezugspunkt derartiger Anpassungsmaßnahmen ist zwar nicht das Klima, sondern der Mensch und die Ökosysteme. Diese Maßnahmen sind jedoch Reaktionen auf klimatische Veränderungen, sodass sie in einem engen Zusammenhang zum Klima stehen und daher als Klimaschutzrecht im weiteren Sinne eingeordnet werden können.[15] Demgegenüber gehört das sogenannte **Geo-Engineering** nicht zum Klimaschutzrecht.[16] Hierunter sind gezielte großskalige Eingriffe in das Erdsystem zu verstehen, die den Klimawandel mildern sollen. Dies soll einerseits durch die Beseitigung von bereits in der Atmosphäre befindlichen Treibhausgasen (beispielsweise mittels der Düngung der Meere mit Eisensulfat)[17] erfolgen und andererseits durch die Veränderung der Sonneneinstrahlung (sulfur injections, solar radiation management) auf der Erde.[18]

6 Insgesamt liegt der Schwerpunkt des Klimaschutzrechts im Bereich der **Reduzierung der Treibhausgasemissionen**. Die dort ergriffenen Maßnahmen können in drei Handlungsfelder unterteilt werden:

- die Vermeidung von klimawirksamen Emissionen bzw. die Substitution fossiler Energieträger durch **erneuerbare Energien**,
- die Steigerung der **Energieeffizienz** sowie
- die Maßnahmen im Bereich der **landwirtschaftlichen Bodennutzung** und der Tierhaltung.[19]

7 Insbesondere in den ersten beiden Feldern, auf die sich diese Darstellung beschränkt, gibt es Überschneidungen mit dem **Umweltenergierecht**[20]: So berühren einerseits der den erneuerbaren Energien eingeräumte Vorrang im Strombereich, die Quoten für die Nutzung von Biokraftstoffen sowie von erneuerbaren Energien im Bereich der Wärme- und Kälteerzeugung und andererseits die Anforderungen an die Energieeffizienzsteigerung im Gebäudebereich, für energieverbrauchende Produkte sowie für Kraftfahrzeuge auch stets energierechtliche Fragestellungen.

---

14 *Koch*, NVwZ 2011, 641 (642 f.).

15 *Sailer*, NVwZ 2011, 718 (720) spricht insofern von Klimahaushaltsrecht.

16 So auch *Schlacke*, Die Verwaltung 2010, 121 (125); anders jedoch *Sailer*, NVwZ 2011, 718 (720).

17 Vgl. hierzu *Schlacke/Markus/Much*, Rechtliche Steuerungsmöglichkeiten für experimentelle Erforschung der Meeresdüngung, 2011 (im Internet unter: http://www.uba.de/uba-info-medien/4284.html).

18 Vgl. hierzu ausführlich *Sailer*, NVwZ 2011, 718 (720) sowie The Royal Society, Geoengineering the Climate – Science, Governance and Uncertainty, London 2009, die einen umfassenden Überblick über den Forschungsstand und die Risiken gegenwärtig diskutierter Geoengineering-Maßnahmen gibt.

19 Vgl. hierzu *Schrader*, NuR 2009, 747 ff.

20 Vgl. hierzu ausführlich *Kahl*, JuS 2010, 599 ff.; *Kloepfer*, Umweltschutzrecht, 2. Aufl., § 11; *Frenz*, NVwZ 2011, 522 ff.

8 Zugleich nennen zahlreiche Umweltgesetze das Klima als zu schützendes Rechtsgut.[21] Klimaschutz ist damit auch eine Aufgabe des Umweltrechts[22] und stellt ein **Querschnittsrechtsgebiet** dar, weil Maßnahmen zum Schutz des Klimas in verschiedene Gesetze integriert werden können.

9 Wegen dieses Bezugs des Klimaschutzrechts sowohl zum Umweltenergierecht als auch zum Umweltrecht ist das Klimaschutzrecht jeweils eine Teilmenge dieser beiden Rechtsgebiete und bildet gleichzeitig deren Schnittmenge.[23]

10 Zudem handelt es sich bei dem zu bekämpfenden Klimawandel um ein globales Problem, zu dessen Lösung ein einzelner Staat nur wenig beitragen kann. Im Mittelpunkt steht daher ein globaler Ansatz, bei dem wichtige Impulse von der völkerrechtlichen Ebene ausgegangen sind und von dort aus das Unions- sowie das nationale Klimaschutzrecht stark durchdringen. Das Klimaschutzrecht ist damit auch ein Beispiel für das vernetzte Zusammenwirken der völkerrechtlichen, unionsrechtlichen und nationalen Ebene im sogenannten **Mehrebenensystem**. Dabei lässt sich die Dichte der Regelungsstruktur auf den verschiedenen Rechtsebenen mit einer Pyramide beschreiben: An deren Spitze stehen die wenigen völkerrechtlichen Regelungen; das Fundament bilden die nationalen Regelungen, die die völker- und unionsrechtlichen Vorgaben umsetzen und erweitern.

3 Klimaschutz auf der völkerrechtlichen Ebene

3.1 Rechtsregime zum Schutz der Ozonschicht

11 Die Schaffung des Rechtsregimes zum Schutz der Ozonschicht war der erste Schritt des Klimaschutzrechts im Völkerrecht, der allerdings nur auf den Schutz eines Teils der Atmosphäre abzielte – nämlich der in der Stratosphäre befindlichen Ozonschicht, die die Erde vor der intensiven UV-B-Strahlung der Sonne schützt. Es handelte sich dabei um die Reaktion auf wissenschaftliche Erkenntnisse, denen zufolge die verstärkte Freisetzung bestimmter Chemikalien, insbesondere von Fluorchlorkohlenwasserstoffen (FCKW), die in zahlreichen Produkten als Treibgase und Kältemittel zur Anwendung gelangten, die Ozonschicht als ein wichtiges Schutzschild der Erde gegen die gefährliche Sonnenstrahlung schädigt.[24] Zugleich ist dieses Rechtsregime eine Erfolgsgeschichte der

---

[21] Vgl. § 2 Abs. 1 S. 2 Nr. 2 UVPG, §§ 1 Abs. 3 Nr. 4, 7 Abs. 1 Nr. 2 BNatSchG, § 2 Abs. 2 Nr. 6 S. 7 ROG; vgl. zur Nennung des Klimaschutzes als allgemeiner Grundsatz der Gewässerbewirtschaftung in § 6 Abs. 1 Nr. 5 WHG *Appel*, NuR 2011, 677 ff.; *Ekhardt//Steffenhagen*, NuR 2010, 705 ff.; *Gärditz*, DVBl. 2010, 214 ff.; *Sanden*, NuR 2010, 225 ff.

[22] Zur Abgrenzung zum Immissionsschutzrecht vgl. *Schlacke*, Die Verwaltung 2010, 121 (124); *Sailer*, NVwZ 2011, 718 (719 f.).

[23] *Schlacke*, Die Verwaltung 2010, 121 (124) verortet das Klimaschutzrecht im Mittelpunkt des Spannungsbogens zwischen dem Umweltrecht und dem Umweltenergierecht.

[24] Vgl. *Beyerlin/Marauhn*, International Environmental Law, 2011, S. 158.

Umweltpolitik, weil das Problem des Abbaus der Ozonschicht relativ zeitnah nach dem Erkennen des Zusammenhangs zur Freisetzung ozonschädigender Substanzen angegangen wurde und die Herstellung und Verwendung dieser Substanzen inzwischen nahezu vollständig gebannt sind.[25] Auch wenn mittlerweile nachgewiesen wurde, dass die Konzentration der ozonschädigenden Substanzen abgenommen hat,[26] werden die bereits in der Atmosphäre befindlichen wegen ihrer Langlebigkeit voraussichtlich noch über Jahrzehnte negative Wirkungen auf die Ozonschicht haben.[27] Es ist jedoch davon auszugehen, dass die Ozonschicht im Jahr 2075 ihr vorheriges Schutzniveau wieder erreicht haben wird; dies setzt die vollständige Umsetzung der Maßnahmen des Montrealer Protokolls voraus.[28]

12 Die Grundlage für das Rechtsregime zum Schutz der Ozonschicht bildet das **Wiener Übereinkommen zum Schutz der Ozonschicht** vom 22.03.1985[29]. Es enthält lediglich allgemeine Verpflichtungen: Die Vertragsparteien sollen zum Schutz der menschlichen Gesundheit und der Umwelt vor schädlichen Auswirkungen, die aus der Veränderung der Ozonschicht resultieren, im Rahmen ihrer Möglichkeiten geeignete Verwaltungs- und Gesetzgebungsmaßnahmen ergreifen (Art. 2). Ferner sollen die Vertragsparteien Substitute für ozonschädigende Substanzen erforschen und den Zustand der Ozonschicht systematisch beobachten sowie die hierbei erlangten Informationen untereinander austauschen (Art. 3). Nicht enthalten sind quantifizierte Reduktionsverpflichtungen für die Herstellung und Nutzung ozonschädigender Substanzen. Das Wiener Übereinkommen zum Schutz der Ozonschicht ist daher durch seine Ausgestaltung als Rahmenüberkommen ausfüllungs- und konkretisierungsbedürftig.

13 Diese konkretisierende Rolle übernimmt das **Montrealer Protokoll über Stoffe, die zu einem Abbau der Ozonschicht führen** vom 16.09.1987[30], das bereits mehrfach geändert wurde. Dieses enthält einen sogenannten Abbaukalender, in dem die Reduktionsverpflichtungen für die Produktion und den Verbrauch ozonschädigender Stoffe stufenweise erhöht wurde. So sollte beispielsweise ursprünglich die Herstellung von FCKW bis zum Jahr 1999 schrittweise auf 50 % gegenüber 1989 reduziert werden. Da sich diese Reduzierung als zu schwach erwies, wurde sie im Rahmen des ersten der insgesamt vier Verfahren zur Änderung des Montrealer Protokolls erhöht, und zwar auf 50 % bis zum Jahr 1995 und auf 85 % bis zum Jahr 1997 (Art. 2 F). Flankiert werden die Reduktionsverpflichtungen durch weitreichende Handelsbeschränkungen auch in Bezug auf Nicht-

---

[25] Weltweit unterfallen bereits 97 % der ozonschädigenden Substanzen dem Regime des Montrealer Protokolls, vgl. *Beyerlin/Marauh*, International Environmental Law, 2011, S. 158.

[26] Vgl. *Beyerlin/Marauhn*, International Environmental Law, 2011, S. 158.

[27] Vgl. hierzu den Zeitungsartikel http://www.tagesspiegel.de/wissen/durch-ozonverlust-droht-frueher-sonnenbrand/4044730.html (Stand: 14.11.2011).

[28] Vgl. *Beyerlin/Marauhn*, International Environmental Law, 2011, S. 158.

[29] Wiener Übereinkommen zum Schutz der Ozonschicht, BGBl. II, 1988, S. 901.

[30] BGBl. II, 1988, S. 1015, zuletzt geändert durch BGBl. II, 1999, S. 921.

Vertragsparteien (Art. 4).[31] Sämtliche Verpflichtungen des Montrealer Protokolls gelten sowohl für Industrie- als auch für Entwicklungsländer, wenn auch für letztere weniger stark (Art. 5). Zudem werden die Auswirkungen der Reduktionsverpflichtungen auf die ökonomische Entwicklungsfähigkeit der Entwicklungsländer durch einen Finanzierungsmechanismus ausgeglichen (Art. 10). Hierdurch soll verhindert werden, dass die Entwicklungsländer durch die hohen Kosten der Substitute für die ozonschädigenden Substanzen unverhältnismäßig beschränkt werden.

14 Neben diesem Finanzierungsmechanismus war das besondere Verfahren zur Änderung des Montrealer Protokolls ein wichtiger Faktor für den Erfolg des Rechtsregimes zum Schutz der Ozonschicht. Anders als sonst im Völkerrecht ist keine Entscheidung der Vertragsparteien im Konsens erforderlich; vielmehr gilt das Mehrheitsprinzip, sodass zwei Drittel der Stimmen der anwesenden und abstimmenden Vertragsparteien genügen, um eine Änderung des Montrealer Protokolls für alle Vertragsparteien verbindlich auszulösen.

15 Sowohl das Wiener Übereinkommen zum Schutz der Ozonschicht als auch das konkretisierende Montrealer Protokoll mit seinen zahlreichen Änderungen sind sogenannte **gemischte Abkommen im europarechtlichen Sinne**. Das heißt, die EU selbst wie auch ihre Mitgliedstaaten sind Vertragsparteien der völkerrechtlichen Verträge. Die EU hat die Anforderungen dieser völkerrechtlichen Verträge teilweise erhöht und in der Verordnung (EG) Nr. 1005/2009 über Stoffe, die zum Abbau der Ozonschicht führen,[32] umgesetzt. In Deutschland wurden zur Umsetzung die Chemikalien-Ozonschichtverordnung[33], die Verordnung zur Durchsetzung gemeinschaftsrechtlicher Verordnungen über Stoffe und Zubereitungen[34] sowie die Verordnung über die Entsorgung gebrauchter halogenierter Lösemittel[35] erlassen.

3.2 Die Klimarahmenkonvention und das Kyoto-Protokoll

16 Im Mittelpunkt des Klimaschutzrechts auf der völkerrechtlichen Ebene wie auch in der Tagespolitik steht die Bekämpfung des anthropogenen Treibhauseffektes und der damit verbundenen globalen Erwärmung. Ausgangspunkt dieses Rechtsregimes war die Unterzeichnung des Rahmenübereinkommens der Vereinten Nationen über Klimaänderun-

---

[31] Hierbei handelt es sich um eine Einschränkung des Welthandels im Sinne des Allgemeinen Zoll- und Handelsabkommens der WTO, des sogenannten General Agreement on Tariffs and Trade (GATT), die aber nach Art. XX des GATT gerechtfertigt sein dürfte.

[32] Vom 16.09.2009 (ABl. EG Nr. L 286, S. 1). Die ursprüngliche Umsetzung war die Verordnung (EG) Nr. 2037/2000 vom 29.06.2000 (ABl. EG Nr. L 244, S. 1), die mit der neuen Verordnung neugefasst wurde.

[33] Vom 13.11.2006 (BGBl. I, S. 2638), zuletzt geändert am 24.02.2012 (BGBl. I, S. 212 (1474)).

[34] Vom 27.10.2005 (BGBl. I, S. 3111), zuletzt geändert am 18.05.2011 (BGBl. I, S. 892).

[35] Vom 23.10.1989 (BGBl. I, S. 1918), zuletzt geändert am 20.10.2006 (BGBl. I S. 2298).

gen (Klimarahmenkonvention)[36] auf der Konferenz der Vereinten Nationen über Umwelt und Entwicklung in Rio de Janeiro (sogenannter Weltklimagipfel) im Jahr 1992. Die **Klimarahmenkonvention** trat am 21. März 1994 in Kraft und hat mittlerweile 195 Vertragsparteien[37], weshalb ihr quasi-universelle Geltung zugeschrieben wird.

17 Wie bereits ihr Name nahelegt, beschränkt sich die Klimarahmenkonvention darauf, den Rahmen für das verfolgte Ziel zu setzen, die Treibhausgaskonzentration in der Atmosphäre auf einem Niveau zu stabilisieren, auf dem eine gefährliche anthropogene Störung des Klimasystems verhindert wird (Art. 2). Konkrete Reduzierungsverpflichtungen oder ähnliche Präzisierungen, beispielsweise auch, was unter der „gefährliche[n] anthropogene[n] Störung des Klimasystems" zu verstehen ist, regelt sie nicht. Vielmehr beschränkt sie sich auf die Regelung von Grundsätzen und allgemeinen Verpflichtungen. Als Grundsätze (Art. 3), von denen sich die Vertragsparteien bei der Verwirklichung des Zieles der Klimarahmenkonvention leiten lassen sollen, nennt sie nicht nur bereits völkergewohnheitsrechtlich anerkannte Strukturprinzipien, wie das **Vorsorge-**, das **Verursacher-** und das **Nachhaltigkeitsprinzip**.[38] Vielmehr begründet sie darüber hinausgehend das sogenannte **Verantwortlichkeitsprinzip**, wonach die Vertragsparteien Klimaschutzmaßnahmen „entsprechend ihren gemeinsamen, aber unterschiedlichen Verantwortlichkeiten und ihren jeweiligen Fähigkeiten" (Art. 3 Abs. 1) ergreifen sollen. Folglich bestimmt sich der von den einzelnen Vertragsparteien zu leistende Beitrag zum Klimaschutz auf der Grundlage der Gerechtigkeit nach ihrem jeweiligen historischen und gegenwärtigen Beitrag zur globalen Erwärmung.[39] Anknüpfend an diese „gemeinsamen, aber unterschiedlichen Verantwortlichkeiten" differenziert die Klimarahmenkonvention bei der Zuweisung der allgemeinen Verpflichtungen (Art. 4) im Wesentlichen zwischen Entwicklungs- und Industrieländern: So sind die Industrieländer (und teilweise auch die Schwellenländer)[40] verpflichtet, ihre anthropogenen Treibhausgasemissionen zu beschränken sowie den Finanz- und Technologietransfer in die Entwicklungsländer sicherzustellen. Lediglich die Verpflichtung, in regelmäßigen Abständen nationale Emissionsverzeichnisse zu veröffentlichen, gilt uneingeschränkt für alle Vertragsparteien.

18 Der durch die Klimarahmenkonvention gesetzte Rahmen wird durch das **Kyoto-Protokoll**[41] ausgefüllt und konkretisiert. Dieses wurde zwar bereits 1997 verabschiedet, trat jedoch erst am 16. Februar 2005 in Kraft, weil erst in diesem Zeitpunkt mit der Ratifikation durch Russland die doppelte Mehrheitsregelung erreicht wurde, wonach min-

---

36 BGBl. II, 1993, S. 1784.

37 Vgl. zum Stand der Ratifizierungen im Internet unter: <http://unfccc.int/essential_background/convention/status_of_ratification/items/2631.php> (Stand: 25.09.2012).

38 Vgl. oben, § 1 in diesem Buch, Kluth, Rn. 122 ff.

39 Vgl. hierzu ausführlich *Schlacke*, Die Verwaltung 2010, 121 (128).

40 Zu diesen Ländern, die sich im Übergang zur Marktwirtschaft befinden, gehören: Belarus, Bulgarien, Estland, Lettland, Litauen, Polen, Rumänien, Russische Föderation, Tschechoslowakei, Ukraine, Ungarn.

41 Vom 11.12.1997, BGBl. II, 1998, S. 130.

destens 55 Staaten das Protokoll ratifiziert haben mussten, die zusammengerechnet mehr als 55 % der Kohlenstoffdioxid-Emissionen des Jahres 1990 verursachten (Art. 25 Abs. 1).

19 Das Kyoto-Protokoll nimmt die durch die Klimarahmenkonvention vorgegebene Differenzierung zwischen Industrie- und Entwicklungsländern auf: So besteht das Hauptziel des Kyoto-Protokolls darin, die Gesamtemissionen von sechs Treibhausgasen[42] in bestimmten Industrie- und Schwellenländern, den sogenannten Annex-B-Staaten,[43] in dem Zeitraum von 2008 bis 2012 um mindestens 5 % gegenüber dem Emissionsniveau im Jahr 1990 zu senken (Art. 3 Abs. 1). Die konkreten Emissionsbegrenzungs- und -reduktionsverpflichtungen für die einzelnen Staaten ergeben sich aus Annex B. Beispielsweise sollen in Deutschland die Emissionen, wie auch in fast allen EU-Mitgliedstaaten und der EU selbst, um 8 % gegenüber dem Emissionsniveau im Jahr 1990 gesenkt werden.[44] Zulässig ist es auch, dass sich zwei oder mehrere Vertragsparteien zusammenschließen, um die in Annex B genannten Reduzierungsverpflichtungen gemeinsam zu erfüllen (Art. 4). Bei diesem sogenannten **„Bubble"-Konzept** müssen zwar die in Annex B niedergelegten quantifizierten Reduzierungsverpflichtungen insgesamt eingehalten werden; allerdings steht es den Vertragsparteien frei, innerhalb dieses Rahmens das Gesamtemissionsniveau untereinander aufzuteilen (sogenanntes burden sharing, engl. für Lastenteilung). In der EU hat dieses sogeannte burden sharing zur Folge, dass bei einer Gesamtreduktionsverpflichtung von 8 % beispielsweise die Bundesrepublik Deutschland 21 % übernehmen muss.[45]

20 Zur Erreichung der Reduzierungsverpflichtungen benennt das Kyoto-Protokoll in Art. 2 verschiedene Handlungsfelder, wie beispielsweise die Verbesserung der Energie-

---

42 Dabei handelt es sich um folgende in Anlage A des Kyoto Protokolls enthaltenen Stoffe: Kohlendioxid, Methan, Distickstoffoxid, teilhalogenisierte Fluorkohlenwasserstoffe, perfluorierte Kohlenwasserstoffe und Schwefelhexafluorid.

43 Als Industrieländer werden in Annex B aufgeführt: Australien, Belgien, Dänemark, Deutschland, die Europäische Gemeinschaft, Finnland, Frankreich, Griechenland, Irland, Island, Italien, Japan, Kanada, Liechtenstein, Luxemburg, Monaco, Neuseeland, Niederlande, Norwegen, Österreich, Portugal, Schweden, Schweiz, Spanien, Vereinigte Staaten von Amerika sowie das Vereinigte Königreich Großbritannien und Nordirland. Als Schwellenländer werden in Annex B genannt: Bulgarien, Estland, Kroatien, Lettland, Litauen, Polen, Rumänien, die Russische Föderation, Slowakei, Slowenien, die Tschechische Republik, Ukraine und Ungarn.

44 Demgegenüber besteht in einigen Ländern (Neuseeland, Russische Föderation und Ukraine) gar keine Reduzierungsverpflichtung, d. h. diese Staaten können ihr Emissionsniveau von 1990 beibehalten; andere Staaten (Australien, Island und Norwegen) können gegenüber ihrem Emissionsniveau von 1990 sogar zulegen und mehr Treibhausgase emittieren.

45 Die EU-interne Lastenteilung führt in einigen Mitgliedstaaten ebenfalls zu erhöhten Reduzierungsverpflichtungen (Luxemburg −28 %, Dänemark −21%, Österreich −13 %, Großbritannien −12,5 %, Belgien −7,5 %, Italien −6,5 %, Niederlande −6 %), andere Mitgliedstaaten können ihr Emissionsniveau aus dem Jahr 1990 beibehalten (Finnland und Frankreich jeweils +/−0 %) und andere Mitgliedstaaten können im Vergleich zum Jahr 1990 verstärkt emittieren (Schweden +4 %, Irland +13 %, Spanien +15 %, Griechenland +25 %, Portugal +27 %).

effizienz, Schutz und Verstärkung von Wäldern als Speicher und Senken[46], die Förderung nachhaltiger landwirtschaftlicher Bewirtschaftungsformen, die Förderung und Anwendung erneuerbarer Energien sowie anderer fortschrittlicher umweltverträglicher Technologien.

21 Darüber hinaus enthält das Kyoto-Protokoll drei Instrumente (sogenannte **flexible Mechanismen**), die zur Zielerreichung angewendet werden können. Das prominenteste unter ihnen dürfte der **Emissionshandel** sein (Art. 17), der es Industrieländern gestattet, zur Einhaltung ihrer quantifizierten Reduzierungsverpflichtungen untereinander mit Emissionsrechten zu handeln. Der Mechanismus der **Joint Implementation** (kurz: JI; Art. 6) gestattet es Annex-B-Staaten, in einem anderen Annex-B-Staat emissionsmindernde Maßnahmen durchzuführen, um auf die eigene Emissionsreduzierungsverpflichtung anrechenbare Emissionsreduktionen zu erlangen. Der **Clean-Development-Mechanismus** (kurz: CDM; Art. 12) ermöglicht es Annex-B-Staaten ebenfalls, zur Erfüllung ihrer Emissionsreduzierungsverpflichtungen emissionssenkende Maßnahmen in einem nicht Annex-B-Staat, also einem Entwicklungsland, durchzuführen. Hierdurch wird die Erreichung der beiden Ziele „nachhaltige und umweltverträgliche Entwicklung der Entwicklungsländer" und „Erfüllung der quantifizierten Emissionsreduzierungsverpflichtungen" kombiniert. Das Kyoto-Protokoll benennt zwar diese flexiblen Mechanismen unter gleichzeitiger Herausstellung wesentlicher Strukturmerkmale; ihre Anwendung ist damit nicht vorgeschrieben und es verbleibt Spielraum für das Ergreifen anderer Maßnahmen.

22 Wegen des Auslaufens der Emissionsreduzierungsverpflichtungen aus dem Kyoto-Protokoll mit dem Ablauf des Jahres 2012 wird bereits seit mehreren Jahren bei den jährlich stattfindenden Vertragsstaatenkonferenzen der Abschluss eines Kyoto-Nachfolgeabkommens verhandelt. Bisher blieben diese Verhandlungen jedenfalls im Hinblick auf die Vereinbarung neuer Reduzierungsverpflichtungen für den Zeitraum nach dem Jahr 2012 ergebnislos: Auf der Vertragsstaatenkonferenz in Kopenhagen im Dezember 2009 nahmen die Vertragsparteien lediglich den zwischen wenigen Staaten ausgehandelten **„Copenhagen Accord"** zur Kenntnis. Hierin wird der Klimawandel zu einer der größten Herausforderungen der Gegenwart erklärt und die bereits seit vielen Jahren von der Wissenschaft geforderte 2-Grad-Celsius-Leitplanke als Obergrenze für die Erhöhung der globalen Mitteltemperatur politisch anerkannt.[47] Da er nicht förmlich von der Vertragsstaatenkonferenz verabschiedet wurde, ist schon die Rechtsverbindlich-

---

[46] Nach Art. 1 Nr. 7 der Klimarahmenkonvention sind Speicher Bestandteile des Klimasystems, in denen ein Treibhausgas oder eine Vorläufersubstanz eines Treibhausgases zurückgehalten wird. Eine Senke ist nach Art. 1 Nr. 8 der Klimarahmenkonvention ein Vorgang, eine Tätigkeit oder einen Mechanismus, durch die ein Treibhausgas, ein Aerosol oder eine Vorläufersubstanz eines Treibhausgases aus der Atmosphäre entfernt wird.

[47] Der Copenhagen Accord ist als Decision 2/CP.15 im Internet abrufbar unter: <http://unfccc.int/documentation/decisions/items/3597.php#beg> (Stand: 28.10.2011).

keit des Copenhagen Accords fraglich.[48] Erst bei der sechzehnten Vertragsstaatenkonferenz im Dezember 2010 in Cancún (Mexiko) wurde die **2-Grad-Celsius-Leitplanke** rechtsverbindlich von der Staatengemeinschaft anerkannt.[49] Die Bestrebungen, das Kyoto-Protokoll fortzuschreiben oder gar ein neues globales Klimaabkommen zu schließen, sind jedoch auch dort gescheitert. Etwas erfolgreicher war die jüngste Vertragsstaatenkonferenz, die im Dezember 2011 in Durban (Südafrika) stattgefunden hat. Einerseits wurde dort eine „Ad Hoc Working Group on the Durban Platform for Enhanced Action" eingerichtet, die bis spätestens 2015 ein Klimaschutzabkommen in Form eines „protocol, another legal instrument or an agreed outcome" erarbeiten soll. Dieses neue Abkommen soll Emissionsreduzierungsverpflichtungen für alle Vertragsparteien der Klimarahmenkonvention enthalten und spätestens 2020 in Kraft treten.[50] Inwieweit das neue Abkommen rechtliche Verbindlichkeit haben wird, wird durch die Formulierung „with *legal force*" bewusst offen gelassen.[51] Andererseits wurde in Durban vereinbart, dass das Kyoto-Protokoll im Rahmen einer zweiten Verpflichtungsperiode ab dem 01.01.2013 fortgeführt werden soll.[52] Über die Dauer dieser Verpflichtungsperiode (bis Ende 2017 oder 2020) sowie die Reduzierungsverpflichtungen wird jedoch erst die nächste Vertragsstaatenkonferenz in Doha (Katar) im Dezember 2012 entscheiden. Die Fortführung des Kyoto-Protokolls ist grundsätzlich zu begrüßen. Allerdings dürfte der Erfolg nur gering sein. Denn nachdem Kanada seinen sofortigen Austritt aus dem Kyoto-Protokoll erklärt hat, repräsentieren die verbleibenden Vertragsparteien lediglich 16 % der weltweiten Treibhausgasemissionen.[53] Insgesamt bleibt daher auch nach der Klimakonferenz in Durban unklar, wie das neue Klimaschutzabkommen konkret ausgestaltet sein soll und welche Wirkung es haben wird.

23 Die Klimarahmenkonvention und das Kyoto-Protokoll wurden ebenfalls als **gemischte Abkommen im europarechtlichen Sinn** abgeschlossen, sodass sowohl für die EU als auch ihre Mitgliedstaaten eine Umsetzungsverpflichtung besteht. Mit der Umsetzung auf der unionsrechtlichen wie auf der nationalen Ebene beschäftigen sich die folgenden Ausführungen. Es bleibt lediglich festzuhalten, dass die Umsetzungsmöglichkeiten in

---

48 Vgl. hierzu ausführlich *Oschmann/Rostankowski*, ZUR 2010, 59 (62 f.); *Schlacke*, Die Verwaltung 2010, 121 (130 f.).

49 Diese Anerkennung ist als Gliederungspunkt I. 4. der Decision 1/CP.16 im Internet abrufbar unter: <http://unfccc.int/documentation/decisions/items/3597.php?such=j&volltext=/CP.16#beg> (Stand: 28.10.2011); vgl. hierzu auch *Frenz*, NVwZ 2011, 522 (522); *Koch*, NVwZ 2011, 641 (642).

50 Decision 1/CP.17 (Establishment of an Ad Hoc Working Group on the Durban Platform for Enhanced Action), im Internet abrufbar unter: <http://unfccc.int/meetings/durban_nov_2011/session/6294/php/view/decisions.php> (Stand: 11.04.2012).

51 Vgl. hierzu *Winkler*, EurUP 2012, 31 (33); vgl. zur Einschätzung der Erfolgsaussichten der Klimakonferenz in Durban *Schwarze*, ZUR 2011, 505 ff.

52 Decision 1/CMP.7 (Outcome of the work of the Ad Hoc Working Group on Further Commitments for Annex I Parties under the Kyoto Protocol at its sixteenth session), im Internet abrufbar unter: <http://unfccc.int/resource/docs/2011/cmp7/eng/10a01.pdf#page=2> (Stand: 11.04.2012).

53 Vgl. *Winkler*, EurUP 2012, 31 (34).

Ermangelung der Vorgabe bestimmter Handlungsinstrumente und der sektorenübergreifend bestehenden Reduzierungsverpflichtungen vielfältig sind.

24 In institutioneller Hinsicht sind im Klimaschutzrecht auf der völkerrechtlichen Ebene das Intergovernmental Panel on Climate Change (IPCC) sowie die Internationale Agentur für Erneuerbare Energien (IRENA) zu nennen. Das **IPCC** wurde bereits 1988 vom Umweltprogramm der Vereinten Nationen und der Weltorganisation für Meteorologie gegründet. Dieser sogenannte Weltklimarat übernimmt als der Klimarahmenkonvention beigeordneter Ausschuss die Aufgabe, in einem diffizilen Verfahren die vorliegenden Forschungsergebnisse auszuwerten, um die Risiken der Erderwärmung zu beurteilen und Vermeidungs- und Anpassungsstrategien herauszuarbeiten.[54] Zu diesem Zweck veröffentlicht es sogenannte Sachstandsberichte (IPCC Assessment Reports).[55] Die **IRENA** wurde im Januar 2009 gegründet und ist die erste internationale Organisation, die ausschließlich der Förderung erneuerbarer Energien dient. Hierzu soll sie sowohl Industrie- als auch Entwicklungsländer beim Ausbau der erneuerbaren Energien unterstützen und die Entwicklung des dafür erforderlichen technologischen Know-hows fördern. Mit letzterem Aspekt beschäftigt sich insbesondere das IRENA Innovation and Technology Centre (IICT) in Bonn.

4 Klimaschutzrecht auf der Ebene des Unionsrechts

25 Die Europäische Union (EU) hat die völkerrechtlich durch das Kyoto-Protokoll vorgegebenen Verpflichtungen zur Emissionsreduzierung ihrer Mitgliedstaaten mit der Entscheidung 2002/35/EG[56] genehmigt und, wie sogleich darzustellen ist, entsprechende Maßnahmen zur Umsetzung getroffen.

26 Die Kompetenz zum Erlass von Rechtsakten, beispielsweise Richtlinien und Verordnungen i. S. v. Art. 288 AEUV, durch die EU im Bereich des Klimaschutzrechts ergibt sich aus der Kompetenz für die Querschnittsmaterie Umweltrecht nach Art. 192 AEUV, der Kompetenz für Rechtsangleichungsmaßnahmen nach Art. 114 AEUV sowie aus dem Kompetenztitel Energie nach Art. 194 AEUV, der mit dem Lissabon-Vertrag neu eingefügt wurde.

27 Vor diesem kompetenzrechtlichen Hintergrund hat der Europäische Rat unter deutscher Präsidentschaft im März 2007 über die völkerrechtlichen Verpflichtungen hinausgehend historische Beschlüsse im Bereich der Klima- und Energiepolitik getroffen, die unabhängig von dem Verlauf der Verhandlungen zu einem Nachfolgeabkommen zum

[54] Ausführlicher zur Arbeitsweise des Weltklimarats *Schlacke*, ZUR 2010, 225.

[55] Die Sachstandsberichte sind im Internet abrufbar unter: <http://www.ipcc.ch/publications_and_data/publications_and_data_reports.shtml> (Stand: 01.11.2011).

[56] Vom 25.04.2002, ABl. Nr. L 130, S. 1.

Kyoto-Protokoll gelten sollen: Bis zum Jahr 2020 sollen die Treibhausgasemissionen in der Union um 20 % gegenüber 1990 reduziert werden.

28 Das im Dezember 2008 verabschiedete **Klima- und Energiepaket**[57], das 2009 in Kraft getreten ist, erweitert einerseits die ehrgeizigen **Ziele** für das Jahr 2020, indem

- die Senkung der Treibhausgasemissionen sogar auf 30 % gegenüber 1990 erhöht werden soll, wenn sich andere Industrieländer zu vergleichbaren ambitionierten Reduzierungen verpflichten,
- die Nutzung von erneuerbaren Energiequellen auf 20 % der Gesamtenergieproduktion gesteigert werden soll; der Anteil von Biokraftstoffen auf 10 % steigen soll, sofern deren Anbau nachhaltig erfolgt und
- durch die Verbesserung der Energieeffizienz der Energieverbrauch um 20 % gesenkt werden soll.

29 Andererseits dient das Klima- und Energiepaket der **Umsetzung** der vom Europäischen Rat gesetzten Ziele. Hierzu enthält das Klima- und Energiepaket folgende Rechtsakte:

- die Novellierung der Emissionshandels-Richtlinie,
- die Änderung der Erneuerbaren-Energien-Richtlinie, in die die Biokraftstoffrichtlinie überführt wurde und
- die Richtlinie über die geologische Speicherung von Kohlendioxid.

30 In den einzelnen Handlungsbereichen hat die EU die folgenden Maßnahmen zum Schutz des Klimas ergriffen:

4.1 Reduzierung der Treibhausgasemissionen

31 Das wichtigste und am weitesten ausdifferenzierte Instrument zur Reduzierung der Treibhausgasemissionen ist der **Emissionshandel**. Auf der Grundlage der im Kyoto-Protokoll eingeräumten Möglichkeit, dieses Instrument zwischenstaatlich zu nutzen, hat die EU durch die Richtlinie 2003/87/EG[58] ein gemeinschaftsweites System für einen Emissionshandel eingerichtet und auf die innerstaatliche Ebene übertragen, indem das Handelssystem auch privaten Unternehmen zugänglich gemacht wird. Durch die novellierende Richtlinie[59] aus dem Jahr 2009 wurde das europäische Emissionshandelssystem einerseits hinsichtlich seines Geltungszeitraums verlängert, indem es in einer dritten Handelsphase (2013–2020) fortgeführt werden soll. Andererseits wurde auch sein An-

---

[57] Vgl. hierzu *Thoms*, ZNER 2009, 121 ff.

[58] Vom 13.10.2003, ABl. Nr. L 275, S. 32.

[59] Richtlinie 2009/29/EG des Europäischen Parlaments und des Rates vom 23. April 2009 zur Änderung der Richtlinie 2003/87/EG zwecks Verbesserung und Ausweitung des Gemeinschaftssystems für den Handel mit Treibhausgasemissionszertifikaten, ABl. Nr. L 140, S. 63.

wendungsbereich erweitert: Bisher nicht einbezogene Treibhausgase[60] sowie bisher nicht erfasste Industrieanlagen[61] unterfallen nun dem Emissionshandelssystem. Dem Emissionshandel liegt ein sogenanntes **Cap-and-trade-System** zugrunde, bei dem die Menge zulässiger Emissionen der Höhe nach begrenzt – sowie schrittweise im Niveau gesenkt – wird (cap) und die zulässige Emissionsmenge in Emissionszertifikate umgewandelt wird, mit denen gehandelt werden kann (trade). Hierzu wird zunächst jedem Mitgliedstaat eine bestimmte Gesamtmenge an Emissionsrechten zugewiesen, die anschließend innerstaatlich an die vom Emissionshandel erfassten Unternehmen verteilt werden. Diese wiederum bestimmen sich danach, ob sie bestimmte, in Anhang I der Richtlinie genannte Tätigkeiten ausführen, die Treibhausgasemissionen verursachen und die nach Art. 4 Emissionshandels-RL nur mit einer entsprechenden Genehmigung zulässig sind. Schließlich sind die Unternehmen als Verursacher von Treibhausgasemissionen verpflichtet, für jede Tonne emittierter Treibhausgase eine entsprechende Menge an Emissionshandelszertifikaten abzugeben. Während ursprünglich nur Industrieanlagen vom Emissionshandelssystem erfasst wurden, fällt ab 2012 – und damit ein Jahr vor dem Beginn der dritten Zuteilungsperiode – auch der Luftverkehr[62] in dessen Anwendungsbereich. Durch die Deckelung bei gleichzeitiger Verknappung der Emissionsmenge wird grundsätzlich eine Emissionsreduzierung ausgelöst. Wegen der Möglichkeit mit Emissionszertifikaten zu handeln, führt das Emissionshandelssystem dazu, dass die betroffenen Anlagenbetreiber jene Maßnahme ergreifen, die für sie am kostengünstigsten ist: Anlagenbetreiber, für die technische Maßnahmen zur Emissionsreduzierung kostenaufwändiger sind, können die erforderlichen Emissionsberechtigungen von Betreibern erlangen, welche die Emissionsreduzierungen kostengünstiger erreichen können.

32 Der Emissionshandel hat bereits am 1. Januar 2005 begonnen und wird in vorerst drei Zuteilungsperioden (2005 bis 2007, 2008 bis 2012 und 2013 bis 2020) fortgeführt. Die auf die einzelnen Mitgliedstaaten entfallenden Emissionsberechtigungen wurden in den ersten beiden Handelsperioden zunächst auf der europäischen Ebene ausgehandelt und anschließend von den Mitgliedstaaten in **Nationalen Allokationsplänen** (NAP) an die betroffenen Unternehmen verteilt. Diese NAP waren der Kommission vorzulegen. Den Mitgliedstaaten verblieb daher in den ersten beiden Handelsperioden hinsichtlich der Zuteilungsregeln ein weiter Gestaltungsspielraum. Dies hatte zur Folge, dass die Ausgestaltung des unionsweit eingerichteten Emissionshandelssystems sehr unterschiedlich war: Beispielsweise machten nur sieben Mitgliedstaaten von der bereits in diesen Han-

---

[60] Für bestimmte Anlagen sieht der Anhang I der Richtlinie 2009/29/EG neben Kohlendioxid auch die Einbeziehung von perfluorierten Kohlenwasserstoffen (PFC) sowie Distickstoffoxid vor.

[61] Gleichzeitig fallen Klein- und Kleinstanlagen aus dem Anwendungskreis, sofern deren Emissionen einen bestimmten Schwellenwert nicht überschreiten und außerhalb des Emissionshandelssystems gleichwertige Maßnahmen durchgeführt werden.

[62] Richtlinie 2008/101/EG des Europäischen Parlaments und des Rates vom 19. November 2008 zur Änderung der Richtlinie 2003/87/EG zwecks Einbeziehung des Luftverkehrs in das System für den Handel mit Treibhausgasemissionszertifikaten in der Gemeinschaft, ABl. 2009 Nr. L 8, S. 3.

delsperioden bestehenden Möglichkeit Gebrauch, Emissionszertifikate zu versteigern.[63] Dies führte insgesamt zu einer Überausstattung der Unternehmen mit Emissionszertifikaten und ist ein Hauptkritikpunkt an der Funktionsfähigkeit des europäischen Emissionshandelssystems: Denn in den ersten beiden Handelsperioden ist lediglich eine geringfügige Reduktion der Kohlendioxid-Emissionen zu verzeichnen.[64]

33 In Reaktion auf diese fehlerhaften Strukturbedingungen sieht die **novellierende Richtlinie 2009/29/EG** für die dritte Emissionshandelsphase von 2013 bis 2020 neue Mechanismen für die Festlegung der nationalen Emissionsobergrenzen und die Zuteilungsregeln vor. So legt nach Art. 9 die EU-Kommission für das erste Jahr der neuen Handelsperiode die Gesamtemissionsmenge für die Union fest, die jährlich linear um 1,74 % reduziert wird.[65] Zugleich wird nach Art. 10 die Versteigerung der Emissionszertifikate das zentrale Zuteilungsprinzip. Die rechtliche Ausgestaltung des Auktionierungsverfahrens ist in der unionsrechtlichen Auktionierungs-Verordnung[66] geregelt. Allerdings sind hiervon Ausnahmen zulässig, wie beispielsweise nach Art. 10b bei energieintensiven Industrien, für die eine Versteigerungslösung im internationalen Wettbewerb mit erheblichen Nachteilen verbunden ist, sodass deren Abwanderung aus der EU droht (sogenanntes **Carbon Leakage**).[67] Für die ausgenommenen Bereiche werden die Emissionszertifikate kostenfrei zugeteilt, wobei die Zuteilungsregeln nunmehr von der EU-Kommission getroffen werden.[68] Erst im Jahr 2027 sollen alle Emissionszertifikate versteigert werden; bis dahin steigt die Anzahl der zu versteigernden Emissionszertifikate schrittweise: Im Jahr 2013 beträgt sie 20 % und 2020 70 %. Allein für die Anlagen des Energieerzeugungssektors müssen bereits ab 2013 die Emissionsberechtigungen in vollem Umfang erworben werden. Durch diese auf der Unionsebene zentralisierten Ent-

---

[63] In der ersten Handelsperiode war die Versteigerung in Ungarn, Irland und Litauen möglich und in der zweiten Handelsperiode ermöglichten sie Österreich, Deutschland, die Niederlande und Großbritannien. Insgesamt wurden in den ersten beiden Handelsperioden nur 5 bis 10 % aller Emissionszertifikate versteigert, vgl. hierzu *Hartmann*, ZUR 2011, 246 (250); vgl. auch das Urteil des EuGH zur Rechtmäßigkeit der Einbeziehung des Luftverkehrs in das Emissionshandelssystem, EuGH, Urt. v. 21.12.2011, Rs. C-366/10.

[64] Vgl. hierzu *Hartmann*, ZUR 2011, 246 (247 ff.); zur allgemeinen Kritik am Emissionshandelssystem *Winter*, ZUR 2009, 289 ff.

[65] Mit dem Beschluss 2010/634/EU vom 22.10.2010, ABl. Nr. L 279, S. 34, hat die EU-Kommission die Gesamtmenge für das Jahr 2013 auf 2.039.152.882 Zertifikate festgelegt. Die lineare Reduktion um 1,74 % entspricht damit 37.435.837 Berechtigungen.

[66] Verordnung (EU) Nr. 1031/10 der Kommission über den zeitlichen und administrativen Ablauf sowie sonstige Aspekte der Versteigerung von Treibhausgasemissionszertifikaten gemäß der Richtlinie 2003/87/EG des Europäischen Parlaments und des Rates über ein System für den Handel mit Treibhausgasemissionszertifikaten in der Gemeinschaft, ABl. Nr. L 302, S. 1.

[67] Vgl. hierzu ausführlich *Wegener*, ZUR 2009, 287 ff.

[68] Beschluss der Kommission vom 27.04.2011 zur Festlegung EU-weiter Übergangsvorschriften zur Harmonisierung der kostenlosen Zuteilung von Emissionszertifikaten gemäß Artikel 10a der Richtlinie 2003/87/EG des Europäischen Parlaments und des Rates (bekannt gegeben unter dem Aktenzeichen K(2011) 2772), 2011/278/EU), ABl. Nr. L 130, S. 1; vgl. hierzu ausführlich *Spieth/Hamer*, NVwZ 2011, 920 ff.

scheidungen werden die mitgliedstaatlichen Entscheidungsspielräume maßgeblich verkürzt und das unionsweite Emissionshandelssystem harmonisiert. Insbesondere mit der Entscheidung für die Versteigerung als Grundprinzip der Zuteilung und der Festlegung der Zuteilungsregeln durch die Kommission werden die Nationalen Allokationspläne hinfällig.

34 Um die Handlungsmöglichkeiten der dem Emissionshandelssystem unterfallenden Unternehmen zu erweitern, hat die Europäische Union mit der sogenannten **Linking Directive**[69] die flexiblen Mechanismen des Kyoto-Protokolls in das Unionsrecht übertragen. Daher können zusätzliche Emissionsberechtigungen auch durch JI- und CDM-Maßnahmen[70] generiert werden. Wegen erheblicher Zweifel an der ökologischen Integrität und der Kosteneffizienz bestimmter Projekttypen hat die EU allerdings beschlossen, dass die durch sie in der zweiten Handelsperiode erzielten Emissionsreduzierungen nur noch begrenzt in die dritte Handelsperiode übertragen werden können.[71]

35 Darüber hinaus setzt die EU mit der **Richtlinie über die geologische Speicherung von Kohlendioxid** (CCS-RL)[72] für die sogenannte Carbon-Capture-and-Storage-Technologie[73] einen Rechtsrahmen. Diese Technologie zielt ebenfalls auf die Reduzierung der Treibhausgasemissionen ab, indem das in Industrieanlagen anfallende Kohlendioxid abgefangen (capture), verflüssigt und zu geeigneten geologischen Formationen des Untergrundes transportiert werden soll, in denen es sicher abgeschlossen von der Atmosphäre dauerhaft lagern soll (storage). Die Speicherung des Kohlendioxides kann sowohl in geologischen Formationen des Festlandes als auch in solchen des Meeresuntergrundes erfolgen.[74] Allerdings ist die Speicherung in der Wassersäule des Meeres verboten. Die CCS-RL räumt den Mitgliedstaaten die Möglichkeit ein, die Speicherung von Kohlendioxid auf ihrem Hoheitsgebiet nicht zuzulassen. Sie sieht vor, dass für die Untersuchung

---

69 Richtlinie 2004/101/EG vom 27.10.2004 zur Änderung der Richtlinie 2003/87/EG über ein System für den Handel mit Treibhausgasemissionszertifikaten in der Gemeinschaft im Sinne der projektbezogenen Mechanismen des Kyoto Protokolls, ABl. Nr. L 338, S. 18.

70 Vgl. hierzu oben Rn. 21.

71 Emissionsminderungen aus HFC23- und Adipinsäureprojekten dürfen nur noch bis zum 30. April 2013 im Emissionshandelssystem eingesetzt werden.

72 Richtlinie 2009/31/EG des Europäischen Parlaments und des Rates vom 23.04.2009 über die geologische Speicherung von Kohlendioxid und zur Änderung der Richtlinie 85/337/EWG des Rates sowie der Richtlinie 2000/60/EG, 2001/80/EG, 2004/35/EG, 2006/12/EG und 2008/1//EG des Europäischen Parlaments und des Rates sowie der Verordnung (EG) Nr. 1031/2006, ABl. Nr. L 149, S. 114; vgl. hierzu auch *Doppelhammer*, ZUR 2008, 250 ff.; *Much*, in: Scharrer et al., Risiko im Recht – Recht im Risiko, 2011, S. 85 ff.; *Wickel*, ZUR 2011, 115 ff.

73 Vgl. hierzu *Much*, Die Rechtfragen der Ablagerung von CO_2 in unterirdischen geologischen Formationen – Eine Untersuchung der Zulässigkeit von Vorhaben zur Ablagerung von CO_2 in unterirdischen geologischen Formationen nach dem bestehenden Umweltrecht und der möglichen zukünftigen Zulassung, 2009.

74 Die Richtlinie gilt daher nach Art. 2 Abs. 1 im Hoheitsgebiet der Mitgliedstaaten, in ihren ausschließlichen Wirtschaftszonen sowie ihren Festlandsockeln im Sinne des Seerechtsübereinkommens der Vereinten Nationen.

geeigneter geologischer Formationen eine sogenannte Explorationsgenehmigung, Art. 5 CCS-RL, und für die Speicherung eine sogenannte Speichergenehmigung, Art. 6 CCS-RL, erforderlich ist. Außerdem regelt sie vorsorgende Sicherheitsmaßnahmen während und nach dem Abschluss der Speicherung, wie Überwachungs- und Berichterstattungspflichten, sowie Maßnahmen im Falle von Leckagen oder Unregelmäßigkeiten. Für Kohlendioxid, für das der Nachweis einer dauerhaft sicheren Speicherung erbracht wurde, sind keine Emissionsberechtigungen nachzuweisen.

36 Die CCS-RL war bis Ende Juni 2011 von den Mitgliedstaaten umzusetzen. Die Bundesregierung hat zur Umsetzung den Entwurf eines Gesetzes zur Demonstration und Anwendung von Technologien zur Abscheidung, zum Transport und zur dauerhaften Speicherung von Kohlendioxid vorgelegt, der zunächst nur die Erprobung und Demonstration der Speicherung regelt.[75] Obwohl der Gesetzentwurf in § 2 Abs. 5 vorsieht, dass die Bundesländer durch Landesgesetz regeln können, dass die dauerhafte Speicherung von Kohlendioxid nur in bestimmten Gebieten zulässig oder in bestimmten Gebieten unzulässig ist, hatte der Bundesrat ihm ursprünglich nicht zugestimmt.[76] Erst nach Anrufung des Vermittlungsausschusses wurde das Gesetz Ende Juni 2012 verabschiedet.[77]

4.2 Förderung der erneuerbaren Energieträger

37 Als zentrales Regelwerk zur Förderung der Verwendung erneuerbarer Energien und damit zur entsprechenden Substitution von fossilen Energieträgern hat die EU die **Erneuerbare-Energien-Richtlinie**[78] (EE-RL) erlassen. Sie erfasst im Gegensatz zu ihrer Vorgängerrichtlinie aus dem Jahr 2001 alle für den Einsatz erneuerbarer Energien maßgeblichen Bereiche, nämlich die **Strom-, Wärme- und Kälteerzeugung** sowie in Fortführung der Biokraftstoffrichtlinie die **Erzeugung von Kraftstoffen aus erneuerbaren**

[75] Vgl. zu einzelnen Fragen des Vorgängerentwurfs *Much*, in: Scharrer et al., Risiko im Recht – Recht im Risiko, 2011, S. 85 ff.

[76] Vgl. hierzu den Pressebericht unter http://www.n-tv.de/politik/Wie-ein-Ausweg-zur-Sackgasse-wurde-article4376091.html (Stand: 08.11.2011).

[77] Vom 17.08.2012, BGBl. I, S. 1726; vgl. hierzu *Dieckmann*, ZUR 2012, 989 ff.; zu den Anforderungen an ein deutsches Gesetz für die dauerhafte Speicherung von Kohlendioxid *Much*, Die Rechtfragen der Ablagerung von CO_2 in unterirdischen geologischen Formationen – Eine Untersuchung der Zulässigkeit von Vorhaben zur Ablagerung von CO_2 in unterirdischen geologischen Formationen nach dem bestehenden Umweltrecht und der möglichen zukünftigen Zulassung, 2009.

[78] Richtlinie 2009/28/EG des Europäischen Parlaments und des Rates vom 23. April 2009 zur Förderung der Nutzung von Energie aus erneuerbaren Quellen und zur Änderung und anschließenden Aufhebung der Richtlinie 2001/77/EG und 2003/30/EG, ABl. EG Nr. L 140, S. 16.

Energiequellen.[79] Zugleich regelt die EE-RL wesentlich anspruchsvollere Ziele für die Verwendung erneuerbarer Energien:

38 Nach Art. 3 Abs. 1 EE-RL soll der **Bruttoendenergieverbrauch** in der EU bis zum Jahr 2020 durch mindestens 20 % erneuerbare Energien gedeckt werden. Zur Erreichung dieses Unionsziels werden den einzelnen Mitgliedstaaten **verbindliche nationale Zielwerte gesetzt.**[80] Dabei ist den Mitgliedstaaten freigestellt, zu entscheiden, in welchem Sektor sie in welchem Maße zur Erreichung des nationalen Gesamtzieles beitragen. Darüber hinaus können die Mitgliedstaaten hinsichtlich des Instrumentariums, das sie zur Zielerreichung einsetzen wollen, frei wählen. Daher ist nach Art. 3 Abs. 3 EE-RL ein weites Spektrum an Förderinstrumenten zulässig, das von Investitionsbeihilfen und Steuererleichterungen über Einspeisetarife[81] bis hin zu Prämienzahlungen reicht. Zudem eröffnet die EE-RL in den Art. 6 ff. die Möglichkeit der flexiblen Zielerreichung, wonach ein Mitgliedstaat einen Teil seines Ziels durch Projekte in anderen Mitgliedstaaten bzw. durch direkten Transfer aus einem anderen Mitgliedstaat erfüllen kann. Hierdurch wird der kosteneffiziente Ausbau der erneuerbaren Energien gefördert, der sich an den Potenzialen dieser Energien orientiert. Auch wenn die Richtlinie flexibel ausgestaltet ist und kein bestimmtes Instrument zur Förderung des Ausbaus der erneuerbaren Energien vorsieht, fordert Art. 16 EE-RL in jedem Fall, dass die Mitgliedstaaten den Netzzugang für erneuerbare Energien in der Form einer vorrangigen Abnahme gewährleisten. Dies wiederum setzt eine entsprechende Netzkapazität voraus und verpflichtet die Mitgliedstaaten daher zumindest zu einem adäquaten Netzausbau.

39 Für den **Verkehrssektor** fordert Art. 3 Abs. 4 EE-RL, dass alle Mitgliedstaaten bis 2020 einen Erneuerbaren-Anteil von 10 % erreichen, sodass der Anteil der Biokraftstoffe entsprechend in den einzelnen Mitgliedstaaten auszubauen ist. Zugleich regelt die Erneuerbare-Energien-Richtlinie in Art. 17 Abs. 2 bis 5 EE-RL erstmals **Nachhaltigkeitskriterien** für die Herstellung von flüssigen Biokraftstoffen, um hinsichtlich der beanspruchten Anbauflächen Nutzungskonflikte mit der Nahrungsmittelerzeugung sowie negative Auswirkungen auf den Naturschutz zu vermeiden. Danach dürfen beispielsweise für den Anbau von nachwachsenden Rohstoffen keine Flächen in Anspruch genommen werden, die eine anerkannt große biologische Vielfalt aufweisen. Um diesen Nach-

[79] Die zuvor auf EU-Ebene existierenden Instrumente zur Förderung der erneuerbaren Energien, die Strom-Richtlinie 2001/77/EG vom 27.09.2001 (ABl. Nr. L 283, S. 33) und die Biokraftstoff-Richtlinie 2003/30/EG, vom 08.05.2003 (ABl. Nr. L 123, S. 42) werden zum 01.01.2012 aufgehoben und durch diese neue umfassende EU-Richtlinie ersetzt.

[80] Deutschland soll bis zum Jahr 2020 einen Anteil von erneuerbaren Energieträgern am gesamten Endenergieverbrauch von 18 % erzielen.

[81] Die Entscheidung zwischen dem sogenannten Einspeisemodell, bei dem die Verpflichtung der Netzbetreiber zur Abnahme von Strom aus erneuerbaren Energien mit einer staatlich festgelegten Vergütungspflicht einhergeht, und dem Quotenmodell, bei dem der Anteil der Erneuerbaren am Stromverbrauch beim Versorger und beim Endverbraucher staatlich festgelegt ist, ist daher auf die Ebene der Mitgliedstaaten verschoben. Vgl. hierzu auch SRU, Klimaschutz durch Biomasse, Sondergutachten 2007, Rn. 49 ff.

haltigkeitsanforderungen praktische Durchsetzung zu verschaffen, ist nur derjenige Anteil an Biokraftstoffen auf das Gesamtziel anrechenbar, für den diese Kriterien eingehalten wurden, Art. 17 Abs. 1 EE-RL. Gemäß Art. 18 EE-RL ist über die Einhaltung der Nachhaltigkeitsanforderungen ein Nachweis zu erbringen.

40 Zur Sicherstellung der Umsetzung der Richtlinie in den Mitgliedstaaten und zur Überwachung der Zielerreichung, erlegt Art. 4 Abs. 1 EE-RL den Mitgliedstaaten die Verpflichtung auf, der Kommission einen **nationalen Aktionsplan** vorzulegen, aus dem sich die nationalen Gesamtziele für den Anteil der erneuerbaren Energien in den Sektoren Verkehr, Elektrizität, Wärme- und Kälteerzeugung sowie die zur Zielerreichung vorgesehenen Maßnahmen ergeben.[82] Über die erzielten Fortschritte müssen die Mitgliedstaaten nach Art. 22 EE-RL regelmäßig berichten.

41 Neben der EE-RL als zentralem Instrument zur Förderung der erneuerbaren Energieträger gibt es auf der Unionsebene verschiedene Rechtsakte, die die Zielerreichung unterstützen, indem sie beispielsweise die Möglichkeit eines Abnahmevorrangs für erneuerbare Energien vorsehen.[83]

4.3 Steigerung der Energieeffizienz

42 In ihrem Klima- und Energiepaket hat sich die EU verpflichtet, die Energieeffizienz beim Energieverbrauch bis zum Jahr 2020 um 20 % zu senken. Wesentliche Rechtsakte zur Umsetzung dieses Ziels sind:

43 Die **Energieeffizienz-Richtlinie** (Energieeffizienz-RL)[84] ist nach Art. 1 auf eine wirtschaftlichere und effizientere Nutzung der Endenergie gerichtet. Hierzu regelt sie verschiedene Maßnahmen zur Beseitigung vorhandener Markthindernisse und -unzulänglichkeiten, die der effizienten Endenergienutzung entgegenstehen. Zugleich trifft sie Regelungen zur Förderung eines Marktes für Energiedienstleistungen und für die Bereitstellung von Energieeffizienzprogrammen. Art. 4 der Energieeffizienz-RL verpflichtet die Mitgliedstaaten, bis zum Jahr 2016 im Rahmen eines **nationalen Energieeffizienz-Aktionsplans** (NEEAP) eine Einsparung im Energieverbrauch von 9 % festzulegen und zu erreichen. Insbesondere der öffentliche Sektor hat nach Art. 5 der Energieeffizienz-RL eine Vorbildfunktion zu übernehmen und Maßnahmen zur Verbesserung der Energieeffizienz zu treffen. Darüber hinaus müssen die Mitgliedstaaten nach Art. 6 der Energieeffizienz-RL sicherstellen, dass die Energieverteiler, die Verteilernetzbetreiber und die Energieeinzelhandelsunternehmen in den Bereichen Elektrizität, Erdgas, Heizöl oder Fernwärme nicht die Maßnahmen zur Verbesserung der Energieeffizienz beeinträchtigen.

---

[82] Den deutschen Nationalen Allokationsplan für erneuerbare Energien hat die Bundesregierung am 4. August 2010 beschlossen. Er ist im Internet abrufbar unter: <http://www.erneuerbare-energien.de/inhalt/46202/44741/> (Stand: 02.11.2011).

[83] Einen Überblick hierüber geben *Erbguth/Schlacke*, Umweltrecht, 4. Aufl., § 16, Rn. 17.

[84] Richtlinie 2006/32/EG des Europäischen Parlaments und des Rates vom 5. April 2006 über die Endenergieeffizienz und Energiedienstleistungen und zur Aufhebung der Richtlinie 93/76/EWG des Rates, ABl. Nr. L 114, S. 64.

Die **Kraft-Wärme-Kopplungs-Richtlinie** (KWK-RL)[85] zielt nach ihrem Art. 1 darauf ab, in der gesamten Union einheitliche und transparente Rahmenbedingungen zu schaffen, um den Bau von KWK-Anlagen zu fördern und zu erleichtern. Den KWK-Anlagen liegt eine Technik zugrunde, mit der sowohl Elektrizität als auch – mittels der heißen Abgase – Nutzwärme erzeugt wird. Diese Anlagen können einen Wirkungsgrad von bis zu 90 % erreichen. Sie können daher einen wichtigen Beitrag zur Erhöhung der Energieeffizienz, zur Reduzierung der Treibhausgasemissionen sowie zur Verbesserung der Versorgungssicherheit leisten (Art. 1 KWK-RL). Vor diesem Hintergrund verfolgt die KWK-Richtlinie das Ziel, bestehende KWK-Anlagen zu konsolidieren und den Bau neuer Anlagen zu fördern. 44

Die **Richtlinie über die Gesamtenergieeffizienz von Gebäuden**[86] dient der Verbesserung der Gesamtenergieeffizienz von Gebäuden und Gebäudeteilen. Hierzu regelt Art. 3 der Richtlinie in Verbindung mit Anhang I zunächst eine Methode zur Berechnung der Gesamtenergieeffizienz von Gebäuden, die von den Mitgliedstaaten anzuwenden ist und beispielsweise die thermischen Eigenschaften des Gebäudes, die Heizungsanlage und Wasserversorgung berücksichtigt. Auf der Grundlage dieser Berechnungsmethode sollen die Mitgliedstaaten Mindestanforderungen an die Gesamtenergieeffizienz von neuen und Bestandsgebäuden festlegen, wobei sie jedoch auch die damit verbundenen Kostenfolgen berücksichtigen sollen. Daher ist nach Art. 7 der Richtlinie bei Gebäuden aus dem Bestand nur bei größeren Renovierungsmaßnahmen die Gesamtenergieeffizienz zu verbessern, um die festgelegten Mindestanforderungen einzuhalten. Nach Art. 9 Abs. 1 lit. a der Richtlinie ist es das Ziel, dass ab dem 31. Dezember 2020 alle neuen Gebäude Niedrigstenergiegebäude sind; für neue Gebäude, deren Eigentümer Behörden sind, gilt dies bereits ab Ende 2018. Als Instrument zur Umsetzung der Zielvorgaben der Richtlinie ist lediglich die Einrichtung eines Systems für die Erstellung von Ausweisen über die Gesamtenergieeffizienz von Gebäuden vorgeschrieben. Dieser Ausweis umfasst Informationen über den Jahresenergieverbrauch der Gebäude und ist beim Bau, Verkauf oder bei Vermietung eines Gebäudes oder Gebäudeteils dem neuen Mieter oder potenziellen Eigentümer vorzulegen und auszuhändigen. Dem liegt die Erwartung zugrunde, dass die Energieeffizienz eines Gebäudes ein wichtiges Entscheidungselement beim Kauf und der Miete von Gebäuden bzw. Gebäudeteilen ist. 45

Die **Ökodesign-Richtlinie** (Ökodesign-RL)[87] ist der maßgebliche unionsrechtliche Rahmen für die Festlegung von Anforderungen an die umweltgerechte Gestaltung von energieverbrauchsrelevanten Produkten. Sie ist Ausdruck des produktbezogenen Um- 46

---

[85] Richtlinie 2004/8/EG des Europäischen Parlaments und des Rates vom 11. Februar 2004 über die Förderung einer am Nutzwärmebedarf orientierten Kraft-Wärme-Kopplung im Energiebinnenmarkt und zur Änderung der Richtlinie 92/42/EWG, ABl. Nr. L 52, S. 50.

[86] Richtlinie 2010/31/EU des Europäischen Parlaments und des Rates vom 19. Mai 2010, ABl. Nr. L 153, S. 13.

[87] Richtlinie 2009/125/EG des Europäischen Parlaments und des Rates vom 21. Oktober 2009 zur Schaffung eines Rahmens für die Festlegung von Anforderungen an die umweltgerechte Gestaltung energieverbrauchsrelevanter Produkte, ABl. Nr. L 285, S. 10.

welt- bzw. Klimaschutzes, weil sie die Umweltauswirkungen eines Produktes während des gesamten Lebenszyklus – vom Abbau der erforderlichen Rohstoffe und der Herstellung über den Vertrieb und Gebrauch bis hin zur Entsorgung – in den Blick nimmt. Auf der Grundlage der Ökodesign-Richtlinie war es beispielsweise auch möglich, Effizienzanforderungen an sogenannte Haushaltslampen mit ungebündeltem Licht zu stellen, was zu dem stark diskutierten Ersatz herkömmlicher Glühlampen durch Energiesparlampen führte.[88] Gegenüber der Fassung der Ökodesign-Richtlinie aus dem Jahr 2005 wird der Anwendungsbereich von energie*betriebenen* Produkten auf energie*verbrauchsrelevante* Produkte ausgeweitet. Dies geht mit einer enormen Erweiterung des Geltungsbereichs einher, weil nun nicht nur Produkte erfasst werden, denen nach ihrem Inverkehrbringen oder ihrer Inbetriebnahme *Energie zugeführt* werden muss, damit sie bestimmungsgemäß funktionieren, sondern sämtliche Gegenstände, deren Nutzung den *Verbrauch von Energie in irgendeiner Weise beeinflusst* (vgl. Art. 2 Nr. 1 Ökodesign-RL). Damit erfasst die Ökodesign-Richtlinie nahezu alle Produkte. Sie kann daher eine enorme Steuerungswirkung entfalten, weshalb sie teilweise auch als „Super-Umweltrichtlinie"[89] bezeichnet wird. Die Erweiterung des Anwendungsbereichs ist darauf zurückzuführen, dass alle wesentlichen Potenziale zur Steigerung der Energieeffizienz genutzt werden sollen, um die ehrgeizigen Klimaschutzziele zu erreichen.

47 Gleichwohl enthält die Ökodesign-Richtlinie keine Mindesteffizienzanforderungen an energieverbrauchsrelevante Produkte. Vielmehr ist sie lediglich die Ermächtigungsgrundlage und der Rechtsrahmen für spezielle Verordnungen der EU-Kommission über Umweltanforderungen an energieverbrauchsrelevante Produkte.[90] Nach Art. 3 Ökodesign-RL dürfen energieverbrauchsrelevante Produkte nur in Verkehr gebracht werden bzw. in Betrieb genommen werden, wenn sie die in diesen Verordnungen vorgesehenen Anforderungen an die Energieeffizienz erfüllen. Durch diesen ordnungsrechtlichen Ansatz wird sichergestellt, dass besonders ineffiziente Geräte schrittweise ausgeschlossen werden.

---

[88] Verordnung (EG) Nr. 244/2009/EG vom 18.03.2009, ABl. Nr. L 76, S. 3; vgl. hierzu auch *Wegener*, ZUR 2009, 169 f.

[89] Vgl. *Koch*, NVwZ 2011, 641 (647).

[90] Bisher hat die Europäische Kommission Durchführungs-Verordnungen geschaffen für: Fernsehempfänger (Verordnung (EG) Nr. 107/2009/EG vom 04.02.2009, ABl. Nr. L 36, S. 8), Bürobeleuchtungen und offene Straßenbeleuchtung (Verordnung (EG) Nr. 245/2009/EG vom 18.03.2009, ABl. Nr. L 76, S. 17), externe Netzteile (Verordnung (EG) Nr. 278/2009/EG vom 06.04.2009, ABl. Nr. L 93, S. 3), Elektromotoren (Verordnung (EG) Nr. 640/2009/EG vom 22.07.2009, ABl. Nr. L 191, S. 26), Heizungspumpen (Verordnung (EG) Nr. 641/2009/EG vom 22.07.2009, ABl. Nr. L 191, S. 35), Fernsehgeräte (Verordnung (EG) Nr. 642/2009/EG vom 22.07.2009, ABl. Nr. L 191, S. 42), Haushaltskühl- und Gefriergeräte (Verordnung (EG) Nr. 643/2009/EG vom 22.07.2009, ABl. Nr. L 191, S. 53), Haushaltswaschmaschinen (Verordnung (EG) Nr. 1015/2010/EG vom 10.11.2010, ABl. Nr. L 293, S. 21), Haushaltsgeschirrspülmaschinen (Verordnung (EG) Nr. 1016/2010/EG vom 10.11.2010, ABl. Nr. L 293, S. 31) sowie produktübergreifende Standby-Verordnung (Verordnung (EG) Nr. 1275/2008/EG vom 17.12.2008, ABl. Nr. L 339, S. 45), vgl. hierzu näher *Koch*, NVwZ 2011 (646).

48 Schließlich hat die EU auch im Straßenverkehr die Energieeffizienz geregelt und die **Richtlinie zur Förderung sauberer und energieeffizienter Straßenfahrzeuge**[91] erlassen, die die umweltfreundliche Beschaffung von Neufahrzeugen betrifft.

5 Klimaschutz im deutschen Recht

49 Auf der nationalen Ebene des Klimaschutzrechts werden nicht nur die völker- und unionsrechtlichen Vorgaben umgesetzt, sondern die Bundesregierung hat im August 2007 in Meseberg die Eckpunkte eines eigenen **„Integrierten Energie- und Klimaprogramms"** (IEKP)[92] beschlossen. Die darin skizzierten 29 Eckpunkte betreffen zentrale Bereiche der Energie- und Klimapolitik wie die Steigerung der Energieeffizienz und den Ausbau der erneuerbaren Energien;[93] sie wurden in der Folgezeit durch zwei Maßnahmenpakte umgesetzt, die konkrete Gesetzgebungsmaßnahmen enthielten.[94] Das im Herbst 2010 von der Bundesregierung beschlossene Energiekonzept wurde wenige Monate später im Juni 2011 durch die sogenannte Energiewende modifiziert:[95] Denn vor dem Hintergrund des schrittweisen Ausstiegs aus der Kernenergie bis zum Jahr 2022 muss der Umstieg auf die erneuerbaren Energien beschleunigt und die Verbesserung der Energieeffizienz gesteigert werden. Wichtige Klimaziele sind:

- die Reduzierung der Treibhausgasemissionen bis 2020 um 40 %, bis 2030 um 55 %, bis 2040 um 70 % und bis 2050 um 80 bis 95 % jeweils gegenüber 1990 und
- die Erhöhung des Anteils der erneuerbaren Energien bis 2020 auf 18 %, bis 2030 auf 30 %, bis 2040 auf 45 % und im Jahr 2050 auf 60 % am Bruttoendenergieverbrauch.[96]

Diese Ziele sind durch konkrete gesetzliche Maßnahmen umzusetzen.[97]

---

[91] Richtlinie 2009/33/EG vom 23.04.2009, ABl. Nr. L 120, S. 5.

[92] Im Internet abrufbar unter http://www.bmu.de/klimaschutz/downloads/doc/39875.php (Stand: 08.11.2011).

[93] Vgl. näher zu den Auswirkungen des IEKP auf das Erneuerbare-Energien-Gesetz *Schumacher*, ZUR 2008, 121 ff.

[94] Im ersten Maßnahmenpaket aus dem Dezember 2007 wurden das KWKG, EEG, EEWärmeG novelliert. Im Frühjahr 2008 folgten durch das zweite Maßnahmenpaket Änderungen unter anderem in der EnEV.

[95] Das Eckpunktepapier zur Energiewende vom Juni 2011 ist im Internet abrufbar unter: <http://www.bmu.de/energiewende/beschluesse_und_massnahmen/doc/47465.php> (Stand: 25.09.2012).

[96] Vgl. hierzu das Eckpunktepapier des Bundesregierung zur Energiewende, im Internet unter http://www.bmu.de/energiewende/beschluesse_und_massnahmen/doc/47465.php (Stand: 25.09.2012).

[97] Ein Überblick über das Gesetzespaket der Energiewende geben *Sellner/Fellenberg*, NVwZ 2011, 1025 (1028 ff.).

50 Der Bund leitet die **Gesetzgebungskompetenz**,[98] im Bereich des Klimaschutzes rechtliche Regelungen zu schaffen, aus dem Recht der Luftreinhaltung nach Art. 74 Abs. 1 Nr. 24 GG sowie dem Recht der Wirtschaft nach Art. 74 Abs. 1 Nr. 11 GG ab. Beide Bereiche gehören zu der konkurrierenden Gesetzgebung nach Art. 72 GG. Für Maßnahmen, die das Recht der Luftreinhaltung betreffen, hat der Bund das Gesetzgebungsrecht nach Art. 72 Abs. 2 GG nur, wenn und soweit dies zur Herstellung gleichwertiger Lebensverhältnisse im Bundesgebiet oder zur Wahrung der Rechts- oder Wirtschaftseinheit im gesamtstaatlichen Interesse erforderlich ist. In den einzelnen Bereichen des Klimaschutzrechts wurden die folgenden Maßnahmen getroffen[99]:

5.1 Reduzierung der Treibhausgasemissionen

51 Das zentrale Instrument zur Reduzierung der Treibhausgasemissionen ist der **Emissionszertifikatehandel**, dessen unionsrechtliche Vorgaben durch das Treibhausgas-Emissionshandelsgesetz (TEHG)[100], das Zuteilungsgesetz (ZuG)[101], die Zuteilungsverordnung (ZuV) und das Projekt-Mechanismen-Gesetz (ProMechG)[102] in das deutsche Recht überführt wurden. Dabei setzt das TEHG als Stammgesetz den rechtlichen Rahmen für den Emissionszertifikatehandel und ist damit dessen Herzstück. Das ZuG legt gemäß § 7 TEHG auf der Grundlage des von der Bundesregierung beschlossenen nationalen Allokationsplans jeweils für eine Zuteilungsperiode – deshalb gibt es für die erste Handelsperiode das ZuG 2007 und für die zweite Handelsperiode das ZuG 2012 – die Gesamtmenge der in Deutschland zuzuteilenden Emissionsberechtigungen sowie die Regeln fest, nach denen diese Emissionsberechtigungen an die dem Emissionshandel unterfallenden Unternehmen zugeteilt und ausgegeben werden.[103]

52 Das Konzept des Emissionshandelssystems sieht zunächst vor, dass die Freisetzung von Treibhausgasen durch bestimmte anlagenbezogene Tätigkeiten[104] nach § 4 Abs. 1 TEHG einer Emissionsgenehmigungspflicht unterfällt. Nach § 4 Abs. 6 TEHG stellt die

[98] Vgl. zu Handlungspflichten des Staates *Groß*, ZUR 2009, 364 ff.

[99] Vgl. zur Möglichkeit, Klimaschutzgesetze zu schaffen *Groß*, ZUR 2011, 171 ff.

[100] Gesetz zum Handel mit Berechtigungen zur Emission von Treibhausgasen vom 21.07.2011 (BGBl. I, S. 3044), zuletzt geändert durch Art. 2 Abs. 24 des Gesetzes vom 22.12.2011 (BGBl. I S. 3044).

[101] Gesetz über den nationalen Zuteilungsplan für Treibhausgas-Emissionsberechtigungen in der Zuteilungsperiode 2008 bis 2012 vom 07.08.2007 (BGBl. I, S. 1788) zuletzt geändert durch Art. 2 Abs. 23 des Gesetzes vom 22.12.2011 (BGBl. I, S. 3044).

[102] Gesetz über projektbezogene Mechanismen nach dem Protokoll von Kyoto zum Rahmenübereinkommen der Vereinten Nationen über Klimaänderungen vom 11.12.1997 vom 22.09.2005 (BGBl. I, S. 2826); zuletzt geändert durch Art. 2 Abs. 22 des Gesetzes vom 22.12.2011 (BGBl. I, S. 3044).

[103] Vgl. zu den Zuteilungsregeln in der dritten Handelsperiode, Rn. 33 und 55 in diesem Abschnitt.

[104] Diese ergeben sich aus § 3 Abs. 3 TEHG in Verbindung mit Anhang 1.

immissionsschutzrechtliche Genehmigung für Anlagen, die nach dem Bundes-Immissionsschutzgesetz (BImSchG) genehmigungsbedürftig sind, diese **Emissionsgenehmigung** dar.[105] Die Konzentrationswirkung des § 13 BImSchG erfasst daher auch die Emissionsgenehmigung nach § 4 TEHG. Den auf diese Weise in den Emissionshandel einbezogenen Unternehmen wird sodann nach §§ 9 ff. TEHG eine bestimmte Menge an Emissionszertifikaten zugeteilt, die mit anderen Teilnehmern am Emissionshandelssystem handelbar sind. Jeweils nach Ende eines Kalenderjahres muss das Unternehmen gemäß § 5 Abs. 1 S. 1 TEHG die verursachten Emissionen ermitteln, der zuständigen Behörde hierüber berichten und nach § 6 Abs. 1 TEHG eine Anzahl von Berechtigungen zurück- bzw. abgeben, die den verursachten Emissionen entspricht. Sofern ein Unternehmen trotz der Möglichkeit, erforderliche Emissionsberechtigungen bei anderen Emissionshandelsteilnehmern zuzukaufen, nicht die Menge an Emissionsberechtigungen abgibt, um die verursachten Treibhausgasemissionen abzudecken, kann ihm nach § 18 TEHG eine mengenbezogene Geldleistungspflicht auferlegt werden.

53 Da die zugeteilte Menge an Emissionsberechtigungen nicht den tatsächlichen Treibhausgasemissionen entspricht, wird im Gesamtsystem ein Anreiz zur Reduzierung der Treibhausgasemissionen gesetzt: Unternehmen können an ihrer Anlage Emissionsreduktionsmaßnahmen durchführen und die daher nicht gebrauchten Emissionsberechtigungen an andere Unternehmen verkaufen, die nicht solche Maßnahmen durchführen, weil diese im Vergleich zum Erwerb der erforderlichen Emissionsberechtigungen kostenintensiver sind. Daher ermöglicht der Emissionshandel, dass Emissionsreduktionsmaßnahmen dort durchgeführt werden, wo sie am kostengünstigsten sind. Er setzt damit einen Anreiz zur Modernisierung und für den Einsatz innovativer Technologien, um Emissionsreduktionen herbeizuführen. Im Gegensatz zur direkten Verhaltenssteuerung mittels ordnungsrechtlicher Instrumente, wie Ge- und Verboten, ist er ein **Instrument indirekter Steuerung.**[106]

54 Im Zuge der Einführung des Emissionshandelssystems in Deutschland kam die Frage nach seiner Vereinbarkeit mit den im Unionsrecht sowie im Grundgesetz gewährleisteten Grundrechten auf, insbesondere mit der **Eigentumsfreiheit** und der **Berufsfreiheit.**[107] Das Bundesverfassungsgericht (BVerfG) stellte in seinem Beschluss aus dem Jahr 2007 im Hinblick auf den Eigentumsschutz fest, dass die Einführung des Emissionshandels und der damit verbundenen Verpflichtungen nicht zu einer Entziehung des Eigen-

---

105 Diese Anlagen unterfallen auch nicht den Vorsorgeanforderungen des § 5 Abs. 1 S. 1 Nr. 2 BImSchG. Insofern geht § 5 Abs. 1 S. 2 BImSchG davon aus, dass durch die Einbeziehung in den Emissionshandel und die damit verbundenen Anforderungen der §§ 5, 6 Abs. 1 TEHG den Vorsorgeanforderungen Genüge getan ist.

106 Vgl. hierzu allgemein *Kluth*, § 1, Rn. 166 ff.

107 Darüber hinaus hatte der EuGH zu klären, ob die Nichteinbeziehung des Chemie- und Nichteisenmetallsektors mit dem Gleichheitssatz vereinbar ist. Er bejahte diese Frage: Zwar sei der Gleichheitssatz tangiert, allerdings sei die unterschiedliche Behandlung wegen der geringen Emissionsmengen und der schrittweisen Einführung des komplexen Systems gerechtfertigt, EuGH, NVwZ 2009, 382 (386).

tums führte, insbesondere werde nicht die Befugnis entzogen, überhaupt Treibhausgase zu emittieren: Die Luft sei kraft Natur der Sache kein eigenständig entziehungsfähiges Gut, weil sie nicht ausschließlich einem Einzelnen zugeordnet werden könne. Damit gebe es keine vom Anlageneigentum losgelöste Emissionsbefugnis. Solange jedoch eine Regelung der Emissionsbefugnis nicht zu einem Entzug der Eigentümerposition an der Anlage führe, liege keine Eigentumsentziehung vor, sondern lediglich eine – wegen der dem Gemeinwohl dienenden Reduzierung der Treibhausgasemissionen – zulässige Beschränkung der Nutzungsmöglichkeit des Anlageneigentums.[108] Das Bundesverwaltungsgericht (BVerwG) sieht zwar in der Einführung des Emissionshandelssystems eine Berufsausübungsregelung, die jedoch verhältnismäßig und damit gerechtfertigt ist, weil die Kontingentierung der Emissionsbefugnis ein geeignetes Mittel sei, um die Kohlendioxidemissionen zu reduzieren.[109] Insgesamt sind die mit dem Emissionshandel neu eingeführten Pflichten einerseits wegen des hohen Ranges des Schutzgutes Klima und andererseits wegen der überwiegend kostenlosen Zuteilung in den ersten beiden Handelsperioden zumutbar.[110]

55 Die Novellierung des Emissionshandelssystems auf der Unionsebene im Jahr 2009 erforderte entsprechende Anpassungen im deutschen Recht, die mit dem Gesetz zur Anpassung der Rechtsgrundlagen für die Fortentwicklung des Emissionshandels[111] vorgenommen wurden. Da die Entscheidung über die Gesamtemissionsmenge allein auf der Unionsebene getroffen wird, bedarf es zukünftig keines Nationalen Allokationsplans. Ein Zuteilungsgesetz, das den Nationalen Allokationsplan rechtlich umsetzt, ist damit ebenfalls nicht mehr erforderlich. Nach § 10 des Gesetzes zur Anpassung der Rechtsgrundlagen für die Fortentwicklung des Emissionshandels wird es jedoch weiterhin eine Zuteilungs-Verordnung geben. Diese sogenannte Zuteilungs-Verordnung 2020 (ZuV 2020)[112] regelt im Rahmen des nach dem Beschluss 2011/278/EU der EU-Kommission Zulässigen die in Deutschland geltenden Regeln für die kostenlose Zuteilung an knapp 2000 Anlagen.

5.2 Förderung der erneuerbaren Energien

56 Die Substitution fossiler Energieträger durch erneuerbare Energien leistet ebenfalls einen bedeutsamen Beitrag zur Reduzierung der Treibhausgasemissionen. Deutschland nahm bereits frühzeitig eine Vorreiterrolle bei der Förderung der erneuerbaren Energien insbesondere im Strombereich ein. Verschiedene Regelungen in diesem Bereich sind damit

---

[108] BVerfG, NVwZ 2007, 942 (945); BVerwGE 124, 47 (59).

[109] BVerwG 124, 47 (60, 62).

[110] Vgl. zu weiteren gerichtlich geklärten Fragen des Emissionshandels, *Kobes/Engel*, NVwZ 2011, 207 ff. und 268 ff.

[111] Vom 21.07.2011 (BGBl. I, S. 1475).

[112] Verordnung über die Zuteilung von Treibhausgas-Emissionsberechtigungen in der Handelsperiode 2013 bis 2020, vom 26.09.2011 (BGBl. I, S. 1921).

nicht erst durch das Unionsrecht, insbesondere die Erneuerbare-Energien-Richtlinie, in das deutsche Recht gelangt. Die drei Anwendungsbereiche der Erneuerbaren-Energien-Richtlinie – Strom, Wärme/Kälte und Biokraftstoffe – wurden in Deutschland entflochten und jeweils eigenständigen Gesetzen zugeordnet.

57 Das zentrale Regelwerk für die Förderung erneuerbarer Energien im **Strombereich** ist das **Erneuerbare-Energien-Gesetz** (EEG)[113]. Bereits mit dem Stromeinspeisungsgesetz[114] aus dem Jahr 1990 war Deutschland ein Vorreiter bei der Förderung der erneuerbaren Energien, insbesondere der Windenergie. Das EEG trat im Jahr 2000 an die Stelle des Stromeinspeisungsgesetzes und wurde mehrfach novelliert, insbesondere zur Umsetzung der unionsrechtlichen Vorgaben der EE-RL. Im Zuge der Energiewende und zur Umsetzung der EE-RL aus dem Jahr 2009 wurde im Sommer 2011 das Gesetzgebungsverfahren für das EEG 2012 abgeschlossen, das seit 1. Januar 2012 gilt.

58 Das EEG verfolgt nach § 1 Abs. 2 EEG 2012 das Ziel, den Anteil erneuerbarer Energien an der Stromversorgung bis 2020 auf mindestens 35 %, bis 2030 auf 50 %, bis 2040 auf 65 % und bis 2050 auf 80 % zu erhöhen. Dies ist sehr ehrgeizig: Der Beitrag der erneuerbaren Energien im Jahr 2010 am Bruttostromverbrauch betrug knapp 17 %,[115] wobei der größte Anteil von der Biomasse[116] (32 %) und der Windenergie[117] (40 %) getragen wurde.[118] Neben diesen beiden Energieträgern gehören nach § 3 Nr. 3 EEG 2012 Wasserkraft, solare Strahlungsenergie, Geothermie sowie Energie aus Grubengas zu den erneuerbaren Energien. Den instrumentellen Kern des Erneuerbare-Energien-Gesetzes bildet nach wie vor die gesetzliche Einspeisevergütung, die mit einer vorrangigen Einspeise-, Abnahme- und Verteilungsverpflichtung[119] des aus erneuerbaren Energieträgern erzeugten Stroms verknüpft ist. Sie hat sich in den vorherigen Jahren als wichtiger Anreiz für die Förderung erneuerbarer Energien bewährt und wird daher auch zukünftig einen wichtigen Beitrag zur Erreichung der ehrgeizigen Ausbauziele leisten.

59 Die sogenannte **Einspeisevergütung** ist nach den §§ 16 ff. EEG 2012 von den Betreibern der Stromnetze an die Anlagenbetreiber zu zahlen, die ausschließlich erneuerbare Energien zur Stromerzeugung einsetzen.[120] Die Mindesthöhe dieses Vergütungsan-

---

113 Gesetz für den Vorrang Erneuerbarer Energien vom 25.10.2008 (BGBl. I, S. 2074), zuletzt geändert durch Artikel 1 des Gesetzes vom 17.08.2012 (BGBl. I S. 1754).

114 Vom 07.12.1990 (BGBl. I, S. 2633).

115 Vgl. BMU, Erneuerbare Energien 2010, Daten des Bundesministeriums für Umwelt, Naturschutz und Reaktorsicherheit zur Entwicklung der erneuerbaren Energien in Deutschland im Jahr 2010 auf der Grundlage der Angaben der Arbeitsgruppe Erneuerbare Energien-Statistik (AGEE-Stat), 2011, S. 3, im Internet verfügbar unter: <http://www.erneuerbare-energien.de/files/pdfs/allgemein/application/pdf/ee_in_zahlen_2010_bf.pdf> (Stand: 10.11.2011).

116 Vgl. zur Förderung der Biomasseproduktion *Ludwig*, DVBl. 2010, 944 ff.

117 Vgl. zur Förderung der Windenergie *Wustlich*, ZUR 2007, 16 ff. und 122 ff.

118 BMU, Umweltbericht 2010 – Umweltpolitik ist Zukunftspolitik, 2010, S. 56.

119 Vgl. zur Vorrangregelung *Frenz*, ZNER 2009, 112 ff.

120 Die Einspeisevergütung wird damit nicht aus staatlichen Mitteln finanziert, weshalb es sich nicht um eine unionsrechtlich unzulässige staatliche Beihilfe handelt, vgl. hierzu ausführlich EuGH, NJW 2001, 3695 (3695); vgl. dazu auch *Kahl*, JuS 2010, 599 (601).

spruchs ist für die unterschiedlichen erneuerbaren Energieträger in den §§ 18, 23 ff. EEG 2012 gesetzlich festgelegt, womit für Investoren und Anlagenbetreiber ein hohes Maß an Planungssicherheit geschaffen wird. Die Einspeisevergütung durchbricht das Wettbewerbs- und Marktprinzip zu Gunsten der erneuerbaren Energien und setzt einen wirtschaftlichen Anreiz für deren Ausbau, indem sie die gegenüber den fossilen Energieträgern erhöhten Stromgestehungskosten ausgleicht. In Abhängigkeit von der eingesetzten Technologie und der Anlagengröße fällt die Einspeisevergütung für die jeweiligen erneuerbaren Energieträger unterschiedlich hoch aus. Dabei wird die Vergütungshöhe schrittweise abgesenkt (sogenannte Degression), was eine Überförderung vermeiden soll, wie sie in den vergangenen Jahren eingetreten ist.[121]

60 Bei der Stromerzeugung aus (flüssiger) **Biomasse** ist zusätzlich zu berücksichtigen, dass der Vergütungsanspruch von der Einhaltung der Anforderungen der **Biomassestrom-Nachhaltigkeitsverordnung**[122] abhängig ist. Diese Nachhaltigkeitsanforderungen sollen sicherstellen, dass die Erzeugung nachwachsender Rohstoffe und die Erschließung neuer Anbauflächen nicht zum Verlust wertvoller Ökosysteme führen. Welche Stoffe im Bereich des EEG überhaupt als Biomasse gelten, ist in der Biomasseverordnung[123] geregelt. Für die Klärung von Streitigkeiten zwischen Netzbetreibern und den Betreibern der erneuerbare Energien-Anlagen über die Einspeisevergütung ist nach § 57 EEG 2012 die EEG-Clearingstelle verantwortlich. Damit die einseitige Belastung der Netzbetreiber vermieden wird, die primär die Kostentragungspflicht hinsichtlich der Einspeisevergütung trifft, wurde in den §§ 34 f. EEG 2012 ein komplexer mehrstufiger Ausgleichmechanismus eingeführt, der einerseits die regional unterschiedlichen Belastungen der Netzbetreiber und andererseits die unterschiedlichen Belastungen zwischen Netzbetreibern und Stromvertriebsunternehmen ausgleicht.[124]

61 Die **unverzügliche und vorrangige Anschlussverpflichtung** der Netzbetreiber für Anlagen zur Erzeugung von Strom aus erneuerbaren Energien (sogenannter Einspeisevorrang) ergibt sich aus § 5 Abs. 1 EEG 2012 und die ebenfalls vorrangig und unverzüglich zu erbringende **Abnahme- und Verteilungsverpflichtung** bezüglich des durch diese Anlagen erzeugten Stroms ist in § 8 Abs. 1 EEG 2012 geregelt. Falls die Netzkapazität für eine vorrangige Einspeisung nicht ausreicht, muss der Netzbetreiber nach § 9 Abs. 1 EEG 2012 auf Verlangen des Einspeisewilligen durch Optimierung, Verstärkung und ggf. durch Netzausbau die Stromübernahme und Verteilung sicherstellen, sofern dies in wirtschaftlich zumutbarer Weise möglich ist (Abs. 3). Für den Fall, dass die Netzkapazität nicht zur unverzüglichen und vorrangigen Einspeisung des Stroms aus erneuerbaren

121 Einen Überblick über die Änderungen im System der Einspeisevergütung für die einzelnen erneuerbaren Energieträger geben *Sellner/Fellenberg*, NVwZ 2011, 1025 (1029 f.).

122 Verordnung über Anforderungen an eine nachhaltige Herstellung von flüssiger Biomasse zur Stromerzeugung vom 23.07.2009 (BGBl. I S. 2174), zuletzt geändert durch Art. 2 Abs. 70 des Gesetzes vom 22.12.2011 (BGBl. I S. 3044).

123 Verordnung über die Erzeugung von Strom aus Biomasse vom 21.06.2011 (BGBl. I S. 1234), zuletzt geändert durch Art. 5 des Gesetzes vom 28.07.2011 (BGBl. I S. 1634).

124 Vgl. hierzu ausführlich *Kahl*, JuS 2010, 599 (600).

Energien ausreicht, regeln die §§ 11, 12 EEG 2012 das Einspeisemanagement. Um gegenüber dem Endverbraucher den Anteil erneuerbarer Energien am Strom nachzuweisen, werden vom Umweltbundesamt nach § 55 EEG 2012 Herkunftsnachweise ausgestellt und zur Dokumentation ein Herkunftsnachweisregister eingeführt. Weitergehende Anforderungen in diesem Zusammenhang sind in der Herkunftsnachweisverordnung geregelt, die nach § 64d EEG 2012 erlassen werden darf.

62 Durch die Novellierung des EEG im Zuge der Energiewende wurde zudem ein neues Instrument für die Förderung der Stromerzeugung aus erneuerbaren Energien eingeführt. So ist es den Anlagenbetreibern nunmehr nach den §§ 33a ff. EEG 2012 möglich, den von ihnen erzeugten Strom selbst zu vermarkten (sogenannte **Direktvermarktung**). Dies ist zwar mit einem Verzicht auf die Einspeisevergütung verbunden; allerdings werden die Anlagenbetreiber nicht schlechter gestellt, weil sie neben dem Verkaufserlös eine Marktprämie erhalten, die sich aus der Differenz der Einspeisevergütung und dem durchschnittlichen Börsenstrompreis berechnet. Durch die Möglichkeit, sowohl die Marktprämie als auch in Abhängigkeit von den Bedingungen auf dem Strommarkt Verkaufserlöse zu erzielen, wird für die Betreiber von Erneuerbare-Energien-Anlagen ein Anreiz geschaffen, ihre Anlagen stärker bedarfsorientiert zu betreiben.

63 Der Ausbau der erneuerbaren Energien im Strombereich erfordert auch einen verbesserten **Ausbau der Elektrizitätsnetze**, um den weiträumigen Transport von Elektrizität, beispielsweise der Offshore-Windenergie aus dem Norden, zu den Verbrauchsschwerpunkten im Süden und in der Mitte Deutschlands zu ermöglichen.[125] Diesem Ziel dient das Gesetz über Maßnahmen zur Beschleunigung des Netzausbaus der Elektrizitätsnetze. Ein wesentlicher Bestandteil dieses Gesetzes ist das Netzausbaubeschleunigungsgesetz Übertragungsnetz (NABEG)[126], das für bestimmte prioritäre Netzausbau-Projekte ein vollständig neues Planungs- und Zulassungssystem regelt.[127]

64 Die Förderung der Verwendung erneuerbaren Energien im **Wärmebereich** wird durch das **Erneuerbare-Energien-Wärme-Gesetz** (EEWärmeG)[128] geregelt. Der Wärme- und Kältebereich ist für die Hälfte des deutschen Energieverbrauchs verantwort-

---

[125] In Abhängigkeit von den gewählten Szenarien, insbesondere unter Berücksichtigung des Ausbaus der erneuerbaren Energien und der Anwendung von Speichertechnologien, ist ein Netzausbau von bis zu 3600 km bis zum Jahr 2020 denkbar, vgl. hierzu Deutsche Energie-Agentur, dena Netzstudie II – Integration erneuerbarer Energien in die deutsche Stromversorgung im Zeitraum 2015–2020 mit Ausblick 2025, Zusammenfassung der wesentlichen Ergebnisse durch die Projektsteuerungsgruppe, 2010, S. 13, im Internet abrufbar unter: <http://www.dena.de/fileadmin/user_upload/Download/Dokumente/Studien___Umfragen/Ergebniszusammenfassung_dena-Netzstudie.pdf> (Stand: 10.11.2011).

[126] Vom 28.07.2011 (BGBl. I S. 1690); vgl. hierzu *Moench/Ruttloff*, NVwZ 2011, 1040 ff.

[127] Vgl. hierzu sowie zu den anderen Änderungsmaßnahmen, die im Zuge des Gesetzes über Maßnahmen zur Beschleunigung des Netzbausbaus der Elektrizitätsnetze durchgeführt wurden, ausführlich *Sellner/Fellenberg*, NVwZ 2011, 1025 (1030 f.).

[128] Gesetz zur Förderung Erneuerbarer Energien im Wärmeberich vom 07.08.2008 (BGBl. I, S. 1658), zuletzt geändert durch Art. 2 Abs. 68 des Gesetzes vom 22.12.2011 (BGBl. I S. 3044); vgl. zum EEWärmeG aus dem Jahr 2008 *Wustlich*, NVwZ 2008, 1041 ff.; *ders.*, ZUR 2008, 113 ff.

lich[129] und damit von großer Bedeutung für den Klimaschutz. Nach § 1 Abs. 2 EEWärmeG ist es daher das Ziel dieses Gesetzes, den Anteil erneuerbarer Energien am Endenergieverbrauch für Wärme bis zum Jahr 2020 von derzeit 8,5 %[130] auf 14 % zu erhöhen; hiervon werden die Bereiche der Raum-, Kühl- und Prozesswärme sowie das Warmwasser erfasst. Das Erneuerbare-Energien-Wärme-Gesetz ist damit für den Bereich der Gebäudenutzung ein wichtiger Ansatz zum Klimaschutz. Er kommt neben Maßnahmen zur Steigerung der Energieeffizienz zum Einsatz. Denn im Gegensatz zu diesem ist der Ansatz des EEWärmG nicht auf die Senkung des Energieverbrauchs, sondern hinsichtlich des unvermeidbaren Energieverbrauchs auf die Umstellung auf erneuerbare Energieträger gerichtet.

65 Zu diesem Zweck enthält das EEWärmeG drei Säulen. Zunächst wird in den §§ 3 ff. EEWärmeG für die Eigentümer von neu errichteten Gebäuden, die eine Nutzfläche von mehr als 50 m² aufweisen, eine ordnungsrechtliche Pflicht zur zumindest anteiligen Nutzung erneuerbarer Energien zur Deckung des Wärmeenergiebedarfs geregelt. Dabei ist die Höhe des Anteils der erneuerbaren Energien gemäß § 5 EEWärmeG von der eingesetzten Energieart abhängig. Zur Erfüllung der ordnungsrechtlichen Einsatzpflicht können nach § 7 EEWärmeG auch andere klimafreundliche (Ersatz-)Maßnahmen eingesetzt werden, wie beispielsweise die Kraft-Wärme-Kopplung. Um unverhältnismäßige finanzielle Belastungen der Eigentümer zu vermeiden, dürfen diese (Ersatz-)Maßnahmen nach § 8 EEWärmeG mit erneuerbaren Energien kombiniert werden. [131] Die zweite Säule des EEWärmeG besteht in der finanziellen Förderung der Errichtung und Erweiterung von Anlagen, die erneuerbare Energien zur Wärmeerzeugung nutzen. Hierzu stehen nach § 13 S. 1 EEWärmeG bis zum Jahr 2012 jährlich 500 Millionen Euro zur Verfügung. Die dritte Säule schließlich fördert den Ausbau der Wärmenetze, indem nach § 16 EEWärmeG ein Anschluss- und Benutzungszwang an ein Netz der öffentlichen Nah- und Fernwärmeversorgung begründet werden kann.

66 Im **Kraftstoffbereich** schließlich kann ebenfalls durch die Substitution fossiler Energieträger ein wichtiger Beitrag zum Klimaschutz geleistet werden. Denn immerhin ist der Kraftfahrzeugverkehr für 12 % der Gesamtmenge der deutschen Treibhausgasemissionen verantwortlich.[132] Das IEKP sah daher vor, den Anteil erneuerbarer Energien im Kraftstoffbereich bis zum Jahr 2020 auf 17 % zu erhöhen.

---

129 *Koch*, NVwZ 2011, 641 (653).

130 Diese Angabe bezieht sich auf das Jahr 2009, vgl. BMU, Umweltbericht 2010, Umweltpolitik ist Zukunftspolitik, 2010, S. 56.

131 Die Richtlinienkonformität dieser Substitutionsregelungen ist fraglich. Denn nach Art. 13 Abs. 4 Unterabs. 2 Erneuerbare-Energien-RL müssen in allen neuen Gebäuden und bei größeren Renovierungsarbeiten auch im Gebäudebestand bis Ende 2014 ein Mindestmaß an erneuerbaren Energien genutzt werden, vgl. hierzu näher *Ringel/Bitsch*, NVwZ 2009, 807 (811).

132 *Koch*, NVwZ 2011, 641 (653).

Mit dem Ziel, den Anteil erneuerbarer Energien im Kraftstoffbereich zu erhöhen, wurde im Jahr 2007 das **Biokraftstoffquotengesetz**[133] erlassen. Dieses enthält als sogenanntes Artikelgesetz verschiedene gesetzliche Maßnahmen. Neben der Einschränkung der steuerlichen Privilegierung von Biokraftstoffen nach dem Energiesteuergesetz[134] ist die Einführung einer Biokraftstoffzwangsquote in den §§ 37a ff. BImSchG die wichtigste gesetzgeberische Maßnahme. Diese Biokraftstoffzwangsquote sieht vor, dass Unternehmen, die Kraftstoffe in Verkehr bringen, einen gesetzlich festgelegten Anteil an Biokraftstoffen einsetzen müssen.[135] Diese ordnungsrechtliche Quotenpflicht gilt in unterschiedlicher Höhe für Ottokraftstoffe und Diesel. Wobei die Quote gemäß § 37a Abs. 4 S. 1 BImSchG sowohl durch Beimischung von Biokraftstoff als auch durch das Inverkehrbringen reinen Biokraftstoffs erfüllt werden kann. Allerdings muss der Mindestanteil von Biokraftstoffen an der Gesamtmenge von Otto- und Dieselkraftstoffen nach § 37a Abs. 3 S. 3 BImSchG ab dem Jahr 2010 jeweils 6,26 % betragen. Zur Erfüllung der Biokraftstoffquote sind nur solche (flüssigen oder gasförmigen) Biokraftstoffe anrechenbar, die die Anforderungen der Biokraftstoff-Nachhaltigkeitsverordnung[136] erfüllen. Auf diese Weise soll vermieden werden, dass die Erzeugung von nachwachsenden Rohstoffen und die Erschließung neuer Anbauflächen zum Verlust wertvoller Ökosysteme führen.[137] Die Biokraftstoff-Nachhaltigkeitsverordnung setzt die unionsrechtlichen Nachhaltigkeitsanforderungen des Art. 17 EE-RL um. Die Einhaltung der Biokraftstoffquote wird durch die Sanktionsregelung des § 37c Abs. 2 BImSchG durchgesetzt. Hiernach müssen Unternehmen, die die Biokraftstoffquote nicht erfüllt haben, Strafzahlungen leisten. 67

5.3 Steigerung der Energieeffizienz

Die zweite große Säule des IEKP – und damit des deutschen Klimaschutzrechts – ist die Steigerung der Energieeffizienz. Diese Klimaschutzstrategie ist mit weiteren Vorteilen verbunden: Sie reduziert die Abhängigkeit von Energieimporten und begrenzt die finan- 68

133 Vom 18.12.2006 (BGBl. I S. 3189), zuletzt geändert durch Gesetz zur Änderung der Förderung von Biokraftstoffen vom 15.07.2009 (BGBl. I S. 1804).

134 Das Außerkrafttreten der steuerlichen Privilegierung von Biokraftstoffen war weder verfassungsrechtlich, BVerfG, NVwZ 2007, 1168, noch europarechtlich, EuGH, ZUR 2009, 604, im Hinblick auf Vertrauensschutzaspekte zu beanstanden.

135 Die Einführung des Kraftstoffs E10 erfolgte auf der Grundlage von § 34 BImSchG in Verbindung mit § 13 der Verordnung über die Beschaffenheit und Auszeichnung der Qualitäten von Kraft- und Brennstoffen (10. BImSchV; vom 08.12.2010, BGBl. I S. 1849). Sie diente der Umsetzung der Biokraftstoffrichtlinie 2009/30/EG.

136 Verordnung über Anforderungen an eine nachhaltige Herstellung von Biokraftstoffen vom 30.09.2009 (BGBl. I S. 3182), zuletzt geändert durch Art. 2 Abs. 71 des Gesetzes vom 22.12.2011 (BGBl. I S. 3044).

137 Vgl. ausführlich zur Kritik an der starken Förderung von Biomasse und Biokraftstoffen SRU, Klimaschutz durch Biomasse, Sondergutachten 2007, Rn. 49 ff.

zielle Belastung für Verbraucher und die Wirtschaft trotz steigender Energiepreise.[138] Die relevanten Handlungsfelder zur Steigerung der Energieeffizienz liegen im Strom-, Gebäude- und – nicht zu vergessen – im Produktbereich. In diesen Sektoren gibt es jeweils eigenständige Gesetze, die das Ziel der Erhöhung der Energieeffizienz verfolgen.

69 Im **Strombereich** ist die sogenannte **Kraft-Wärme-Kopplung** (KWK) die maßgebliche Strategie zur Steigerung der Energieeffizienz. Sie ist im Kraft-Wärme-Kopplungs-Gesetz (KWKG)[139] geregelt und dort in § 3 Abs. 1 S. 1 definiert als die gleichzeitige Umwandlung von eingesetzter Energie in elektrische Energie und in Nutzwärme in einer ortsfesten technischen Anlage. Da die bei der Stromerzeugung anfallende Wärme nahezu vollständig für die Wärmeversorgung genutzt werden kann, kann eine Primärenergienutzung von über 90 % erreicht und zugleich eine erhebliche Reduktion der Treibhausgase erzielt werden.[140]

70 Nach § 1 KWKG sollen die KWK-Anlagen mit einem Anteil von 25 % zur Stromerzeugung beitragen. Zur Zielerreichung sieht das KWKG verschiedene Maßnahmen vor, wie beispielsweise die Förderung der Modernisierung und den Neubau von KWK-Anlagen sowie von Wärmenetzen, in die Wärme aus KWK-Anlagen eingespeist wird. Dabei gilt das KWKG nach § 2 nur für Kraftwerke mit KWK-Anlagen auf der Basis von Steinkohle, Braunkohle, Abfall, Abwärme, Biomasse, gasförmigen und flüssigen Brennstoffen.

71 Das zentrale Förderinstrument ist die in § 4 KWKG geregelte **Anschluss-, Abnahme- und Vergütungspflicht** der Netzbetreiber für Strom aus KWK-Anlagen. Im Gegensatz zum Vergütungsanspruch bei der Einspeisung von Strom aus erneuerbaren Energien ist jener für KWK-Anlagen nicht gesetzlich festgelegt, sondern sehr differenziert geregelt: Die Vergütung setzt sich nach § 4 Abs. 3 KWKG aus einem zwischen dem KWK-Anlagenbetreiber und dem Netzbetreiber ausgehandelten Preis sowie einem gesetzlich festgelegten Zuschlag zusammen. Die Höhe und Dauer der gesetzlich festgelegten Zuschlagszahlung richtet sich nach dem Alter und der Leistungsfähigkeit der KWK-Anlage, § 7 KWKG. Hierdurch wird ein Anreiz zur Modernisierung bestehender KWK-Anlagen sowie für den Neubau hocheffizienter KWK-Anlagen gesetzt.

72 Im **Gebäudebereich** soll mittels des **Energieeinsparungsgesetzes** (EnEG)[141] und der **Energieeinsparverordnung** (EnEV)[142] die Energieeffizienz verbessert werden. Insgesamt

---

138 Vgl. BMU, Umweltbericht 2010 – Umweltpolitik ist Zukunftspolitik, 2010, S. 49.

139 Gesetz für die Erhaltung, die Modernisierung und den Ausbau der Kraft-Wärme-Kopplung vom 19.03.2002 (BGBl. I S. 1092), zuletzt geändert durch Art. 1 des Gesetzes vom 12.07.2012 (BGBl. I S. 1494).

140 Bei der herkömmlichen Stromerzeugung ohne KWK liegt der Umwandlungsgrad bei 35–50 %, *Koch*, NVwZ 2011, 641 (644).

141 Gesetz zur Einsparung von Energie in Gebäuden vom 22.07.1976, in der Fassung der Bekanntmachung vom 1. September 2005 (BGBl. I S. 2684), zuletzt geändert durch Artikel 1 des Gesetzes vom 28.03.2009 (BGBl. I S. 643).

142 Verordnung über energiesparenden Wärmeschutz und energiesparende Anlagentechnik bei Gebäuden vom 24.07.2007 (BGBl. I S. 1519), zuletzt geändert durch Artikel 1 der Verordnung vom 29.04.2009 (BGBl. I S. 954).

wird das Energieeinsparpotenzial im Gebäudebereich – insbesondere im Altbaubestand[143] – als sehr hoch eingeschätzt. Denn ca. 40 % der Endenergie werden in Deutschland im Gebäudebereich verbraucht; dieser Sektor ist damit für 25–30 % der CO_2-Emissionen ursächlich.[144]

73 Das EnEG macht zur Reduzierung des Energieverbrauchs unter anderem Vorgaben zum energiesparenden Wärmeschutz und zu energiesparender Anlagentechnik bei Heizungs-, Kühl-, Beleuchtungs- und Warmwasserversorgungsanlagen, §§ 1 f. EnEG. Zugleich wird die Bundesregierung ermächtigt, zur näheren Ausgestaltung Rechtsverordnungen zu erlassen.

74 Auf dieser Verordnungsermächtigung beruht die Energieeinsparverordnung. Sie regelt bautechnische Standardanforderungen für zu errichtende Gebäude (§§ 3 ff. EnEV) und für Bestandsgebäude, sofern an diesen Änderungen oder Erweiterungen vorgenommen wurden (§§ 9 ff. EnEV). Das wichtigste Instrument zur Steigerung der Energieeffizienz ist jedoch der **Energieausweis**. Dieser gibt nach § 16 Abs. 1 EnEV Auskunft über die energetischen Eigenschaften eines Gebäudes bzw. Gebäudeteils. Damit soll der Energieverbrauch einer Wohnung bzw. eines Gebäudes zum Gegenstand der Kauf-, Miet- oder Pachtentscheidung werden. Hierdurch wird ein Anreiz für Eigentümer gesetzt, energetische Sanierungen durchzuführen.

75 Die jüngste Novellierung der **Heizkostenverordnung** (HeizkostenV)[145] hat ebenfalls das Ziel, den Energieverbrauch in Gebäuden zu reduzieren. Denn mit der Erhöhung des verbrauchsabhängigen Anteils bei der Heizkostenabrechnung bestimmter Gebäude wird ein Anreiz zur sparsamen Energienutzung gesetzt.

76 Das zentrale Regelwerk zur Energieeinsparung im **Produktbereich** ist das **Energiebetriebene-Produkte-Gesetz** (EBPG)[146]. Es dient der Umsetzung der unionsrechtlichen Ökodesign-Richtlinie.[147] Das Energiebetriebene-Produkte-Gesetz gilt nach § 1 Abs. 1 EBPG für das Inverkehrbringen, die Inbetriebnahme und das Ausstellen energiebetriebener Produkte sowie von Bauteilen und Baugruppen, die zum Einbau in energiebetriebene Produkte bestimmt sind. Nicht erfasst sind Verkehrsmittel zur Personen- und Güterbeförderung und energiebetriebene Produkte, die ausschließlich zur Verwendung für militärische Zwecke bestimmt sind.

---

143 Ungefähr drei Viertel des Wohnungsbaubestandes sind vor der modernen Wärmeschutzpolitik mit der ersten Wärmeschutzverordnung von 1979 errichtet worden, vgl. hierzu *Koch*, NVwZ 2011, 641 (644).

144 *Koch*, NVwZ 2011, 641 (644).

145 Verordnung über die verbrauchsabhängige Abrechnung der Heiz- und Warmwasserkosten vom 23.02.1981, in der Fassung der Bekanntmachung vom 05.10.2009 (BGBl. I S. 3250).

146 Gesetz über die umweltgerechte Gestaltung energiebetriebener Produkte vom 27.02.2008 (BGBl. I S. 258).

147 Vgl. hierzu oben Rn. 46 ff.

77 Der Regelungsgehalt des EBPG beschränkt sich allerdings vorrangig auf die Umsetzung der von der EU-Kommission in Verordnungen festgelegten Ökodesign-Anforderungen. Zugleich eröffnet § 3 EBPG die Möglichkeit, derartige Anforderungen durch Rechtsverordnung zu regeln. Hiervon wurde bislang noch kein Gebrauch gemacht. Das Energiebetriebene-Produkte-Gesetz selbst normiert damit keine Ökodesign-Anforderungen. Insgesamt stellt das EBEG daher die Einhaltung der von der Kommission festgelegten Ökodesign-Anforderungen in Deutschland sicher. Zu diesem Zweck darf ein energiebetriebenes Produkt nach § 4 EBPG nur in Verkehr gebracht, in Betrieb genommen und ausgestellt werden, wenn es entweder die unionsrechtlichen Ökodesign-Anforderungen oder, sofern vorhanden, die Anforderungen einer deutschen Rechtsverordnung erfüllt. Um normkonformes Verhalten der Marktteilnehmer sicherzustellen, sieht § 7 EBPG schließlich Maßnahmen zur Marktüberwachung vor.

5.4 Anpassungsmaßnahmen (Adaption)

78 Die Bundesregierung hatte im Dezember 2008 die sogenannte Deutsche Anpassungsstrategie an den Klimawandel verabschiedet, mit der die Gesellschaft, Wirtschaft und Umwelt widerstandsfähiger gegenüber Klimaänderungen und deren Folgen gemacht werden soll. Am 31. August 2011 hat sie diese Anpassungsstrategie durch den „Aktionsplan Anpassung“[148] mit spezifischen Aktivitäten, wie dem Klimafolgenmonitoring und der Einrichtung von Frühwarnsystemen unterlegt.

5.5 Berücksichtigungsmöglichkeiten des Klimaschutzes

79 Vor dem Hintergrund des Querschnittscharakters des Klimaschutzrechts finden sich auch in Bereichen, die nicht dem Umwelt- und Umweltenergierecht zuzuordnen sind, Regelungen, die den Klimaschutz fördern. So verfügen beispielsweise auch das **Bauleitplanungs- und das Raumordnungsrecht** über entsprechende Steuerungsmöglichkeiten. Im Rahmen des Gesetzes zur Förderung des Klimaschutzes bei der Entwicklung in den Städten und Gemeinden[149], das Teil des Gesetzpakets zur Energiewende ist, wurden zur Verbesserung des Klimaschutzes Änderungen im Baugesetzbuch eingeführt: Nach der Klimaschutzklausel des § 1 Abs. 5 S. 2 BauGB, die bereits in § 2 Abs. 2 Nr. 6 S. 7 Raumordnungsgesetz enthalten war,[150] ist nunmehr bei der Bauleitplanung auch den räumlichen Erfordernissen des Klimaschutzes Rechnung zu tragen. Außerdem wurden die Privilegierungsvorschriften für die Nutzung von erneuerbaren Energien im Außenbereich verbessert.[151]

---

[148] Im Internet verfügbar unter <http://www.bmu.de/klimaschutz/downloads/doc/47641.php> (Stand: 01.11.2011).

[149] Vom 22.07.2011 (BGBl. I S. 1509); vgl. ausführlich hierzu *Batis/Krautzberger/Mitschang/Reidt/Stüer*, NVwZ 2011, 897 ff.

[150] Vgl. zum Klimaschutz im Raumordnungsrecht *Klinger/Wegener*, NVwZ 2011, 905 ff.

[151] Vgl. zu den Klimaschutzmöglichkeiten der Gemeinden *Kahl*, ZUR 2010, 395 ff.; *ders.*, EurUP 2010, 114 ff.

6 Wiederholungsfragen

1. Was versteht man unter Klimaschutzrecht? (Rn. 4–6)
2. Welche umweltrechtlichen Prinzipien enthält die Klimarahmenkonvention? (Rn. 17)
3. Welche Instrumente enthält das Kyoto-Protokoll? (Rn. 21)
4. Welchen Inhalt hat das Klima- und Energiepaket der EU? (Rn. 28 und 29)
5. Wie funktioniert der Emissionshandel und auf welchen Rechtsgrundlagen beruht er? (Rn. 51–53)
6. Welche Instrumente sieht das Erneuerbare-Energien-Gesetz vor, um den Anteil erneuerbarer Energien an der Stromversorgung zu fördern? (Rn. 59–63)
7. Was versteht man unter Kraft-Wärme-Kopplung? (Rn. 69)

7 Weiterführende Literatur

Brinktrinke, Das Recht der Biokraftstoffe, EurUP 2010, 2–12.

Burgi, Grundprobleme des deutschen Emissionshandelssystems: Zuteilungskonzept und Rechtsschutz, NVwZ 2004, 1162–1168.

Gärditz, Schwerpunktbereich – Einführung in das Klimaschutzrecht, JuS 2008, 324–329.

Groß, Klimaschutzgesetze im europäischen Vergleich, ZUR 2011, 171–177.

Groß, Die Bedeutung des Umweltstaatsprinzips für die Nutzung erneuerbarer Energien, NVwZ 2011, 129–133.

Hartmann, Zuteilung, Auktionierung und Transfer von Emissionszertifikaten – Entwicklungsperspektiven des EU-Emissionshandels in Phase III (2013-2020), ZUR 2011, 246–252.

Kahl, Schwerpunktbereich – Einführung in das Umweltenergierecht, JuS 2010, 599–604.

Klinger/Wegener, Klimaschutzziele in der Raumordnung, NVwZ 2011, 905–910.

Kobes/Engel, Der Emissionshandel im Lichte der Rechtsprechung, NVwZ 2011, 207–212 und 268–275.

Koch, Klimaschutzrecht – Ziele, Instrumente und Strukturen eines neuen Rechtsgebiets, NVwZ 2011, 641–654.

Ludwig, Möglichkeiten und Grenzen der Steuerung der Biomasseproduktion, DVBl. 2010, 944–950.

Oschmann/Rostankowski, Das Internationale Klimaschutzrecht nach Kopenhagen, ZUR 2010, 59–65.

Sailer, Klimaschutzrecht und Umweltenergierecht – Zur Systematisierung beider Rechtsgebiete, NVwZ 2011, 718–723.

Schlacke, Klimaschutzrecht – ein Rechtsgebiet?, Die Verwaltung 2010, 121–158.

Schlacke, Der Weltklimarat in der Kritik – zu Recht?, ZUR 2010, 225–226.

Schwarze, Vor Durban: Klimapolitik in der Defensive, ZUR 2011, 505–506.

Sellner/Fellenberg, Atomausstieg und Energiewende 2011 – das Gesetzespaket im Überblick, NVwZ 2011, 1025–1035.

Spieth/Hamer, Die neuen Zuteilungsregel für Industrieanlagen in der dritten Phase des europäischen Emissionshandels, NVwZ 2011, 920–923.

Wegener, Die Novelle des EU-Emissionshandelssystems, ZUR 2009, 283–288.

Winkler, Eine Chance für den Klimaschutz nach Kyoto? Ein Blick auf die 17. Vertragsstaatenkonferenz in Durban vom 28. November bis 10. Dezember 2011, EurUP 2012, 31–35.

§ 7 Verwaltungsrechtsschutz im Umweltrecht

7

Rüdiger Nolte

1 Überblick

Rechtsschutz im Umweltrecht ist im Wesentlichen **verwaltungsgerichtlicher Rechtsschutz**. Soweit zivilrechtliche Bestimmungen Lebenssachverhalte mit Umweltbezug regeln, steht zwar der Rechtsweg zu den ordentlichen Gerichten offen (§ 13 Gerichtsverfassungsgesetz (GVG)[1]).[2] Durchweg gehören die Normen des Umweltrechts aber dem Verwaltungsrecht an; über Rechtsstreitigkeiten, die nach ihnen zu beurteilen sind, haben die Verwaltungsgerichte zu entscheiden (§ 40 Abs. 1 Satz 1 VwGO). Die nachfolgende Darstellung beschränkt sich daher auf Fragen des verwaltungsgerichtlichen Rechtsschutzes. 1

[1] In der Fassung der Bekanntmachung vom 9. Mai 1975, BGBl. I S. 1077, zuletzt geändert durch Artikel 4 des Gesetzes vom 7. Dezember 2011, BGBl. I S. 2582.

[2] Zum Schutz vor Umweltbelastungen durch zivilrechtliche Unterlassungs-, Beseitigungs- und Schadenersatzansprüche *Marburger*, Ausbau des Individualschutzes gegen Umweltbelastungen als Aufgabe des bürgerlichen und des öffentlichen Rechts, in: Verhandlungen des 56. Deutschen Juristentages Berlin 1986, Bd. I Gutachten, München 1986, S. C 101 ff.
Bisweilen bedient sich der Gesetzgeber zivilrechtlicher Steuerungsmechanismen zur Verfolgung umweltpolitischer Ziele. So nimmt er mit dem Erneuerbare-Energien-Gesetz –EEG 2009 – (BGBl I, 2008, S. 2074) die privaten Stromnetzbetreiber durch Abnahme- und Vergütungspflichten gegenüber Erzeugern von Strom aus Erneuerbaren Energien für den Klimaschutz in Dienst. Vgl. dazu *Oschmann*, Neues Recht für Erneuerbare Energien, NJW 2009, S. 263 ff.).

R. Nolte ✉
Bundesverwaltungsgericht Leipzig, Simsonplatz 1, 04107 Leipzig, Deutschland
E-Mail: nolte@bverwg.bund.de

W. Kluth, U. Smeddinck (Hrsg.), *Umweltrecht*,
DOI 10.1007/978-3-8348-8644-6_7, © Springer Fachmedien Wiesbaden 2013

2 Das deutsche Verwaltungsprozessrecht kennt kein besonderes System des Rechtsschutzes in umweltrechtlichen Angelegenheiten.[3] Es gibt **keine eigenständige Umweltprozessordnung**; die Verwaltungsgerichte judizieren vielmehr auch in Umweltstreitigkeiten nach der VwGO. Freilich bestehen für verwaltungsgerichtliche Umweltstreitverfahren **bereichsspezifische Besonderheiten**. Zum einen gibt es sowohl in der VwGO selbst[4] als auch in umweltrechtlichen Fachgesetzen[5] Sonderregelungen für umweltrechtliche Prozesskonstellationen. Zum anderen hat die Verwaltungsrechtsprechung in Anwendung der allgemeinen prozessrechtlichen Regelungen Grundsätze entwickelt, die auf spezifische Fragestellungen umweltrechtlicher Streitigkeiten zurückgehen, teilweise aber auch über ihren umweltrechtlichen Anwendungsbereich hinaus Bedeutung gewonnen haben.[6] Dies gilt namentlich für die Sachurteilsvoraussetzung der Klagebefugnis (§ 42 Abs. 2 VwGO) und das korrespondierende Begründetheitserfordernis der Verletzung in eigenen Rechten (§ 113 Abs. 1 Satz 1 VwGO).

3 Verwaltungsrechtsschutz im Umweltrecht beschränkt sich nicht auf gerichtlichen Rechtsschutz. Schon das **Verwaltungsverfahren** erfüllt **Rechtsschutzfunktionen**. Neben dem der Selbstkontrolle der Verwaltung dienenden Vorverfahren (§§ 68 ff. VwGO), das zahlreiche Bundesländer allerdings gemäß § 68 Abs. 1 Satz 2 VwGO für den Regelfall oder bereichsspezifisch abgeschafft haben, vermitteln auch die Anhörung im Verwaltungsverfahren (§ 28 VwVfG) und die an ihre Stelle tretende Betroffenen- bzw. Öffentlichkeitsbeteiligung im Planfeststellungsverfahren (§ 73 VwVfG) und im Genehmigungsverfahren nach § 10 BImSchG i. V. m. §§ 8 ff. der 9. BImSchV dem Betroffenen einen Schutz seiner Rechte. Da diese Rechtsinstitute bereits in § 2 dieses Buches behandelt worden sind, konzentriert sich die nachfolgende Darstellung auf den gerichtlichen Rechtsschutz.

4 Der Rechtsschutz in umweltrechtlichen Streitigkeiten stellt die Verwaltungsgerichte vor besondere Herausforderungen. Das hat rechtliche und tatsächliche Gründe.

5 Die Rechtslage ist einerseits durch eine **starke Ausdifferenzierung des umweltrechtlichen Normengefüges** gekennzeichnet.[7] Für die Erteilung von Anlagengenehmigungen und die Planfeststellung sind Vorgaben zahlreicher Fachgesetze und konkretisierender Rechtsverordnungen zu beachten, die den vielfältigen Auswirkungen der geplanten Anlagen und Projekte Rechnung tragen sollen. Noch schwerer als die Komplexität der normativen Anforderungen ist indes die **häufige Verwendung besonders offen gefasster Normen** zu bewältigen. Der Gesetzgeber bedient sich im Umweltrecht bevorzugt unbe-

---

[3] *Kloepfer*, Umweltrecht, 3. Aufl. 2004, § 8, Rn. 5.

[4] So die Regelungen über die erstinstanzliche Zuständigkeit der Oberverwaltungsgerichte und des Bundesverwaltungsgerichts in § 48 Abs. 1 Sätze 1 und 2 bzw. § 50 Abs. 1 Nr. 6 VwGO.

[5] So § 14a BImSchG, § 17e FStrG und vergleichbare Regelungen anderer Verkehrsinfrastrukturgesetze, § 64 BNatSchG sowie das Umwelt-Rechtsbehelfsgesetz mit seinen vor allem die umweltrechtliche Verbandsklage regelnden Vorschriften.

[6] Vgl. *Sparwasser/Engel/Voßkuhle*, Umweltrecht, 5. Aufl. 2003, § 5, Rn. 1, die vom Umweltrecht als Referenzgebiet für die Entwicklung des Verwaltungsprozessrechts sprechen.

[7] *Ramsauer*, in: Koch, Umweltrecht, 3. Aufl. 2010, § 3, Rn. 149.

stimmter Rechtsbegriffe, um die jeweiligen Schutzanforderungen zu umschreiben. Den Rechtsanwender stellt das vor die Aufgabe, einerseits den rechtlichen Schutzgehalt dieser Begriffe konkretisierend zu bestimmen und anderseits tatsächliche Ermittlungen zur Risikoanalyse und -prognose anzustellen.[8] Besondere Schwierigkeiten treten dabei auf, soweit – wie oft in den betroffenen Sachgebieten – die zugrunde liegenden Kausalbeziehungen wissenschaftlich umstritten oder noch unzureichend erforscht sind. Darüber hinaus verwendet der Gesetzgeber insbesondere im Technikrecht Formeln, die auf **außerrechtliche Regelwerke** verweisen.[9] Das bietet den Vorteil, dass die gesetzlichen Regelungen für Fortschritte fachwissenschaftlicher Erkenntnis und technischer Entwicklung offen gehalten werden. Auch hier stößt der Rechtsanwender aber an Grenzen, wenn eindeutige technische Regeln fehlen oder unklar bleibt, ob die Regelwerke mit dem normativ gebotenen Schutzniveau übereinstimmen.

6 Zusätzliche Probleme ergeben sich daraus, dass Rechtsbeziehungen, die Verwaltungsstreitverfahren zugrunde liegen, sich häufig nicht auf das Verhältnis von Behörde und rechtsunterworfenem Bürger beschränken. Wird eine Abfalldeponie planfestgestellt, verschafft der Planfeststellungsbeschluss nicht nur dem Träger des Vorhabens das Baurecht, sondern belastet zugleich all die Personen, die den nachteiligen Auswirkungen des Vorhabens ausgesetzt sein werden. An die Stelle der klassischen Zweipoligkeit tritt eine **Mehrpoligkeit**, die zu veränderten Prozesskonstellationen führt.

7 Eine weitere wichtige Besonderheit liegt in der **wachsenden Determination des deutschen Umweltrechts durch das Recht der Europäischen Union** (EU) begründet.[10] Das Unionsrecht überlässt die prozessuale Durchsetzung nationaler Umsetzungsregelungen zwar im Grundsatz den staatlichen Gerichten, die nach ihrem jeweiligen Prozessrecht judizieren. Die staatlichen Gerichte sind dabei aber gebunden durch den **unionsrechtlichen Grundsatz effektiven Rechtsschutzes**.[11] Auf diese Weise gerät das deutsche Verwaltungsprozessrecht unter europäischen Einfluss. Abweichende Effektivitätsvorstellungen, die insbesondere auf Traditionen des französischen Rechtskreises zurückgehen, können so Bedeutung gewinnen. Dies gilt etwa für eine stärkere Betonung der Kontrolle verfahrensrechtlicher Anforderungen und eine Tendenz zu einer großzügigeren Zuerkennung subjektiver Rechtspositionen. Darüber hinaus enthält die europäische **Öffentlichkeitsbeteiligungsrichtlinie**[12] vor allem für die Verbandsklage konkrete prozessrechtliche Vorgaben, zu deren Umsetzung der deutsche Gesetzgeber das **Umwelt-Rechtsbehelfsgesetz** erlassen hat.

---

[8] Grundlegend dazu BVerfGE 49, 89 (134 ff.).

[9] Dazu BVerfGE 49, 89 (135 ff.).

[10] Eingehend *Ehlers*, DVBl 2004, 1441 ff.

[11] EuGH, Slg. 2007, I-2271, Rn. 37 ff.

[12] Richtlinie 2003/35/EG des europäischen Parlaments und des Rates v. 26.05.2003 über die Beteiligung der Öffentlichkeit bei der Ausarbeitung bestimmter umweltbezogener Pläne und Programme (ABl Nr. L 156 v. 25.06.2003 S. 17), die ihrerseits zur Umsetzung der dem Völkerrecht zugehörigen Aarhus-Konvention v. 25.06.1998 ergangen ist.

8 Die nachfolgenden Ausführungen greifen diese Besonderheiten auf. Sie behandeln – ohne Anspruch auf Vollständigkeit – typische Konstellationen umweltrechtlicher Verwaltungsstreitverfahren, beschränken sich jedoch auf die wesentlichsten Zulässigkeits- und Begründetheitsfragen. Die Darstellung unterscheidet dabei zwischen Rechtsbehelfen gegen behördliche Einzelentscheidungen und solchen gegen Normen des Umwelt- und Planungsrechts.

2 Verletztenklagen gegen behördliche Einzelentscheidungen

2.1 Allgemeines

9 Auch im Umweltrecht bedient sich der Staat bevorzugt des **Verwaltungsakts** als Handlungsform, um seine Ziele zu erreichen. Er trifft stattgebende oder ablehnende Entscheidungen über Anträge auf Zulassung von Anlagen oder Planvorhaben und fügt stattgebenden Bescheiden ggf. Nebenbestimmungen zum Schutz Einzelner oder der Allgemeinheit bei, er widerruft erteilte Genehmigungen oder erlässt Verfügungen. Aus diesen Akten können sich **unterschiedliche nachteilige Betroffenheiten** ergeben, die die Frage nach den Möglichkeiten verwaltungsgerichtlichen Rechtsschutzes aufwerfen:

10 **(1) Wirkungen gegenüber dem Adressaten der Entscheidung**

Beispiele

- Die Erteilung einer Anlagengenehmigung nach § 4 BImSchG wird abgelehnt, weil die genehmigungsbedürftige Anlage gegen Vorschriften zum Schutz vor Luftverunreinigungen verstößt.
- Einer Anlagengenehmigung nach § 4 BImSchG werden Auflagen zum Schutz vor Luftverunreinigungen beigefügt.
- Die zuständige Behörde untersagt gegenüber dem Betreiber einer gentechnischen Anlage gemäß § 26 Abs. 1 Satz 2 GenTG deren weiteren Betrieb, weil die dafür erforderliche Anmeldung unterblieben ist.

11 **(2) Unmittelbare und mittelbare Wirkungen gegenüber Dritten**

Beispiele

- Es ergeht gemäß § 17 FStrG ein Planfeststellungsbeschluss für den Bau einer Bundesautobahn, für den private Grundstücke in Anspruch genommen werden. Der Planfeststellungsbeschluss entfaltet gegenüber den Eigentümern nach § 19 Abs. 2 FStrG enteignungsrechtliche Vorwirkung.
- Der Bau und Betrieb der planfestgestellten Autobahn wird für Bewohner benachbarter Gebäude zu Lärm- und Schadstoffbelastungen führen.

(3) Wirkungen auf Belange der Allgemeinheit

12

Beispiel

Eine Abfalldeponie wird gemäß § 31 Abs. 2 KrW-/AbfG planfestgestellt, obgleich in der Bevölkerung die Besorgnis besteht, dass durch ihren Betrieb das Grundwasser verunreinigt werden könnte.

13

In der erstgenannten Konstellation geht es um **Adressatenklagen.** Hier wirft der Zugang zu Gericht keine besonderen Probleme auf: Die verwaltungsgerichtliche Generalklausel des § 40 Abs. 1 Satz 1 VwGO eröffnet vorbehaltlich spezialgesetzlicher Sonderzuweisungen den **Rechtsweg zu den Verwaltungsgerichten** in allen öffentlich-rechtlichen Streitigkeiten nichtverfassungsrechtlicher Art. Die Klage ist grundsätzlich beim **Verwaltungsgericht** zu erheben. Für Klagen, die bestimmte umweltrelevante Großvorhaben betreffen, ist hingegen aus Gründen der Verfahrensbeschleunigung die **erstinstanzliche Zuständigkeit der Oberverwaltungsgerichte (OVG) oder des Bundesverwaltungsgerichts (BVerwG)** begründet (§§ 48, 50 Abs. 1 Nr. 6 VwGO). Welche **Klageart** statthaft ist, richtet sich nach dem Klageziel. Will der Kläger die Aufhebung eines belastenden Verwaltungsakts erreichen, muss er **Anfechtungsklage** erheben. Erstrebt er den Erlass eines begünstigenden Verwaltungsakts, ist die **Verpflichtungsklage** die richtige Klageart. Die früher stark umstrittene Frage, ob Nebenbestimmungen zu Zulassungsbescheiden stets selbstständig angefochten werden können oder ob sogenannte modifizierende (den Inhalt des Bescheides betreffende) Auflagen nur mit einer auf Erlass des Bescheids ohne die Auflage gerichteten Verpflichtungsklage angegriffen werden können, kann inzwischen als geklärt angesehen werden. Durchgesetzt hat sich in der Rechtsprechung die Auffassung, gegen Nebenbestimmungen sei stets die Anfechtungsklage statthaft.[13] Neben der ggf. gebotenen Durchführung eines **Vorverfahrens** (§ 68 VwGO)[14] und der Einhaltung der **Klagefrist** (§ 74 VwGO) ist als weitere Sachurteilsvoraussetzung für Adressatenklagen in Gestalt von Anfechtungs- und Verpflichtungsklagen die **Klagebefugnis** (§ 42 Abs. 2 VwGO) zu beachten.[15] Entsprechend der Rechtsschutzgarantie des Art. 19 Abs. 4 GG beschränkt sich das System des verwaltungsgerichtlichen Rechtsschutzes prinzipiell auf die Gewährung von Individualrechtsschutz. Nach § 42 Abs. 2 VwGO ist die Klage – vorbehaltlich gesetzlicher Ausnahmen – deshalb nur zulässig, wenn der Klä-

---

[13] BVerwGE 60, 269 (274) und BVerwGE 112, 221 (224). Die letztgenannte Entscheidung führt allerdings aus, die Begründetheit einer isolierten Klage auf Aufhebung der Nebenbestimmung hänge davon ab, ob der Bescheid ohne die Nebenbestimmung sinnvoller- und rechtmäßigerweise bestehen bleiben könne.

[14] Eine Ausnahme gilt namentlich für Planfeststellungsbeschlüsse (§ 74 Abs. 1 Satz 2 VwVfG i. V. m. § 70 VwVfG).

[15] Auf die allgemeine Leistungsklage findet das Erfordernis der Klagebefugnis entsprechende Anwendung; so BVerwG, NVwZ-RR 1992, 371. Gleiches gilt für die Feststellungsklage; so BVerwG, NVwZ 2004, 1229 (1230).

ger geltend macht, durch den Verwaltungsakt oder seine Ablehnung oder Unterlassung in seinen Rechten verletzt zu sein. Popularklagen sind danach ausgeschlossen. Wendet sich der Kläger mit der Anfechtungsklage gegen einen an ihn gerichteten belastenden Verwaltungsakt, so ist die Klagebefugnis stets zu bejahen (sogenannte **Adressatentheorie**).[16] Dahinter steht der Gedanke, dass die Freiheitssphäre des Einzelnen grundrechtlich umfassend, zumindest durch das Auffanggrundrecht der allgemeinen Handlungsfreiheit (Art. 2 Abs. 1 GG), vor rechtswidrigen Eingriffen geschützt ist.[17] Für Klagen auf Verpflichtung der Behörde zum Erlass eines abgelehnten oder unterlassenen begünstigenden Verwaltungsakts findet die Adressatentheorie keine Anwendung, weil es insoweit nicht um den Schutz der Freiheitssphäre vor Belastungen geht.[18] Dennoch ist für den, dessen Genehmigungsantrag abgelehnt worden ist, die Klagebefugnis in aller Regel zu bejahen, da die Normen, die die Grundlage der ablehnenden Entscheidung bilden können, ihrer Art nach Anspruchsnormen sind.[19] Wegen ihrer geringen Problemträchtigkeit werden Adressatenklagen hier nicht weiter behandelt.

14 Die mittlere Konstellation der **Klagen Drittbetroffener** weist deutlich stärkere Besonderheiten auf. Für die Rechtswegszuweisung, die erstinstanzliche Zuständigkeit, das Vorverfahren und die Klagefrist gelten zwar die gleichen Grundsätze wie bei Adressatenklagen.[20] Die Prüfung der **Klagebefugnis** kann hingegen erhebliche Schwierigkeiten bereiten, da den gesetzlichen Vorschriften, die den Erlass der behördlichen Entscheidungen regeln, häufig keine ausdrücklichen Aussagen zu entnehmen sind, ob und inwieweit den objektiv-rechtlichen Anforderungen an die Entscheidung subjektive Rechte des Einzelnen entsprechen. Vergleichbare Probleme ergeben sich in der Begründetheitsprüfung hinsichtlich des Erfordernisses einer Verletzung des Klägers in eigenen Rechten (§ 113 Abs. 1 Satz 1 VwGO). Besondere Fragen zum **Prüfungsumfang** und zu den **Fehlerfolgen** stellen sich bei Klagen Drittbetroffener gegen Planfeststellungsbeschlüsse. Schließlich gehört das Problem der richterlichen **Kontrolldichte** zu den für Drittschutzklagen typischen Fragestellungen. Klagen Drittbetroffener bedürfen daher nachfolgend unter diesen Gesichtspunkten eingehender Betrachtung.

15 Für die letztgenannte Konstellation, in der es um **Klagen wegen nachteiliger Wirkungen auf Belange der Allgemeinheit** geht, lässt sich die Frage des Zugangs zu Gericht eindeutig beantworten: Mangels eines Individualbezugs der Rechtsstreitigkeit fehlt dem

---

[16] BVerwG, NJW 2004, 698.

[17] Vgl. BVerfGE 6, 32 (36 ff.); BVerfGE 80, 137 (152 ff.); nur formell und materiell rechtmäßige Eingriffe genügen danach dem Schrankenvorbehalt der verfassungsmäßigen Ordnung i. S. d. Art. 2 Abs. 1 GG.

[18] *Happ*, in: Eyermann, VwGO, 13. Aufl. 2010, § 42, Rn. 92; *Hufen*, Verwaltungsprozessrecht, 8. Aufl. 2011, § 15, Rn. 17.

[19] *Peters*, Umweltrecht, 3. Aufl. 2005, Rn. 243.

[20] Für Klagen gegen Planfeststellungsbeschlüsse ist nach manchen Fachplanungsgesetzen eine gesonderte Begründungsfrist zu beachten; so z. B. nach § 17e Abs. 5 FStrG. Wird sie versäumt, kann das Gericht späteren Vortrag nach Maßgabe des § 87b Abs. 3 VwGO zurückweisen; vgl. näher *Sauthoff*, in: Müller/Schulz, FStrG, § 17e Rn. 27.

einzelnen Bürger die Klagebefugnis. Klagerechte zum Schutz von Umweltgütern vor Beeinträchtigungen, die keine individuellen Rechtspositionen des Klägers berühren können, bedürfen als Ausnahmen vom Grundsatz des § 42 Abs. 2 VwGO besonderer gesetzlicher Regelung. Solche Ausnahmen sieht das Gesetz nicht für den einzelnen Bürger vor; sie kommen nur für anerkannte Verbände in Gestalt der **altruistischen Verbandsklage** in Betracht, die gleichfalls genauer in den Blick genommen werden muss.[21]

2.2 Klagen Drittbetroffener

16 Erteilt eine Behörde eine Anlagengenehmigung oder erlässt sie einen Planfeststellungsbeschluss, so sind mit den begünstigenden Wirkungen für den Anlagenersteller und -betreiber bzw. Vorhabenträger typischerweise nachteilige Auswirkungen für Dritte insbesondere in Gestalt von Immissionen verbunden. Aus diesem **Dreiecksverhältnis** zwischen kontrollierender Behörde, Begünstigtem und belastetem Dritten erwächst der weitaus größte Teil umweltrechtlicher Klagen.

2.2.1 Statthafte Klageart

17 Welche Klageart für Rechtsschutzbegehren Drittbetroffener statthaft ist, richtet sich nach dem verfolgten Klageziel. Will der Betroffene das Vorhaben als solches verhindern, muss er **Anfechtungsklage** gegen den Zulassungsbescheid erheben. Dies ist die klassische Form der Drittschutzklage. Geht es ihm dagegen nur um ergänzende Maßnahmen zum Schutz vor nachteiligen Auswirkungen des Vorhabens, so entspricht diesem Ziel die **Verpflichtungsklage**, gerichtet auf Verpflichtung zur Ergänzung des Genehmigungsbescheides oder Planfeststellungsbeschlusses um entsprechende Schutzauflagen.[22] Da der Behörde regelmäßig Ermessens- bzw. planerische Gestaltungsspielräume für die Ausgestaltung der Schutzmaßnahmen verbleiben, ist ein Bescheidungsantrag angezeigt. Anfechtungs- und Verpflichtungsbegehren lassen sich als Haupt- und Hilfsantrag miteinander kombinieren.

2.2.2 Klagebefugnis

18 § 42 Abs. 2 VwGO errichtet für Klagen Drittbetroffener eine bedeutsame Zugangshürde. Rein tatsächliche Betroffenheiten durch Umweltauswirkungen reichen nicht aus, um den Zugang zu Gericht zu eröffnen. Die Klagebefugnis setzt vielmehr voraus, dass der Kläger geltend macht, in seinen **eigenen Rechten** verletzt zu sein. Das Klagevorbringen muss es zumindest als **möglich** erscheinen lassen, dass die angefochtene Entscheidung eigene

[21] Dazu unter Punkt 3.

[22] So für Planfeststellungsbeschlüsse bereits BVerwGE 56, 110 (133); zur immissionsschutzrechtlichen Anlagengenehmigung vgl. *Storost*, in: Ule/Laubinger, BImSchG, Kommentar, § 12, Rn. E5.

Rechte des Klägers verletzt.[23] Das setzt zweierlei voraus: Die Vorschrift, auf deren Verletzung sich der Kläger beruft, muss zum einen geeignet sein, subjektive Rechte Dritter zu begründen.[24] Zum zweiten darf nicht von vornherein ausgeschlossen sein, dass der Kläger zum Kreis der Begünstigten dieser Vorschrift gehört und dass die ihm dadurch vermittelte Rechtsposition verletzt wird.[25]

19 **Beispiel**

Beruft sich ein Kläger gegenüber einer Anlagengenehmigung nach § 6 Abs. 1 BImSchG auf einen Verstoß gegen § 5 Abs. 1 Satz 1 Nr. 1 BImSchG, so ist bereits bei der Prüfung der Klagebefugnis abschließend zu klären, ob die letztgenannte Vorschrift Nachbarschutz vermittelt. Ob der Kläger durch die Auswirkungen der Anlage so betroffen wird, dass er zum Kreis der begünstigten Nachbarn gehört, bedarf dagegen noch keiner abschließenden Klärung; es reicht aus, dass eine solche Betroffenheit nicht ausgeschlossen ist.

2.2.2.1 Schutznormerfordernis

20 Setzt die Klagebefugnis die Möglichkeit einer Verletzung in eigenen Rechten voraus, so ist es konsequent zu prüfen, ob die als verletzt gerügte Vorschrift Schutznormcharakter hat. Dem trägt die von der Rechtsprechung praktizierte und auch in der Literatur ganz überwiegend vertretene **Schutznormlehre** Rechnung.[26] Ihr zufolge hängt die Anerkennung eines subjektiven öffentlichen Rechts vom Vorliegen eines Rechtssatzes ab, der nicht nur im öffentlichen Interesse erlassen wurde, sondern – zumindest auch – dem Schutz der Interessen einzelner Bürger zu dienen bestimmt ist.[27] Ob eine Norm drittschützende Wirkung entfaltet, ist zumeist nicht eindeutig geregelt und muss deshalb durch **Auslegung** ermittelt werden.[28] Maßgeblich ist der objektivierte Wille des Gesetzgebers, wie er sich aus Wortlaut, Entstehungsgeschichte, Systematik sowie Sinn und Zweck der Norm erschließen lässt; Drittschutz ist zu bejahen, wenn die Norm das geschützte Individualinteresse, die Art der Verletzung und den Kreis der geschützten Personen hinreichend deutlich klarstellt und abgrenzt.[29]

---

[23] St. Rspr., die der auch im Schrifttum ganz herrschenden Möglichkeitstheorie folgt; so etwa BVerwGE 60, 123 (125); BVerwGE 92, 32 (35).

[24] *Enger* BVerwG, NVwZ 2004, 1229 (1230), wonach ernsthaft streitige Fragen über das Bestehen eines subjektiven Rechts, von deren Beantwortung der Klageerfolg abhängen kann, nicht schon im Rahmen der Zulässigkeitsprüfung zu klären sind.

[25] Vgl. *Kopp/Schenke*, VwGO, 17. Aufl. 2011, § 42, Rn. 66.

[26] Eingehend zur Schutznormtheorie und abweichenden Ansätzen *Wahl*, in: Schoch/Schmidt-Aßmann/Pietzner, VwGO, Vorb § 42 Abs. 2, Rn. 94 ff. m. w. N.

[27] BVerwGE 72, 226 (229) und BVerwGE 92, 313 (317).

[28] Vgl. etwa BVerwGE 92, 313 (317 ff.).

[29] BVerwGE 41, 58 (63) m. w. N.

21 Umweltrechtliche Schutznormen sind vor allem den jeweiligen **Fachgesetzen** zu entnehmen. In der Rechtsprechung hat sich hierzu eine breite **Kasuistik** entwickelt, die hier nicht im Einzelnen nachgezeichnet werden kann.[30] Die folgenden Gesichtspunkte verdienen aber, hervorgehoben zu werden.

22 Eine grundsätzliche Unterscheidung trifft die Rechtsprechung zwischen Normen, die der **Gefahrenabwehr**, und solchen, die der **Risikovorsorge** dienen. Während dem Einzelnen aus Vorschriften, die dem Schutz seiner Rechtsgüter vor Gefahren dienen, und diesem Schutzzweck entsprechenden Grenzwertfestlegungen Abwehrrechte erwachsen können, sollen Bestimmungen zur Risikovorsorge unterhalb der Gefahrenschwelle nicht drittschützend sein. Diese Unterscheidung liegt namentlich der Rechtsprechung des Bundesverwaltungsgerichts zum Anlagenrecht nach dem BImSchG zugrunde.[31] Sie wird freilich für das Umweltrecht nicht strikt durchgehalten. So soll der Einzelne sich auf Emissionsgrenzwerte zur Minimierung von Gesundheitsrisiken durch potenziell gesundheitsgefährdende Stoffe berufen können, solange für diese Stoffe noch keine Immissionsgrenzwerte festgelegt sind, die die gefahrenabhängige Schutzpflicht konkretisieren.[32] Im Kernenergierecht erkennt die Rechtsprechung dem über die bloße Gefahrenabwehr hinausgehenden Gebot der Schadensvorsorge (§ 7 Abs. 2 Nr. 3 AtG) und den in Konkretisierung dieses Gebots festgesetzten Dosisgrenzwerten drittschützende Wirkung zu, nimmt das Strahlenminimierungsgebot (§ 6 der Verordnung über den Schutz vor Schäden durch ionisierende Strahlen (StrlSchV)) allerdings davon aus.[33] Es spricht manches dafür, dass sich die darin sichtbar werdende Tendenz, auch Vorsorgenormen subjektive Rechte zu entnehmen, wegen der Schwierigkeiten der Abgrenzung von Gefahr und Risiko sowie unter unionsrechtlichem Einfluss ausweiten wird.[34]

23 Zulassungsentscheidungen im Fachplanungsrecht werden in erster Linie durch das planungsrechtliche **Abwägungsgebot** gesteuert.[35] Neben zwingenden Schutznormen des in der Planfeststellung zu beachtenden materiellen Rechts vermittelt auch das Abwägungsgebot dem Planbetroffenen Drittschutz. Es dient seinem Schutz allerdings nur partiell, soweit seine eigenen abwägungserheblichen Belange durch die Planung nachteilig betroffen werden.[36] Der Planbetroffene kann kraft des Abwägungsgebots also nur die angemessene Berücksichtigung seiner **eigenen Belange** verlangen, dagegen nicht geltend

[30] Ausführlich dazu *Kloepfer* (Fn. 3), Rn. 24; *Ramsauer* (Fn. 7), Rn. 162 ff.

[31] BVerwGE 65, 313 (320) und BVerwGE 119, 329 (332).

[32] BVerwGE 119, 329 (333 f.).

[33] BVerwGE 61, 256 (264 ff.) und BVerwGE 72, 300 (318 f.); zu § 6 Abs. 2 Nr. 2 und 4 AtG vgl. BVerwGE 131, 129 (Rn. 18 ff.).

[34] Zur Kritik dieses Unterscheidungskriteriums *Wahl/Schütz*, in: Schoch/Schmidt-Aßmann/Pietzner, VwGO, § 42, Rn. 151 ff.

[35] Die bergrechtliche Zulassung von Rahmenbetriebsplänen in einem Planfeststellungsverfahren gemäß § 52 Abs. 2a Bundesberggesetz (BBergG) stellt der Sache nach keine Planungsentscheidung dar und unterliegt daher nicht dem Abwägungsgebot.

[36] BVerwGE 48, 56 (66).

machen, private Belange anderer Betroffener oder öffentliche Belange seien unzureichend abgewogen worden. Der Kreis der in die Abwägung einzubeziehenden privaten Belange reicht über materielle Rechtspositionen hinaus.

24 **Beispiele**

Privates Interesse an Lärmschutz unterhalb der Schwelle der Immissionsgrenzwerte der Verkehrslärmschutzverordnung; Erweiterungsinteresse eines Gewerbebetriebs

25 Private Belange gehören nur dann nicht zum Abwägungsmaterial, wenn sie entweder objektiv geringwertig oder aber nicht schutzwürdig sind.[37]

26 **Verfahrensrechtliche Vorschriften** können eine Klagebefugnis in der Regel nicht selbstständig, sondern nur in Verbindung mit einer durch das materielle Recht gewährten Rechtsposition begründen.[38] Soweit sie drittschützende Wirkung entfalten, wie es häufig auf Anhörungs- und Beteiligungsregelungen zutrifft[39], erfüllen sie grundsätzlich eine **dienende Funktion** gegenüber dem Verfahrensziel, richten sich also auf die bestmögliche Verwirklichung der materiellen Rechtsposition (**relative Verfahrensrechte**).[40] Die Klagebefugnis setzt in diesen Fällen voraus, dass der Kläger geltend machen kann, der gerügte Verfahrensfehler habe sich auf seine materiellrechtliche Position ausgewirkt.[41] Ohne Darlegung einer solchen Position hilft das Verfahrensrecht mithin nicht weiter.

27 Eine Ausnahme gilt nur für **absolute Verfahrensrechte**. Gemeint sind vom materiellen Recht unabhängige, selbstständig durchsetzbare verfahrensrechtliche Rechtspositionen eines Dritten.[42] Sie bilden schon für sich genommen eine tragfähige Grundlage der Klagebefugnis. Absolute Verfahrensrechte sind jedoch selten.[43]

28 **Beispiel**

Beteiligungsrecht der Gemeinden im luftverkehrsrechtlichen Genehmigungsverfahren

[37] BVerwGE 59, 87 (102).
[38] *Kopp/Schenke* (Fn. 25), § 42, Rn. 95; *Wahl/Schütz* (Fn. 34), § 42 Abs. 2, Rn. 74.
[39] Vgl. BVerwGE 75, 285 (291).
[40] St. Rspr.; so etwa BVerwGE 92, 258 (262). Dieses Verständnis liegt auch der Regelung des § 46 VwVfG zugrunde, dem zufolge Verfahrensfehler ohne Auswirkung auf die Sachentscheidung nicht die Aufhebung des Verwaltungsakts rechtfertigen. Zur dienenden Funktion des Verwaltungsverfahrens eingehend *Burgi*, DVBl 2011, 1317.
[41] BVerwGE 75, 285 (291).
[42] *Wahl/Schütz* (Fn. 34), § 42 Abs. 2, Rn. 73.
[43] Vgl. zu bisher anerkannten Fallgruppen *Wahl/Schütz* (Fn. 34), § 42 Abs. 2, Rn. 73.

29 Umstritten ist die Frage, ob **§ 4 Abs. 3 Umweltrechtsbehelfsgesetz** (UmwRG)[44] ein für den Bürger selbstständig einklagbares Verfahrensrecht begründet.[45] Nach § 4 UmwRG kann nicht nur im Rahmen der umweltrechtlichen Verbandsklage (§ 4 Abs. 1 UmwRG), sondern auch im Rahmen von Individualklagen (§ 4 Abs. 3 UmwRG) die Aufhebung einer Entscheidung über die Zulässigkeit eines Vorhabens nach § 1 Abs. 1 Satz 1 Nr. 1 UmwRG verlangt werden, wenn eine notwendige Umweltverträglichkeitsprüfung oder UVP-Vorprüfung nicht durchgeführt und nicht nachgeholt worden ist. Ausweislich der Gesetzesbegründung gilt dies unabhängig davon, ob der Mangel die Sachentscheidung beeinflusst hat (BT-Drs. 16/2495 S. 14). Auch ein privater Drittkläger erhält also die Rechtsmacht, sein Anfechtungsbegehren auf Verstöße gegen die betreffenden Verfahrenspflichten unabhängig von der Bedeutung des Verfahrensfehlers für seine materielle Rechtsposition zu stützen. Gleichwohl bestehen durchgreifende Bedenken gegen die Annahme eines die Klagebefugnis selbstständig begründenden Verfahrensrechts. Diese Bedenken folgen vor allem aus der Gesetzessystematik. Während § 2 Abs. 1 UmwRG den Zugang anerkannter Umweltschutzvereinigungen zu Gericht regelt, verhält sich § 4 Abs. 1 UmwRG zu den Rechtsfolgen bestimmter Verfahrensfehler in der durch § 2 Abs. 5 UmwRG gesteuerten Sachprüfung. Das lässt den Schluss zu, dass § 4 Abs. 3 UmwRG, der auf § 4 Abs. 1 UmwRG verweist, für Individualklagen eine entsprechende, in ihrer Bedeutung auf die Begründetheit der Klage beschränkte Regelung trifft, die Zulässigkeit von Individualklagen sich hingegen ausschließlich nach den allgemeinen Grundsätzen richtet. § 4 Abs. 3 UmwRG erweist sich bei dieser Sichtweise lediglich als Ausnahme von § 46 VwVfG und kann nicht dazu dienen, die Klagebefugnis losgelöst von der Betroffenheit in materiellen Rechten zu begründen.[46]

30 Neben Bestimmungen des einfachen Rechts können auch **Grundrechte** die Klagebefugnis begründen. Im umweltrechtlichen Kontext können insbesondere Art. 2 Abs. 2 GG und Art. 14 GG als Grundlage der Klagebefugnis Bedeutung gewinnen. Allerdings ist bei dem Rückgriff auf Grundrechte ein **prinzipieller Anwendungsvorrang** für das einfache Recht zu beachten.[47] Soweit der Gesetzgeber die Grundrechte ausgeformt oder eingeschränkt hat, müssen die von ihm getroffenen Entscheidungen – vorbehaltlich einer Verfassungswidrigkeit der einfachrechtlichen Regelung – respektiert werden; der Durchgriff auf die Grundrechte ist dann gesperrt. Auf Grundrechte kann deshalb nur dann zurückgegriffen werden, wenn grundrechtlich geprägte Konfliktlagen einfachrechtlich ungeregelt geblieben sind.

---

[44] Vom 07.12.2006 (BGBl. I S. 2816), zuletzt geändert durch Artikel 5 Absatz 32 des Gesetzes vom 24. Februar 2012 (BGBl. I S. 212).

[45] Eingehend zum Meinungsstand *Appel,* NVwZ 2010, 477.

[46] So BVerwG, DVBl. 2012, 501, Rn. 20 ff .; VGH Kassel, ZUR 2009, 87 (88); ähnlich *Appel* (Fn. 45), S. 475 ff.; *Kopp/Schenke* (Fn. 25), § 42, Rn. 95 mit Fn. 178; a. A. *Ramsauer* (Fn. 7) Rn. 170; *Steenhoff,* UPR 2011, 431 (432).

[47] *Sodan*, in: Sodan/Ziekow, VwGO, 3. Aufl. 2010, § 42, Rn. 392; *Kopp/Schenke* (Fn. 25), § 42, Rn. 118.

31 **Beispiel**

Bei der Prüfung von Ansprüchen auf Lärmschutz nach der Verkehrslärmschutzverordnung ist nur der durch den Verkehrsweg hervorgerufene Lärm zu berücksichtigen. Eine Summation mit dem Lärm aus anderen Quellen findet nicht statt. Gleichwohl gebieten Art. 2 Abs. 2 und Art. 14 GG Schutz vor dem Gesamtlärm, wenn der planungsbetroffene Verkehrsweg im Zusammenwirken mit Vorbelastungen durch andere Verkehrswege insgesamt zu einer Lärmbelastung führt, die die Gesundheit gefährdet oder mit einem die vorgegebene Grundstückssituation nachhaltig verändernden, schweren und unerträglichen Eingriff verbunden ist.[48]

32 Auch für **Gemeinden** gilt, dass sie Rechtsschutz nur in Anspruch nehmen können, wenn eine Verletzung in eigenen Rechten nicht von vornherein auszuschließen ist.[49] Wesentlichste Rechtsposition von Gemeinden, die Grundlage der Klagebefugnis sein kann, ist das **Selbstverwaltungsrecht der Gemeinde** (Art. 28 Abs. 2 GG). Es umfasst neben der **gemeindlichen Finanzhoheit**[50] vor allem die **gemeindliche Planungshoheit**. Sie vermittelt einer Gemeinde ein Abwehrrecht gegen Vorhaben anderer Planungsträger, wenn das angegriffene Vorhaben eine hinreichend konkrete und verfestigte eigene Planung der Gemeinde nachhaltig stört, wenn das Vorhaben wegen seiner Großräumigkeit wesentliche Teile des Gemeindegebiets einer durchsetzbaren kommunalen Planung entzieht oder wenn es gemeindliche Einrichtungen erheblich beeinträchtigt.[51] Für die Klagebefugnis reicht es aus, dass eine solche Störung, Entziehung oder Beeinträchtigung als möglich erscheint. Darüber hinaus kann wiederum auch das planungsrechtliche Abwägungsgebot Grundlage der gemeindlichen Klagebefugnis sein. Dies ist von Bedeutung, wenn die Gemeinde konkrete, aber noch nicht verfestigte Planungsabsichten verfolgt. Die Gemeinde hat einen Anspruch, dass derartige Absichten planerisch berücksichtigt werden, und kann darauf ihre Klagebefugnis stützen.[52] Schließlich vermittelt das zivilrechtlich gewährleistete Grundeigentum den Gemeinden eine wehrfähige Rechtsposition.[53] Hingegen ist eine Gemeinde nicht befugt, sich zum Sachwalter fremder öffentlicher oder privater Belange aufzuschwingen.[54]

---

[48] BVerwGE 101, 1 (9 f.).

[49] Ausführlich zur Klagebefugnis von Gemeinden Schütz, in: *Ziekow*, Praxis des Fachplanungsrechts, 2004, 4. Kap., Rn. 939 ff.

[50] Diese kann nur berührt sein, wenn das angegriffene Planvorhaben die Finanzspielräume der Gemeinde nachhaltig einengen kann; vgl. BVerwG, UPR 1997, 470.

[51] BVerwGE 81, 95 (106) und BVerwGE 90, 96 (100).

[52] BVerwGE 100, 388 (394).

[53] Zum mangelnden grundrechtlichen Schutz einer gemeindlichen Eigentumsposition siehe unter Fn. 70.

[54] BVerwG, NuR 2008, 502 (504).

Beispiel 33

Eine Gemeinde kann eine unzulässige Lärmbelastung eigener Grundstücke, nicht aber Lärmschutzinteressen ihrer Bürger oder eine Vernachlässigung von Naturschutzbelangen geltend machen.

2.2.2.2 Qualifiziertes Betroffensein

34 Die Berufung auf eine als verletzt gerügte Schutznorm genügt für sich genommen noch nicht, um die Klagebefugnis zu begründen. Hinzutreten muss die Möglichkeit, dass der Kläger zum Kreis derer gehört, denen die Norm Drittschutz vermittelt. In Anlehnung an die baurechtliche Terminologie wird dieser Personenkreis häufig als Nachbarschaft bezeichnet, doch kann er weit über die unmittelbaren Anwohner hinausreichen.[55] Maßgeblich kommt es darauf an, ob der Kläger von Auswirkungen der Anlage betroffen sein kann, vor denen die begünstigende Norm schützen will. Die Rechtsprechung verlangt in diesem Sinne ein **qualifiziertes Betroffensein**, das sich deutlich abhebt von den Auswirkungen, die den Einzelnen als Teil der Allgemeinheit treffen können und sowohl eine räumliche als auch eine zeitliche Komponente aufweist.[56] Der notwendige **engere räumliche Zusammenhang** lässt sich nur fallbezogen bestimmen. Er richtet sich danach, wie weit die Einwirkungen der Anlage und ihres Betriebs reichen, die nach Art und Intensität von der Norm, aus der Drittschutz abgeleitet wird, verhindert werden sollen. So kann der Schutz vor Störfällen sehr viel weiter reichen als der vor Einwirkungen des Normalbetriebs. Der außerdem gebotene **engere zeitliche Zusammenhang** setzt voraus, dass eine Person sich den Einwirkungen der Anlage nicht nachhaltig entziehen kann, weil sie ihnen nach ihren Lebensumständen dauerhaft ausgesetzt ist.[57]

Beispiel 35

Die Wohnung oder Arbeitsstätte des Klägers liegt im Einwirkungsbereich der Anlage.

2.2.2.3 Unionsrechtliche Einflüsse

36 Die **Europäisierung des Verwaltungsprozessrechts** schreitet voran. Diese Tendenz macht auch vor der Klagebefugnis nicht halt, lässt jedoch nach jetzigem Stand die Schutznormlehre als Fundament der Beurteilung unangetastet.[58] Die Mitgliedstaaten der EU sind grundsätzlich berechtigt, das nationale Prozessrecht **autonom** auszugestalten, auch soweit es um Rechtsakte geht, die sich an Vorgaben des Unionsrechts oder unions-

---

[55] *Kloepfer* (Fn. 3) Rn. 27.

[56] BVerwGE 101, 157 (165) m. w. N.

[57] BVerwGE 121, 57 (59) m. w. N.

[58] So auch *Dörr*, in: Sodan/Ziekow, VwGO, 3. Aufl. 2010, Europäischer Verwaltungsrechtsschutz Rn. 234 f.; *Ehlers* (Fn. 10), S. 1445; *Gärditz*, JuS 2009, 385 (389).

rechtlich veranlasster nationaler Umsetzungsregelungen messen lassen müssen.[59] Gebunden sind sie allerdings durch das **Effektivitätsgebot**[60]. Nationale Verfahrensregelungen und ihre Anwendung dürfen nicht dazu führen, dass die Ausübung der durch die Unionsrechtsordnung verliehenen Rechte praktisch unmöglich gemacht wird. Dem kann bei der Anwendung der Schutznormlehre Rechnung getragen werden. Auch der EuGH lässt eine bloß faktische Betroffenheit als Zugangsvoraussetzung für gerichtlichen Rechtsschutz nicht ausreichen. Vielmehr fragt auch er nach dem Schutzzweck der Norm und verfolgt so einen der Schutznormlehre vergleichbaren Ansatz.[61] Freilich stellt er – auch zur Instrumentalisierung des Individualrechtsschutzes für eine wirksame Durchsetzung des Unionsrechts – an den subjektiv-rechtlichen Gehalt des Unionsrechts geringere Anforderungen, als sie von der deutschen Verwaltungsgerichtsbarkeit gemeinhin praktiziert werden. So genügt es, dass der Kläger in seiner Interessensphäre von der Schutzwirkung der jeweiligen Norm betroffen wird[62]; dagegen muss die Norm nicht auch dem Schutz eines von der Allgemeinheit abgrenzbaren Personenkreises dienen, dem der Kläger zugehört.[63]

37 **Beispiel**

In EU-Richtlinien enthaltene Wasserqualitätsnormen, die Vorsorge gegen Risiken für die Volksgesundheit treffen.

38 Gewährt das Unionsrecht in diesem Sinne dem Einzelnen eine subjektive Rechtsposition, so handelt es sich um eine drittschützende Vorschrift, die nach der Schutznormlehre die Klagebefugnis eröffnen kann. Die Schutznormlehre ist mithin bezogen auf umweltrechtliche Vorschriften, die der Umsetzung von Unionsrecht dienen, **unionsrechtskonform** anzuwenden.[64] Dies wird dazu führen, dass im Zuge der fortschreitenden Überformung des deutschen Umweltrechts durch unionsrechtliche Regelungen die Möglichkeit Einzelner, gegen Umweltbelastungen zu klagen, deutlich zunimmt.

---

[59] von *Danwitz*, Europäisches Verwaltungsrecht, 2008, 277 mit Nachweisen der EuGH-Rechtsprechung.

[60] von *Danwitz* (Fn. 59), S. 279 m. w. N. Die weitere Schranke des Äquivalenzprinzips ist in diesem Zusammenhang ohne Bedeutung.

[61] *Dörr* (Fn. 58), Rn. 235; *Ehlers* (Fn. 10), S. 1445.

[62] Vgl. etwa EuGH, Slg. 1991, I-2567 Rn. 16 und Slg. 2008, I-6221 Rn. 37 f.

[63] von *Danwitz* (Fn. 59), S. 513 f. mit Nachweisen der EuGH-Rechtsprechung.

[64] *Dörr* (Fn. 58), Rn. 234; *Ehlers* (Fn. 10), S. 1446; *Frenz,* VerwArch 102 (2011), 134 (149 f.); konstruktiv anders *Sparwasser/Engel/Voßkuhle* (Fn. 6), Rn. 20: erweiternde Auslegung des § 42 Abs. 2 VwGO dahin, dass die europäischen Regelungen als „anderweitige gesetzliche Vorschriften" i. S. d. § 42 Abs. 2 VwGO verstanden werden.

2.2.3 Begründetheitsmaßstab und Prüfungsumfang

39 Der **Maßstab für die Begründetheit von Drittschutzklagen** folgt den allgemeinen Regeln; er ergibt sich aus § 113 Abs. 1 Satz 1 VwGO, wenn es um Anfechtungsklagen, und aus § 113 Abs. 5 Satz 1 VwGO, wenn es um Schutzauflagen erstrebende Verpflichtungsklagen geht. Nach diesen Vorschriften reichen Rechtsverstöße gegen objektives Recht nicht aus, um einer Klage zum Erfolg zu verhelfen. Hinzukommen muss, dass der Kläger durch den Rechtsverstoß **in seinen eigenen Rechten verletzt** wird. Während bei Klagen von Adressaten belastender Verwaltungsakte Rechtsverstoß und subjektive Rechtsverletzung notwendig zusammenfallen[65], muss bei Klagen Drittbetroffener der Rechtsverstoß gerade eine drittschützende Norm betreffen. Das Begründetheitserfordernis einer subjektiven Rechtsverletzung erweist sich damit als Pendant zum Zulässigkeitserfordernis der Klagebefugnis. Der Unterschied besteht darin, dass die Klagebefugnis eine mögliche Verletzung in eigenen Rechten genügen lässt, während in der Begründetheitsprüfung abschließend geklärt werden muss, ob eine Verletzung in eigenen Rechten vorliegt.

40 Der Maßstab der Begründetheitsprüfung bestimmt den **Prüfungsumfang**. Für die Anfechtungsklage bedeutet dies, dass nur die Vereinbarkeit des angefochtenen Verwaltungsakts mit drittschützenden Normen zu prüfen ist. Normen, die nicht wenigstens auch den Schutz Privater bezwecken, gehören danach grundsätzlich nicht zum Prüfungsprogramm.[66]

41 Das hat Konsequenzen auch für die **Überprüfung fachplanungsrechtlicher Abwägungsentscheidungen**. Da das Abwägungsgebot drittschützend nur insoweit wirkt, als private Belange des von der Planung Betroffenen zu berücksichtigen sind[67], kann der mittelbar z. B. durch Immissionen Betroffene nicht die Überprüfung verlangen, ob die Vielzahl der durch das Vorhaben nachteilig betroffenen sonstigen – öffentlichen und privaten – Belange im angefochtenen Planfeststellungsbeschluss ordnungsgemäß abgewogen worden ist. Er hat ein subjektives Recht nur auf gerechte Abwägung seiner **eigenen Belange** mit den **für das Vorhaben streitenden Belangen**.

42 Dieser Auffassung, die ständiger Rechtsprechung entspricht[68], ist entgegengehalten worden, sie spalte das vielpolige Abwägungsgeflecht künstlich auf und entwerte dadurch die Abwägungskontrolle.[69] Diese Kritik überzeugt letztlich nicht. Wenngleich das Abwägungsergebnis aus einer Gesamtwürdigung der für und gegen das Vorhaben sprechenden Belange resultiert, gehen doch die einzelnen Belange in diesen Vorgang erst ein,

---

[65] Vgl. zur Adressatentheorie bei der Prüfung der Klagebefugnis unter 2.1.

[66] Bezogen auf die Zulassung UVP-pflichtiger Vorhaben leitet das VG Freiburg aus Art. 10a UVP-RL, den es wegen unzureichender Umsetzung in deutsches Recht für unmittelbar anwendbar hält, einen Anspruch Dritter auf umfassende gerichtliche Überprüfung in formeller und materieller Hinsicht ab (Urt. v. 31.07.2010 – 2 K 192/08 – juris, Rn. 233 ff.); zur Kritik dieser Entscheidung *Steenhoff* (Fn. 46), S. 431.

[67] Vgl. unter 2.2.2.1.

[68] BVerwGE 48, 56 (66); vgl. auch BVerwG, Beschl. v. 16.01.2007 – 9 B 14.06 – *Buchholz* 407.4 § 1 FStrG Nr. 11 Rn. 18.

[69] *Masing*, NVwZ 2002, 810 (812); *Sparwasser/Engel/Voßkuhle* (Fn. 6), Rn. 56 m. w. N.

nachdem zuvor ihr jeweiliges konkretes Gewicht bestimmt worden ist. In einer dem Individualrechtsschutz dienenden Überprüfung ist es dann nur konsequent, die Kontrolle auf die betroffenen privaten Belange des jeweiligen Klägers zu fokussieren. Die Kontrolle wird damit nicht substantiell entwertet. Es ist zwar zuzugeben, dass die Zurücksetzung eines einzelnen privaten Belangs gegenüber der Summe der für das Vorhaben streitenden Belange sich zumeist nicht wird beanstanden lassen. Gegenstand der Kontrolle ist neben dem Ins-Verhältnis-Setzen dieser Belange aber auch, ob die privaten Belange des Klägers überhaupt in die Abwägung eingestellt worden sind und ob sowohl sie als auch die für das Vorhaben streitenden Belange ordnungsgemäß gewichtet worden sind.

43 **Beispiel**

Ein durch Immissionen einer geplanten Bahntrasse mittelbar betroffener Hauseigentümer klagt gegen den Planfeststellungsbeschluss für das eisenbahnrechtliche Planvorhaben. Er wendet ein, für die neue Bahnstrecke bestehe kein Bedarf. Zudem seien seine Lärmschutzbelange fehlgewichtet, seine Betroffenheit durch Erschütterungen völlig übersehen und der ökologische Wert eines von der Trasse durchschnittenen Waldgebiets verkannt worden.

Der öffentliche Belang des Naturschutzes bleibt bei der Abwägungskontrolle außer Betracht, auf die drei anderen Gesichtspunkte kann sich der Kläger dagegen berufen.

44 Während diese Grundsätze auf den mittelbar durch eine Fachplanung Betroffenen uneingeschränkt anzuwenden sind, gilt eine Besonderheit für denjenigen, dem beim Vollzug der Planung sein Grundeigentum oder eine andere **durch Art. 14 GG geschützte Rechtsposition**[70] **entzogen** werden soll. Ihm billigt die Rechtsprechung[71] einen Anspruch auf grundsätzlich umfassende gerichtliche Überprüfung des Planfeststellungsbeschlusses zu (sogenannter **Vollüberprüfungsanspruch**). Der unmittelbar in Anspruch genommene Eigentümer kann also eine Kontrolle des Planfeststellungsbeschlusses am Maßstab des objektiven Rechts verlangen, ohne dass es darauf ankommt, ob der geltend gemachte Rechtsverstoß seinem Schutz dienende Vorschriften betrifft; die gerichtliche Abwägungskontrolle erstreckt sich demgemäß auch auf die ordnungsgemäße Berücksichtigung öffentlicher Belange.

45 Abgeleitet wird der Vollüberprüfungsanspruch aus der **enteignungsrechtlichen Vorwirkung**, die Planfeststellungsbeschlüssen nach vielen Fachplanungsgesetzen zukommt

[70] In dieser Weise geschützt ist neben dinglichen Rechten auch das obligatorische Nutzungsrecht des Mieters oder Pächters; vgl. BVerwGE 105, 178 (180 ff.). Das bürgerlich-rechtliche Grundeigentum von Gemeinden genießt keinen Schutz durch Art. 14 GG, da diese keine Grundrechtsträger sind, und kann daher nicht Grundlage für eine Vollprüfung sein; vgl. BVerwGE 100, 388 (391) m. w. N.; BVerwG, NuR 2008, 502 (504). Die Gemeinden verfügen auch nicht über eine andere Rechtsposition, die ihnen einen Anspruch auf Vollprüfung vermittelt. Dies gilt namentlich für das gemeindliche Selbstverwaltungsrecht; vgl. BVerwG, NuR 2008, 502 (504).

[71] BVerwGE 67, 74 (75 ff.).

(vgl. etwa § 19 Abs. 1 Satz 2 und 3, Abs. 2 FStrG). Der Planfeststellungsbeschluss führt den Entzug der eigentumsrechtlich geschützten Position zwar nicht selbst herbei, stellt die Zulässigkeit der Enteignung für das planfestgestellte Vorhaben aber abschließend fest mit der Wirkung, dass der Plan die Enteignungsbehörde im nachfolgenden Enteignungsverfahren bindet. Die Erforderlichkeit der Enteignung kann dann nicht mehr in Frage gestellt werden. Wegen dieser Vorwirkung muss schon der Planfeststellungsbeschluss an Art. 14 Abs. 3 Satz 1 GG gemessen werden, der Enteignungen nur zulässt, wenn sie dem Wohl der Allgemeinheit dienen. Diese Voraussetzung erfüllt nur ein Planfeststellungsbeschluss, der den für ihn geltenden rechtlichen Anforderungen prinzipiell umfassend genügt.[72]

46 Der Vollüberprüfungsanspruch des enteignend Betroffenen unterliegt allerdings **Einschränkungen**. Der gerichtlichen Kontrolle entzogen sind solche Verstöße, die aus tatsächlichen oder rechtlichen Gründen für die Eigentumsbetroffenheit des Klägers nicht erheblich, namentlich nicht kausal sind.[73]

47 **Beispiel**

Der enteignend betroffene Kläger macht geltend, die Trasse einer planfestgestellten Bundesstraße sei abwägungsfehlerhaft ausgewählt worden, weil die Straße ein landschaftlich reizvolles Flusstal quere, anstatt es zu umgehen. Liegt das Grundstück des Klägers fernab des Flusstals an einem Teilstück der Straße, dessen Verlauf von der Trassenwahl im Bereich des Tals nicht beeinflusst wird, so ist der Einwand des Klägers von der gerichtlichen Prüfung ausgenommen.

48 Versagt wird dem enteignend Betroffenen nach einer neueren Rechtsprechung außerdem die Berufung auf nachteilig betroffene Belange Dritter. Dem liegt der Gedanke zugrunde, aus Art. 14 Abs. 3 GG könne nicht die Befugnis abgeleitet werden, sich zum Sachwalter von Rechten zu machen, die nach der Rechtsordnung bestimmten anderen Rechtsinhabern zur eigenverantwortlichen Wahrnehmung und Konkretisierung zugewiesen sind.[74]

49 Eingeschränkt wird der gerichtliche Prüfungsumfang auch durch die **Einwendungspräklusion**, die in verschiedenen Vorschriften für Zulassungsverfahren mit Um-

---

[72] Das Gemeinwohlerfordernis des Art. 14 Abs. 3 Satz 1 GG ist ein Spezifikum der Enteignung, das den unmittelbaren Zugriff auf das Eigentum von mittelbaren Eigentumsbeeinträchtigungen unterscheidet. Die Prüfung dieses Erfordernisses macht eine spezifisch enteignungsrechtliche Gesamtabwägung aller Gemeinwohlgesichtspunkte notwendig; nur ein im Verhältnis zu entgegenstehenden öffentlichen Interessen überwiegendes öffentliches Interesse kann den Zugriff auf privates Eigentum rechtfertigen. Vgl. BVerwGE 128, 358 Rn. 29.

[73] Näher hierzu BVerwGE 134, 308, Rn. 24; *Schütz* (Fn. 49), Rn. 859 ff.).

[74] So BVerwG, NVwZ 2011, 1256 Rn. 106 und Urt. v. 24.11.2011 – 9 A 24.10 – juris Rn. 63.

weltrelevanz vorgesehen ist.[75] Die Einwendungspräklusion bildet ein eigentümliches Scharnier zwischen Verfahren und materiellem Recht: Ein Drittbetroffener, der im Verwaltungsverfahren von einem ihm eingeräumten Beteiligungsrecht nicht fristgerecht Gebrauch macht, ist mit seinen Einwendungen ausgeschlossen.[76] Dieser Ausschluss betrifft nicht das formale Beteiligungsrecht (formelle Präklusion), sondern den materiellen Anspruch (**materielle Präklusion**). Er erstreckt sich deshalb über das Verwaltungsverfahren hinaus auch auf das gerichtliche Verfahren; als Ausdruck des Verwirkungsgedankens führt er dazu, dass die Einwendung dem Drittbetroffenen keine klagefähige Position mehr vermitteln kann.[77] Aus dem Verwirkungsgedanken folgt ferner, dass der Einwendungsausschluss nur greifen kann, wenn es dem Drittbetroffenen möglich war, die betreffende Einwendung rechtzeitig zu erheben.

50 **Beispiel**

Erst nach Ablauf der öffentlichen Auslegung werden die Planunterlagen so geändert, dass ein Dritter von dem Vorhaben betroffen wird. Eine Benachrichtigung des Dritten unterbleibt. Ihm kann nicht entgegengehalten werden, er habe im Verwaltungsverfahren keine Einwendungen erhoben.

51 Der Präklusion können auch Einwendungen unterliegen, die die Beeinträchtigung öffentlicher Belange betreffen. Der erweiterten Rügebefugnis des durch die enteignende Vorwirkung eines Planfeststellungsbeschlusses Betroffenen korrespondieren somit eine erweiterte Einwendungslast und die an sie anknüpfende Präklusionswirkung.[78]

52 Im Anschluss an ein Urteil des Gerichtshofs der Europäischen Union (EuGH) vom 15.10.2009[79], das allerdings zur Präklusion als solcher nicht Stellung nimmt, ist angezweifelt worden, ob die Einwendungspräklusion mit Unionsrecht in Einklang steht.[80] Das Bundesverwaltungsgericht hat diese Bedenken nicht für stichhaltig gehalten, da die Präklusionsregelungen bei sachgerechter Anwendung die Effektivität des Rechtsschutzes nicht in Frage stellen, und unter Hinweis auf die Rechtsprechung des EuGH zur Zuläs-

---

[75] So z. B. in § 73 Abs. 4 Satz 3 VwVfG für Planfeststellungsverfahren, in § 10 Abs. 3 Satz 5 BImSchG für das immissionsschutzrechtliche Genehmigungsverfahren und in § 7 Abs. 1 Satz 2 der Atomrechtlichen Verfahrensverordnung (AtVfV) v. 03.02.1995 für das atomrechtliche Genehmigungsverfahren.

[76] Zum Einwendungsrecht und zur Einwendungslast Betroffener sowie den Voraussetzungen der Einwendungspräklusion siehe oben, § 1 des Buches, Kluth, Rn. 150.

[77] BVerwG, NVwZ 1996, 399 (400). Die Behörde kann deshalb, wie das BVerwG dort ausführt, auch nicht über den Einwendungsausschluss disponieren.

[78] BVerwG, NVwZ 2012, 180, Rn. 18.

[79] EuGH, Slg. 2009, I-9967 Rn. 38 f.

[80] Vgl. etwa *Epiney*, EurUP 2010, 134 (136).

sigkeit gesetzlicher Ausschlussfristen[81] die Vereinbarkeit der Einwendungspräklusion mit Unionsrecht ausdrücklich bejaht.[82]

2.2.4 Kontrolldichte

53 Eingangs wurde bereits darauf hingewiesen, dass die Normen des Umweltrechts häufig ungewöhnlich offen gefasst sind und ihre Konkretisierung wegen der sich dabei stellenden wissenschaftlich-technischen Probleme dem Rechtsanwender besondere Schwierigkeiten bereitet. Das hat in Rechtsprechung und Lehre zu einer breiten Diskussion über die **richterliche Kontrolldichte** bei der Überprüfung von Verwaltungsentscheidungen geführt, die die Beurteilung von Umweltrisiken erfordern. Haben die Gerichte die Auslegung der Rechtsnormen und ihre Anwendung auf den konkreten Fall vollständig zu kontrollieren oder verfügt die Exekutive über **Beurteilungsspielräume**, die von den Verwaltungsgerichten zu respektieren sind und deren Ausfüllung nur auf Einhaltung äußerer Grenzen überprüft werden darf? Obgleich im Einzelnen noch manches im Fluss ist, besteht doch über die Grundsätze, nach denen sich richterliche Kontrollrestriktionen bestimmen lassen, mittlerweile ein von der Rechtsprechung und weiten Teilen der Lehre getragener Konsens.

54 Ausgangspunkt für die Kompetenzabgrenzung zwischen Verwaltung und Verwaltungsgerichtsbarkeit ist die Rechtsschutzgarantie des Art. 19 Abs. 4 Satz 1 GG. Diese Verfassungsnorm verbürgt dem Rechtsbetroffenen nicht nur den Rechtsweg zur Überprüfung von Akten der öffentlichen Gewalt, sondern auch die **Effektivität** des gerichtlichen Rechtsschutzes.[83] Daraus leiten das BVerfG[84] und – ihm folgend – das BVerwG[85] in ständiger Rechtsprechung die grundsätzliche Pflicht der Gerichte ab, die angefochtenen Akte der öffentlichen Gewalt **in rechtlicher und tatsächlicher Hinsicht vollständig** zu überprüfen. Dieses Grundmuster trifft auch für die Anwendung unbestimmter Rechtsbegriffe zu, obwohl deren Konkretisierung voluntative Elemente enthält.[86]

55 Der **Grundsatz voller Justiziabilität** gilt für die Anwendung unbestimmter Rechtsbegriffe aber nicht uneingeschränkt. **Ausnahmen** hängen von zwei Voraussetzungen ab: Erstens bedarf es einer **normativen Ermächtigung**, um insoweit behördliche Beurteilungsspielräume zu begründen, die gerichtlicher Kontrolle entzogen sind. Zweitens muss sich diese Ermächtigung ihrerseits durch **dringende Sachgründe** rechtfertigen lassen, um vor der Gewährleistung effektiven Rechtsschutzes in Art. 19 Abs. 4 Satz 1 GG Be-

---

[81] EuGH, Slg. 2009, I-3201 Rn. 33 m. w. N.

[82] BVerwG, UPR 2010, 103; BVerwG, NVwZ 2012, 180, Rn. 21 ff. m. w. N.

[83] *Schoch*, in: Hoffmann-Riem/Schmidt-Aßmann/Voßkuhle, Grundlagen des Verwaltungsrechts, Bd. III, 2009, § 50 Rn. 258.

[84] BVerfGE 15, 275 (282) und BVerfGE 103, 142 (156).

[85] BVerwGE 100, 221 (225) und BVerwGE 131, 41 Rn. 20.

[86] BVerfGE 84, 34 (49 f.); *Schulze-Fielitz*, in Dreier, GG, Bd. I, 2. Aufl. 2004, Art. 19 IV Rn. 116.

stand zu haben.[87] Nach diesem als **normative Ermächtigungslehre** bezeichneten Ansatz kann also nur die materiell-rechtliche Regelung selbst Auskunft darüber geben, ob abweichend von der regulären Intention voller Justiziabilität unbestimmter Rechtsbegriffe der Exekutive Letztentscheidungsbefugnisse zukommen sollen. Ob dies zutrifft, ergibt sich freilich nur selten ausdrücklich aus dem Gesetz und muss sonst durch Norminterpretation anhand der üblichen Auslegungsmethoden ermittelt werden. Orientierung vermitteln dabei Entscheidungskriterien, die einerseits Rechtfertigungsgründe für eine Beschränkung der gerichtlichen Kontrolle darstellen, und anderseits zugleich einen Willen des Gesetzgebers zur Beurteilungsermächtigung zu indizieren vermögen.[88] Solche Kriterien können, soweit im Umweltrecht von Interesse, beispielsweise sein:

- fachwissenschaftliche Erkenntnisdefizite auf dem zu beurteilenden Sachgebiet,
- besondere Verfahrensregelungen zur Rechtswahrung, z. B. in Gestalt der Beteiligung repräsentativ und fachkundig besetzter Ausschüsse am Verwaltungsverfahren,
- gesetzliche Bezugnahmen auf technische Regelwerke, die unter Mitwirkung der Verwaltung erarbeitet und/oder von ihr eingeführt worden sind,
- aus dem zu beurteilenden Sachgebiet oder der Art der Entscheidung resultierende Funktionsgrenzen der Rechtsprechung.[89]

56 Die Verwaltungsrechtsprechung hat in Anwendung der normativen Ermächtigungslehre auf verschiedenen Rechtsgebieten exekutivische Beurteilungsspielräume anerkannt. In den Urteilbegründungen erscheinen teilweise die zuvor genannten und weitere Kriterien als Argumentationsmuster. Ein festgefügter Kanon anerkannter Fallgruppen hat sich bisher nicht herausgebildet[90], wohl aber lassen sich verschiedene **Typen von Beurteilungsermächtigungen** unterscheiden.[91] Auf dem Gebiet des Umwelt- und Technikrechts ist dies vor allem der Typus **komplexer prognostischen Risikobewertungen**.[92] Komplexe Risikobewertungen im Umwelt- und Technikrecht kommen – anders als häufig die Gefahrenprognosen im traditionellen Ordnungsrecht – nicht mit allgemeinem

[87] Vgl. zu diesen Voraussetzungen BVerfG, NVwZ 2011, 1062 Rn. 73 ff.; *Hoffmann-Riem*, in: Ders./Schmidt-Aßmann/Voßkuhle, Grundlagen des Verwaltungsrechts, Bd. I, 2006, § 10 Rn. 90; *Schoch* (Fn. 83) Rn. 287 f.; *Schulze-Fielitz* (Fn. 86) Rn. 125 und 127.

[88] Vgl. die Kriterienkataloge bei *Gerhardt*, in: Schoch/Schmidt-Aßmann/Pietzner, VwGO, Bd. II, Loseblatt Stand September 2011, § 14 Rn. 58 und *Hoffmann-Riem* (Fn. 87) Rn. 91.

[89] Ob gerichtlich nur eingeschränkt nachprüfbare Entscheidungsspielräume der Verwaltung ausnahmsweise auch ohne gesetzliche Grundlage von Verfassungs wegen dann zulässig sind, wenn eine weitergehende gerichtliche Kontrolle zweifelsfrei an die Funktionsgrenzen der Rechtsprechung stieße, hat das BVerfG jüngst offen gelassen; vgl. BVerfG, NVwZ 2011, 1062, Rn. 76 und Kammerbeschl. v. 08.12.2011 – 1 BvR 1932/08 – juris Rn. 26; bejahend BVerfGE 84, 59 (77). Unabhängig von dieser Frage dürften aber keine Bedenken bestehen, bestehende Funktionsgrenzen als Indiz für eine gesetzlich intendierte Beurteilungsermächtigung zu werten.

[90] *Gerhardt* (Fn. 88) Rn. 57; *Schoch* (Fn. 83) Rn. 290.

[91] Ausführlich dazu *Jestaedt*, in: Erichsen/Ehlers, Allgemeines Verwaltungsrecht, 14. Aufl. 2010, § 11 Rn. 46 ff.

[92] Vgl. *Wahl*, NVwZ 1991, 409.

Erfahrungswissen aus, sondern erfordern naturwissenschaftlich-technischen Sachverstand.[93] Soweit die Gesetzestatbestände die gebotene Schadensvorsorge nur durch unbestimmte Rechtsbegriffe oder mithilfe ergänzender **Technikklauseln**, die auf den **Stand der Technik** oder den **Stand von Wissenschaft und Technik** verweisen, umschreibt, fällt dem Rechtsanwender die Aufgabe zu, die einschlägigen wissenschaftlichen Standards bei der Entscheidungsfindung zu rezipieren. Der Anerkennung exekutivischer Beurteilungsspielräume für die Fallgruppe komplexer Risikobeurteilungen liegt der Gedanke zugrunde, dass die Verwaltung für diese Aufgabe besser gerüstet sei als die Gerichte. Die Bedeutung der Typenbildung in diesem Bereich wird allerdings leicht überschätzt. Nicht jede Vorschrift, die behördliche Risikobewertungen mit prognostischem Einschlag zum Zwecke der Gefahrenabwehr oder Risikovorsorge regelt, muss notwendigerweise mit einer gerichtlich nur eingeschränkt überprüfbaren Beurteilungsermächtigung der Verwaltung verknüpft sein. Die Typzuordnung erübrigt also nicht die genaue Auslegung der als Ermächtigung in Betracht kommenden Norm.[94]

57 Mit der Kontrolldichte bei der gerichtlichen Überprüfung prognostischer Risikobeurteilungen hat sich die Rechtsprechung insbesondere im Atomrecht befasst. **§ 7 Abs. 2 Nr. 3 AtG** rezipiert mit der Bezugnahme auf den „Stand von Wissenschaft und Technik" den jeweils aktuellsten Stand wissenschaftlicher Erkenntnis als Standard der gebotenen Schadensvorsorge. In seinem Sasbach-Beschluss vom 8. Juli 1982[95] führte das BVerfG zu dieser Vorschrift aus, die Gerichte hätten die von der Genehmigungsbehörde zur erforderlichen Schadensvorsorge getroffenen Feststellungen und Bewertungen nur auf ihre Rechtmäßigkeit hin zu überprüfen, nicht aber ihre eigenen Bewertungen an deren Stelle zu setzen. Der Sache nach erkannte es damit der Behörde einen Beurteilungsspielraum zu. Das BVerwG griff die Überlegungen des BVerfG in seinem Wyhl-Urteil vom 19. Dezember 1985[96] auf und präzisierte sie. Nach der – durch die verwendete Technikklausel geprägten – **Normstruktur** trage die Exekutive die Verantwortung für die Risikoermittlung und -bewertung. Ergänzend berief sich das Gericht auf eine **funktionelle Erwägung**: Die Verwaltung verfüge im Verhältnis zu den Verwaltungsgerichten über rechtliche Handlungsformen, die sie für die Verwirklichung des Grundsatzes bestmöglicher Gefahrenabwehr und Risikovorsorge unter den Bedingungen wissenschaftlichen Meinungsstreits und nur begrenzt vorhandenen ingenieurwissenschaftlichen Erfahrungswissens sehr viel besser ausrüsteten. Später übertrug das BVerwG diese Überlegungen auf die Risikobeurteilung nach **§ 7 Abs. 2 Nr. 5 AtG** (Schutz kerntechnischer Anlagen gegen Einwirkungen Dritter)[97] und auf diejenige nach **§ 13 Abs. 1 Nr. 4 GenTG** a.F.[98] In diesen

---

93 Wahl (Fn. 92) S. 410.

94 Vgl. *Schoch* (Fn. 83) Rn. 289 und 290; *Jestaedt* (Fn. 91) Rn. 46.

95 BVerfGE 61, 82 (114 f.). Vorausgegangen war der Kalkar-Beschluss, BVerfGE 49, 89 (134 ff), in dem das Gericht die Frage noch ausdrücklich offen gelassen hatte (S. 136).

96 BVerwGE 72, 300 (315 ff.); vgl. auch das Brokdorf-Urteil, BVerwGE 78, 177 (181).

97 BVerwGE 81, 185 (190 ff.).

98 DVBl 1999, 1138 (1139 f.). An die Stelle von § 13 Abs. 1 Nr. 4 GenTG a.F. ist inzwischen § 11 Abs. 1 Nr. 4 GenTG mit vergleichbarer Normstruktur getreten.

Entscheidungen sind weitere die Kontrollrestriktion stützende Gesichtspunkte angeführt worden, und zwar in der zu § 7 Abs. 2 Nr. 5 AtG der **Prognosecharakter** der Risikobeurteilung und in der zu § 13 Abs. 1 Nr. 4 GenTG a.F. die Ausgestaltung des Verwaltungsverfahrens, das unter **Mitwirkung einer überwiegend aus Sachverständigen zusammengesetzten Kommission** durchzuführen ist.

58 Eine weitere Facette dieser Fallgruppe beleuchtet ein Kammerbeschluss des BVerfG vom 18. Februar 2010[99], der eine Risikoabschätzung in **Konkretisierung der staatlichen Schutzpflicht aus Art. 2 Abs. 2 Satz 1 GG** durch behördlichen Einzelakt betrifft. Das BVerfG nahm die Verfassungsbeschwerde einer Beschwerdeführerin nicht zur Entscheidung an, die vor den Verwaltungsgerichten erfolglos versucht hatte, die Bundesrepublik zu einem Einschreiten gegen eine CERN-Versuchsreihe mit einem Teilchenbeschleuniger zu verpflichten, um die von ihr unter Verweis auf physikalische Hypothesen befürchtete sich ausbreitende Absorption irdischer Materie zu verhindern. Die Kammer führte unter Bezugnahme auf die referierte Rechtsprechung zum Atomrecht aus, die im Rahmen der Risikobeurteilung vorzunehmende Abwägung der widerstreitenden vertretbaren Ansichten von Wissenschaftlern sei aufgrund der bestehenden Verteilung der Verantwortung zwischen den Staatsgewalten der Exekutive zugewiesen und nicht den Gerichten, die eine wissenschaftliche Kontroverse nicht selbst entscheiden könnten.

59 Demgegenüber hat die Rechtsprechung der Exekutive für die Konkretisierung der Anforderungen nach **§ 6 Abs. 1 Nr. 1 i. V. m. § 5 Abs. 1 Satz 1 Nr. 1 und 2 BImSchG** an die Gefahrenabwehr und Risikovorsorge bei der Entscheidung über die immissionsschutzrechtliche Anlagengenehmigung **grundsätzlich keinen Beurteilungsspielraum** eingeräumt.[100] Angesichts einer dem § 7 Abs. 2 Nr. 3 AtG vergleichbaren Normstruktur mag die unterschiedliche Handhabung der gerichtlichen Kontrolle im Atom- und im Immissionsschutzrecht als inkonsistent erscheinen. Die höhere Kontrolldichte im Immissionsschutzrecht findet aber eine Rechtfertigung im erklärten Willen des Gesetzgebers, der ausweislich der Gesetzesmaterialien zum BImSchG der Verwaltung für die Konkretisierung im Einzelfall keine Beurteilungsermächtigung erteilen wollte.[101] Auch in diesem Rechtsgebiet gilt der Grundsatz uneingeschränkter gerichtlicher Kontrolle allerdings nicht uneingeschränkt. Eine **Ausnahme** ist insoweit anerkannt, als die Genehmigungsvoraussetzungen durch **normkonkretisierende Verwaltungsvorschriften** wie die **TA Lärm** oder die **TA Luft** ausgefüllt werden.[102] § 48 Abs. 1 BImSchG ermächtigt zum Erlass solcher Verwaltungsvorschriften, deren Funktion es ist, die unbestimmten Rechtsbegriffe des BImSchG durch generelle Standards zu konkretisieren, die ein hohes Maß an technisch-wissenschaftlichem Sachverstand verkörpern und zugleich die Wertungen des

---

99 NVwZ 2010, 702.

100 BVerwGE 55, 250 (253 f.); vgl. außerdem BVerwGE 85, 368 (379).

101 Begründung zu § 6, BT-Drs. 7/179 S. 31.

102 H. M.; vgl. BVerwGE 110, 216 (218), BVerwGE 114, 342 (344) und BVerwGE 129, 209 Rn. 12; Jarass, BImSchG, 9. Aufl. 2012, § 48 Rn. 42 f. m. w. N. auch zur Gegenmeinung.

hierzu berufenen Normgebers zum Ausdruck bringen.[103] Die prozeduralen Vorkehrungen der Ermächtigung – Standardbildung in eigener Verantwortung der Verwaltung, repräsentative Beteiligung der Fachkreise – verschaffen den betreffenden Verwaltungsvorschriften eine besondere Richtigkeitsgewähr und werden deshalb als ausreichende Rechtfertigung erachtet, die gerichtliche Kontrolle der auf sie gestützten Einzelentscheidungen zu beschränken.

60 Auf anerkannte Beurteilungsspielräume der Verwaltung bei der Risikobewertung trifft man schließlich auch im Naturschutzrecht. Namentlich in Entscheidungen zur naturschutzrechtlichen Eingriffsregelung[104] und zum Artenschutzrecht[105] hat das BVerwG die gerichtliche Kontrolldichte zurückgenommen. Ohne auf die Rechtsprechung zum Atom- und Gentechnikrecht einzugehen, rekurriert das BVerwG hier auf die Notwendigkeit naturschutzfachlicher Bewertungen in Bereichen, in denen es an allgemein anerkannten Bewertungsverfahren für die Beurteilung der Folgen von Eingriffen in Natur und Landschaft bzw. einer gesicherten fachwissenschaftlichen Erkenntnislage zu den Betroffenheiten der geschützten Arten mangele. Risikobewertungen im Rahmen des FFH-Gebietsschutzes hat das Bundesverwaltungsgericht hingegen bisher voll überprüft.[106]

61 Auch dort, wo die Verwaltung über Beurteilungsspielräume verfügt, ist die gerichtliche Kontrolle der behördlichen Konkretisierung nicht völlig ausgeschlossen, sondern nur eingeschränkt. **Gerichtliche Kontrolldichte** und **exekutivischer Beurteilungsspielraum** verhalten sich **reziprok** zueinander; d. h. anhand der jeweiligen normativen Beurteilungsermächtigung muss der Umfang des exekutivischen Beurteilungsspielraums ermittelt werden, um die Intensität der gerichtlichen Kontrolle zu bestimmen.[107]

Beispiel

62 Ist eine Norm des Umweltrechts dahin auszulegen, dass sie der Behörde für ihre Risikobeurteilungen einen Beurteilungsspielraum nur bezogen auf die Würdigung fachwissenschaftlicher Streitfragen zubilligt, so bleibt gerichtlich voll überprüfbar, ob sie wissenschaftliche Standards im Übrigen zutreffend ermittelt und berücksichtigt hat.

63 Im Bereich des Beurteilungsspielraums ist die Kontrolle auf **folgende Prüfpunkte** zurückgenommen:[108]

[103] BVerwGE 114, 342 (344).
[104] BVerwGE 121, 72 (84) m. w. N.
[105] BVerwGE 131, 274 Rn. 64 ff.
[106] BVerwGE 128, 1. Einen Beurteilungsspielraum hat es lediglich für die Bestandserfassung und -bewertung der unter den Gebietsschutz fallenden Lebensraumtypen bejaht; so BVerwGE 130, 299 Rn. 74 f. Weitergehend *Lau*, UPR 2010, 169.
[107] In diesem Sinne auch *Jestaedt* (Fn. 91) Rn. 41.
[108] BVerwGE 129, 27 Rn. 38 und BVerwGE 131, 41 Rn. 21.

- ordnungsgemäße Durchführung des **Verwaltungsverfahrens**,
- richtige **Auslegung** des anzuwendenden Gesetzesbegriffs, namentlich
- zutreffendes Verständnis des gesetzlich gebotenen Sicherheitsniveaus,
- zutreffende Ermittlung des entscheidungserheblichen **Sachverhalts**,
- Beachtung **allgemein gültiger Wertungsmaßstäbe** und
- Beachtung des **Willkürverbots**.

2.2.5 Fehlerfolgen

64 Zulassungsentscheidungen für die Umwelt beeinträchtigende Großvorhaben erfordern einen hohen Verwaltungs- und Zeitaufwand. Daher überrascht es nicht, dass Gesetzgeber und Rechtsprechung nach Wegen gesucht haben, die Rechtsfolgen von Mängeln der Zulassungsentscheidung in rechtsschutzverträglicher Weise einzuschränken. Der **Grundsatz**, dass ein gegen drittschützende Vorschriften verstoßender Verwaltungsakt auf die Anfechtungsklage eines Betroffenen hin **aufgehoben** werden muss, ist heute in verschiedener Hinsicht durchbrochen.

65 § 45 Abs. 1 VwVfG ermöglicht die **Heilung bestimmter Form- und Verfahrensfehler**.[109] Insbesondere kann die Behörde eine unterbliebene oder unzureichende Begründung des Verwaltungsakts mit heilender Wirkung nachholen bzw. nachbessern sowie die unterbliebene Anhörung eines Beteiligten oder Mitwirkung einer anderen Behörde nachholen. Dies hat für den Verwaltungsprozess erhebliche Bedeutung, weil die Mängel bis zum Abschluss der letzten Tatsacheninstanz repariert werden können. Die Behörde hat mithin die Möglichkeit, im Prozessverlauf, ggf. sogar noch in der mündlichen Verhandlung, rechtliche Hinweise des Gerichts auf formelle Mängel des angefochtenen Bescheids aufzugreifen und die Fehlerheilung zu betreiben. Um der Kostenfolge eines klageabweisenden Urteils zu entgehen, bleibt dem Kläger dann nichts anderes übrig, als das Verfahren in der Hauptsache für erledigt zu erklären.

66 Das materielle Gegenstück zur Heilung von Mängeln der formellen Begründung ist die Ergänzung einer sachlich fehlerhaften Begründung, das sogenannte **Nachschieben von Gründen**, das für Ermessens- und Abwägungsentscheidungen eine wichtige Rolle spielt.

67 **Beispiele**

Der Planfeststellungsbeschluss für ein Bahnprojekt weist die Forderung von Anwohnern nach einer Tunnelführung mit der Begründung zurück, öffentliche Belange sprächen gegen diese Lösung. In einem Ergänzungsbeschluss führt die Planfeststellungsbehörde aus, bei den im ursprünglichen Planfeststellungsbeschluss zu pauschal bezeichneten Gesichtspunkten handele es sich um unverhältnismäßig hohe Mehr-

[109] Über die in § 45 Abs. 1 VwVfG genannten Fälle hinaus wird auch für andere Verfahrensfehler die Möglichkeit der Heilung durch Nachholung des versäumten Verfahrensschritts anerkannt; vgl. *Sachs*, in: Stelkens/Bonk/Sachs, VwVfG, 7. Aufl. 2008, § 45 Rn. 135 ff.

kosten der Tunnelvariante und schwierige geologische Verhältnisse: Fall der Heilung eines formellen Begründungsmangels.

Die Planfeststellungsbehörde stützt die Ablehnung der Tunnelvariante im ursprünglichen Planfeststellungsbeschluss allein auf Kostenaspekte. Nachdem sich im Anfechtungsprozess herausstellt, dass die Mehrkosten der Tunnelvariante überhöht in Ansatz gebracht worden sind, beruft sich die Behörde ergänzend auf Risiken für die Bebauung oberhalb der Tunneltrasse: Fall des Nachschiebens von Gründen.

68 Ob Ermessens- und Abwägungsfehler auf diese Weise behoben werden können, bestimmt sich nach materiellem Recht[110]; namentlich im Planungsrecht werden solche Fehler als heilbar angesehen. § 114 Satz 2 VwGO stellt klar, dass einer Heilung noch im verwaltungsgerichtlichen Verfahren keine prozessualen Hindernisse entgegenstehen. Das Nachschieben von Gründen kann aber stets nur die Ergänzung um einzelne Begründungselemente ermöglichen; eine völlige Auswechslung der sachlichen Begründung würde den Verwaltungsakt in seinem Wesen verändern und ist daher unzulässig.[111]

69 Eine von behördlichen Maßnahmen zur Fehlerheilung unabhängige Begrenzung der Fehlerfolgen bewirkt **§ 46 VwVfG**. Während die Fehlerheilung schon die Rechtswidrigkeit des Verwaltungsakts beseitigt, lässt § 46 VwVfG die Rechtswidrigkeit unberührt und schränkt lediglich den daran grundsätzlich anknüpfenden Aufhebungsanspruch ein. Die Vorschrift findet Anwendung auf **Form- und Verfahrensfehler**, die nicht zur Nichtigkeit des Verwaltungsakts führen. Sie schließt die Aufhebung des Verwaltungsakts wegen derartiger Fehler aus, wenn **offensichtlich** ist, **dass diese die Sachentscheidung nicht beeinflusst haben**. § 46 VwVfG beruht auf dem schon im Zusammenhang mit der Klagebefugnis angesprochenen Gedanken, dass Verfahrensvorschriften im Verhältnis zum materiellen Recht in der Regel eine **dienende Funktion** erfüllen. Bei dieser Sichtweise wäre es aus Gründen der Verfahrensökonomie nicht zu rechtfertigen, einen Verwaltungsakt allein wegen eines formellen Mangels aufzuheben.

70 Die Rechtsfolge des § 46 VwVfG kann unter zwei verschiedenen Gesichtspunkten zum Tragen kommen: zum einen bei **gebundenen Verwaltungsakten** wegen **rechtlicher Alternativlosigkeit** der Sachentscheidung, zum anderen bei **Verwaltungsakten mit behördlichem Entscheidungsspielraum** (Ermessen, planerische Gestaltungsfreiheit oder Beurteilungsspielraum) wegen **fehlenden Einflusses auf die Willensbildung**.[112] Da die Exekutive für umweltrelevante Entscheidungen vor allem im Planungsrecht, aber auch sonst häufig über derartige Spielräume verfügt, ist besonders der zweite Gesichtspunkt von Bedeutung. Um zu beurteilen, ob die sachliche Willensbildung der Behörde beeinflusst worden ist, muss der Entscheidungsvorgang rekonstruiert werden[113]; es ist zu fragen, ob sich bei konkreter Betrachtung evident ausschließen lässt, dass der Fehler für die Willensbildung **kausal** geworden ist.

---

110 BVerwGE 106, 351 (363).

111 *Kopp/Schenke* (Fn. 25), § 114 Rn. 50 mit Nachweisen der Rechtsprechung.

112 *Kopp/Ramsauer*, VwVfG, 12. Aufl. 2011, § 46 Rn. 25a f.

113 *Burgi* (Fn. 40) S. 1320); *Kopp/Ramsauer* (Fn. 112) Rn. 25a.

71 **Beispiele**

Die Genehmigungsbehörde erteilt im Einklang mit den einschlägigen materiellrechtlichen Bestimmungen eine immissionsrechtliche Anlagengenehmigung, ohne die nach § 11 der 9. BImSchV gebotene Behördenbeteiligung durchzuführen. Da es sich bei der Anlagengenehmigung gemäß § 6 BImSchG um eine gebundene Entscheidung handelt, ist die Sachentscheidung rechtlich alternativlos, sodass der Verfahrensfehler die Sachentscheidung nicht beeinflusst haben kann.

Im Verfahren über die Verlegung einer Bundesstraße wird die öffentliche Auslegung der Planunterlagen fehlerhaft bekannt gemacht. Der benachbarte Hauseigentümer E erfährt gleichwohl von dem Vorhaben, nimmt Einsicht in die Unterlagen und erhebt Einwendungen. Im Planfeststellungsbeschluss setzt sich die Planfeststellungsbehörde mit den Einwendungen ordnungsgemäß auseinander, lässt das Vorhaben aber wegen überwiegender öffentlicher Belange zu. Bei dieser Sachlage ist evident, dass sich der Bekanntmachungsfehler nicht auf die behördliche Willensbildung ausgewirkt haben kann.

72 Eine **Ausnahme von § 46 VwVfG** enthält **§ 4 UmwRG**. Nach § 4 Abs. 1 Satz 1 UmwRG, der auf Verbandsklagen anerkannter Umweltschutzvereinigungen Anwendung findet, kann die **Aufhebung** einer Entscheidung über die Zulässigkeit eines Vorhabens verlangt werden, wenn eine **erforderliche Umweltverträglichkeitsprüfung oder UVP-Vorprüfung nicht durchgeführt und nicht nachgeholt** worden ist. § 4 Abs. 3 UmwRG erklärt diese Regelung auf Rechtsbehelfe von Beteiligten nach § 61 Nr. 1 und 2 VwGO für entsprechend anwendbar. Diese beiden Arten von Verfahrensfehlern führen also auch im Rahmen einer Verletztenklage zur Aufhebung einer Genehmigung oder Zulassung, ohne dass geprüft werden muss, ob der Fehler die Sachentscheidung beeinflusst hat. Der Gesetzgeber hat mit dieser Regelung in bewusster Abkehr von der früheren Rechtsprechung des Bundesverwaltungsgerichts[114] der Wells-Entscheidung des EuGH Rechnung tragen wollen, wonach dem fehlerhaften Unterbleiben einer Umweltverträglichkeitsprüfung auf die Klage eines Einzelnen hin abgeholfen werden muss. [115] Für andere Verfahrensfehler sollte es demgegenüber bei der allgemeinen Regelung des § 46 VwVfG verbleiben.[116]

[114] Danach war ein Verstoß gegen die Pflicht, eine Umweltverträglichkeitsprüfung durchzuführen, nur dann entscheidungserheblich, wenn die konkrete Möglichkeit bestand, dass ohne den Mangel die Entscheidung anders ausgefallen wäre; so BVerwGE 100, 238 (251 f.).

[115] EuGH, Slg. 2004, S. I-723 Rn. 61 und 68. Mit dem Beruhenserfordernis des § 46 VwVfG hat sich der EuGH in dieser Entscheidung, die auf die Vorlage eines britischen Gerichts hin erging, freilich gar nicht auseinandergesetzt, sodass aus ihr zur Frage der Vereinbarkeit des § 46 VwVfG mit dem europäischen Recht keine eindeutigen Antworten abgeleitet werden können.

[116] Diese Fehler sind also nicht generell irrelevant; vgl. BVerwG, NVwZ 2012, 557, Rn. 17; a. A. offenbar *Kment*, in: Hoppe, UVPG, 3. Aufl. 2007, Vorbem. Rn. 58.

Eine **starke Literaturmeinung**[117] kritisiert § 4 UmwRG als eine dem Unionsrecht schwerlich gerecht werdende Minimallösung. Zur Begründung weist sie auf **Art. 10a Abs. 1 UVP-RL** und **Art. 16 Abs. 1 IVU-RL**[118] hin, die nach ihrem Wortlaut und dem verfolgten Zweck, die dem Umweltschutz dienenden unionsrechtlichen Vorgaben auch des Verfahrensrechts wirkungsvoll durchzusetzen, einer Beschränkung des Anwendungsbereichs der Norm auf die beiden geregelten Fehlertypen entgegenständen. Darüber hinaus beruft sie sich auf den **Eigenwert**, der dem Verfahren aus unionsrechtlicher Sicht beizumessen sei und in der Rechtsprechung des EuGH Ausdruck gefunden habe; danach müssten **wesentliche Verfahrensfehler** ungeachtet ihres Einflusses auf das Entscheidungsergebnis zur Aufhebung der Sachentscheidung führen. Als wesentlich in diesem Sinne hat der EuGH in seiner Judikatur zum Vollzug von Unionsrecht durch die Unionsorgane diejenigen Fehler behandelt, die den Inhalt des Rechtsakts beeinflussen können oder solche Verfahrensvorschriften betreffen, die dem Schutz der Regelungsbetroffenen dienen.[119] Diesen Maßstab wird man nicht mit dem des § 46 VwVfG gleichsetzen können, da der Gerichtshof nicht prüft, ob die Sachentscheidung **konkret** beeinflusst worden ist.[120] Namentlich die für die Ausgestaltung der Beteiligung der betroffenen Öffentlichkeit grundlegenden Regelungen wird man nach diesen Kriterien als wesentlich ansehen müssen. 73

In der **Rechtsprechung** ist die Frage, ob § 4 Abs. 1 i. V. m. Abs. 3 UmwRG in seiner engen Ausgestaltung mit Unionsrecht vereinbar ist, noch nicht abschließend geklärt. Der 9. Senat des BVerwG hat die Frage in seinem Urteil vom 24. November 2011[121] offen gelassen, weil die als verletzt gerügten Bekanntmachungsregelungen des § 9 Abs. 1a Nr. 2 und 5 UVPG lediglich Bekanntmachungsdetails beträfen, die eine sachgerechte Öffentlichkeitsbeteiligung an der Umweltverträglichkeitsprüfung nicht in Frage stellen könnten und deshalb nicht als wesentlich im Sinne der Rechtsprechung des EuGH anzusehen seien. Der 7. Senat des BVerwG hat nur wenig später die Problematik dem Gerichtshof vorgelegt und in dem Vorlagebeschluss deutliche Zweifel an der Vereinbarkeit des § 4 UmwRG mit Art. 10a UVP-RL geäußert.[122] Angesichts der Tendenz des Gerichtshofs, 74

---

[117] Vgl. etwa *Berkemann*, DVBl 2011, 1253 (1262); *Ekardt/Schenderlein*, NVwZ 2008, 1059 (1061 ff.); *Gärditz*, EurUP 2010, 210 (216 und 218 f.); *Kment*, NVwZ 2007, 274 (279 f.); *Schlacke*, NuR 2007, 8 (15); a. A. *Bonk/Neumann*, in: Stelkens/Bonk/Sachs, VwVfG, 7. Aufl. 2008, § 73 Rn. 155 m. w. N.

[118] Die auf Art. 9 Abs. 2 der Arhus-Konvention zurückgehenden, durch die Öffentlichkeitsbeteiligungsrichtlinie 2003/35/EG in die UVP-RL und die IVU-RL (Richtlinie zur integrierten Vermeidung und Verminderung der Umweltverschmutzung) eingefügten Regelungen verpflichten die Mitgliedstaaten, Mitgliedern der betroffenen Öffentlichkeit unter näher bezeichneten Voraussetzungen Zugang zu Gericht zu gewähren, „um die materiellrechtliche und verfahrensrechtliche Rechtmäßigkeit von Entscheidungen ... anzufechten, ...". An die Stelle von Art. 16 (vormals Art. 15a IVU-RL) ist inzwischen Art. 25 der Industrieemissionsrichtlinie 2010/75/EU getreten.

[119] *Classen*, in: Schulze/Zuleeg/Kadelbach, Europarecht, 2. Aufl. 2010, § 4 Rn. 34; *Ehricke*, in: Streinz, EUV/AEUV, 2. Aufl. 2012, Art. 263 AEUV Rn. 79.

[120] Vgl. *Classen* (Fn. 119).

[121] NVwZ 2012, 557, Rn. 18.

[122] NVwZ 2012, 448.

auf eine Effektuierung mitgliedstaatlicher Rechtsbehelfe als Mittel zur Durchsetzung des Unionsrechts hinzuwirken, würde es überraschen, wenn § 4 UmwRG dieses Vorlageverfahren unbeschadet überstände.

75 **§ 75 Abs. 1a VwVfG** enthält ein auf Planfeststellungen zugeschnittenes Pendant zu § 46 VwVfG, das Fehler der fachplanungsrechtlichen Abwägung betrifft.[123] Die Bestimmung beschränkt die **rechtliche Erheblichkeit von Abwägungsmängeln** auf solche Fehler, die **offensichtlich** und **auf das Abwägungsergebnis von Einfluss** gewesen sind. Das Merkmal der Offensichtlichkeit wird eng verstanden; offensichtlich sind nur solche Mängel, die sich auf die äußere Seite des Abwägungsvorgangs beziehen und auf objektiv fassbaren Sachumständen beruhen.[124]

76 **Beispiele**

Aus den Akten der Planfeststellungsbehörde ergibt sich, dass die der Abwägung zugrunde gelegte faunistische Bestandserfassung zu einer Jahreszeit durchgeführt worden ist, in der eine seltene Falterart nur als Larve vorhanden sein konnte und deshalb nicht erfasst wurde: Offensichtlichkeit des Ermittlungsfehlers zu bejahen.

Ein Planbetroffener rügt, die Alternativenwahl beruhe auf sachfremden Motiven eines an der Entscheidung federführend beteiligten Amtsträgers, der sich von der Auffassung habe leiten lassen, dem Umweltschutz werde in unserer Rechtsordnung ein zu hoher Stellenwert beigemessen. Dem Einwand ist nicht durch Beweiserhebung nachzugehen, weil der gerügte Mangel die innere Seite des Abwägungsvorgangs betrifft und deshalb nicht offensichtlich ist.

77 Das Kriterium der Ergebnisrelevanz knüpft an die Unterscheidung von Abwägungsvorgang und Abwägungsergebnis an. Eine Beeinflussung des Abwägungsergebnisses ist zu bejahen, wenn nach den Umständen des Falles die **konkrete Möglichkeit** besteht, dass ohne den Mangel im Abwägungsvorgang die Planung anders ausgefallen wäre.[125]

78 **Beispiel**

Die Planfeststellungsbehörde entscheidet sich gegen eine Alternativtrasse wegen der mit ihr verbundenen eklatanten Mehrkosten, ohne dem Hinweis des A nachzugehen, die Alternativtrasse biete in naturschutzfachlicher Hinsicht deutliche Vorteile. Im Anfechtungsprozess stellt sich heraus, dass die planfestgestellte Trasse der Alternativtrasse unter diesem Aspekt nahezu gleichwertig ist. Unter diesen Umständen spricht nichts dafür, dass die Behörde bei ordnungsgemäßer Ermittlung anders entschieden hätte.

---

[123] Entsprechende Regelungen finden sich in einigen Fachplanungsgesetzen, so z. B. in § 17e Abs. 6 Satz 1 FStrG. Sie gehen dem § 75 Abs. 1a Satz 1 FStrG als speziellere Regelungen vor.
[124] BVerwG, NVwZ 1999, 535 (538) m. w. N.
[125] BVerwG, NVwZ 1999, 535 (538) m. w. N.

79 Eine weitere planfeststellungsspezifische Begrenzung der Fehlerfolgen nimmt **§ 75 Abs. 1a Satz 2 VwVfG** vor.[126] Die Bestimmung begründet den **Vorrang der Planerhaltung durch Korrektur** vor dem Anspruch auf Planaufhebung.[127] Ein nach Abs. 1a Satz 1 erheblicher Mangel führt nach Abs. 1a Satz 2 nur dann zur Aufhebung des Planfeststellungsbeschlusses, wenn der Mangel nicht durch **Planergänzung** oder durch ein **ergänzendes Verfahren** behoben werden kann.

80 Wesentlicher Anwendungsbereich der **Planergänzung** ist das **Fehlen erforderlicher Schutzvorkehrungen**. Schutzdefizite machen den Planfeststellungsbeschluss rechtswidrig. An die Stelle des daraus an sich nach § 113 Abs. 1 Satz 1 VwGO resultierenden Anspruchs auf Aufhebung des Planfeststellungsbeschlusses soll nach Möglichkeit ein Anspruch auf Ergänzung des Beschlusses um entsprechende Schutzauflagen treten. Diese eingeschränkte Fehlerfolge setzt voraus, dass die Gesamtkonzeption der Planung nicht durch die Planergänzung in einem wesentlichen Punkt berührt wird und dass im Interessengeflecht der Planung nicht nunmehr andere Belange nachteilig berührt werden.

81 **Beispiel**

Um Defizite des Lärmschutzkonzepts einer Schienenwegeplanung auszuräumen, würde die Erhöhung einer geplanten Lärmschutzwand genügen. Dann kann der Betroffene grundsätzlich nur eine Planergänzung verlangen. Dagegen stellt die schlichte Planergänzung kein geeignetes Mittel zur Behebung des Fehlers dar, wenn die höhere Wand durch Schallreflektionen zu neuen Lärmbetroffenheiten eines anderen Nachbarn der Bahnstrecke führen würde.

82 Wie bereits ausgeführt[128], entspricht dem Ziel, ergänzende Schutzauflagen zu erreichen, ein **Verpflichtungs- bzw. Bescheidungsantrag**. Besteht Unsicherheit, ob die Gesamtkonzeption der Planung durch die Planergänzung wesentlich betroffen würde, empfiehlt es sich, Anfechtungsklage zu erheben und nur hilfsweise Planergänzung zu beantragen.

83 Lässt sich der Fehler nicht durch schlichte Planergänzung beheben, ist als weitere gegenüber der Aufhebung des Planfeststellungsbeschlusses vorrangige Möglichkeit der Fehlerbehebung ein **ergänzendes Verfahren** in Betracht zu ziehen. Dies setzt voraus, dass die konkrete Möglichkeit besteht, den Fehler in einem ergänzenden Verfahren auszuräumen. Der Abwägungsmangel darf nicht von solcher Art und Schwere sein, dass er die Planung als Ganzes von vornherein in Frage stellt.[129] Insbesondere darf die Identität des planfestgestellten Vorhabens nicht angetastet werden.[130]

---

[126] Auch insoweit enthalten verschiedene Fachplanungsgesetze entsprechende, dem § 73 Abs. 1a Satz 2 VwVfG vorgehende Regelungen. Dies trifft z. B. auf § 17e Abs. 6 Satz 2 FStrG zu.

[127] *Bonk/Neumann* (Fn. 117), § 75 Rn. 43.

[128] Siehe oben unter 2.2.1.

[129] BVerwGE 100, 370 (373).

[130] BVerwG, DVBl 2004, 648 (649).

84 **Beispiel**

In der Planfeststellung für das Teilstück einer Fernstraße sind die Auswirkungen des Vorhabens auf eine Vielzahl von öffentlichen und privaten Belangen untersucht worden. Die Planfeststellungsbehörde hat es jedoch versäumt, dem Einwand nachzugehen, die Standsicherheit der Straße sei wegen Verkarstung des Untergrunds gefährdet. Bei dieser Sachlage wird in der Regel die konkrete Möglichkeit bestehen, den Ermittlungsmangel durch eine nachgeholte Baugrunduntersuchung auszuräumen und so die Realisierbarkeit des Vorhabens auch unter diesem Aspekt nachzuweisen. Unter diesen Umständen scheidet eine Aufhebung des Planfeststellungsbeschlusses wegen des Ermittlungsmangels aus.

85 Das ergänzende Verfahren dient dem Ziel der **Verfahrensökonomie**. Von dem durchgeführten Verfahren und seinen Ergebnissen soll so viel wie möglich bewahrt werden. Die Behörde braucht deshalb das Verfahren nicht vollständig neu durchzuführen, sondern kann sich damit begnügen, es an dem Punkt wieder aufzunehmen, an dem der Fehler unterlaufen ist, und nur bezogen auf die fehlerbehafteten Teile zu wiederholen.

86 **Beispiel**

In dem vorgenannten Beispielsfall ist nur eine Baugrunduntersuchung nachzuholen, während die übrigen Untersuchungsergebnisse weiter Bestand haben. Unter Einbeziehung der Ergebnisse der Baugrunduntersuchung ist eine neue – ergebnisoffene – Abwägung der für und gegen das Vorhaben sprechenden Belange vorzunehmen.

87 Lassen sich Abwägungsmängel durch ein ergänzendes Verfahren beheben, so hat das Gericht als Rechtsfolge nicht etwa statt der beantragten Aufhebung des Planfeststellungsbeschlusses die Verpflichtung der Behörde zur Durchführung eines ergänzenden Verfahrens auszusprechen. Dem steht entgegen, dass der Betroffene keinen Anspruch auf ein solches Verfahren hat; das Vorhaben kann auch ganz aufgegeben oder in einem völlig neuen Verfahren behandelt werden. An die Stelle der Kassation tritt vielmehr die gerichtliche **Feststellung**, dass der Planfeststellungsbeschluss **rechtswidrig und nicht vollziehbar** ist.[131] Diesem Ausspruch entspricht ein Feststellungsantrag. Stellt der Kläger stattdessen einen Anfechtungsantrag, so hat das Gericht, sofern dem Fehler durch ein ergänzendes Verfahren abgeholfen werden kann, gleichwohl als Minus zur Aufhebung die erwähnte Feststellung zu treffen und im Übrigen die Klage abzuweisen. In der Spruchpraxis der Verwaltungsgerichte ist mittlerweile die Feststellung der Rechtswidrigkeit und Nichtvollziehbarkeit des angefochtenen Planfeststellungsbeschlusses zum Regelfall stattgebender Klageentscheidungen, die Aufhebung hingegen zur Ausnahme geworden.

---

[131] Vgl. BVerwGE 100, 370 (372 f.).

3 Verbandsklagen

3.1 Funktion und Eigenart der Verbandsklage

88 Die **Verbandsklage** zur Wahrung von Umweltbelangen hatte es schwer, sich als verwaltungsgerichtlicher Rechtsbehelf zu etablieren. Ihrer gesetzlichen Einführung, die ab Ende der 1970er Jahre in eher zaghaften Schritten erfolgte, gingen heftig geführte Diskussionen im politischen Raum und in der Prozessrechtswissenschaft voraus.[132] Während die Verfechter der Verbandsklage in ihr eine **notwendige Ergänzung** des auf die Gewährung von Individualrechtsschutz zentrierten Systems verwaltungsgerichtlicher Rechtsbehelfe erblickten[133], kritisierten ihre Gegner sie als **Fremdkörper** in diesem System, wenn nicht gar als Keim zu dessen Auflösung.[134] Die These vom Systembruch stand freilich von Anfang an auf tönernen Füßen. § 42 Abs. 2 HS. 1 VwGO geht ausdrücklich von der Möglichkeit aus, gesetzliche Ausnahmen vom Erfordernis der Geltendmachung einer Verletzung eigener Rechte zuzulassen („soweit gesetzlich nichts anderes bestimmt ist"); er verdeutlicht damit, dass das System verwaltungsprozessualer Rechtsbehelfe offen für eine Ergänzung um objektive Beanstandungsverfahren ist.

89 Die Verbandsklage im Umweltrecht einschließlich des Naturschutzrechts wird sachlich gerechtfertigt mit **Vollzugsdefiziten** auf diesem Rechtsgebiet.[135] Als Defizitfaktoren werden unter anderem eine zu geringe Durchsetzungsfähigkeit der für den Natur- und Umweltschutz zuständigen Fachämter gegenüber Anlagenbetreibern und ihre schwache Stellung innerhalb der konkurrierende Interessen präferierenden Behördenorganisation benannt.[136] Die Kontrolle der Verwaltung durch die Gerichte ist grundsätzlich geeignet, solche Vollzugsdefizite abzumildern. Da umweltrechtliche Bestimmungen häufig keine subjektiven Rechte vermitteln, scheiden Rechtsbehelfe des Individualrechtsschutzes als Mittel zur justiziellen Durchsetzung dieser Bestimmungen jedoch in vielen Fällen aus. Die Verbandsklage erweist sich als sinnvolles Instrument, diese Lücke zu schließen.

90 Verbandsklagen sind dadurch gekennzeichnet, dass sie unabhängig von der Geltendmachung der Verletzung eines eigenen subjektiven Rechts erhoben werden können. Das

---

[132] Vgl. zur Entwicklung der Gesetzgebung *Schlacke*, Überindividueller Rechtsschutz, 2008, S. 163 ff., zur umweltpolitischen und rechtswissenschaftlichen Diskussion *Schmidt/Zschiesche/Rosenbaum*, Die naturschutzrechtliche Verbandsklage in Deutschland, 2003, S. 3 ff., zu den Erfahrungen mit der Verbandsklage im Umweltrecht in neuerer Zeit Schmidt/Zschiesche/Tryjanowski, NuR 2012, 77.

[133] *Rehbinder/Burgbacher/Knieper*, Bürgerklage im Umweltrecht, 1972, S. 15 ff.; *Stich*, in: Contra und Pro Verbandsklage, Anhörung des Arbeitskreises für Umweltrecht, 1976, S. 99.

[134] *Schlichter*, UPR 1982, 209 (210); *Ule/Laubinger*, in: Verhandlungen des 52. Deutschen Juristentages 1978, Bd. I, Gutachten B, S. B 101; *Weyreuther*, Verwaltungskontrolle durch Verbände?, 1975, S. 81 ff.

[135] *Bizer/Ormond/Riedel*, Die Verbandsklage im Naturschutzrecht, 1990, S. 25 ff.; *Stich* (Fn. 133), S. 99; vgl. außerdem die Nachweise bei *Schlacke* (Fn. 132), S. 162 f.

[136] Näher zu Vollzugsproblemen der Umweltverwaltung *Lorenz*, UPR 1997, 253 (255 ff.); *Lübbe-Wolff*, NuR 1993, 217 (219 ff.)

gilt sowohl für die sogenannte **egoistische Verbandsklage**, mit der ein Verband keine eigenen, sondern gebündelt subjektive Rechte seiner Mitglieder geltend macht, als auch für die sogenannte **altruistische Verbandsklage**, mit der der Verband sich gegen Rechtsverstöße zu Lasten Dritter oder der Allgemeinheit wendet.[137] Die gesetzlich anerkannten Verbandsklagen im Umweltrecht sind altruistische Verbandsklagen. Es handelt es sich um **objektive Beanstandungsverfahren** mit dem Ziel, rechtswidriges Verhalten der Verwaltung zu unterbinden.

91 Nicht unter den Begriff der Verbandsklage fallen Klagen von Verbänden, die gestützt auf das Eigentum an einem sogenannten **Sperrgrundstück** Projekte verhindern wollen, die mit Beeinträchtigungen von Natur- oder sonstigen Umweltgütern verbunden sind. In diesen Fällen macht der Verband die Verletzung einer eigenen Rechtsposition, nämlich des Eigentums an dem auf der Trasse liegenden Grundstück geltend. Das BVerwG erachtet solche Klagen, soweit der Verband das Eigentum allein zu dem Zweck erworben hat, sich eine die Klagebefugnis vermittelnde Rechtsposition zu verschaffen, als unzulässig.[138]

92 Das Umweltrecht regelt zwei Arten von Verbandsklagen, die in ihren Voraussetzungen unterschiedlich ausgestaltet sind, deren Anwendungsbereiche sich aber überschneiden: die **naturschutzrechtliche Verbandsklage** und die **Verbandsklage nach dem UmwRG**. Ein klagender Verband kann sich für seine Klage auf beide Regelungen nebeneinander stützen (§ 64 Abs. 1 BNatSchG).

3.2 Die naturschutzrechtliche Verbandsklage

93 Die naturschutzrechtliche Verbandsklage hat erstmals im Jahr 2002 in das Bundesrecht Eingang gefunden.[139] Mit der Regelung des § 61 BNatSchG 2002 orientierte sich der Bundesgesetzgeber stark am Konzept der Regelungen, die vorher bereits in den Naturschutzgesetzen der meisten Länder enthalten waren. **§ 64 BNatSchG** aktueller Fassung führt die Regelung des § 61 BNatSchG 2002 ohne große Änderungen fort. Die naturschutzrechtliche Verbandsklage beruht nach dem erklärten Willen des Gesetzgebers auf dem Motiv, potenzielle **Vollzugsdefizite** abzubauen.[140] Im Bereich des Naturschutzes ist dafür wegen des durchweg fehlenden Drittschutzes der naturschutzrechtlichen Vorschriften ein besonderes Bedürfnis gesehen worden. Den anerkannten Naturschutzvereinigungen wird mit dem Klagerecht ebenso wie mit den vorgeschalteten Beteiligungs-

---

[137] Vgl. zu dieser Unterscheidung *Faber*, Die Verbandsklage im Verwaltungsprozess, 1972, S. 10, 40, 53 f. und 91 f.; *Skouris*, JuS 1982, 100 (101 ff.).

[138] BVerwGE 112, 135 (137 f.) und BVerwG, NVwZ 2012, 567, Rn. 13; großzügiger noch BVerwGE 72, 15 (16): fehlende Klagebefugnis nur bei Scheinerwerb des Eigentums; kritisch zur Missbrauchsrechtsprechung *Masing* (Fn. 69).

[139] Art. 1 BNatSchGNeuregG v. 25.03.2002 (BGBl I S. 1193).

[140] BT-Drs. 14/6378 S. 61.

rechten im Verwaltungsverfahren die Möglichkeit eingeräumt, als „**Anwälte der Natur**“[141] zu fungieren.

94 § 64 BNatSchG eröffnet Verbänden nicht allgemein die Möglichkeit, gegen Eingriffe in Natur und Landschaft zu klagen, sondern enthält deutliche **Einschränkungen** in Gestalt von Anforderungen, die vor allem den **Anwendungsbereich der Regelung**, die **klageberechtigten Verbände**, die **Kontrollmaßstäbe** und die **vorhergehende Verfahrensbeteiligung** betreffen.

95 Die möglichen **Angriffsgegenstände** der naturschutzrechtlichen Verbandsklage listet § 64 Abs. 1 i. V. m. § 63 Abs. 1 Nr. 2 bis 4, Abs. 2 Nr. 5 bis 7 BNatSchG abschließend auf. Angegriffen werden können erstens Entscheidungen über **Befreiungen** von Geboten und Verboten zum Schutz näher genannter Schutzgebiete (§ 63 Abs. 1 Nr. 2, Abs. 2 Nr. 5), zweitens **Planfeststellungsbeschlüsse** über Vorhaben, die mit Eingriffen in Natur und Landschaft verbunden sind (§ 63 Abs. 1 Nr. 3, Abs. 2 Nr. 6) und drittens anstelle der vorgenannten Planfeststellungsbeschlüsse ergangene **Plangenehmigungen**, wenn eine Öffentlichkeitsbeteiligung vorgesehen ist (§ 63 Abs. 1 Nr. 4, Abs. 2 Nr. 7).

96 Klageberechtigt sind nur **anerkannte Naturschutzvereinigungen**. Nach § 63 Abs. 1 und 2 BNatSchG zählen dazu lediglich die nach § 3 UmwRG vom Bund oder einem Land anerkannten Umweltschutzvereinigungen, die nach ihrem satzungsgemäßen Aufgabenbereich im Schwerpunkt die Ziele des Naturschutzes und der Landschaftspflege fördern. Die in § 3 Abs. 1 UmwRG aufgeführten **Anerkennungskriterien** sollen insbesondere sicherstellen, dass der Vereinszweck dem Begriff der Naturschutzvereinigung entspricht (Satz 1 Nr. 1, Satz 2), dass der Verein auch tatsächlich die Gewähr für eine sachgerechte Aufgabenerfüllung bietet (Satz 1 Nr. 2 und 3) und dass er offen für jedermann ist und damit seiner Funktion als Repräsentant der interessierten Öffentlichkeit gerecht werden kann (Satz 1 Nr. 5).[142] Anerkennungen, die vor Inkrafttreten des UmwRG nach naturschutzrechtlichen Bestimmungen des Bundes oder der Länder erteilt worden sind, gelten als Anerkennungen i. S. d. § 3 UmwRG fort (§ 5 Abs. 2 UmwRG).

97 Welche Arten von Rechtsbehelfen als naturschutzrechtliche Verbandsklage eingelegt werden können und unter welchen Voraussetzungen sie zulässig sind, richtet sich prinzipiell nach der Verwaltungsgerichtsordnung (§ 64 Abs. 1 BNatSchG). Im Regelfall ist die Anfechtungsklage die richtige **Klageart**, doch kann auch die Verpflichtungsklage statthaft sein, wenn eine Naturschutzvereinigung Vorkehrungen zum Schutz der Natur oder ergänzende Ausgleichsmaßnahmen erstrebt.[143] Die Bestimmungen der VwGO über ein ggf. notwendiges **Vorverfahren** (§§ 68 ff. VwGO) finden Anwendung, desgleichen grundsätzlich die Regelungen der **Klagefrist** in den §§ 74 f., 58 Abs. 2 VwGO, die allerdings durch § 64 Abs. 2 BNatSchG i. V. m. § 2 Abs. 4 UmwRG ergänzt werden.

---

[141] BVerwGE 104, 367 (371) m. w. N.

[142] *Fischer-Hüftle*, in: Schumacher/Fischer-Hüftle, Bundesnaturschutzgesetz, 2. Aufl. 2011, § 63 Rn. 12.

[143] BVerwGE 121,72 (82).

98 Neben diese Gemeinsamkeiten mit den Rechtsbehelfen des Individualrechtsschutzes treten wesentliche **Besonderheiten**. Diese betreffen in erster Linie die **Klagebefugnis.** § 64 Abs. 1 BNatSchG hebt ausdrücklich hervor, dass die Vereinigungen Rechtsbehelfe einlegen können, **ohne in eigenen Rechten verletzt zu sein**, und trifft damit die in § 42 Abs 2 VwGO geforderte gesetzliche Sonderregelung. Auf der anderen Seite grenzt er die **Rechtsverstöße**, die eine Vereinigung geltend machen kann, auf solche **mit spezifischem Naturschutzbezug** ein (Nr. 1): Rügefähig sind nur Vorschriften der Naturschutzgesetze des Bundes und der Länder, auf ihrer Grundlage erlassene untergesetzliche Vorschriften sowie solche bei der Entscheidung zu beachtende Rechtsvorschriften, die zumindest auch den Belangen des Naturschutzes und der Landschaftspflege zu dienen bestimmt sind.

99 Die letztgenannte Gruppe von Bestimmungen lässt sich nicht leicht abgrenzen. Ihr gehören zum einen **Verfahrensvorschriften** an, die eine fehlerfreie Berücksichtigung von Naturschutzbelangen bei der angegriffenen behördlichen Entscheidung sichern sollen.[144] Das gilt namentlich für Regelungen über die Verbändebeteiligung und die Umweltverträglichkeitsprüfung. Selbständige Bedeutung für die Klagebefugnis können sie freilich nur haben, soweit § 46 VwVfG – sei es nach § 4 Abs. 1 Satz 1 UmwRG, sei es aus unionsrechtlichen Erwägungen – auf sie keine Anwendung findet.

100 In **materiellrechtlicher Hinsicht** zählen zu dieser Gruppe Vorschriften anderer **Fachgesetze**, die auch dem **Schutz von Naturgütern** dienen.

101 **Beispiel**

§ 57 Abs. 1 WHG, der die Erlaubnis für die Einleitung von Abwasser in ein Gewässer regelt, schützt Gewässer nicht nur als für den Menschen nutzbare Güter, sondern auch als Bestandteile des Naturhaushalts (§ 1 WHG).

102 Für Klagen gegen Planfeststellungsbeschlüsse und Plangenehmigungen ist zu beachten, dass auch das planungsrechtliche **Abwägungsgebot** eine Schutzwirkung zugunsten der Natur entfalten kann.[145] Eine solche Schutzwirkung ist zu bejahen, soweit das Abwägungsgebot die ordnungsgemäße Abwägung nachteilig betroffener Belange von Natur und Landschaft gegen die für das Planvorhaben sprechenden Belange erfordert[146]; auf sonstige gegen die Planung sprechende Belange kann sich eine Naturschutzvereinigung

---

[144] Ob Regelungen über die sachliche Zuständigkeit der Planfeststellungsbehörde auch dem Schutz von Natur und Landschaft zu dienen bestimmt sind, ist noch nicht abschließend geklärt; vgl. BVerwG, NuR 2011, 866 Rn. 30 mit Nachw. der überwiegend bejahenden Rechtsprechung der Instanzgerichte.

[145] Die Frage, ob auch der Einwand fehlender Planrechtfertigung für Naturschutzvereinigungen rügefähig ist, hat das BVerwG zunächst verneint (Buchholz 406.400 § 61 BNatSchG 2002 Nr. 3), später jedoch offen gelassen (vgl. BVerwGE 130, 299 Rn. 42 m. w. N.); näher dazu *Nolte*, jurisPR-BVerwG 7/2010 Anm. 3.

[146] Vgl. BVerwG, NuR 2003, 745 (746 f.).

nicht berufen. Mängel einer Alternativenprüfung kann die Vereinigung rügen, wenn sie für Natur und Landschaft von Bedeutung sind.

Beispiel

103

Eine Naturschutzvereinigung klagt gegen den Planfeststellungsbeschluss für eine Autobahnverbindung, Sie kann geltend machen, die Abwägungsentscheidung zugunsten der Autobahn sei fehlerhaft, weil die Fauna einer durchschnittenen Flussaue nicht ermittelt und die der Planung zugrunde gelegte Verkehrsprognose fehlerhaft sei. Ebenso kann sie rügen, wegen der naturschutzfachlichen Ermittlungsdefizite sei der Vergleich der planfestgestellten Trasse mit einer Alternativtrasse fehlerhaft. Dagegen kann sie nicht einwenden, auch Belange der Landwirtschaft sprächen gegen die Schnellstraße.

104 Voraussetzung für die Klagebefugnis einer anerkannten Naturschutzvereinigung ist weiterhin, dass die angegriffene Entscheidung die Vereinigung in ihrem von der Anerkennung umfassten satzungsgemäßen Aufgaben- und Tätigkeitsbereich betrifft (§ 64 Abs. 1 Nr. 2 BNatSchG) und dass die Vereinigung im vorangegangenen Verwaltungsverfahren von den ihr zustehenden und auch tatsächlich eingeräumten Beteiligungsrechten Gebrauch gemacht hat (§ 64 Abs. 1 Nr. 3 BNatSchG). Die enge Verknüpfung von Verfahrensbeteiligung und Klagebefugnis dient einem doppelten Zweck. Zum einen sollen der naturschutzfachliche Sachverstand der Verbände und ihr Eintreten für die Belange des Naturschutzes möglichst früh in den Entscheidungsprozess eingebracht werden, zum anderen soll dem Vertrauen des Bescheidadressaten auf den Bestand der einmal getroffenen behördlichen Entscheidung angemessen Rechnung getragen werden.[147]

105 Ausdruck der Intention, der Verbandsklage Grenzen zu setzen, ist auch das **Zweitklageverbot** (§ 64 Abs. 2 BNatSchG i. V. m. § 1 Abs. 1 Satz 4 UmwRG), das eine Doppelbefassung des Gerichts mit demselben Streitstoff ausschließen soll. Es ergänzt das bloß inter partes wirkende Institut der materiellen Rechtskraft und dehnt dessen Bindungswirkung auf Naturschutzvereinigungen aus, die am ersten Prozess nicht beteiligt waren. Verwaltungsakte, die auf Verpflichtungsurteile in Klageverfahren Dritter hin ergangen sind, können deshalb von den Vereinigungen nicht angefochten werden.[148]

106 § 64 BNatSchG steuert neben der Zulässigkeits- auch die **Begründetheitsprüfung**. In welchem Umfang die angegriffene behördliche Entscheidung in einem naturschutzrechtlichen Verbandsklageverfahren zu überprüfen ist, bestimmt sich nach § 64 Abs. 1 Nr. 1

---

[147] Vgl. BVerwG, NuR 2011, 866, Rn. 19 m. w. N.

[148] BVerwGE 130, 299, Rn. 24; ergeht im Vorprozess hingegen ein Bescheidungsurteil oder ein Feststellungsurteil, mit dem die Rechtswidrigkeit und Nichtvollziehbarkeit des Planfeststellungsbeschlusses festgestellt wird, so verbleiben der Behörde für ihre neue Entscheidung von der Rechtskraft nicht erfasste Spielräume mit der Folge, dass das Zweitklageverbot nicht zum Tragen kommt (BVerwG a. a. O.).

BNatSchG. Klagebefugnis der Vereinigung und gerichtlicher Kontrollumfang korrespondieren hier also ebenso miteinander wie im Individualrechtsschutz.[149] Auch das Beteiligungserfordernis des § 64 Abs. 1 Nr. 3 BNatSchG findet eine Entsprechung auf der Ebene der Sachprüfung: Nach § 64 Abs. 2 BNatSchG i. V. m. § 2 Abs. 3 UmwRG ist die Vereinigung mit allen Einwendungen präkludiert, die sie im Verwaltungsverfahren versäumt hat, rechtzeitig geltend zu machen. Da die Rechtsprechung an die Substantiierung von Verbändeeinwendungen gesteigerte Anforderungen stellt[150], erweist sich die Einwendungslast als ernstzunehmende Klippe für den Erfolg der naturschutzrechtlichen Verbandsklage.

107 Die bundesrechtliche Regelung des § 64 BNatSchG gewährleistet einen Mindeststandard der naturschutzrechtlichen Verbandsklage.[151] Die **Öffnungsklausel** des § 64 Abs. 3 BNatSchG ermöglicht es den Ländern, den Anwendungsbereich dieses Rechtsbehelfs auf die in § 63 Abs. 2 Nr. 8 BNatSchG genannten Beteiligungsfälle auszudehnen. Dagegen erlaubt sie es den Ländern nicht, für die in § 64 Abs. 1 BNatSchG bezeichneten Beteiligungsfälle des § 63 Abs. 1 Nr. 2 bis 4 und Abs. 2 Nr. 5 bis 7 BNatSchG die bundesrechtliche Regelung zu modifizieren.

3.3 Die Verbandsklage nach dem Umwelt-Rechtsbehelfsgesetz

108 Mit der Verbandsklage nach § 2 UmwRG[152] **(Umweltverbandsklage)** ist ein Rechtsbehelf eingeführt worden, der eine **justizielle Rechtskontrolle zum Schutz von Umweltgütern** ohne die Begrenzung auf die Belange von Natur und Landschaft ermöglichen soll. Dieser Intention hätte es aus Sicht der Befürworter einer altruistischen Verbandsklage entsprochen, die allgemeine umweltrechtliche Verbandsklage nach dem Vorbild der naturschutzrechtlichen Verbandsklage zu konzipieren. Diesen Weg ist der Gesetzgeber nicht gegangen, sondern hat sich für das eigentümliche Konstrukt einer **schutznormakzessorischen Verbandsklage**[153] entschieden. Es handelt sich bei ihr um einen prozessualen Zwitter; einerseits setzt ihre Zulässigkeit nicht die Geltendmachung einer Verletzung in eigenen Rechten voraus, anderseits kann sie aber nur auf Verstöße gegen solche Rechtsvorschriften gestützt werden, die überhaupt subjektive Rechte begründen. Verstöße gegen Vorschriften zum ausschließlichen Schutz öffentlicher Belange sind mithin nicht rügefähig, sodass gerade in den Fällen, in denen kein Rechtsinhaber gegen Verstöße vorgehen kann, auch die Verbandsklage als Instrument der Rechtskontrolle ausfällt.

---

[149] BVerwG, NuR 2003, 745 (746).

[150] Zusammenfassend BVerwG, NuR 2011, 866, Rn. 19 ff.

[151] *Seelig/Gündling*, NVwZ 2002, 1033 (1037 f.).

[152] Eingehend dazu *Berkemann* (Fn. 117), S. 1253; *Bunge*, NuR 2011, 605; *Fellenberg/Schiller*, UPR 2011, 321; *Kment* (Fn. 116), S. 274; *Schlacke* (Fn. 117), S. 8; *Ziekow*, NVwZ 2007, 259.

[153] Vgl. zum Begriff der schutznormakzessorischen Klage *Ziekow* (Fn. 152), S.260 f.

109 Diese halbherzige Konzeption ist vor dem Hintergrund zu sehen, dass die Ausweitung der Verbandsklage über den Bereich des Naturschutzes hinaus kein echtes eigenes Anliegen des Gesetzgebers war, sondern dazu diente, völkerrechtsvertragliche und europarechtliche Verpflichtungen umzusetzen. Angestrebt wurde offenbar eine gerade noch tragfähige Minimallösung[154] zur Umsetzung der **Aarhus-Konvention (AK)**[155] und der **Öffentlichkeitsbeteiligungsrichtlinie**[156]. Die **AK**, ein von der damaligen Europäischen Gemeinschaft am 17.02.2005 und Deutschland am 15.01.2007 ratifizierter völkerrechtlicher Vertrag, regelt neben dem Zugang zu Umweltinformationen (erste Säule) und der Öffentlichkeitsbeteiligung an umweltbezogenen Verwaltungsverfahren (zweite Säule) als dritte Säule den **Zugang zu Gerichten in Umweltangelegenheiten**. **Art. 9 Abs. 2 AK** bestimmt hierzu, dass Mitgliedern der betroffenen Öffentlichkeit, die – je nach den Erfordernissen des innerstaatlichen Rechts – ein ausreichendes Interesse haben oder eine Rechtsverletzung geltend machen, Zugang zu einem Überprüfungsverfahren vor einem Gericht gewährt werden muss. Was als ausreichendes Interesse bzw. als Rechtsverletzung gilt, bestimmt sich nach innerstaatlichem Recht und im Einklang mit dem Ziel, der betroffenen Öffentlichkeit einen weiten Zugang zu Gerichten zu gewähren. Für den Umweltschutz eintretende nichtstaatliche Organisationen gelten in diesem Sinne als Träger von Rechten. Mit der **Öffentlichkeitsbeteiligungsrichtlinie** wurden die vorgenannten Konventionsregelungen von der EG fast wortgleich in Art. 10a UVP-RL und Art. 15a IVU-RL[157] übernommen. Ob diese Regelungen mit dem UmwRG europarechtskonform in das deutsche Recht übertragen worden sind, ist insbesondere im Hinblick auf die Ausgestaltung der **Klagebefugnis** von Anfang an kontrovers beurteilt worden.[158]

110 Bevor hierauf näher eingegangen wird, ist auf einige unproblematische Besonderheiten der Umweltverbandsklage hinzuweisen. Mögliche **Angriffsgegenstände** dieser Form der Verbandsklage sind **Entscheidungen nach § 1 Abs. 1 Satz 1 UmwRG oder deren Unterlassen** (§ 2 Abs. 1 UmwRG). Dazu gehören vor allem Zulassungsentscheidungen über UVP-pflichtige Vorhaben i. S. d. § 2 Abs. 3 Nr. 1 UVPG und über solche immissionsschutzrechtliche Anlagengenehmigungen, über die im regulären Genehmigungsverfahren nach § 10 BImSchG zu entscheiden ist. Kläger können grundsätzlich nur **anerkannte Umweltschutzvereinigungen** sein. Über die Anerkennung ist in dem in § 3 UmwRG geregelten Verfahren nach den in dieser Bestimmung festgelegten Kriterien zu befinden. Für Altanerkennungen gilt die Übergangsregelung des § 5 Abs. 2 UmwRG. Ausnahmsweise kann auch eine noch nicht anerkannte Vereinigung klagen. Dies setzt

---

[154] *Halama*, in: Berkemann/Halama, Handbuch zum Recht der Bau- und Umweltrichtlinien der EU, 2. Aufl. 2011, Erl. Rn. 384.

[155] Verabschiedet am 25.06.1998; abgedr. in NVwZ Beil. III 2001.

[156] Vgl. oben Fn. 12.

[157] Zu den Nachfolgeregelungen siehe oben Fn. 118.

[158] Vgl. die zahlr. Nachweise kritischer Stellungnahmen bei *Berkemann* (Fn. 117), S. 1257 Fn. 32. Demgegenüber sind nur wenige Autoren für das Konzept der Schutznormakzessorietät eingetreten; so namentlich von *Danwitz*, NVwZ 2004, 272 (278 f.) und *Schmidt-Preuß*, NVwZ 2005, 489 (495).

nach § 2 Abs. 2 UmwRG voraus, dass ein Anerkennungsverfahren bereits läuft und die Anerkennungsvoraussetzungen erfüllt sind; ob Letzteres zutrifft, hat das Gericht im Rahmen der Zulässigkeitsprüfung der Verbandsklage zu beurteilen. Eine weitere Zulässigkeitsregelung trifft § 1 Abs. 1 Satz 4 UmwRG, der das bereits im Zusammenhang mit der naturschutzrechtlichen Verbandsklage[159] behandelte **Zweitklageverbot** enthält.

111 Nach dem Vorbild des § 64 Abs. 1 BNatSchG verweist § 2 Abs. 1 UmwRG wegen der weiteren Zulässigkeitsanforderungen grundsätzlich auf die Verwaltungsgerichtsordnung („Rechtsbehelfe nach Maßgabe der Verwaltungsgerichtsordnung"). Was oben für die naturschutzrechtliche Verbandsklage zur **Klageart**, zum **Vorverfahren** und zur **Klagefrist** ausgeführt wurde[160], gilt hier entsprechend.

112 Eine Sonderregelung enthält § 2 Abs. 1 UmwRG hingegen für die **Klagebefugnis**. Abweichend von § 42 Abs. 2 VwGO können anerkannte Naturschutzvereinigungen klagen, **ohne in eigenen Rechten verletzt zu sein**, wenn die besonderen Zulässigkeitsvoraussetzungen des § 2 Abs. 1 Nr. 1–3 UmwRG erfüllt sind. Während Nr. 2 (mögliche Betroffenheit im satzungsgemäßen Aufgabenbereich des Umweltschutzes) und Nr. 3 (Nutzung rechtlich zustehender und auch tatsächlich eingeräumter Beteiligungsrechte) den Regelungen des § 64 Abs. 1 Nr. 2 und 3 BNatSchG weitgehend entsprechen, trifft Nr. 1 eine teils weitere, teils engere Regelung: Die Vereinigung muss geltend machen können, dass die angegriffene Entscheidung oder Unterlassung dem **Umweltschutz** dienenden Vorschriften widerspricht (insofern weiter als die bloß naturschutzbezogene Regelung des § 64 Abs. 1 Nr. 1 BNatSchG) und dass diese Vorschriften **Rechte Einzelner begründen** (insofern deutlich enger). Dieses Konzept einer schutznormakzessorischen Verbandsklage, das im Schrifttum von Anfang an nicht nur als rechtspolitisch verfehlt, sondern auch als europarechtswidrig kritisiert wurde[161], hat inzwischen vor dem EuGH Schiffbruch erlitten. In seinem **Trianel-Urteil** vom 12. Mai 2011[162] hat der Gerichtshof entschieden: Art. 10a UVP-RL steht mitgliedstaatlichen Rechtsvorschriften entgegen, die einer Umweltschutzvereinigung die Möglichkeit verwehren, mit der Verbandsklage die Verletzung einer mitgliedstaatlichen Vorschrift, die aus dem Unionsrecht hervorgegangen ist und den Umweltschutz bezweckt, geltend zu machen, weil diese Vorschrift nur die Interessen der Allgemeinheit und nicht auch Rechtsgüter Einzelner schützt. Trägt das nationale Recht dem nicht Rechnung, so kann die Vereinigung ihr Klagerecht unmittelbar auf Art. 10a Abs. 3 Satz 3 UVP-RL stützen.

113 Zur Begründung stellt der Gerichtshof maßgeblich auf Art. 10a Abs. 3 Satz 3 UVP-RL ab, der bestimmt, dass in den mitgliedstaatlichen Rechtsordnungen, die das Klagerecht von der Geltendmachung einer subjektiven Rechtsverletzung abhängig machen, Umweltschutzvereinigungen als Träger solcher Rechte *gelten*. Dem nationalen Gesetzgeber

---

[159] Vgl. Punkt 3.2, Rn. 105.

[160] Vgl. Punkt 3.2, Rn. 97.

[161] Zur Kritik treffend *Halama* (Fn. 154), Rn. 394 ff.

[162] EuGH, NVwZ 2011, 801; ergangen auf den Vorlagebeschluss des OVG Münster, NVwZ 2009, 987.

steht es zwar nach Art. 10a Abs. 3 UVP-RL grundsätzlich frei, die im Rahmen einer Klage rügefähigen Rechte auf subjektive Rechte zu beschränken. Eine solche Beschränkung kann aber im Hinblick auf die Fiktionsregelung des Art. 10a Abs. 3 Satz 3 UVP-RL nicht für Umweltschutzvereinigungen gelten. Andernfalls liefen die Kontrollmöglichkeiten der Vereinigungen wegen der fehlenden subjektivrechtlichen Schutzrichtung der meisten Umweltvorschriften unionsrechtlichen Ursprungs weitgehend leer.[163]

114 Die Beschränkung in § 2 Abs. 1 Nr. 1 UmwRG auf die Möglichkeit, Verstöße gegen drittschützende Vorschriften geltend zu machen, widerspricht mithin dem Unionsrecht, soweit es sich um **unionsrechtlich verwurzelte Umweltvorschriften** handelt. Insoweit kommt diese Beschränkung mit Rücksicht auf den Anwendungsvorrang des Unionsrechts bei der Beurteilung der Klagebefugnis nicht zum Tragen. Beruft sich eine Umweltschutzvereinigung hingegen allein auf Verstöße gegen **Umweltvorschriften, die rein nationalen Ursprungs sind**, so dürfte die einschränkende Vorgabe weiterhin anwendbar sein. Denn nach dem Duktus der Trianel-Entscheidung und ihrem Sinnzusammenhang mit den im Vorabentscheidungsverfahren gestellten Vorlagefragen[164] drängt sich der Schluss auf, dass der EuGH dem Erfordernis der Schutznormakzessorietät nur entgegentreten wollte, soweit dadurch die Rügefähigkeit des Unionsrechts vereitelt wird.[165]

115 Die Annahme einer nur partiellen Unionsrechtswidrigkeit des § 2 Abs. 1 Nr. 1 UmwRG führt zu **Abgrenzungsproblemen**. Nicht immer lässt sich klar beurteilen, ob und inwieweit eine umweltbezogene Regelung des deutschen Rechts in Vorschriften des Unionsrechts wurzelt. Das gilt insbesondere dann, wenn Regelungsbereiche des deutschen Umweltrechts durch spätere unionsrechtliche Regelungen überformt werden. Dann lässt sich kaum unterscheiden, in welchem Umfang die deutschen Regelungen nunmehr als unionsrechtlich unterfüttert erscheinen.[166]

116 **Beispiel**

Die EG-Wasserrahmenrichtlinie, die eine ökologische Gewässerbewirtschaftung gewährleisten soll, hat zur Änderung einer Vielzahl von Bestimmungen des WHG und der Landeswassergesetze geführt. Diese Gesetze enthielten aber auch schon vorher Vorschriften, die einzelnen Vorgaben der Richtlinie entsprachen und deshalb nicht geändert werden mussten. Auf diese Weise ist eine Gemengelage aus Umsetzungsregelungen, nachträglich unionsrechtlich unterfütterten Regelungen und Regelungen ohne unionsrechtlichen Hintergrund entstanden, die eine saubere Trennung praktisch unmöglich macht.

---

163 EuGH (Fn. 162), Rn. 44 ff.

164 Die Vorlagefrage 1 des OVG Münster (Fn. 162) schloss die Rügefähigkeit von Vorschriften ohne unionsrechtlichen Bezug ein.

165 Diese Schlussfolgerung ablehnend *Berkemann*, NuR 2011, 780 (783 f.); wie hier VGH Mannheim, ZUR 2011, 600 (603); *Fellenberg/Schiller* (Fn. 152), S. 323; vgl. auch BVerwG, NVwZ 2012, 575, Rn. 21.

166 Vgl. VGH Mannheim (Fn. 165), S. 604; *Berkemann* (Fn. 165), S. 784 f.; *Fellenberg/Schiller* (Fn. 152), S. 323; *Kleinschnittger*, I+E 2011, 280 (284 f.).

117 Es ist deshalb zu hoffen, dass der Gesetzgeber sich möglichst bald völlig vom Erfordernis der Schutznormakzessorietät verabschiedet. Dies erscheint im Übrigen auch mit Blick auf Art. 9 Abs. 2 AK geboten, der einen effektiven Vollzug des Umweltrechts insgesamt ohne Rücksicht auf dessen Herkunft sichern soll.[167]

118 Auch bei der Umweltverbandsklage korrespondieren die Maßstäbe der **Begründetheitsprüfung** mit den Anforderungen an die Klagebefugnis.[168] Der Rechtsbehelf ist gemäß § 2 Abs. 5 Satz 1 Nr. 1 UmwRG begründet, wenn die behördliche Entscheidung oder ihr Unterlassen gegen Rechtsvorschriften verstößt, die dem Umweltschutz dienen, Rechte Einzelner begründen und für die Entscheidung von Bedeutung sind, und wenn außerdem der Verstoß Belange des Umweltschutzes berührt, die zu den von der Vereinigung nach ihrer Satzung zu fördernden Zielen gehören; bezogen auf Entscheidungen nach § 1 Abs. 1 Nr. 1 UmwRG muss nach § 2 Abs. 5 Satz 2 UmwRG hinzukommen, dass diese UVP-pflichtig sind. Ferner ist die Präklusionsregelung des § 2 Abs. 3 UmwRG zu beachten. Die vom EuGH bezogen auf die Klagebefugnis angestellten Erwägungen zur Unionsrechtswidrigkeit des Erfordernisses der Schutznormakzessorietät gelten für die Begründetheitsprüfung in gleicher Weise. Die gerichtliche Sachprüfung erstreckt sich daher auf Verstöße gegen unionsrechtlich veranlasste Vorschriften des Umweltrechts unabhängig davon, ob diese Vorschriften drittschützender Natur sind. Das Erfordernis der Schutznormakzessorietät ist demgegenüber nur bei der Prüfung rein nationaler Rechtsvorschriften zu beachten.

119 Der weite Wortlaut des Art. 10a UVP-RL und des Art. 16 IVU-RL und des zugrunde liegenden Art. 9 Abs. 2 AK ließe sogar die Deutung zu, es müsse eine uneingeschränkte Kontrolle in materiell- und verfahrensrechtlicher Hinsicht stattfinden („um die materiellrechtliche und verfahrensrechtliche Rechtmäßigkeit ... anzufechten"). Die Zielrichtung der Aarhus-Konvention und der Öffentlichkeitsbeteiligungsrichtlinie, den Umweltschutz zu effektuieren, rechtfertigt aber die **Beschränkung des Prüfungsumfangs auf Rechtsvorschriften, die dem Umweltschutz dienen**.[169]

120 Bei der Prüfung von **Verfahrensfehlern** finden ergänzend **§ 4 Abs. 1 URG** und **§ 46 VwVfG** Anwendung. Für die Umweltverbandsklage gelten insoweit die gleichen Grundsätze wie für die Verletztenklage.[170] Ob die Begrenzung der Fehlerfolgen nach Maßgabe dieser Vorschriften mit Unionsrecht in Einklang steht, ist für beide Rechtsbehelfe in gleicher Weise umstritten.

---

[167] *Greim*, UPR 2011, 271 (272); *Kleinschnittger* (Fn. 166), S. 285, die eine unmittelbare Anwendbarkeit des Art. 9 Abs. 2 AK mit Rücksicht auf das deutsche Transformationsgesetz bejaht.

[168] VGH Mannheim (Fn. 165), S.602; *Ziekow* (Fn. 152), S. 262 f.

[169] VGH Mannheim (Fn. 165), S.602 f.; *Fellenberg/Schiller* (Fn. 152), S. 325; demgegenüber zu einer Totalkontrolle tendierend *Berkemann* (Fn. 165), S. 785 f.

[170] Vgl. dazu Punkt 2.2.2.1, Rn. 29.

4 Verwaltungsgerichtliche Normenkontrolle

4.1 Bedeutung und Formen der Normenkontrolle

121 Zu **Rechtsverstößen** kann es nicht nur beim Vollzug umweltrelevanter Rechtsnormen durch behördlichen Einzelakt kommen, sondern **schon durch die Rechtsnorm selbst**, wenn diese in Widerspruch zu höherrangigem Recht steht. Besonders fehleranfällig sind untergesetzliche Normen, zumal solche mit planerischem Einschlag. An diesen Befund knüpft sich die Frage, welche Normbestände des Umweltrechts verwaltungsgerichtlicher Kontrolle unterliegen und welche Formen der Normenkontrolle das Prozessrecht hierfür bietet.

122 Zwei Formen der Normenkontrolle lassen sich unterscheiden, deren Anwendungsbereiche unterschiedlich weit reichen: die **prinzipale Normenkontrolle** und die **inzidente Normenkontrolle.**[171] Bei der prinzipalen Normenkontrolle bildet die Gültigkeit einer Rechtsnorm unmittelbar den Gegenstand des Verfahrens. Die Inzidentkontrolle richtet sich demgegenüber darauf, die Gültigkeit einer Rechtsnorm als Vorfrage für die rechtliche Beurteilung eines anderen Klagegegenstandes zu prüfen; sie ist damit unselbständiger Teil des Verfahrens, das jenen Klagegegenstand betrifft.

123 **Beispiele**

Der Eigentümer eines Grundstücks klagt gegen einen Bebauungsplan, der sein Grundstück als Grünfläche ausweist und damit die Bebaubarkeit ausschließt: Fall der prinzipalen Normenkontrolle.

Der Eigentümer klagt gegen die Ablehnung einer für das vorgenannte Grundstück beantragten Baugenehmigung. Im Rahmen seiner Sachprüfung geht das Verwaltungsgericht der Rüge nach, ob die Grünflächenausweisung im Bebauungsplan wirksam ist: Fall der inzidenten Normenkontrolle.

4.2 Prinzipale Normenkontrolle nach § 47 VwGO

124 Die Verwaltungsgerichtsordnung stellt mit § 47 VwGO einen Rechtsbehelf bereit, der für einen begrenzten Bestand von Rechtsnormen eine prinzipale Normenkontrolle ermöglicht.[172] Diese Form der Normenkontrolle hat in der Regel eine **doppelte Funktion**[173]: Für natürliche und juristische Personen als Antragsteller gewährleistet sie **subjektiven Rechtsschutz**. Zugleich enthält sie Elemente eines **objektiven Beanstandungsverfah-**

---

[171] Die Terminologie schwankt. Teilweise wird das Begriffspaar abstrakte und konkrete Normenkontrolle verwendet; vgl. näher *Ehlers*, Jura 2005, 77.
[172] Zur Normenkontrolle nach § 47 VwGO näher *Ehlers* (Fn. 171).
[173] BVerwGE 68, 12 (14) und BVerwGE 82, 225 (230 f.).

rens, da sie eine prinzipiell umfassende Überprüfung am Maßstab höherrangigen Rechts beinhaltet; die stattgebende Entscheidung entfaltet Allgemeinverbindlichkeit und dient damit der Rechtsklarheit und durch Vermeidung einer Vielzahl von Einzelprozessen der Verfahrensökonomie.[174]

125 **Gegenstand des Normenkontrollverfahrens** nach § 47 VwGO können nur die in § 47 Abs. 1 VwGO aufgeführten Kategorien von Rechtsnomen sein, nämlich die nach den Vorschriften des BauGB erlassenen Satzungen sowie Rechtsverordnungen aufgrund des § 246 Abs. 2 BauGB (Nr. 1) und andere im Rang unter dem Landesgesetz stehende Rechtsvorschriften, sofern das Landesrecht dies bestimmt (Nr. 2). Bedeutendster Anwendungsfall der ersten Kategorie ist der **Bebauungsplan**, der nach § 10 Abs. 2 BauGB als Satzung beschlossen wird.[175] Von der Ermächtigung des § 47 Abs. 1 Nr. 2 VwGO, den Anwendungsbereich des Rechtsbehelfs auf Rechtsnormen der zweiten Kategorie zu erweitern, haben alle Länder mit Ausnahme von Berlin, Hamburg und Nordrhein-Westfalen Gebrauch gemacht. In diese Kategorie fallen untergesetzliche landesrechtliche Rechtsnormen, also im Wesentlichen **Rechtsverordnungen** und **Satzungen**.[176]

126 **Beispiele**

Naturschutzrechtliche und wasserrechtliche Schutzgebietsverordnungen; durch landesrechtliche Rechtsverordnung aufgrund von § 29 Abs. 4 KrW-/AbfG für verbindlich erklärte Ausweisungen von Abfallwirtschaftsplänen[177]; kommunale Baumschutzsatzungen.

127 **Nicht umfasst** sind folglich **Parlamentsgesetze** und jegliche Art von **bundes- und europarechtlichen Rechtsnormen**. **Verwaltungsvorschriften** unterliegen ebenfalls nicht der Normenkontrolle nach § 47 VwGO, soweit sie – typischerweise – nur verwaltungsintern das Handeln nachgeordneter Behörden steuern sollen.[178] Zulässiger Prüfungsgegenstand sind sie hingegen nach zutreffender Ansicht[179], wenn sie normkonkretisierend Außenwirkung entfalten.

128 Schwierigkeiten bereitet die Zuordnung von **Raumordnungsplänen**, soweit sie nicht in der Rechtsform einer Rechtsverordnung erlassen werden, sowie von bereichsspezifischen Umweltplänen wie z. B. **Luftreinhalte- und Aktionsplänen** nach § 47 BImSchG.

---

[174] *Schmidt*, in: Eyermann, VwGO, 13. Aufl. 2010, § 47 Rn. 5.

[175] Anders der Flächennutzungsplan, der daher grundsätzlich nicht Gegenstand der Normenkontrolle nach § 47 VwGO sein kann. Eine Ausnahme gilt analog § 47 Abs. 1 Nr. 1 VwGO für Flächennutzungspläne, soweit sie Festsetzungen der in § 35 Abs. 3 Satz 3 BauGB genannten Art enthalten. Denn solche Festsetzungen haben eine vergleichbare Wirkung wie ein Bebauungsplan; so BVerwG, NVwZ 2007, 1081 Rn. 13.

[176] Auch kommunale Satzungen zählen zum Landesrecht.

[177] BVerwGE 81, 128 (131).

[178] BVerwGE 94, 335 (336 f.); näher zum Meinungsstand *Kopp/Schenke* (Fn. 25), § 47 Rn. 29.

[179] *Hoppe/Beckmann/Kauch*, Umweltrecht, 2. Aufl. 2000, § 11 Rn. 54 m. w. N.

Raumordnungspläne sind nach inzwischen gefestigter Rechtsprechung der prinzipalen Normenkontrolle in dem Umfang zugänglich, in dem sie verbindliche Festlegungen enthalten. Dies wird angenommen für die in ihnen enthaltenen Ziele der Raumordnung (§ 3 Abs. 1 Nr. 2 ROG), nicht jedoch für die Grundsätze der Raumordnung (§ 3 Abs. 1 Nr. 3 ROG).[180]

Beispiel 129

Eine Gemeinde will ein Baugebiet ausweisen, sieht sich daran jedoch durch einen Regionalplan gehindert, der als Ziel der Raumordnung die Erhaltung eines die betreffenden Flächen umfassenden regionalen Grünzugs festgelegt hat. Die Gemeinde kann gegen diese Festlegung eine Normenkontrolle nach § 47 VwGO beantragen.

130 Pläne aufgrund von § 47 BImSchG haben nach verbreiteter Ansicht[181] als Verwaltungsinternum keine Rechtsnormqualität. Gegen diese Auffassung spricht, dass die genannten Pläne für andere Rechtsträger öffentlicher Verwaltung wie insbesondere die Kommunen Rechte und Pflichten begründen. Vorzugswürdig dürfte deshalb die Gegenmeinung[182] sein, die in ihnen einen tauglichen Gegenstand der Normenkontrolle sieht.

131 **Antragsbefugt** ist nach § 47 Abs. 2 Satz 1 VwGO jede **natürliche oder juristische Person**, die geltend macht, durch die zur Überprüfung gestellten Rechtsvorschriften oder deren Anwendung in ihren Rechten verletzt zu sein oder in absehbarer Zeit zu werden. Auch juristische Personen des öffentlichen Rechts sind antragsbefugt, soweit sie sich auf eigene subjektive Rechte berufen können. Das hat Bedeutung vor allem für Gemeinden, die durch untergesetzliche Rechtsnormen ihre Planungshoheit verletzt sehen. An die Geltendmachung einer Rechtsverletzung sind keine höheren Anforderungen zu stellen als bei der Prüfung der Klagebefugnis nach § 42 Abs. 2 VwGO; es muss zumindest als möglich erscheinen, dass die Norm selbst oder ihre Anwendung den Antragsteller in seinen Rechten verletzt.[183] Gegenüber Planungen können nicht nur nachteilig betroffene materielle Rechtspositionen, sondern auch das planungsrechtliche Abwägungsgebot dem Antragsteller die Antragsbefugnis vermitteln, wenn er sich auf abwägungserhebliche eigene Belange zu berufen vermag.[184]

---

[180] Vgl. BVerwGE 119, 217 (219 ff.); *Scheidler*, UPR 2012, 58 (59 f.) m. w. N.

[181] Vgl. *Scheidler*, UPR 2006, 216 (219) m. w. N.

[182] *Hansmann/Röckinghausen*, in: Landmann/Rohmer, Umweltrecht, Bd. III, § 47 BImSchG Rn. 29d.

[183] BVerwGE 107, 215 (217). Zur Frage, unter welchen Voraussetzungen die Antragsbefugnis zu bejahen ist, wenn die Norm oder ihre Anwendung noch nicht unmittelbar, sondern erst vermittelt über eine Folgemaßnahme in ein Recht des Antragstellers eingreift, BVerwGE 108, 182 (184) und BVerwG, NuR 2000, 93.

[184] BVerwGE 107, 215 (220 ff.).

132 **Beispiele**

Der Eigentümer eines Wohnhauses kann sich unter Berufung auf sein privates, in der planerischen Abwägung zu berücksichtigendes Interesse an ungestörtem Wohnen mit einem Normenkontrollantrag gegen einen Bebauungsplan wenden, der in der Nachbarschaft eine störende Nutzung zulässt.

Ein Regionalplan legt Vorrangflächen für die Windenergienutzung fest, die Teile des Gebiets der Gemeinde G umfassen. G befürchtet, dass ihre weit fortgeschrittene Planung eines Baugebiets dadurch vereitelt wird. Da die Festlegung des Regionalplans ihr gegenüber als Ziel der Raumordnung Bindungswirkung entfaltet, ist sie kraft ihrer Planungshoheit antragsbefugt. Ob auch ein privater Grundstückseigentümer, der Störungen durch den künftigen Betrieb von Windenergieanlagen erwartet, sich gegen den Regionalplan mit einem Normenkontrollantrag wenden kann, hängt davon ab, ob seine privaten Belange auf der Ebene der Regionalplanung schon in die Abwägung einzustellen sind.[185] Nach § 7 Abs. 2 Satz 1 HS 1 ROG sind private Belange bei der Aufstellung des Regionalplans insoweit zu berücksichtigen, als sie auf dieser Planungsebene erkennbar und von Bedeutung sind. Hiernach kann abhängig von den Umständen des Falles auch eine Antragsbefugnis des Privaten in Betracht kommen.

133 § 47 Abs. 2a VwGO enthält eine **Präklusionsregelung**, die die Antragsbefugnis ausschließt. Nach Maßgabe dieser Vorschrift ist der Normenkontrollantrag einer natürlichen oder juristischen Person, die sich gegen einen Bebauungsplan oder eine andere dort aufgeführte bebauungsrechtliche Satzung wendet, unzulässig, wenn diese Person im Normenkontrollverfahren ausschließlich solche Einwendungen geltend macht, die sie im Rechtsetzungsverfahren nicht oder verspätet erhoben hat.[186]

134 Neben natürlichen und juristischen Personen können auch **Behörden** einen Normenkontrollantrag stellen. Ihre Antragsbefugnis besteht unabhängig von der Geltendmachung einer Rechtsverletzung (§ 47 Abs. 2 Satz 1 VwGO), hängt aber davon ab, dass die Behörde die beanstandete Norm bei der Wahrnehmung ihrer Zuständigkeiten zu beachten hat.[187]

135 Die Zulässigkeit des Normenkontrollantrags hängt von weiteren Erfordernissen ab. Insbesondere ist zu beachten, dass der Antrag nur innerhalb einer **Jahresfrist**, gerechnet ab Bekanntmachung der angegriffenen Norm, gestellt werden kann (§ 47 Abs. 2 Satz 1 VwGO). Darüber hinaus bedarf nach allgemeinen, auch für andere Klagearten geltenden Grundsätzen jeder Antragsteller – also auch eine Behörde – eines **Rechtsschutzinte-**

---

[185] BVerwG, NVwZ 2007, 229. Ausführlich zur Antragsbefugnis bei der Normenkontrolle von Regionalplänen *Scheidler* (Fn. 180), S. 60 ff.

[186] Näher zu den Präklusionsvoraussetzungen des § 47 Abs. 2a VwGO *Kopp/Schenke* (Rn. 25), § 47 Rn. 75a.

[187] BVerwGE 81, 307 (309 f.).

resses für die begehrte Normenkontrolle.[188] Besteht die Antragsbefugnis, so wird dadurch freilich auch ein Rechtsschutzinteresse indiziert. Dieses fehlt ausnahmsweise dann, wenn die erstrebte Unwirksamkeitserklärung die Rechtsstellung des Antragstellers nicht verbessern würde.

Beispiel 136

E ist Eigentümer eines Wohngrundstücks. Er beantragt ein Normenkontrollverfahren gegen einen Bebauungsplan, der auf dem Nachbargrundstück eine gewerbliche Nutzung ausweist. Nach der Umgebungsbebauung würde sich ein Gewerbebetrieb offenkundig in die Umgebungsbebauung einfügen. Da eine bauliche Nutzung des Nachbargrundstücks zu Gewerbezwecken unter diesen Umständen auch im Falle der Ungültigkeit des Bebauungsplans genehmigungsfähig wäre (§ 34 Abs. 1 BauGB), fehlt dem E das Rechtsschutzinteresse.

137 Ein Normenkontrollantrag ist **begründet**, wenn die angegriffene Vorschrift gegen höherrangiges formelles oder materielles Recht verstößt und deshalb unwirksam ist. Ob der Rechtsverstoß den Antragsteller in seinen Rechten verletzt, spielt – entsprechend der objektiven Kontrollfunktion der prinzipalen Normenkontrolle – keine Rolle.[189] Die Präklusionsregelung des § 47 Abs. 2a VwGO hat für die Begründetheitsprüfung gleichfalls keine Bedeutung; sie wirkt nicht materiell. Überwindet der Antragsteller die Zulässigkeitsklippe, indem er jedenfalls auch solche Einwendungen erhebt, die er bereits im Rechtsetzungsverfahren geltend gemacht hat, so wird damit der Weg für eine umfassende, auch zuvor nicht erhobene Rügen einschließende Normprüfung frei.

138 Gibt das Oberverwaltungsgericht dem Normenkontrollantrag statt, erklärt es die überprüfte Rechtsnorm für **unwirksam** (§ 47 Abs. 5 Satz 2 HS 1 VwGO).[190] Der Ausspruch gestaltet die Rechtslage nicht um, sondern stellt sie nur fest. Er ist **allgemeinverbindlich** (§ 47 Abs. 5 Satz 2 HS 2 VwGO). Lehnt das Gericht den Antrag hingegen ab, so wirkt diese Entscheidung lediglich zwischen den Verfahrensbeteiligten (§ 121 VwGO); zwischen ihnen steht hiernach fest, dass die Rechtsnorm gültig ist. Der Antragsteller muss sich diese Wirkung nicht nur bei einem neuen Normenkontrollantrag, sondern auch in anderen Verfahren, in denen es auf die Gültigkeit der Norm als Vorfrage ankommt, entgegenhalten lassen.

---

[188] BVerwG (Fn. 187), S. 310 f.

[189] Zur Einschränkung des Kontrollumfangs nach § 47 Abs. 3 VwGO (landesgesetzlicher Prüfungsvorbehalt zugunsten des Landesverfassungsgerichts) vgl. *Kopp/Schenke* (Fn. 25), Rn. 100 ff.

[190] Zur Frage, wie zu verfahren ist, wenn die Rechtsnorm teilbar ist und der Rechtsverstoß nur den abtrennbaren Teil der Norm betrifft, vgl. *von Albedyll*, in: Bader/Funke-Kaiser/Stuhlfauth/von Albedyll, VwGO, 5. Aufl. 2011, § 47, Rn. 122 m. w. N.

4.3 Prinzipale Normenkontrolle im Wege der Umweltverbandsklage

139 Auch die Verbandsklage nach dem UmwRG kann sich auf eine Normenkontrolle gemäß § 47 VwGO richten. Dieser Rechtsbehelf hat allerdings einen sehr schmalen Anwendungsbereich. **Prüfungsgegenstand** können nach § 2 Abs. 1 i. V. m. § 1 Abs. 1 Satz 1 Nr. 1 UmwRG, § 2 Abs. 3 Nr. 3 UVPG nur Bebauungspläne sein, die die Zulässigkeit UVP-pflichtiger Vorhaben begründen oder Planfeststellungsbeschlüsse für UVP-pflichtige Vorhaben ersetzen.[191]

140 **Beispiele**

Die Ausweisung einer Windfarm durch einen Bebauungsplan fällt nach Maßgabe von Nr. 1.6 der Anlage 1 zum UVPG unter die erste Alternative, die Ausweisung eines Abschnitts einer mindestens 5 km langen vierstreifigen Bundesstraße durch einen Bebauungsplan nach § 17b Abs. 2 FStrG, Nr. 14.4 der Anlage 1 zum UVPG unter die zweite Alternative.

141 Während § 2 UmwRG in seinem Absatz 1 die **Zulässigkeit** von Verbandsklagen gegen Einzelakte und gegen Rechtsnormen einheitlich regelt[192], trifft er für die **Begründetheitsprüfung** im Normenkontrollverfahren eine **Sonderregelung**: Der Normenkontrollantrag einer Umweltschutzvereinigung ist nach § 2 Abs. 5 Satz 1 Nr. 2 UmwRG nur begründet, soweit die Festsetzungen des Bebauungsplans, die die Zulässigkeit des UVP-pflichtigen Vorhabens begründen, gegen Rechtsvorschriften verstoßen, die dem Umweltschutz dienen und Rechte Einzelner begründen[193], und der Verstoß Belange des Umweltschutzes berührt, die zu den von der Vereinigung nach ihrer Satzung zu fördernden Zielen gehören.

142 Daraus ergibt sich eine **Unstimmigkeit zwischen Antragsbefugnis und Umfang der Begründetheitsprüfung**: Antragsbefugt ist die Vereinigung hinsichtlich des Bebauungsplans als Ganzen, gerichtlicher Kontrolle unterliegen aber nur die Festsetzungen über die Zulässigkeit des UVP-pflichtigen Vorhabens. Dieser Widerspruch lässt sich dadurch auflösen, dass bezogen auf solche Festsetzungen, die nicht unter § 2 Abs. 5 Satz 1 Nr. 2 UmwRG fallen, das Rechtsschutzinteresse verneint wird.[194]

143 Eine speziell auf die Normenkontrolle von Bebauungsplänen zugeschnittene Sonderregelung enthält überdies § 4 Abs. 2 UmwRG für die **Folgen von Verfahrensfehlern**. Abweichend von Absatz 1 gelten insoweit die Fehlerfolgenregelungen der §§ 214, 215 BauGB.

---

[191] Einschließlich solcher Vorhaben, die aufgrund einer Einzelfallprüfung UVP-pflichtig sind.

[192] Vgl. dazu Punkt 3.3, Rn. 110 ff.

[193] Auch insoweit sind die Konsequenzen des Trianel-Urteils des EuGH zu beachten; siehe oben Punkt 3.3, Rn. 111 ff.

[194] *Ziekow* (Fn. 152), S. 263; *von Albedyll* (Fn. 190), Rn. 83.

4.4 Inzidentkontrolle

144 Die Möglichkeit, die Wirksamkeit von Rechtsnormen in einem gerichtlichen Verfahren, das einen anderen Streitgegenstand betrifft, als **Vorfrage** überprüfen zu lassen, besteht selbstständig neben der prinzipalen Normenkontrolle. § 47 VwGO entfaltet insoweit keine Sperrwirkung.[195]

145 **Prüfungsgegenstand** der Inzidentkontrolle kann das **gesamte Spektrum von Rechtsnormen** sein, von deren Wirksamkeit die gerichtliche Entscheidung über den jeweiligen Streitgegenstand abhängt. Anders als bei der prinzipalen Normenkontrolle sind also auch Parlamentsgesetze und bundesrechtliche Vorschriften insgesamt überprüfbar. Eingeschränkt ist nur die **Verwerfungskompetenz** der Verwaltungsgerichte. Ihr unterliegen allein untergesetzliche Normen. Hält das Gericht aufgrund der Inzidentprüfung ein entscheidungserhebliches Parlamentsgesetz für unvereinbar mit höherrangigem deutschen Recht, so muss es hingegen nach Art. 100 Abs. 1 GG das Verfahren aussetzen und die Entscheidung des zuständigen (Bundes- oder Landes-)Verfassungsgerichts einholen. Über die Vereinbarkeit nationalen Rechts mit Unionsrecht hat das Verwaltungsgericht demgegenüber selbst zu entscheiden und unionsrechtswidriges deutsches Recht wegen des Anwendungsvorrangs des Unionsrechts unangewendet zu lassen.[196] Hat das Gericht Zweifel an der Vereinbarkeit einer deutschen Rechtsnorm mit unionsrechtlichen Bestimmungen, so kann es allerdings den Europäischen Gerichtshof mit einem Vorabentscheidungsersuchen nach Art. 267 Abs. 2 AEUV anrufen und ihm Fragen zur Auslegung des Unionsrechts vorlegen.[197] Der Gerichtshof hat dann über die Auslegung der unionsrechtlichen Maßstabsnorm zu entscheiden; aus dieser Auslegung Konsequenzen für die Beurteilung und Handhabung des deutschen Rechts zu ziehen, ist wiederum Sache des Verwaltungsgerichts.

146 Die Inzidentkontolle **vollziehbarer Rechtsnormen** erfolgt in der Regel im Rahmen von **Anfechtungsklagen** gegen den sie vollziehenden Verwaltungsakt. Für **nicht vollziehungsbedürftige** Rechtsnomen ermöglicht die **Feststellungsklage** (§ 43 VwGO) die Überprüfung.

147 **Beispiel**

Flugrouten werden gemäß § 27a Abs. 2 Satz 1 Luftverkehrs-Ordnung (LuftVO)[198] durch Rechtsverordnung festgesetzt. Sie sind von den Luftfahrzeugführern gemäß § 27 Abs. 1 LuftVO einzuhalten, ohne dass eine sie umsetzende Anordnung im Einzelfall erlassen werden müsste. Rechtsschutz gegen die Festsetzung kann im Wege der Feststellungsklage erlangt werden.

---

[195] BVerwGE 111, 276 (278).

[196] Näher dazu *Dörr* (Fn. 58), Rn. 195 ff.

[197] Das BVerwG ist unter diesen Voraussetzungen nach Art. 267 Abs. 3 AEUV zur Anrufung des EuGH verpflichtet.

[198] Vom 27. März 1999 (BGBl. I S. 580), zuletzt geändert durch Artikel 3 des Gesetzes vom 8. Mai 2012 (BGBl. I S. 1032).

148 Die Feststellungsklage ist freilich nur statthaft, wenn sie sich auf die Feststellung des Bestehens oder Nichtbestehens eines **konkreten Rechtsverhältnisses** richtet. Zum Gegenstand der Feststellung kann deshalb nicht die abstrakte Frage gemacht werden, ob die Norm wirksam ist, wohl aber die konkrete Frage, ob sie den Kläger unter den Umständen des Streitfalls in einer Rechtsposition verletzt.[199]

5 Grundstrukturen des vorläufigen Rechtsschutzes

5.1 Interessenlage und Rechtsschutzformen

149 Soll Rechtsschutz effektiv sein, muss er **rechtzeitig** gewährt werden. Schädigt die Ausnutzung einer Genehmigung oder eines Planfeststellungsbeschlusses Umweltgüter, so lässt sich die Beeinträchtigung oft nicht mehr rückgängig machen, wenn der mit einer Klage angegriffene Zulassungsakt erst nach Realisierung des Vorhabens vom Gericht aufgehoben wird.

150 **Beispiel**

Dem Bau einer Stromleitung fallen Teile eines alten Forstbestandes zum Opfer. Ein vergleichbarer Wald kann sich allenfalls nach Jahrzehnten wieder herausbilden.

151 Drittbetroffene und Umweltverbände haben deshalb oft ein schutzwürdiges Interesse, die Umsetzung des Zulassungsakts bis zur Entscheidung im Hauptsacheverfahren zu verhindern (**Suspensionsinteresse**). Ebenso kann aber auch dem gegenläufigen öffentlichen Interesse an einer sofortigen Vollziehung (**öffentliches Vollzugsinteresse**) erhebliches Gewicht zukommen. Dies gilt gerade in umweltrechtlichen Streitigkeiten über Infrastrukturvorhaben, die häufig hoch komplex sind und entsprechend lange dauern. In mehrpoligen Verhältnissen tritt dem öffentlichen Vollzugsinteresse ein zumeist wirtschaftlich motiviertes **privates Vollzugsinteresse** des durch den behördlichen Zulassungsakt Begünstigten zur Seite. Umgekehrt ist auch die Konstellation denkbar, dass das Suspensionsinteresse wirtschaftlich motiviert ist, während Umweltbelange das Vollzugsinteresse stützen.

---

[199] BVerwG (Fn. 195), S. 278; vgl. auch BVerwGE 124, 47 (55). Zur Statthaftigkeit der Feststellungsklage in der umgekehrten Konstellation, in der sich der Kläger durch den Nichterlass einer Rechtsnorm in seinen Rechten verletzt sieht (Normerlass- oder Normergänzungsklage), siehe BVerwG, NVwZ 2002, 1505; näher *Würtenberger*, Verwaltungsprozessrecht, 3. Aufl. 2011, Rn. 690 ff. Diese Konstellation ist z. B. gegeben, wenn ein Betroffener den Erlass eines Aktionsplans (§ 47 Abs. 2 BImSchG) erzwingen will; dazu *Jarass* (Fn. 102), § 47 Rn. 50 m. w. N.

Beispiel 152

Zum Schutz vor Luftverunreinigungen werden für den Betrieb eines Kraftwerks nachträgliche Schutzauflagen angeordnet, die der Betreiber nicht erfüllen will.

153 All diesen Fällen ist gemeinsam, dass sich der Kläger in der Hauptsache gegen einen ihn **belastenden Verwaltungsakt** wendet, Rechtsschutz also mit Widerspruch und Anfechtungsklage erstrebt. Vorläufiger Rechtsschutz richtet sich in dieser Situation darauf, die Vollziehung des Verwaltungsakts, durch die vollendete Tatsachen geschaffen werden könnten, vor Abschluss des Hauptsacheverfahrens zu verhindern.[200] Die §§ 80, 80a VwGO stellen dafür als Rechtsschutzform die **aufschiebende Wirkung** von Widerspruch und Anfechtungsklage bereit.

154 Die Verwaltungsgerichtsordnung kennt daneben eine zweite Form des vorläufigen Rechtsschutzes: die **einstweilige Anordnung** nach § 123 VwGO oder § 47 Abs. 6 VwGO. Diese Rechtsschutzform ist allen anderen Klagearten zugeordnet, also der Verpflichtungsklage, der allgemeinen Leistungsklage und der Feststellungsklage (vgl. § 123 Abs. 5 VwGO) sowie der prinzipalen Normenkontrolle (§ 47 Abs. 6 VwGO).[201] Rechtsschutzziel sind Zwischenregelungen, die gewährleisten, dass die Hauptsacheentscheidung nicht zu spät kommt.[202]

5.2 Vorläufiger Rechtsschutz im Wege aufschiebender Wirkung

155 Widerspruch und Anfechtungsklage haben nach § 80 Abs. 1 Satz 1 VwGO aufschiebende Wirkung. Mithin reicht grundsätzlich allein die Einlegung des Rechtsbehelfs in der Hauptsache aus, um den **Suspensiveffekt** auszulösen. Das gilt auch für Verwaltungsakte mit Doppelwirkung, wie § 80 Abs. 1 Satz 2 VwGO klarstellt. Die aufschiebende Wirkung hat zur Folge, dass der Verwaltungsakt vorläufig nicht umgesetzt werden darf.[203]

---

[200] *Finkelnburg*, in: Ders./Dombert/Külpmann, Vorläufiger Rechtsschutz im Verwaltungsstreitverfahren, 6. Aufl. 2011, § 2 Rn. 12.

[201] Abweichend davon ist vorläufiger Rechtsschutz entsprechend § 80 VwGO zu gewähren, wenn mit der Klage die Feststellung begehrt wird, dass ein Planfeststellungsbeschluss rechtswidrig ist und nicht vollzogen werden darf; so BVerwG, NVwZ 1998, 1070 m. w. N.

[202] Näher zum System des vorläufigen Rechtsschutzes *Finkelnburg* (Fn. 200), Rn. 11 ff.; *Hummel*, JuS 2011, 317 ff., 413 ff. (318 f.); *Schoch*, Jura 2001, 671 ff. und 2002, 37 ff. (Teil I, S. 673). – Speziell zum vorläufigen Rechtsschutz im Umweltrecht Dombert, in: Finkelnburg/Dombert/Külpmann, Vorläufiger Rechtsschutz im Verwaltungsstreitverfahren, 6. Aufl. 2011, § 59 Rn. 1302 ff.

[203] Zum Streit über das Verständnis der aufschiebenden Wirkung als Vollzugs- oder Wirksamkeitshemmung *Schoch* (Fn. 202), Teil I, S. 676.

156 **Beispiel**

Nachbar N legt Widerspruch gegen eine immissionsschutzrechtliche Anlagengenehmigung ein, die dem Werksbetreiber W erteilt worden ist. W darf von der Genehmigung zunächst keinen Gebrauch machen.

157 Von diesem **Grundsatz gesetzlicher Suspensionsautomatik**[204] bestehen **Ausnahmen** nach Maßgabe des § 80 Abs. 2 VwGO. Für das Umweltrecht haben die Regelungen des § 80 Abs. 2 Satz 1 Nr. 3 und 4 VwGO besondere Bedeutung.

158 Nach § 80 Abs. 2 Satz 1 Nr. 3 VwGO kann die aufschiebende Wirkung durch Bundesgesetz oder für Landesrecht durch Landesgesetz ausgeschlossen werden. Von dieser Möglichkeit hat der Bundesgesetzgeber vor allem im Fachplanungsrecht Gebrauch gemacht (so z. B. in § 17e Abs. 2 Satz 1 FStrG, § 18e Abs. 2 Satz 1 AEG und § 43e EnWG).[205] Bei der Zulassung umweltbelastender Infrastrukturprojekte verfahren die Behörden im Übrigen häufig nach § 80 Abs. 2 Satz 1 Nr. 4 VwGO. Diese Vorschrift ermächtigt die Behörde, die sofortige Vollziehbarkeit des Verwaltungsakts im Einzelfall anzuordnen.[206] Die Anordnung setzt ein besonderes öffentliches Vollzugsinteresse, das über das öffentliche Interesse am Erlass des Verwaltungsakts hinausgeht, oder ein überwiegendes privates Vollzugsinteresse voraus.[207]

159 Soweit die Einlegung des Rechtsbehelfs in der Hauptsache keine aufschiebende Wirkung hat, kann der Betroffene vorläufigen Rechtsschutz im **gerichtlichen Aussetzungsverfahren** nach § 80 Abs. 5 VwGO erlangen.[208] Der Antrag richtet sich in den Fällen des § 80 Abs. 2 Satz 1 Nr. 1–3 VwGO auf die **Anordnung der aufschiebenden Wirkung** (§ 80 Abs. 5 Satz 1 HS 1 VwGO), im Fall des § 80 Abs. 2 Satz 1 Nr. 4 VwGO auf die **Wiederherstellung der aufschiebenden Wirkung** (§ 80 Abs. 5 Satz 1 HS 2 VwGO) und im Fall bereits erfolgter Vollziehung auf die **Aufhebung der Vollziehung** (§ 80 Abs. 5 Satz 3 VwGO).[209] Dies trifft auch für die Fälle der Drittanfechtung zu (§ 80a Abs. 3 VwGO).

---

[204] So *Schoch* (Fn. 202), Teil I, S. 673.

[205] Auch die bauaufsichtliche Zulassung von Vorhaben ist kraft Gesetzes sofort vollziehbar (§ 212a Abs. 1 BauGB).

[206] Diese Möglichkeit besteht auch in Drittanfechtungsfällen (§ 80a Abs. 1 Nr. 1 VwGO).

[207] Vgl. zum besonderen öffentlichen Vollzugsinteresse BVerfG, NVwZ 1996, 58 (59). Näher zum Ganzen *Würtenberger* (Fn. 199), Rn. 520a m. w. N.; dort (Rn. 518a ff.) auch zu den formellen Anforderungen an die Anordnung, namentlich zur Begründungspflicht.

[208] Daneben kann gemäß § 80 Abs. 4 VwGO die Behörde die Vollziehung auf Antrag oder von Amts wegen aussetzen; vgl. hierzu *Kopp/Schenke* (Fn. 25) Rn. 107 ff. – Zum gerichtlichen Aussetzungsverfahren ausführlich *Schoch* (Fn. 202), Teil II, S. 39 ff.

[209] Weitere gerichtliche Entscheidungsbefugnisse sind unter anderem die Anordnung der sofortigen Vollziehbarkeit im Fall der Drittanfechtung (§ 80a Abs. 3 Satz 1 i. V. m. § 80 Abs. 1 Satz 1 VwGO) und die Feststellung des Eintritts der aufschiebenden Wirkung, sofern die aufschiebende Wirkung missachtet wird (analog § 80 Abs. 5 Satz 1 VwGO, sogenannte drohende faktische Vollziehung). Vgl. zum Ganzen mit Beispielsfällen *Schoch* (Fn. 202), Teil II, S. 39; *Würtenberger* (Fn. 199), Rn. 523 ff.

Der Aussetzungsantrag ist durch Fachgesetze oft an Fristen gebunden und begründungsbedürftig.[210]

160 § 80 Abs. 5 VwGO benennt nicht den **Entscheidungsmaßstab**, nach dem das Verwaltungsgericht über die Begründetheit des Aussetzungsbegehrens zu befinden hat. Nach h.M.[211] muss das Gericht eine eigenständige **Interessenabwägung** zwischen dem öffentlichen und ggf. privaten Vollzugsinteresse einerseits sowie dem privaten Suspensionsinteresse anderseits treffen.[212] Im Rahmen dieser Interessenabwägung sind die **Erfolgsaussichten** des Rechtsbehelfs in der Hauptsache zu berücksichtigen. Die hierfür vorzunehmenden **Sachverhaltsfeststellungen** haben sich auf eine **summarische Prüfung** zu beschränken. Dieser Aspekt ist speziell für das Umweltrecht relevant, weil die zugrunde liegenden Lebenssachverhalte oft schwierige naturwissenschaftliche und technische Probleme aufwerfen, deren Klärung ein auf schnelle Entscheidung angelegtes Verfahren nicht leisten kann. Führt die Prüfung zu dem Ergebnis, dass der Rechtsbehelf in der Hauptsache **offensichtlich Erfolg** haben wird, so fehlt ein überwiegendes Vollzugsinteresse und ist dem Aussetzungsantrag stattzugeben. Erweist sich der Hauptsacherechtsbehelf umgekehrt als **offensichtlich aussichtslos**, so ist dieser Umstand geeignet, ein vorhandenes Vollzugsinteresse zu verstärken, kann es aber nicht ersetzen. Bei **offenen Erfolgsaussichten** sind die mit dem Sofortvollzug einerseits und der Vollzugshemmung anderseits verbundenen Folgen für die Allgemeinheit und die vom angefochtenen Verwaltungsakt Betroffenen einzelfallbezogen gegeneinander abzuwägen.[213]

5.3 Vorläufiger Rechtsschutz im Wege einstweiliger Anordnung

161 Die **einstweilige Anordnung** spielt im Umweltrecht nur eine untergeordnete Rolle. Da sich die Hauptsachebegehren in den Teilgebieten des Umweltrechts zumeist gegen Verwaltungsakte richten und deshalb mit der Anfechtungsklage angreifbar sind, hat die den übrigen Klagearten zugeordnete einstweilige Anordnung nur einen schmalen Anwendungsbereich.

---

[210] So z. B. gemäß § 17e Abs. 2 Satz 2 FStrG; zu den weiteren Sachurteilsvoraussetzungen *Würtenberger* (Fn. 199), Rn. 529 ff.

[211] BayVGH, BayVBl 1999, 373 (374); OVG Berlin, NVwZ-RR 2001, 611; *Külpmann*, in: Finkelnburg/Dombert/Külpmann, Vorläufiger Rechtsschutz im Verwaltungsstreitverfahren, 6. Aufl. 2011, § 45 Rn. 963 f., 1066 m. w. N.; i. E. ähnlich, aber die rechtliche Gebundenheit der Entscheidung betonend *Schoch* (Fn. 202), Teil II, S. 44.

[212] Ist die Wiederherstellung der aufschiebenden Wirkung beantragt (Fallgruppe des § 80 Abs. 2 Satz 1 Nr. 4 VwGO), so sind zusätzlich die formellen Voraussetzungen der Anordnung der sofortigen Vollziehbarkeit (Anordnung durch die zuständige Behörde, ausreichende Begründung) zu überprüfen. Fehlen sie, ist die Anordnung ohne Weiteres aufzuheben; vgl. *Würtenberger* (Fn. 199), Rn. 531 m. w. N.

[213] Vgl. zur Berücksichtigung der Erfolgsaussichten Würtenberger (Fn. 199), Rn. 532 ff.; noch stärker differenzierend und in Nuancen abweichend *Külpmann* (Fn. 211), Rn. 967 ff.

162 **Beispiele**

Vorläufige Stilllegung eines Schwarzbaus auf Antrag des Nachbarn; einstweiliges gerichtliches Verbot von Immissionen durch gemeindlichen Bauhof; vorläufige Außervollzugsetzung eines Bebauungsplans.

163 **§ 123 VwGO**, der den vorläufigen Rechtsschutz in der Situation der Verpflichtungsklage, der allgemeinen Leistungsklage und der Feststellungsklage regelt, unterscheidet zwei Arten der einstweiligen Anordnung: die **Sicherungsanordnung** (§ 123 Abs. 1 Satz 1 VwGO) und die **Regelungsanordnung** (§ 123 Abs. 1 Satz 2 VwGO). Die Sicherungsanordnung soll verhindern, dass durch Veränderungen des bestehenden Zustands ein Recht des Antragstellers vereitelt oder wesentlich erschwert wird (Wahrung des status quo). Die Regelungsanordnung zielt dagegen auf eine vorläufige Erweiterung von Rechtspositionen (Veränderung des status quo).[214]

164 Das Anordnungsbegehren ist **begründet**, wenn der Antragsteller sich auf einen **Anordnungsanspruch** und einen **Anordnungsgrund** berufen kann.[215] Den Anordnungsanspruch bildet für beide Arten der einstweiligen Anordnung das im Hauptsacheverfahren geltend zu machende Recht. Ein Anordnungsgrund erwächst aus Umständen, die die besondere Dringlichkeit vorläufigen Rechtsschutzes begründen. Letztlich entscheidend ist, ob dem Antragsteller zugemutet werden kann, bis zur Hauptsacheentscheidung abzuwarten. Die tatsächlichen Voraussetzungen von Anordnungsanspruch und Anordnungsgrund sind glaubhaft zu machen (§ 123 Abs. 3 VwGO i. V. m. §§ 920 Abs. 2, 294 ZPO). Inwieweit in rechtlicher Hinsicht Abstriche an einer strikten Prüfung des Anordnungsanspruchs zu machen sind, hängt nach zutreffender Ansicht[216] von der Überschaubarkeit der Rechtslage und den Konsequenzen ab, die eine Versagung vorläufigen Rechtsschutzes für den Antragsteller hätte.

165 **§ 47 Abs. 6 VwGO**, der im Zusammenhang mit der prinzipalen Normenkontrolle den Erlass einstweiliger Anordnungen vorsieht, enthält eine gegenüber § 123 VwGO **eigenständige Regelung**. Der Erlass der einstweiligen Anordnung hängt von besonders strengen Voraussetzungen ab; er ist nur zur Abwehr schwerer Nachteile oder aus anderen vergleichbar wichtigen Gründen vorgesehen. Geboten ist eine **Abwägung der Folgen**, die sich mit oder ohne den Erlass der begehrten einstweiligen Anordnung ergäben.

---

[214] *Funke-Kaiser*, in: Bader/Funke-Kaiser/Stuhlfauth/von Albedyll, VwGO, 5. Aufl. 2011, § 47 Rn. 8 und 11.

[215] Zu den Zulässigkeitsvoraussetzungen des Anordnungsverfahrens ausführlich *Dombert* (Fn. 202), Rn. 22 ff., knapper *Würtenberger* (Fn. 199), Rn. 542 ff.; zu den Begründetheitsvoraussetzungen *Dombert* a. a. O. Rn. 115 ff. und 150 ff. und *Würtenberger* a. a. O. Rn. 545 ff.

[216] Vgl. *Dombert* (Fn. 202), Rn. 116 ff. und 157 m. w. N.

§ 8 Umweltstrafrecht

Hans-Jürgen Sack

1 Allgemeines

1 Strafrecht sollte immer die ultima ratio sein. Das gilt im allgemeinen Strafrecht, das gilt aber ebenso im Umweltstrafrecht. Andererseits sollte kein Zweifel daran bestehen, dass Umweltstraftaten keine Kavaliersdelikte sind, dass eine Gewässerverunreinigung oder eine umweltgefährdende Abfallbeseitigung genauso strafwürdig sein können wie ein Diebstahl oder ein Betrug. Darum ist es auch falsch, wenn von einigen Autoren die Abschaffung des Umweltstrafrechts gefordert wird, weil es sich angeblich nur um Bagatellkriminalität handele. Bei Bagatellstraftaten stehen Staatsanwaltschaft (StA) und Gericht geeignete Instrumente zur Verfügung, indem nach Opportunitätsgrundsätzen (§§ 153, 153a Strafprozessordnung (StPO)[1]) entschieden wird. Es gibt jedoch genügend gravierende Delikte – teilweise auch den Bereich der Wirtschaftskriminalität berührend – die mit spürbaren Strafen geahndet werden müssen. Reines „Verwaltungsunrecht" kann als sogenannte Ordnungswidrigkeit mit Bußgeld sanktioniert werden.

[1] Vom 7. April 1987 (BGBl. I S. 1074, 1319), zuletzt geändert durch Art. 2 Abs. 30 des Gesetzes vom 22. Dezember 2011 (BGBl. I S. 3044).

H.-J. Sack ✉
Univ ersität Halle, Juristische und wirtschaftswissenschaftliche Fakultät,
Universitätsplatz 10a, 06099 Halle, Deutschland

W. Kluth, U. Smeddinck (Hrsg.), *Umweltrecht*,
DOI 10.1007/978-3-8348-8644-6_8, © Springer Fachmedien Wiesbaden 2013

2 Geschichte

2 Umweltschutz im Allgemeinen und Umweltstrafrecht im Besonderen sind durchaus geschichtsträchtig. Schon in den frühen Hochkulturen der Sumerer, Babylonier und Hethiter finden sich Regelungen zur Wasserwirtschaft und zum Schutz vor Gewässerverunreinigungen. In der römischen Kaiserzeit gab es nicht nur wasserrechtliche, sondern auch immissions- und abfallrechtliche Bestimmungen. Entsprechendes gilt für das Reich Kaiser Friedrich II. (Konstitutionen von Melfi 1231). Die mittelalterlichen Regelungen zum Umweltschutz waren aus heutiger Sicht teilweise kaum nachvollziehbar. So wurde es für unschädlich erachtet, Abfall in Gewässer zu verbringen, eine Auffassung, die bis ins 19. Jahrhundert hinein aufrechterhalten wurde und zu schlimmen Folgen für viele Flüsse führte.

3 Das Umweltstrafrecht blieb in Deutschland zersplittert und unvollständig bis in die 2. Hälfte des 20. Jahrhunderts. Dann erst wurden nach und nach bundeseinheitliche Gesetze geschaffen (1957: Wasserhaushaltsgesetz, 1972: Abfallbeseitigungsgesetz, 1974: Bundes-Immissionsschutzgesetz), die auch Strafvorschriften enthielten. Durch das 1. Gesetz zur Bekämpfung der Umweltkriminalität, das am 01.07.1980 in Kraft trat, wurden die wichtigsten Straftatbestände in das strafrechtliche Kerngesetz – das Strafgesetzbuch (StGB)[2] – eingegliedert (§§ 324 ff. StGB) und durch das 2. Gesetz zur Bekämpfung der Umweltkriminalität (in Kraft seit 01.11.1994) teilweise verbessert und verschärft.

4 Nunmehr ist erneut eine Novellierung des deutschen Umweltstrafrechts notwendig geworden: die Vorgaben der Europäischen Union – primäre (Verträge) und sekundäre (Richtlinien, Verordnungen) sowie die Rechtsprechung des Europäischen Gerichtshofs – bedingen eine Anpassung der nationalen Regelungen. Dies ist durch das Fünfundvierzigste Strafrechtsänderungsgesetz (45. StrÄndG[3]) erfolgt.

3 Gewässerstrafrecht

3.1 Allgemeines

3.1.1 Wasser

5 Wasser ist eine der wichtigsten Existenzgrundlagen der Menschen, lebenswichtig aber auch für Tiere und Pflanzen. Es steht nicht unbegrenzt zur Verfügung. Durch unzureichende Wasserversorgung und fehlende sanitäre Einrichtungen müssen Tausende von Menschen täglich sterben. Über eine Milliarde Menschen haben keinen Zugriff auf sauberes und bezahlbares Trinkwasser. Angesichts des Bevölkerungswachstums und der

[2] Vom 13. November 1998 (BGBl. I S. 3322), zuletzt geändert durch Art. 5 Abs. 3 des Gesetzes vom 24. Februar 2012 (BGBl. I S. 212).

[3] Vom 06.12.2011 (BGBl. I S. 2557), in Kraft seit 14.12.2011.

zunehmenden Umweltverschmutzung droht nach Einschätzung der Vereinten Nationen in wenigen Jahrzehnten dramatische Wasserknappheit. Wissenschaftler vermuten, dass 2050 fast jeder vierte Mensch auf Erden in einem Land lebt, das unter Wasserknappheit leidet.

6 Es ist darum von größter Bedeutung, die lebenswichtige Ressource Wasser zu schützen. Das Gewässerstrafrecht ist dazu ein wichtiges Instrument.

3.1.2 Gewässerschutz

7 Dem Gewässerschutz dienen im deutschen Recht mehrere Gesetze. Im Vordergrund steht das Wasserhaushaltsgesetz, das als erstes länderübergreifendes Wassergesetz 1957 erlassen wurde, seitdem mehrfach novelliert wurde und derzeit gültig ist in der Fassung vom 31.07.2009 (in Kraft seit 01.03.2010). Die jüngsten Neufassungen wurden vor allem durch Vorgaben der EU bedingt.

8 Neben dem WHG dienen dem Gewässerschutz unter anderem auch das Abwasserabgabengesetz, das Wasch- und Reinigungsmittelgesetz, das Bundeswasserstraßengesetz, das Kreislaufwirtschafts- und Abfallgesetz, Landes-Wasser- und Abfallgesetze, internationale und supranationale Übereinkommen, EU-Richtlinien und EU-Verordnungen.

3.1.3 Gewässerverunreinigung

9 Im Strafrecht steht im Vordergrund der Tatbestand der Gewässerverunreinigung (§ 324 StGB). Gewässerschützend sind aber – teils unmittelbar (§ 327 Abs. 2 Nr. 2 StGB), teils mittelbar – auch die anderen Vorschriften im 29. Abschnitt des Strafgesetzbuches (Straftaten gegen die Umwelt) und – außerhalb dieses Abschnitts im StGB – z. B. § 305 (Zerstörung von Bauwerken), § 313 (Herbeiführen einer Überschwemmung), § 314 (Gemeingefährliche Vergiftung), § 316b (Störung öffentlicher Betriebe), § 318 (Beschädigung wichtiger Anlagen).

10 Neben diesen Vorschriften, die die Ahndung von Straftaten gegen die Umwelt betreffen, gibt es das zweite große Gebiet von Bestimmungen, die sich mit der staatlichen Reaktion auf Ordnungswidrigkeiten befassen. Der Bußgeldtatbestand, der im Gewässerschutz im Vordergrund steht, ist § 103 WHG.

3.1.4 Einfluss des EU-Rechts

11 Wie im gesamten Umweltrecht, so gewinnt auch im Umweltstrafrecht die Europäische Union zunehmend Einfluss. Zahlreiche EG-/EU-Verordnungen und in deutsches Recht umzusetzende Richtlinien wirken auf das nationale Recht ein. Für das Umweltstrafrecht ist von besonderer Bedeutung die Richtlinie 2008/99/EG vom 19.11.2008 über den strafrechtlichen Schutz der Umwelt.[4] Da auf dem Gebiet des Gewässerschutzes das deutsche

[4] ABl. EU Nr. L 328, 28.

Recht alle Voraussetzungen der Richtlinie erfüllt, brauchte insoweit keine Anpassung der deutschen Vorschriften zu erfolgen.

3.2 Gewässerverunreinigung (§ 324 StGB)

3.2.1 Schutzobjekt

12 Schutzobjekt (Rechtsgut) ist das Gewässer. Dies sind alle Teile der Erdoberfläche, die infolge ihrer natürlichen Beschaffenheit oder künstlichen Vorrichtungen nicht nur vorübergehend mit Wasser bedeckt sind, sowie die Teile des Erdinneren, die Wasser enthalten.[5] Dabei zählt zum Gewässer alles, was mit dem Wasser zusammen ein Ganzes bildet, also z. B. das Ufer, das Gewässerbett, die Flusssohle. Welche Gewässer strafrechtlich geschützt werden, ergibt sich aus § 330d Nr. 1 StGB. Danach ist ein Gewässer im strafrechtlichen Sinne „ein oberirdisches Gewässer, das Grundwasser und das Meer". Ein oberirdisches Gewässer ist gemäß § 3 Nr. 1 WHG das ständig oder zeitweilig in Betten fließende oder stehende oder aus Quellen wild abfließende Wasser. Bei dem ständig oder zeitweilig in Betten fließenden oder stehenden Wasser handelt es sich um jede nicht nur gelegentliche Wasseransammlung, die mit einem Gewässerbett verbunden ist. Stehende Gewässer sind Teiche und Seen, fließende sind Ströme, Flüsse, Bäche. Streitig ist, ob durch die Einbeziehung in die Ortskanalisation die Gewässereigenschaft verloren geht. Nach h. M. wird darauf abzustellen sein, ob das Wasser aus dem natürlichen Kreislauf ausgeschieden ist.[6] Keine Gewässer im strafrechtlichen Sinne sind also beispielsweise Wasser in der Abwasserkanalisation, in Kläranlagen, in Pumpspeicherbecken, in Springbrunnen; eine teilweise Verrohrung ist dagegen ohne Einfluss (Beispiel: Ein Bach wird unter einem bebauten Ortsteil hindurchgeführt und tritt dann wieder an die Oberfläche). Das Wasser muss nicht ständig in einem Bett fließen oder stehen („zeitweilig"). Es darf sich aber nicht um eine nur gelegentliche Wasseransammlung handeln[7], vielmehr ist eine gewisse Dauer oder Wiederholung der Wasseransammlung erforderlich. Auch das Gewässerbett und das Ufer werden geschützt, soweit das Gewässer als Ganzes durch die Verunreinigung Nachteile erleiden kann.

13 Von einer Quelle spricht man, wenn das Wasser aus unterirdischen, auf natürlichem Wege entstandenen Wasseransammlungen an einer bestimmten örtlich begrenzten Stelle nicht nur vorübergehend austritt.[8] Das Wasser fließt „wild", wenn es oberirdisch, aber nicht in einem Gewässerbett fließt.

---

[5] Vgl. OLG Celle, ZfW 1987, 127.
[6] Vgl. BGH, JR 1997, 253.
[7] BVerwG, ZfW 2004, 100.
[8] BVerwG, ZfW 1969, 117.

Grundwasser ist gemäß der Legaldefinition in § 1 Abs. 1 Nr. 2 WHG das unterirdische Wasser in der Sättigungszone, das in unmittelbarer Berührung mit dem Boden oder dem Untergrund steht. Auch hier kommt es darauf an, ob das Wasser sich im natürlichen Wasserkreislauf befindet. 14

Zum Meer gehören die Hohe See und das Küstengewässer. Für den Bereich der Hohen See gelten das Personalitätsprinzip, das Flaggenprinzip und das Prinzip der stellvertretenden Strafrechtspflege: Eine Verschmutzung der Hohen See und fremder Küstengewässer kann von deutschen Gerichten nur verfolgt werden, wenn die Tat von einem deutschen Schiff aus begangen wird (§ 4 StGB), wenn ein Deutscher die Tat begeht und diese nach dem Recht des Küstenstaats strafbar ist (§ 7 Abs. 2 Nr. 1 StGB) oder ein im Inland betroffener Ausländer nicht ausgeliefert wird (§ 7 Abs. 2 Nr. 2 StGB). 15

3.2.2 Tathandlung

Tathandlung ist die Verunreinigung eines Gewässers oder die sonstige nachteilige Veränderung der Gewässereigenschaften, wobei die Verunreinigung – wie sich aus dem Wortlaut („oder sonstiger ...") ergibt – ein Unterfall der nachteiligen Veränderung der Eigenschaften ist. Die Verunreinigung ist äußerlich erkennbar. 16

§ 3 Nr. 7 WHG enthält eine Legaldefinition der Gewässereigenschaften. Sie sind danach „die auf die Wasserbeschaffenheit, die Wassermenge, die Gewässerökologie und die Hydromorphologie bezogenen Eigenschaften von Gewässern und Gewässerteilen". Eine Veränderung der Eigenschaften liegt daher insbesondere vor, wenn die physikalische, chemische oder biologische Beschaffenheit des Wassers oder auch die Beschaffenheit des Gewässerbettes verändert ist. 17

Nachteilig ist die Veränderung, wenn die Eigenschaften gegenüber dem vorherigen oder dem natürlichen Zustand verschlechtert werden. Nach der Rechtsprechung des BGH[9] ist unter „nachteiliger Veränderung" jede Verschlechterung der natürlichen Gewässereigenschaften in physikalischem, chemischem oder biologischem Sinn zu verstehen, die über unbedeutende, vernachlässigbare kleine Beeinträchtigungen hinausgeht (wohl enger ist der Begriff „Schädliche Gewässerveränderungen" in § 3 Nr. 10 WHG zu verstehen). Eine Veränderung kann sogar dann nachteilig sein, wenn sich die Eigenschaften für bestimmte Zwecke verbessert haben, aber gegenüber der natürlichen Beschaffenheit eine Verschlechterung eingetreten ist, wenn z. B. der Säuregehalt des Wassers durch basische Einleitung zwar neutralisiert, dem Wasser aber doch Sauerstoff entzogen wurde.[10] 18

---

[9] BGH NStZ 1987, 323.

[10] Vgl. OLG Karlsruhe, Die Justiz 1982, 164 f.

Beispiele

19 **Einige Beispiele aus der Rechtsprechung** Beeinträchtigung der natürlichen Regenerationsfähigkeit eines Gewässers[11]; Einleiten von „Brennschlempen" und Weinhefen, die eine sehr hohe organische Verschmutzung und einen niedrigen pH-Wert aufweisen und zu beschleunigter anaerober saurer Zersetzung (Schwefelwasserstoffbildung) neigen (StA Landau - 24 Js 2771/81 -); Einleiten von mehreren Litern Benzin (StA Mainz - 4 Js 18642/86 -); Absenken des Wasserspiegels mit existentiellen Beeinträchtigungen der natürlichen Lebensgemeinschaft von Pflanzen und Tieren in und an einem Gewässer[12]; Einleiten unzureichend geklärter Hausabwässer in ein Kleingewässer[13]; Absenken des Wasserspiegels eines Teichs, der zum Lebensraum von Amphibien geworden ist[14]; Einleiten von chlorhaltigem Wasser aus einem Schwimmbecken.[15]

20 Verunreinigung ist eine äußerlich erkennbare nachteilige Veränderung der Gewässereigenschaften, wobei sich aus dem Oberbegriff „nachteilige Veränderung" ergibt, dass die Verunreinigung eine nicht völlig belanglose negative Auswirkung haben muss. Eine Verfärbung und Schaumbildung, die nicht nur ganz geringfügig ist, kann tatbestandsmäßig sein.

21 Auch ein bereits verschmutztes Gewässer kann weiter verunreinigt werden.[16] Auf den Nachweis einer bestimmten Verunreinigungsmenge kommt es nicht an, wenn sich bereits aus der chemischen Zusammensetzung der eingeleiteten oder eingebrachten Stoffe ergibt, dass sie eine für das Gewässer nachteilige Wirkung haben.[17] Bei Überschreitung gesetzlich oder behördlich festgelegter „Schwellenwerte", Trinkwasser-Richtlinien oder Bewirtschaftungspläne ist eine nachteilige Veränderung regelmäßig anzunehmen.[18]

22 Auch die auf einen Teil eines Gewässers beschränkten und nur vorübergehend belastenden Verunreinigungen werden erfasst.[19]

---

[11] OLG Frankfurt/M., NJW 1987, 2753.
[12] OLG Oldenburg, NuR 1990, 480.
[13] OLG Celle, NuR 1992, 517.
[14] OLG Stuttgart, NStZ 1994, 590.
[15] OLG Köln, NJW 1988, 2119.
[16] BGH, JR 1997, 253.
[17] Vgl. OLG Stuttgart, NJW 1977, 1408; OLG Köln, NJW 1988, 2119; BGH NStZ 1991, 281.
[18] OLG Frankfurt/M., NJW 1987, 2753.
[19] BGH NStZ 1991, 281; siehe dazu auch § 3 Nr. 7 WHG!

Einige Bemerkungen zur Praxis der Ermittlungsbehörden

23

Nicht selten leiten die wirklich „schwarzen Schafe", die nicht nur fahrlässig, sondern vorsätzlich handeln, ihre verschmutzten Abwässer oder sonstigen Stoffe nachts in ein Gewässer. Zu diesem Zweck werden von StA und Polizei nächtliche Observationen und Durchsuchungen (aufgrund richterlicher Beschlüsse) durchgeführt. Schwierigkeiten in der Praxis bereiten auch Kausalitätsprobleme bei mehreren gleichzeitigen Einleitungen verschiedener Täter (z. B. mehrere Weinbaubetriebe an einem Fluss) und mögliche Messungenauigkeiten bei Feststellung von Art und Menge der eingeleiteten Stoffe (z. B., um etwaige Überschreitungen zulässiger Werte zu eruieren). Oft werden Sachverständigengutachten erforderlich sein, insbesondere bei Verdacht auf Grundwasserverunreinigung.

24

Begehen durch Unterlassen: Voraussetzung für die Strafbarkeit ist eine Garantenstellung des Täters gegenüber dem bedrohten Rechtsgut. Sie kann sich ergeben aus Gesetz (z. B. WHG, Landeswassergesetze), aus Dienstpflichten von Amtsträgern[20], aus der Herbeiführung einer Gefahrenlage (vorausgegangenes gefährdendes Handeln; Ingerenz), aufgrund der Herrschaft über Gefahrenquellen.[21] Bei der Bestimmung der Garantenstellung kann auch auf Obhutspflichten gegenüber dem Rechtsgut (Beschützergarant) oder auf Sicherungspflichten zur Beherrschung von Gefahrenquellen (Überwachungsgarant) abgestellt werden.

Beispiele

25

Einige Beispiele aus der Rechtsprechung LG Bremen[22] bejaht Garantenstellung des Leiters eines Wasserwirtschaftsamts aufgrund der ihm eingeräumten Abwehr- und Gestaltungsbefugnisse; LG Koblenz[23] bejaht Garantenstellung eines Ortsbürgermeisters, wenn auf einem im Gemeindeeigentum stehenden Grundstück eine Umwelttat begangen wird; AG Hanau[24] nimmt Garantenpflicht des zuständigen Vertreters der unteren Wasserbehörde an, die Reinheit des Grundwassers zu überwachen und vor Verunreinigungen zu schützen; OLG Köln[25] nimmt Beschützergarantenpflicht der für ein öffentliches Schwimmbad zuständigen Amtsträger an, dafür zu sorgen, dass durch den Einsatz von Chemikalien keine Gefahren bei Einleitung des Abwassers in ein Gewässer verursacht werden; AG Lübeck[26]: Die Umweltschutzbehör-

[20] LG Bremen NStZ 1982, 164.
[21] OLG Stuttgart NJW 1977,1406.
[22] NStZ 1982, 164.
[23] NStZ 1987, 281.
[24] Wistra 1988, 199.
[25] NJW 1988, 2119.
[26] MDR 1989, 930.

den sind „Beschützergaranten“ für die Umweltgüter, zu deren Verwaltung und Betreuung sie bestellt sind; OLG Stuttgart[27]: Der Leiter eines Klärwerks hat aufgrund seiner Garantenstellung rechtlich dafür einzustehen, dass aus dem von ihm geleiteten Klärwerk keine ungeklärten Abwässer in einen Fluss gelangen und diesen verunreinigen; der BGH[28] bejaht für den Bürgermeister einer Gemeinde im Aufgabenbereich der Abwasserbeseitigung eine Garantenstellung, kraft derer ihn die Verpflichtung treffe, rechtswidrige, von ortsansässigen Grundstückseigentümern ausgehende Gewässerverunreinigungen abzuwenden.

3.2.3 Rechtswidrigkeit

26 Strafbar ist die „unbefugte“ Gewässerverunreinigung. Das bedeutet, der Täter handelt „ohne Rechtfertigung“.

27 Die Rechtswidrigkeit kann ausgeschlossen sein, wenn einer der im WHG oder in den Landeswassergesetzen oder in anderen Gesetzen (z. B. Gesetzen zum Schutz des Meeres) bezeichneten Ausnahmefälle vorliegt. So kann eine Erlaubnis oder Bewilligung (§ 10 WHG) vorliegen, wobei Inhaltsbestimmungen festgesetzt und Auflagen erteilt werden können (§ 13 WHG).

28 Bei Verstößen gegen Auflagen oder Inhaltsbestimmungen handelt der Täter grundsätzlich unbefugt. Dies gilt vor allem, wenn er sich nicht im Rahmen des Rechts oder der Befugnis hält (z. B. Überschreitung für die Einleitung in ein Gewässer vorgeschriebener Werte).

29 Bei behördlicher Erlaubnis kommt es auf die verwaltungsrechtliche Wirksamkeit an, nicht auf die materiellrechtliche Richtigkeit des Verwaltungsaktes. Auch eine materiell rechtswidrige Erlaubnis hat also grundsätzlich rechtfertigende Wirkung (str.). Bei Rechtsmissbrauch (erschlichener Verwaltungsakt) bleibt das Verhalten jedoch unbefugt. Dies dürfte sich aus § 330d Nr. 5 StGB ergeben, ist aber auch nicht unstreitig.

30 Weitere Unrechtsausschließungsgründe: „Not kennt kein Gebot“ (§ 8 Abs. 2 WHG), alte Rechte und Befugnisse (§ 20 WHG).

31 Gerechtfertigt sind auch erlaubnis- und bewilligungsfreie Benutzungen: Benutzungen bei Übungen für Zwecke der Verteidigung oder des Zivilschutzes (z. B. Wasserentnahme für feldmäßige Trinkwasserversorgung); Gemeingebrauch (§ 25 WHG; z. B. Gebrauch zum Baden, Viehtränken); Eigentümer- und Anliegergebrauch (§ 26 WHG; Benutzung zum eigenen Bedarf, wenn dadurch andere und das Gewässer nicht beeinträchtigt werden); Benutzung zu Zwecken der Fischerei (§ 25 WHG; z. B. Einbringen von Fischnahrung, wenn dadurch keine signifikanten Auswirkungen auf den Zustand des Gewässers zu erwarten sind).

[27] NStZ 1989, 122.

[28] BGHSt 38,325 = NJW 1992, 3247.

Sehr umstritten ist, ob und inwieweit die Duldung durch eine Behörde rechtfertigend wirkt. Es handelt sich dabei um den Verzicht der zuständigen Behörde, in einer rechtswidrigen Situation einzugreifen. Bei der sogenannten passiven Duldung liegt bloßes Untätigbleiben der Behörde vor, bei der „aktiven" Duldung hat die zuständige Verwaltungsbehörde dagegen bewusst und erkennbar entschieden, gegen einen rechtswidrigen Zustand oder ein rechtswidriges Verhalten nicht einzuschreiten. 32

Gegenüber der behördlichen Duldung als Rechtfertigungsgrund ist größte Zurückhaltung geboten. Das Verhalten von Amtsträgern einer Behörde, das eine rechtswidrige Handlung toleriert, hat angesichts der abschließenden Regelung der Genehmigungstatbestände im Gewässerrecht grundsätzlich keine rechtfertigende Wirkung. Jedenfalls scheidet stillschweigendes Dulden als Rechtfertigungsgrund aus.[29] Bei der aktiven Duldung kann ausnahmsweise dann etwas anderes gelten, wenn gesetzliche Regelungen das geduldete dem genehmigten Verhalten gleichstellen oder wenn das duldende Verhalten alle Merkmale der erforderlichen Erlaubnis aufweist, sich z. B. als mündlich erteilte Erlaubnis auslegen lässt. Im Übrigen aber kann die Duldung nur Einfluss auf das Verschulden des Täters haben und eventuell zu einem unvermeidbaren Verbotsirrtum führen, sodass der Täter straflos bleibt. 33

Große Bedenken bestehen gegen die Annahme von Gewohnheitsrecht als Rechtfertigungsgrund für Gewässerverunreinigungen (z. B. bei Einleitung von Schiffsabwässern).[30] Auch ein sogenanntes „Schifffahrtsprivileg" ist abzulehnen, wenn nicht ausdrücklich durch Vorschriften die Einleitung von Abwässern gestattet ist. 34

Auch im Umweltstrafrecht kann die Rechtswidrigkeit durch allgemeine Rechtfertigungsgründe ausgeschlossen sein. In Betracht kommt hierfür vor allem der Rechtfertigende Notstand (§ 34 StGB). Beispiele für Anwendbarkeit des § 34: Bei Feuerbekämpfung abfließendes verschmutztes Löschwasser; notwendiges Einleiten von Abwässern bei unfallbedingtem Ausfall einer Kläranlage. Nicht gerechtfertigt ist dagegen grundsätzlich eine Gewässerverunreinigung, um die Produktion aufrechterhalten und dadurch Arbeitsplätze erhalten zu können. 35

Beispiele

Einige Beispiele aus der Rechtsprechung BGH: Eine Entscheidung, die unmittelbar den strafrechtlichen Immissionsschutz betrifft, aber von allgemeiner Bedeutung ist[31]; ähnlich die Entscheidung des BGH, dass die Erhaltung von Arbeitsplätzen grundsätzlich nicht als Rechtfertigung für unbefugte Abfallbeseitigung herangezogen werden darf[32]; AG Hannover – 29 Js 25403/82 – (mehrwöchiges Ablassen von Stapelwasser 36

---

[29] BGH St 37,21 = NStZ 1990, 438.

[30] Zur Problematik siehe unter anderem BayObLG, JR 1983, 120; BGH NStZ 1991, 281; LG Hamburg, NuR 2003, 776).

[31] BGH MDR 1975, 723.

[32] BGH JR 1997, 253.

wegen Überfüllung eines Teiches ist nicht durch Notstand gerechtfertigt, wenn auch andere Maßnahmen möglich waren); LG Hof – 1 Kls 17 b Js 11777/85 – (Anstau quecksilberbelastenden Abwassers mit damit verbundenem Sickerwasseraustritt zwecks Kontrolle der Dichtigkeit eines Kanals ist nicht durch § 34 gerechtfertigt.

3.2.4 Subjektive Tatseite

37 Vorsatz ist Wissen und Wollen der Tatbestandsverwirklichung.[33] Bedingter Vorsatz genügt. Beim direkten Vorsatz will der Täter die Tatbestandsverwirklichung und weiß, dass er den Tatbestand verwirklicht, beim bedingten Vorsatz hält er die Tatbestandsverwirklichung für möglich, rechnet mit ihr und nimmt den Erfolg billigend in Kauf.[34] Bei der Gewässerverunreinigung muss sich der Vorsatz darauf beziehen, dass durch das Verhalten (Tun oder Unterlassen) des Täters die Eigenschaften eines Gewässers nachteilig verändert werden. Für den bedingten Vorsatz reicht aus, wenn der Täter mit irgendwelchen das Gewässer nachteilig verändernden Schadstoffen rechnet, ohne den konkreten Schadstoff exakt zu kennen.[35]

38 Auch Fahrlässigkeit ist bei § 324 strafbar (Abs. 3). Fahrlässig handelt, wer gegen zumutbare Sorgfaltspflichten verstößt, wobei der Tatbestandserfolg sowie die Möglichkeit und die Pflicht zur Verhinderung voraussehbar sein müssen.[36] Der Taterfolg muss vorhersehbar und vermeidbar sein.[37] Auch fahrlässiges Unterlassen ist strafbar.[38]

Beispiele

39 **Einige Beispiele aus der Rechtsprechung** OLG Hamburg[39] bejaht fahrlässige Gewässerverunreinigung bei fahrlässiger Verursachung einer Schiffskollision, die zu einer Verunreinigung führt. Der BGH[40] nahm bedingten Vorsatz bei Verantwortlichen für eine Deponie an, die arsenhaltige Materialien abgelagert und dadurch das Grundwasser verunreinigt hatten. Nach Ansicht des OLG Stuttgart[41] kann sich der Leiter eines Klärwerks, der ungeklärtes laugenhaltiges Abwasser in einen Fluss gelangen lässt, auch bei mangelnder fachlicher Ausbildung der fahrlässigen Gewässerverunreinigung schuldig machen. Gesteigerte Sorgfaltspflichten fordert das OLG Düsseldorf[42], wenn Erdarbeiten mit Großgeräten im Bereich von heizölführenden Rohrleitungen in einem Landschaftsschutzgebiet durchgeführt werden, wobei das ausführende Personal

[33] RGSt 70, 258.
[34] RGSt 72, 44, BGHSt 7, 363.
[35] BGH, NStZ 1987, 323.
[36] RG 58, 134; 61, 320; BGHSt 49, 5, 174.
[37] BGHSt 10, 369.
[38] Vgl. unter anderem BayObLG, ZfW 1993, 178.
[39] NStZ 1983, 170.
[40] BGH NStZ 1987, 323.
[41] NStZ 1989, 122.
[42] NJW 1991, 1123.

nicht über eine besondere Sachkunde verfügt, und es durch Beschädigungen der Rohrleitungen zu Ölaustritt und Gewässerverunreinigungen kommt. Zur Fahrlässigkeit des Betreibers einer Ölheizungsanlage, insbesondere zu seinen Handlungs- und Sorgfaltspflichten hat das OLG Celle[43] ausführlich Stellung genommen. Unter anderem hat es konstatiert, es entspreche allgemeiner Lebenserfahrung, dass die Gefahr der Korrosion von Öltanks aus Metall auch Laien bekannt sei.

40 Irrtumsfragen: Ein Tatbestandsirrtum (§ 16 StGB) kann vorliegen, wenn sich der Täter über das Merkmal „Gewässer" irrt, aber nur dann, wenn sich der Täter über konkrete Umstände irrt, beispielsweise annimmt, es handele sich nur um eine gelegentliche Wasseransammlung oder um eine künstliche Einrichtung, die nicht mit dem natürlichen Wasserkreislauf in Verbindung steht. Irrt er sich dagegen nicht über konkrete Umstände, liegt nur ein Verbotsirrtum vor, so beispielsweise, wenn er irrig ein kleines oder ein stehendes Gewässer nicht für geschützt hält. Verkennt ein Amtsträger die Grenzen seines Verwaltungsermessens, nimmt OLG Frankfurt/Main[44] einen Verbotsirrtum an.

Beispiele

41 **Weitere Beispiele aus der Rechtsprechung** Der BGH[45] billigt Geschäftsführer und technischem Leiter eines Industrieunternehmens, das gesundheitsbeeinträchtigende Immissionen verursacht hatte, einen unvermeidbaren Verbotsirrtum zu, weil sie irrig annahmen, die Anwohner müssten die Beeinträchtigungen hinnehmen, da sonst der Betrieb hätte eingestellt werden müssen. Gestützt auf diese Entscheidung ging auch die StA Mannheim[46] beim Verursacher einer Gewässerverunreinigung von einem solchen Irrtum aus, weil dieser glaubte, die in seinem Genehmigungsantrag vorgeschlagene und bisher nicht beanstandete Abwasserbelastung werde von der zuständigen Behörde bis zur Entscheidung über den Antrag akzeptiert. Das Vorliegen eines Verbotsirrtums wird vom OLG Stuttgart[47] verneint, wenn der Täter durch behördliche Verfügungen immer wieder auf die Unzulässigkeit des von ihm zu verantwortenden Zustandes hingewiesen wurde. Das AG Lübeck[48] geht von einem unvermeidbaren Verbotsirrtum aus, wenn eine Verwaltungsbehörde eine Abwasserabgabe in Kenntnis der Tatsache erhebt, dass der betreffende Grundbesitzer keine wasserrechtliche Genehmigung zur Einleitung von Schmutzwasser besitzt und dennoch in ein Gewässer einleitet.

---

[43] NJW 1995, 3197.
[44] NJW 1987, 2753.
[45] MDR 1975,723.
[46] NJW 1976, 585.
[47] NJW 1977, 1408.
[48] StV 1989, 348.

3.2.5 Täterschaft und Teilnahme

42 Täterschaft (§ 25 StGB) kann sowohl bei aktivem Tun als auch bei Unterlassen gegeben sein. Nicht nur derjenige, der selbst einen Stoff in ein Gewässer einbringt und dieses verunreinigt, ist Täter, sondern z. B. auch ein Betriebsinhaber, der eine Anweisung zum Einbringen des verunreinigenden Stoffs gegeben hat. Bei juristischen Personen, Personenhandelsgesellschaften, bei gesetzlicher Vertretung und bei Beauftragungen ist § 14 StGB zu beachten[49], wobei ein Auswahl- und Überwachungsverschulden bei einer Delegierung von Aufgaben bestehen bleiben kann. Betriebsbeauftragte für Gewässerschutz (vgl. § 64 WHG) können ausnahmsweise Täter sein, wenn ein Verstoß gegen ihre Pflichten kausal für den Taterfolg ist. Nach Auffassung des OLG Frankfurt/M.[50] ist zu prüfen, ob eine betriebsinterne Übertragung von Entscheidungsbefugnissen auf den Gewässerschutzbeauftragten stattgefunden hat, sodass eine Beschützergarantenstellung in Betracht kommt, die zu einer Bestrafung als Täter führt. Ist dies nicht der Fall, sei eine Bestrafung als Teilnehmer in Betracht zu ziehen. Bei Amtsträgern ergeben sich Probleme, weil die Behörden meist einen Ermessensspielraum besitzen und neben ökologischen auch wasserwirtschaftliche Gesichtspunkte berücksichtigen dürfen. Aber auch ein ermessensfehlerhaftes Verhalten kann eine Verletzung der Garantenpflicht darstellen und die Strafbarkeit begründen. Amtsträgerstrafbarkeit kann in Betracht kommen bei Erteilung einer rechtswidrigen Genehmigung, beim Unterlassen der Beseitigung (Nichtrücknahme) einer fehlerhaften Genehmigung sowie beim Unterlassen behördlicher Maßnahmen gegen einen rechtswidrig handelnden Bürger.

Beispiele

43 **Einige Beispiele aus der Rechtsprechung** Nach einem Urteil des LG Bremen[51] machen die dem Leiter eines Wasserwirtschaftsamtes eingeräumten Abwehr- und Gestaltungsbefugnisse ihn zum Garanten dafür, dass der in § 324 StGB beschriebene Erfolg nicht eintritt. Die Generalstaatsanwaltschaft (GenStA) Hamm[52] hat die Strafbarkeit eines Gemeindedirektors wegen Gewässerverunreinigung verneint, weil keine Reduzierung des Einschreitensermessens auf Null vorgelegen habe und somit keine Pflichtverletzung, die kausal für die Verunreinigung gewesen sei. Die GenStA Zweibrücken[53] verneinte die Strafbarkeit der für die Aufsicht über eine Deponie zuständigen Amtsträger einer Bezirksregierung wegen Verunreinigung des Grundwassers, weil ein Ermessensfehlgebrauch im Hinblick auf die Belange des Wasserhaushalts-

[49] Vgl. OLG Stuttgart, MDR 1976, 690; OLG Frankfurt/M., NJW 1987, 2753; OLG Köln, NJW 1988, 2119.

[50] NJW 1987, 2753.

[51] NStZ 1982, 164.

[52] NStZ 1984, 219.

[53] NStZ 1984, 554.

rechts nicht festzustellen sei. Das LG Koblenz[54] hat ausgeführt, dass auch einen Ortsbürgermeister als „allgemeinem" Amtsträger die Garantenpflicht treffe, wenn auf einem im Gemeindeeigentum stehenden Grundstück eine Umwelttat begangen werde. Das LG München[55] hat einen Bürgermeister verurteilt, weil Abwässer aus einer gemeindlichen Kläranlage, deren befristete Genehmigung abgelaufen war, in ein Gewässer eingeleitet wurden. Zur strafrechtlichen Verantwortung eines Werkleiters, eines betrieblichen Gewässerschutzbeauftragten und eines Wasserrechtsdezernenten im Regierungspräsidium siehe eingehend OLG Frankfurt/M.[56] OLG Köln[57]: Wer als Amtsträger für die Verwaltung eines Schwimmbades zuständig ist, ist auch mitverantwortlich für den gebotenen Anschluss dieses Schwimmbades an die Kanalisation. Zur Haftung des Leiters eines Klärwerks, der bei Überschreitung des höchstzulässigen pH-Werts der einlaufenden Abwässer nichts unternimmt, führt das OLG Stuttgart[58] aus, dass der Angeklagte aufgrund seiner Garantenstellung rechtlich dafür einzustehen hatte, dass aus dem von ihm geleiteten Klärwerk keine ungeklärten Abwässer in ein Gewässer flossen und dieses verunreinigten. BGH[59]: Der Bürgermeister einer Gemeinde hat im Aufgabenbereich der Abwasserbeseitigung eine Garantenstellung, kraft derer ihn die Verpflichtung trifft, rechtswidrige, von ortsansässigen Grundstückseigentümern ausgehende Gewässerverunreinigungen abzuwenden. OLG Frankfurt/M.[60]: Zur strafrechtlichen Verantwortlichkeit eines kommunalen Spitzenbeamten für durch fehlerhafte Schmutzwassereinleitung entstandene Gewässerverunreinigung. Das Gericht bejaht die Garantenstellung eines innerhalb des Gemeindevorstands allein für die Entwässerungsangelegenheiten zuständigen Stadtrats.

3.2.6 Versuch

44 Der Versuch ist strafbar (Abs. 2). Eine Straftat versucht, wer nach seiner Vorstellung von der Tat zur Verwirklichung des Tatbestandes unmittelbar ansetzt (§ 22 StGB), die Tat ist begonnen, aber nicht vollendet; das geschützte Rechtsgut muss konkret gefährdet sein. Versuchte Gewässerverunreinigung liegt vor, wenn der Täter eine Handlung vornimmt, die das Rechtsgut Gewässer unmittelbar gefährdet oder gefährden soll (z. B. Beginn der Einleitung eines verunreinigenden Stoffes), wobei er von der Eignung zur Verunreinigung weiß oder zumindest mit dem Taterfolg rechnet und ihn billigend in Kauf nimmt.

---

[54] NStZ 1987, 281.
[55] NuR 1986, 259.
[56] NJW 1987, 2753.
[57] NJW 1988, 2119
[58] NStZ 1989, 122
[59] NJW 1992, 3247.
[60] NStZ-RR 1996, 103.

Beispiele

45 **Einige Beispiele aus der Rechtsprechung** AG Hamburg (132a Cs 400 Js 91/83): Der Täter wirft einen Plastikbeutel mit Altöl in einen Wassergraben, ein Zeuge kann den noch nicht geplatzten Beutel wieder herausholen. LG Berlin (1 Wi Ls 97/81): Der Täter lagert ölverseuchtes Erdreich in einer Kiesgrube ab, sodass die Gefahr des Eindringens in das Grundwasser bestand.

3.2.7 Rechtsfolgen der Tat

46 Der Strafrahmen reicht bei der vorsätzlichen Gewässerverunreinigung von fünf Tagessätzen bis zu 360 Tagessätzen Geldstrafe (§ 40 Abs. 1 StGB) oder von einem Monat bis zu fünf Jahren (bei Fahrlässigkeit bis zu drei Jahren) Freiheitsstrafe.

47 Bei Umweltstraftaten ist zu beachten, dass es sich nicht um „Kavaliersdelikte", sondern um kriminelle Taten handelt, bei denen der Strafrahmen, wenn erforderlich, ausgeschöpft werden sollte. Liegt eine Tat mit geringfügigem Unrechtsgehalt und relativ geringer Schuld vor, kann eine Einstellung nach §§ 153, 153a StPO in Betracht kommen. Nebenfolgen der Tat (z. B. Verfall und Einziehung, §§ 73 ff. StGB) können gerade im Umweltstrafrecht von Bedeutung sein; insbesondere bei wirtschaftlich ausgerichteten Umweltstraftaten (wenn z. B. Investitionen zum Schutz der Umwelt unterlassen wurden, um Aufwendungen zu ersparen), ist an Gewinnabschöpfung zu denken.

3.3 Unerlaubtes Betreiben von Rohrleitungsanlagen zum Befördern wassergefährdender Stoffe (§ 327 Abs. 2 Nr. 2 StGB)

3.3.1 Allgemeines

48 In der amtlichen Begründung[61] heißt es zu der Vorschrift unter anderem: „Nr. 2 dehnt den Kreis der Anlagen auf genehmigungsbedürftige und auf anzeigepflichtige Rohrleitungsanlagen zum Befördern wassergefährdender Stoffe aus. Von solchen Anlagen können, wenn sie fehlerhaft sind oder unsachgemäß betrieben werden, besondere Gefahren für Boden und Gewässer ausgehen". Die Vorschrift wurde 2009 geändert. Nunmehr wird nicht mehr auf das WHG, sondern auf das UVP-Gesetz[62] Bezug genommen. Die Anzeigepflicht besteht nicht mehr.

3.3.2 Tathandlung

49 Die Tathandlung besteht im Betreiben einer genehmigungsbedürftigen Rohrleitungsanlage zum Befördern wassergefährdender Stoffe i. S. des UVP-Gesetzes ohne die erforder-

[61] BT-Drucks. 12/192, S. 22.

[62] Gesetz über die Umweltverträglichkeitsprüfung vom 12.02.1990 i. d. F. vom 24.02.2010 (BGBl. I S. 94), zuletzt geändert durch Gesetz vom 24.02.2012 (BGBl. I S. 212); § 1 des Buches.

liche Planfeststellung oder Plangenehmigung oder entgegen einer vollziehbaren Untersagung. Zu den Pflichten siehe § 20 UVPG i.V. mit Nr. 19.3 der Anlage 1 des UVPG.

3.3.3 Täterschaft und Teilnahme

Hierzu siehe die Ausführungen zu 4.4.6 (§ 327 StGB) in diesem Lehrbuch! 50

3.3.4 Rechtsfolgen der Tat

Vgl. hierzu die Ausführungen zu 4.4.7 (§ 327 StGB) in diesem Lehrbuch! 51

3.4 Zusammenfassung des Abschnitts „Gewässerstrafrecht"

Wichtigste Strafvorschrift im Gewässerschutzrecht ist § 324 StGB. Geschützt wird das Gewässer. Siehe dazu § 330d Nr. 1 StGB (Oberirdische Gewässer, Grundwasser, Meer). Tathandlung ist die nachteilige Veränderung der Gewässereigenschaften. Siehe dazu § 3 Nr. 7 WHG. Nach der Rechtsprechung versteht man unter „nachteilige Veränderung" jede Verschlechterung der natürlichen Gewässereigenschaften in physikalischem, chemischem oder biologischem Sinn.[63] Die Rechtswidrigkeit – und damit die Strafbarkeit – der Tat kann durch Rechtfertigungsgründe ausgeschlossen sein (z. B. durch Erlaubnis und Bewilligung i. S. des WHG), rechtfertigenden Notstand, § 34 StGB). Auf der subjektiven Tatseite sind Vorsatz und Fahrlässigkeit strafbar. Auch eine nur versuchte Gewässerverunreinigung ist strafbar. 52

Neben § 324 StGB sind im Gewässerstrafrecht zu beachten §§ 305, 313, 314, 316b, 318, 327 Abs. 2 StGB. Die letztgenannte Vorschrift betrifft das unerlaubte Betreiben von Rohrleitungsanlagen zum Befördern wassergefährdender Stoffe. 53

4 Immissionsschutz

4.1 Allgemeines

Der Immissionsschutz ist ein sehr weites Gebiet. Auch der Klimaschutz gehört dazu. Kerngesetz ist das Gesetz zum Schutz vor schädlichen Umwelteinwirkungen durch Luftverunreinigungen, Geräusche, Erschütterungen und ähnliche Vorgänge (**Bundes-Immissionsschutzgesetz** – BImSchG[64]). 54

---

[63] BGH, NStZ 1987, 323.

[64] Vom 15.03.1974 (BGBl. I S. 721) i. d. F. vom 26.09.2002 (BGBl. I S. 3830), zuletzt geändert durch Gesetz vom 24.02.2012 (BGBl. I S. 212); siehe § 2 des Buches.

55 Neben dem BImSchG dienen dem Immissionsschutz weitere Gesetze, z. B. das Benzin-Blei-Gesetz, das Fluglärmgesetz, das Luftverkehrsgesetz, mittelbar aber auch andere Umweltschutzgesetze (auch Verordnungen), wie die diversen Abfallgesetze, Vorschriften des Straßen-, Schienen- und Luftverkehrs und der Schifffahrt (vgl. unter anderem StVG, StVO, StVZO, LuftVG). Ferner sind zu beachten Landesimmissionsschutzgesetze, internationale und supranationale Übereinkommen, EU-Richtlinien und EU-Verordnungen.

56 Im Strafrecht sind die wesentlichen Vorschriften im 29. Abschnitt des StGB enthalten: §§ 325, 325a, 327. Es handelt sich dabei um die Straftatbestände der **Luftverunreinigung, der Lärmverursachung und des unerlaubten Betreibens von Anlagen** i. S. des BImSchG. Soweit diese Vorschriften die Verunreinigung der Luft betreffen, dienen sie auch dem Klimaschutz.

57 Aufgrund der Umsetzung der Richtlinie 2008/99/EG vom 19.11.2008 über den strafrechtlichen Schutz der Umwelt[65] durch das 45. StrÄndG[66] wurden die §§ 325, 327 StGB nicht unerheblich geändert.

4.2 Luftverunreinigung (§ 325 StGB)

4.2.1 Allgemein

58 Die Vorschrift ist wenig effektiv. Dies liegt an der Beschränkung auf den „Betrieb einer Anlage“ (diese Beschränkung ist durch den neuen Absatz 3 nur teilweise entfallen), an der Eignungsklausel, an der Voraussetzung der „Verletzung verwaltungsrechtlicher Pflichten“ und an den erheblichen Nachweisschwierigkeiten in der Praxis.

4.2.2 Schutzobjekte

59 Schutzobjekte (Rechtsgüter) sind die menschliche Gesundheit, das Eigentum und ökologisch bedeutsame Sachen (z. B. Tiere, Pflanzen). Nicht ganz unumstritten, aber – im Blick auf Absatz 2, 3 – durchaus vertretbar, ist die Auffassung, dass auch die Luft oder die Reinheit der Luft eigenständiges Rechtsgut sei.[67]

4.2.3 Zu Absatz 1

60 Die **Tathandlung** erfordert den Betrieb einer Anlage. **Anlagen** sind alle gewerblichen oder nichtgewerblichen Zwecken dienenden ortsfesten und beweglichen Einrichtungen, die die in § 325 Abs. 1 genannten Luftveränderungen und die in Abs. 2 genannten Emissionen verursachen können. Das Gesetz beschränkt sich nicht auf Anlagen i. S. des

---

[65] ABl. L 328 vom 06.12.2008, S. 28.

[66] Siehe Rn. 4.

[67] Vgl. z. B. *Stree* in: Schönke/Schröder § 325, Rn. 1; *Kloepfer/Vierhaus*, Umweltstrafrecht, 2. Aufl., S. 98.

BImSchG, jedoch werden meist diese Anlagen in Betracht kommen. Nach der Legaldefinition des § 3 Abs. 5 BImSchG sind Anlagen i. S. des BImSchG:

- Betriebsstätten und sonstige ortsfeste Einrichtungen (z. B. Fabriken, Farmen),
- Maschinen, Geräte und sonstige ortsveränderliche technische Einrichtungen sowie Fahrzeuge (soweit es sich nicht um Kraftfahrzeuge und ihre Anhänger, Schienen-, Luft- und Wasserfahrzeuge handelt) (z. B. Rasenmäher, Bagger, Mähdrescher),
- Grundstücke, auf denen Stoffe gelagert oder abgelagert oder Arbeiten durchgeführt werden, die Emissionen verursachen können (z. B. Baustellen, Dunglagerstätten), ausgenommen öffentliche Verkehrswege.

61 Der Gesetzgeber geht im 2. UKG von einer weiten Auslegung des Anlagenbegriffs aus, wenn z. B. das wiederholte unzulässige Abbrennen von Isolationsmaterial auf einem Grundstück zur Gewinnung wertvollen Buntmetalls als Betreiben einer Anlage i. S. von § 3 Abs. 5 Nr. 3 BImSchG angesehen wird.[68]

62 Beim Betrieb der Anlage müssen – im Falle von § 325 Abs. 1 – **Veränderungen der Luft** verursacht worden sein. Im BImSchG sind nach dessen § 3 Abs. 4 Luftverunreinigungen i. S. des Gesetzes Veränderungen der natürlichen Zusammensetzung der Luft, insbesondere durch Rauch, Ruß, Staub, Gase, Aerosole, Dämpfe oder Geruchsstoffe. Nach dem Willen des Gesetzgebers[69] soll der Schutzbereich des § 325 StGB weiter sein, um beispielsweise radioaktive Kontaminierungen von Luftbestandteilen erfassen zu können. Auch bereits verunreinigte Luft kann weiter nachteilig verändert werden.[70]

63 Die Luftverunreinigung muss **geeignet** sein, bestimmte Schäden außerhalb des zur Anlage gehörenden Bereichs zu bewirken. Weder ein tatsächlicher Schadenseintritt noch eine konkrete Gefährdung sind erforderlich. Es reicht aus, wenn die rechtswidrig bewirkte Luftverunreinigung im Hinblick auf die bedrohten Güter (Gesundheit, Sachen) generell gefährlich ist.[71] Um dies feststellen zu können, wird meist ein Sachverständigengutachten erforderlich sein.

64 Die Schädigungseignung muss sich auf einen **Bereich** beziehen, der sich **außerhalb der Anlage** befindet. Gedacht ist an die Nachbarschaft, aber auch an die Allgemeinheit. Die Luftverunreinigung muss geeignet sein, die Gesundheit eines anderen zu schädigen, d. h., die körperliche Unversehrtheit dauernd oder nur vorübergehend zu verletzen, oder Tiere, Pflanzen oder andere Sachen von bedeutendem Wert zu schädigen. Bei der Wertermittlung ist nicht nur auf den Sachwert abzustellen, sondern auch auf den ökologischen Wert.

---

68 Amtliche Begründung, BT-Drucks. 12/192, S. 18.
69 Amtliche Begründung, BT-Drucks. 12/192, S. 18.
70 Vgl. unter anderem *Stree/Heine* in: Schönke/Schröder § 325, Rn. 2; *Steindorf* in: LK § 325, Rn. 3.
71 Amtliche Begründung – BR-Drucks. 399/78, S. 17; OLG Karlsruhe, ZfW 1996, 407.

Beispiel

65 **Ein Beispiel aus der Rechtsprechung** OLG Karlsruhe[72]: Für das Tatbestandsmerkmal der Schadenseignung i. S. von § 325 Abs. 1 Nr. 1 StGB ist es ausreichend, dass die jeweils emittierten (an die Umluft abgelassenen) Vinylchloridgase nach ihrer Beschaffenheit generell in der Lage sind, Gesundheitsschädigungen herbeizuführen. Hiervon ist auszugehen, wenn die veränderte Luftzusammensetzung Eigenschaften aufweist, die nach derzeitig gesicherter naturwissenschaftlicher Erfahrung generell schädliche Wirkung auf die durch § 325 StGB geschützten Güter mit hinreichender Wahrscheinlichkeit erwarten lassen.

66 Ein wichtiges Tatbestandsmerkmal ist das Erfordernis der **Verletzung verwaltungsrechtlicher Pflichten.** Der Begriff ist in § 330d Nr. 4 StGB bestimmt. Danach ist eine verwaltungsrechtliche Pflicht eine Pflicht, die sich aus einer Rechtsvorschrift, einer gerichtlichen Entscheidung, einem vollziehbaren Verwaltungsakt, einer vollziehbaren Auflage oder einem öffentlichrechtlichen Vertrag (soweit die Pflicht auch durch Verwaltungsakt hätte auferlegt werden können) ergibt und dem Schutz vor Gefahren oder schädlichen Einwirkungen auf die Umwelt (insbesondere auf Menschen, Tiere oder Pflanzen, Gewässer, die Luft oder den Boden) dient. Seit dem 2. UKG werden also nicht nur gefährliche Luftverunreinigungen erfasst, die auf genehmigungslosem Handeln oder auf Verstößen gegen Verwaltungsakte beruhen, sondern unter anderem auch Verstöße gegen Rechtsvorschriften beim Betrieb von Anlagen mit gefährlichen Folgen. Es muss sich um Rechtsvorschriften handeln, die dem Schutz vor gefährlichen Luftverunreinigungen außerhalb einer Anlage dienen, genauer: dem Schutz vor Luftverunreinigungen als schädliche Umwelteinwirkungen i. S. des § 3 BImSchG, zusätzlich beschränkt auf den Gefahrenschutz.[73] In Betracht kommen beispielsweise diverse Verordnungen zur Durchführung des BImSchG, aber auch außerhalb des BImSchG bestehende Vorschriften, die dem Schutz vor Luftverunreinigungen dienen (z. B. im Atomrecht, Abfallrecht, im Chemikaliengesetz, im Luftverkehrsgesetz). Bei den Verwaltungsakten, die eine „verwaltungsrechtliche Pflicht" begründen, kommen beispielsweise in Betracht Anordnungen, Auflagen, Untersagungen nach dem BImSchG, die jeweils vollziehbar sein müssen. Ein Verstoß gegen verwaltungsrechtliche Pflichten liegt auch vor, wenn die emittierende Anlage ohne Genehmigung betrieben wird, obwohl sie gemäß § 4 BImSchG genehmigungsbedürftig ist. Zur Gleichstellung verwaltungsrechtlicher Pflichten mit entsprechenden Pflichten anderer EU-Staaten.[74]

67 Voraussetzung ist in jedem Fall, dass zwischen dem pflichtwidrigen Tun oder Unterlassen des Täters und der Veränderung der Luft Kausalzusammenhang besteht. Bei dessen Ermittlung ist meist mit Beweisschwierigkeiten zu rechnen – insbesondere bei Sum-

---

[72] ZfW 1996, 406.

[73] Vgl. Amtliche Begründung, BT-Drucks. 12/192, S. 18, 31.

[74] Siehe unten Punkt 4.2.5.

mations- und Kumulationseffekten und Synergismen und bei bestimmten Wetterlagen (z. B. Wind), die die verunreinigende Emission nur schwer oder gar nicht mehr feststellbar machen. Es reicht aus, wenn bereits gefährlich verunreinigte Luft weiter verschmutzt wird.[75]

Beispiele

Einige Beispiele aus der Rechtsprechung AG Spaichingen (4 Js 5701/81-2 Cs 171/82): Der für eine Abwasserentgiftungsanlage Verantwortliche verursachte fahrlässig, dass Blausäuredämpfe ins Freie traten, wodurch in unmittelbarer Nachbarschaft in Gärten Pflanzen und Gras verwelkten und Personen durch Einatmen der Dämpfe Reizungen und Nasenbluten bekamen. AG Koblenz (101 Js 1258/84): Abbrennen von Kupferkabeln, sodass die Emission die Luft erheblich verunreinigte. AG Hameln (8 Ls 29 Js 13693/85): Der Geschäftsführer eines Betriebes ließ zum Aufheizen eines Kessels Altreifen verbrennen, was zu starken Rauchemissionen führte und zur Freisetzung von Kohlenwasserstoffen und Schwefelverbindungen. OLG Karlsruhe[76]: Beim Betrieb einer Polyvinylchloridproduktionsanlage wurden Vinylchloridgase in unzulässiger Menge und Konzentration in die Umluft freigesetzt, die geeignet waren, außerhalb des zur Anlage gehörenden Bereichs die Gesundheit anderer Personen zu beeinträchtigen. 68

Zu Absatz 2: Es handelt sich dabei um eine zusätzliche Tatbestandsvariante zum Schutz vor Luftverunreinigungen, ausgestaltet als abstraktes Gefährdungsdelikt.[77] Auf die Eignungsklausel des Abs. 1 ist dabei verzichtet worden. Andererseits wird die Strafbarkeit beschränkt, indem nur die Freisetzung von Schadstoffen „in bedeutendem Umfang" erfasst wird. Die bisherige weitere Beschränkung auf „grobe" Verletzung verwaltungsrechtlicher Pflichten wurde durch das 45. StrÄndG hinfällig, indem das Wort „grober" gestrichen wurde. Eine Definition des Begriffs „Schadstoffe" findet sich in § 325 Abs. 6. Die Freisetzung dieser Stoffe muss außerhalb des Geländes des emittierenden Betriebs erfolgen. 69

Zu Absatz 3: Diese Vorschrift wurde durch das 45. StrÄndG (siehe oben) eingefügt. Bisher setzte § 325 den Betrieb einer Anlage voraus. Die EU-Richtlinie Umweltstrafrecht will aber auch einmalige umfangreiche Emissionen außerhalb einer Betriebsstätte oder Maschine erfassen. In der amtlichen Begründung[78] werden als Beispiele genannt: „Durch auf freiem Feld verrottende Fässer freigesetzte giftige Dämpfe", „das Giftstoffe freisetzende Verbrennen eines Kupferkabels", „das Entweichenlassen von Giftstoffen aus ei- 70

[75] Vgl. *Stree/Heine* in: Schönke/Schröder § 325, Rn. 2; *Horn* in: SK § 325, Rn.4
[76] ZfW 1996, 406.
[77] Amtliche Begründung – BT-Drucks. 12/192, S. 19.
[78] BT-Drucks. 17/5391, S. 12, 16.

nem Vorratsbehälter". Strafbarkeit ist aufgrund der Neufassung nunmehr gegeben, wenn Schadstoffe in bedeutendem Umfang in die Luft freigesetzt werden.

4.2.4 Ausnahmen

71 Die gesamte Vorschrift galt bisher nicht für Kraftfahrzeuge, Schienen-, Luft- oder Wasserfahrzeuge. Aufgrund der EU-Richtlinie Umweltstrafrecht wurde eine Änderung erforderlich. Nunmehr ist aufgrund des 45. StrÄndG[79] die Ausnahmeregelung nur noch für Fälle des Abs. 1 vorgesehen (Abs. 7).

4.2.5 Auslandstaten

72 Aufgrund der EU-Richtlinie Umweltstrafrecht wurde durch das 45. StrÄndG[80] auch die Verfolgung von Taten ermöglicht, die in anderen EU-Mitgliedsstaaten begangen werden, wenn die Voraussetzungen der §§ 5 bis 7 StGB gegeben sind.[81] Dies ergibt sich aus der Neuregelung in § 330d Abs. 2 StGB, wonach einer verwaltungsrechtlichen Pflicht usw. entsprechende, in dem anderen Mitgliedsstaat geltende Pflichten usw. gleich stehen.

4.2.6 Rechtswidrigkeit

73 Das Merkmal „unter Verletzung verwaltungsrechtlicher Pflichten" gehört zum Tatbestand, d. h., das pflichtgemäße Handeln ist nicht nur nicht rechtswidrig, sondern bereits nicht tatbestandsmäßig. Die Rechtswidrigkeit kann durch **Rechtfertigungsgründe** ausgeschlossen sein. In Betracht kommt z. B. der allgemeine Unrechtsausschließungsgrund des rechtfertigenden Notstandes (§ 34 StGB). Dabei ist allerdings eine zu großzügige Anwendung des § 34 abzulehnen. In Not- und Katastrophenfällen kann eine Notstandslage gegeben sein. Vom BGH[82] ist § 34 verneint worden in einem Fall, in dem von einem Industrieunternehmen verursachte Immissionen von Dämpfen zu Gesundheitsbeschädigungen zahlreicher Personen der naheliegenden Wohngebiete geführt hatten. Die Werksleitung hatte mit Rücksicht auf die Erhaltung der 500 Arbeitsplätze den Betrieb nicht einstellen wollen. Nach Auffassung des BGH rechtfertige die Gefahr für die Produktion und die Erhaltung der Arbeitsplätze nicht, die Gesundheit der Anwohner aufs Spiel zu setzen.

74 Grundsätzlich kein Rechtfertigungsgrund ist die behördliche Duldung. Anderes kann ausnahmsweise nur dann gelten, wenn eine aktive Duldung einer Genehmigung gleich kommt und ein Vertrauenstatbestand geschaffen wurde.

---

[79] Siehe Rn. 4.

[80] Siehe Rn. 4.

[81] Vgl. amtliche Begründung BT-Drucks. 17/5391, S. 21.

[82] MDR 1975, 723.

4.2.7 Subjektive Tatseite

75 Der **Vorsatz** muss alle Tatbestandsmerkmale umfassen, wobei es genügt, wenn sie in der Laiensphäre richtig gewertet werden. Der Vorsatz muss sich also darauf beziehen, dass es sich um eine Anlage handelt, dass diese „betrieben" wird und dass dieses Betreiben unter Verletzung verwaltungsrechtlicher Pflichten erfolgt. Er muss ferner die Luftverunreinigung und die Schädigungseignung sowie bei Abs. 2 die Schadstoffqualität und das Gelangen in den Bereich außerhalb des Betriebsgeländes umfassen. Bedingter Vorsatz genügt.

76 Auch die **fahrlässige** Begehungsweise ist in den Fällen der Abs. 1 und 2 strafbar (Abs. 4). In Fällen des neuen Abs. 3 soll nur – den Erfordernissen der EU-Richtlinie Umweltstrafrecht entsprechend – grobe Fahrlässigkeit strafbar sein, für die im Strafrecht der Begriff „**Leichtfertigkeit**" verwendet wird (vgl. z. B. § 330a Abs. 5 StGB): Die Neuregelung ist in Abs. 5 vorgesehen.

77 **Irrtumsfragen:** Der Vorsatz wird gemäß § 16 StGB ausgeschlossen, wenn sich der Täter über konkrete Umstände irrt. Beispiele: Der Täter irrt sich über die Zusammensetzung des emittierten Stoffs, über Tatsachen, die eine Änderung seiner Anlage bedeuten, über den Inhalt eines Verwaltungsakts. Irrt sich der Täter über ein Merkmal des gesetzlichen Tatbestandes, ohne sich über konkrete Umstände zu irren, hält er z. B. eine einzelne Maschine nicht für eine Anlage i. S. des BImSchG, handelt es sich um einen Verbotsirrtum.[83]

Beispiel

78 **Ein Beispiel aus der Rechtsprechung** Der BGH[84] hat dem Geschäftsführer und dem technischen Leiter eines Industrieunternehmens, das gesundheitsbeeinträchtigende Immissionen verursacht hatte, einen unvermeidbaren Verbotsirrtum zugebilligt, weil sie von der verfehlten Rechtsauffassung ausgingen, die Anwohner müssten die körperlichen Beeinträchtigungen hinnehmen, da sonst der Betrieb hätte eingestellt werden müssen, wozu die Angeklagten nicht einmal befugt waren. Sie hätten also in der Annahme gehandelt, dass ihnen ein Rechtfertigungsgrund (Notstand gemäß § 34 StGB) zur Seite stünde.

4.2.8 Täterschaft und Teilnahme

79 Zu beachten ist, dass Errichter, Betreiber und Eigentümer einer Anlage nicht identisch zu sein brauchen. Täter ist in erster Linie der Betreiber. Dies kann sowohl der für das Betreiben Verantwortliche sein, der die Anweisung zum Betreiben gibt, als auch z. B. der Arbeiter, der die Anlage tatsächlich in Gang setzt und bedient, wenn er gegen sogenann-

[83] Vgl. *Steindorf* in: LK § 325, Rn. 72: als Verbotsirrtum zu behandelnder Subsumtionsirrtum.

[84] MDR 1975, 723.

te „Jedermannpflichten" verstößt.[85] Ansonsten aber ist Voraussetzung, dass der Täter gegen einen an ihn gerichteten Verwaltungsakt verstößt (Sonderdelikt). § 14 StGB ist zu beachten.[86] Bei Angestellten oder Beauftragten, die für ein Unternehmen handeln, z. B. auch bei Immissionsschutzbeauftragten, kommt es auf ihre innerbetrieblichen Entscheidungsbefugnisse an.

4.2.9 Der Versuch

80 Der Versuch ist bei Abs. 1 strafbar. In Betracht kommen Fälle, in denen eine Verletzung verwaltungsrechtlicher Pflichten bereits begonnen hat, eine Luftverunreinigung aber noch verhindert werden konnte.

4.2.10 Rechtsfolgen der Tat

81 Der Strafrahmen reicht bei vorsätzlichen Vergehen von fünf Tagessätzen bis zu 360 Tagessätzen Geldstrafe oder von einem Monat bis zu (bei Abs. 1 und 2) fünf Jahren bzw. (bei Abs. 3) drei Jahren Freiheitsstrafe, bei fahrlässigen Vergehen von fünf Tagessätzen bis zu 360 Tagessätzen Geldstrafe oder von einem Monat bis zu (bei Abs. 4) drei Jahren, bei Leichtfertigkeit (Abs. 5) einem Jahr Freiheitsstrafe.

4.3 Verursachen von Lärm, Erschütterungen und nichtionisierenden Strahlen (§ 325a StGB)

4.3.1 Schutzobjekte

82 **Schutzobjekte** (Rechtsgüter) sind bei Abs. 1 die menschliche Gesundheit, bei Abs. 2 ferner das Eigentum und ökologisch bedeutsame Sachen (z. B. Tiere, Pflanzen). Nicht unumstritten sind Auffassungen, wonach auch die „rekreative Ruhe" oder die diversen Umweltmedien als eigenständige Rechtsgüter in Betracht kommen.[87]

83 Wie § 325 spielt auch § 325a StGB in der Praxis keine große Rolle. Die Gründe sind ähnlich.[88]

4.3.2 Tathandlung

84 Die **Tathandlung** erfordert auch hier den Betrieb einer Anlage.[89] Der Begriff ist wiederum weit auszulegen, sodass beispielsweise Tonwiedergabegeräte und Musikinstrumente mit elektrischem Verstärker erfasst werden.

---

[85] Vgl. *Rengier* in: Festschrift für Kohlmann, 2003; *Stree/Heine* in: Schönke/Schröder § 325, Rn. 29.

[86] Vgl. OLG Stuttgart, MDR 1978, 690; OLG Karlsruhe, ZfW 1996, 406.

[87] Vgl. unter anderem *Stree/Heine* in: Schönke/Schröder § 325a, Rn. 1; *Rengier*, NJW 1990, 2506; *Stegmann*, Artenschutz-Strafrecht 2000, S. 220.

[88] Siehe dazu oben Rn. 58.

[89] Vgl. hierzu oben Rn. 60.

Die Anlage wird betrieben, wenn sie für ihren Zweck genutzt wird. Erst bei völliger Stilllegung endet der Betrieb. 85

Beispiele 86

Maschinenlärm, Lärm von Automobilrennstrecken, Kirchturmuhren, Musikverstärkeranlagen.

Voraussetzung für die Strafbarkeit nach Absatz 1 ist, dass **Lärm** verursacht wird, der generell geeignet ist, die Gesundheit eines anderen Menschen zu schädigen. Dabei reicht es aus, wenn er bei irgendeinem Anderen Gesundheitsschäden verursachen kann; ob überhaupt ein Mensch in der Nähe ist, ist unerheblich.[90] Wie bei § 325 StGB befindet sich auch hier der **Schutzbereich außerhalb der Anlage**, womit die Nachbarschaft, aber auch die Allgemeinheit geschützt werden sollen. Der Begriff der Gesundheit entspricht dem allgemein im Strafrecht geltenden Gesundheitsbegriff, d. h., im Herbeiführen oder Steigern eines pathologischen Zustands. Bloße Belästigungen genügen nicht. Dagegen werden auch psychische Einwirkungen, soweit sie sich körperlich auswirken, erfasst.[91] 87

Wie bei § 325 ist auch hier wichtiges Tatbestandsmerkmal das Erfordernis der **Verletzung verwaltungsrechtlicher Pflichten**. Die Begriffsbestimmung findet sich in § 330d Nr. 4 StGB. In Betracht kommen insoweit vor allem Verwaltungsakte (Vollziehbare Anordnungen, Untersagungen, Auflagen) und Rechtsvorschriften, die den Schutz vor gefährlichem Lärm außerhalb einer Anlage dienen (beispielsweise diverse Durchführungsverordnungen zum BImSchG, Lärmschutzverordnungen der Länder). Ein Verstoß gegen verwaltungsrechtliche Pflichten liegt auch vor, wenn die lärmverursachende Anlage ohne Genehmigung betrieben wird, obwohl sie gemäß § 4 BImSchG genehmigungsbedürftig ist. 88

Beispiele

Einige Beispiele aus der Rechtsprechung AG Paderborn (20 Js 315/81): In einer Gaststätte wird eine Musikanlage unter Verstoß gegen Auflagen so laut betrieben, dass die Anwohner durch ständige nervliche Belastung infolge Störung der Nachtruhe gesundheitlich beeinträchtigt wurden. StA Landau (24 Js 3345/87): Betreiben einer Autowrackanlage mit Schallpegeln bis 84 dB (A); diese Belastungsgrößen vermögen Gesundheitsschädigungen hervorzurufen. AG Dieburg[92] geht bei einer Industriemähmaschine und einem Hammer von einer Anlage aus. Der Betreiber hatte unter Verstoß gegen die Hessische Lärmverordnung innerhalb der vorgeschriebenen Ruhe- 89

[90] Vgl. *Kleine-Cosack*, Kausalitätsprobleme im Umweltstrafrecht 1988, S. 165.
[91] Vgl. BT-Drucks. 8/3633, S. 26.
[92] NStZ-RR 1998, 73.

zeiten Geräusche verursacht, die konkret geeignet waren, die Gesundheit anderer zu schädigen (Schlafentzug, psycho-physiologische Störungen des menschlichen Organismus).

90 Eine höhere Strafandrohung sieht **Absatz 2** vor. Bei dieser Vorschrift handelt es sich um ein konkretes Gefährdungsdelikt. Erfasst werden die Fälle, in denen beim Betrieb einer Anlage[93] durch Lärm, Erschütterungen oder nichtionisierende Strahlen unter Verletzung verwaltungsrechtlicher Pflichten[94], die dem Schutz vor diesen Immissionen dienen, die genannten Rechtsgüter konkret gefährdet werden.

91 **Beispiele**[95]

Schäden an Gebäuden durch extreme Erschütterungen des Bodens beim Betrieb von Anlagen, überlaute Musikanlagen im Freien.

92 Ausnahmen: Gemäß Absatz 4 gelten die Absätze 1 bis 3 nicht für Kraftfahrzeuge, Schienen-, Luft- oder Wasserfahrzeuge. Im Gegensatz zu § 325 hat sich hieran auch nichts durch das 45. StrÄndG vom 06.12.2011 geändert.

4.3.3 Rechtswidrigkeit

93 Im Übrigen gelten für die Rechtswidrigkeit, die Unrechtsausschließungsgründe, die subjektive Tatseite sowie für die Täterschaft und Teilnahme die bereits erfolgten Ausführungen.[96]

4.3.4 Versuch

94 Der **Versuch** ist nicht strafbar.

4.3.5 Rechtsfolgen der Tat

95 Der Strafrahmen reicht von fünf Tagessätzen bis zu 360 Tagessätzen Geldstrafe oder bei vorsätzlichen Vergehen von einem Monat bis zu drei Jahren (bei Abs. 1) bzw. bis zu fünf Jahren (bei Abs. 2) Freiheitsstrafe, bei fahrlässigen Vergehen (Abs. 3) von einem Monat bis zu zwei Jahren (bei Abs. 1) bzw. bis zu drei Jahren (bei Abs. 2) Freiheitsstrafe.

---

93 Siehe oben Rn. 60.

94 Siehe Rn. 88.

95 Nach Amtlicher Begründung, BT-Drucks. 12/192, S. 20.

96 Siehe Punkte 4.2.6–8.

4.4 Unerlaubtes Betreiben von Anlagen (§ 327)

4.4.1 Allgemeines

Für den Immissionsschutz bedeutsam ist Absatz 2 Nr. 1. In der Amtlichen Begründung zum 1. UKG[97] heißt es hierzu unter anderem: „Die Vorschrift pönalisiert das verbotswidrige Betreiben von Anlagen, bei denen das Risiko einer Gefährdung der Umwelt besonders hoch ist. Das hohe Risiko einer solchen Handlung rechtfertigt es, die Ausgestaltung der einzelnen Tatbestände als abstrakte Gefährdungsdelikte beizubehalten." 96

4.4.2 Tathandlung

Tathandlung ist das Betreiben einer genehmigungsbedürftigen Anlage i. S. des BImSchG ohne die nach diesem Gesetz erforderliche Genehmigung oder entgegen einer auf diesem Gesetz beruhenden vollziehbaren Untersagung, bei der 2. Alternative das Betreiben einer sonstigen Anlage i. S. des BImSchG, deren Betrieb zum Schutz vor Gefahren untersagt worden ist, entgegen der vollziehbaren Untersagung. 97

Nach der Legaldefinition des § 3 Abs. 5 BImSchG sind **Anlagen** i. S. des BImSchG Betriebsstätten und sonstige ortsfeste Einrichtungen (z. B. Fabriken, Farmen, Windfarmen), Maschinen, Geräte und sonstige ortsveränderliche technische Einrichtungen und Grundstücke, auf denen Stoffe gelagert oder abgelagert oder Arbeiten durchgeführt werden, die Emissionen verursachen können (z. B. Kohlenhalden, Lagerplätze für Baumaterialien, Anlieferungsstätten für Abfälle, Abfallumschlagstationen, Mistlagerstätten, Verbrennungsanlagen, Feuerstätten zum Abbrennen von Kupferkabeln), ausgenommen öffentliche Verkehrswege. 98

Die Anlage wird betrieben, wenn sie für ihren Zweck genutzt wird; der Betrieb endet erst mit der vollständigen Stilllegung.[98] 99

Voraussetzung für die Strafbarkeit ist, dass die Anlage entweder ohne erforderliche Genehmigung oder entgegen einer vollziehbaren Untersagung betrieben wird. 100

Nach § 4 Abs. 1 BImSchG bedarf der Betrieb von Anlagen, die aufgrund ihrer Beschaffenheit oder ihres Betriebes in besonderem Maße geeignet sind, schädliche Umwelteinwirkungen hervorzurufen oder in anderer Weise die Allgemeinheit oder die Nachbarschaft zu gefährden, erheblich zu benachteiligen oder erheblich zu belästigen, sowie von ortsfesten Abfallentsorgungsanlagen zur Lagerung oder Behandlung von Abfällen einer Genehmigung. Anlagen, die nicht gewerblichen Zwecken dienen, und nicht im Rahmen wirtschaftlicher Unternehmungen Verwendung finden, bedürfen der Genehmigung nur, wenn sie in besonderem Maße geeignet sind, schädliche Umwelteinwirkungen durch Luftverunreinigungen oder Geräusche hervorzurufen. Die Bundesregierung hat gemäß § 4 Abs. 1 Satz 3 BImSchG durch Rechtsverordnung (4. BImSchV) die genehmigungsbedürftigen Anlagen bestimmt. Die Verordnung hat konstitutive Bedeu- 101

---

[97] BR-Drucks. 399/78.

[98] Vgl. BayObLG, NuR 1985, 335.

tung, d. h., eine Anlage, die in die Verordnung nicht aufgenommen ist, ist nicht genehmigungsbedürftig.

102 Die Genehmigung kann unter Bedingungen erteilt und mit Auflagen verbunden werden. Bei Nichteintritt einer aufschiebenden oder Eintritt einer auflösenden Bedingung wird eine ungenehmigte Anlage betrieben, sodass sich der Betreiber strafbar macht. Entsprechendes gilt bei befristeter Genehmigung für das Betreiben nach Fristablauf.[99] Ein Verstoß gegen Auflagen, dic mit der Genehmigung verbunden sind, ist grundsätzlich nur eine Ordnungswidrigkeit. Wird aber gegen wesentliche Genehmigungsvoraussetzungen verstoßen, ohne die der Genehmigungsbescheid verändert würde (sogenannte Modifizierende Auflagen), ist das Betreiben nach § 327 strafbar.[100]

103 Besteht auch hinsichtlich der wesentlichen Änderung von Lage, Beschaffenheit oder Betrieb einer genehmigungsbedürftigen Anlage Genehmigungsbedürftigkeit, ist das genehmigungslose Betreiben strafbar.

104 Gemäß § 20 Abs. 1 BImSchG kann die zuständige Behörde unter bestimmten Voraussetzungen (z. B. bei Verstößen gegen Auflagen) den Betrieb der Anlage ganz oder teilweise untersagen. Wird die Anlage entgegen einer solchen vollziehbaren Untersagung betrieben, liegt Strafbarkeit gemäß § 327 StGB vor.

Beispiele

105 **Einige Beispiele aus der Rechtsprechung** AG Lindau (Cs31Js 9716/87): Genehmigungsbedürftiger Betrieb zur Oberflächenbehandlung von Metallgegenständen, in dem Säuren und Laugen verwendet werden, wird ohne Genehmigung betrieben. AG Ludwigsburg (155 Js 44962/88): Baustoff-Recyclinganlage wird ohne Genehmigung betrieben. LG Hof (1KLs 17b Js 11777/85): Abluftanlage wurde durch Anschluss weiterer Absaugstutzen und neue Abfüllmaschine ungenehmigt wesentlich geändert und betrieben. OLG Celle[101]: Das Abbrennen von Kupferkabeln zur Rückgewinnung des Buntmetalls kann den Tatbestand des § 327 Abs. 2 Nr. 1 erfüllen.

4.4.3 Auslandstaten

106 Aufgrund der EU-Richtlinie Umweltstrafrecht wurde durch das 45. StrÄndG auch die Verfolgung von Taten ermöglicht, die in anderen EU-Mitgliedsstaaten begangen werden. Wenn also Anlagen unter Verletzung verwaltungsrechtlicher Pflichten im EU-Ausland betrieben werden, ist eine Strafverfolgung möglich (§ 327 Abs. 2 letzter Satz – neu –). Damit korrespondiert die Änderung des § 330d StGB, wonach einer verwaltungsrechtlichen Pflicht usw. entsprechende, in dem anderen Mitgliedsstaat geltende Pflichten usw. gleich stehen. In Anpassung an die EU-Richtlinie wird vorausgesetzt, dass in der Anlage „gefährliche Tätigkeiten ausgeübt werden“ und dass sie in einer Weise betrieben wird,

[99] BayObLG, RdL 1987, 302.
[100] OLG Karlsruhe, ZfW 1996, 406.
[101] ZfW 1994, 504.

„die geeignet ist, außerhalb der Anlage Leib oder Leben eines anderen Menschen zu schädigen oder erhebliche Schäden an Tieren oder Pflanzen, Gewässern, der Luft oder dem Boden herbeizuführen".

4.4.4 Rechtswidrigkeit

107 Rechtswidrig ist die Tat, wenn der objektive Tatbestand verwirklicht ist und keine Rechtfertigungsgründe gegeben sind. Die Merkmale „ohne die erforderliche Genehmigung oder entgegen einer vollziehbaren Untersagung" gehören zum Tatbestand, d. h., das genehmigte Handeln ist nicht nur nicht rechtswidrig, sondern bereits nicht tatbestandsmäßig (streitig). Fraglich ist, ob und wieweit behördliche Gestattungen, die keine Genehmigung i. S. von § 327 Abs. 2 sind, die Rechtswidrigkeit ausschließen können. Es dürfte allerdings unstreitig sein, dass das bloße Nichtstun der zuständigen Behörde keine rechtfertigende Wirkung hat.[102] Dagegen wird teilweise angenommen, dass die Duldung, wenn die Voraussetzungen für ein Einschreiten geprüft worden sind und eine Ermessensentscheidung getroffen worden ist, rechtfertigt.[103] Die Duldung als Rechtfertigungsgrund wird abgelehnt unter anderem von OLG Braunschweig.[104]

4.4.5 Subjektive Tatseite

108 Der **Vorsatz** muss alle Tatbestandsmerkmale umfassen, wobei es genügt, wenn sie in der Laiensphäre richtig gewertet werden. Der Vorsatz muss sich auf die Merkmale „genehmigungsbedürftige Anlage i. S. des BImSchG, „sonstige Anlage i. S. des BImSchG, deren Betrieb zum Schutz vor Gefahren untersagt worden ist" und Betreiben „ohne die erforderliche Genehmigung oder entgegen einer vollziehbaren Untersagung" beziehen. Auch die **fahrlässige** Begehungsweise ist strafbar (Abs. 3). Fahrlässigkeit kann gegeben sein, wenn der Täter in zurechenbarer Weise Inhalt oder Umfang der ihm auferlegten verwaltungsrechtlichen Pflichten verkennt.[105] Irrt sich der Täter über die Betriebsbereitschaft einer Anlage oder über das Vorliegen der erforderlichen Genehmigung liegt vorsatzausschließender Tatbestandsirrtum vor. Irrt er sich über ein Merkmal des gesetzlichen Tatbestands, ohne sich über konkrete Umstände zu irren, hält er z. B. eine einzelne Maschine nicht für eine Anlage i. S. des BImSchG, handelt es sich um einen Verbotsirrtum, der nur bei Unvermeidbarkeit zur Straflosigkeit führt.

4.4.6 Täterschaft und Teilnahme

109 § 327 StGB ist ein Sonderdelikt, sodass Täter nur der Adressat der erforderlichen Genehmigung sein kann, wobei allerdings § 14 StGB zu beachten ist. Täter ist der Betreiber. Dies kann sowohl der für das Betreiben Verantwortliche sein, mit dessen Kenntnis und

[102] Vgl. *Dolde*, NJW 1988, 2329.
[103] Vgl. *Dolde*, a. a. O.
[104] ZfW 1991, 52, 62; ebenso OLG Karlsruhe ZfW 1996, 406.
[105] *Fischer*, Strafgesetzbuch, § 327 Rn. 14.

Billigung oder auf dessen Anweisung die Anlage in Gang gesetzt worden ist, oder dessen Vertreter gemäß § 14 StGB. Bei einem Mitarbeiter, der die Anlage tatsächlich in Gang setzt und in Gang hält, kommt Beihilfe in Betracht.[106]

4.4.7 Rechtsfolgen der Tat

110 Der Strafrahmen reicht von fünf Tagessätzen bis zu 360 Tagessätzen Geldstrafe oder von einem Monat bis zu (bei Vorsatz) drei Jahren bzw. (bei Fahrlässigkeit) zwei Jahren Freiheitsstrafe.

4.5 Zusammenfassung des Abschnitts Immissionsschutz

111 Wichtigste Strafvorschriften im Immissionsschutzrecht sind §§ 325, 325a, 327 StGB.

112 § 325 betrifft die Luftverunreinigung. Geschützt werden die menschliche Gesundheit, das Eigentum und ökologisch bedeutsame Sachen (z. B. Tiere, Pflanzen). Die Tathandlung besteht bei Abs. 1 und 2 in beim Betrieb einer Anlage verursachten Veränderungen der Luft, die geeignet sind, bestimmte Schäden außerhalb des zur Anlage gehörenden Bereichs zu bewirken, bei Abs. 3 in der Freisetzung von Schadstoffen in bedeutendem Umfang in die Luft, wobei die jeweilige Handlung (bei Abs. 1–3) „unter Verletzung verwaltungsrechtlicher Pflichten" (§ 330d StGB) erfolgt sein muss. Die Rechtswidrigkeit – und damit die Strafbarkeit – der Tat kann durch Rechtfertigungsgründe ausgeschlossen sein (z. B. Genehmigung; rechtfertigender Notstand, § 34 StGB). Auf der subjektiven Tatseite sind Vorsatz und Fahrlässigkeit strafbar. Der Versuch ist strafbar.

113 § 325a betrifft das Verursachen von Lärm, Erschütterungen und nichtionisierenden Strahlen. Geschützt werden bei Abs. 1 und 2 die menschliche Gesundheit, bei Abs. 2 ferner das Eigentum und ökologisch bedeutsame Sachen (z. B. Tiere, Pflanzen). Wie bei § 325 Abs. 1 und 2 ist auch hier der Betrieb einer Anlage Voraussetzung. Der verursachte Lärm muss generell geeignet sein, die Gesundheit eines anderen Menschen zu schädigen, und zwar auch hier außerhalb der Anlage. Wie bei § 325 muss auch hier die Handlung „unter Verletzung verwaltungsrechtlicher Pflichten" (§ 330d StGB) erfolgen. Durch Abs. 2 werden die Fälle erfasst, in denen beim Betrieb einer Anlage durch Lärm, Erschütterungen oder nichtionisierende Strahlen unter Verletzung verwaltungsrechtlicher Pflichten die geschützten Rechtsgüter konkret gefährdet werden. Hinsichtlich der Rechtswidrigkeit, der subjektiven Tatseite und des Versuchs kann auf die Ausführungen oben zu § 325 verwiesen werden.

114 Bei § 327 Abs. 2 Nr. 1 ist Tathandlung das Betreiben einer genehmigungsbedürftigen Anlage ohne Genehmigung oder entgegen einer vollziehbaren Untersagung. Vorsatz und Fahrlässigkeit sind strafbar.

[106] Vgl. *Franzheim/Pfohl*, Umweltstrafrecht, 2. Aufl., S. 140.

5 Atomschutzrecht

115 Da dieses Gebiet in der Praxis keine sehr große Bedeutung hat, soll es hier nur kursorisch behandelt werden. Außerhalb des 29. Abschnitts des Strafgesetzbuches sind atomrechtliche Strafvorschriften im StGB enthalten in § 307 (Herbeiführen einer Explosion durch Kernenergie), § 309 (Missbrauch ionisierender Strahlen), § 310 (Vorbereitung eines Explosions- oder Strahlungsverbrechens), § 311 (Freisetzen ionisierender Strahlen), § 312 (Fehlerhafte Herstellung einer kerntechnischen Anlage).

116 Im 29. Abschnitt ist neben **§ 326 Abs. 3** (siehe dazu unter Rn. 155) und **§ 328 Abs. 1 und 2** (siehe dazu unter Rn. 265 ff.) noch **§ 327 Abs. 1** einschlägig. Diese Vorschrift sanktioniert

- (Nr. 1:) das Betreiben einer kerntechnischen Anlage, das Innehaben einer betriebsbereiten oder stillgelegten kerntechnischen Anlage oder das – auch teilweise – Abbauen oder wesentliche Ändern einer solchen Anlage oder ihres Betriebes, sowie
- (Nr. 2:) das wesentliche Ändern einer Betriebsstätte, in der Kernbrennstoffe verwendet werden, oder das wesentliche Ändern ihrer Lage

ohne die erforderliche Genehmigung oder entgegen einer vollziehbaren Untersagung.

117 Eine Legaldefinition der „**Kerntechnischen Anlage**" findet sich in § 330d Nr. 2 StGB, eine Legaldefinition der „**Kernbrennstoffe**" in § 2 Abs. 1 Nr. 1–4 AtomG.

Beispiele

118 **Einige Beispiele aus der Rechtsprechung** LG Hanau[107]: Im atomrechtlichen Genehmigungsverfahren erteilte Vorabzustimmungen sind rechtswidrig und stellen keine Genehmigung i. S. von § 327 Abs. 1 StGB dar. StA Bad Kreuznach (6 Js 455/88): Eine Urananlage, in der das zu verarbeitende angereicherte Uran noch während des Produktionsgangs mit abgereichertem Uran verschnitten und als Endprodukt Ammoniumdiuranat in natürlicher Isotopenzusammensetzung gewonnen wird, stellt keine kerntechnische Anlage i. S. des § 327 Abs. 1 dar. StA Stuttgart (155 Js 41453/87): Bei einem gestuften atomrechtlichen Genehmigungsverfahren kommt eine Strafbarkeit nach § 327 Abs. 1 nur dann in Betracht, wenn die kerntechnische Anlage betrieben wird, ohne dass überhaupt eine rechtswirksame Teilgenehmigung erteilt worden ist, oder aber wenn beim Betrieb über die Stufen der jeweils vorhandenen einzelnen Teilgenehmigungen hinausgegangen wird. StA Stuttgart (155 Js 54555/89): Der genehmigte „Probebetrieb" unterscheide sich in technischer Hinsicht nicht von einem Dauerbetrieb. Die Zweckbestimmung als „Probebetrieb" finde als Beschränkung des Betriebsumfangs in der Genehmigung keinen Niederschlag. GenStA Koblenz (Zs 870/98): Der Betrieb einer (kerntechnischen) Anlage setzt eine vollständige Er-

[107] NJW 1988, 571 = NStZ 1988, 179.

richtungs- und Betriebsgenehmigung nach § 7 Abs. 1 Atomgesetz (AtomG)[108] voraus. Durch die bestandskräftigen Teilgenehmigungen waren die Errichtung und das damit zwangsläufig verbundene Innehaben der Anlage genehmigt.

6 Abfallstrafrecht

6.1 Allgemeines

119 Kaum ein anderes Gebiet des Umweltrechts ist seit Anfang der 70er Jahre des vergangenen Jahrhunderts so geprägt von grundlegenden Änderungen wie das Abfallrecht. Dies ist bedingt durch einen grundsätzlichen Wandel in der Einstellung zum Abfall. Es gab eine Zeit, in der die Menge des zu beseitigenden Mülls bedrohlich wurde. Dann wurde der ökonomische Wert des Abfalls entdeckt. Der Weg führte von der Abfallbeseitigung zur Kreislaufwirtschaft. Dementsprechend wurde das einschlägige Kerngesetz des Abfallrechts angepasst. Von einem „Gesetz über die Beseitigung von Abfällen“ (1972) ging es über ein „Gesetz über die Vermeidung und Entsorgung von Abfällen“ (1986), ein „Gesetz zur Förderung der Kreislaufwirtschaft und Sicherung der umweltverträglichen Beseitigung von Abfällen“ (1994) zum am 01.06.2012 in Kraft tretenden Kreislaufwirtschaftsgesetz (KrWG)[109].

120 Im Strafrecht kommen insbesondere in Betracht die §§ 326 und 327 Abs. 2 Nr. 3 StGB. Auch diese Vorschriften sind mehrfach novelliert worden, zuletzt unter dem Einfluss der EU durch das 45. StrÄndG[110], das in Umsetzung der Richtlinie 2008/99/EG des Europäischen Parlaments und des Rates vom 19. November 2008 über den strafrechtlichen Schutz der Umwelt[111] – EU-Richtlinie Umweltstrafrecht – ergangen ist.

6.2 Unerlaubter Umgang mit Abfällen (§ 326 StGB)

6.2.1 Schutzobjekte

121 **Schutzobjekte** (Rechtsgüter) sind vor allem das menschliche Leben, die menschliche Gesundheit, auch die Leibesfrucht. Geschützt werden – seit dem 2. UKG – auch Tier- und Pflanzenbestände, nicht nur Nutztiere und Nutzpflanzen, ferner Gewässer, die Luft und der Boden. Es handelt sich um ein abstraktes Gefährdungsdelikt.

---

[108] Vom 15.07.1985, BGBl. I S. 1565; zul. geänd. durch Gesetz vom 31.07.2011, BGBl. I S. 1704.
[109] Vom 24.02.2012 (BGBl. I S. 212).
[110] Siehe Rn. 4.
[111] ABl. L 328 vom 06.12.2008, S. 28.

6.2.2 Der Abfallbegriff

122 Über den Begriff des „Abfalls“ gibt es eine Menge von Literaturbeiträgen und Gerichtsentscheidungen. War früher die Abgrenzung zum „Wirtschaftsgut“ höchst streitig, so ist nach neuem Abfallrecht die Situation nicht einfacher geworden, da nunmehr nicht nur die Abgrenzung des Abfalls vom Produkt und Nebenprodukt zu beachten ist, sondern auch die Unterscheidung der Abfälle zur Beseitigung von den Abfällen zur Verwertung. Obwohl sich im Laufe der Zeit ein eigener strafrechtlicher Abfallbegriff herausgebildet hat[112] wird nach wie vor im Strafrecht der Begriff des Abfalls in enger Anlehnung an das verwaltungsrechtliche Bezugsgesetz bestimmt.[113] Was Abfälle sind, ergab sich nach altem Recht und ergibt sich nach geltendem Recht aus der Definition im verwaltungsrechtlichen Fachgesetz. Nach dem derzeit geltenden KrWG sind Abfälle gemäß § 3 Abs. 1 alle Stoffe oder Gegenstände, deren sich ihr Besitzer entledigt, entledigen will oder entledigen muss.

123 Die Legaldefinition ist bis zur heutigen Fassung – nicht zuletzt unter dem Einfluss der EU – mehrfach geändert worden. Letztlich aber bleibt es immer bei den zwei Begriffskomponenten: dem subjektiven und dem objektiven Begriffsbestandteil.

124 Abfälle im Sinne der subjektiven Komponente (sogenannter „gewillkürter“ Abfall) sind bewegliche Sachen, von denen sich der Besitzer befreien will, die er loswerden will, um sie der Entsorgung zuzuführen oder zuführen zu lassen.[114]

125 In erster Linie soll es dem Willen des Besitzers überlassen bleiben, zu bestimmen, welche Sachen als Abfall angesehen und entsorgt werden sollen. Um Missbräuche zu verhindern, wird dieser Entscheidungsfreiheit aber durch die objektive Komponente eine Grenze dort gesetzt, wo das Wohl der Allgemeinheit, insbesondere die Umwelt gefährdet würde. Abfälle im Sinne der objektiven Begriffskomponente (sogenannter „Zwangsabfall“) sind daher bewegliche Sachen, die:

- nicht mehr zu ihrer ursprünglichen Zweckbestimmung verwendet werden,
- aufgrund ihres konkreten Zustands geeignet sind, gegenwärtig oder künftig das Wohl der Allgemeinheit, insbesondere die Umwelt zu gefährden,
- deshalb zur Wahrung des Gemeinwohls, insbesondere des Schutzes der Umwelt, ordnungsgemäß und schadlos verwertet oder gemeinwohlverträglich beseitigt werden müssen, um das Gefährdungspotenzial auszuschließen.

126 **Zum neuen Abfallbegriff (§ 3 KrWG):** Erfasst werden jetzt nicht mehr nur bewegliche Sachen (alle körperlichen Gegenstände – gleich welchen Aggregatzustands – die weder Grundstück noch Grundstücksbestandteil sind), sondern alle Stoffe oder Gegenstände. Soweit der EuGH im Jahr 2004 die Auffassung vertreten hatte, auch kontaminiertes Erdreich vor Auskofferung sei als Abfall anzusehen, ist durch den neuen § 2 Nr. 10

[112] Vgl. BGHSt 37, 21; BGHSt 37, 333.

[113] BGH, a. a. O.

[114] Vgl. BGH JR 1991, 338 = JZ 1991, 885 = NJW 1991, 1621; OLG Köln, NJW 1986, 1117; OLG Düsseldorf, MDR 1989, 931.

KrWG (ausgenommen vom Gesetz sind Böden am Ursprungsort, die dauerhaft mit dem Grund und Boden verbunden sind) klargestellt, dass diese Rechtsprechung für das deutsche Recht ohne Einfluss bleibt.

127 Zum Begriff des Abfalls gehört das Vorliegen eines im Gesetz bezeichneten Entledigungssachverhalts, nämlich Entledigung, Entledigungswille oder Entledigungspflicht.

128 Gemäß § 3 Abs. 2 KrWG liegt „Entledigung“ vor, wenn der Besitzer Stoffe oder Gegenstände einer Verwertung i. S. der Anlage 2 zum KrWG oder einer Beseitigung i. S. der Anlage 1 zuführt oder die tatsächliche Sachherrschaft über sie unter Wegfall jeder weiteren Zweckbestimmung aufgibt.

129 Der Entledigungssachverhalt der faktischen „Entledigung“ entspricht der subjektiven Begriffskomponente.

130 Gemäß § 3 Abs. 3 KrWG ist ein Entledigungswille hinsichtlich solcher beweglichen Sachen anzunehmen,

- die bei der Energieumwandlung, Herstellung, Behandlung oder Nutzung von Stoffen oder Erzeugnissen oder bei Dienstleistungen anfallen, ohne das der Zweck der jeweiligen Handlung hierauf gerichtet ist, z. B. bei Produktionsprozessen oder Dienstleistungen anfallende Nebenstoffe wie Sägespäne, Mörtelreste, Krankenhausabfälle oder
- deren ursprüngliche Zweckbestimmung entfällt oder aufgegeben wird, ohne dass ein neuer Verwendungszweck unmittelbar an deren Stelle tritt, z. B. Altreifen, alte Flaschen, Schrott, alte Verpackungen, Autowracks usw.

131 Bei diesem Entledigungssachverhalt handelt es sich um eine Fiktion des Entledigungswillens, sodass strafrechtlich in jedem Einzelfall zu prüfen ist, ob tatsächlich ein Entledigungswille vorliegt oder aber, ob Kriterien des objektiven Abfallbegriffs gegeben sind.

132 Gemäß § 3 Abs. 4 KrWG muss sich der Besitzer Stoffen oder Gegenständen i. S. von § 3 Abs. 1 KrWG entledigen, wenn diese nicht mehr entsprechend ihrer ursprünglichen Zweckbestimmung verwendet werden, aufgrund ihres konkreten Zustandes geeignet sind, gegenwärtig oder künftig das Wohl der Allgemeinheit, insbesondere die Umwelt, zu gefährden und deren Gefährdungspotenzial nur durch eine ordnungsgemäße und schadlose Verwertung oder gemeinwohlverträgliche Beseitigung nach den Vorschriften des KrWG und der aufgrund dieses Gesetzes erlassenen Rechtsverordnungen ausgeschlossen werden kann.

133 Es handelt sich hierbei um die objektive Begriffskomponente der Abfalldefinition.

Beispiel[115]

Altreifen, die an sich genutzt werden sollten, dann aber so nicht genutzt werden können, und von denen wegen ihrer Lagerung eine Brandgefahr ausgeht.

[115] Nach *Fluck*, KrW-AbfG, § 3, Rn. 219.

Zu unterscheiden ist ferner zwischen Abfällen zur Verwertung und Abfällen zur Beseitigung. Vgl. hierzu die Legaldefinitionen in § 3 Abs. 1 Satz 2 KrWG. 134

6.2.3 Tathandlung

Absatz 1: Tathandlung ist das Sammeln, Befördern, Behandeln, Verwerten, Lagern, Ablagern, Ablassen, Beseitigen, Handeln, Makeln oder das sonstige Bewirtschaften bestimmter gefährlicher Abfälle außerhalb einer dafür zugelassenen Anlage oder unter wesentlicher Abweichung von einem vorgeschriebenen oder zugelassenen Verfahren. In Betracht kommen folgende Abfallarten: 135

- Gifte (das sind alle Stoffe, die geeignet sind, unter bestimmten Bedingungen durch chemische oder chemisch-physikalische Wirkung nach ihrer Beschaffenheit oder Menge Leben oder Gesundheit zu zerstören[116];
- Krankheitserreger (Der Begriff „übertragbare gemeingefährliche Krankheit" lehnt sich an § 1 des Bundes-Seuchengesetzes an. Es sollen alle Krankheiten erfasst werden, die unmittelbar oder mittelbar auf Menschen oder Tiere oder von Menschen auf Tiere oder von Tieren auf Menschen und umgekehrt durch Krankheitserreger übertragen werden können.);
- Stoffe, die krebserzeugend, fortpflanzungsgefährdend (bis zum 45. StrÄndG hieß es: fruchtschädigend) oder erbgutverändernd sind[117];
- Stoffe, die explosionsgefährlich, selbstentzündlich oder nicht nur geringfügig radioaktiv sind;
- Abfälle, die nach Art, Beschaffenheit oder Menge geeignet sind, nachhaltig ein Gewässer, die Luft oder den Boden zu verunreinigen oder sonst nachteilig zu verändern oder einen Bestand von Tieren oder Pflanzen zu gefährden;

Die letztgenannte Gruppe, die in der Praxis eine besonders große Bedeutung besitzt, bedarf einiger Erläuterungen. Das Tatbestandsmerkmal „nach Art" besagt, dass der Abfall generell umweltgefährdend ist[118], das Merkmal „Beschaffenheit", dass der Abfall aufgrund seiner Zusammensetzung (Gehalt an besonders umweltgefährlichen Stoffen) umweltgefährdend ist.[119] Hinsichtlich des Merkmals „Menge" ist in jedem Einzelfall festzustellen, ob der Abfall in der konkreten Menge umweltgefährdend ist. Auch in geringerer Menge ungefährlicher Abfall, bei dem sich die Gefahr für die Umwelt allein aus der großen Menge ergibt, wird erfasst.[120] 136

Die Abfälle müssen **geeignet** sein, **nachhaltig** (d. h.: nicht nur vorübergehend) **ein Gewässer, die Luft oder den Boden nachteilig zu verändern**. Um diese Eignung festzu- 137

---

[116] Vgl. unter anderem *Lenckner/Heine* in: Schönke/Schröder, StGB-Komm., § 326, Rn. 4; *Fischer*, StGB-Komm., § 326, Rn. 3.

[117] Siehe hierzu die Gefahrstoffverordnung vom 26.11.2010, BGBl. I S. 1643.

[118] Amtliche Begründung, BR-Drucks. 399/78, S. 19.

[119] Amtliche Begründung, aaO.

[120] BGHSt 34, 211= NJW 1987, 1280.

stellen, wird meist ein Sachverständigengutachten erforderlich sein. Falls die Eignung während des Beseitigungsverfahrens entfällt, wird Strafbarkeit wegen Versuchs zu prüfen sein. Andererseits ist für die Tatbestandserfüllung ausreichend, dass der Abfall wenigstens noch vor Beendigung der Tathandlung die tatbestandsmäßig geforderte Gefährlichkeit erlangt hat.[121] Beispiel: Beim Verbrennen des per se ungefährlichen Abfalls entstehen giftige Dämpfe.

Zur eigentlichen **Tathandlung**:

138 **Sammeln:** Die Tathandlungsvariante wurde aufgrund der EU-Richtlinie Umweltstrafrecht durch das 45. StrÄndG eingefügt. Zur Begriffsbestimmung kann zurückgegriffen werden auf § 3 Abs. 15 KrWG n. F. Danach ist unter einer „Sammlung" zu verstehen das Einsammeln von Abfällen, einschließlich deren vorläufiger Sortierung und vorläufiger Lagerung zum Zweck der Beförderung zu einer Abfallbehandlungsanlage. Gemäß der amtlichen Begründung[122] wird die Sammlung „EU-rechtskonform als Zusammentragen der Abfälle einschließlich der logistischen Vorbereitungshandlungen definiert".[123]

139 **Befördern:** Auch diese Tathandlungsvariante wurde aufgrund der EU-Richtlinie Umweltstrafrecht durch das 45. StrÄndG eingefügt. Bisher wurden in § 326 (in Abs. 2) nur grenzüberschreitende Abfalltransporte, nicht jedoch die innerstaatliche Beförderung erfasst. Befördern bedeutet – so wie bisher schon bei der grenzüberschreitenden Verbringung – Ortsveränderung mittels eines Transportmittels.

140 **Behandeln:** Darunter versteht man die Veränderung von Abfällen[124], beispielsweise durch Zerkleinern, Kompostieren, Entgiften, Verbrennen[125], Verschmelzen[126], Vermischen[127], Ausschlachten von Autowracks.[128]

141 **Verwerten:** Auch diese Tathandlungsvariante wurde aufgrund der EU-Richtlinie Umweltstrafrecht durch das 45. StrÄndG eingefügt. Verwertung bedeutet – im Gegensatz zur Beseitigung – Nutzung des Abfalls. Nach Auffassung des EuGH[129] liegt das entscheidende Merkmal für eine Abfallverwertungsmaßnahme darin, „dass ihr Hauptzweck darauf gerichtet ist, dass die Abfälle eine sinnvolle Aufgabe erfüllen können, indem sie andere Materialien ersetzen, die für diese Aufgabe hätten verwendet werden müssen, wodurch zusätzliche Rohstoffquellen erhalten werden können". Ähnlich ist die Definition in § 3 Abs. 23 KrWG n. F.

142 **Lagern:** Dies ist jedes Niederlegen und vorübergehende Liegenlassen mit dem Ziel späterer Verwertung oder Entsorgung (auch endgültiger Beseitigung).[130] Der BGH[131] hat

---

[121] OLG Zweibrücken, NStZ 1986, 411.
[122] BT-Drucks. 17/6052, S. 73.
[123] Zum früheren Recht siehe bereits BayObLG, NStZ 1999, 574 m. w. N.
[124] Vgl. *Mann*, NuR 1998, 409.
[125] *Mann*, Fn. 125.
[126] *Franzheim/Pfohl*, Umweltstrafrecht, 2. Aufl., S. 98.
[127] BGHSt 37, 21 (28).
[128] *Mann*, a. a. O.; *Henzler/Pfohl*, wistra 2004, 331 (333).
[129] DVBl. 2003, 1047.
[130] Vgl. OLG Frankfurt/M., NJW 1974, 1666; OLG Köln, NStZ 1987, 461; BGH NJW 1991, 1621.
[131] BGH, siehe Fn. 130.

deutlich gemacht, dass es beim Lagern nicht entscheidend darauf ankommt, ob die Abfallstoffe anschließend endgültig beseitigt werden sollen, vielmehr würden auch solche Stoffe erfasst, die nach der Entsorgung ganz oder teilweise dem Wirtschaftskreislauf wieder zugeführt werden können. Bereitstellen von Altpapier und Altkleidern für eine angekündigte Sammlung ist nur eine Vorstufe des Einsammelns und noch keine Lagerung.[132] Auch Aufbewahren häuslicher Abfälle bis zur Überlassung an den Beseitigungspflichtigen ist keine Lagerung.[133] Dagegen ist von Lagerung auszugehen, wenn beispielsweise umfangreiche Speisereste aus einem Lokal wochenlang auf einem Grundstück angesammelt und aufbewahrt werden.[134] Auch das Liegenlassen von Schrott über einen Zeitraum von fast einem Monat ist kein bloßes Bereitstellen mehr.[135] Entsprechendes gilt für die Aufbewahrung von kontaminiertem Erdreich in einem Container über mehrere Monate.[136] Als Kriterien für die Abgrenzung zwischen erlaubtem Bereitstellen zum Abtransport und verbotenem Lagern können die Dauer der Aufbewahrung, das Vorhandensein eines Abnehmers oder Entsorgungspflichtigen, dessen alsbaldiges Erscheinen gesichert ist[137], die Art der Lagerung oder die Gefährlichkeit des Abfalls[138] dienen.

143 **Ablagern:** Darunter versteht man Niederlegen und Liegenlassen mit dem Ziel der Dauerentledigung.[139] **Ablassen** ist jegliches Ausfließen, Ausfließenlassen.[140]

144 **Beseitigen:** Bis zum Inkrafttreten des 45. StrÄndG wurde als eine Art Auffangtatbestand das rechtswidrige „sonstige Beseitigen" unter Strafe gestellt, wobei nur ähnlich gravierende Beseitigungshandlungen wie das Behandeln, Lagern, Ablagern oder Ablassen in Betracht kamen.[141] Nunmehr wird generell rechtswidriges Beseitigen gefährlicher Abfälle erfasst. Beseitigung i. S. des KrWG n. F. „ist jedes Verfahren, das keine Verwertung (siehe oben) ist, auch wenn das Verfahren zur Nebenfolge hat, dass Stoffe oder Energie zurückgewonnen werden" (§ 3 Abs. 26 KrWG). Da mehrere der oben genannten anderen Tathandlungsvarianten zur Abfallbeseitigung im weiten Sinne gehören können (z. B. Befördern, Behandeln), ist hier von Beseitigen im engeren Sinne auszugehen. In der amtlichen Begründung[142] heißt es hierzu: „In Übereinstimmung mit der Abfallrahmenrichtlinie wird die allgemeine Definition durch Anlage 1 (zum KrWG) konkretisiert, welche eine nicht abschließende Liste von Beseitigungsverfahren enthält."

145 **Handeln, Makeln:** Beide Tathandlungsvarianten sind Bewirtschaftungshandlungen. Sie wurden erst aufgrund der EU-Richtlinie Umweltstrafrecht durch das 45. Str.ÄndG

---

[132] BayObLG, NuR 1984, 36.
[133] Vgl. unter anderem *Möhrenschlager*, NuR 1983, 217.
[134] OLG Düsseldorf, MDR 1982, 868.
[135] BayObLG, MDR 1991, 77.
[136] OLG Düsseldorf, ZfW 1995, 187.
[137] BGHSt 37, 337.
[138] Vgl. *Schall*, NStZ 1997, 462 (466); *Heine* NJW 1998, 3665 (3670).
[139] Vgl. unter anderem *Steindorf* in: LK § 326, Rn. 46; *Iburg*, NJW 1988, 2338.
[140] Vgl. amtliche Begründung, aaO. (Fn. 118) S. 19.
[141] OLG Köln, NJW 1986, 1117.
[142] BT-Drucks. 17/6052, S. 75.

eingefügt. Handeln ist gewerbsmäßiges Erwerben und Weiterveräußern von Abfällen (vgl. § 3 Abs. 12 KrWG n. F.). Makeln ist die gewerbsmäßige Vermittlung zur Bewirtschaftung von Abfällen durch Dritte (vgl. § 3 Abs. 13 KrWG n. F.).

146 **Einige Bemerkungen aus der Praxis**

Verstöße gegen das Abfallrecht sind nicht selten Fälle echter Schwerkriminalität. Um Kosten zu sparen, werden z. B. Dokumente gefälscht und gefährliche kontaminierte Abfälle auf dafür völlig ungeeignete Deponien verbracht und dort – umdeklariert als „harmloser" Abfall – abgelagert. Sollte ein Tatverdacht entstehen, werden die Ermittlungsbehörden Probeentnahmen durchführen und sowohl im tatverdächtigen Unternehmen als auch in der Deponie Unterlagen, evt. auch Festplatten der EDV, sicherstellen und auswerten müssen.

147 Die Tat kann auch durch **Unterlassen** begangen werden. Die erforderliche Garantenstellung für das zu schützende Rechtsgut kann sich aus Sachherrschaft (z. B. des Eigentümers oder Besitzers eines Grundstücks) oder aus vorangegangenem Tun ergeben (z. B. bei stillgelegten Müllkippen, die als „wilde" Müllkippen missbraucht werden). Ob und inwieweit sich ein Grundstückseigentümer, auf dessen Gelände wild Müll abgelagert worden ist, strafbar macht, ist umstritten. Trifft er keine Vorkehrungen, um Müllablagerungen zu verhindern, oder beseitigt er Ablagerungen umweltgefährdenden Abfalls nicht, kann eine Strafbarkeit nach § 326 StGB gegeben sein.

148 Die Beseitigung muss – um tatbestandsmäßig zu sein – **außerhalb einer dafür zugelassenen Anlage** erfolgen, d. h., die Beseitigung in einer dafür zugelassenen Anlage ist nicht nur nicht rechtswidrig, sondern bereits nicht tatbestandsmäßig. In Betracht kommen folgende **Anlagen:**

- Abfallbeseitigungsanlagen, Deponien (§ 3 Abs. 14, 27, § 28 KrWG)
- Abfallbehandlungsanlagen (3 Abs. 15, § 28 KrWG; BImSchG).

Das Merkmal „dafür zugelassenen" stellt klar, dass die Anlage für den konkreten Abfall, der entsorgt werden soll, zugelassen sein muss, dass also z. B. giftige Abfälle nicht in einer an sich zugelassenen Anlage, die aber eben nicht für giftige Abfälle zugelassen ist, entsorgt werden dürfen.

149 **„Sonstige Anlagen"** sind z. B. Tierkörperbeseitigungsanlagen, Anlagen zur Sicherstellung und zur Endlagerung radioaktiver Abfälle.

150 Um auch die Fälle zu erfassen, in denen die Entsorgung schädlicher Abfälle außerhalb einer Anlage ausnahmsweise zugelassen ist, wird die wesentliche Abweichung von einem vorgeschriebenen oder zugelassenen Verfahren zur Beseitigung pönalisiert.[143] Allerdings

[143] Vgl. amtliche Begründung, BR-Drucks. 399/78, S. 20.

wird man wohl davon ausgehen müssen, dass auch die Fälle, in denen die Entsorgung in einer zugelassenen Anlage erfolgt, erfasst werden.[144]

Beispiele

151 **Einige Beispiele aus der Rechtsprechung** Zum Problem der „wilden" Müllablagerung[145]; Inhaber eines Galvanisierungsbetriebes leitet Produktionsabwässer in das städtische Kanalisationssystem[146]; der von einem an der Leine geführten Hund auf einer Spiel- und Liegewiese abgesetzte und vom Hundeführer nicht beseitigte Kothaufen stellt in der Regel Abfall i. S. des subjektiven und des objektiven Abfallbegriffs dar. Die Strafbarkeit nach § 326 StGB setzt voraus, dass der Kot Gifte oder Erreger gemeingefährlicher oder übertragbarer Krankheiten enthält[147]; Altöl gehört zu den boden- und wassergefährdenden Flüssigkeiten[148]; Zur Verwirklichung des Tatbestands des § 326 genügt es, dass der Abfall wenigstens noch vor Beendigung der Tathandlung die tatbestandsmäßig geforderte Gefährlichkeit erlangt hat (hier: Verbrennung von Styroporabfällen mit beißender Rauchentwicklung)[149]; § 326 StGB ist grundsätzlich auch auf Fäkalschlamm anwendbar[150]; Silagesäfte flossen in einen Fischteich, wodurch zahlreiche Fische verendeten[151]; Abbruchmaterial mit hoher organischer Belastung und sehr hoher Salzbelastung wurde in einer Kiesgrube abgelagert[152]; § 326 ist auch anwendbar, wenn eine Menge von Rindergülle abgelassen wird, die zur Umweltschädigung geeignet ist[153]; Batteriesäure aus Altbatterien erfüllt den Abfallbegriff jedenfalls in dem Zeitpunkt, als sie auf und in den unbefestigten Erdboden gelangt war[154]; wenn sich aufgrund einer Gesamtabwägung ergibt, dass die Sache aufgrund ihrer Verunreinigung gegenwärtig ohne Entsorgung objektiv ohne Gebrauchswert ist und in ihrem Zustand die Umwelt gefährdet, ist sie kein Wirtschaftsgut, sondern zwangsweise Abfall und als solcher sogleich zu entsorgen[155]; Klärschlamm erfüllt den strafrechtlichen Abfallbegriff[156]; Schrottfahrzeuge bzw. Autowracks, bei denen Teile, die umweltgefährdende Flüssigkeiten enthalten, ausgeschlachtet sind oder ausgeschlachtet werden sollen, lösen in der Regel die typische Gefahr des Auslaufens dieser

---

[144] So OLG Karlsruhe, NStZ 1990, 128.
[145] OLG Köln JR 1991, 523, OLG Braunschweig NStZ-RR 1998, 175.
[146] OLG Frankfurt/M. NStZ 1983, 171.
[147] OLG Düsseldorf NStZ 1991, 335.
[148] BayObLG JZ 1986, 455.
[149] OLG Zweibrücken NStZ 1986, 411.
[150] BayObLG NStZ 1988, 26.
[151] OLG Oldenburg NJW 1988, 2391.
[152] BayObLG NStZ 1989, 270.
[153] BayObLG NStZ 1989, 270.
[154] OLG Frankfurt/M. NuR 1989, 405.
[155] BGH NJW 1990, 2477.
[156] OLG Stuttgart NStZ 1991, 590.

Flüssigkeiten aus und sind als Abfall im objektiven Sinne anzusehen[157]; Autowracks, die noch Betriebsflüssigkeiten enthalten, fallen unter das abstrakte Gefährdungsdelikt des § 326 Abs. 1 Nr. 4a StGB und sind geeignet, nachhaltig ein Gewässer oder den Boden zu verunreinigen. Die reale und nicht nur theoretische Gefahr des unkontrollierten Flüssigkeitsaustritts besteht bei einem Autowrack auch ohne Feststellungen zum konkreten Zustand der Flüssigkeitsbehältnisse und -leitungen[158]; die nachteilige Veränderung eines Gewässers durch Einleiten von Schadstoffen stellt sich auch dann als eine vollendete umweltgefährdende Abfallbeseitigung dar, wenn es sich um ein vorgeschädigtes Gewässer minderer Qualität handelt[159]; Pferdemist als umweltgefährdender Abfall[160]; wird auf freiem Feld eine Dungstätte (Misthaufen) auf unbefestigtem Grund und ohne Vorrichtungen für das Ablaufen von Jauche bzw. Sickersaft errichtet, so stellt eine ausgetretene Mistsickersaftpfütze Abfall i. S. des § 326 Abs. 1 StGB dar[161]; mit dem Abstellen eines unfallgeschädigten, schrottreifen Autowracks auf öffentlicher Straße sind die Voraussetzungen von § 326 Abs. 1 Nr. 4a StGB regelmäßig erfüllt. Darauf, dass Flüssigkeitsbehältnisse und -leitungen hinreichend dicht sind, kommt es nicht an.[162]

152 **Absatz 2:** Es handelt sich um den sogenannten Abfallverbringungstatbestand, mit dem der „Abfalltourismus" bekämpft werden soll, d. h., der illegale Transport gefährlicher Abfälle ins Ausland. Die Vorschrift wurde aufgrund der EU-Richtlinie Umweltstrafrecht durch das 45. StrÄndG vom 06.12.2011 neu gefasst. Bisher betraf § 326 Abs. 2 nur die Verbringung bestimmter gefährlicher Abfälle i. S. des Abs. 1. Da Art. 2 Nr. 35 der VO (EG) Nr. 1013/2006 über die Verbringung von Abfällen[163], auf die die EU-Richtlinie Umweltstrafrecht Bezug nimmt, einen weitergehenden Abfallbegriff enthält, musste die Vorschrift angepasst werden. Nunmehr werden in **Abs. 2 Nr. 1** alle Abfälle i. S. des Art. 2 Nr. 35 der VO (EG) Nr. 1013/2006 erfasst. In der amtlichen Begründung[164] heißt es hierzu: „Um Bagatellfälle auszuschließen, soll die Verbringung von diesen Abfällen nur dann strafbar sein, wenn sie in nicht unerheblicher Menge erfolgt."

153 Bei **Abs. 2 Nr. 2** ist **Tathandlung** das genehmigungslose oder verbotswidrige Verbringen von Abfällen i. S. des Absatzes 1 in den, aus dem oder durch den Geltungsbereich des StGB. Die erforderlichen **Genehmigungen und Verbote** ergeben sich aus der EG Abfallverbringungsverordnung Nr. 1013/2006 vom 14.06.2006[165]. Dabei ist zu unterscheiden zwischen:

---

[157] BayObLG NuR 1995, 431.
[158] OLG Celle NStZ 1996, 191.
[159] BGH NStZ 1997, 189.
[160] OLG Koblenz NuR 1997, 467.
[161] BayObLG ZfW 2001, 262.
[162] LG Stuttgart NStZ 2006, 291.
[163] ABl. L 190 vom 12.07.2006, S. 1.
[164] BT-Drucks. 17/5391, S. 18.
[165] ABl. EU L 190/1.

- Verbringung innerhalb der Gemeinschaft mit oder ohne Durchfuhr durch Drittstaaten (Art. 3 ff. der VO),
- Ausfuhr aus der Gemeinschaft in Drittstaaten (Art. 34 ff. der VO),
- Einfuhr in die Gemeinschaft aus Drittstaaten (Art. 41 ff. der VO),
- Durchfuhr durch die Gemeinschaft aus und nach Drittstaaten (Art. 47 ff. der VO).

154 Bei Verboten sind absolute Verbringungsverbote gemeint, insbesondere die Verbote der EG Abfallverbringungsverordnung.

155 **Absatz 3: Tathandlung** ist die unzulässige Nichtablieferung radioaktiver Abfälle. Legaldefinitionen finden sich in § 9a des Atomgesetzes und in § 3 Abs. 2 Nr. 1a der Strahlenschutzverordnung vom 20.07.2001.[166] Welche radioaktiven Stoffe an die Landessammelstellen und an die Anlagen des Bundes nach § 9a Abs. 3 AtomG abzuliefern sind, ist in der Strahlenschutzverordnung geregelt.

156 Die Nichtablieferung muss unter **Verletzung verwaltungsrechtlicher Pflichten** erfolgt sein (vgl. hierzu § 330d Nr. 5 StGB und die Ausführungen zum Immissionsschutz (§ 325 StGB) in diesem Lehrbuch).

6.2.4 Auslandstaten

157 Aufgrund der EU-Richtlinie Umweltstrafrecht wurde durch das 45. StrÄndG vom 06.12.2011 auch die Verfolgung von Taten ermöglicht, die in anderen EU-Mitgliedsstaaten begangen werden, wenn die Voraussetzungen der §§ 5 bis 7 StGB gegeben sind.[167] Daher wird in § 330d Abs. 2 – neu – StGB geregelt, dass einer verwaltungsrechtlichen Pflicht usw. entsprechende, in dem anderen Mitgliedsstaat geltende Pflichten usw. gleich gestellt werden.

6.2.5 Rechtswidrigkeit

158 Strafbar ist die „unbefugte" Abfallbeseitigung. Rechtswidrig ist die Tat, wenn der objektive Tatbestand verwirklicht ist und keine Rechtfertigungsgründe gegeben sind. Die Rechtswidrigkeit kann ausgeschlossen sein, wenn ein gesetzlich bezeichneter Ausnahmefall vorliegt. So kann die zuständige Behörde im Einzelfall widerruflich von der Pflicht, Abfälle nur in dafür zugelassenen Anlagen zu behandeln, zu lagern oder abzulagern, Ausnahmen zulassen, wenn dadurch das Wohl der Allgemeinheit nicht beeinträchtigt wird (§ 28 Abs. 2 KrWG). Beispiele: Erdaushub, Kartoffelkraut, das verbrannt werden soll. Die Landesregierungen können auch ganz allgemein durch Rechtsverordnung die Beseitigung bestimmter Abfälle oder bestimmter Mengen dieser Abfälle außerhalb von Abfallbeseitigungsanlagen zulassen, sofern ein Bedürfnis besteht und eine Beeinträchtigung des Wohls der Allgemeinheit nicht zu befürchten ist (§ 28 Abs. 3 KrWG). Beispiele: Erdaushub, Gartenabfälle, Laub.

---

[166] BGBl. I S. 1714.

[167] Vgl. amtliche Begründung BT-Drucks. 17/5391, S. 21.

159 Bei allgemeinen Rechtfertigungsgründen kann u.U. **rechtfertigender Notstand** (§ 34 StGB) in Betracht kommen. Beispiele: Zwischenlagerung für die Dauer eines Müllarbeiterstreiks[168] oder von Teerabfall, wenn dadurch verhindert wird, dass flüssige Teerrückstände in einer Baugrube das Grundwasser gefährden.[169]

6.2.6 Subjektive Tatseite

160 Der **Vorsatz** muss alle Tatbestandsmerkmale umfassen, wobei es genügt, wenn sie in der Laiensphäre richtig gewertet werden. Er muss sich also bei Abs. 1 darauf beziehen, dass es sich um Abfälle i. S. des KrWG handelt und dass diese Abfälle umweltgefährdend i. S. der in Nr. 1 bis 4 genannten Merkmale sind, wobei sich der Vorsatz auch auf die Eignung zur Verunreinigung oder zur Gefährdung beziehen muss. Bei Abs. 2 müssen auch die Tathandlung des Verbringens und der Geltungsbereich des Gesetzes, bei Abs. 3 die Abfalleigenschaft, die Radioaktivität und die Ablieferungspflicht vom Vorsatz umfasst sein. Bedingter Vorsatz genügt.

161 Auch die **fahrlässige** Begehungsweise ist strafbar (Abs. 5). Beispiele: Unterlassene Sicherheitsvorkehrungen und Kontrollen bei Deponien, Tankstellen, Entwässerungssystemen, Dungstätten, Mistablagerungen.

162 **Irrtumsfragen:** Der Vorsatz kann gemäß § 16 StGB ausgeschlossen sein, wenn sich der Täter über konkrete Umstände irrt. Beispiele: Irrtum über die Abfallqualität einer Sache, über die Toxizität eines Stoffs, über die Zusammensetzung eines Stoffs, (bei Abs. 2:) über das grenzüberschreitende Verbringen, über das Vorliegen einer Genehmigung, (bei Abs. 3:) über tatsächliche Umstände, die die Ablieferungspflicht begründen (z. B. Radioaktivität). Irrt sich der Täter über ein Merkmal des gesetzlichen Tatbestands, ohne sich über konkrete Umstände zu irren, hält er z. B. eine Sache, die für ihren ursprünglichen Zweck nicht mehr verwendbar und deren geordnete Entsorgung geboten ist, nicht für Abfall, weil er sie für einen anderen Zweck verwenden will, handelt es sich um einen Verbotsirrtum. Bei Unvermeidbarkeit des Verbotsirrtums ist die Schuld ausgeschlossen, der Täter bleibt straflos. Bei Vermeidbarkeit kann die Strafe gemildert werden.

Beispiele

163 **Einige Beispiele aus der Rechtsprechung** OLG Stuttgart (OLGSt § 4 AbfG, S. 3): Ablagerung von Trester in der irrigen Meinung, landwirtschaftliche Restprodukte seien generell keine Abfälle i. S. des Abfallgesetzes: Vermeidbarer Verbotsirrtum; Irrtum über öffentlich-rechtliche Bedeutungslosigkeit der Zustimmung des Grundstückseigentümers zur Ablagerung von Abfall auf seinem Grundstück ist vermeidbarer Verbotsirrtum[170]; Unvermeidbarer Verbotsirrtum eines Umweltverschmutzers bei Untä-

[168] *Horn* in: SK § 326, Rn. 24.
[169] *Franzheim/Pfohl*, Umweltstrafrecht, 2. Aufl., S. 104.
[170] OLG Hamm NJW 1975, 1042.

tigkeit der Umweltbehörde, die dadurch objektiv eine Rechtsgutverletzung fördert[171]; Vermeidbarer Verbotsirrtum bei Tätern, die meinten, Schlacke sei kein Abfall[172].

6.2.7 Täterschaft und Teilnahme

164 Täter ist nicht nur derjenige, der die Abfälle außerhalb einer zugelassenen Abfallbeseitigungsanlage behandelt, lagert oder ablagert, sondern z. B. auch der **Betriebsinhaber** oder der sonst Verantwortliche, der eine Anweisung zum Behandeln, Lagern oder Ablagern von Abfällen entgegen den gesetzlichen Vorschriften gegeben hat. Andererseits ist Täter auch, wer, ohne für die Abfallentsorgung verantwortlich zu sein, eine Beseitigungshandlung mit Tatherrschaft vornimmt.[173] Liegt eine Garantenstellung für „wilde" Müllablagerungen Dritter vor, kann auch der **Grundstückseigentümer** Täter sein. **Betriebsbeauftragte** für Abfall haben zwar vorwiegend nur Überwachungsfunktionen, können aber als Täter in Betracht kommen, wenn ein Verstoß gegen ihre Pflichten kausal für den Taterfolg ist.[174] Bei **Amtsträgern** ergeben sich Probleme, weil die Behörden meist einen Ermessensspielraum besitzen. Aber auch ein ermessensfehlerhaftes Verhalten kann eine Verletzung der Garantenpflicht darstellen.[175] Nach Auffassung des BGH[176] kann ein Amtsträger, der vorsätzlich eine materiell fehlerhafte Genehmigung zur Umlagerung von Abfällen einer Sonderabfalldeponie auf eine Hausmüllbeseitigungsanlage erteilt, sowohl Mittäter als auch mittelbarer Täter einer umweltgefährdenden Abfallbeseitigung nach § 326 Abs. 1 StGB sein, wenn der Genehmigungsempfänger die Umlagerung vornimmt. Täter bei den neu eingefügten Tathandlungsvarianten sind Sammler, Transporteur, Händler oder Makler.

6.2.8 Versuch

165 Der Versuch ist in den Fällen der Abs. 1 und 2 strafbar (Abs. 4). Durch die Strafbarkeit des Versuchs sollen bei Abs. 1 die Fälle erfasst werden, in denen der Täter unmittelbar ansetzt, Abfälle unzulässiger Weise zu beseitigen, z. B. wenn er gerade im Begriff ist, Abfälle aus einem Transportfahrzeug zu entladen.[177] Bei Abs. 2 beginnt der Versuch mit dem Erreichen eines grenznahen Bereichs bzw. mit dem Beginn des Abtransports der Abfälle von einem grenznahen Ort zur Grenze.

6.2.9 Minimaklausel

166 Die sehr umstrittene Minima- bzw. Bagatellklausel (Abs. 6) soll sicherstellen, „dass der Täter bei der Beseitigung kleiner Abfallmengen, die keine Umweltschäden hervorbrin-

---

[171] AG Lübeck MDR 1989, 930.

[172] OLG Braunschweig ZfW 1991, 52 (63).

[173] Vgl. BGHSt 40, 84.

[174] *Buckenberger*, Strafrecht und Umweltschutz, S. 294 ff.; *Steindorf* in: LK § 326, Rn. 59 u. a.

[175] Siehe auch OLG Karlsruhe, JZ 2004, 610.

[176] BGH NJW 1994, 670.

[177] Amtl. Begründung, BR-Drucks. 399/78, S. 20.

gen können, von Kriminalstrafe verschont bleibt".[178] Bei dem Erfordernis der „geringen Menge" lassen sich keine absoluten Maßstäbe aufstellen, da bei jedem Stoff andere Mengen relevant sein können. Ohne Sachverständigengutachten ist eine Feststellung kaum möglich. Nur dann, wenn offensichtlich ist und damit positiv feststeht, dass schädliche Umwelteinwirkungen nicht entstehen, macht sich der Täter nicht strafbar.[179] Die Klausel ist restriktiv zu handhaben. Es sind kaum Fälle denkbar, in denen bei Tathandlungen i. S. des § 326 schädliche Umwelteinwirkungen „offensichtlich ausgeschlossen" sind. Vielfach zeigen sich die Wirkungen eines Schadstoffes erst lange Zeit nach der Tathandlung, genetische Schäden möglicherweise erst bei späteren Generationen. Bei Zweifeln bleibt die Strafbarkeit bestehen.

6.2.10 Rechtsfolgen der Tat

167 Der Strafrahmen reicht bei vorsätzlichen Vergehen von fünf Tagessätzen bis zu 360 Tagessätzen Geldstrafe oder von einem Monat bis zu drei Jahren, bei Fahrlässigkeit bis zu einem Jahr Freiheitsstrafe.

168 **Tätige Reue:** Gemäß § 330b StGB kann das Gericht in den Fällen des § 326 Abs. 1 bis 3 die Strafe nach seinem Ermessen mildern oder von Strafe nach diesen Vorschriften absehen, wenn der Täter freiwillig die Gefahr abwendet oder den von ihm verursachten Zustand beseitigt, bevor ein erheblicher Schaden entsteht. Wird ohne Zutun des Täters die Gefahr abgewendet oder der rechtswidrig verursachte Zustand beseitigt, so genügt sein freiwilliges und ernsthaftes Bemühen, dieses Ziel zu erreichen.

169 **Besonders schwere Fälle** sind in § 330 StGB geregelt. Die Vorschrift enthält erhöhte Strafrahmen.

6.3 Unerlaubtes Betreiben von Anlagen (§ 327 Abs. 2 Nr. 3 StGB)

6.3.1 Allgemeines

170 Die Vorschrift bezieht sich nur noch auf Deponien, da die übrigen Abfallentsorgungsanlagen, die als Anlagen i. S. des BImSchG gelten, nur noch nach § 327 Abs. 2 Nr. 1 erfasst werden.[180]

6.3.2 Tathandlung

171 Tathandlung ist das Betreiben einer Abfallentsorgungsanlage i. S. des KrWG ohne die nach diesem Gesetz erforderliche Planfeststellung oder Genehmigung oder entgegen einer auf diesem Gesetz beruhenden vollziehbaren Untersagung.

---

[178] Amtliche Begründung, a. a. O. (Fn. 177), S. 20.

[179] Amtliche Begründung, a. a. O. (Fn. 177).

[180] Siehe Rn. 96 ff.

Abfallentsorgungsanlagen (siehe dazu oben unter 6.2.3) sind grundsätzlich zulassungspflichtig (§ 28 KrWG). 172

Für § 327 Abs. 2 Nr. 3 sind nur noch die Anlagen zur Ablagerung, also die Deponien relevant. Die anderen Abfallentsorgungsanlagen fallen unter § 327 Abs. 2 Nr. 1. Erforderlich ist, dass entweder Abfälle auf eine Grundstücksfläche immer wieder verbracht oder zumindest im Rahmen einer größeren Aktion erhebliche Mengen von Abfällen abgelagert werden.[181] Ein Grundstück ist eine Abfallentsorgungsanlage, wenn die Ablagerung von Abfällen als typisches, wenngleich nicht einziges Nutzungsmerkmal für den Durchschnittsbetrachter erkennbar ist.[182] Eine Abfallentsorgungsanlage wird auf einer Grundstücksfläche dann betrieben, wenn diese mit einer gewissen Stetigkeit für einen nicht unerheblichen Zeitraum zur Ablagerung von Abfällen in einem solchen Umfang genutzt wird oder werden soll, dass sie auch für den Durchschnittsbürger als Einrichtung für solche Gegenstände zu erkennen ist.[183] Erforderlich ist, dass ein Grundstück oder Grundstücksteil durch diese Art der Nutzung geprägt wird.[184] 173

Betreiben ist die Nutzung der Abfallentsorgungsanlage zum Ablagern von Abfällen. Der Betrieb beginnt mit dem Ingangsetzen und endet mit der vollständigen Stilllegung.[185] 174

Der Betrieb und die wesentliche Änderung des Betriebs einer Anlage zur Ablagerung von Abfällen (Deponie) bedürfen der **Planfeststellung** durch die zuständige Behörde (§ 35 Abs. 2 KrWG). In dem Planfeststellungsverfahren ist eine Umweltverträglichkeitsprüfung nach dem Gesetz über die Umweltverträglichkeitsprüfung durchzuführen. Anstelle eines Planfeststellungsverfahrens kann die zuständige Behörde auf Antrag oder von Amts wegen ein **Genehmigungsverfahren** durchführen, wenn bestimmte Voraussetzungen gegeben sind, die in § 35 Abs. 3 KrWG geregelt sind. 175

In Angleichung an die Regelungen im BImSchG wird auch der Betrieb einer Abfallentsorgungsanlage **entgegen einer vollziehbaren Untersagung** unter Strafe gestellt. Die zuständige Behörde kann den Betrieb von ortsfesten Abfallentsorgungsanlagen ganz oder teilweise untersagen, wenn eine erhebliche Beeinträchtigung des Wohls der Allgemeinheit durch Auflagen, Bedingungen oder Befristungen nicht verhindert werden kann. 176

Beispiele

Einige Beispiele aus der Rechtsprechung (wobei zu beachten ist, dass die Entscheidungen, die sich nicht auf Deponien beziehen, für Abs. 2 Nr. 1 relevant sind): Unter den Begriff Abfallbeseitigungsanlagen fallen alle Einrichtungen, die der Behandlung, 177

[181] OLG Celle, ZfW 1994, 380.
[182] OLG Düsseldorf, ZfW 1995, 187.
[183] BayObLG, NuR 1984, 284; NuR 1985, 335; OLG Düsseldorf, NuR 1994, 462.
[184] OLG Stuttgart, NStZ 1991, 590.
[185] BayObLG, NuR 1985, 335; OLG Stuttgart, NStZ 1991, 590.

Lagerung oder Ablagerung von Abfällen (auch Autowracks oder Altreifen) dienen; das bedeutet, dass das Vorhandensein baulicher Anlagen oder technischer Einrichtungen nicht Voraussetzung für das Vorliegen des Anlagenbegriffs ist; es muss jedoch die Nutzungsart des Grundstücks oder Grundstücksteils auf das Behandeln, Lagern oder Ablagern von Abfällen, Autowracks oder Altreifen gerichtet sein; es ist erforderlich, dass entweder immer wieder Abfälle auf die fragliche Grundstücksfläche verbracht werden bzw. verbracht werden sollen oder zumindest im Rahmen einer größeren Aktion erhebliche Mengen von Abfällen.[186] Der Inhaber einer stillgelegten, aber nicht beseitigten Abfallbeseitigungsanlage kann den Tatbestand des § 327 Abs. 2 durch Unterlassen verwirklichen, wenn er wilde Müllablagerungen durch Dritte nicht unterbindet.[187] Um eine Abfallentsorgungsanlage handelt es sich nur, wenn die Nutzung des Grundstücks zu Abfallentsorgungszwecken ein typisches, prägendes Merkmal der betreffenden Grundstücksfläche bildet. Entscheidend ist, ob der Nutzungsberechtigte oder der Entsorgungspflichtige die Grundstücksfläche dafür bestimmt hat, mit einer gewissen Stetigkeit für einen nicht unerheblichen Zeitraum der Abfallentsorgung in solchem Umfang zu dienen, dass sie auch für den Durchschnittsbetrachter als Einrichtung für derartige Zwecke erkennbar wird.[188] Zum Betreiben einer Abfallentsorgungsanlage („wilde Müllkippe") durch Unterlassen seitens behördlicher Garanten.[189]

6.3.3 Auslandstaten

178 Aufgrund der EU-Richtlinie Umweltstrafrecht wurde durch das 45. StrÄndG vom 06.12.2011 auch die Verfolgung von Taten ermöglicht, die in anderen EU-Mitgliedstaaten begangen werden. Wenn also Anlagen unter Verletzung verwaltungsrechtlicher Pflichten im EU-Ausland betrieben werden, ist eine Strafverfolgung möglich (§ 327 Abs. 2 letzter Satz – neu –). Damit korrespondiert die Änderung des § 330d StGB, wonach einer verwaltungsrechtlichen Pflicht usw. entsprechende, in dem anderen Mitgliedsstaat geltende Pflichten usw. gleich stehen.

6.3.4 Rechtswidrigkeit

179 Rechtswidrig ist die Tat, wenn der objektive Tatbestand verwirklicht ist und keine Rechtfertigungsgründe gegeben sind. Die Merkmale „ohne die nach dem Gesetz erforderliche Planfeststellung oder entgegen einer auf dem Gesetz beruhenden vollziehbaren Untersagung" gehören zum Tatbestand, d. h., das genehmigte Handeln ist nicht nur nicht rechtswidrig, sondern bereits nicht tatbestandsmäßig (streitig).

---

[186] BayObLG, NuR 1984, 284.
[187] OLG Stuttgart, NuR 1987, 281.
[188] OLG Stuttgart, NStZ 1991, 590.
[189] StA Landau, MDR 1994, 935.

Die Rechtswidrigkeit kann ausgeschlossen sein, wenn ein im KrWG bezeichneter Ausnahmefall vorliegt. Bei einer zulassungspflichtigen Abfallentsorgungsanlage kann beispielsweise die zuständige Behörde in einem Planfeststellungsverfahren unter dem Vorbehalt des Widerrufs zulassen, dass bereits vor Feststellung des Plans mit der Ausführung begonnen wird. Siehe hierzu im einzelnen § 37 KrWG. 180

6.3.5 Subjektive Tatseite

Der **Vorsatz** muss alle Tatbestandsmerkmale umfassen, wobei es genügt, wenn sie in der Laiensphäre richtig gewertet werden. Er muss sich darauf beziehen, dass es sich um eine Abfallentsorgungsanlage im Sinne des KrWG handelt[190], dass diese „betrieben" wird und dass dieses Betreiben entgegen dem gesetzlichen Gebot ohne die erforderliche Zulassung (Planfeststellung oder Genehmigung) erfolgt. Auch die **fahrlässige** Begehungsweise ist strafbar (Abs. 3). 181

6.3.6 Täterschaft und Teilnahme

Da § 327 StGB ein Sonderdelikt ist, kommt als Täter nur der Adressat der erforderlichen Genehmigung oder der vollziehbaren Untersagung in Betracht. Zu beachten ist, dass der Errichter, der Betreiber und der Eigentümer einer Anlage nicht identisch zu sein brauchen. Täter kann sowohl der für das Betreiben Verantwortliche sein, mit dessen Kenntnis und Billigung oder auf dessen Anweisung die Anlage in Gang gesetzt worden ist, als auch dessen Vertreter gemäß § 14 StGB. Wegen des Sonderdeliktscharakters der Vorschrift kann bei einem Mitarbeiter, der die Anlage tatsächlich in Gang gesetzt hat und in Gang hält, nur Beihilfe in Betracht kommen. Die Tat kann auch durch Unterlassen begangen werden, wobei sich eine Garantenstellung für das Rechtsgut durch vorausgegangenes Verhalten (z. B. durch pflichtwidrige Nichterfüllung eines Einzäunungsgebots für eine stillgelegte Deponie) und durch Sachherrschaft über ein Grundstück ergeben kann.[191] Es besteht die Pflicht, Müllablagerungen Dritter auf dem eigenen Grundstück nach Möglichkeit zu verhindern.[192] Wird auf einem in Gemeindeeigentum stehenden Grundstück eine Umweltstraftat begangen, so trifft auch einen „allgemeinen" Amtsträger (hier: Ortsbürgermeister) die Garantenpflicht (betrifft „wilde" Müllkippe). Ähnlich: Der Bürgermeister einer Gemeinde, die eine Mülldeponie betrieb, ist für diese gemäß § 14 StGB verantwortlich.[193] 182

6.3.7 Versuch

Der Versuch ist nicht strafbar. 183

[190] Siehe dazu OLG Braunschweig, ZfW 1991, 52 (63).
[191] OLG Stuttgart, NuR 1987, 281.
[192] OLG Stuttgart, NuR 1987, 281; LG Koblenz, NStZ 1987, 281.
[193] OLG Stuttgart, NuR 1987, 281.

6.3.8 Rechtsfolgen der Tat

184 Der Strafrahmen reicht bei vorsätzlichen Vergehen von fünf Tagessätzen bis zu 360 Tagessätzen Geldstrafe oder von einem Monat bis zu drei Jahren, bei Fahrlässigkeit bis zu zwei Jahren Freiheitsstrafe.

6.4 Zusammenfassung des Abschnitts Abfallstrafrecht

185 Wichtigste Strafvorschriften sind §§ 326 und 327 Abs. 2 Nr. 3 StGB. Geschützt werden das menschliche Leben, die menschliche Gesundheit, die Leibesfrucht, Tier- und Pflanzenbestände, auch Gewässer, Luft und Boden. Bei Prüfung der Strafbarkeit muss zunächst festgestellt werden, ob die Stoffe, auf die sich die Handlung bezieht, „Abfälle" im Sinne des Gesetzes sind (siehe dazu § 3 Abs. 1 KrWG), wobei zwischen „gewillkürtem" Abfall und „Zwangsabfall" zu unterscheiden ist. Tathandlung bei Abs. 1 sind diverse Bewirtschaftungsvarianten (z. B. Behandeln, Lagern), die sich auf bestimmte gefährliche Abfälle beziehen (z. B. Gifte, Abfälle, die nach Art, Beschaffenheit oder Menge geeignet sind, nachhaltig ein Gewässer, die Luft oder den Boden nachteilig zu verändern oder einen Bestand von Tieren oder Pflanzen zu gefährden). Für die Strafbarkeit ist ferner erforderlich, dass die „Bewirtschaftung" außerhalb einer dafür zugelassenen Anlage erfolgt. Abs. 2 beinhaltet den sogenannten Abfallverbringungstatbestand, mit dem der „Abfalltourismus" bekämpft werden soll. Durch Abs. 3 wird die unzulässige Nichtablieferung radioaktiver Abfälle unter Strafe gestellt.

186 § 327 Abs. 2 Nr. 3 StGB pönalisiert das unerlaubte Betreiben einer Abfallentsorgungsanlage (Deponie) ohne die erforderliche Planfeststellung oder Genehmigung oder entgegen einer vollziehbaren Untersagung.

187 Vorsatz und Fahrlässigkeit sind strafbar. Auch der Versuch ist strafbar.

7 Bodenschutz

7.1 Allgemeines

188 Der Boden war früher – jedenfalls in den alten Bundesländern – unzureichend geschützt. Bodenverunreinigungen, die nicht zugleich zu einer nachweisbaren Grundwasserverunreinigung führten oder nicht auf Lagerung oder Ablagerung gefährlicher Abfälle beruhten, waren kaum erfassbar. Dagegen enthielt das Strafgesetzbuch der ehemaligen DDR einen eigenständigen Bodenschutztatbestand (§ 191a). Diese Vorschrift wurde durch Art. 12 des 31. StrÄndG[194] – 2. UKG – aufgehoben. Nachdem der Gesetzgeber erkannt

[194] Vom 27.06.1994, BGBl. I S. 1440, in Kraft seit 01.11.1994.

hatte, dass der Boden „als wesentlicher Teil des Naturhaushalts Lebensgrundlage und Lebensraum für Menschen, Tiere und Pflanzen" ist[195] wurden sowohl ein BBodSchG[196] als auch ein eigener Straftatbestand (§ 324a StGB) geschaffen.

7.2 Bodenverunreinigung (§ 324a StGB)

7.2.1 Schutzobjekt

189 Schutzobjekt (Rechtsgut) ist der Boden als Lebensgrundlage und Lebensraum für Menschen, Tiere und Pflanzen. Nach der Begriffsbestimmung in § 2 des BBodSchG ist der Boden die obere Schicht der Erdkruste, soweit sie Träger bestimmter Bodenfunktionen ist (siehe dazu die Aufzählung in § 2 Abs. 2 BBodSchG!), einschließlich der flüssigen Bestandteile (Bodenlösung) und der gasförmigen Bestandteile (Bodenluft) ohne Grundwasser und Gewässerbetten (wobei diese strafrechtlich durch § 324 StGB geschützt werden).

7.2.2 Tathandlung

190 Die Tathandlung besteht im Einbringen, Eindringen lassen oder Freisetzen von Stoffen. Nach dem Willen des Gesetzgebers soll der **Stoff**begriff weit ausgelegt werden. In Betracht kommen alle körperlichen Gegenstände – gleich welchen Aggregatzustandes –, die weder Grundstück noch Grundstücksbestandteil sind. Unter **Einbringen** ist ein finaler Stoffeintrag in den Boden zu verstehen, d. h., eine bewusste, zweckgerichtete Tätigkeit, ein auf das Hineingelangen gerichtetes finales Handeln. Auch Einleiten gehört dazu. **Eindringen lassen** ist das Nichtverhindern der Verunreinigung des Bodens durch Stoffe. **Freisetzen** heißt, eine Lage zu schaffen, in der sich ein Stoff ganz oder teilweise unkontrollierbar in der Umwelt ausbreiten kann.[197] **Kausalzusammenhang:** Zwischen Tathandlung und Taterfolg (Verunreinigung) muss Kausalzusammenhang bestehen („und dadurch"). Die Tathandlung muss zu einer **Verunreinigung oder sonstigen nachteiligen Veränderung** des Bodens führen, d. h., die natürliche Bodenbeschaffenheit muss verschlechtert worden sein. Jede an ökologischen Bedürfnissen gemessene Verschlechterung erfüllt das Tatbestandsmerkmal.[198] Für Feststellung der nachteiligen Veränderung und der Schädigungseignung wird meist ein Sachverständigengutachten erforderlich sein.

191 Weitere Voraussetzungen der Strafbarkeit sind Schädigungseignung oder bedeutender Umfang der Verunreinigung. **Schädigungseignung** (Nr. 1): Die Tathandlung muss in einer Weise geschehen, die geeignet ist, die Gesundheit eines anderen, Tiere, Pflanzen

[195] Amtliche Begründung, BT-Drucks. 12/192.
[196] Vom 17.03.1998 BGBl. I S. 502.
[197] Amtliche Begründung, a. a. O. (Fn. 195) S. 17.
[198] Amtliche Begründung, a. a. O. (Fn. 195) S. 16.

oder andere Sachen von bedeutendem Wert oder ein Gewässer zu schädigen. Die Eignung bedarf konkreter Feststellung.[199] Bedeutender Umfang (Nr. 2): Der Begriff ist nicht nur quantitativ, sondern auch qualitativ zu verstehen.[200] Erfasst werden sollen besonders erhebliche, nachhaltige, schwer zu beseitigende Schäden.

192 Die Tathandlung muss **„unter Verletzung verwaltungsrechtlicher Pflichten"** geschehen. Siehe hierzu die Legaldefinition in § 330d Nr. 4 StGB! Bei den Rechtsvorschriften, gegen die verstoßen werden kann, kommen z. B. Regelungen im BImSchG, in den diversen hierzu ergangenen Verordnungen, im Pflanzenschutzgesetz, im Chemikaliengesetz, im Düngemittelgesetz, auch in den Landesbodenschutzgesetzen usw. in Betracht.

Beispiele

193 **Einige Beispiele aus der Rechtsprechung** AG Germersheim (7024 Js 9382/96 Cs): Ein Landwirt brachte auf seiner Maisanbaufläche entgegen der Pflanzenschutz-Anwendungsverordnung atrazinhaltige Herbizide auf, sodass der Grenzwert von Atrazin deutlich überschritten wurde. LG Frankfurt/M. (65 Js 9496.3/93): In einer chemischen Fabrik waren nach sorgfaltswidrig verursachtem Störfall ca. 10 t eines Reaktionsgemisches, bestehend aus Methanol und Nitroanisol über ein Sicherheitsventil ausgetreten, wodurch 153 Personen körperliche Beeinträchtigungen erlitten. BGH:[201] Zum Verhältnis zwischen vorsätzlicher umweltgefährdender Abfallbeseitigung und vorsätzlicher Bodenverunreinigung. Zwischen § 326 Abs. 1 Nr. 4 StGB und § 324a StGB besteht im vorliegenden Fall, bei dem die gewässergefährdenden Abfälle in den Boden eingebracht wurden, Gesetzeskonkurrenz. Jedenfalls hier aber geht der Unrechtsgehalt des Gefährdungsdelikts vollständig in dem Verletzungsdelikt auf.

7.2.3 Auslandstaten

194 Aufgrund der EU-Richtlinie Umweltstrafrecht wurde durch das 45. StrÄndG vom 06.12.2011 auch die Verfolgung von Taten ermöglicht, die in anderen EU-Mitgliedstaaten begangen werden, wenn die Voraussetzungen der §§ 5 bis 7 gegeben sind.[202] Daher wurde in § 330d Abs. 2 – neu – StGB geregelt, dass einer verwaltungsrechtlichen Pflicht usw. entsprechende, in dem anderen Mitgliedsstaat geltende Pflichten usw. gleich gestellt werden.

7.2.4 Rechtswidrigkeit

195 Rechtswidrig ist die Tat, wenn der objektive Tatbestand verwirklicht ist und keine Rechtfertigungsgründe gegeben sind. Das Merkmal „unter Verletzung verwaltungsrechtlicher

[199] OLG Celle, NStZ-RR 1998, 208.
[200] Beschlussempfehlung und Bericht des BT-Rechtsausschusses, BT-Drucks. 12/7300, S. 22.
[201] Wistra 2001, 259.
[202] Vgl. amtliche Begründung BT-Drucks. 17/5391, S. 21.

Pflichten" gehört zum Tatbestand, d. h., das pflichtgemäße Handeln ist nicht nur nicht rechtswidrig, sondern bereits nicht tatbestandsmäßig (streitig).

7.2.5 Subjektive Tatseite

196 Der **Vorsatz** muss alle Tatbestandsmerkmale umfassen, wobei es genügt, wenn sie in der Laiensphäre richtig gewürdigt werden. Der Vorsatz muss sich also darauf beziehen, dass Stoffe eingebracht werden, eindringen, freigesetzt werden, dass durch das Tun oder Unterlassen der Boden verunreinigt oder sonst nachteilig verändert wird. Der Täter muss – in der Laiensphäre – wissen, dass sein Verhalten zu einer „Verschlechterung der Bodeneigenschaften" führt. Nicht erforderlich ist, dass der Täter die Art des tatsächlich vorhandenen Schadstoffs kennt; ausreichend für den bedingten Vorsatz ist, wenn er mit irgendwelchen den Boden nachteilig verändernden Schadstoffen rechnet. Der Vorsatz muss sich darauf beziehen, dass die Tathandlung unter Verletzung verwaltungsrechtlicher Pflichten erfolgt (d. h., das konkrete Verbot, gegen das verstoßen wird, muss vom Vorsatz umfasst sein).

197 Auch die **fahrlässige** Begehungsweise ist strafbar (Abs. 3). Der Betreiber eines Gewerbebetriebes ist verpflichtet, sich über die jeweils geltenden Vorschriften auf dem Laufenden zu halten.[203] Fahrlässigkeit kann in den Fällen des Tatbestandsirrtums in Betracht kommen, z. B., wenn der Täter die Schädigungseignung nicht kennt, oder wenn verwaltungsrechtliche Akte aus Unachtsamkeit verletzt und dadurch Umweltbelastungen i. S. des § 324a StGB verursacht werden.

7.2.6 Täterschaft und Teilnahme

198 Täterschaft kann sowohl bei aktivem Tun als auch bei Unterlassen gegeben sein. Bei juristischen Personen, Personenhandelsgesellschaften, bei gesetzlicher Vertretung und rechtsgeschäftlich begründeten Vertretungsverhältnissen (Beauftragungen) ist § 14 StGB zu beachten. Diese Vorschrift gewinnt bei § 324a eine besondere Bedeutung, da der Täter pflichtwidrig gegen eine an ihn gerichtete Anordnung, Auflage usw. verstoßen, also Adressat des Verwaltungsaktes sein muss (§ 324a Abs. 1 i.V. mit § 330d Nr. 4 StGB).

7.2.7 Der Versuch

199 Der Versuch ist strafbar (Abs. 2). In Betracht kommen Fälle, in denen eine Verletzung verwaltungsrechtlicher Pflichten i. S. von Absatz 1 i.V. mit § 330d Nr. 4 StGB bereits begonnen hat, eine Bodenverunreinigung aber – z. B. durch Eingreifen der zuständigen Behörden – noch verhindert werden konnte. Beginnt der Täter einen Stoff in den Boden einzubringen, der geeignet ist, diesen zu verunreinigen, und weiß der Täter von dieser Eignung oder rechnet er mit ihr und nimmt die drohende Verunreinigung billigend in

[203] OLG Stuttgart, OLGSt § 4 AbfG, S. 1 ff.

Kauf, so liegt strafbarer Versuch vor. Vollendet ist die Tat mit der Verursachung der Bodenverunreinigung.

7.2.8 Rechtsfolgen der Tat

200 Der Strafrahmen reicht bei vorsätzlichen Vergehen von fünf Tagessätzen bis zu 360 Tagessätzen Geldstrafe oder von einem Monat bis zu fünf Jahren, bei Fahrlässigkeit bis zu drei Jahren Freiheitsstrafe.

7.2.9 Besonders schwere Fälle

201 Siehe § 330 StGB!

7.3 Zusammenfassung des Abschnitts Bodenschutz

202 Die Strafvorschrift des § 324a StGB schützt den Boden als Lebensgrundlage und Lebensraum für Menschen, Tiere und Pflanzen. Begriffsbestimmung des Bodens in § 2 BBodSchG. Tathandlung ist Einbringen, Eindringenlassen oder Freisetzen von Stoffen, wobei Schädigungseignung oder bedeutender Umfang der Verunreinigung und die Verletzung verwaltungsrechtlicher Pflichten Voraussetzungen sind.

203 Vorsatz und Fahrlässigkeit sind strafbar. Auch der Versuch ist strafbar.

8 Natur- und Artenschutz

8.1 Allgemeines

204 Beim Naturschutz unterscheidet man zwischen Gebiets- und Artenschutz, wobei es teilweise Überschneidungen gibt. So werden beispielsweise in § 329 Abs. 3 Nr. 6, 7 StGB sowohl das Gebiet (Naturschutzgebiet) als auch Tiere und Pflanzen geschützt.

205 Eine strikte Trennung ist im strafrechtlichen Bereich ohnehin nicht möglich, da die meisten Umweltstraftatbestände neben dem unmittelbar geschützten Rechtsgut jedenfalls mittelbar auch die anderen Umweltmedien mit schützen.

206 Für den Gebietsschutz kommt insbesondere § 329 StGB, für den Artenschutz §§ 71,71a BNatSchG in Betracht.

207 Aufgrund der EU-Richtlinie Umweltstrafrecht sind durch das 45. StrÄndG vom 06.12.2011 teilweise recht erhebliche Änderungen im BNatSchG erfolgt. So wurde der bisher geltende § 71 den europäischen Anforderungen angepasst und eine neue Vorschrift – § 71a – eingefügt.

8.2 Gefährdung schutzbedürftiger Gebiete (§ 329 StGB)

8.2.1 Absatz I

Geschützte **Rechtsgüter** sind bestimmte schutzbedürftige Gebiete (z. B. Kurgebiete, Smoggebiete), aber mittelbar auch die menschliche Gesundheit und die diversen Umweltmedien. **Tathandlung** ist das Betreiben von Anlagen innerhalb besonders schutzbedürftiger Gebiete entgegen einer aufgrund des BImSchG erlassenen Rechtsverordnung oder entgegen einer aufgrund einer solchen Rechtsverordnung ergangenen vollziehbaren Anordnung. Schutzbedürftige Gebiete sind z. B. Kurorte, Erholungsgebiete von besonderer Bedeutung und Ortsteile, in denen sich Krankenhäuser befinden.[204] 208

In den **Rechtsverordnungen** kann vorgeschrieben werden, dass in näher zu bestimmenden Gebieten, die eines besonderen Schutzes vor schädlichen Umwelteinwirkungen durch Luftverunreinigungen oder Geräuschen bedürfen, bestimmte ortsveränderliche Anlagen nicht betrieben, ortsfeste Anlagen nicht errichtet, ortsveränderliche oder ortsfeste Anlagen nur zu bestimmten Zeiten betrieben werden dürfen oder erhöhten betriebstechnischen Anforderungen genügen müssen. Ferner kann vorgeschrieben werden, dass Brennstoffe in Anlagen nicht oder nur beschränkt verwendet werden dürfen, soweit die Anlagen oder Brennstoffe geeignet sind, schädliche Umwelteinwirkungen durch Luftverunreinigungen oder Geräusche hervorzurufen, die mit dem besonderen Schutzbedürfnis dieser Gebiete nicht vereinbar sind, und die Luftverunreinigungen und Geräusche durch Auflagen nicht verhindert werden können. Siehe im einzelnen § 49 Abs. 1 BImSchG! 209

In den Rechtsverordnungen können ferner Gebiete festgesetzt werden, in denen während austauscharmer Wetterlage ein starkes Anwachsen schädlicher Umwelteinwirkungen durch Luftverunreinigungen zu befürchten ist. In der Rechtsverordnung kann vorgeschrieben werden, dass in diesen Gebieten ortsveränderliche oder ortsfeste Anlagen nur zu bestimmten Zeiten betrieben, oder Brennstoffe, die in besonderem Maße Luftverunreinigungen hervorrufen, in Anlagen nicht oder nur beschränkt verwendet werden dürfen, sobald die austauschbare Wetterlage von der zuständigen Behörde bekannt gegeben wird. Siehe im einzelnen § 49 Abs. 2 BImSchG! 210

Die Vorschrift spielt in der Praxis kaum eine Rolle. 211

8.2.2 Absatz II

Geschützte **Rechtsgüter** sind Wasser- und Heilquellenschutzgebiete. Zu den geschützten Gebieten siehe §§ 51 ff. WHG und landesrechtliche Regelungen! **Tathandlungen** sind das vorschriftswidrige Betreiben von betrieblichen Anlagen zum Umgang mit wassergefährdenden Stoffen (Nr. 1) oder von Rohrleitungsanlagen zum Befördern wassergefährdender Stoffe oder das Befördern solcher Stoffe (Nr. 2) oder das – im Rahmen eines Gewerbebetriebes erfolgende – vorschriftswidrige Abbauen von Kies, Sand, Ton oder 212

[204] Amtliche Begründung, BT-Drucks. 7/179, S. 45 f.

anderen festen Stoffen (Nr. 3), wobei die Vorschriften, gegen die verstoßen wird, jeweils dem Schutz eines Wasser- oder Heilquellenschutzgebietes dienen müssen. Bei den **betrieblichen Anlagen** in Nr. 1 handelt es sich um Anlagen i. S. von § 62 (früher: § 19 g) WHG. „Umgang" bedeutet Lagern, Abfüllen, Herstellen, Behandeln, Verwenden und Umschlagen wassergefährdender Stoffe. Bei den **Rohrleitungsanlagen** in Nr. 2 handelt es sich um Anlagen i. S. des UVPG (früher: § 19a WHG). **Wassergefährdende Stoffe**: Siehe § 62 Abs. 3, 4 (früher: 19a Abs. 1) WHG! Andere feste Stoffe (Nr. 3) sind z. B. Erde, Torf und Humus.

Beispiele

213 **Einige Beispiele aus der Rechtsprechung** LG Frankfurt/M. (5/26 KLs65 Js 1244/86): Betreiben einer betrieblichen Anlage zum Lagern wassergefährdender Stoffe in einem Wasserschutzgebiet ohne Ausnahmegenehmigung.
Der Begriff der betrieblichen Anlage in § 329 Abs. 2 Nr. 1 StGB umschreibt in Anlehnung an § 19g WHG eine auf gewisse Dauer vorgesehene, als Funktionseinheit organisierte Einrichtung von nicht ganz unerheblichem Ausmaß, die der Erfüllung bestimmter Zwecke (nämlich des Lagerns, Abfüllens oder Umschlagens) dient und in die Betriebsabläufe integriert ist.[205]

8.2.3 Absatz III

8.2.3.1 Schutzobjekte

214 **Schutzobjekte** (Rechtsgüter) sind Naturschutzgebiete und Nationalparke, mittelbar aber auch die Natur als solche nebst Tieren und Pflanzen.

8.2.3.2 Tathandlung

215 Tathandlungen sind bestimmte verbotswidrige Handlungen, die den Schutzzweck von **Naturschutzgebieten oder Nationalparks** oder von innerhalb von als Naturschutzgebieten einstweilig sichergestellten Flächen nicht unerheblich beeinträchtigen. Legaldefinitionen der geschützten Gebiete finden sich in § 13, § 22 und § 24 BNatSchG!

Zu den einzelnen Tathandlungen:

216 **Abbau oder Gewinnung von Bodenschätzen** oder anderen Bodenbestandteilen (Nr. 1): Abgraben, Ausheben, um feste Stoffe zu fördern oder zu gewinnen. Siehe im Einzelnen die landesrechtlichen Naturschutzgesetze sowie § 2 BBodSchG! Beispiel: Unerlaubter Kies-, Sand-, Kohleabbau.

217 **Abgrabungen oder Aufschüttungen** (Nr. 2): Vertiefungen oder Erhöhungen des Bodenniveaus. Siehe im Einzelnen die landesrechtlichen Naturschutzgesetze!

---

[205] BayObLG, NuR 1994, 411 = JR 1995, 35.

Beispiele

Einige Beispiele aus der Rechtsprechung Aushebung einer ca. 6 x 5 m großen und teilweise etwas mehr als 1 m tiefen Grube (AG Landau – 24 b Js 6891/91-2 Ls). Anlegung von Sandgruben und Abtragen von Bergkuppen.[206] 218

Schaffung, Veränderung oder Beseitigung von Gewässern (Nr. 3): Beispiele[207]: Ableiten von natürlichen Wasserläufen, Anlegung künstlicher Teiche und Seen, Veränderungen von Küstengewässern (z. B. im Wattbereich durch unzulässiges Eindeichen), Veränderungen des Grundwasserspiegels, Einbeziehen in ein Kanalisationssystem, sodass das Gewässer aus dem natürlichen Wasserkreislauf ausscheidet. 219

Beispiel

Ein Beispiel aus der Rechtsprechung AG Landau (24 b Js 6891/91 2 Ls -): Aushebung einer Grube, die sich alsbald aus Grundwasser mit Wasser füllte und einen Teich bildete. 220

Entwässerung von Mooren, Sümpfen, Brüchen oder sonstigen Feuchtgebieten Nr. 4): **Beispiele:** Großflächige Auffüllungen, Abtorfungen oder Trockenlegungen.[208] 221

Beispiele

Ein Beispiel aus der Rechtsprechung Aushebung eines Entwässerungsgrabens bewirkte die erhebliche Entwässerung der angrenzenden Bruchwaldfläche eines Moores und einer Wiese im Naturschutzgebiet, sodass Pflanzen im Bestand oder Wuchs beeinträchtigt wurden (AG Hamburg – 132d Ds/400 Js 45/82). 222

Rodung von Wald (Nr. 5): Zum Wald siehe § 2 des Bundeswaldgesetzes! 223

Beispiel

Ein Beispiel aus der Rechtsprechung Rodung eines Weidewäldchens, um Platz für eine Bauschuttentsorgungsgrube zu schaffen (AG Landau – 24 b Js 6891/91-2 Ls –). 224

Tötung usw. von Tieren besonders geschützter Arten (Nr. 6): Tiere einer besonders geschützten Art: Siehe § 7 Abs. 2 Nr. 1, 13 BNatSchG! Zu den Tathandlungen siehe die Ausführungen im Unterkapitel Artenschutz (Rn. 240 ff.)! 225

---

206 BVerwG, DVBl. 1983, 893, 895.

207 Vgl. amtliche Begründung, BT-Drucks. 12/192, S. 23.

208 Amtliche Begründung, a. a. O. (Fn. 207).

226 **Beschädigen oder Entfernen von Pflanzen besonders geschützter Arten** (Nr. 7): Pflanzen einer besonders geschützten Art: Siehe § 7 Abs. 2 Nr. 2, 13 BNatSchG! Zu den Tathandlungen siehe die Ausführungen im Unterkapitel Artenschutz (Rn. 240 ff.)!

227 **Errichtung eines Gebäudes** (Nr. 8): Als schwerwiegender Eingriff in ein geschütztes Gebiet wird von den Schutzanordnungen der Länder regelmäßig auch das Errichten baulicher Anlagen untersagt.[209]

228 **Kausalität:** Zwischen Tathandlung und Beeinträchtigung muss Kausalzusammenhang bestehen („und dadurch"). Eine nicht unerhebliche Beeinträchtigung durch eine der genannten Handlungen ist gegeben, wenn nicht nur vorübergehende Störungen von einer gewissen Intensität vorliegen, die das Eintreten konkreter Gefahren für die in der Schutzanordnung des Bundeslandes näher beschriebenen Güter wahrscheinlich machen.[210]

8.2.4 Absatz IV

229 Die Vorschrift wurde aufgrund der EU-Richtlinie Umweltstrafrecht durch das 45. StrÄndG vom 06.12.2011 eingefügt. Damit sollen die Schutzgebiete i. S. der Vogelschutz-Richtlinie und der FFH-Richtlinie („Natura-2000-Gebiete") erfasst werden.

230 Im Einzelnen:

Strafbarkeit soll jetzt möglich sein für Handlungen, „bei denen unter Verletzung verwaltungsrechtlicher Pflichten innerhalb eines Natura-2000-Gebiets im Sinne von § 7 Abs. 1 Nr. 8 BNatSchG

- Lebensräume von Arten, die in Artikel 4 Abs. 2 oder Anhang I der Richtlinie 2009/147/EG oder in Anhang II der Richtlinie 92/43/EWG genannt sind, oder
- natürliche Lebensraumtypen im Sinne von § 7 Abs. 1 Nr. 4 BNatSchG

erheblich geschädigt und damit in ihren für die Erhaltungsziele und Schutzzwecke maßgeblichen Bestandteilen beeinträchtigt werden".[211]

8.2.5 Rechtswidrigkeit

231 Rechtswidrig ist die Tat, wenn der objektive Tatbestand verwirklicht ist und keine Rechtfertigungsgründe gegeben sind. Die Duldung durch die Behörde ist kein Rechtfertigungsgrund. Die Rechtswidrigkeit kann z. B. bei Abs. 3 ausgeschlossen sein, wenn der Eingriff in das geschützte Gebiet behördlich genehmigt war.

8.2.6 Subjektive Tatseite

232 Der **Vorsatz** muss alle Tatbestandsmerkmale umfassen, wobei es genügt, wenn sie in der Laiensphäre richtig gewertet werden. Er muss sich auf die Existenz und den Inhalt (bei

---

[209] Amtliche Begründung, BT-Drucks. 12/192.
[210] Amtliche Begründung, BT-Drucks. 12/192, S. 27.
[211] Amtliche Begründung BT-Drucks. 17/5391, S. 20.

Abs. 1) der Rechtsverordnungen bzw. der vollziehbaren Untersagungen oder (bei Abs. 2 und 3) der Rechtsvorschriften bzw. Untersagungen beziehen. Bei Abs. 2 muss der Vorsatz ferner die Merkmale „Betriebliche Anlage zum Umgang mit wassergefährdenden Stoffen“, „Rohrleitungsanlage zum Befördern wassergefährdender Stoffe“, Betreiben, Gewerbebetrieb und Abbauen fester Stoffe sowie das konkrete Gebot oder Verbot, gegen das verstoßen wird, erfassen; bei Abs. 3 müssen die Merkmale Abbau oder Gewinnung von Bodenbestandteilen, Abgrabungen oder Aufschüttungen, Schaffung, Veränderung oder Beseitigung von Gewässern, Entwässerung von Feuchtgebieten, Roden von Wald, Tötung usw. von Tieren besonders geschützter Arten, Beschädigen oder Entfernen von Pflanzen besonders geschützter Arten, Errichten von Gebäuden vom Vorsatz umfasst sein.

233 Bei Tathandlungen nach Abs. 1 bis 3 ist auch die **fahrlässige** Begehungsweise strafbar (Abs. 5). Bei Abs. 4 – neu – kann **leichtfertiges** Handeln strafbar sein. Damit soll grobe Fahrlässigkeit erfasst werden können.

8.2.7 Täterschaft und Teilnahme

234 Zu beachten ist, dass der Errichter, der Betreiber und der Eigentümer der Anlage nicht identisch zu sein brauchen. Täter bei Abs. 1 und bei Abs. 2 Nr. 1 1. Alt. ist der Betreiber. Der Täter muss Adressat der behördlichen Anordnung sein. § 14 StGB ist zu beachten. Bei Angestellten oder Beauftragten, die für ein Unternehmen handeln, kommt es auf ihre Entscheidungsbefugnis an.

8.2.8 Versuch

235 Der Versuch ist nicht strafbar.

8.2.9 Rechtsfolgen der Tat

236 Der Strafrahmen reicht bei vorsätzlichen Vergehen von fünf Tagessätzen bis zu 360 Tagessätzen Geldstrafe oder von einem Monat bis zu (bei Abs. 1 und 2) drei Jahren Freiheitsstrafe, (bei Abs. 3) fünf Jahren Freiheitsstrafe.

8.3 § 71 BNatSchG

8.3.1 Allgemeines

237 Wie oben (8.1) bereits dargelegt, wurde die Vorschrift aufgrund der EU-Richtlinie Umweltstrafrecht durch das 45. StrÄndG geändert.

8.3.2 Schutzobjekte

238 **Schutzobjekte** (Rechtsgüter) sind bestimmte Tiere oder Pflanzen besonders geschützter Arten und Tiere oder Pflanzen streng geschützter Arten.

8.3.3 Tathandlung

239 **Abs. 1 Nr. 1**: Die Vorschrift nimmt Bezug auf die Bußgeldvorschrift des § 69 Abs. 2 BNatSchG, die wiederum auf § 44 BNatSchG verweist. Danach wird erfasst:

- das Nachstellen, Fangen, Verletzen oder Töten eines wildlebenden Tieres der besonders geschützten Arten oder das Entnehmen seiner Entwicklungsformen aus der Natur oder das Beschädigen oder Zerstören seiner Entwicklungsformen,
- die erhebliche Störung wildlebender Tiere der streng geschützten Arten und der europäischen Vogelarten während bestimmter Zeiten (u. a. Fortpflanzung, Aufzucht),
- die Entnahme einer Fortpflanzungs- oder Ruhestätte aus der Natur oder die Beschädigung oder Zerstörung einer solchen Stätte,
- die Entnahme einer wildlebenden Pflanze oder ihrer Entwicklungsformen aus der Natur oder die Beschädigung oder Zerstörung einer solchen Pflanze oder ihres Standorts.

240 Die Handlung muss sich auf ein Tier oder eine Pflanze einer streng geschützten Art beziehen. Zu streng geschützten Arten siehe § 7 Abs. 2 Nr. 14b BNatSchG i.V. mit Anhang IV der FFH-Richtlinie.[212]

241 **Abs. 1 Nr. 2**: Pönalisiert werden Verstöße gegen Vermarktungsverbote (§ 44 Abs. 2 Nr. 2 BNatSchG): Verbot des Verkaufens, Vorrätighaltens zum Verkauf, Anbietens, Beförderns, Tauschens, des entgeltlichen Überlassens zum Gebrauch oder zur Nutzung, des Erwerbens, Verwendens oder Zurschaustellens zu kommerziellen Zwecken von Tieren oder Pflanzen einer besonders geschützten Art.

242 Ferner werden erfasst Verstöße gegen die Verordnung (EG) Nr. 338/97 (EG-Artenschutzverordnung)[213]: unter anderem Nichtvorlage einer Ein- oder Ausfuhrgenehmigung oder einer Einfuhrmeldung, Kauf, Anbieten, Befördern usw. eines Exemplars einer in Art. 8 der Verordnung genannten Art zu kommerziellen Zwecken.

243 Schließlich werden erfasst Verstöße gegen die Verordnung (EWG) Nr. 3254/91 (Tellereisenverordnung)[214].

244 Wiederum muss sich die Handlung auf ein Tier oder eine Pflanze einer streng geschützten Art beziehen (siehe dazu oben zu Abs.1 Nr. 1).

245 **Abs. 2**: Diese Vorschrift betrifft den Handel mit geschützten wildlebenden Tier- und Pflanzenarten, soweit es um Arten geht, die im Anhang A der EG-Artenschutzverord-

---

212 ABl. Nr. L 206, S. 7.

213 Vom 09.12.1996, ABl. Nr. L 61 vom 03.03.1997, S. 1, zuletzt geändert durch VO (EG) Nr. 398/2009 ABl. L 126 vom 21.05.2009, S. 5.

214 ABl. Nr. L 308 vom 09.11.1991, S. 1.

nung (siehe dazu oben zu Abs. 1 Nr. 2) aufgeführt sind.[215] Auch diese Arten sind streng geschützt (§ 7 Abs. 2 Nr. 14a BNatSchG). Erfasst werden:

- *Verkauf, Kauf, Anbieten zum Verkauf oder Kauf, Vorrätighalten zu Verkaufszwecken oder Befördern oder*
- *Erwerben, Zurschaustellen oder Verwenden zu kommerziellen Zwecken.*

246 **Abs. 3**: Hierbei handelt es sich um einen Qualifikationstatbestand mit erhöhter Mindeststrafandrohung für die oben erläuterten Fälle der Abs. 1 und 2, wenn die Tat gewerbs- oder gewohnheitsmäßig begangen wird.

8.3.4 Rechtswidrigkeit

247 Die Tat ist rechtswidrig, wenn der objektive Tatbestand verwirklicht ist und keine Rechtfertigungsgründe gegeben sind. Die Rechtswidrigkeit ist unter anderem ausgeschlossen, wenn die erforderlichen Genehmigungen oder sonst vorgeschriebenen Dokumente (vgl. §§ 45, 50, 67 BNatSchG, EG-Artenschutzverordnung) vorliegen. Zu beachten ist auch das Landwirtschaftsprivileg in § 44 Abs. 4 BNatSchG.[216]

8.3.5 Subjektive Tatseite

248 Die in § 69 BNatSchG bezeichnete Handlung muss **vorsätzlich** begangen worden sein. Der Vorsatz muss sich bei Abs. 1 und 2 auch auf die Gewerbs- oder Gewohnheitsmäßigkeit (Abs. 3) beziehen. **Fahrlässigkeit** ist bei Abs. 1 und 2 strafbar, wobei die Handlung selbst vorsätzlich begangen sein muss, der Täter aber fahrlässig nicht erkennt, dass sich seine Handlung auf ein Tier oder eine Pflanze einer dort genannten Art bezieht (Abs. 4).

8.3.6 Ausnahme

249 Eine **Ausnahme** von der Strafbarkeit ist in § 71 Abs. 5 geregelt, wenn die Handlung in den Fällen nach Abs. 1 Nr. 1, Abs. 2 eine unerhebliche Menge der Exemplare betrifft und unerhebliche Auswirkungen auf den Erhaltungszustand der Art hat.

8.3.7 Versuch

250 Der **Versuch** ist nicht strafbar.

8.3.8 Rechtsfolgen der Tat

251 Der Strafrahmen reicht bei vorsätzlichen Vergehen nach Abs. 1 und 2 von fünf bis zu 360 Tagessätzen Geldstrafe oder von einem Monat bis zu fünf Jahren Freiheitsstrafe. Bei Gewerbs- oder Gewohnheitsmäßigkeit reicht der Strafrahmen von drei Monaten bis zu

---

[215] Amtliche Begründung BT-Drucks. 17/5391, S. 21.
[216] Vgl. amtliche Begründung BT-Drucks. 17/5391, S. 14.

fünf Jahren Freiheitsstrafe. In den Fällen des Abs. 4 (Fahrlässigkeit) reicht der Strafrahmen von fünf Tagessätzen bis zu 360 Tagessätzen Geldstrafe oder von einem Monat bis zu einem Jahr Freiheitsstrafe.

8.4 § 71a BNatSchG

8.4.1 Allgemeines

252 Die Vorschrift wurde aufgrund der EU-Richtlinie Umweltstrafrecht durch das 45. StrÄndG vom 06.12.2011 eingefügt. Durch die vielen Verweise auf europäische Regelungen ist die Vorschrift sehr unübersichtlich und schwerfällig geworden.

8.4.2 Tathandlung

253 **Abs. 1 Nr. 1**: Strafbar ist das Töten eines Tieres einer wildlebenden europäischen Vogelart oder die Entnahme oder Zerstörung ihrer Entwicklungsformen aus der Natur.[217] Dabei handelt es sich um besonders geschützte Arten (§ 7 Abs. 2 BNatSchG). Bisher war dies nur eine Ordnungswidrigkeit. Die in Bezug genommene europäische Regelung ist die sogenannte „Vogelschutzrichtlinie".

254 **Abs. 1 Nr. 2**: Strafbar ist der Besitz bestimmter Exemplare geschützter wildlebender Tier- oder Pflanzenarten. Die in Bezug genommenen europäischen Regelungen sind die sogenannte FFH-Richtlinie (Nr. 2a) und die Vogelschutzrichtlinie (Nr. 2b). Es handelt sich bei Nr. 2a um streng geschützte Arten, bei Nr. 2b um besonders geschützte Arten (§ 7 Abs. 2 BNatSchG).

255 **Abs. 1 Nr. 3**: Mit dieser Bestimmung wird der bisher geltende § 71 Abs. 1 BNatSchG übernommen.

- Eine in § 69 Abs. 2 BNatSchG bezeichnete vorsätzliche Handlung: siehe dazu die Ausführungen in diesem Lehrbuch zu § 70 BNatSchG.
- Eine in § 69 Abs. 3 Nr. 20 BNatSchG bezeichnete vorsätzliche Handlung: Hiermit werden Verstöße gegen Besitzverbote i. S. von § 44 Abs. 2, 3 BNatSchG erfasst.
- Eine in § 69 Abs. 5 bezeichnete vorsätzliche Handlung: Damit werden Verstöße gegen die Tellereisenverordnung (Verordnung (EWG) Nr. 3254/91, ABl. Nr. L 308 vom 09.11.1991, S. 1) pönalisiert.

Voraussetzung für die Strafbarkeit in allen genannten Fällen ist, dass die Tat gewerbs- oder gewohnheitsmäßig begangen worden ist.

256 **Abs. 2**: Die Vorschrift nimmt Bezug auf die EG-Artenschutzverordnung.[218] Geschützt werden die in deren Anhang B aufgeführten Tier- und Pflanzenarten, bei denen es sich

---

[217] Amtliche Begründung BT-Drucks. 17/5391, S. 21.

[218] Verordnung (EG) Nr. 338/97 vom 09.12.1996, ABl. L 61 vom 03.03.1997, S. 1.

um besonders geschützte Arten (§ 7 Abs. 2 BNatSchG) handelt. Pönalisiert werden folgende Tathandlungen:

- Verkauf, Kauf, Anbieten zum Verkauf oder Kauf, Vorrätighalten zu Verkaufszwecken, Befördern oder
- Erwerben, Zurschaustellen, Verwenden zu kommerziellen Zwecken.

8.4.3 Rechtswidrigkeit

Zur **Rechtswidrigkeit** siehe oben Punkt 8.2.5. 257

8.4.4 Subjektive Tatseite

258 Neben der Strafbarkeit wegen **Vorsatzes** ist in den Fällen des Abs. 1 Nr. 1 oder Nr. 2 oder des Abs. 2 auch strafbar, wenn der Täter **leichtfertig** (im Sinne von grober Fahrlässigkeit) nicht erkennt, dass sich die Handlung auf ein Tier oder eine Pflanze einer dort genannten Art bezieht.

8.4.5 Ausnahme

259 Eine **Ausnahme** von der Strafbarkeit ist in § 71a Abs. 4 geregelt, wenn die Handlung eine unerhebliche Menge der Exemplare betrifft und unerhebliche Auswirkungen auf den Erhaltungszustand der Art hat. Zu beachten ist bei Abs. 1 auch das Landwirtschaftsprivileg in § 44 Abs. 4 BNatSchG.[219]

8.4.6 Versuch

Der **Versuch** ist nicht strafbar. 260

8.4.7 Rechtsfolgen der Tat

261 Der Strafrahmen reicht bei vorsätzlichen Taten von fünf bis zu 360 Tagessätzen Geldstrafe oder von einem Monat bis zu drei Jahren, bei Leichtfertigkeit (Abs. 3) bis zu einem Jahr Freiheitsstrafe.

8.5 Zusammenfassung des Abschnitts Natur- und Artenschutz

262 Im Naturschutzrecht wird zwischen Gebiets- und Artenschutz unterschieden.

263 Für den Gebietsschutz ist § 329 StGB einschlägig. Geschützt werden bestimmte schutzbedürftige Gebiete (Kurgebiete, Smoggebiete, Wasser- und Heilquellenschutzgebiete, Naturschutzgebiete, Nationalparke. Erfasst werden verbotswidrige Handlungen, die dem Schutzzweck der Gebiete zuwiderlaufen.

---

[219] Vgl. amtliche Begründung BT-Drucks. 17/5391, S. 14.

264 Für den Artenschutz sind §§ 71, 71a BNatSchG einschlägig. Schutzobjekte sind bestimmte wildlebende Tiere und Pflanzen besonders geschützter und streng geschützter Arten. Erfasst werden bestimmte Handlungen wie das Fangen, Verletzten oder Töten oder – betr. Pflanzen – die Entnahme, Beschädigung oder Zerstörung. Erfasst werden aber auch z. B. Verstöße gegen Vermarktungs- oder Besitzverbote.

9 Unerlaubter Umgang mit gefährlichen Stoffen

9.1 § 328 StGB (Unerlaubter Umgang mit radioaktiven Stoffen und anderen gefährlichen Stoffen und Gütern)

9.1.1 Schutzobjekte

265 **Schutzobjekte (Rechtsgüter)** sind bei Abs. 1 und 2 Leben, Gesundheit und Sachgüter, wohl auch die Umwelt als solche[220], bei Abs. 3 die menschliche Gesundheit, dem Täter nicht gehörende Tiere oder fremde Sachen von bedeutendem Wert.

9.1.2 Tathandlung

266 **Abs. 1 Nr. 1**: Tathandlungen sind die Herstellung, das Aufbewahren, Befördern, Bearbeiten, Verarbeiten oder sonstige Verwenden, das Einführen oder Ausführen von Kernbrennstoffen ohne die erforderliche Genehmigung oder entgegen einer vollziehbaren Untersagung. Eine Legaldefinition der „Kernbrennstoffe" findet sich in § 2 Abs. 1 AtomG und in Anlage 1 Abs. 1 Nr. 3 zum AtomG. Die Genehmigungserfordernisse für die einzelnen Handlungen sind im AtomG in § 6 (für die Aufbewahrung), § 4 (für die Beförderung), § 9 (für die Bearbeitung, Verarbeitung oder das sonstige Verwenden), § 3 (für das Ein- und Ausführen) geregelt. Die Tathandlungsvariante „Herstellen" wurde aufgrund der EU-Richtlinie Umweltstrafrecht durch das 45. StrÄndG vom 06.12.2011 eingefügt. In der amtlichen Begründung[221] wird hierzu ausgeführt, dass zwar „häufig ein rechtswidriges Herstellen mit der in § 328 Absatz 1 StGB umschriebenen Tathandlung des Verarbeitens zusammenfallen" werde, jedoch könne „es Lücken bezüglich der Ersthersteliung gefährlicher radioaktiver Stoffe geben". Zum Verstoß gegen eine vollziehbare Untersagung siehe § 19 Abs. 3 AtomG!

267 **Abs. 1 Nr. 2**: Tathandlungen sind das Herstellen, Aufbewahren, Befördern, Bearbeiten, Verarbeiten oder sonstige Verwenden, das Einführen oder Ausführen von sonstigen radioaktiven Stoffen, die nach Art, Beschaffenheit oder Menge geeignet sind, durch ionisierende Strahlen den Tod oder eine schwere Gesundheitsschädigung eines anderen oder (diese Erweiterung des Tatbestands wurde aufgrund der EU-Richtlinie Umweltstrafrecht

[220] Vgl. *Steindorf* in: LK § 328, Rn. 2.
[221] BT-Drucks. 17/5391, S. 19.

durch das 45. StrÄndG eingefügt) erhebliche Schäden an Tieren oder Pflanzen, Gewässern, der Luft oder dem Boden herbeizuführen, ohne die erforderliche Genehmigung oder entgegen einer vollziehbaren Untersagung. Eine Legaldefinition der „radioaktiven Stoffe" findet sich in § 2 Abs. 1 AtomG. Die Genehmigungserfordernisse für die einzelnen Handlungen sind in der Strahlenschutzverordnung[222] in § 7 (für den Umgang), § 16 (für die Beförderung), § 19 (für die Ein- und Ausfuhr) geregelt. Die Tathandlungsvariante des Herstellens wurde durch das 45. StrÄndG eingefügt (siehe hierzu die Ausführungen oben zu Abs. 1 Nr. 1!) Die Tathandlung musste nach bisherigem Recht grob pflichtwidrig erfolgen. Durch das 45. StrÄndG ist das Merkmal der groben Pflichtwidrigkeit gestrichen worden, weil die EU-Richtlinie Umweltstrafrecht lediglich rechtswidriges Handeln voraussetzt.

268 Die Stoffe müssen nach Art, Beschaffenheit oder Menge geeignet sein, durch die Strahlung die geschützten Rechtsgüter zu schädigen, wobei neben dem Strahlentod eine schwere Gesundheitsschädigung in Betracht kommt. Ein konkreter Schaden oder eine konkrete Gefahr ist nicht erforderlich.

Beispiele

269 **Einige Beispiele aus der Rechtsprechung** LG Augsburg (5 Ns 300 Js 58192/92): Einfuhr von über einem kg Uran im PKW aus der Ukraine nach Deutschland. Es handelte sich um Uranisotopen U232, U234, U236, U238 und U235 mit einem Anreicherungsanteil von durchschnittlich 2,5 %. AG Ansbach (KLs 5 Js 10147/92): Einfuhr von 21 Uran-Pellets – ca. ½ kg Uran – von Rumänien nach Deutschland. LG Karlsruhe (KLs 55 Js 22449/01): Angeklagter schmuggelte aus seinem Betrieb Wischtücher und ein Reagenzröhrchen, die jeweils Plutonium sowie die Uran-Isotope U 234, U 235, U 236 und U 238, Antimon Sb 125 und Americium 241 und Cäsium 137 enthielten. Das Gericht ging von „sonstigen radioaktiven Stoffen" i. S. von § 328 Abs. 1 Nr. 2 StGB aus, da die festgestellte Menge der Stoffe nicht ausreichte, das Vorliegen von „Kernbrennstoffen" i. S. von § 328 Abs. 1 Nr. 1 anzunehmen.

270 **Abs. 2 Nr. 1**: Tathandlung ist die pflichtwidrige Nichtablieferung oder die verspätete Ablieferung von Kernbrennstoffen. Zu „Kernbrennstoffen" siehe oben zu Abs. 1 Nr. 1. Gemäß § 5 Abs. 2 AtomG hat derjenige, der Kernbrennstoffe in unmittelbarem Besitz hat, ohne dazu berechtigt zu sein, zum Schutz der Allgemeinheit für den Verbleib der Kernbrennstoffe bei einem zum Besitz Berechtigten zu sorgen (Ausnahme: § 5 Abs. 2 Satz 2 AtomG). Beachte auch § 5 Abs. 3 AtomG für den Fall, dass ein berechtigter Besitz nicht herbeigeführt werden kann! Ausnahmen: § 5 Abs. 2, § 5 Abs. 8, § 9a AtomG.

271 **Abs. 2 Nr. 2**: Tathandlung ist die vorschriftswidrige **Abgabe von Kernbrennstoffen** oder in § 328 Abs. 1 Nr. 2 StGB bezeichneten Stoffen (siehe oben zu Abs. 1 Nr. 2) sowie die **Vermittlung** der Abgabe an Unberechtigte. Gemäß § 5 Abs. 6 AtomG ist die Heraus-

222 Vom 20.07.2001, BGBl. I S. 1714, 2002 I S. 1459.

gabe von Kernbrennstoffen aus der staatlichen Verwahrung oder die Abgabe von Kernbrennstoffen nur zulässig, wenn der Empfänger zum Besitz der Stoffe berechtigt ist oder wenn sie zu einer genehmigten Beförderung zum Zweck der Ausfuhr von Kernbrennstoffen erfolgt. Die Berechtigung des Empfängers ergibt sich aus § 5 Abs. 1, § 7, § 9 oder § 4 AtomG. Ausnahme: § 5 Abs. 6, § 9a AtomG. Gemäß § 69 Abs. 1 der Strahlenschutzverordnung (siehe oben zu Abs. 1 Nr. 2) dürfen radioaktive Stoffe, mit denen nur aufgrund einer Genehmigung nach den §§ 6, 7 oder 9 AtomG oder nach § 7 Abs. 1 oder § 11 Abs. 2 StrSchVO umgegangen werden darf, im Geltungsbereich des Atomgesetzes nur an Personen abgegeben werden, die die erforderliche Genehmigung besitzen. Vermitteln ist das Herstellen von Geschäftsbeziehungen zwischen dem Abgebenden und dem unberechtigten Empfänger zum Zweck des Ermöglichens der Abgabe.

272 **Abs. 2 Nr. 3**: Tathandlung ist die **Verursachung einer nuklearen Explosion**, also einer Explosion durch Kernenergie bei der Kernspaltung oder Kernverschmelzung.[223]

273 **Abs. 2 Nr. 4**: Tathandlung ist die **Verleitung** eines anderen zu einer in Abs. 2 Nr. 3 bezeichneten Handlung oder die Förderung einer solchen Handlung. Die Vorschrift macht Anstiftung und Beihilfe zu selbständigen Vergehen.

274 **Abs. 3 Nr. 1**: Tathandlung ist das Lagern, Bearbeiten, Verarbeiten oder sonstige **Verwenden von radioaktiven Stoffen oder gefährlichen Stoffen und Gemischen** nach Art. 3 der Verordnung (EG) Nr. 1272/2008[224] beim Betrieb einer Anlage unter Verletzung verwaltungsrechtlicher Pflichten. Zu Kernbrennstoffen und sonstigen radioaktiven Stoffen siehe oben zu Abs. 1 und 2. Nach bisherigem Recht wurden ferner Gefahrstoffe i. S. des ChemG erfasst. Aufgrund der EU-Richtlinie Umweltstrafrecht wurde durch das 45. StrÄndG vom 06.12.2011 die Verweisung auf das nationale ChemG durch eine solche auf die EG-Kennzeichnungsverordnung von 2008 ersetzt. Nach der amtlichen Begründung[225] habe dies „den Vorteil, dass sich die Frage, ob ein konkreter Stoff oder ein konkretes Gemisch erfasst ist, in der Regel vergleichsweise einfach über die entsprechende Kennzeichnung ermitteln" lasse. Der Verwendungsbegriff ist weit zu verstehen. Er umfasst Gebrauchen, Verbrauchen, Lagern, Aufbewahren, Be- und Verarbeiten, Abfüllen, Umfüllen, Mischen, Entfernen, Vernichten und innerbetriebliches Befördern.[226] Zu verwaltungsrechtlichen Pflichten siehe § 330d Nr. 4 StGB! An umweltrechtlichen Vorschriften, die verletzt werden können, kommen beispielsweise Regelungen im WHG, im BImSchG und den auf ihnen beruhenden Verordnungen, im ChemG, der GefahrstoffVO, der Chemikalienverbotsverordnung, dem Pflanzenschutzgesetz, dem Düngemittelgesetz oder dem AtomG in Betracht.

275 Zwischen Tathandlung und Gefährdung der genannten Rechtsgüter muss Kausalzusammenhang bestehen, wobei es sich um eine konkrete Gefahr handeln muss, die nachzuweisen ist. In Betracht kommen eine Gesundheitsgefährdung, eine Gefährdung dem

---

[223] Vgl. § 307 StGB; *Fischer*, StGB-Komm., § 307, Rn. 2.

[224] Vom 16.12.2008, ABl. L 353 vom 31.12.2008, S. 1.

[225] BT-Drucks. 17/5391, S. 19.

[226] Amtliche Begründung, BT-Drucks. 12/192, S. 24.

Täter nicht gehörender Tiere oder eine Gefährdung fremder (also dem Täter nicht gehörender) Sachen von bedeutendem Wert (dabei ist der Verkehrswert maßgeblich, die Mindestgrenze liegt derzeit wohl bei etwa 1000 Euro.

Beispiele

276 **Einige Beispiele aus der Rechtsprechung:** LG München I[227]: Ein Durchstrahlungsprüfer verlor ein Isotopengerät TI-F, das von Dritten gefunden wurde, die an dem Gerät manipulierten, sodass Strahlen austreten konnten. BayObLG[228]: Beim Abfüllen von Heizöl aus einem Tankwagen in den Öltank eines Betriebes handelt es sich um die Verwendung eines Gefahrstoffs i. S. des Chemikaliengesetzes nach § 328 Abs. 3 Nr. 1 StGB. LG Stuttgart (12 KLs 170/96): Kontaminiertes Produktionsabwasser wurde „im Kreislauf gefahren" (um es nicht als überwachungsbedürftigen Abfall entsorgen zu müssen), wodurch laugenhaltiger ätzender Wasserdampf in der Luft der Arbeitshalle entstand. StA Landau (7024 Js 14787/99): Bei Verkehrsunfall lief wegen unzureichender Sicherung ätzender saurer anorganischer Stoff (Gemisch von Schwefelsäure und Phosphorsäure) aus (GGVS/GGVE Kl. 8 Ziff. 17b).

277 **Abs. 3 Nr. 2**: Tathandlung ist das **Befördern, Versenden, Verpacken, Auspacken, Verladen, Entladen, Entgegennehmen oder Überlassen** an andere von gefährlichen Gütern unter grober Verletzung verwaltungsrechtlicher Pflichten.

278 Gemäß § 330d Nr. 3 StGB ist ein **gefährliches Gut** ein Gut i. S. des Gesetzes über die Beförderung gefährlicher Güter (GGBefG)[229] und einer darauf beruhenden Rechtsverordnung und i. S. der Rechtsvorschriften über die internationale Beförderung gefährlicher Güter im jeweiligen Anwendungsbereich.

279 Zu beachten sind beispielsweise § 2 Abs. 1 GGBefG, § 2 Nr. 9 der auf dem GGBefG beruhenden Verordnung über die innerstaatliche und grenzüberschreitende Beförderung gefährlicher Güter auf der Straße, mit Eisenbahnen und auf Binnengewässern[230], § 2 Abs. 2 der auf dem GGBefG beruhenden Verordnung über die Beförderung gefährlicher Güter mit Seeschiffen[231]. Zu den einzelnen Tathandlungen (Befördern usw.) siehe § 2 Abs. 2 GGBefG, § 2 Abs. 1 GGVSE.

280 **Verwaltungsrechtliche Pflichten**, die verletzt werden können, ergeben sich unter anderem aus dem GBG und den darauf beruhenden Rechtsverordnungen.[232] Unter einer „groben Verletzung" ist die besonders schwere Verletzung einer Pflicht oder die Verletzung einer gewichtigen Pflicht zu verstehen.

---

[227] NStZ 1982, 470.

[228] NJW 1995, 540 = NStZ 1995, 190 = NuR 1996, 50.

[229] Vom 07.07.2009, BGBl. I S. 1774, 3975.

[230] Vom 17.06.2009, BGBl. I S. 1389.

[231] Vom 22.02.2010, BGBl. I S. 238.

[232] Vgl. dazu auch die amtliche Begründung BT-Drucks. 12/192, S. 24.

Beispiele

281 **Einige Beispiele aus der Rechtsprechung:** AG Diepholz (5 Ls 3 Js 1405/82): Infolge Fahrlässigkeit kippte ein Sattelzug um, der mit 20 t flüssigen Schwefels gefüllt war, wobei dieser ca. 150 Grad heiße Schwefel, dessen Flammpunkt bei 168 Grad liegt, auslief und in einen Raum gelangte, in dem sich brennbare Flüssigkeiten befanden, sodass Explosionsgefahr bestand und Sachschäden entstanden. LG Koblenz (101 Js 889/84 – 6 Ns –): Infolge unzureichender Sicherung der Ladung fielen von einem Lastzug Fässer mit Thionylchlorid herunter, wurden beschädigt, wodurch der Inhalt auslief, sich sofort verflüchtigte und zu Gesundheitsbeeinträchtigungen führte. AG Heidenheim (Ls 53/86): Gebrauchte Säuren (Beizsäuren) wurden ohne Genehmigung mit einem Tankfahrzeug transportiert, wobei sich Dämpfe entwickelten und Säure auslief.

9.1.3 Auslandstaten

282 Aufgrund der EU-Richtlinie Umweltstrafrecht wurde durch das 45. StrÄndG vom 06.12.2011 auch die Verfolgung von Taten ermöglicht, die in anderen EU-Mitgliedstaaten begangen werden, wenn die Voraussetzungen der §§ 5 bis 7 StGB gegeben sind (vgl. amtliche Begründung BT-Drucks. 17/5391, S. 21). Deshalb ist in § 330d Abs. 2 – neu – geregelt, dass einer verwaltungsrechtlichen Pflicht usw. entsprechende, in dem anderen Mitgliedsstaat geltende Pflichten usw. gleichstehen.

9.1.4 Rechtswidrigkeit

283 Rechtswidrig ist die Tat, wenn der objektive Tatbestand verwirklicht ist und keine Rechtfertigungsgründe gegeben sind. Die Merkmale „ohne die erforderliche Genehmigung", „entgegen einer vollziehbaren Untersagung", „grob pflichtwidrig" gehören zum Tatbestand, d. h., das den gesetzlichen oder verwaltungsrechtlichen Verboten oder Geboten nicht widersprechende und das genehmigte Handeln ist nicht nur nicht rechtswidrig, sondern bereits nicht tatbestandsmäßig.

9.1.5 Subjektive Tatseite

284 Der **Vorsatz** muss alle Tatbestandsmerkmale umfassen, wobei es genügt, wenn sie in der Laiensphäre richtig gewertet werden. Der Vorsatz muss sich auf die Existenz und den Inhalt der Rechtsvorschriften, vollziehbaren Anordnungen usw. beziehen und das konkrete Gebot oder Verbot, gegen das verstoßen wird, erfassen. Auch die **fahrlässige** Begehungsweise ist – abgesehen von Taten nach Abs. 2 Nr. 4 – strafbar (Abs. 5).

9.1.6 Täterschaft und Teilnahme

285 Bei Abs. 3 Nr. 1 kommen grundsätzlich der Anlagenbetreiber und seine Vertreter (§ 14 StGB) als Täter in Betracht. Bei Abs. 3 Nr. 2 kommt jeder in Betracht, der in den Trans-

portvorgang eingeschaltet ist und auch Adressat der einschlägigen verwaltungsrechtlichen Pflichten ist.[233]

9.1.7 Versuch

286 Der Versuch ist – abgesehen von Taten nach Abs. 2 Nr. 4 – strafbar. Erfasst werden die Fälle, in denen der Täter unmittelbar zu der Tathandlung ansetzt.

9.1.8 Rechtsfolgen der Tat

287 Der Strafrahmen reicht bei vorsätzlichen Vergehen nach Abs. 1, 2 und 3 von fünf Tagessätzen bis zu 360 Tagessätzen Geldstrafe oder von einem Monat bis zu fünf Jahren (bei Fahrlässigkeit bis zu zwei Jahren) Freiheitsstrafe.

288 Zur Tätigen Reue siehe § 330b StGB!

9.2 Schwere Gefährdung durch Freisetzen von Giften (§ 330a StGB)

9.2.1 Schutzobjekte

289 **Schutzobjekte** (Rechtsgüter) sind das menschliche Leben, die menschliche Gesundheit.

9.2.2 Tathandlung

290 **Tathandlung** ist das Verbreiten oder Freisetzen von Stoffen, die Gifte enthalten oder hervorbringen können. **Gifte** sind alle organischen und anorganischen Stoffe, die geeignet sind, unter bestimmten Bedingungen durch chemische oder chemisch-physikalische Wirkung nach ihrer Beschaffenheit und Menge Leben oder Gesundheit von Menschen zu zerstören.[234] **Verbreiten** ist die Verursachung räumlichen Sichausdehnens. **Freisetzen** liegt vor, wenn die Gifte so in die Luft oder ein Gewässer oder ein anderes Medium geleitet werden, dass sie sich unkontrollierbar verbreiten können.[235] Zwischen Tathandlung und Gefährdung der Schutzgüter muss Kausalzusammenhang bestehen („und dadurch"). Es muss sich um eine **konkrete Gefahr** handeln, die nachzuweisen ist. Es muss die Gefahr des Todes (Lebensgefährdung) oder die Gefahr einer schweren Gesundheitsschädigung eines anderen Menschen bestehen. Als schwerer Gesundheitsschaden wird in der amtlichen Begründung[236] z. B. der Eintritt einer langwierigen ernsten Krankheit oder einer erheblichen Beeinträchtigung der Arbeitsfähigkeit für eine lange Zeit angesehen. Das Merkmal „Große Zahl von Menschen" bedarf einer tatbestandsspezifischen Ausle-

---

[233] Vgl. amtliche Begründung – BT-Drucks. 12/192, S. 24.
[234] Vgl. unter anderem *Heine* in: Schönke/Schröder § 314 StGB Rn. 14.
[235] Vgl. BGH NJW 1998, 834.
[236] BT-Drucks. 12/192, S. 28.

gung.[237] Jedenfalls muss es sich um eine Vielzahl, die nicht unter 100 betragen darf (str.), handeln.

Beispiele

291 **Einige Beispiele aus der Rechtsprechung:** AG Nürnberg (223 Js 2334/84): Unachtsam wurde 53-prozentige Salpetersäure mit 78-prozentiger Schwefelsäure zusammengepumpt, sodass giftige Nitrosegase austraten, durch die Menschen verletzt wurden. AG Trier (7 Js 3562/86 jug.): Der Inhaber eines Galvanisierungsbetriebs hatte Gebinde mit ca. 1000 l cyanidischen Behandlungsbadresten in eine Grube verbracht und diese mit Fertigbeton verfüllen lassen, wobei cyanidhaltige Flüssigkeiten an die Oberfläche gelangten und Cyan-Wasserstoff (Blausäure) frei wurde. Die Giftgase verursachten Gesundheitsbeeinträchtigungen (u. a. lebensgefährliche Atemnot). OLG Frankfurt/M. (1 Ws 206/90): Durch das Unterlassen von öffentlichen Warn- und Abhilfehinweisen und durch die Einwirkung der Wirkstoffe von Holzschutzmitteln ist die Geschädigte in die Gefahr des Siechtums und eine andere Geschädigte in die Gefahr, in Geisteskrankheit zu verfallen, geraten. LG Frankfurt/M. (5/26 KLs 65 Js 21159/88): Durch unsachgemäßes Betreiben einer Quecksilberaufbereitungsanlage kam es zur Quecksilberverseuchung des Betriebsgeländes, wodurch die Arbeiter des Betriebs der konkreten Gefahr des Siechtums ausgesetzt waren.

292 **Absatz 2** enthält die Erfolgsqualifikation der **Verursachung des Todes** eines anderen Menschen.

9.2.3 Rechtswidrigkeit

293 Die Tat ist rechtswidrig, wenn der objektive Tatbestand verwirklicht ist und keine Rechtfertigungsgründe gegeben sind. In Anbetracht der besonderen Gefährlichkeit der Tathandlung wird davon auszugehen sein, dass eine behördliche Genehmigung nicht rechtfertigend ist.

9.2.4 Subjektive Tatseite

294 Der **Vorsatz** muss sich auf die Gifteigenschaften, auf die Eignung zum Hervorbringen von Gift, auf das Verbreiten oder Freisetzen beziehen. Bedingter Vorsatz genügt. Hinsichtlich der konkreten Gefährdung kann sich der Vorsatz auf alle Tatbestandsmerkmale beziehen oder nur die Tathandlung umfassen, während die konkrete Gefahr fahrlässig verursacht wird (Abs. 4). Die fahrlässige Begehungsweise ist nicht strafbar. Lediglich die vorsätzliche oder leichtfertige Begehung bei fahrlässiger Gefahrverursachung wird erfasst. **Leichtfertig** handelt, wer besonders grob achtlos und nachlässig ist.

[237] BGH, NStZ 1999, 85.

9.2.5 Täterschaft und Teilnahme

Täter ist regelmäßig der Inhaber des Gewahrsams an dem Stoff, der das Gift enthält oder hervorbringen kann. Aber auch derjenige, der „im Vorbeigehen" einen mit Gift gefüllten Behälter öffnet, kann Täter sein.[238] 295

9.2.6 Versuch

Der Versuch ist strafbar. Da es sich bei dem Straftatbestand um ein Verbrechen handelt, muss die Versuchsstrafbarkeit nicht ausdrücklich bestimmt sein. 296

9.2.7 Absatz 3

Bei minderschweren Fällen muss bei einer Gesamtwürdigung das gesamte Tatbild vom Durchschnitt der erfahrungsgemäß gewöhnlich vorkommenden Fälle in einem Maße abweichen, dass die Anwendung des Ausnahmestrafrahmens geboten erscheint.[239] 297

9.2.8 Rechtsfolgen der Tat

Der Strafrahmen reicht bei vorsätzlicher Tat nach Abs. 1 von einem Jahr bis zu zehn Jahren, in minder schweren Fällen von sechs Monaten bis zu fünf Jahren Freiheitsstrafe, bei vorsätzlicher Tatbegehung und fahrlässiger Gefahrverursachung (Abs. 4) von fünf Tagessätzen bis zu 360 Tagessätzen Geldstrafe oder von einem Monat bis zu fünf Jahren Freiheitsstrafe, bei leichtfertiger Tatbegehung und fahrlässiger Gefahrverursachung (Abs. 5) von fünf Tagessätzen bis zu 360 Tagesätzen Geldstrafe oder von einem Monat bis zu drei Jahren Freiheitsstrafe. In den Fällen des Abs. 2 reicht der Strafrahmen von drei bis zu fünfzehn Jahren, in minder schweren Fällen von einem Jahr bis zu zehn Jahren Freiheitsstrafe. 298

Zur **Tätigen Reue** siehe § 330b StGB! 299

9.3 § 27 des Chemikaliengesetzes

9.3.1 Schutzobjekte

Schutzobjekte (Rechtsgüter) sind vor allem das menschliche Leben und die menschliche Gesundheit, nach dem Willen des Gesetzgebers aber auch die Umwelt als solche (also in allen ihren Medien und Erscheinungsformen). 300

[238] *Steindorf* in: LK § 330a, Rn. 12.

[239] BGHSt 2, 182; 5, 130; 8, 189.

9.3.2 Tathandlung

301 **Abs. 1 Nr. 1**: Tathandlung ist der Verstoß gegen eine Rechtsverordnung nach § 17 Abs. 1 Nr. 1a, Nr. 2b, Nr. 3, jeweils auch in Verbindung mit Abs. 2, 3 Satz 1, Abs. 4 oder 6 ChemG. Solche Verordnungen sind die Gefahrstoffverordnung[240], die Chemikalien-Verbotsverordnung[241], die Chemikalien Straf- und Bußgeldverordnung[242], die Chemikalien-Ozonschichtverordnung[243], die Lösemittelhaltige Farben- und Lack-Verordnung[244]. Tathandlungen sind das verbotswidrige Herstellen, Inverkehrbringen oder Verwenden der in den Verordnungen bezeichneten Stoffe, Zubereitungen oder Erzeugnisse oder der Biozid-Wirkstoffe oder Biozid-Produkte. Zu den jeweiligen Begriffen siehe die Definitionen in §§ 3, 3a, 3b ChemG!

Beispiele

302 **Einige Beispiele aus der Rechtsprechung:** AG Frankfurt/M.(65 Js 33380.6/90): Zur Veräußerung von Chloramil, das mindestens 0,06 % Pentachlorphenol (PCP) enthält. AG Landau (7024 Js 7367/00): Lager und Einbau von alten, mit Teerölen imprägnierten Bahnschwellen. BayObLG[245]: Zur Ausnahme vom Verwendungsverbot der Gefahrstoffverordnung bei Bahnschwellen, die mit Holzschutzmitteln imprägniert worden sind, wenn die letzte Imprägnierung vor mehr als 15 Jahren stattgefunden hat, frische Schnittstellen nicht dauerhaft versiegelt oder abgedeckt sind, die Schwellen nicht für Innenräume, Kinderspielplätze oder sonstige mit regelmäßigem Hautkontakt verbundene Zwecke bestimmt sind, sie nicht für Zwecke des privaten Endverbrauchers bestimmt sind und sie keine Bedarfsgegenstände i. S. des LMBG sind.

303 **Abs. 1 Nr. 2**: Tathandlung ist der Verstoß gegen eine vollziehbare Untersagung nach § 23 Abs. 2 Satz 1 ChemG. Nach dieser Vorschrift kann die zuständige Landesbehörde für die Dauer von höchstens drei Monaten anordnen, dass ein gefährlicher Stoff, eine gefährliche Zubereitung (siehe hierzu §§ 3, 3a ChemG sowie die Gefahrstoffverordnung vom 26.11.2010; s. o. zu Abs. 1 Nr. 1) oder ein Erzeugnis, das einen gefährlichen Stoff oder eine gefährliche Zubereitung freisetzen kann oder enthält, nicht oder nur unter bestimmten Voraussetzungen, nur in bestimmter Beschaffenheit oder nur für bestimmte Zwecke hergestellt, in den Verkehr gebracht oder verwendet werden darf, soweit Anhaltspunkte dafür vorliegen, dass von dem Stoff usw. eine erhebliche Gefahr für Leben oder Gesundheit des Menschen oder die Umwelt ausgeht. Tathandlungen sind also das

[240] Vom 26.11.2010, BGBl. I S. 1643 (1644).
[241] Vom 13.06.2003, BGBl. I S. 867.
[242] Vom 27.10.2005, BGBl. I S. 3111.
[243] Vom 13.11.2006, BGBl. I S. 2638.
[244] Vom 16.12.2004, BGBl. I S. 3508.
[245] NStZ-RR 2002, 152 = NuR 2002, 509.

verbotswidrige Herstellen, Inverkehrbringen, Verwenden gefährlicher Stoffe, Zubereitungen oder Erzeugnisse.

304 **Abs. 1 Nr. 3**: Die Vorschrift gibt die Möglichkeit zur Strafverfolgung bei Verstößen gegen unmittelbar geltende EG-Verordnungen. Siehe hierzu die Chemikalien Straf- und Bußgeldverordnung vom 27.10.2005 (siehe oben zu Abs. 1 Nr. 1) mit Verweis auf die VO (EG) Nr. 3093/94 über Stoffe, die zum Abbau der Ozonschicht führen.

305 **Absatz 2**: Tathandlung ist eine in Abs. 1 oder eine in § 26 Abs. 1 Nr. 1, 4, 4a bis 4c, 5, 8b, Nr. 10 oder 11 ChemG bezeichnete Handlung. Siehe dazu zunächst die Ausführungen oben zu Abs. 1! Bei den in § 26 ChemG bezeichneten Handlungen handelt es sich um Ordnungswidrigkeiten, die durch das Hinzutreten der konkreten Gefährdung zu Straftaten werden. Es sind dies

- Inverkehrbringen oder Einführen eines Stoffes ohne rechtzeitige Anmeldung,
- Inverkehrbringen eines Stoffes oder einer Zubereitung entgegen einer vollziehbaren Anordnung,
- Verbotswidriges Inverkehrbringen eines Biozid-Produktes oder eines Biozid-Wirkstoffs,
- Verstoß gegen eine vollziehbare Anordnung betr. Versuche mit Biozid-Produkten,
- Durchführung eines nicht genehmigten Versuchs mit Biozid-Produkten,
- Inverkehrbringen eines gefährlichen Stoffs oder einer gefährlichen Zubereitung, eines Biozid-Wirkstoffs oder eines Biozid-Produkts oder eines Erzeugnisses ohne vorgeschriebene Verpackung oder Kennzeichnung,
- Verstoß gegen eine Rechtsverordnung zum Schutz von Beschäftigten; s. hierzu die Gefahrstoffverordnung[246]; s. o. zu Abs. 1 Nr. 1 und die Verordnung zum Schutze der Mütter am Arbeitsplatz[247],
- Verstoß gegen vollziehbare Anordnungen zur Beseitigung festgestellter oder zur Verhütung künftiger Verstöße gegen das ChemG oder gegen nach diesem Gesetz erlassener Rechtsverordnungen,
- Verstoß gegen EG-Vorschriften (siehe hierzu die Chemikalien Straf- und Bußgeldverordnung vom 27.10.2005; s. o. zu Abs. 1 Nr. 1).

306 **Konkrete Gefährdung**: Zwischen Tathandlung und Gefährdung der genannten Rechtsgüter muss Kausalzusammenhang bestehen. Es muss sich um eine konkrete Gefahr handeln, die nachzuweisen ist. Der Eintritt des Todes oder des Eintritts einer nicht unerheblichen Verletzung der körperlichen Unversehrtheit eines anderen Menschen oder der Schädigung fremder Sachen von bedeutendem Wert muss wahrscheinlich sein.

---

[246] Vom 26.11.2010, BGBl. I S. 1643 (1644), zuletzt geändert durch Art. 2 des Gesetzes vom 28. Juli 2011, BGBl. I S. 1622.

[247] Vom 15.04.1997, BGBl. I S. 782, zuletzt geändert durch Art. 5 Abs. 8 der Verordnung vom 26. November 2010, BGBl. I S. 1643.

9.3.3 Rechtswidrigkeit

307 Rechtswidrig ist die Tat, wenn der objektive Tatbestand verwirklicht ist und keine Rechtfertigungsgründe gegeben sind. Die Duldung durch die Behörde ist kein Rechtfertigungsgrund.

9.3.4 Subjektive Tatseite

308 Der **Vorsatz** muss sich auf die Existenz und den Inhalt der Rechtsverordnungen, vollziehbaren Anordnungen oder Untersagungen beziehen, er muss das konkrete Gebot oder Verbot, gegen das verstoßen wird, erfassen. Bei Abs. 2 muss sich der Vorsatz auch auf die konkrete Gefährdung beziehen. Bei dem gesamten Tatbestand ist auch die **fahrlässige** Begehungsweise strafbar (Abs. 4). Zu den Anforderungen an die Sorgfaltspflicht bei besonderen Gefahrenlagen (Verwendung von Chemikalien).[248]

9.3.5 Täterschaft und Teilnahme

309 Täter und Teilnehmer sind natürliche Personen. Soweit § 3 Nr. 7 ChemG als Hersteller und Nr. 8 als Einführer auch juristische Personen nennt, kommt für die Frage der Strafbarkeit nur die verantwortliche natürliche Person in Betracht. § 14 StGB ist zu beachten.[249]

9.3.6 Versuch

310 Der Versuch ist sowohl bei Abs. 1 als auch bei Abs. 2 strafbar (Abs. 3).

9.3.7 Rechtsfolgen der Tat

311 Der Strafrahmen reicht bei vorsätzlichen Vergehen nach Abs. 1 von fünf Tagessätzen bis zu 360 Tagessätzen Geldstrafe oder von einem Monat bis zu zwei Jahren, bei fahrlässigen Vergehen bis zu einem Jahr Freiheitsstrafe. Bei vorsätzlichen Vergehen nach Abs. 2 reicht der Strafrahmen von fünf Tagessätzen bis zu 360 Tagessätzen Geldstrafe oder von einem Monat bis zu fünf Jahren, bei fahrlässigen Vergehen bis zu zwei Jahren Freiheitsstrafe. Für die **Einziehung** gilt § 27b ChemG. Danach können Gegenstände, auf die sich eine Straftat nach § 27 bezieht, eingezogen werden. Zur **Tätigen Reue** siehe § 27 Abs. 5 ChemG.

---

[248] BGH, MDR 1991, 67.

[249] Vgl. OLG Stuttgart, MDR 1976, 690).

9.4 § 27a des Chemikaliengesetzes

9.4.1 Tathandlung

Absatz 1: Tathandlung ist die Abgabe oder das Gebrauchen einer unwahren Erklärung nach § 19a Abs. 2 Satz 2 Nr. 2 ChemG. Diese Erklärungen beinhalten den Nachweis, dass nichtklinische experimentelle Prüfungen gemäß § 19a Abs. 1 ChemG nach den Grundsätzen der guten Laborpraxis durchgeführt worden sind. Die Abgabe der Erklärung muss zur Täuschung im Rechtsverkehr (d. h. hier im Rahmen des Verfahrens nach den Grundsätzen über die gute Laborpraxis) der Wahrheit zuwider erfolgen. 312

Absatz 2: Tathandlung ist die Erteilung einer unwahren Bescheinigung oder Bestätigung nach § 19b ChemG durch einen Amtsträger. Nach dieser Vorschrift hat die zuständige Behörde demjenigen, der Prüfungen nach § 19a Abs. 1 ChemG (siehe dazu oben zu Abs. 1) durchführt, auf Antrag eine Bescheinigung über die Einhaltung der Grundsätze der guten Laborpraxis zu erteilen (sogenannte GLP-Bescheinigung). Eine Bestätigung des Bundesinstituts für gesundheitlichen Verbraucherschutz und Veterinärmedizin, dass eine Prüfeinrichtung in einem Nicht-EG-Staat Prüfungen nach GLP-Grundsätzen durchführt, steht der GLP-Bescheinigung gleich. Amtsträger: Siehe dazu § 11 Abs. 1 Nr. 2 StGB! 313

Absatz 3: Tathandlung ist das Bewirken der Erteilung einer unwahren Bescheinigung oder Bestätigung oder das Gebrauchen einer solchen Bescheinigung oder Bestätigung zur Täuschung im Rechtsverkehr. Zur Bescheinigung oder Bestätigung siehe oben zu Abs. 2. Bewirken ist jede Verursachung der Erteilung durch den zuständigen Amtsträger, der gutgläubig sein muss und somit dem Täter als Werkzeug dient.[250] Zur Täuschung im Rechtsverkehr siehe oben zu Abs. 1. 314

9.4.2 Täterschaft und Teilnahme

Täter bei der Abgabe der Erklärung ist der Verantwortliche der Prüfeinrichtung.[251] Täter beim Gebrauchen ist der Antragsteller oder der Anmelde-/Mitteilungspflichtige. Zur Zuständigkeit des Amtsträgers (Abs. 2) siehe § 21 ChemG. 315

9.4.3 Versuch

Der Versuch ist strafbar (Absatz 4). 316

9.4.4 Rechtsfolgen der Tat

Der Strafrahmen reicht bei Abs. 1 und 2 von fünf Tagessätzen bis zu 360 Tagessätzen Geldstrafe oder von einem Monat bis zu fünf Jahren, bei Abs. 3 bis zu einem Jahr Freiheitsstrafe. 317

---

[250] Vgl. unter anderem *Fischer*, StGB-Komm., § 271, Rn. 15.
[251] Vgl. die GLP-Grundsätze im Anhang 1 zum ChemG, BGBl. 2008, 1173.

9.5 Zusammenfassung des Abschnitts Unerlaubter Umgang mit gefährlichen Stoffen

318 Wichtigste Strafvorschriften sind §§ 328, 330a StGB, §§ 27, 27a ChemG.

319 Geschützt werden bei § 328 Abs. 1 und 2 Leben, Gesundheit und Sachgüter, bei Abs. 3 die menschliche Gesundheit, dem Täter nicht gehörende Tiere oder fremde Sachen von bedeutendem Wert. Tathandlungen sind bei Abs. 1 bestimmte Verwendungsarten (z. B. Aufbewahren, Verarbeiten) sowie Ein- und Ausfuhr von Kernbrennstoffen oder von bestimmten gefährlichen sonstigen radioaktiven Stoffen ohne die erforderliche Genehmigung oder entgegen einer vollziehbaren Untersagung. Bei Abs. 2 sind Tathandlungen die pflichtwidrige Nichtablieferung oder verspätete Ablieferung, die vorschriftswidrige Abgabe von Kernbrennstoffen sowie die Vermittlung der Abgabe an Unberechtigte oder die Verursachung einer nuklearen Explosion. Bei Abs. 3 ist Tathandlung das Verwenden von radioaktiven Stoffen oder Gefahrstoffen i. S. des Chemikaliengesetzes beim Betrieb einer Anlage unter grober Verletzung verwaltungsrechtlicher Pflichten sowie der Umgang (z. B. Befördern, Überlassen) mit gefährlichen Gütern unter grober Verletzung verwaltungsrechtlicher Pflichten.

320 Durch § 330a StGB werden geschützt das menschliche Leben, die menschliche Gesundheit. Tathandlung ist das Verbreiten oder Freisetzen von Stoffen, die Gifte enthalten oder hervorbringen können.

321 Durch § 27 ChemG werden geschützt das menschliche Leben und die menschliche Gesundheit, wohl auch die Umwelt als solche (in ihren Medien und Erscheinungsformen). Tathandlung bei Abs. 1 ist der Verstoß gegen bestimmte Rechtsverordnungen (z. B. Gefahrstoffverordnung, Chemikalienverbotsverordnung) oder gegen vollziehbare Untersagungen nach § 23 Abs. 2 S. 1 ChemG oder gegen bestimmte EG-Verordnungen. Abs. 2 stellt bestimmte Verstöße, die an sich nur Ordnungswidrigkeiten sind (z. B. Inverkehrbringen von Stoffen ohne rechtzeitige Anmeldung), strafbar, wenn zwischen Tathandlung und konkreter Gefährdung der geschützten Rechtsgüter Kausalzusammenhang besteht.

322 § 27a ChemG stellt bestimmte Handlungen, die zur Täuschung im Rechtsverkehr erfolgen, unter Strafe (z. B. unwahre Erklärungen, unwahre Bescheinigungen nach dem ChemG).

10 Besonders schwere Fälle

10.1 Besonders schwerer Fall einer Umweltstraftat (§ 330 StGB)

323 **Absatz 1**: Es handelt sich um eine Vorschrift für besonders schwere Fälle bei vorsätzlichen Taten nach §§ 324–329 StGB mit Regelbeispielen. Zu den einzelnen vorsätzlichen Taten siehe die Ausführungen zu den diversen Straftatbeständen in diesem Kapitel des Lehrbuchs.

Ein besonders schwerer Fall liegt vor, wenn sich bei einer Gesamtwürdigung das gesamte Tatbild, einschließlich der Täterpersönlichkeit, vom Durchschnitt der erfahrungsgemäß gewöhnlich vorkommenden Fälle der Grundtatbestände so weit abhebt, dass die Anwendung des Ausnahmestrafrahmens geboten erscheint.[252] Die Aufzählung in Nr. 1–4 ist nicht abschließend; sie enthält nur die wichtigsten Regelbeispiele. Dies sind: 324

- die erhebliche Beeinträchtigung eines Gewässers, des Bodens oder eines Schutzgebietes i. S. des § 329 Abs. 3 StGB,
- die Gefährdung der öffentlichen Wasserversorgung,
- die nachhaltige Schädigung eines Bestandes von Tieren oder Pflanzen der vom Aussterben bedrohten Arten,
- Handeln aus Gewinnsucht.

Absatz 2: Die Vorschrift betrifft Qualifikationstatbestände. Bei den Taten handelt es sich nicht nur um Vergehen, sondern um Verbrechen. 325

Voraussetzung ist wiederum eine vorsätzliche Tat nach §§ 324–329 StGB (siehe oben zu Abs. 1). Durch eine solche Tat muss eine bestimmte schwere Folge verursacht worden sein, nämlich entweder 326

- ein anderer Mensch in die Gefahr des Todes oder einer schweren Gesundheitsschädigung oder eine große Zahl von Menschen in die Gefahr einer Gesundheitsschädigung gebracht oder
- der Tod eines anderen Menschen verursacht worden sein.

Der **Strafrahmen** reicht von sechs Monaten bis zu zehn Jahren Freiheitsstrafe bei Absatz 1 und von einem Jahr bis zu zehn Jahren bei Absatz 2 Nr. 1 sowie von drei Jahren bis zu fünfzehn Jahren bei Absatz 2 Nr. 2. Minderschwere Fälle: Siehe § 330 Abs. 3. 327

11 Weiteres Umweltstrafrecht

Die Kerngebiete des Umweltstrafrechts sind im 29. Abschnitt des Strafgesetzbuches („Straftaten gegen die Umwelt“) geregelt und in diesem Kapitel des Lehrbuchs besprochen. Darüber hinaus wurden einige andere wichtige Gebiete außerhalb des StGB dargestellt (Naturschutzrecht, Chemikalienrecht). Der Vollständigkeit halber sei aber darauf hingewiesen, dass zum Umweltrecht im weiten Sinn noch andere Bereiche gehören, z. B. der Tierschutz und der Pflanzenschutz sowie das Atomrecht[253]. 328

[252] BVerfG, NJW 1977, 15 (18).

[253] Siehe hierzu den kurzen Überblick unter Punkt 5 in diesem Kapitel.

12 Ordnungswidrigkeiten

329 Die in diesem Kapitel besprochenen Vorschriften betreffen kriminelles Unrecht, das mit der Strafgewalt des Staates grundsätzlich durch Geld- oder Freiheitsstrafen geahndet wird. Zu beachten ist aber, dass es neben den Straftaten das große Gebiet der Ordnungswidrigkeiten gibt, in dem Verstöße gegen Umweltvorschriften als Ordnungsunrecht mit Geldbußen geahndet werden können. Im Gegensatz zum Strafrecht, in dem die StA verpflichtet ist, Straftaten zu verfolgen (sogenanntes Legalitätsprinzip), liegt es im Bereich der Ordnungswidrigkeiten im Ermessen der Verwaltungsbehörde, ob sie ein Bußgeldverfahren durchführt (sogenanntes Opportunitätsprinzip). Die diversen Bußgeldtatbestände sind in den einzelnen Verwaltungsgesetzen geregelt. Hierzu gehören z. B.:

- § 103 WHG betr. Gewässerschutz,
- § 62 BImSchG betr. Immissionsschutz,
- § 69 KrWG betr. Abfallrecht,
- § 69 BNatSchG betr. Naturschutz,
- § 26 ChemG betr. das Recht der gefährlichen Stoffe.

13 Statistik

330 Zu unterscheiden ist zwischen der polizeilichen Kriminalstatistik und der Strafverfolgungsstatistik. Die Zahlen weichen erheblich voneinander ab, weil die polizeiliche Statistik alle eingeleiteten Verfahren aufweist, während in der Statistik der Justiz nur die Verfahrensausgänge (Aburteilungen, Verurteilungen) dargestellt werden. So können beispielsweise mehrere von der Polizei vorgelegte Vorgänge von der StA zu einem Verfahren zusammengefasst werden oder es werden Verfahren nach § 170 Abs. 2 StPO oder nach Opportunitätsgesichtspunkten (§§ 153, 153a StPO) eingestellt.

331 Auffallend ist, dass die Zahlen – jedenfalls hinsichtlich der Kerngebiete des Umweltstrafrechts – nach Übernahme der wichtigsten Strafvorschriften in das Strafgesetzbuch im Laufe der Zeit sehr stark angestiegen sind, dann aber wieder zurückgingen.

332 Hier einige Beispiele:

- **§ 324 StGB** (Gewässerverunreinigung):
  a) Polizeiliche Kriminalstatistik: **1981**: 4531; **1988**: 11968; **1991**: 9911; **1996**: 6878; **2001**: 4984; **2010**: 3001
  b) Verurteilt (nach Strafverfolgungsstatistik): **1981**: 698; **1988**: 1188; **1991**: 961; **1996**: 254; **2001**: 285
- **§ 325 StGB** (Luftverunreinigung):
  a) Polizeiliche Kriminalstatistik: **1981**: 163; **1991**: 515; **2001**: 303; **2010**: 204
  b) Verurteilt (nach Strafverfolgungsstatistik): **1981**: 3; **1991**: 17; **2001**: 9

- **§ 325a StGB** (Verursachen von Lärm, Erschütterungen und nichtionisierenden Strahlen):
  a) Polizeiliche Kriminalstatistik): **1995**: 66; **2001**: 46; **2010**: 25
  b) Verurteilt (nach Strafverfolgungsstatistik): **1996**: 11; **2000**: 1
- **§ 326 StGB** (Unerlaubter Umgang mit gefährlichen Abfällen):
  a) Polizeiliche Kriminalstatistik: **1981**: 656; **1991**: 11622; **2001**: 22178 (ohne Abs. 2); **2010**: 8726
  b) Verurteilt (nach Strafverfolgungsstatistik): **1981**: 81; **1991**: 1173; **2001**: 3163
- **§ 327 StGB** (Unerlaubtes Betreiben von Anlagen):
  a) Polizeiliche Kriminalstatistik: **1981**: 282; **1991**: 1503; **2001**: 975; **2010**: 495
  b) Verurteilt (nach Strafverfolgungsstatistik): **1981**: 66; **1991**: 297; **2001**: 108
- **§ 328 StGB** (Unerlaubter Umgang mit radioaktiven Stoffen und anderen gefährlichen Stoffen und Gütern)
  a) Polizeiliche Kriminalstatistik: **1981**: 1; **1991**: 0; **2001**: 142; **2010**: 108
  b) Verurteilt (nach Strafverfolgungsstatistik): **1991**: 1; **2001**: 3
- **§ 329 StGB** (Gefährdung schutzbedürftiger Gebiete):
  a) Polizeiliche Kriminalstatistik: **1981**: 17; **1991**: 55; **2001**: 52; **2010**: 22
  b) Verurteilt (nach Strafverfolgungsstatistik): **1981**: 10; **1991**: 5; 2001: 4
- **§ 330a StGB** (Schwere Gefährdung durch Freisetzen von Giften):
  a) Polizeiliche Kriminalstatistik): **1981**: 25; **1991**: 53; **2001**: 76; **2010**: 63
  b) Verurteilt (nach Strafverfolgungsstatistik): **1981**: 43; **1991**: 4; 2001: 3
- **Chemikaliengesetz:**
  Polizeiliche Kriminalstatistik: **2010**: 505
- **Bundesnaturschutzgesetz:**
  Polizeiliche Kriminalstatistik: **2010**: 683

333 Die Strafverfolgungsstatistik ist leider nicht mehr so detailliert wie früher und weist z. B. für 2009 für alle „gemeingefährl. einschl. Umweltstraftaten (§§ 306-330a)" eine Gesamtzahl von 4775 Verurteilten aus – eine wenig aussagekräftige Angabe.

14 Einige Verfahrenshinweise

14.1 Verfall, § 73 StGB

334 Gerade im Umweltstrafrecht spielen zwei prozessuale Instrumente eine nicht unwesentliche Rolle: Verfall und Einziehung. Gemäß § 73 Abs. 1 Satz 1 StGB ordnet das Gericht, wenn eine rechtswidrige Tat begangen worden und der Täter oder Teilnehmer für die Tat oder aus ihr etwas erlangt hat, dessen **Verfall** an bzw. – so § 73a StGB – den Verfall eines Geldbetrags, der dem Wert des Erlangten entspricht, wenn der Verfall eines be-

stimmten Gegenstandes nicht möglich ist. Auf diese Weise kann der aus einer Umweltstraftat erlangte Gewinn abgeschöpft werden.

Beispiele

335 **Einige Beispiele aus der Rechtsprechung** AG Usingen (5 Ds 92 Js 2397/86) ordnete Verfall bei einem Täter an, der Abwasserleitungen direkt in den Ortskanal führte und so Kosten für die Errichtung einer eigenen Hausklärgrube sparte. AG Berlin-Tiergarten (331 Cs 456/95 Umw.) ordnete Verfall des Nettoerlöses aus der umweltgefährdenden Zwischenlagerung von über 4700 Altkühlschränken an.

14.2 Einziehung, § 74 StGB

336 Gemäß § 74 Abs. 1 StGB können Gegenstände, die durch eine vorsätzliche Straftat und zu ihrer Begehung oder Vorbereitung gebraucht wurden oder bestimmt gewesen sind, **eingezogen** werden.

Beispiele

337 **Einige Beispiele aus der Rechtsprechung** AG Hamburg zog im Oktober 1985 ein Schiff ein, von dem aus eine Meeresverschmutzung begangen worden war.[254] LG Frankfurt/M. (Urteil vom 30.07.1992): Einziehung von Elfenbein bei gewerbsmäßiger Einfuhr aus Kamerun.

14.3 Berufsverbot, § 70 StGB

338 Ein „scharfes Schwert" kann auch die Verhängung eines **Berufsverbotes** gemäß § 70 StGB sein, wenn die Tat unter Missbrauch des Berufs oder Gewerbes begangen wurde.

Beispiele

339 **Einige Beispiele aus der Rechtsprechung** LG Frankfurt/M.[255] (bestätigt durch OLG Frankfurt (1 Ss 418/82): Einjähriges Berufsverbot gegen den Inhaber eines Galvanisierbetriebes, der zyanid-, chrom-, nickel-, kupfer- und zinkhaltige Abwässer in die städtische Kanalisation eingeleitet hatte. LG Frankfurt/M. (5/26 Kls 65 Js 8626.0/95-H1/99): Berufsverbot gegen den Inhaber eines Containerdienstes, der ohne Genehmigung ein Autowracklager, eine Bauschutthalde u. a. betrieb.

[254] Zitiert nach *Kunig*, NuR 1986, 265.
[255] NStZ 1983, 171.

14.4 Einstellung nach § 153a StPO

Durchaus brauchbar gerade im Umweltschutz ist die Verfahrensvorschrift des **§ 153a StPO**, wonach das Verfahren bei Erfüllung von Auflagen und Weisungen eingestellt werden kann, wenn die Schwere der Schuld nicht entgegensteht. Neben einer Geldauflage kommt auch die Auferlegung gemeinnütziger Leistungen auf dem Gebiet des Umweltschutzes in Betracht. 340

14.5 Betriebliche Selbstkontrolle

Von zunehmender Bedeutung im Umweltstrafrecht sind die betriebliche Selbstkontrolle (**Öko-Audit, EMAS**) und die damit verbundene Problematik, ob und wieweit Eigenmesswerte strafprozessual verwertbar sind, weil im Strafrecht der Grundsatz gilt, dass niemand verpflichtet ist, sich selbst zu belasten. Zumindest bei freiwilliger Selbstüberwachung dürfte kein Verwertungsverbot bestehen.[256] 341

14.6 Strafbarkeit von Amtsträgern und Betriebsbeauftragten

Eine besondere Rolle kommt im Umweltstrafrecht der Frage der Strafbarkeit von Amtsträgern und Betriebsbeauftragten für Umweltschutz zu. 342

Bei **Amtsträgern** ergeben sich Probleme, weil die Behörden meist einen Ermessensspielraum besitzen und neben ökologischen auch ökonomische Gesichtspunkte berücksichtigen dürfen (Beispiel: Gewässerbewirtschaftung). Aber auch ein ermessensfehlerhaftes Verhalten kann (beim Unterlassungsdelikt) eine Verletzung der – für ein Umweltrechtsgut bestehenden – Garantenpflicht darstellen oder auch bei aktivem Tun die Strafbarkeit begründen. 343

Betriebsbeauftragte (z. B. für Gewässerschutz, Immissionsschutz, Abfallbeseitigung) haben zwar in erster Linie nur Beratungs- und Überwachungsfunktionen, können aber durchaus als Täter oder Teilnehmer in Betracht kommen, wenn ein Verstoß gegen ihre Pflichten kausal für den Taterfolg ist (z. B Unterlassung der Meldung oder Fehlinformation an die entscheidungsbefugte Stelle im Unternehmen). 344

---

[256] Vgl. zur Gesamtproblematik eingehend *Hölzen,* Auswirkungen des Öko-Audits auf das Umweltstrafrecht 2011, mit vielen weiteren Nachweisen der konträren Auffassungen.

15 Wiederholungsfragen

1. Welches Gesetz ist im Gewässerschutz besonders wichtig? (Rn. 7)
2. Welcher Straftatbestand (Vorschrift im StGB) schützt Gewässer? (Rn. 9)
3. Was ist ein Gewässer im strafrechtlichen Sinne? (Rn. 12)
4. Welches Tun oder Unterlassen zum Nachteil eines Gewässers ist strafbar? (Rn. 16 ff.)
5. Wodurch kann die Rechtswidrigkeit eines gewässerschädigenden Verhaltens ausgeschlossen sein? (Rn. 27 ff.)
6. Was versteht man unter „Anlagen" im Immissionsschutzrecht? (Rn. 60, 84, 98)
7. Welche Voraussetzungen müssen gegeben sein, um eine strafbare Luftverunreinigung anzunehmen? (Rn. 60 ff.)
8. Was versteht man unter einer „verwaltungsrechtlichen Pflicht" i. S. des StGB? (Rn. 66)
9. Kann der Tatbestand des § 325 StGB auch erfüllt sein, wenn Emissionen außerhalb einer Anlage verursacht werden? (Rn. 70)
10. Welche Voraussetzungen müssen gegeben sein, um eine strafbare Lärmverursachung anzunehmen? (Rn. 84 ff.)
11. Wann bedarf der Betrieb einer Anlage i. S. des Bundes-Immissionsschutzgesetzes einer Genehmigung? (Rn. 101)
12. Welche beiden Begriffskomponenten unterscheidet man bei der Definition des „Abfalls"? (Rn. 123 ff.)
13. Welche Abfallarten sind für die Strafvorschrift des § 326 StGB relevant? (Rn. 135 ff.)
14. Welches Tun oder Unterlassen kommt als Tathandlung i. S. des § 326 StGB in Betracht? (Rn. 135 ff.)
15. Ist auch der sogenannte „Abfalltourismus" (Verbringen von Abfall ins Ausland) strafbar? Falls ja: Welche Vorschrift kommt in Betracht? (Rn. 152)
16. Bei der Zulassungspflicht für Abfallentsorgungsanlagen ist zu differenzieren. Welche Anlagen fallen unter welches Gesetz? Welcher Straftatbestand ist für das unerlaubte Betreiben einer Abfallentsorgungsanlage einschlägig? (Rn. 172 f., 170)
17. Was ist „Boden" i. S. des § 324a StGB? (Rn. 189)
18. Welche Tathandlungen kommen in Betracht? (Rn. 190 ff.)
19. Welche Voraussetzungen müssen für die Strafbarkeit nach § 324a StGB gegeben sein? (Rn. 190 ff.)
20. Welche beiden Gebiete unterscheidet man beim Naturschutz? (Rn. 204)
21. Durch welche Strafvorschrift werden schutzbedürftige Gebiete geschützt? Welche Gebiete kommen z. B. in Betracht? (Rn. 208 ff.)
22. Welche Tiere oder Pflanzen werden durch die Strafvorschriften des Bundesnaturschutzgesetzes geschützt? (Rn. 238)
23. Welche Tathandlungen kommen in Betracht? (Beispiele!) (Rn. 239 ff., 253 ff.)
24. Wo findet man eine Definition der „Kernbrennstoffe" und der „Radioaktiven Stoffe"? (Rn. 266 f.)

25. Wo sind die Genehmigungserfordernisse für die einzelnen Handlungen i. S. des § 328 StGB geregelt? (Rn. 267)
26. Welche Tathandlungen i. S. des § 328 StGB kommen in Betracht? (Rn. 266 ff.)
27. Was versteht man unter einem „gefährlichen Gut"? (Rn. 277)
28. Welche Voraussetzungen müssen für eine Strafbarkeit nach § 330a StGB gegeben sein? (Rn. 289 ff.)
29. Gegen welche Rechtsverordnungen muss beispielsweise verstoßen werden, um eine Strafbarkeit nach den Vorschriften des Chemikaliengesetzes anzunehmen? (Rn. 299)

16 Weiterführende Literatur

Buckenberger, Strafrecht und Umweltschutz, 1975.
Dolde, Zur Verwaltungsrechtsakzessorietät von § 327 StGB, NJW 1988, 2329.
Fischer, StGB, Kommentar, 2011.
Fluck, Kreislaufwirtschafts-, Abfall- und Bodenschutzrecht, Kommentar (lfd.).
Franzheim/Pfohl, Umweltstrafrecht, 2. Auflage, 2001.
Heine, Auswirkungen des Kreislaufwirtschafts- und Abfallgesetzes auf das Abfallstrafrecht NJW 1998, 3665, 3670.
Henzler/Pfohl, Der unerlaubte Betrieb von Anlagen zur Lagerung und Behandlung von ausgedienten Kraftfahrzeugen, wistra 2004, 331.
Hölzen, Auswirkungen des Öko-Audits auf das Umweltstrafrecht, 2011.
Iburg, Zur Unterlassungstäterschaft im Abfallstrafrecht bei wilden Müllablagerungen, NJW 1988, 2338.
Kleine-Cosack, Kausalitätsprobleme im Umweltstrafrecht, 1988.
Kloepfer-Vierhaus, Umweltstrafrecht, 2. Auflage, 2002.
Kunig, Ölverschmutzung durch Schiffe, NuR 1986, 265.
Leipziger Kommentar zum StGB, 11. Auflage (Steindorf).
Mann, Überlegungen zum System der Entsorgungshandlungen, NuR 1998, 405, 409.
Möhrenschlager, Neuere Entwicklungen im Umweltstrafrecht des Strafgesetzbuches, NuR 1983, 209, 217.
Münchener Kommentar zum StGB.
Nomos-Kommentar zum StGB (NK) (Ransiek).
Rengier, Zur Bestimmung und Bedeutung der Rechtsgüter im Umweltstrafrecht, NJW 1990, 2506.
Rengier, Zum Täterkreis und zum Sonder- und Allgemeindeliktscharakter der „Betreiberdelikte" im Umweltstrafrecht, in: Festschrift für Kohlmann 2003, S. 225.
Sack, Umweltschutz-Strafrecht, Kommentar.
Schall, Systematische Übersicht der Rechtsprechung zum Umweltschutz-Strafrecht NStZ 1997, 462, 466.
Schönke-Schröder Kommentar zum StGB (Stree, Stree/Heine, Lenckner/Heine, Heine).
Stegmann, Artenschutz-Strafrecht, 2000.
Systematischer Kommentar zum StGB (SK) (Horn).

Sachverzeichnis

W. Kluth, U. Smeddinck (Hrsg.), *Umweltrecht*,
DOI 10.1007/978-3-8348-8644-6, © Springer Fachmedien Wiesbaden 2013

B

F

G

H

I

K

L

M

N

O

P

U

Z